DIANZI DIANGONG JISHU QUANTUJIE QUANJI

电子电工技术全图解全集

电工识图·电工技能速成全图解

数码维修工程师鉴定指导中心 组织编写

韩雪涛 韩广兴 吴瑛 编著

超值赠送50元学习卡

化学工业出版社

·北京·

《电工识图·电工技能速成全图解》一书集电工识图与电工技能于一体，超大的知识容量、超值的学习套装，帮助读者快速而全面掌握电工知识与技能。

本书全程完全图解、全程技能演示、全程专家指导、全程高效学习，内容更加全面丰富，读者只需要学完本书就可以掌握电工识图和电工技能。同时为了配合本书的学习，让读者学到更多的知识，本书还超值赠送50元的"学习卡"，读者凭卡号和密码到数码维修工程师官方网站上进行知识学习、技术交流与咨询、资料下载等拓展学习。

本书内容全面丰富、形式新颖，可供电工学习使用，也适合大中专院校相关专业的师生参考。

图书在版编目（CIP）数据

电工识图·电工技能速成全图解/韩雪涛，韩广兴，吴瑛编著. —北京：化学工业出版社，2014.1（2018.3 重印）
（电子电工技术全图解全集）
ISBN 978-7-122-18546-4

Ⅰ.①电… Ⅱ.①韩…②韩…③吴… Ⅲ.①电路图-识别②电工技术-图解 Ⅳ.①TM-64

中国版本图书馆 CIP 数据核字（2013）第 231541 号

责任编辑：李军亮　　装帧设计：尹琳琳

出版发行：化学工业出版社（北京市东城区青年湖南街 13 号　邮政编码 100011）
印　　刷：三河市延风印装有限公司
装　　订：三河市宇新装订厂
787mm×1092mm　1/16　印张 34½　字数 815 千字　2018 年 3 月北京第 1 版第 9 次印刷

购书咨询：010-64518888（传真：010-64519686）　售后服务：010-64518899
网　　址：http://www.cip.com.cn
凡购买本书，如有缺损质量问题，本社销售中心负责调换。

定　　价：69.00 元

随着科学技术的进一步发展，生产生活中的电气化程度越来越高，同时也有越来越多的人员从事与电子电工技术相关的工作。为了能跟上电子电工技术发展的潮流，对于那些从事或希望从事电子电工技术工作的人员来说，都需要不断学习与电子电工技术相关的知识和技能。比如说，电子电工识图技能、工具仪表的使用技能、电器维修技能以及PLC、变频等新技术应用技能等。这些知识与技能在实际应用中不仅相互交叉，而且技术发展日新月异，所以如何能够快速准确地学习电子电工技术，并能跟上时代的发展，是很多技术人员所面临的主要问题。

针对上述情况，为帮助广大电子与电工技术人员能够迅速掌握实用技术，我们于2011年出版了一套《电子电工技术全图解丛书》(以下简称《丛书》)，包括：《电工识图速成全图解》、《电工技能速成全图解》、《家装电工技能速成全图解》、《电子技术速成全图解》、《电子电路识图速成全图解》、《电子元器件检测技能速成全图解》、《示波器使用技能速成全图解》、《万用表使用技能速成全图解》、《家电维修技能速成全图解》、《PLC技术速成全图解》、《变频技术速成全图解》共11种图书。《丛书》出版后，深受读者的欢迎，每种图书都重印很多次，并有热心读者打来电话或发邮件与我们交流，很多读者希望我们能够把本丛书内容进行整合出版。我们经过慎重考虑，认为读者的意见非常好，把内容相近的图书内容整合到一块，这样不仅使内容更全面，读者学习和参考将更方便，而且书的价格相对更低，可以减轻读者的经济负担。针对这种情况，我们对本套丛书的内容进行了整合。其中本书是《电工识图速成全图解》和《电工技能速成全图解》两书的合集。

本书内容突出技能特色，注重实用性，并将职业标准融入到知识与技能中，无论是在内容结构还是编写形式上都力求创新，使读者比较全面地学习电工识图和电工技能相关内容，具体特点如下。

一、编写形式独特

本书突出“技能速成”和“全图解”两大特色。为方便读者学习，在书中都设置有【目标】、【图解】、【提示】、【扩展】四大模块。每讲解一项技能之前，都会通过【目标】告诉读者学习的内容、实现的目标、掌握的技能。在讲解过程中，会对内容关键点通过【提示】和【扩展】模块向读者传递相关的知识要点。【图解】模块则是将技能以“全图解”的形式表现出来，让读者非常直观地学习操作技能，达到最佳的学习效果。

二、内容新颖实用

本书以电子电工行业岗位的要求为目标设置内容，力求让读者能够在最短的时间内掌握相应的岗位操作技能。书中的理论知识完全以操作技能为依托，知识点以实用、够用为原则，所有的操作技能都来自于生产实践，并尽可能将各种技能以图解的方式表现出来，以达到“技能速成”的目的。

三、专家贴身指导

为确保图书内容的权威性、规范性和实用性，本书由数码维修工程师鉴定指导中心组织编写，由全国电子行业资深专家韩广兴教授亲自指导，编写人员由资深行业专家、一线教师和高级维修技师组成。此外，本书在编写过程中，还得到了SONY、松下、佳能、JVC等多家专业维修机构的大力支持。

四、技术服务到位

为了更好地满足读者的需求，达到最佳的学习效果，读者除可得到免费的专业技术咨询外，还可获得书中附赠的价值50元的数码维修工程师远程培训基金（培训基金以“学习卡”的形式提供）。读者可凭借此卡登录数码维修工程师的官方网站（www.chinadse.org）获得超值技术服务，随时了解最新的行业信息，获得大量的视频教学资源、电路图纸、技术手册等学习资料以及最新的数码维修工程师培训信息，实现远程在线视频学习，还可通过网站的技术论坛进行交流与咨询。读者也可以通过电话（022-83718162/83715667)、邮件（chinadse@163.com）或信件（天津市南开区榕苑路4号天发科技园8-1-401，邮编300384）的方式与我们进行联系。

本书由数码维修工程师鉴定指导中心组织编写，主要由韩雪涛、韩广兴、吴瑛编写，同时参加本书资料整理的还有张丽梅、张湘萍、孟雪梅、郭海滨、张明杰、马楠、李雪、韩雪冬、吴玮、刘秀东、陈捷、高瑞征、吴鹏飞、吴惠英、王新霞、宋永欣、宋明芳、张鸿玉、张雯乐、梁明、孙涛、韩菲、郭永斌等。

希望本书的出版能够帮助读者快速掌握电子电工技术，同时欢迎广大读者给我们提出宝贵建议！

编著者

第1篇　电工识图速成全图解

第1章　电工识图的必备基础　▸▸▸2

第2章　照明控制电路识图　▸▸▸26

第3章 供配电系统电气线路识图

第4章 电动机控制电路识图

第5章

第8章 农业电气控制电路识图 ▸▸▸229

第2篇 电工技能速成全图解

第1章 常用电子元器件的识别与检测 ▸▸▸262

第3章 常用低压电器识别与检测 ▸▸▸349

第7章 基本电气控制线路的安装与调试 ▸▸▸448

第8章 常用电气设备的装配 ▸▸▸492

电工识图速成全图解

第1章 电工识图的必备基础

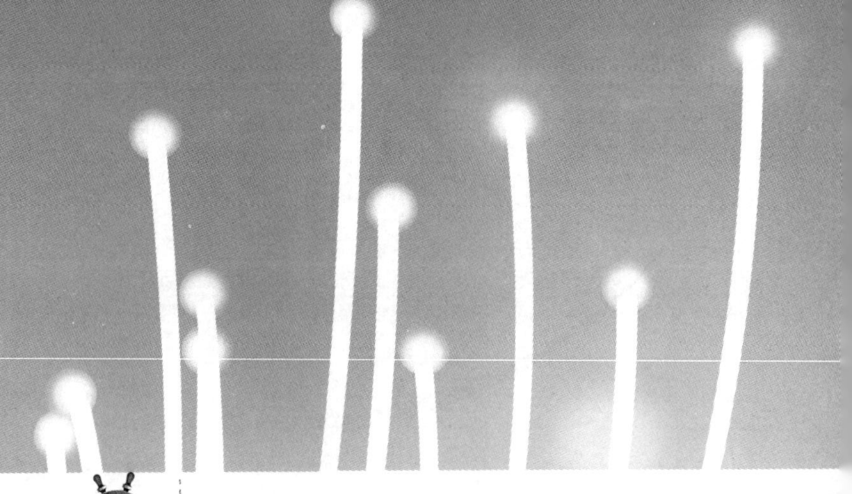

目标

本章根据电工初学者的知识水平和学习特点，将电工识图应具备的基础知识进行系统地划分。首先通过典型图解案例的形式，向读者传达电工识图的特点和重要性，然后，针对电工电路的特点，结合实际应用，使读者对电工电路特点和功能有一个整体的认识，最后，依托典型实例，让读者最终掌握电工电路识图的规律和技巧，为接下来识读不同功能、不同类型的电工电路打好基础。

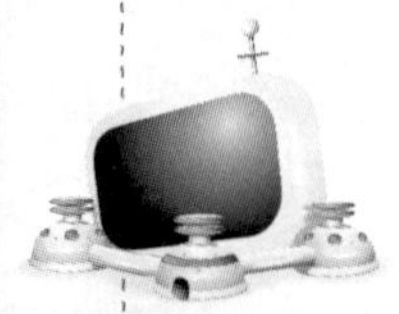

1.1 电工电路图的应用范围

电工是指从事电力生产、电力传输、电力分配以及相关电气设备安装、调试、维护与检修的技术人员。

电工电路图是各种表示电磁关系、电信号关系、电器设备布置安装的图的统称。

1.1.1 按电路性质分类

（1）电工原理图

电工原理图非常清晰地表示出了电气控制线路的组成和电路关系，电工可通过对电工原理图的识读，了解电气控制线路的结构和工作过程。因此，电工原理图在电气安装、调试、维修中非常重要。

例如，三相交流感应电动机点动控制线路原理图见图1-1。

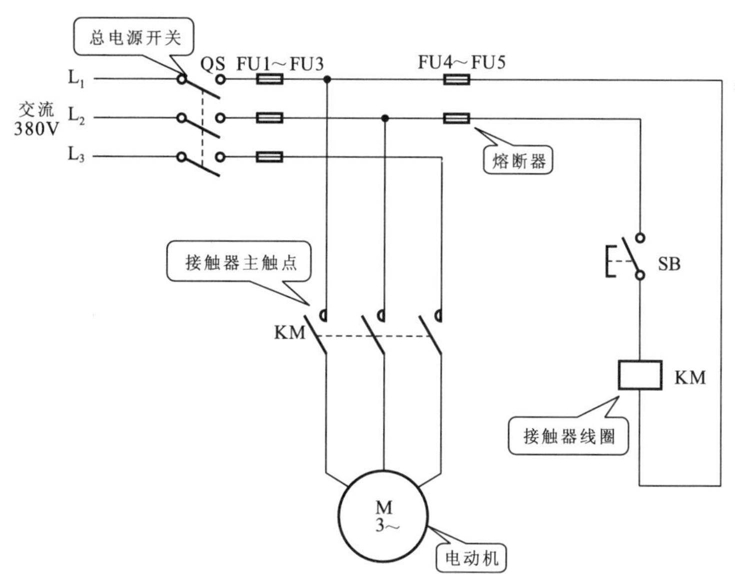

图1-1 电工原理图

这是三相交流感应电动机点动控制线路的原理图，该电路由总电源开关QS、熔断器FU1 ~ FU3、交流接触器KM的主接触点以及电动机M等构成的供电电路；由熔断器FU4 ~ FU5、按钮开关SB、交流接触器KM的线圈等构成的控制电路。当按动开关SB，电动机便可动作，松开开关SB，电动机即停止转动。

(2)电工接线图

电工接线图较电工原理图更加直观，通过电工接线图可以非常清楚地了解电气控制线路中各主要电气部件之间的连接关系。

因此，通过识读电工接线图，可以帮助我们更快地了解电气控制线路的构成和特点，这对安装和检验电气控制线路很有帮助。

例如，三相交流感应电动机点动控制线路接线图见图 1-2。

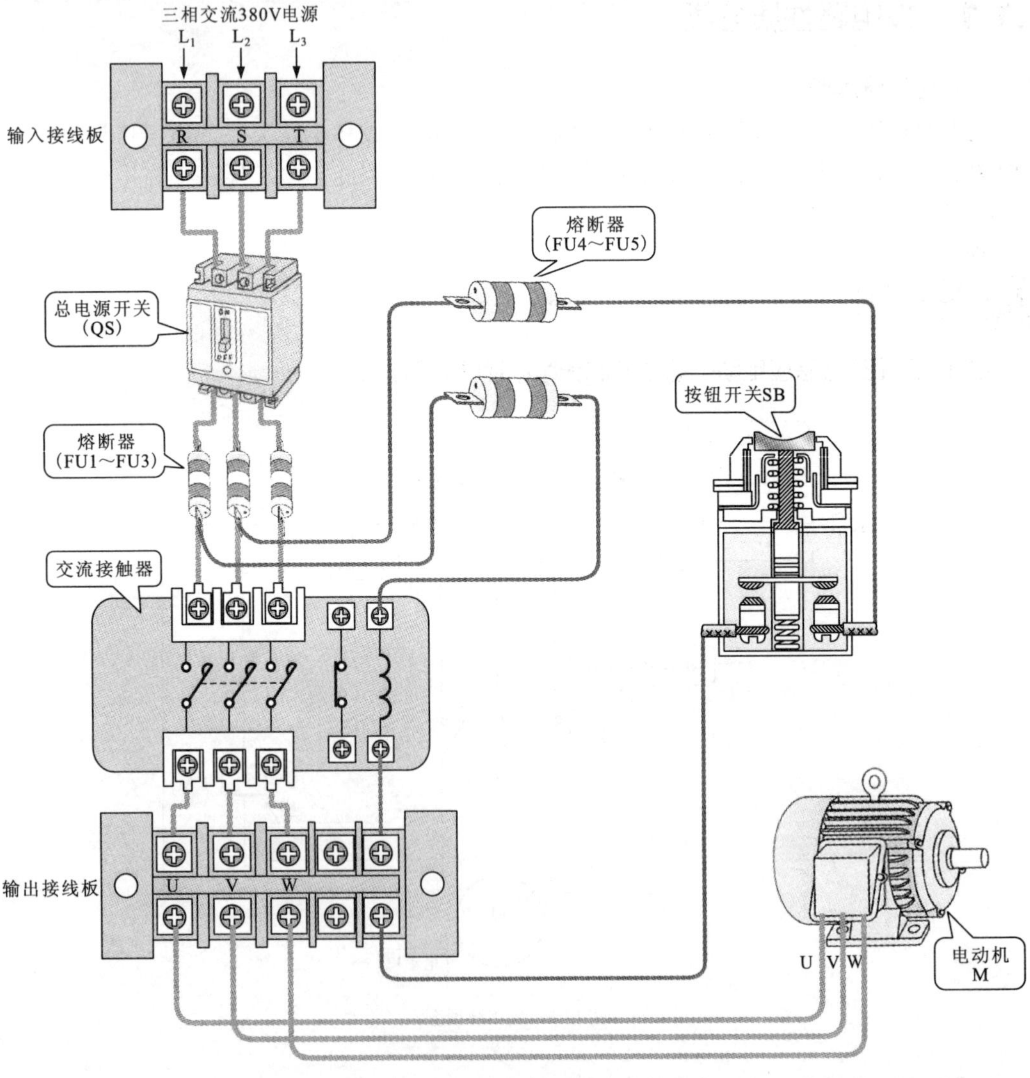

图 1–2　电工接线图

按照电工原理图（图 1-1），将主要元器件进行实际配线，就是三相交流感应电动机点动控制线路接线图。

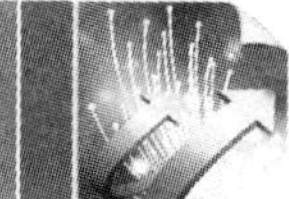

（3）供电示意图

供电示意图往往更加突出电气控制线路中各主要电气部件之间的结构关系，有助于电工了解整个电气控制线路的基本组成和供电流程。

例如，配电盘电路结构图见图1-3。

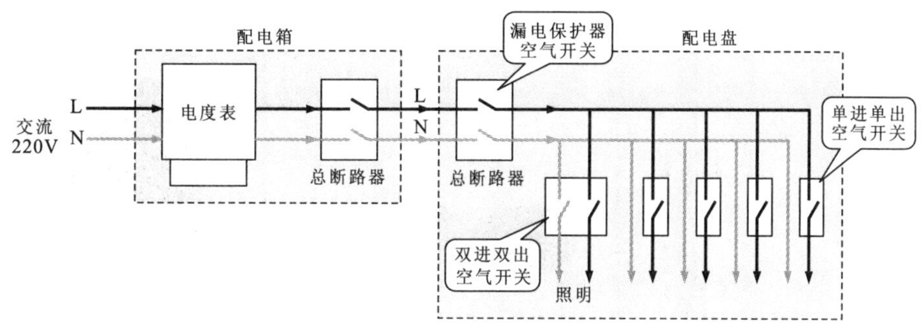

图1-3　供电示意图

（4）供电分配图

供电分配图更加侧重表现电力分配关系，电工可以通过供电分配图直观了解电力的分配和流向。

例如，家庭用电器交流电路供电分配图见图1-4。

按照供电示意图（图1-3），用来计算某一支路的用电量，合理分配用电设备，应尽量使总功率A、B、C的值相近，保证用电平衡。

（5）施工位置图

施工位置图常用于电气线路的安装，通过施工位置图，电工可以明确电气线路的分配、走向、敷设、施工方案以及线路连接关系，在进行整体线路调试、检验时，识读施工位置图就显得尤为重要。

例如，室内电路供电线路施工位置图见图1-5。

结合供电示意图和供电分配图，可以标注施工位置图，明确用电设备的安装位置，以及线路分配，可更合理地安排布线位置。

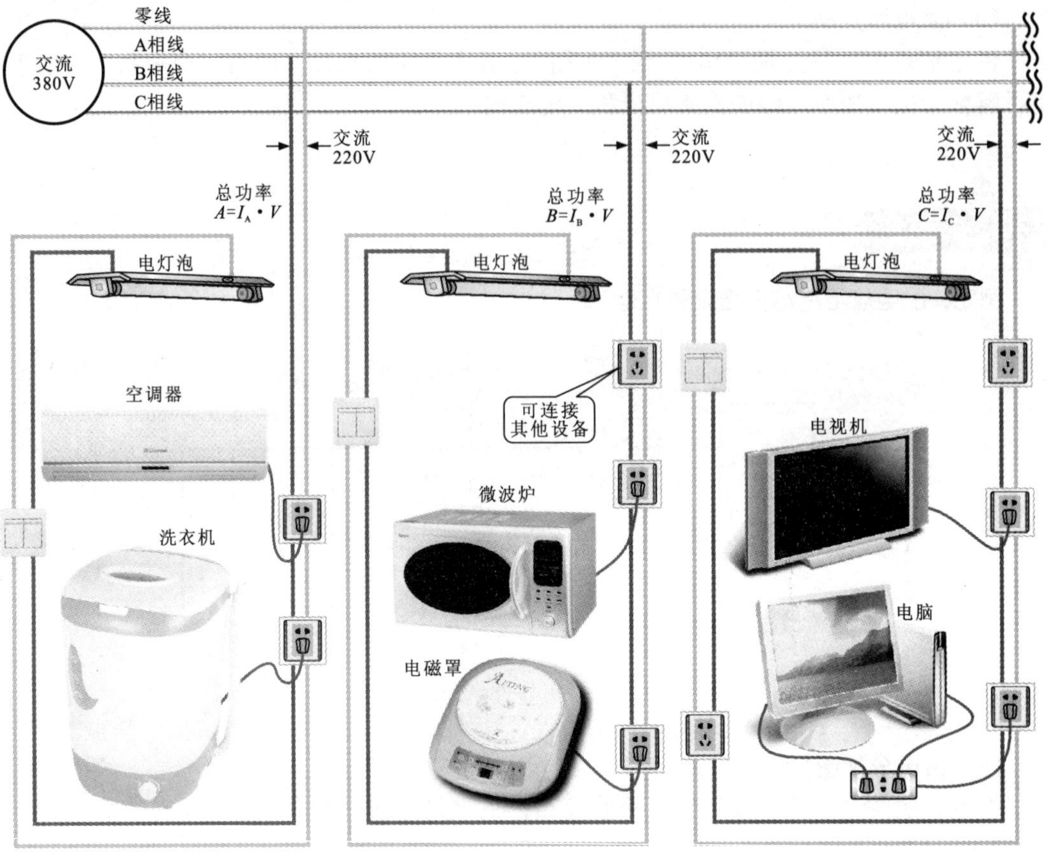

图1–4　供电分配图

1.1.2　按功能分类

电工线路按照功能的不同，可分为保护电路、检测电路、控制电路等，这些电路有比较明确的功能，有些是独立的电路结构，可以随意地与用电设备进行连接，而有的则包含于用电设备之中。

例如，某车床电路结构按功能划分见图1-6。

该电路由供电电路、保护电路、控制电路、检测电路、指示电路等不同功能的电路构成。

1.1.3　按行业领域分类

按照行业范围的不同，可分为企业电工、物业电工、农村电工和家装电工。

电工随着我国国民经济的持续发展和综合国力的增强，使城乡面貌得到了根本的变化。

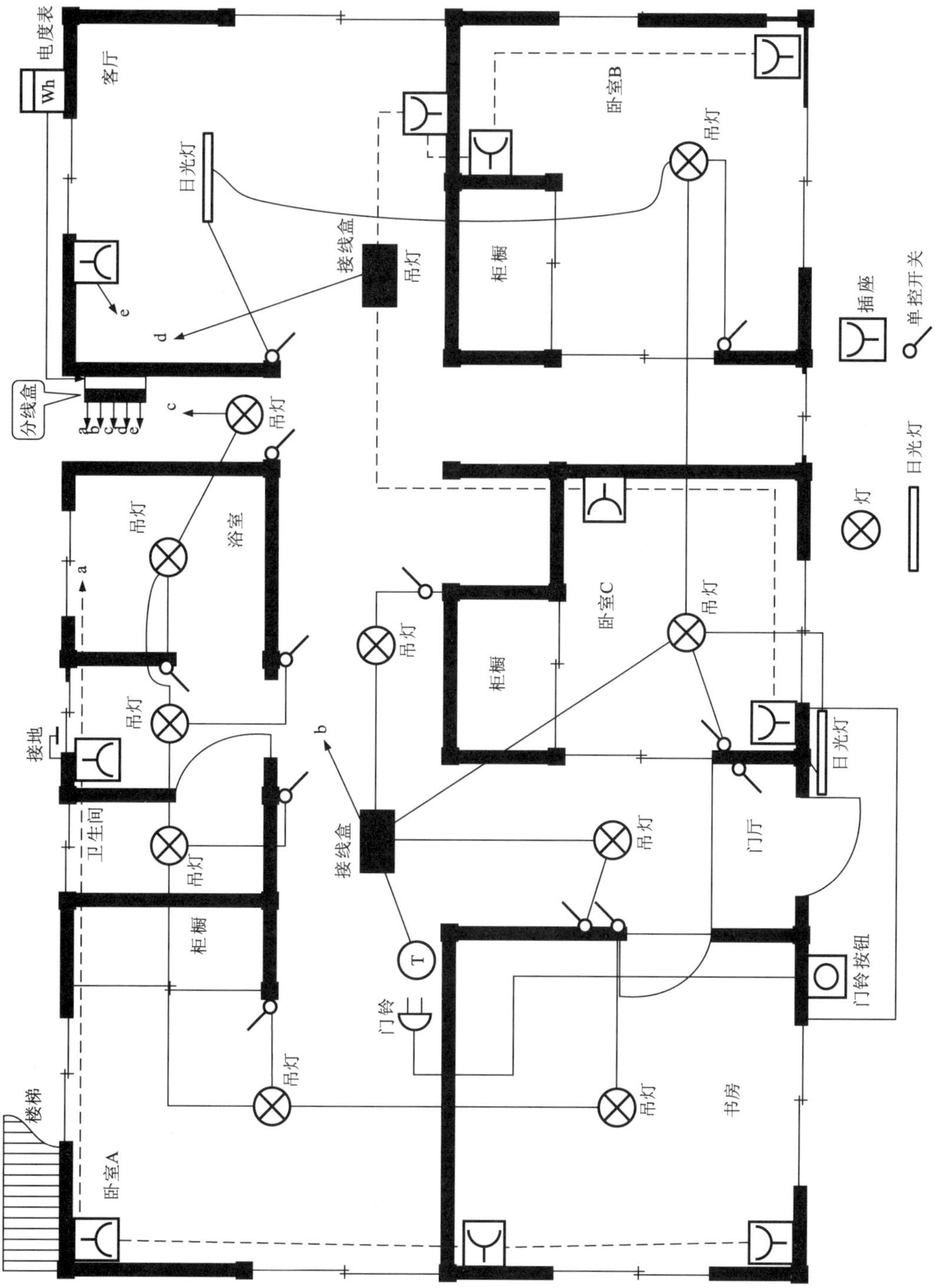

图 1-5　施工位置图

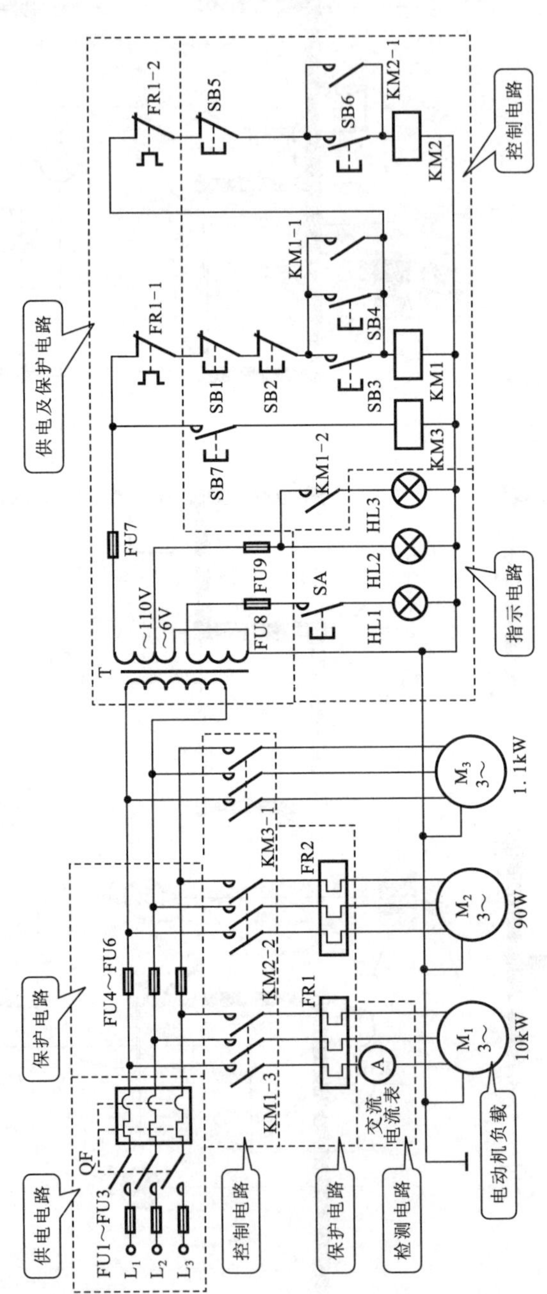

图1-6 某车床电路结构按功能划分

工农业的迅速发展促进了电力工业的发展，如今电气设备已成为工业、农业以及家庭生活中不可缺少的设备。电工已成为家庭供电、工矿企业供电、农业机械供电系统中不可缺少的岗位，而这一行业对电工的技能要求和知识要求也越来越高。广大的城乡需要很多具有熟练操作技能而又具有丰富经验的电工人才。

人类社会发展正逐渐趋于城市化，一栋栋楼宇大厦拔地而起，构成了不同规模的居民小区、住宅小区、物业小区。管理这些小区的是物业管理部门，而物业管理中有关用电及电气设备的一切事务就属于物业电工的工作职能。

对于家庭用户来说，随着人民生活水平的提高，家用电器的种类越来越庞杂，功能越来越完善。家庭用电线路的设计施工也变得越来越复杂，家庭装修过程中，家装电工已经成为不可忽视的重要力量，家装电工的从业人员也在不断壮大。

（1）**企业电工电路图**

企业电工主要针对企业和工厂中的大型机械设备的供电系统、变配电系统、电气设备常用电动机、低压供电线路与电气设备进行维护与检修。由于企业电工经常会与高压电器设备打交道，应注意安全用电知识。为了使生产稳定，电工应对企业变配电所的电气设备经常进行维护和检修，确保其工作运行可靠。若变配电系统工作不良，将造成各种电气设备不能正常运转，严重时将造成停电或造成事故。如图1-7所示为企业电工变配电系统。

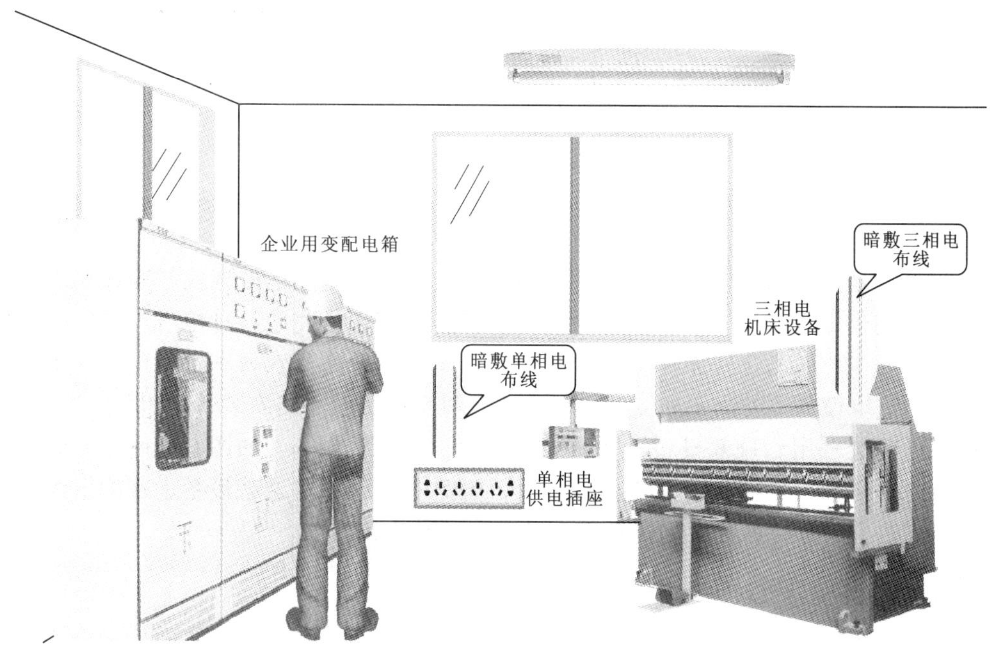

图1-7　企业电工变配电系统

企业中所涉及的电工电路图有电动机控制电路、机电设备控制电路等，主要以原理图和接线图居多。

双速电动机控制电路见图1-8、图1-9。

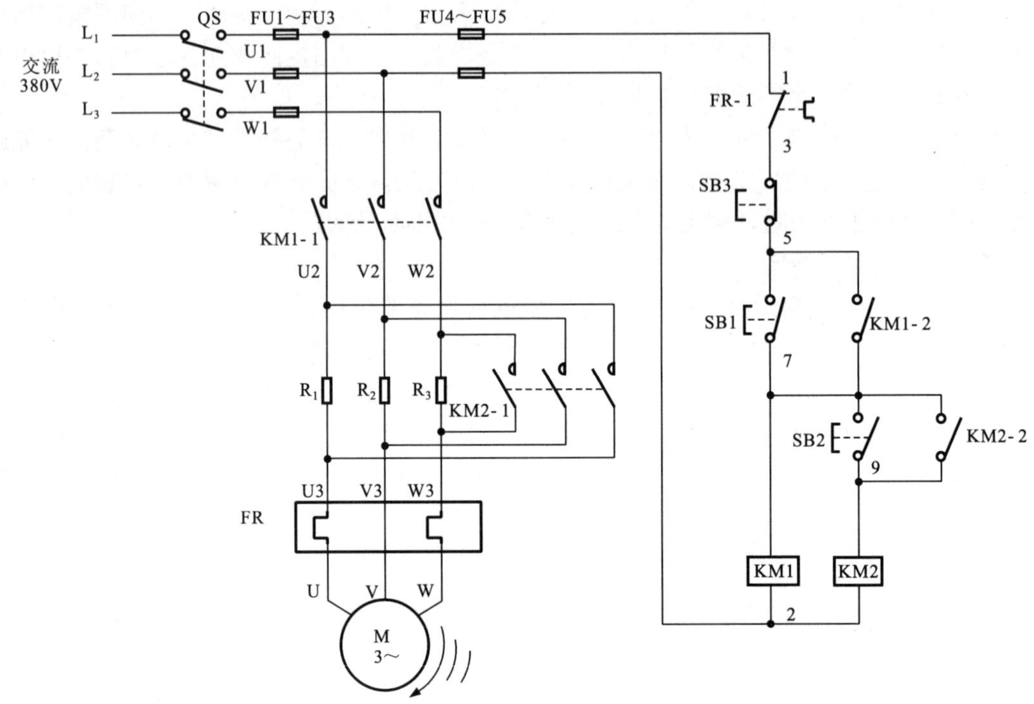

图1-8　企业电路原理图

（2）农村电工电路图

农村电工是指农村供电线路岗位的人员，其主要工作范围是根据农村布线要求对农村户外及户内的供电进行规划设计，并能利用各种器材和工具完成各种电气设备、配线器具的安装和维修工作。其工作范围是从农村低压供电配电线路到农村家庭用电、农机用电及农村排灌的供电设备等方面。如图1-10所示为农村室内供电线路安装示意图。

农村经常会使用到排灌设备，如水泵、离心泵、潜水泵等，如图1-11所示，此外还会使用各种农用机械，这些设备用电量比较大，因此农村电工对这些设备进行配电线路设置时，要正确合理分配，否则会因设备用电过度造成事故。

例如，灌溉设备控制电路见图1-12。

（3）家装电工电路图

家装电工是指家装方面的电气安装、线路敷设的工作人员。家装电工需要掌握室内供电电路及配电方式、室内布线、室内线路的安装、入户器材的安装及室内电气设备安装等。

三相交流380V电源
R
S
T
L1
L2
L3
输入接线板
电源总开关
(QS)
U1
V1
W1
熔断器
(FU1～FU3)
熔断器
(FU4、FU5)
U2
V2
W2
KM1
交流接触器
KM1-2
5
2
7
7
U3
V3
W3
启动电阻
R1～R3
U2
V2
W2
KM2
交流接触器
KM2-2
7
2
9
U3
V3
W3
FR
1
FR-1
3
9
7
5
U
V
W
输出接线板
停机按钮
SB3
3
5
全压启动按钮
SB2
7
9
降压启动按钮
SB1
7
5
U V W
电动机
M

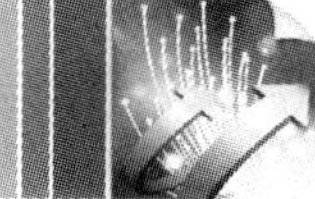

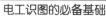

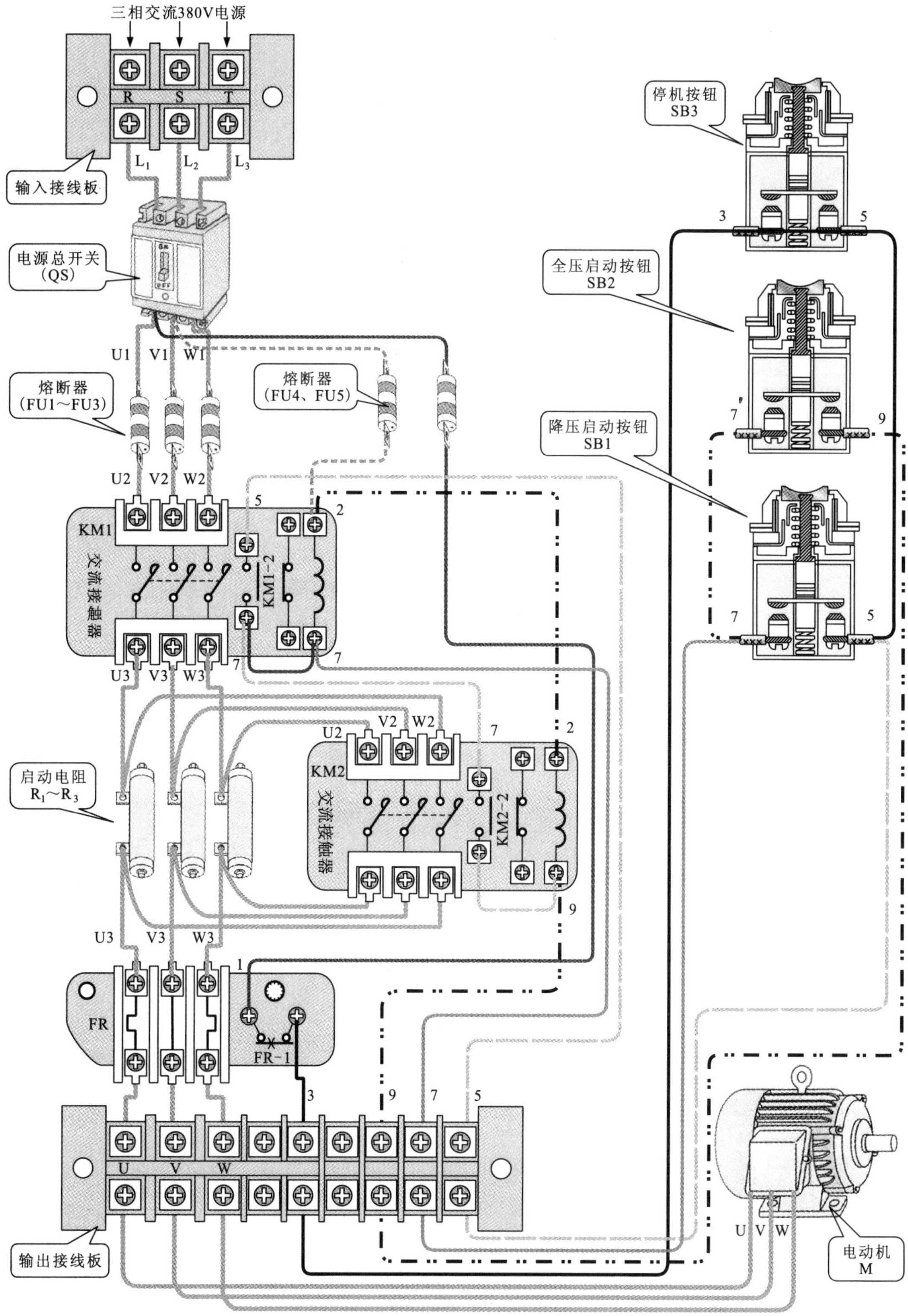

图1-9 企业电工接线图

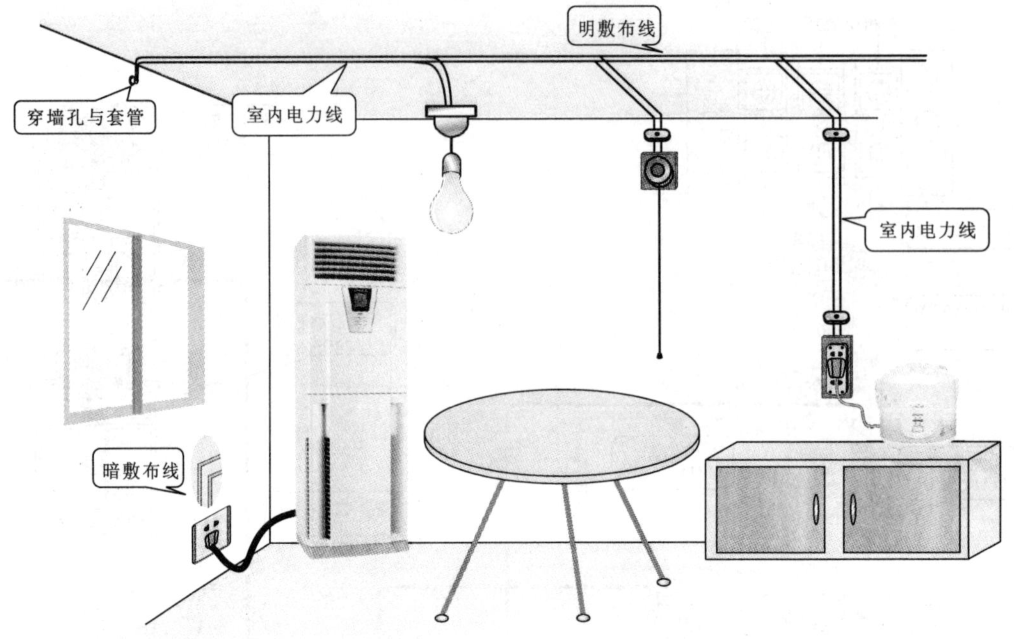

图1-10　农村电工行业范围示意图

(a)灌溉设备

(b)排灌设备

(c)加工设备

图1-11　各种农用机械

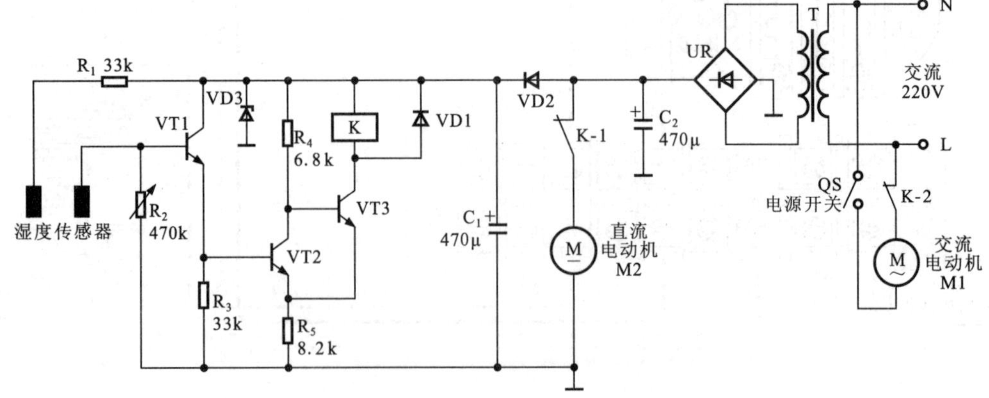

图1-12　农业电路结构图

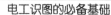

图解

例如，室内线路见图1-13、图1-14。

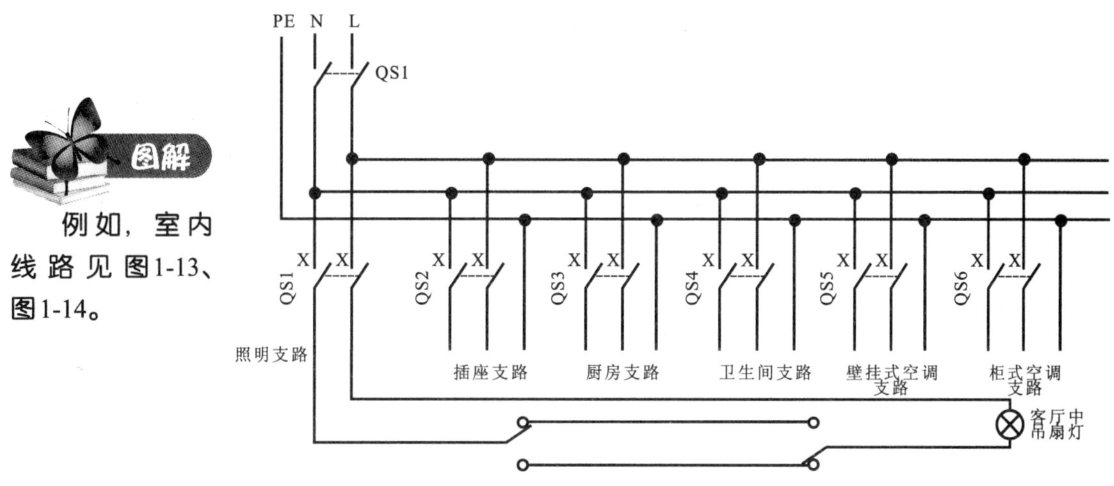

图1-13 家装电路配电图

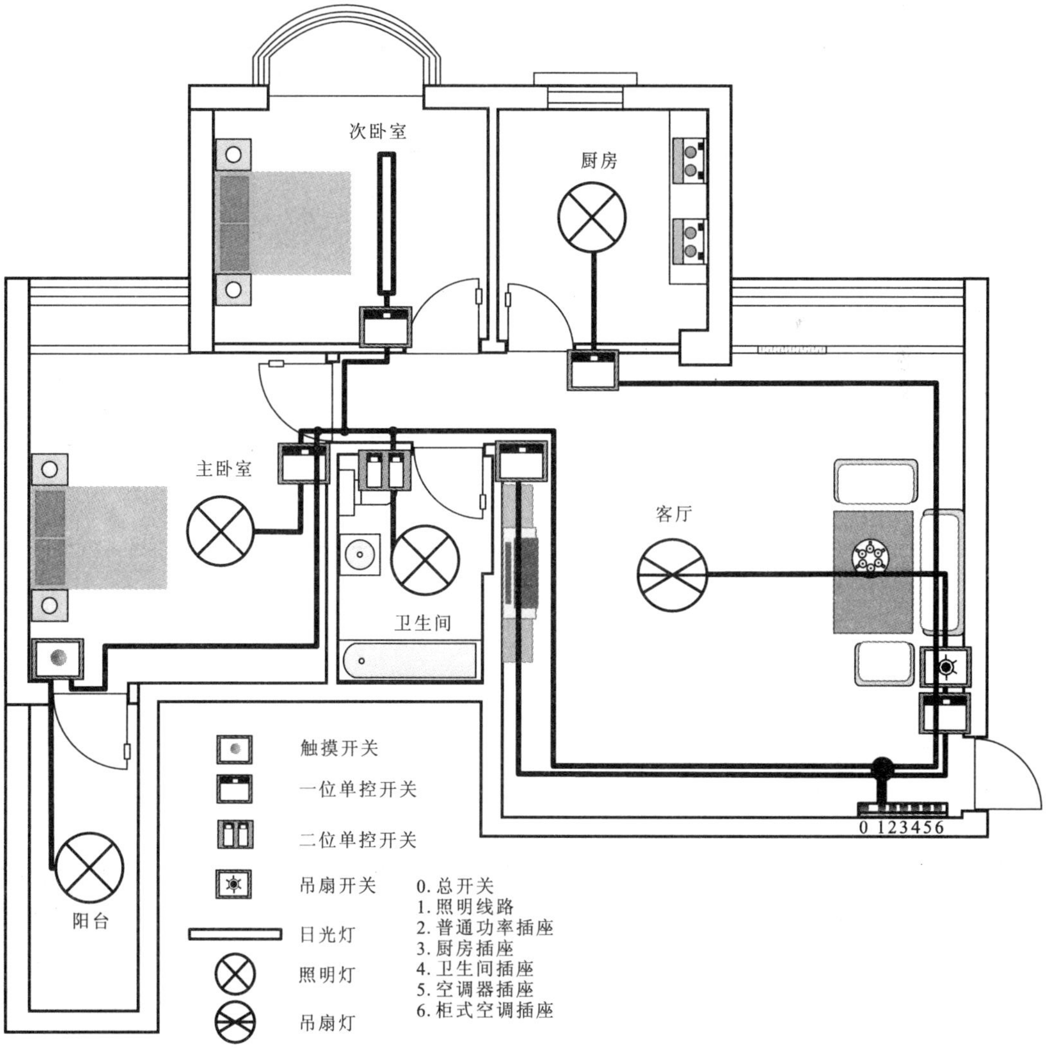

次卧室
厨房
主卧室
卫生间
客厅
阳台
0 123456

触摸开关
一位单控开关
二位单控开关
吊扇开关
日光灯
照明灯
吊扇灯

0. 总开关
1. 照明线路
2. 普通功率插座
3. 厨房插座
4. 卫生间插座
5. 空调器插座
6. 柜式空调插座

图1-14 家装电路布线位置图

（4）物业电工电路图

物业电工人员是指物业管理中从事各种电工工作的人员，根据物业电工掌握和应用的知识、技能、技术不同以及电工解决和处理电气设备的问题不同。物业电工首先要了解物业小区电气化系统的组成结构，对小区内出现线路故障能即时修复。小区物业的供电关系着很多家庭及电器的安全，因为在进行检修工作时，一定要按着安全操作规程，防止发生人身安全和设备安全的故事发生。

例如，室外照明布线见图1-15。

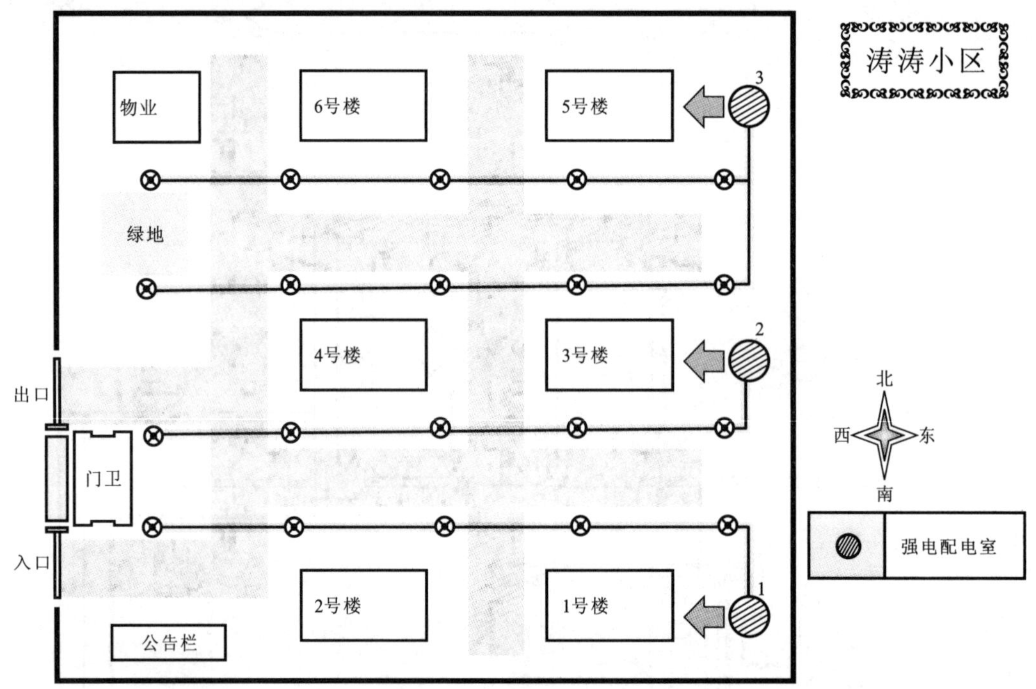

图1-15　物业电路布线图

1.2 基本电工电路图的特点

为工业、商业设施以及家庭提供380 V或220 V交流电的设施是发电站。发电站是将其他形式的能量转变成电能的设备基地。如图1-16所示，电能由发电站升压后，经高压输电线将电能传输到城市或乡村。电能到达城市后，会经变电站将几十万至几百万伏的超高压降至几千伏电压后，再配送到工厂企业、小区及居民住宅处的变配电室，再由变配电室将几千伏的电压变成三相380 V或单相220 V交流电压输送到工厂车间和居民住宅。

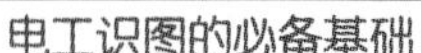

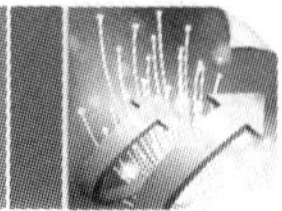

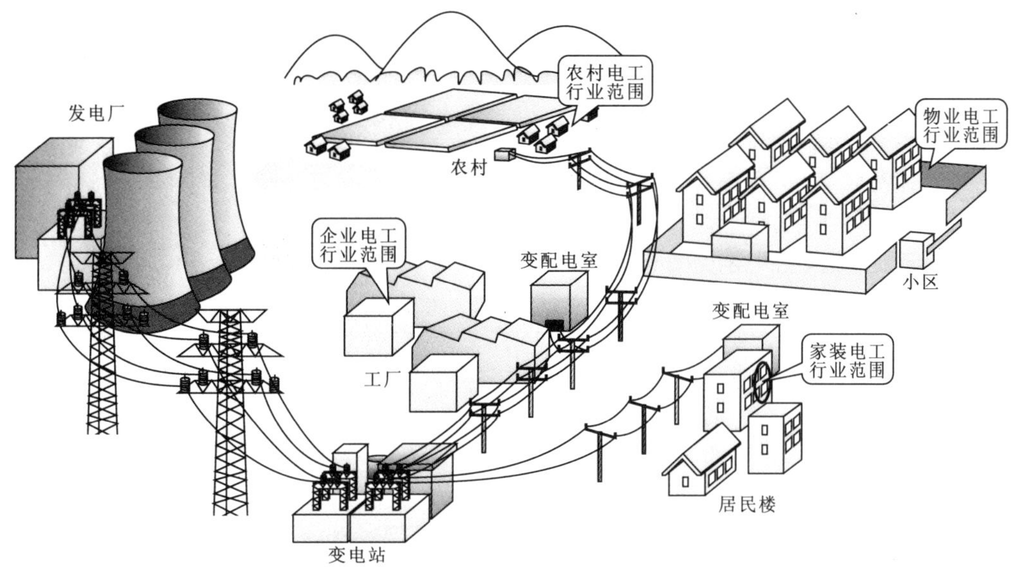

图1-16　电能的应用

1.2.1　直流电路的特点

直流电是指电流流向为单一的电源。在生活和生产中采用电池供电的电器，都是直流供电方式，如低压小功率照明灯、直流电动机等。还有许多电器是利用交流−直流变换器，将交流变成直流再为电器产品供电。了解直流电路及相关器件，必须要认识直流电及其直流电路的结构和特点。

例如，直流电动机驱动电路见图1-17，它采用的直流电源供电，这是一个典型的直流供电电路。

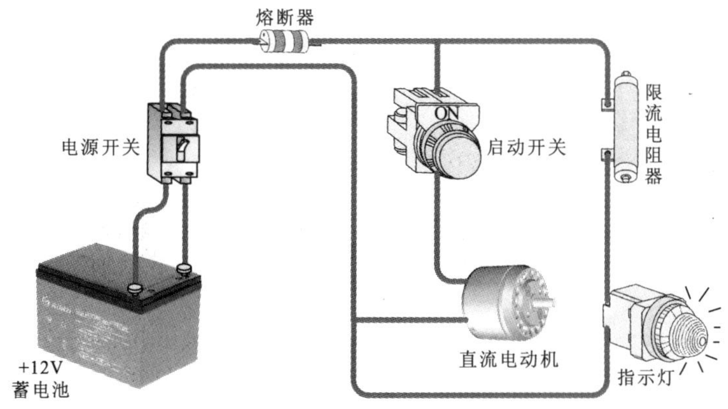

图1-17　直流电路

家庭或企事业单位的供电都是采用交流220 V、50 Hz的电源，而在机器内部各电路单元及其元件则往往需要多种直流电压，因而需要一些电路将交流220 V电压变为直流电压，供电路各部分使用。

例如，典型直流电源电路见图1-18。

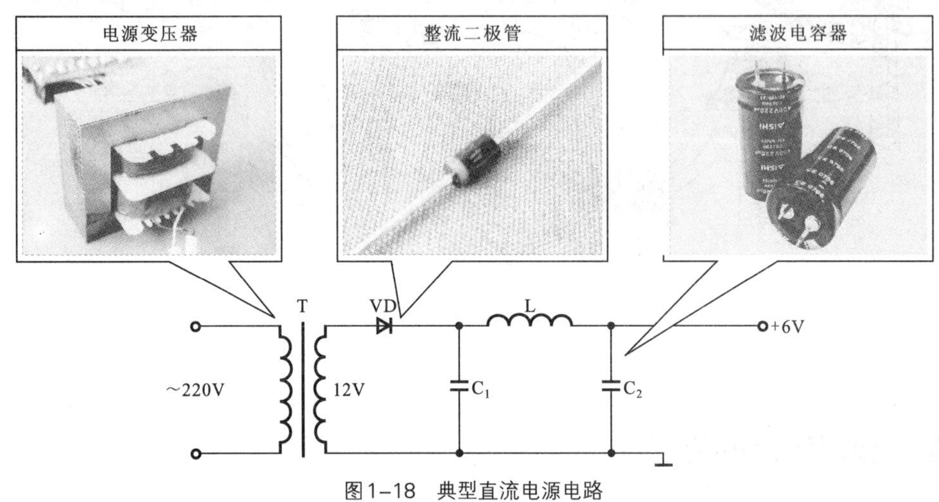

图1–18　典型直流电源电路

交流220 V电压经变压器T，先变成交流低压（12 V）。再经整流二极管VD整流后变成脉动直流，脉动直流经LC滤波后变成稳定的直流电压。

扩展

一些电器如电动车、手机、收音机、随声听等，是借助充电器给电池充电后获取电池的直流电压，或是通过电源适配器与市电相连，通过适配器将交流电转变为直流电后为用电设备提供所需要的电压，如图1-19所示。

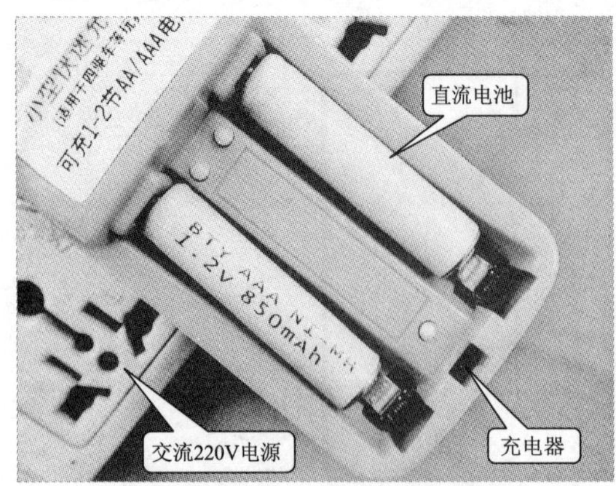

(a)将交流电利用充电器为直流电池充电

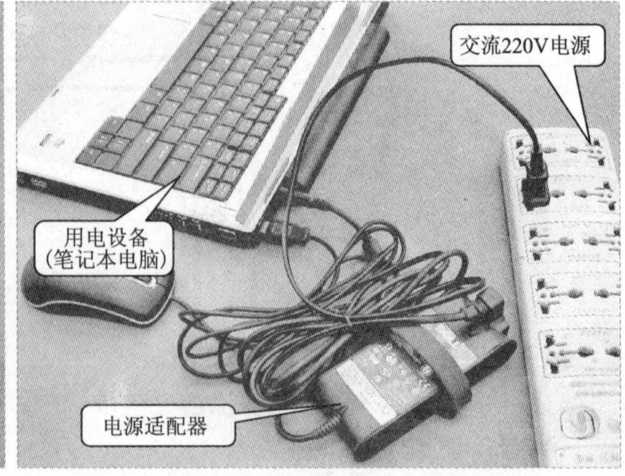

(b)将交流电利用电源适配器转变为直流电

图1–19　利用220 V交流供电的设备

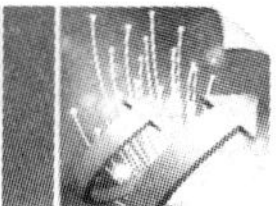

1.2.2 交流电路的特点

电工技术人员最熟悉不过的就是交流电了，在工作中也常常与交流电打交道。生活中所有的电气产品都需要有供电电源才能正常工作，大多数的电器设备都是由市电交流220 V、50 Hz作为供电电源。这是我国公共用电的统一标准，交流220 V电压是指相线即火线对零线的电压。城市的供电是由三相高压经变压器变成3相380 V电压，即相线之间的电压为380 V，每个相线与零线之间的电压为220 V。

交流发电动机可以产生单相和多相交流电压，如图1-20所示为产生单相、两相和三相交流电压的基本设置。

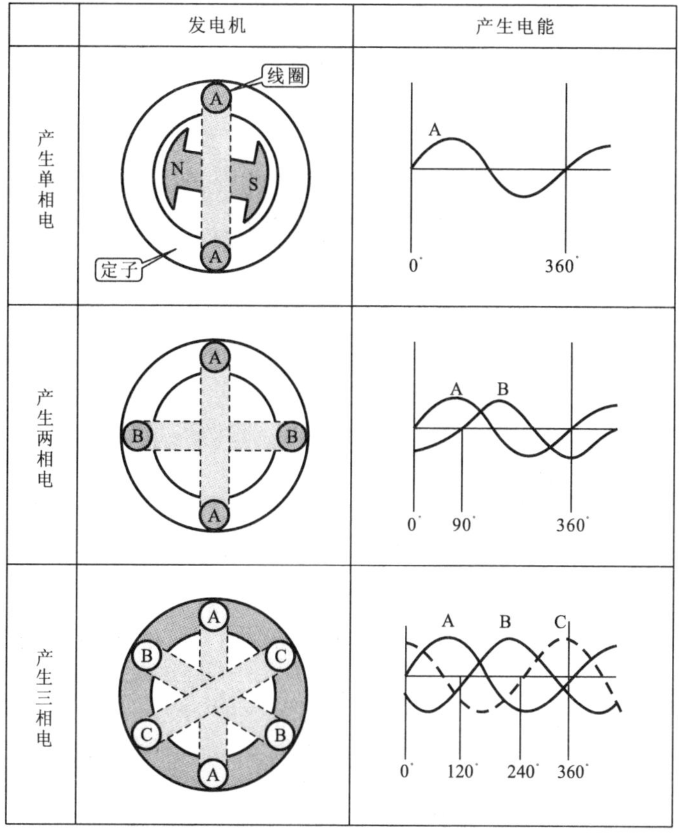

图1-20 单相交流电压和多相交流电压的产生

（1）单相交流电

交流发电动机见图1-21。

电源是一个交变电动势的交流电，叫单相交流电。转子是永磁体，定子是线圈绕制在铁芯上构成的，当外部动力使磁铁旋转后，定子线圈A和B受到转子的电磁感应便会产生正弦波交流电动势e。将产生电动势的电源称为相，这种发电动机使用由单相和两根电线供给的交流，只产生一组电源的称为单相交流，这种配电方式称为单相二线制。

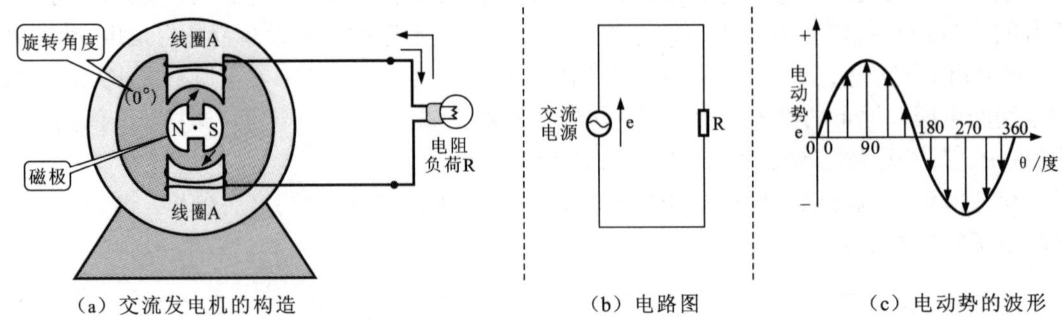

（a）交流发电机的构造　（b）电路图　（c）电动势的波形

图1-21　交流发电动机

（2）三相交流电

通常，把三相电源线路中的电压和电流统称三相交流电，这种电源由三条线来传输，三线之间的电压大小相等（380 V）、频率相同（50 Hz）、相位差为120°。

三相交流发电动机见图1-22。

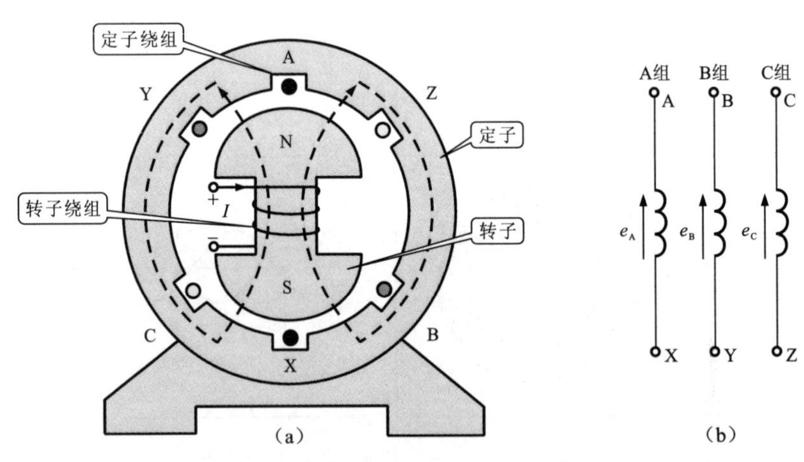

（a）　（b）

图1-22　三相交流发电动机

三相交流电是由三相交流发电动机产生的，在定子槽内放置着三个结构相同的定子绕组AX、BY、CZ，其中A、B、C称为绕组的始端，X、Y、Z称为绕组的末端，这些绕组在空间互隔120°。转子恒速旋转时，其磁场在空间就形成了正弦规律的变化，当转子由原动机带动以角速度ω等速地顺时针方向旋转时，在三个定子绕组中，就产生频率相同、幅值相等、相位上互差120°的三个正弦电动势，这样就形成了对称三相电动势。

扩展

三相交流电路中，相线与零线之间的电压为220 V，而相线与相线之间的电压为380 V，如图1-23所示。

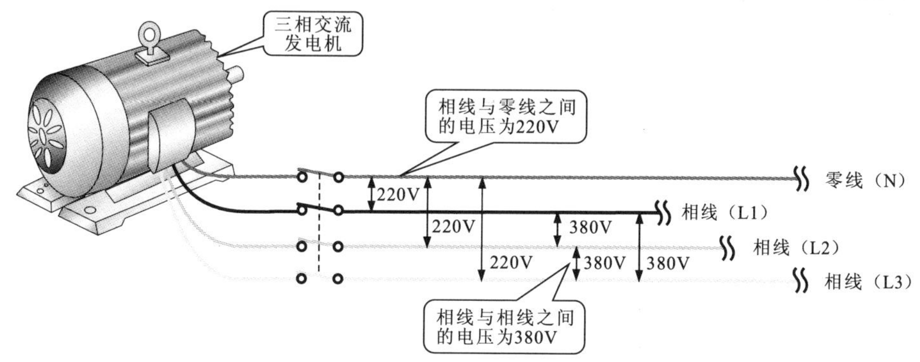

图1-23　三相交流电路电压的测量

1.2.3　单相交流电与三相交流电的区别

交流电路普遍用于人们的日常生活和生产中，大部分工业和大功率的电力设备都需要三相电源。三相电源系统是三个单相电源系统的组合。实际上，住宅用电的供给是从三相配电系统中抽取其中的某一相电压。

三相电路是由三相电源、三相负载及三相线路组成。相对的，单相电路由单相电源、单相负载和线路组成。

单相电路就是由一根相线（火线）和一根零线组成的电路。三相电路是由三根相线和一根零线组成的交流电路；一般单相电源电压为220 V，多做照明用电和家庭用电；三相电源电压为380 V多为动力设备用电。

（1）单相交流电的应用

单相交流电路主要有单相两线式、单相三线式供电方式，一般的家庭用电都是单相交流电路。

① 单相两线式

图解

单相两线式照明配电线路图见图1-24。

从三相三线高压输电线上取其中的两线送入柱上高压变压器输入端。例如，高压6600 V电压经过柱上变压器变压后，其次级向家庭照明线路提供220 V电压。变压器初级与次级之间隔离，输出端火线与零线之间的电压为220 V。

② 单相三线式

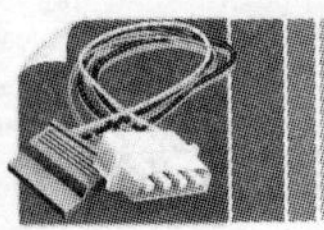

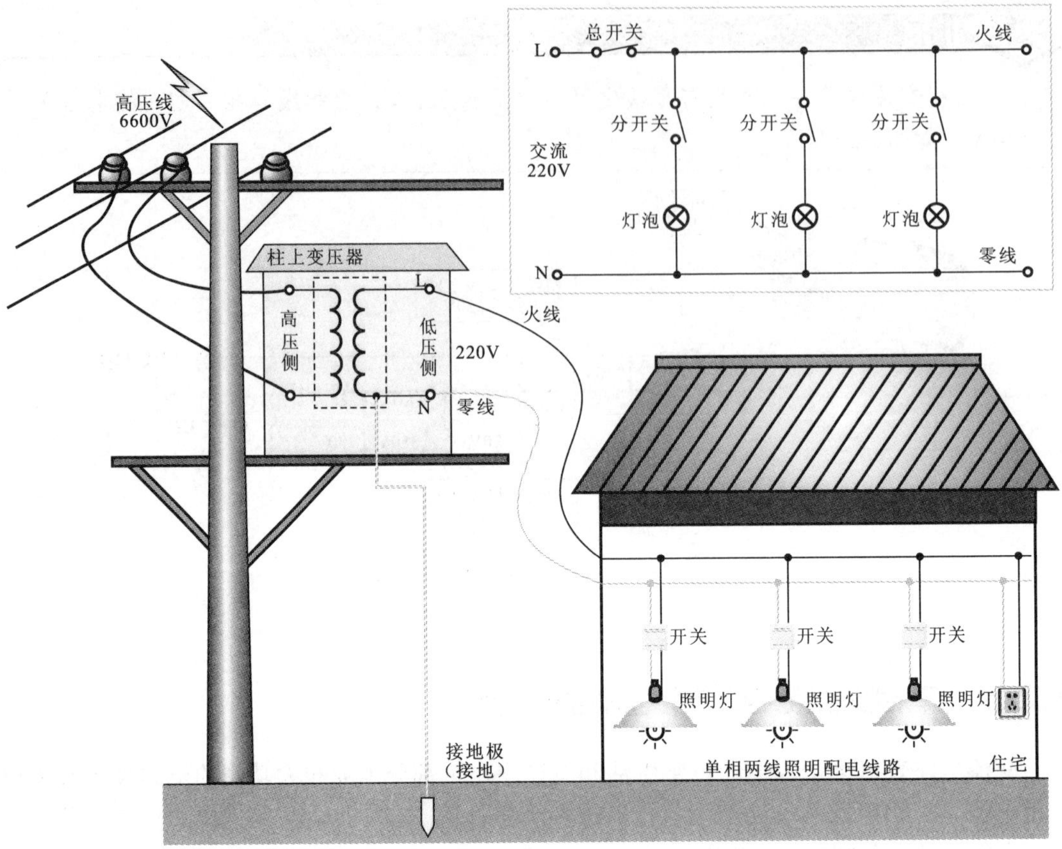

图1-24　单相两线式照明配电线路图

单相三线式配电线路图见图1-25。

单相三线式供电中的一条线路作为地线应与大地相接。此时，地线与火线之间的电压为220 V，零线N（中性线）与火线（L）之间电压为220 V。由于不同接地点存在一定的电位差，因而零线与地线之间可能有一定的电压。

（2）三相交流电路应用

三相交流电路主要三相三线式、三相四线式和三相五线式三种供电方法，一般工厂中的电器设备常采用三相交流电路。

① 三相三线式

三相三线式交流电动机供电配电线路图见图1-26。

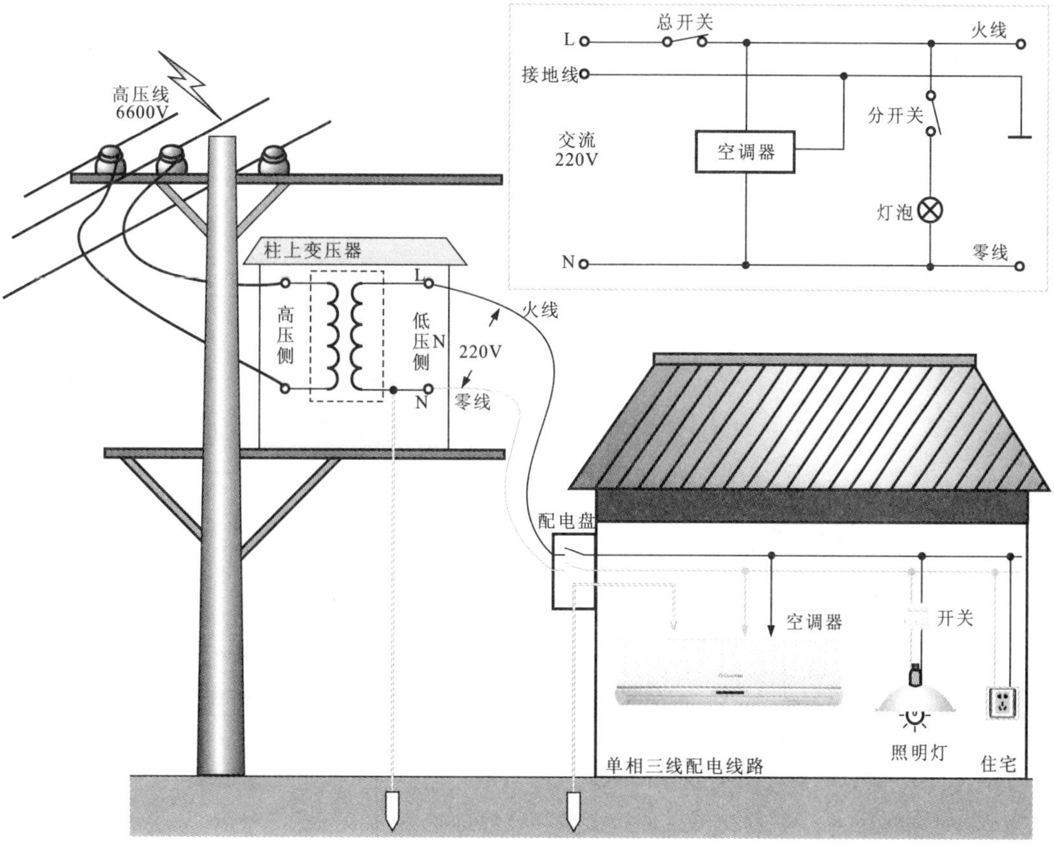

图1-25　单相三线式配电线路图

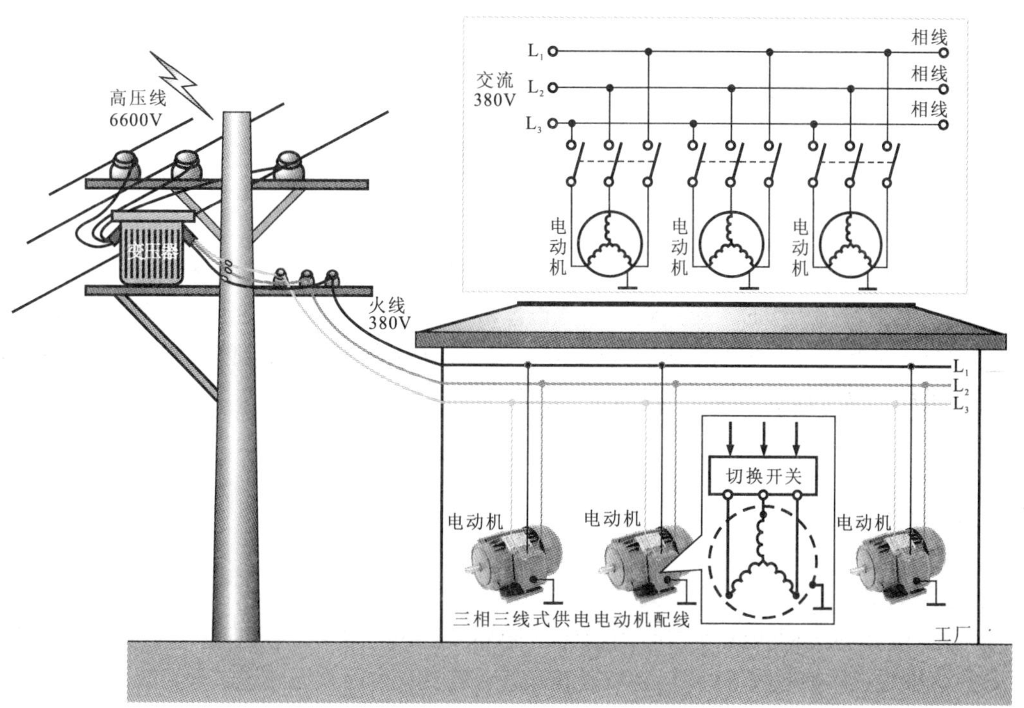

图1-26　三相三线式交流电动机供电配电线路图

高压（6600 V或10000 V）经柱上变压器变压后，由变压器引出三根相线，送入工厂中，为工厂中的电气设备供电，每根相线之间的电压为380 V，因此工厂中额定电压为380 V的电气设备可直接接在相线上。

② 三相四线式

三相四线供电方式的示意图见图1-27。

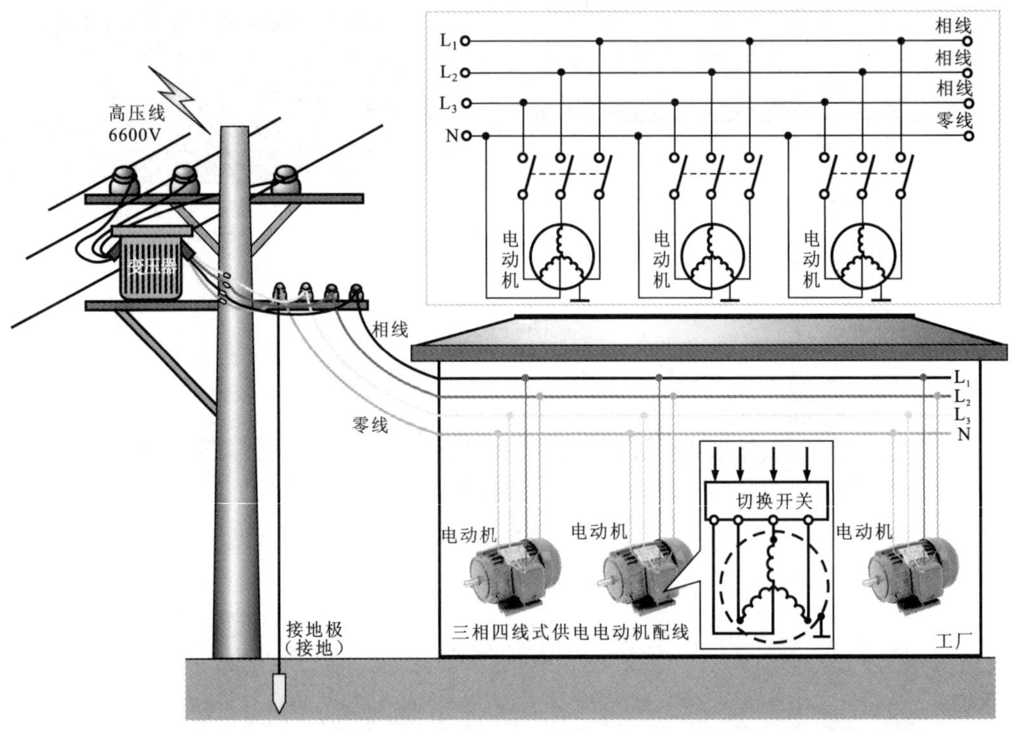

图1-27 三相四线供电方式的示意图

三相四线式供电方式与三相三线式供电方式不同的是从变压器输出端多引出一条零线。接上零线的电气设备在工作时，电流经过电气设备进行做功，没有做功的电流就可经零线回到电厂，对电气设备起到了保护的作用。与单相四线式供电不同的是，单相四线式供电只取其中的一相加入负载电路，而三相四线式则是将三根火线全部接到用电设备上。

③ 三相五线式

三相五线供电方式的示意图见图1-28。

在前面所述的三相四线制供电系统中，把零线的两个作用分开，即一根线做工作零线（N），另一根线做保护零线（PN），这样的供电接线方式称为三相五线制供电方式。

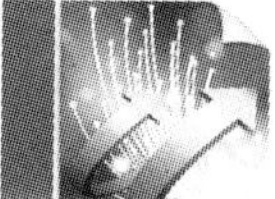

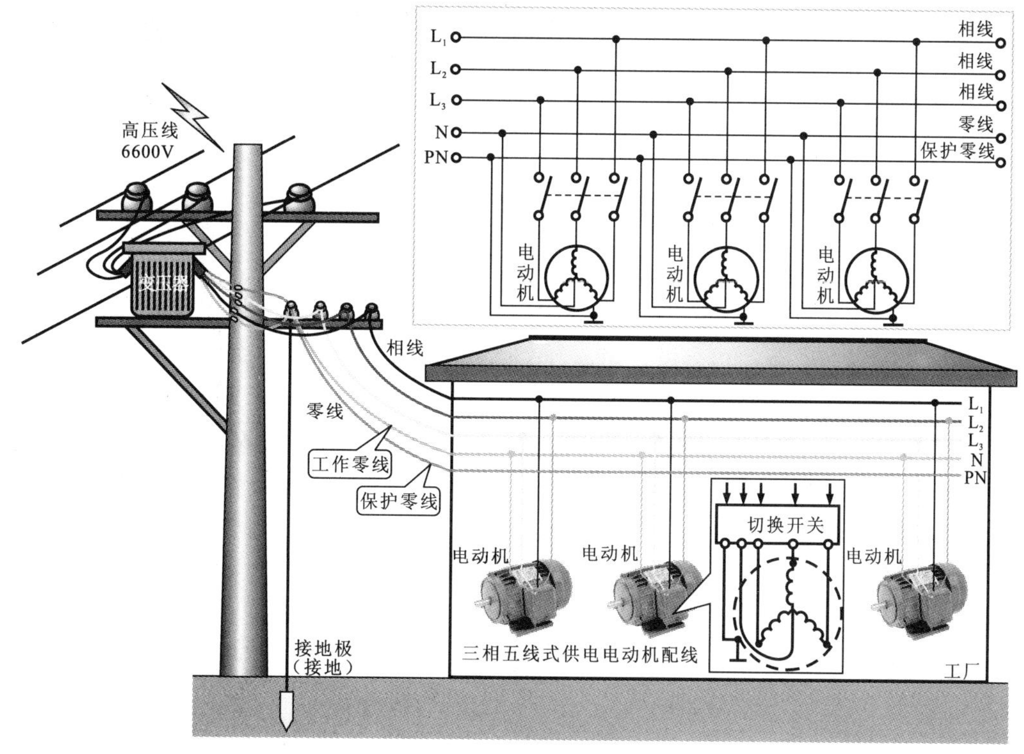

图 1–28　三相五线供电方式的示意图

1.3 电工电路的识图规律与技巧

1.3.1 电工电路识图要领

对于电工技术人员，想要对电气设备进行维修，首先就要了解它的功能和原理，而一张详细的电气电路图就提供了这一切。通过对电气图的识读，电工能够充分地了解电气设备的内部结构、组成部分以及工作原理，从而快速、准确找出故障所在，并进行修理。现在电气设备的品种越来越多、功能也越来越强大，相对应的电气图也各不相同，这为维修这些电气设备带来了一定的困难。

电气图是电工技术领域中各种图纸的总称，要想看懂各种电气图，必须要从基本的电气元件符号及电路开始，通过了解识图的一些基本方法和基本步骤，积累丰富的识图经验，循序渐进才能轻松地看懂电气图。

看电气图的首要原则是先看说明，对于电气或电路设备有整体的认识后，熟悉电气元件的电路符号再结合相应的电工、电子电路、电子元器件、电气元件以及典型电路等知识进行识读。在看电气图的主电路时要一般会遵循从下往上、从左到右的识图顺序，即从用电设备开始，经控制元件顺次而下进行识图，或先看各个回路，搞清电路的回路构成，分析各回路上的元件所达到的负载和原理。看辅助电路图时，要自上而下，通过了解辅助电路和主电路之间的关系，从而搞清电路的工作原理和流程。顺着电路的流程识图是比较简便的方法。

识读电工线路时，可以结合以下几点的注意事项，遵循一定的原则和识读技巧，一步步的进行分析，从而使电工线路的识图更为快捷。

（1）结合电气相关图形符号、标记符号

电气图主要是利用各种电气图形符号来表示其结构和工作原理的。因此，结合上面介绍的电气图形符号等，就可以轻松地对电气图进行识读。

（2）结合电工、电子技术的基础知识

在电工领域中，比如输变配电、照明、电子电路、仪器仪表和家电产品等，所有电路等方面的知识都是建立在电工电子技术基础之上的，所以要想看懂电气图，必须具备一定的电工电子技术方面的知识。

（3）结合典型电路

典型电路是电气图中最基本也是最常见的电路，这种电路的特点是即可以单独的应用，也可以应用到其他电路中作为关键点扩展后使用。许多电气图都是由很多的典型电路结合而成的。

例如电动机的启动、控制、保护等电路或晶闸管触发电路等，都是由各个电路组成的。在读图过程中，只要抓准典型电路，将复杂的电气图划分为一个个典型的单元电路，从而可以读懂任何复杂电路图。

（4）结合电气或电子元件的结构和工作原理

各种电气图都是由各种电气元件或电子元器件和配线等组成的，只有了解各种元器件的结构、工作原理、性能以及相互之间的控制关系，才能帮助电工技术人员尽快地读懂电路图。

1.3.2 电工电路识图步骤

电工线路图是将各种元器件的连接关系用图形符号和连线连接起来的一种技术资料，因此电路图中的符号和标记必须有统一的标准。这些电路符号或标记中包含了很多的识图信息，从电路图中可以了解电路结构、信号流程、工作原理和检测部位，掌握这些识图信息能够方便对其在电路中的作用进行分析和判断，也是我们学习电子电路识读的必备基础知识。

识读电工线路的首要原则是先看说明，对于电气或电路设备有整体的认识后，熟悉电气元件的电路符号再结合相应的电工、电子电路，电子元器件、电气元件以及典型电路等知识进行识读。在看电气图时的主电路时要一般会遵循从下往上、从左到右的识图顺序，即从用电设备开始，经控制元件顺次而下进行识图，或先看各个回路，搞清电路的回路构成，分析各回路上的元件所达到的负载和原理开始。看辅助电路图时，要自上而下，通过了解辅助电路和主电路之间的关系，从而搞清电路的工作原理和流程。顺着电路的流程识图是比较简便的方法。

电工线路识图的基本流程如图1-29。

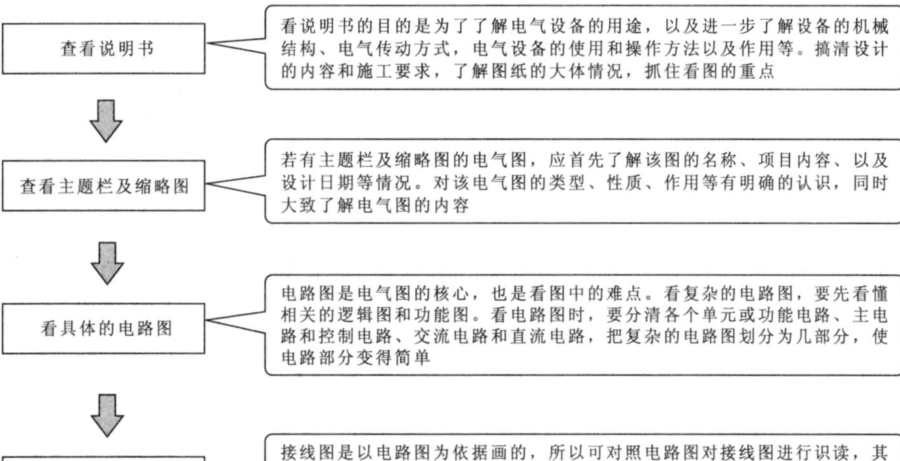

查看说明书
看说明书的目的是为了了解电气设备的用途，以及进一步了解设备的机械结构、电气传动方式，电气设备的使用和操作方法以及作用等。搞清设计的内容和施工要求，了解图纸的大体情况，抓住看图的重点
查看主题栏及缩略图
若有主题栏及缩略图的电气图，应首先了解该图的名称、项目内容、以及设计日期等情况。对该电气图的类型、性质、作用等有明确的认识，同时大致了解电气图的内容
看具体的电路图
电路图是电气图的核心，也是看图中的难点。看复杂的电路图，要先看懂相关的逻辑图和功能图。看电路图时，要分清各个单元或功能电路、主电路和控制电路、交流电路和直流电路，把复杂的电路图划分为几部分，使电路部分变得简单
看接线图
接线图是以电路图为依据画的，所以可对照电路图对接线图进行识读，其识读方法和电路图类似。先从主电路开始，再看控制电路，从电源端开始，顺电路方向顺次查下去。由于接线图多采用单线表示，因此对导线的走向应加以辨别，还要搞清端子板内外电路的连接

图1-29　电工线路识图的基本流程

第2章 照明控制电路识图

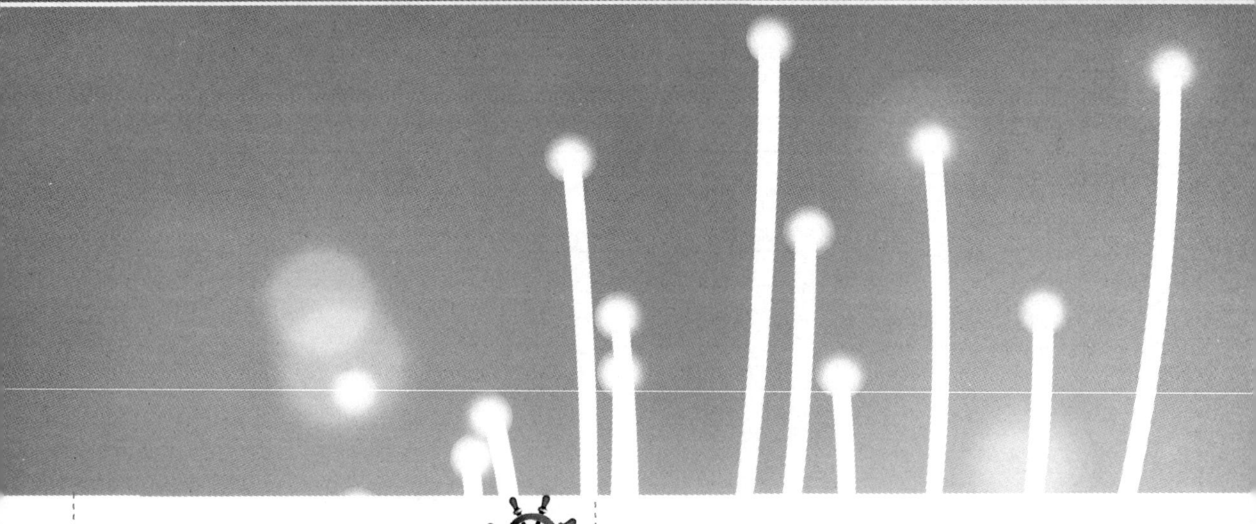

目标

本章从照明控制电路的功能特点入手，通过照明控制电路结构组成的系统剖析，首先让读者建立起照明控制电路中主要部件的电路功能和电路对应关系。然后，再以典型照明控制电路为例，系统介绍照明控制电路的识图特点和识图方法。最后，对目前流行且极具代表性的照明控制电路进行归纳、整理，筛选出各具特色的照明控制实用电路，向读者逐一解读不同照明控制实用电路的识读技巧和识图注意事项，力求让读者真正掌握照明控制电路的识图技能。

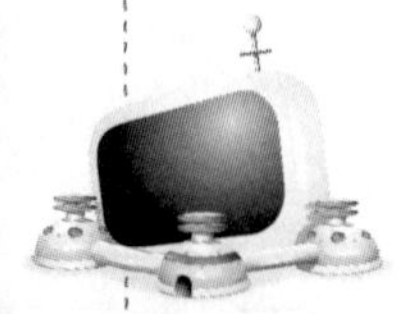

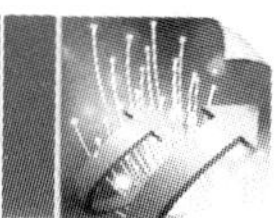

2.1 照明控制电路的特点及用途

2.1.1 照明控制电路的功能及应用

（1）照明控制电路的功能

照明控制电路是依靠开关、继电器等控制部件来控制照明灯具，进而完成对照明灯具数量、亮度、启停时间及启停间隔的控制。

单联开关控制照明电路见图2-1。

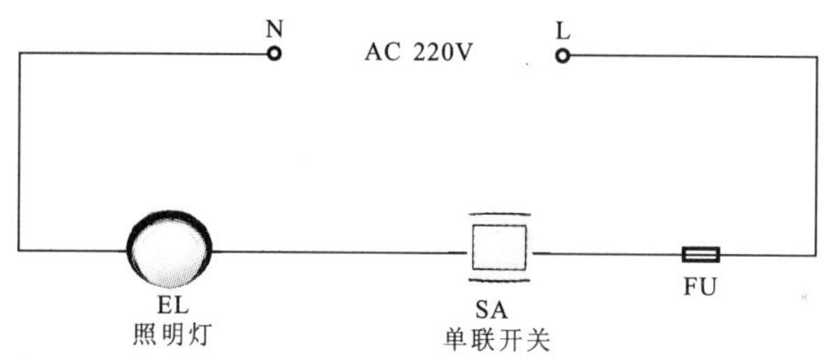

图2-1 单联开关控制照明电路

该电路为简单的照明控制电路，它通过单联开关即可控制照明灯的开启或熄灭。照明控制电路由于电路结构设计和主要部件不同，其电路功能也大不相同。

声控照明电路见图2-2。

该电路是通过声音感应器接收到声音信号后使晶体三极管VT导通，经集成电路芯片DC SL517A处理后控制照明灯具开启或熄灭的电路，当声控开关接收到声音信号后照明灯具便点亮，延时一段时间后便会熄灭。

可见根据不同的需要照明控制电路的结构以及所选用的照明灯具和控制部件也会发生变化。正是通过对这些部件巧妙的连接和组合设计，使得照明控制电路可以实现各种各样的功能。

（2）照明控制电路的应用

照明控制电路最基本的功能就是可以实现对照明灯具的控制，因此，不论是在家庭生活还是在公共场合，照明控制电路都是非常重要且使用效率较高的实用电路。

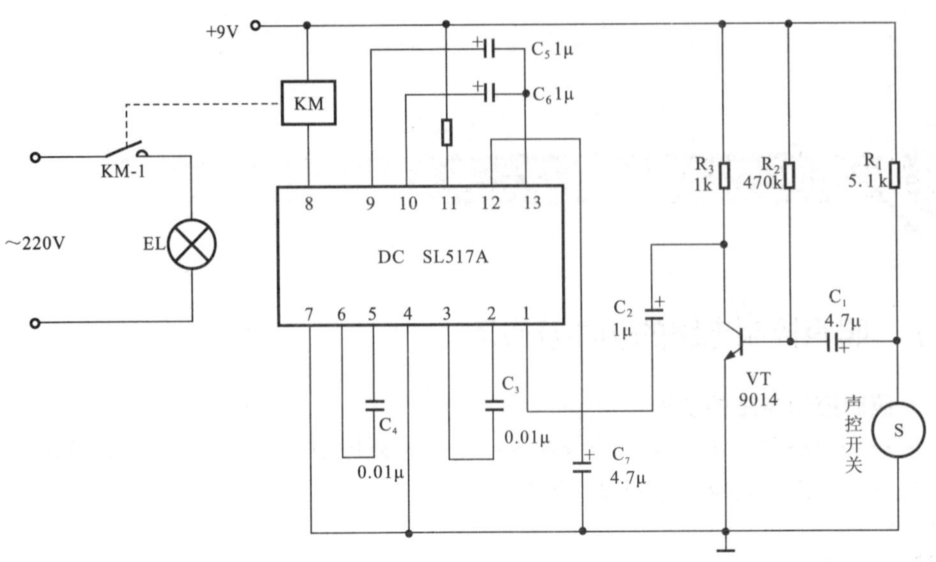

图2-2　声控照明电路

尤其是随着技术的发展和人们生活需求的不断提升，照明控制电路所能实现的功能多种多样，几乎在社会生产、生活的各个角落都有照明控制电路的应用。

照明控制电路的应用见图2-3。

(a) 室内照明　(b) 小区照明　(c) 公路照明

(d) 隧道照明　(e) 景观照明　(f) 专用照明（医疗照明）

图2-3　照明控制电路的应用

图2-3（a）在室内照明电路中，大多采用单联开关、双联开关及其遥控等控制电路。

图2-3（b）在小区照明电路中，大多采用时间、光能和总线控制等控制电路，可以有效地节约能源和人力。

图2-3（c）在公路照明电路中，采用的控制方式与小区照明基本相同。

图2-3（d）在隧道照明电路中，大多采用时间和总线控制的控制电路。

图2-3（e）在景观照明电路中，大多采用时间和总开关控制的方式，便于在节日时对其进行整体开启或关闭。

图2-3（f）在专用照明电路（医疗照明电路）中，大多采用元器件或集成电路对其光线进行控制。

2.1.2 照明控制电路的组成

照明控制电路是由照明灯具、电子控制部件和基本电子元器件构成的。在学习识读照明控制电路之前，我们首先要了解照明控制电路的组成。明确照明控制电路中各主要电子元器件、控制部件以及照明灯具的电路对应关系。

典型照明控制电路的组成见图2-4。

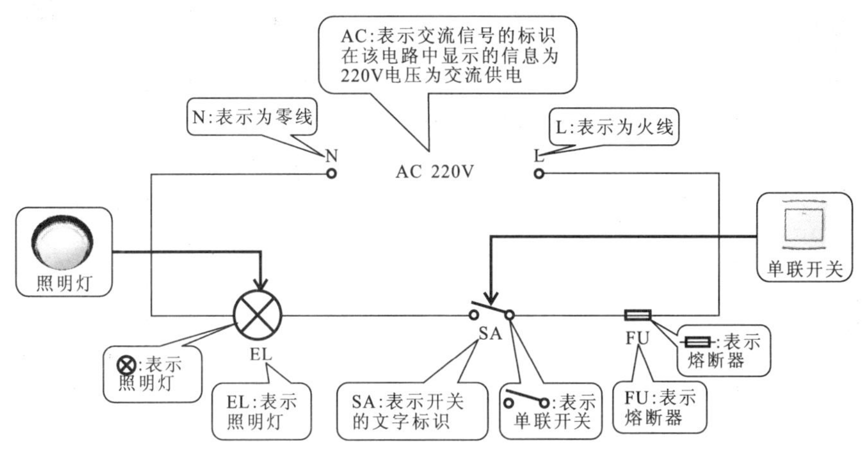

图2-4 识读单联开关控制照明灯电路及各个符号的表示含义

照明控制电路主要是由照明灯具、电子元器件、控制开关等构成。如“AC”为交流供电标识，为整个电路提供220交流电压；“L”表示火线端；“N”表示零线端；“EL”与“⊗”同样表示照明灯具，当有电流通过时可以发出光明；“○—○”与“SA”表示开关，控制照明灯的点亮和熄灭；“FU”与“-▭-”表示熔断器，在电路中用于保护电路。线路中S为单联开关，在火线L端，照明灯的一端连接控制开关，另一端连接零线N端。当单联开关SA闭合时，照明电路形成回路，交流220 V电压加载到照明灯的两端，为其供电，照明灯具EL点亮；当单联开关SA断开时，照明电路断路，照明灯具EL会随之熄灭；当电路中的电流或电压过大时，熔断器会断开起到保护作用，防止照明灯具的损坏。

提示

在照明控制电路中主要使用的控制方式有按键开关直接对电路进行控制；利用不同的元器件进行组合使用触摸式的方式使其导通进行控制；利用感应开关与元器件进行控制；利用开关与继电器和元器件进行控制；采用元器件对光能进行检测达到对照明电路的控制等，如图2-5所示。

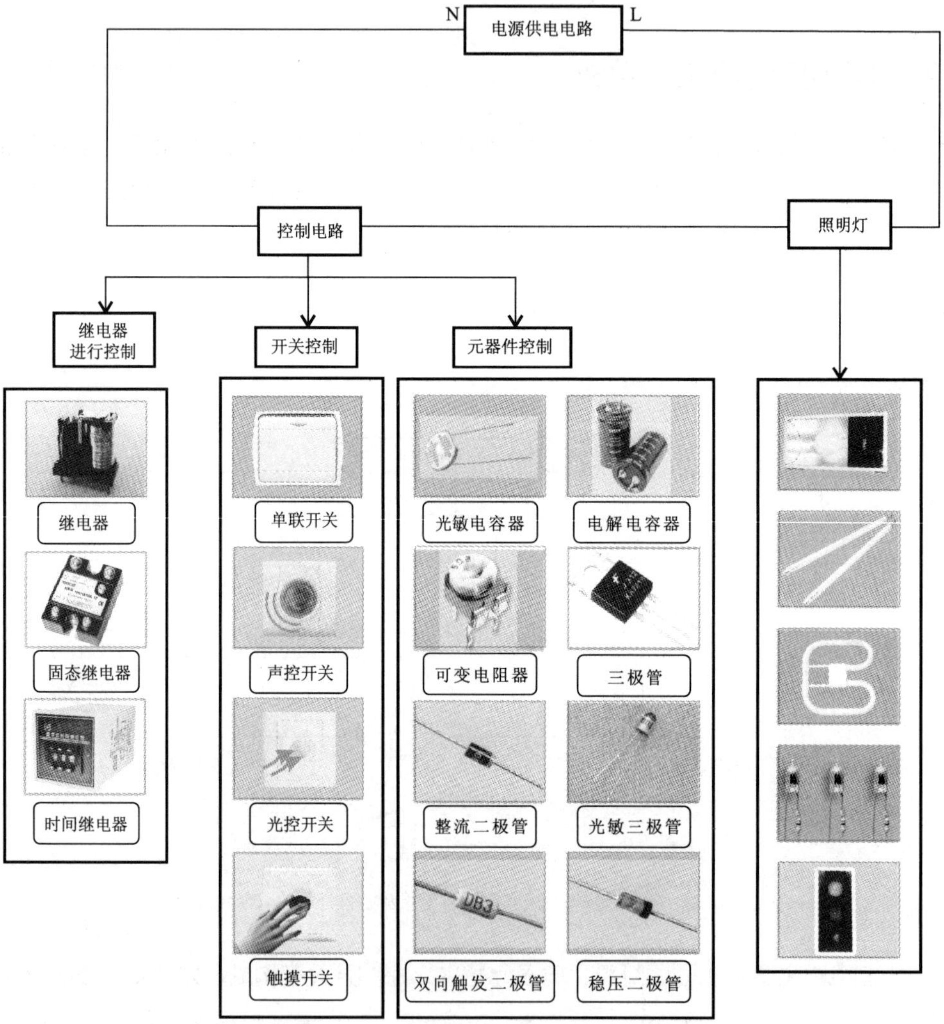

N 电源供电电路 L

控制电路

照明灯

继电器进行控制：继电器、固态继电器、时间继电器

开关控制：单联开关、声控开关、光控开关、触摸开关

元器件控制：光敏电容器、电解电容器、可变电阻器、三极管、整流二极管、光敏三极管、双向触发二极管、稳压二极管

DB3

图2-5　照明控制电路中常见控制元件

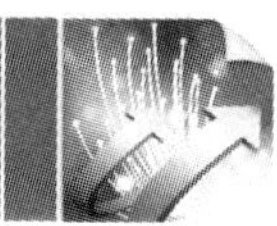

2.2 照明控制电路的识图方法

2.2.1 照明控制电路中的主要元器件

在前面的章节中，我们大体了解了照明控制电路的基本组成。接下来，我们会从照明控制电路中的主要组成元件、电气部件和照明灯具入手，掌握这些电路组成部件的种类和特点，为识读照明控制电路打好基础。

（1）照明灯

照明灯在照明控制电路中的图形用“⊗”表示，符号用“EL H”表示，是一种控制发出光亮的电气设备。

照明控制电路中照明灯的实物外形见图2-6。

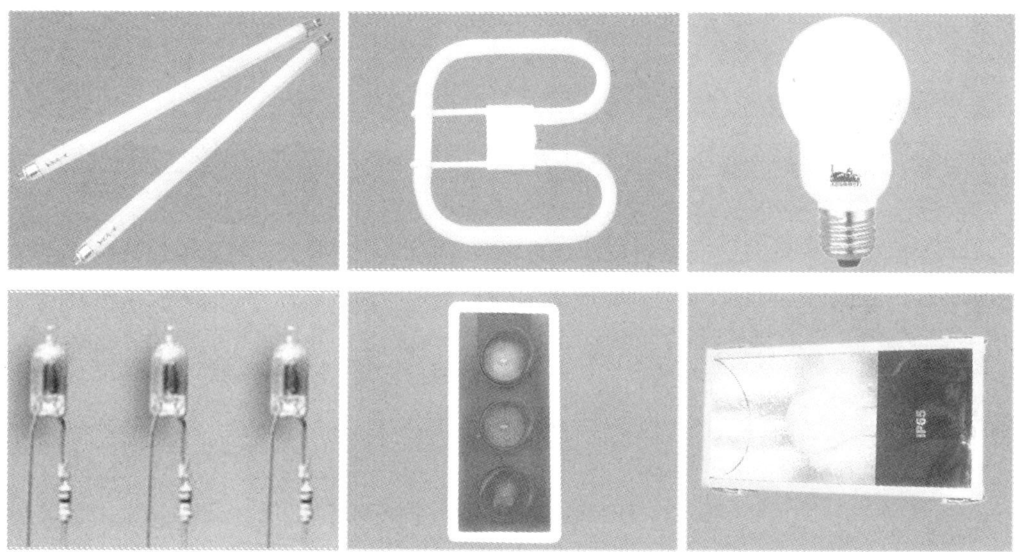

图2-6　照明控制电路中照明灯的实物及其外形

灯管、灯泡以及节能灯管多用于家庭照明控制电路中；LED灯牌多用于广告及装饰灯带的控制电路；隧道灯多用于较为黑暗潮湿的环境中，可以防止电路过于潮湿发生损坏。红绿灯用于交通指挥。

（2）开关组件

在照明控制电路中比较常见的开关组件有普通的触点开关、联动开关、常开开关、常闭开关、触摸开关、声音感应开关、光控开关及超声波感应开关，如表2-1所列。

表2-1　照明控制电路中常见的开关图形符号

名称	符号	图形	名称	符号	图形
触点开关	SA S		按钮	Q SA S	
常开开关	SA		常闭开关	SA	
常开按钮	Q SA S		常闭按钮	Q SA S	
触摸开关	A	A	声控开关	S	S
光控开关	MG		超声波感应开关	B	

照明控制电路中开关的实物外形见图2-7。

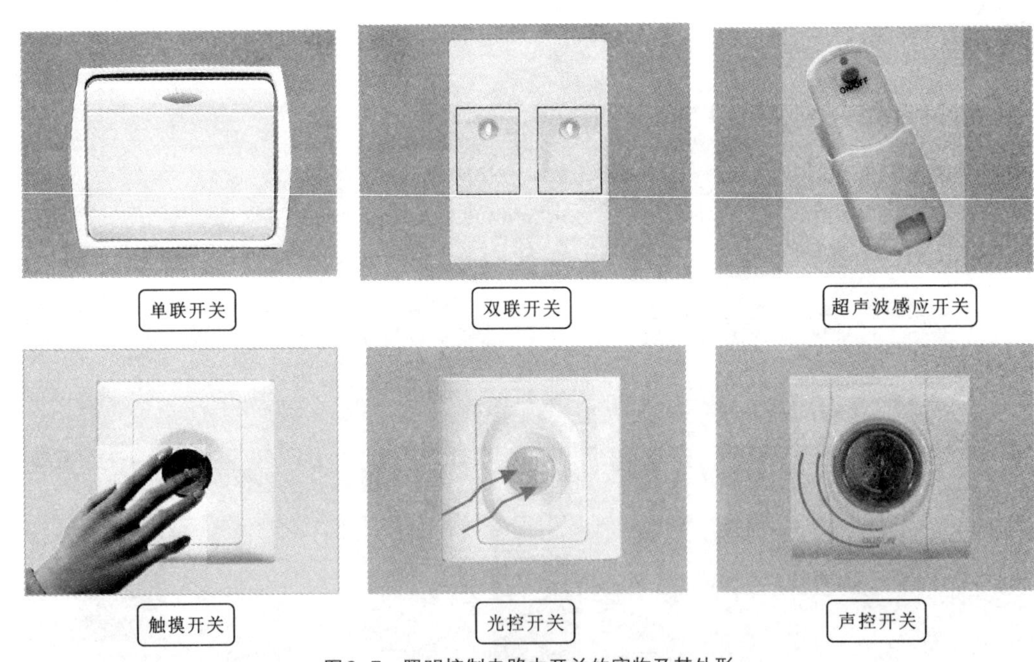

图2-7　照明控制电路中开关的实物及其外形

照明控制电路中的单联开关、双联开关及超声波遥控开关多用于家庭照明中，触摸开关、光控开关和声控开关多用在楼道照明中。

提示

在室外照明控制电路中很少采用开关进行控制，而是多采用元器件或是集成电路控制照明灯具的照亮和熄灭。

在照明控制电路中双联开关与双控开关的区别，如图2-8所示。

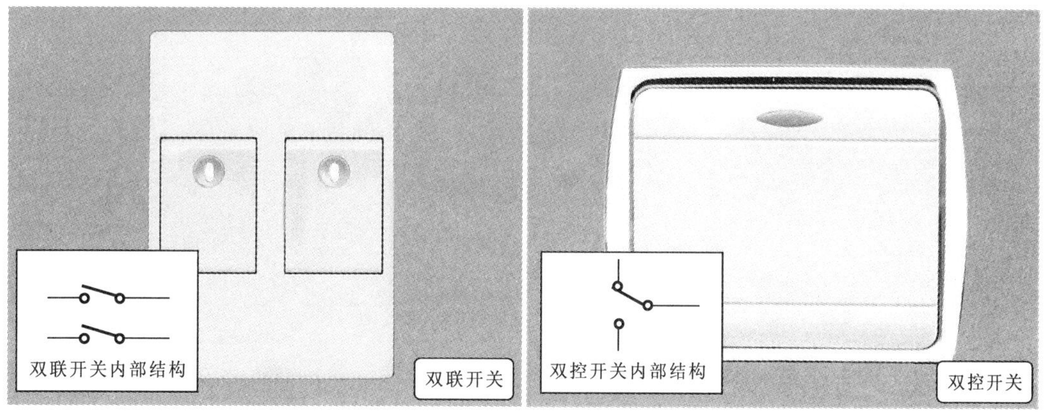

图2-8　双联开关与双控开关的区别

双联开关可以分别控制不同的照明灯具，其内部有一个触点构成；双控开关是控制一盏或多盏照明灯的不同状态，内部由两个触点构成，外形与单联开关相似。双控开关与单联开关从外形上无法分别，可以利用其内部的电路结构进行区分。

（3）**继电器**

继电器在照明电路中起到控制电路的通断功能，进而也可以间接控制照明灯具的照明和熄灭。常见的继电器和接触器图形符号如表2-2所列。

表2-2　照明电路中常见继电器图形符号

名称	符号	图形	名称	符号	图形
继电器	KA或KM	KM　KM-1　或　KM　KM-1	时间继电器	KT或KM	KT　KT-1　或 KT　KT-1
中间继电器	KA或KM	KM　KM-1　或　KM　KM-1			

照明电路中常见的继电器的实物外形见图2-9。

(a)继电器

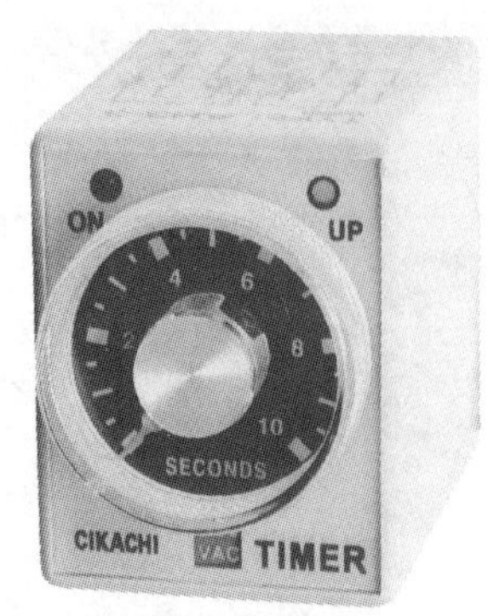

(b)时间继电器

(c)中间继电器

图2-9　照明电路中继电器的实物外形

图2-9（a）继电器是指根据继电器线圈中的信号而接通或断开电路的继电器。当继电器接收到控制信号后动作，使其触点一起动作，常闭触点打开，常开触点闭合，从而可以控制照明电路的导通和断开。

图2-9（b）时间继电器是一种延时或周期性定时接通、切断某些控制电路的继电器，当线圈得电后，经一段时间延时后（预先设定时间），其常开、常闭触点才会动作。

图2-9（c）中间继电器通常用来控制各种电磁线圈使信号得到放大，将一个输入信号转变成一个或多个输出信号。

2.2.2　照明控制电路的识读

照明控制电路的结构多样，电子元件、控制部件和功能器件连接组合方式的不同，使得电路的功能也千差万别。

因此，在对照明控制电路进行识读时，通常先要了解照明控制电路的结构特点，掌握照明控制电路中的主要组成部件，并根据这些主要组成部件的功能特点和连接关系，对整个照明控制电路进行单元电路的划分。

然后，进一步从控制部件入手，对照明控制电路的工作流程进行细致的解析，搞清照明控制电路的工作过程和控制细节，完成照明控制电路的识读过程。

（1）两位双联开关三方控制照明灯的电路识读

① 两位双联开关三方控制照明灯的电路结构特点的识读　三方控制照明灯电路，是设在不同位置的三个开关可控制一个照明灯，例如安装在家庭中，照明灯位于客厅中，三个开关分别设置在客厅与两个不同的卧室中，便于对照明灯的控制。

两位双联开关三方控制照明灯电路结构特点的识读见图2-10。

该电路由AC 220 V交流供电，控制电路由双控开关SA1、SA3，双控联动开关SA2组成；照明灯具为EL；保护器件有熔断器FU。当电路中任何一个开关动作，都可以对照明灯进行控制。

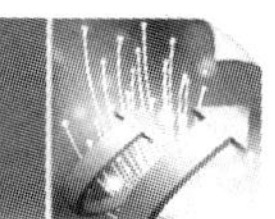

该照明电路处于图2-10所示状态时，开关SA1的A点与B点连接，联动开关SA2-1的A点与B点连接、SA2-2的A点与B点连接，开关SA3的A点连接B点，照明电路处于断路状态，照明灯EL不亮。

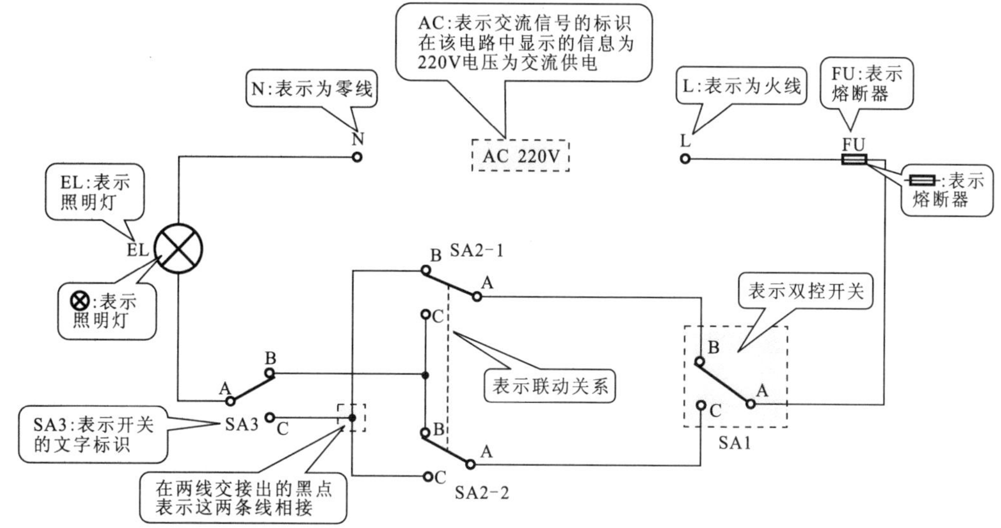

图2-10　两位双联开关三方控制照明灯电路结构特点的识读

② 从控制部件入手，理清照明控制电路的工作过程

双控开关SA1动作时，三方控制照明灯电路的工作过程见图2-11。

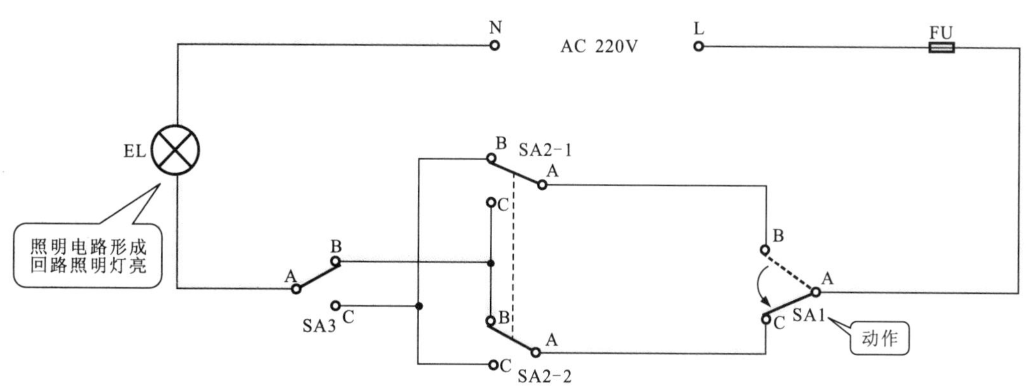

图2-11　双控开关SA1动作时照明电路的工作过程

当双控开关SA1动作时，双控开关SA1的触点A与触点C连接，三方控制照明电路形成回路，照明灯EL亮。

此时，若按动双控联动开关SA2或双控联动开关SA3时，三方控制照明电路断路，照明灯EL灭。

双控联动开关SA2动作时，三方控制照明灯电路的工作过程见图2-12。

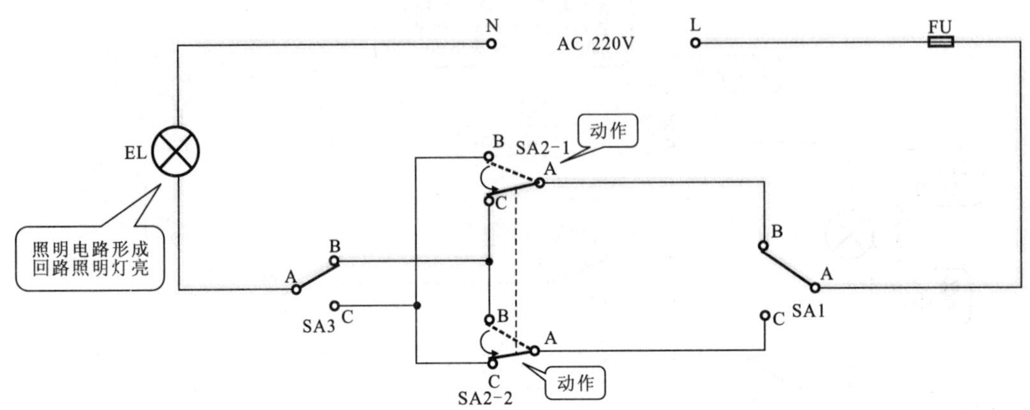

图2-12　双控联动开关SA2动作照明电路的工作过程

双控开关SA1和SA3不动作，双控联动开关SA2动作时，双控联动开关SA2-1和SA2-2的触点A点连接C点，三方控制照明电路形成回路，照明灯EL亮。

此时，若按动双控开关SA1或双控开关SA3时，三方控制照明电路断路，照明灯EL灭。

双控开关SA3动作时，三方控制照明灯电路的工作流程见图2-13。

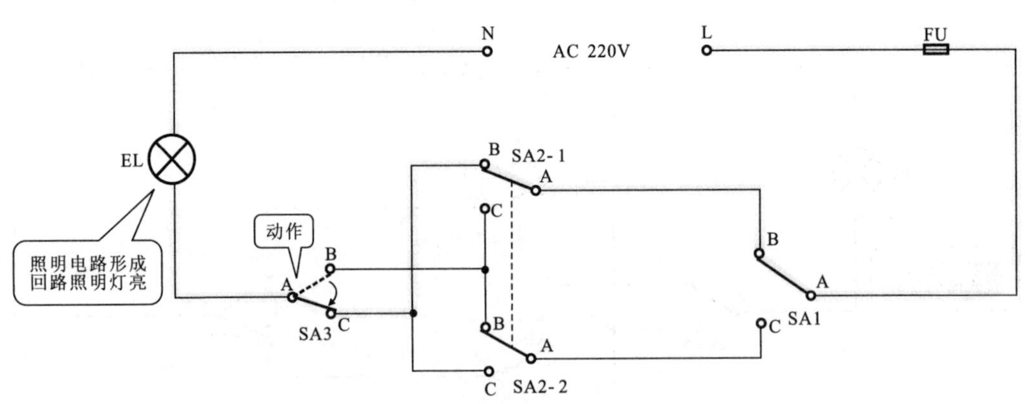

图2-13　开关SA3动作照明电路的工作过程

当电路处于初始状态时，双控开关SA3动作，双控开关SA3的触点A与触点C连接，三方控制照明电路形成回路，照明灯EL亮。

此时，若按动双控联动开关SA2或双控联动开关SA1时，三方控制照明电路断路，照明灯EL灭。

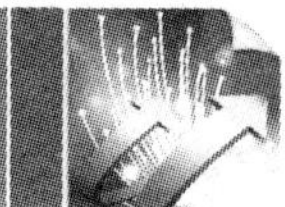

（2）触摸开关控制照明灯电路识图

该电路为触摸控制照明灯电路，比较适合安装在楼道照明或公共场合的短时间照明，当该电路接收到感应信号后，使其工作，当一段时间后电容器内的电量降低，照明灯自动熄灭，电路进入初始状态，电容器进行充电，等待照明灯再一次点亮。

① 触摸开关控制照明灯的电路结构特点的识读

触摸开关控制照明灯电路结构特点的识读见图2-14。

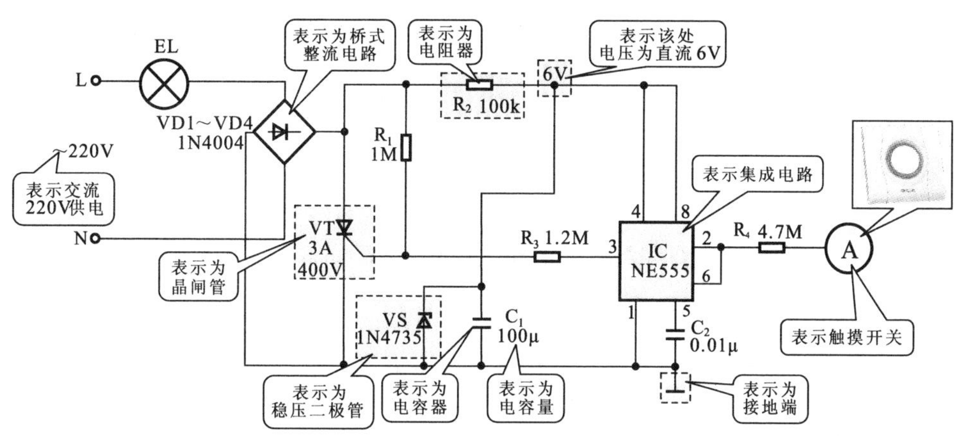

图2-14　触摸开关控制照明灯电路结构特点的识读

触摸开关控制照明灯电路由AC 220 V交流供电，电源电路由桥式整流堆、稳压二极管、电容器C_3构成；触摸控制电路有触摸开关、集成电路IC NE555、晶闸管VT、稳压二极管VS等构成。由触摸开关控制照明灯具EL的点亮与熄灭。

提示

在电路中标有6V的标识表示该处的电压为直流6V，只有在出现“AC”和“～”时表示该处的电压为交流电压。在电路中桥式整流电路可以将交流电压转换为直流电压为电路供电。

② 根据主要组成部件的功能特点和连接关系划分单元电路

识读触摸开关控制照明灯电路的结构见图2-15。

在触摸开关控制照明电路中，首先根据电路符号和文字标识找到主要组成部件，并根据主要组成部件的功能特点和连接关系划分单元电路，该电路可划分为电源电路和触摸控制电路。其中电源电路用于为触摸控制电路提供工作电压；触摸控制电路是利用触摸开关控制晶闸管的导通，从而控制照明灯具EL的点亮与熄灭。

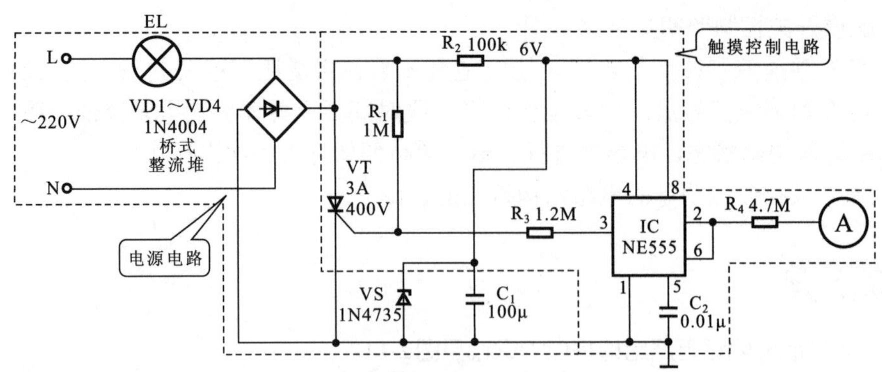

图2-15 触摸开关控制照明灯电路识图顺序

③ 从控制部件入手，理清照明控制电路的工作过程

无人触摸感应开关时照明灯电路的工作流程见图2-16。

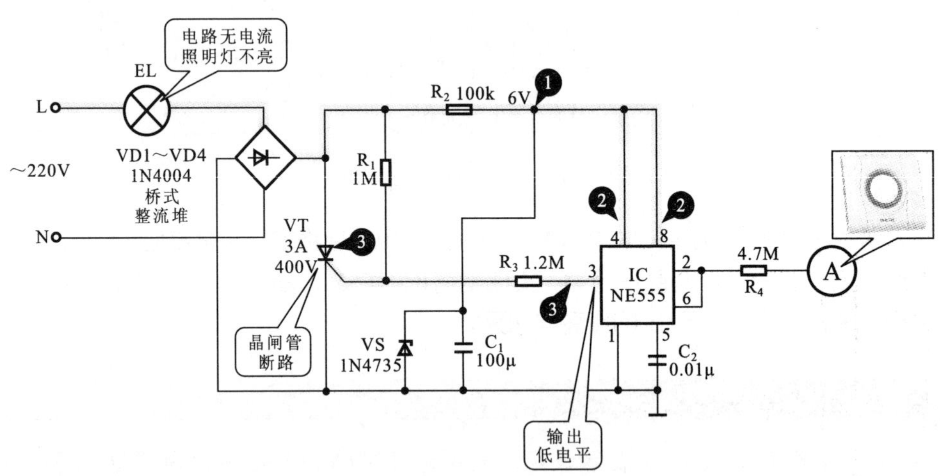

图2-16 无人触摸感应开关时照明灯电路的工作流程

❶ 当无人触摸感应键时，该电路处于初始状态。AC 220 V电压经桥式整流堆进行整流后，再由电阻器R_2限流降压，产生6 V左右的直流电压。

❷ 6 V左右的直流电压为集成电路管理芯片IC NE555提供电压。

❸ 由于此时集成芯片IC NE555的③脚为低电平，使晶闸管VT处于截止状态。晶闸管VT截止，导致通过桥式整流电路的电流过小，无法启动照明灯EL。

有人触摸感应开关时照明灯电路的工作流程见图2-17。

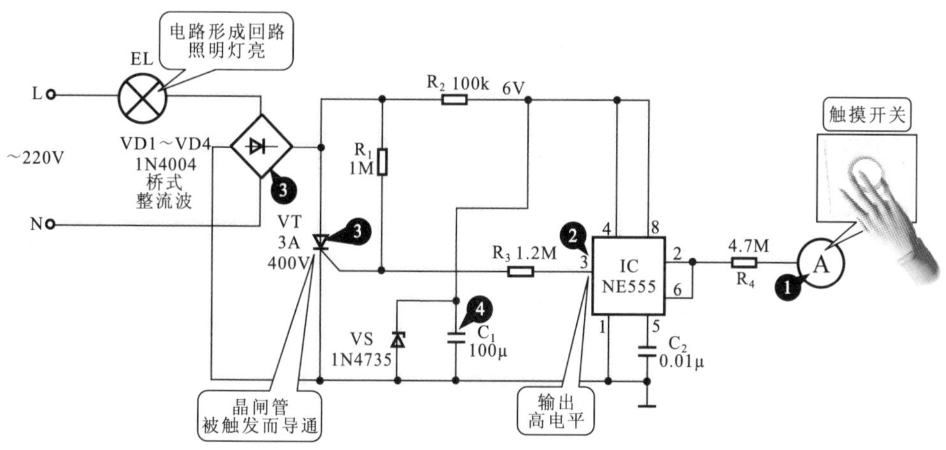

图2-17　当触摸感应开关时照明灯电路的工作流程

❶ 交流220 V经照明灯EL、桥式整流电路输出直流电压，经电阻器R_1为电容器C1充电并由稳压二极管VS稳压想成+6V电压为NE 555供电，使之处于工作状态，此时由于电流很小，不能点亮照明灯EL。

❷ 当有人触摸感应键A时，人体感应信号加到集成电路IC NE555的②脚上。

❸ 由于②脚信号的作用使IC NE555的③脚输出高电平。

❹ 高电平信号加到晶闸管VT的触发端使晶闸管VT导通，电流经过桥式整流电路和晶闸管形成回路。交流220 V供电电路中电流量增大，照明灯EL点亮。

2.3 照明控制电路的识读

2.3.1　光控照明电路的识读实例

光控照明电路是利用光敏元件自动控制照明的电路。该电路多用于公路照明，使用光能控制照明电路可以有效节约能源，掌握光控制照明电路的识读对于设计、安装、改造和维修光控电路会有所帮助。

（1）光控照明电路的结构组成的识读

识读光能控制照明灯电路，首先要了解该电路的组成，明确电路中各主要部件与电路符号的对应关系。

该电路利用光敏电阻进行照明控制。白天光线强，光敏电阻器阻值较小，继电器不动作，照明灯不亮，夜晚光线暗，光敏电阻器阻值增大，继电器动作照明灯电源被接通自动点亮。

光控照明电路的结构组成见图2-18。

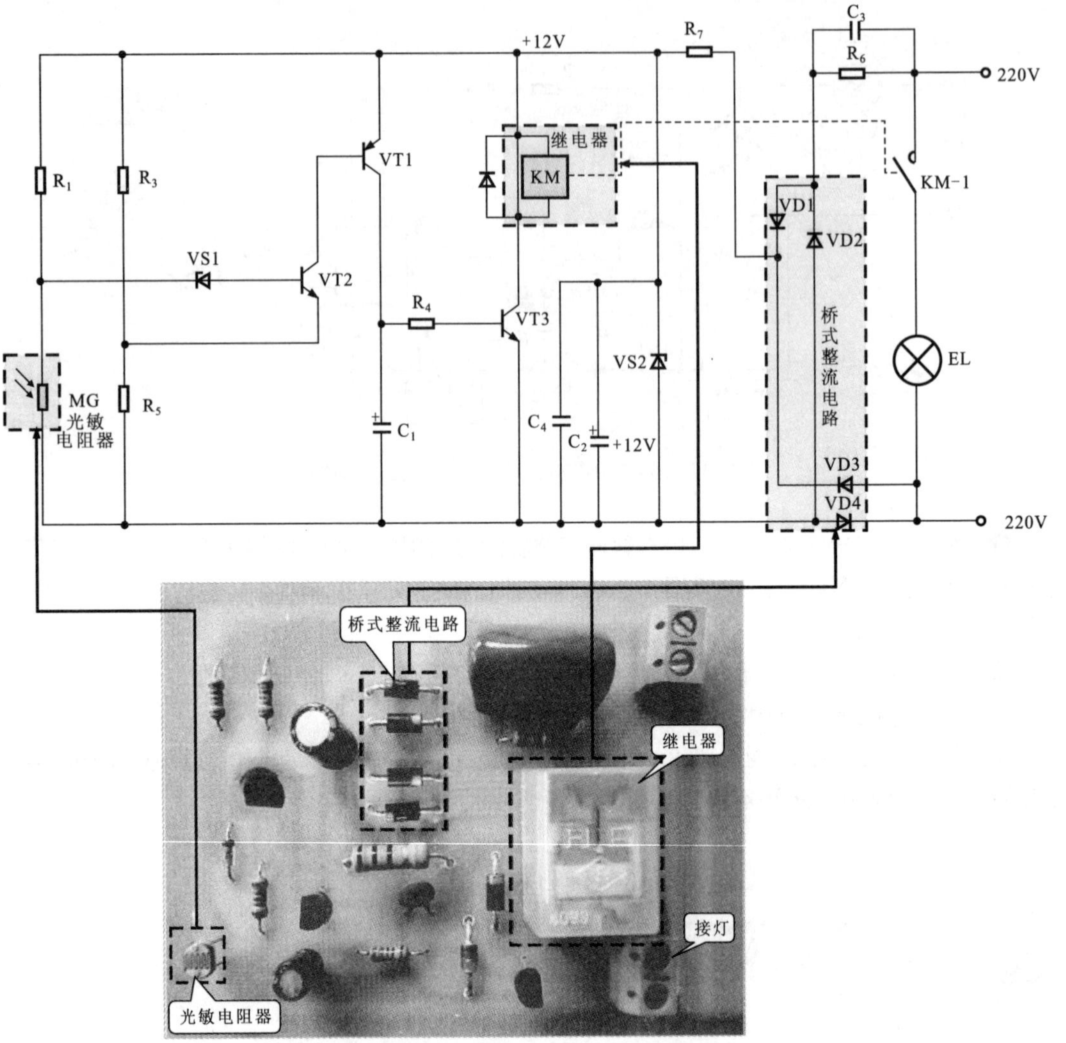

图2-18　光能控制照明电路的结构组成

光控照明电路的识读最好与其电路板对照进行识别。该电路是由照明电路、电源电路、控制电路构成。电源电路是由桥式整流堆、电阻器 R_6、电容器 C_3 构成，照明电路是由照明灯与继电器触点构成，控制电路是由光敏电阻器MG、继电器KM、电阻器、电容器、控制晶体三极管、稳压二极管和继电器等构成。

（2）光控照明电路工作过程的识读

对光控照明电路工作过程的识读，通常应从控制电路入手，通过对电路信号流程的分析，掌握光控照明电路的工作过程及工作原理。

光控照明电路白天的工作过程见图2-19。

❶ 由AC 220 V供电电压输入，经过电阻器 R_6、电容器 C_3 降压，桥式整流电路整流和电阻器 R_7、稳压二极管VS2稳压后形成+12 V直流电压，为控制电路供电（+12 V）。

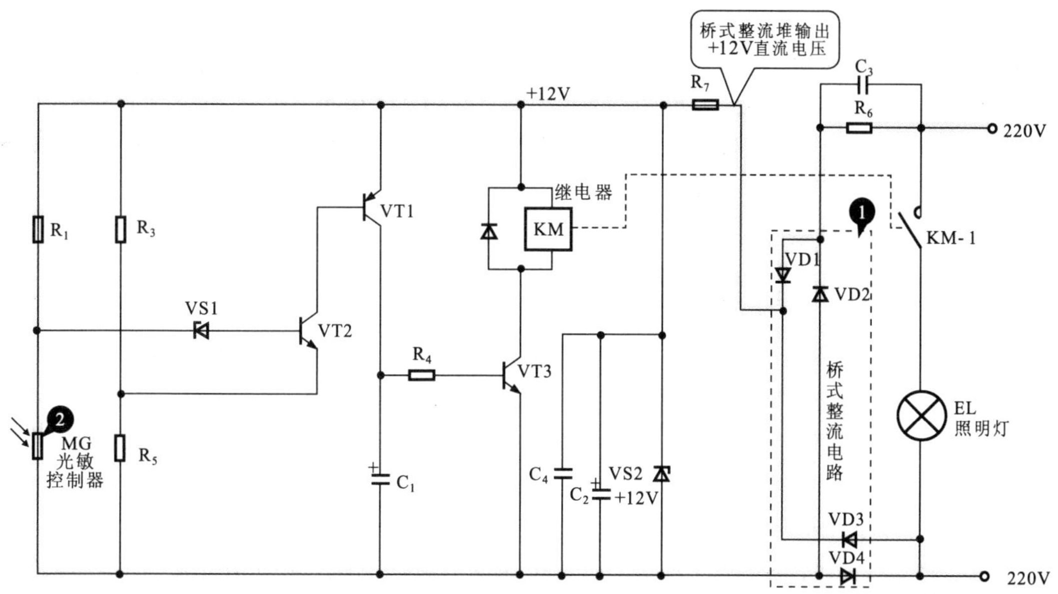

图2–19　光控路灯白天工作过程

❷ 由于光敏电阻MG的阻值在白天较小，导致晶体三极管VT1、VT2和VT3都处于截止状态，无法使继电器KM动作，常开触点KM-1断开，照明灯供电断路，路灯EL不亮。

光控照明电路黑天的工作流程见图2-20。

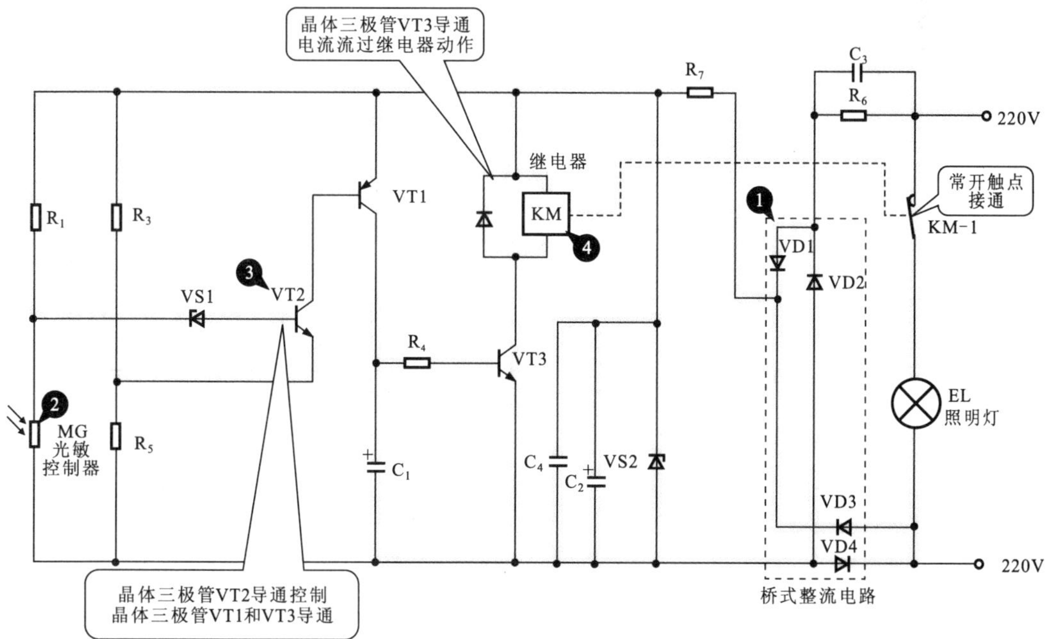

图2–20　光控路灯黑天工作流程

❶ 由于黑天时，光敏电阻器MG的阻值增大。

❷ 当光敏电阻器阻值增大时，晶体三极管VT2基极电压上升而导通，晶体三极管VT2导通后为晶体管VT1提供基极电流，从而使晶体三极管VT1和VT3导通。

❸ 当晶体管VT1、VT3导通时，❹继电器KM得电动作，常开触点KM-1接通，照明电路形成回路，路灯EL点亮。

2.3.2 声控照明电路的识读实例

声控照明电路是利用声音感应器件和晶闸管对照明灯的供电进行控制，利用电解电容器的充放电特性达到延时的作用，该电路比较适合应用在楼道照明中，当楼道中的声控开关感应到有声音时自动亮起，当声音结束一段时间后照明灯自己熄灭。掌握声音控制照明电路的识读对于设计、安装、改造和维修控制电路会有所帮助。

（1）声控照明电路的结构组成的识读

识读声控控制照明电路，首先要了解该电路的组成，明确电路中各主要部件与电路符号的对应关系。

声控照明电路的结构组成见图2-21。

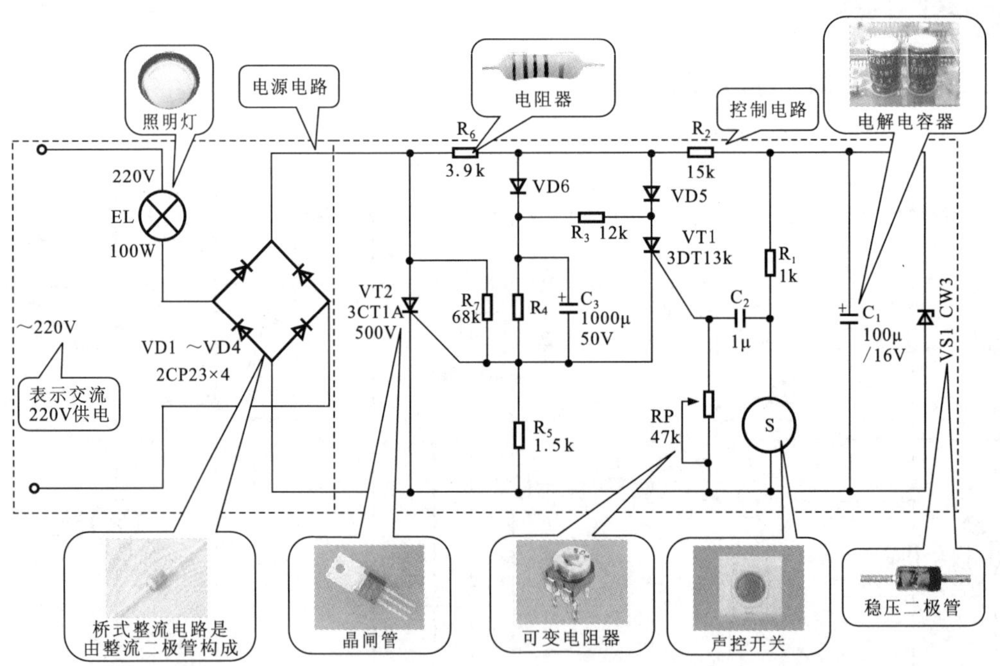

图2-21 声控照明电路的结构组成

该电路主要是由电源电路与控制电路两部分相组成，电源电路是由照明灯和桥式整流堆构成，控制电路是由声控感应器、晶闸管、稳压二极管、电解电容器和可变电阻器等构成。

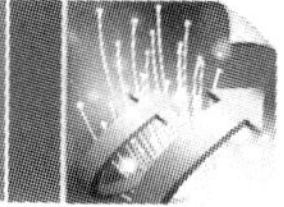

（2）声控照明电路工作过程的识读

对声控照明电路工作过程的识读，通常会从控制电路入手，通过对电路信号流程的分析，掌握灯控制照明电路的工作过程及功能特点。

声控照明电路接收到感应信号的过程见图2-22。

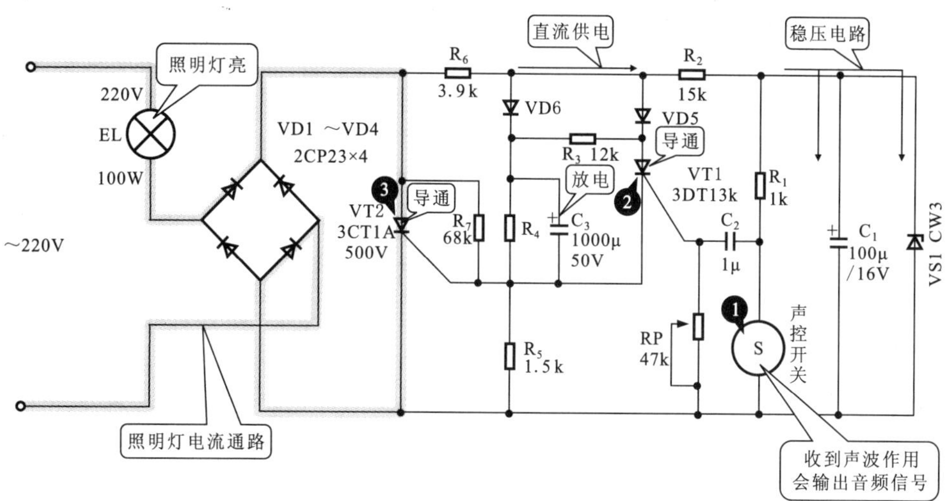

图2-22 声控照明电路接收到感应信号的工作过程

❶ 当声音感应器接收到声波后，输出音频信号。

❷ 音频信号经电容器C_2触发晶闸管VT1并使之导通。

❸ 当晶闸管VT1导通后为晶闸管VT2提供触发信号，使其导通，照明线路形成回路，照明灯EL点亮。

声控照明电路感应信号消失后的过程见图2-23。

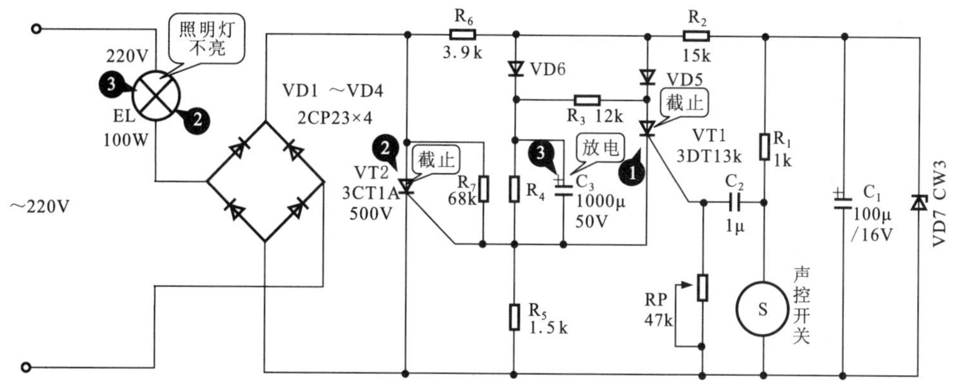

图2-23 声控照明电路感应信号消失后的工作过程

❶ 当声音触发信号消失后，晶闸管VT1截止。

❷ 但由于电容器C_3的放电过程，仍能维持VT2导通，使照明灯EL亮。

❸ 经过一段时间后，电容C_3放电后，使晶闸管VT1截止。导致无电流通过照明灯，照明灯EL灭。

2.3.3 声光双控制照明电路的识读实例

声光双控照明电路是利用光线和声音对照明灯进行双重控制的电路。对该电路中的光敏电阻器进行锁定控制，白天光线强时电路被锁定，照明灯不亮，不受声音控制，当光线变暗后解除锁定，使其处于解锁状态，当其接收到声音后进行放大，然后使晶体三极管VT2、VT3导通。触发晶体管使照明电路形成回路，将照明灯点亮，当经过一定的时间后照明灯自动熄灭，该电路便于节约能源，该电路常常使用在小区的楼道照明中，在白天时楼道中光线充足，照明灯无法照亮，夜晚黑暗的楼道中不方便找照明开关，使用声音即可控制照明灯照明，等待行人路过后照明灯可以自行熄灭。掌握声光双控照明电路的识读对于设计、安装、改造和维修声光控制电路有所帮助。

（1）声光双控照明电路结构组成的识读

识读声光双控照明电路，首先要了解该电路的组成，明确电路中各主要部件与电路符号的对应关系。

声光双控照明电路的结构组成见图2-24。

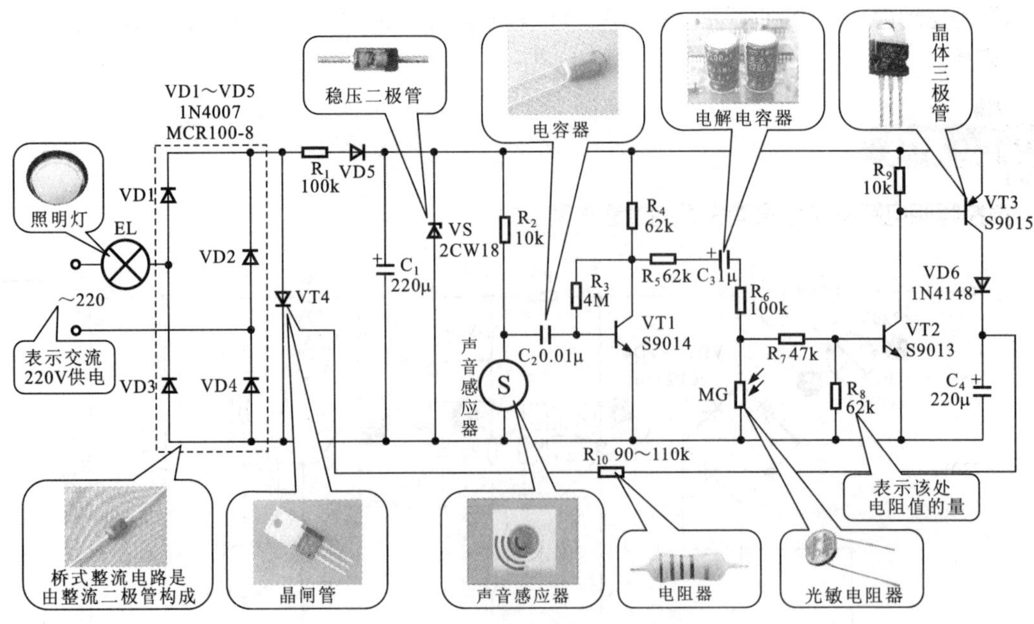

图2-24 声光双控照明电路识图

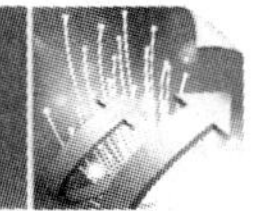

声光双控照明电路主要是由电源供电端、照明灯、晶体三极管、电阻器、电容器、晶闸管、二极管、光敏电阻器和声音感应器等元器件构成。

（2）声光双控照明电路工作过程的识读

对声光双控照明电路工作过程的识读，通常会从控制电路入手，通过对电路信号流程的分析，掌握声光双控照明电路的工作过程及功能特点。

光能控制照明电路白天的工作过程见图2-25。

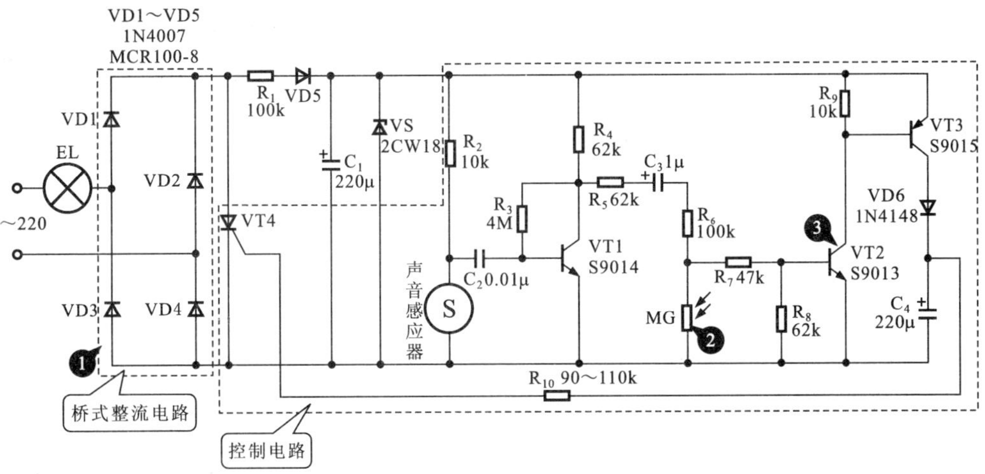

图2-25 光控路灯白天工作过程

❶ 由～220 V供电电压输入，经过照明灯EL、桥式整流电路、电阻器R1、晶闸管VD5、电容器C1、稳压二极管VS形成直流电压，为控制电路供电。

❷ 在白天光照强度较大时，光敏电阻器MG的阻值随之减小。

❸ 由于光敏电阻器阻值较小，使晶体三极管VT2的基极就锁定在低电平状态而截止，即使有声音控制信号也不能使VT2导通。没有信号触发晶闸管VT4，照明线路不能形成，照明灯EL不亮。

光控照明电路黑天时的工作过程见图2-26。

❶ 由AC 220 V供电电压输入，经过桥式整流电路整流和滤波稳压后输出直流电压，为控制电路供电。

❷ 由于黑天时，光敏电阻器MG的阻值增大。

❸ 由于电容器C_3的阻值作用，晶体三极管VT2的基极处于低电平，因而处于截止状态。

❹ 当声音感应器接收到声音时，声音信号加到晶体三极管VT1的基极上，经放大后音频信号由晶体三极管VT1的集电极输出，经C_3加到晶体三极管VT2的基极上。晶体三极管VT2导

通，于是晶体三极管VT3和二极管VD6导通，为电容器C_4充电，同时为将晶闸管VT4触发极提供信号，使晶闸管VT4导通，整个照明电路形成回路，照明灯EL亮。

❺ 当音频信号信号消失后由于电容器C4放电需要时间，因而照明灯会延迟熄灭。

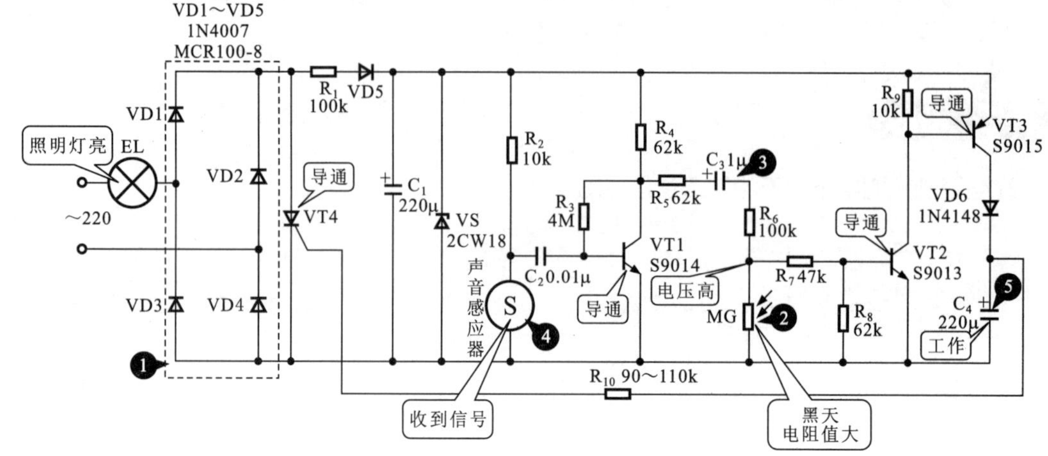

图2-26　光控路灯黑天工作过程

2.3.4　触摸式照明电路的识读实例

由与非门电路构成的触摸式照明控制电路是利用触摸开关代替的传统的按键式开关，该电路主要以与非门集成电路为主，对照明灯进行延迟控制。该电路可以应用在室内照明中。掌握触摸式控制照明和灯光电路的识读对设计、安装、改造和维修逻辑控制电路有所帮助。

（1）触摸式照明控制电路结构组成的识读

识读与非门电路构成的触摸式照明电路，首先要了解该电路的组成，明确电路中各主要部件与电路符号的对应关系。

与非门电路构成的触摸式照明电路的结构组成见图2-27。

触摸式照明灯控制电路主要是由CD4011与非门、触摸感应键A、电阻器、电容器、二极管、晶体三极管、继电器和照明灯EL等构成。其中，触摸电路是由触摸感应键A、电阻器R_1～R_4、电容器C_1、C_2、与非门D_1～D_2和二极管VD1构成；触发电路则是由与非门D_3、D_4和电容器C_3、C_4构成双稳态触发电路；控制电路是由电阻器R_5、晶体三极管VT1和VT2、继电器KM、保护二极管VD2构成。

（2）触摸式照明控制电路工作过程的识读

对与非门电路构成的触摸式照明控制电路工作过程的识读，通常会从控制电路入手，通过对电路信号流程的分析，掌握与非门电路构成的触摸式照明控制电路的工作过程及功能特点。

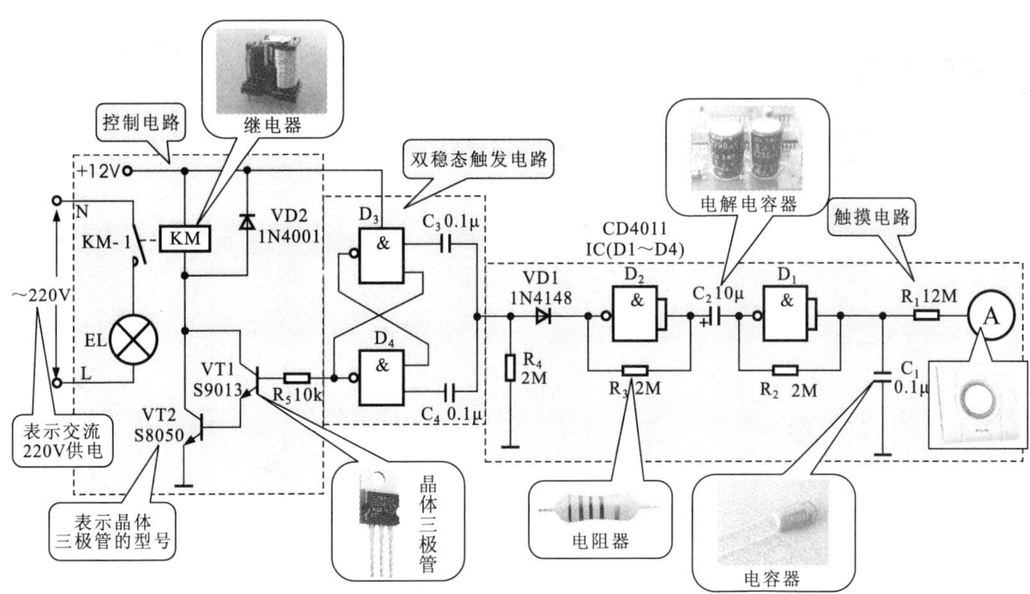

图2-27 与非门电路构成的触摸式照明电路的结构组成

与非门电路构成的触摸式照明电路开灯的工作过程见图2-28。

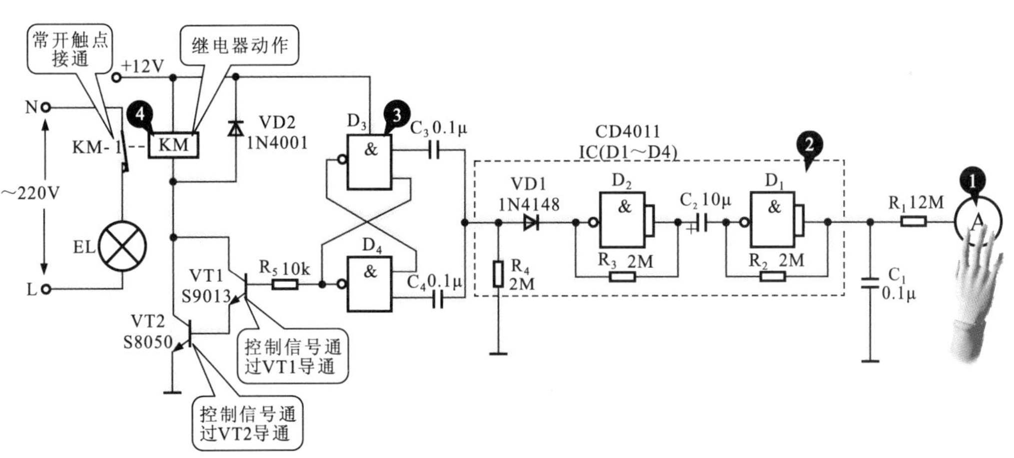

图2-28 与非门电路构成的触摸式照明电路的开灯过程

❶ 触摸感应键A被按下。

❷ 感应信号经与非门D_1、D_2整形后，经二极管VD1为双稳态触发电路提供信号。

❸ 双稳态触发电路接收到感应信号后，发生翻转，D_4输出高电平，为晶体三极管VT1、VT2提供控制信号。使晶体三极管VT1、VT2导通。

❹ +12 V经继电器KM和晶体三极管VT2形成回路，使继电器KM的线圈动作，常开触点KM-1接通。常开触点KM-1接通后，AC 220 V电压为照明灯EL供电使之点亮。

与非门电路构成的触摸式照明电路关灯的工作过程见图2-29。

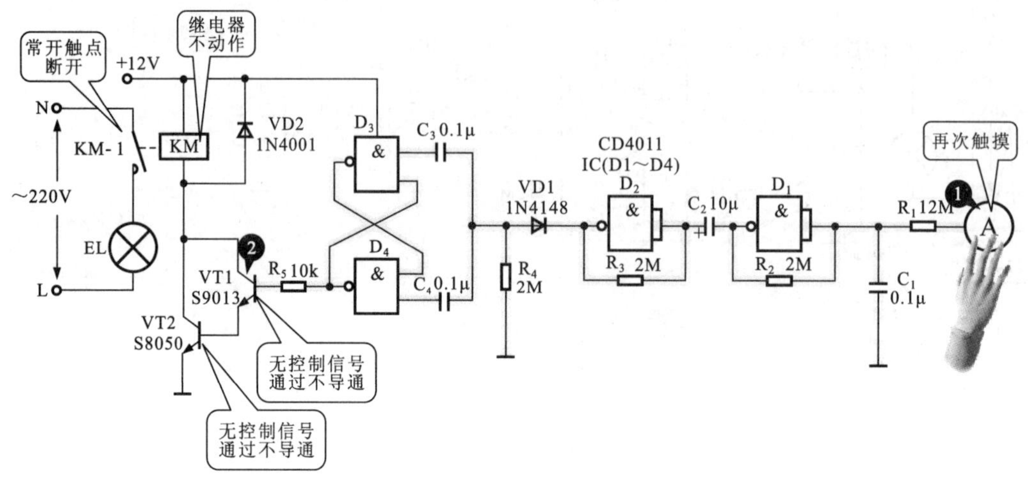

图2-29 与非门电路构成的触摸式照明电路的灭灯过程

❶ 再次触摸感应键A时。

❷ 感应信号会使双稳态触发电路发生翻转，D_4输出低电平，晶体三极管VT1和VT2处于截止状态，继电器KM的线圈断电，也就使得常开触点KM-1断开，照明电路处于断开状态，照明灯EL熄灭。

2.3.5 超声波遥控调光电路的识读实例

超声波遥控调光照明电路可以在远距离使用遥控器遥控控制照明的状态，该电路比较适合应用在室内照明中。掌握超声波遥控调光照明电路的识读对于设计、安装、改造和维修遥控电路有所帮助。

（1）超声波遥控调光照明电路结构组成的识读

识读超声波遥控调光照明电路，首先要了解该电路的组成，明确电路中各主要部件与电路符号的对应关系。

超声波遥控调光照明电路的结构组成见图2-30。

超声波遥控调光电路是由超声波发射电路、超声波接收和控制电路构成的。超声波发射电路是由振荡器、点动开关、超声波发射器等构成。超声波接收和控制电路是由超声波感应器、晶体三极管、CD4017集成电路、双向晶闸管等构成。该电路可以通过遥控器进行控制，按下按钮的次数不同可以改变照明灯的亮度及其工作状态。当超声波接收和控制电路处于待机状态，

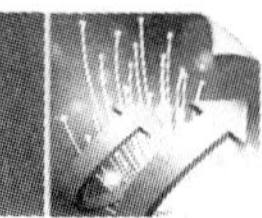

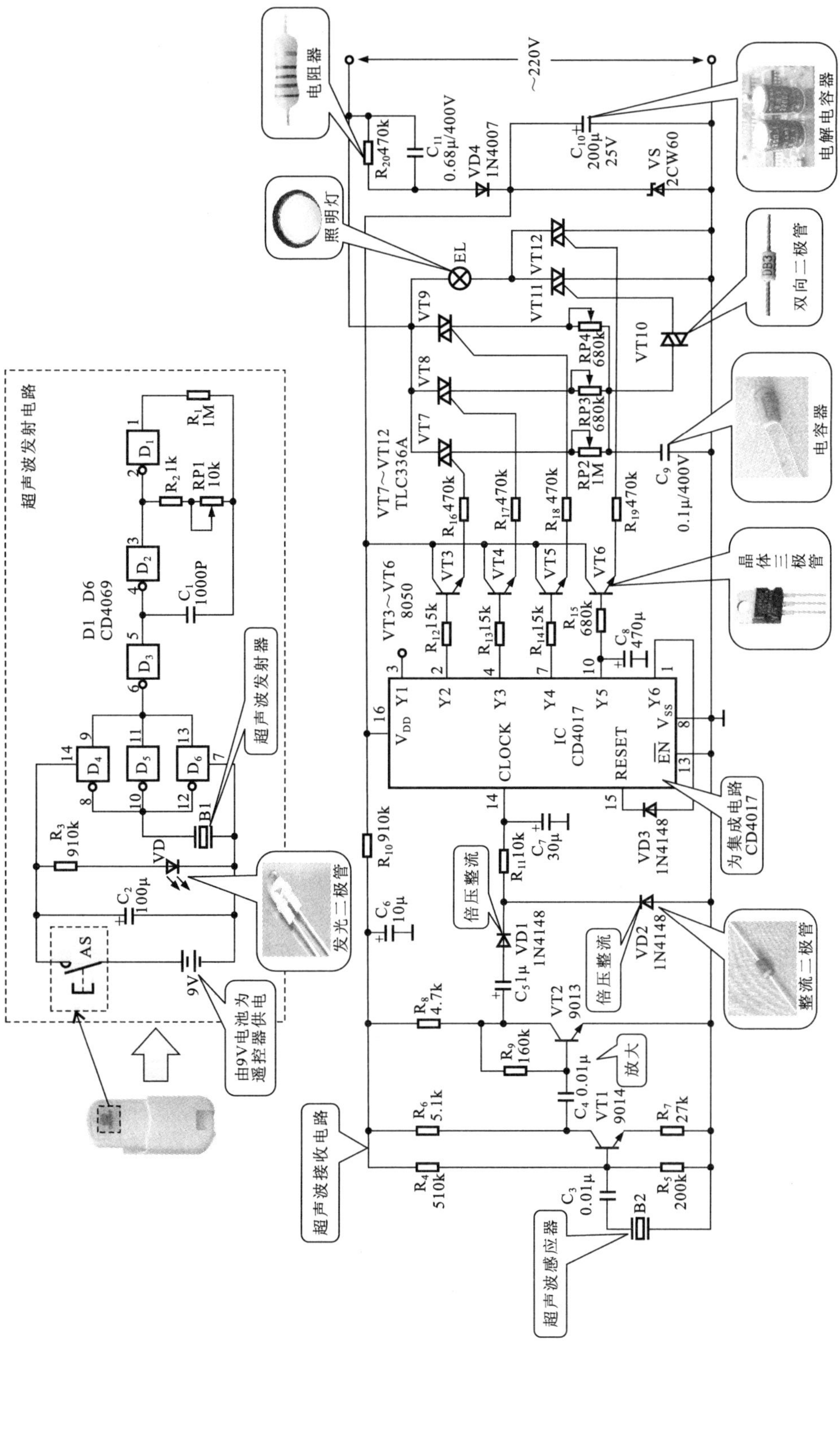

图 2-30 超声波遥控调光照明电路的结构组成

该电路中的CD4017的③脚输出高电压，②脚、④脚、⑦脚和⑩脚均输出低电平，由于低电平无法使晶体三极管和双向晶闸管导通，照明电路断路，照明灯EL不亮。

提示

超声波产生电路是由CD4069和超声波发射器等部分构成的。其中CD4069是一个6反相器电路，其中结构如图2-31所示。

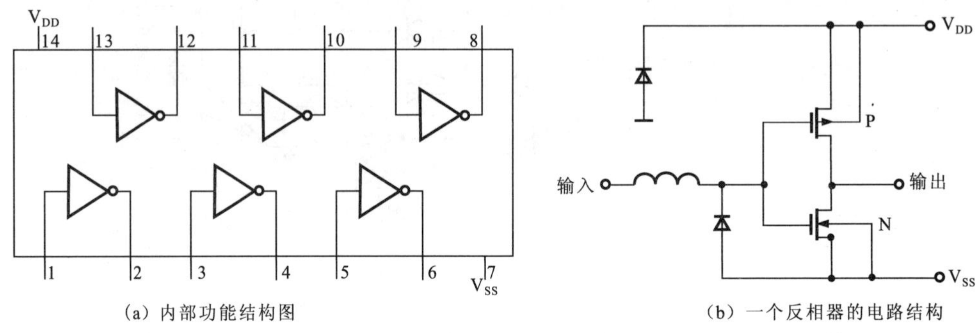

（a）内部功能结构图　　（b）一个反相器的电路结构

图2-31　CD4069的内部功能框图

（2）超声波遥控调光照明电路工作过程的识读

对超声波遥控调光照明电路工作过程的识读，通常会从控制电路入手，通过对电路信号流程的分析，掌握超声波遥控调光照明电路的工作过程及功能特点。

图解

超声波遥控调光照明电路第一次接收超声波信号的过程见图2-32。

❶ 当遥控器按钮第一次按下，由振荡器发出振荡信号经D_4、D_5、D_6后由超声波发射器发射。

❷ 超声波接收电路中的超声波感应器感应到超声波信号，将其转化为电压信号。经晶体三极管VT1和VT2放大，由二极管VD1和VD2进行倍压整流。

❸ 第一次控制信号经⑭脚计数端送入IC芯片中，③脚端输出低电平，②脚端输出高电平，使晶体三极管VT3导通。

❹ 由晶体三极管VT3输出触发信号加到双向晶闸管VT7并使其导通，经可变电阻器RP2和双向二极管VT10输出电压并加到双向晶闸管VT11使之导通，照明电路中形成回路，照明灯EL点亮。

❺ 由于RP2的电阻值较大，对电容器C_9的充电时间较长，触发角小，照明灯EL的亮度较暗。

图解

超声波遥控调光照明电路第二次接收到超声波信号的过程见图2-33。

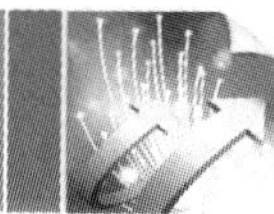

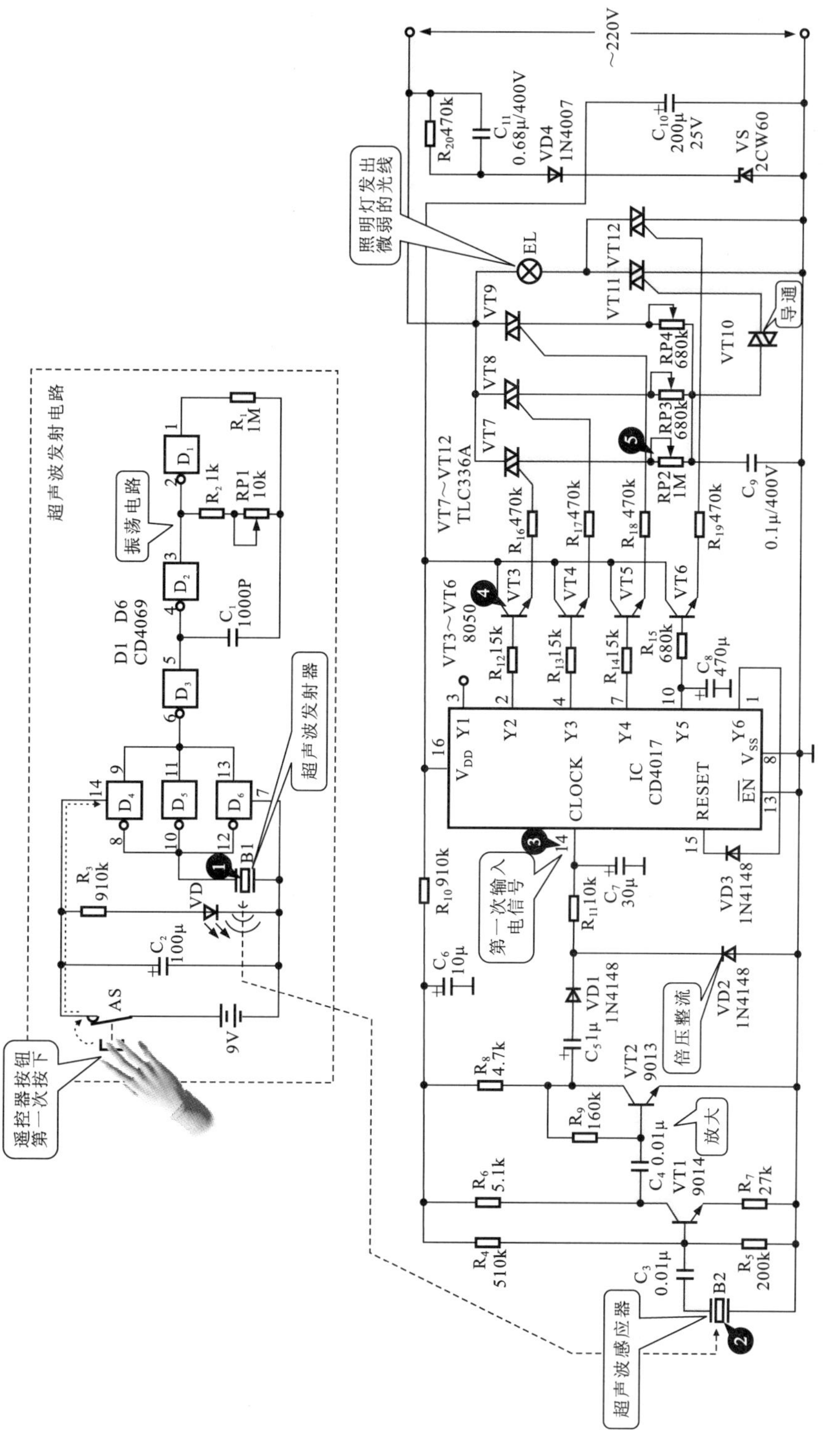

图2-32 超声波遥控调光照明电路第一次接收超声波信号的过程

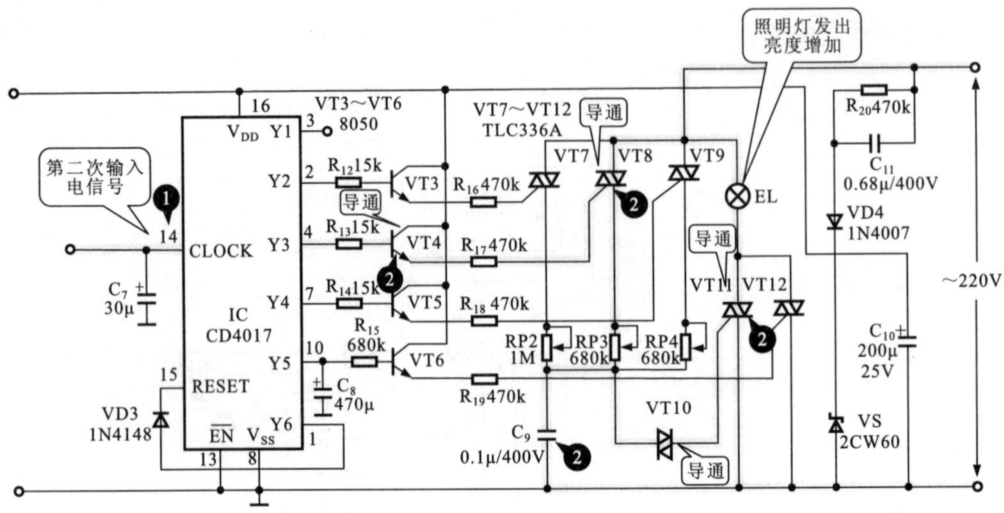

图2-33　超声波遥控调光照明电路第二次接收到超声波信号的过程

❶ 当第二次接收到超声波信号时，超声波接收和控制电路中CD4017的⑭脚计数端第二次接收到控制信号。

❷ 由集成电路IC CD4017的④脚输出高电平使晶体三极管VT4和双向晶闸管VT8导通，经可变电阻器RP3后使双向二极管VT10导通，并使双向晶闸管VT11随之导通，由于可变电阻器的阻值较小，电容器C_9的充电时间缩短，使双向晶闸管VT11的导通角增大，照明电路中平均的电流增大，照明灯EL的亮度增加。

超声波遥控调光照明电路第三次接收到超声波信号的过程见图2-34。

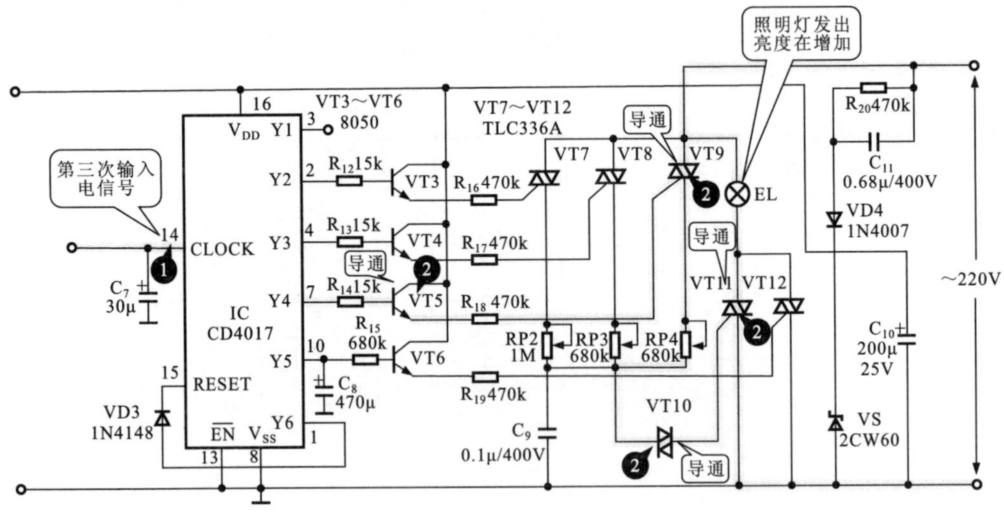

图2-34　超声波遥控调光照明电路第三次接收超声波信号的过程

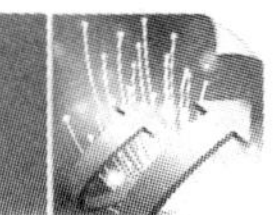

❶ 当第三次接收到超声波信号时，超声波接收和控制电路中CD4017的⑭脚计数端第三次接收到控制信号。

❷ 由集成电路IC CD4017极的⑦脚输出高电平，使晶体三极管VT5和双向晶闸管VT9导通，经可变电阻器RP4后使双向二极管VS10导通，并使双向晶闸管VT11随之导通，由于可变电阻器RP4的阻值更小，使双向晶闸管VT11导通，角更大，照明电路中的平均电流更大，照明灯EL的亮度增加。

超声波遥控调光照明电路第四次接收到超声波信号的过程见图2-35。

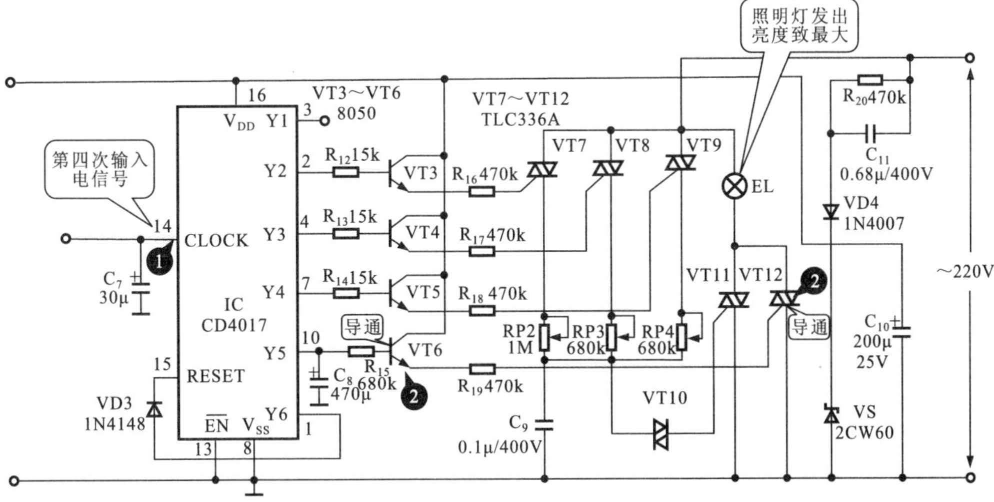

图2-35　超声波遥控调光照明电路第四次接收到超声波信号的过程

❶ 当第四次接收超声波信号，超声波接收和控制电路中CD4017的⑭脚计数端第四次接收到控制信号。

❷ 由集成电路IC CD4017的⑩脚输出高电平，使晶体三极管VT6导通，将触发信号直接送到双向晶体管VT12上，使双向晶闸管VT12导通角最大，照明电路中的电流最大，照明灯EL的亮度最大。

超声波遥控调光照明电路第五次接收到超声波信号的过程见图2-36。

❶ 当五次接收到超声波信号，超声波接收和控制电路中CD4017的⑭脚计数端第五次接收到控制信号。

❷ 由集成电路IC CD4017的①脚输出信号，将其送入⑮脚，使CD4017芯片内部重置。

❸ 由集成电路IC CD4017的③脚输出高电平。

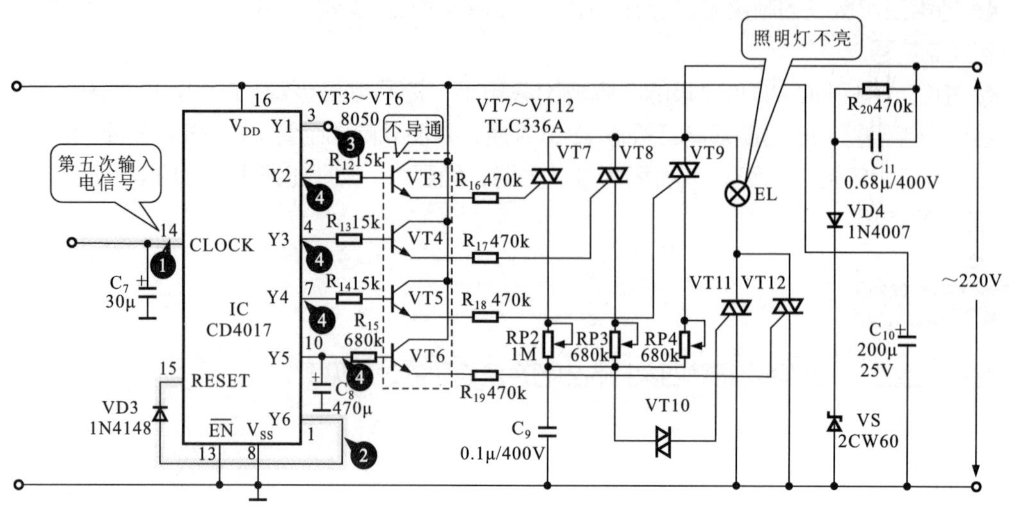

图2-36　超声波遥控调光照明电路第五次接收到超声波信号的过程

❹ 由集成电路IC CD4017的②脚、④脚、⑦脚和⑩脚均输出低电平，由于低电平无法使晶体三极管和双向晶闸管导通，照明电路断路，照明灯EL不亮。

2.3.6　音乐彩灯电路的识读实例

音乐彩灯电路是利用音乐芯片发出的信号，控制彩灯变换颜色的电路，该电路适合应用在庆祝场合中。掌握音乐彩灯控制电路的识读对于设计、安装、改造和维修音乐芯片及控制电路会有所帮助。

（1）音乐彩灯电路的结构组成的识读

识读音乐彩灯电路，首先要了解该电路的组成，明确电路中各主要部件与电路符号的对应关系。

音乐彩灯电路的结构组成见图2-37。

该电路是由音乐芯片UM66-T、集成电路芯片IC2 C180、扬声器、电阻器、电容器、二极管、稳压二极管、固态继电器和红、绿、蓝三个灯泡构成。

（2）音乐彩灯电路工作过程的识读

对音乐彩灯电路工作过程的识读，通常会从控制电路入手，通过对电路信号流程的分析，掌握音乐彩灯控制电路的工作过程及功能特点。

音乐彩灯电路中音乐芯片电路输出前三段音乐信号的过程见图2-38。

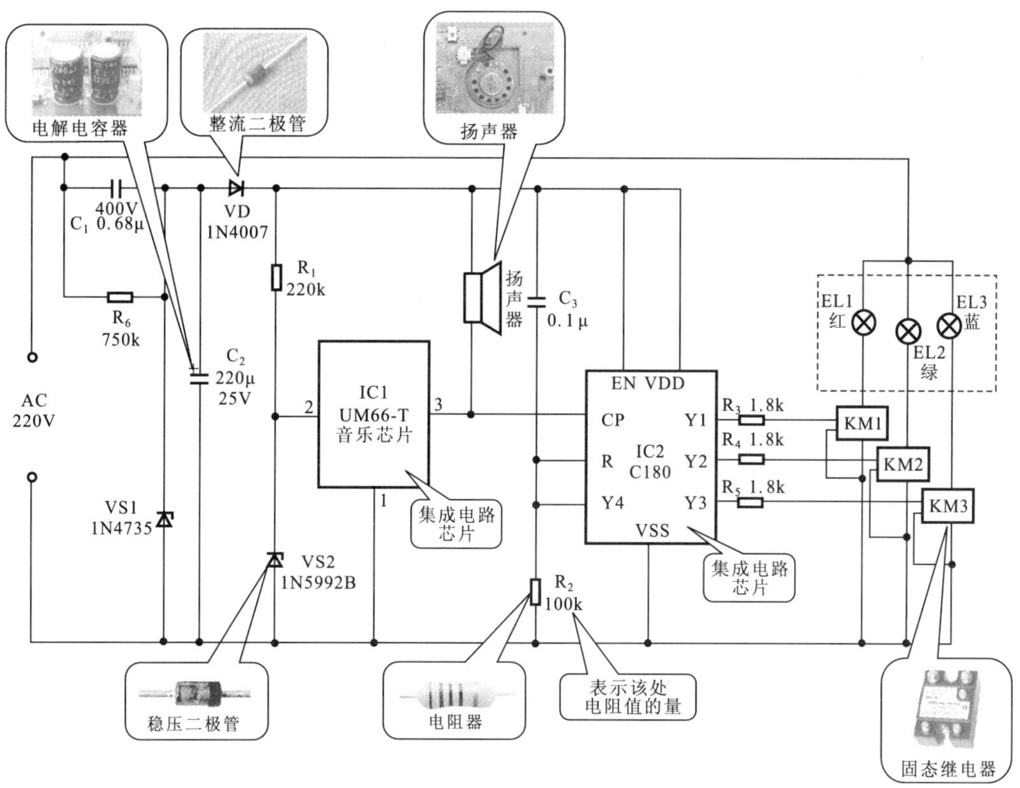

图2-37　音乐彩灯控制电路的结构组成

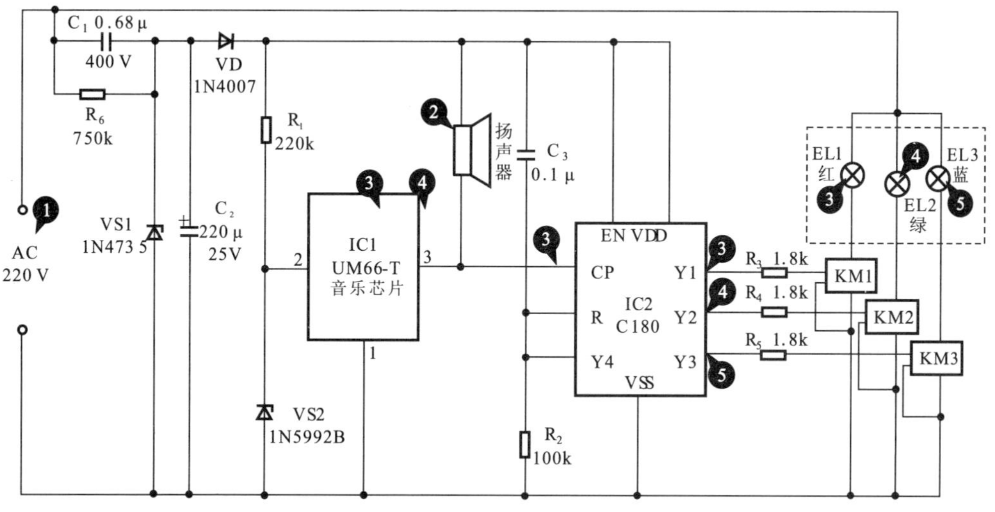

图2-38　音乐彩灯电路收到1 ~ 3断音乐信号的工作过程

❶ 由AC 220 V电源供电，经电路内部的处理后送入音乐芯片IC1中。

❷ 由IC1音乐芯片的②脚输出音乐信号，经扬声器播放。

❸ 音乐信号同时送入IC2的CP端（计数端），经IC2处理后由Y1端输出高电平使继电器

KM1动作，彩灯EL1红灯亮。

❹ 该电路会随音乐的改变，改变输出的信号，当IC2的CP端（计数端）第二次收到音乐的信号，会改变IC2内部电路状态，由Y2端输出高电平，彩灯EL2绿灯亮。

❺ 当音乐再次改变时，IC2的CP端（计数端）收到第三段音乐信号，改变IC2内部的工作状态，由Y3输出高电平，彩灯EL3蓝灯亮示。

音乐彩灯电路输出第4段至第7段音乐信号的过程见图2-39。

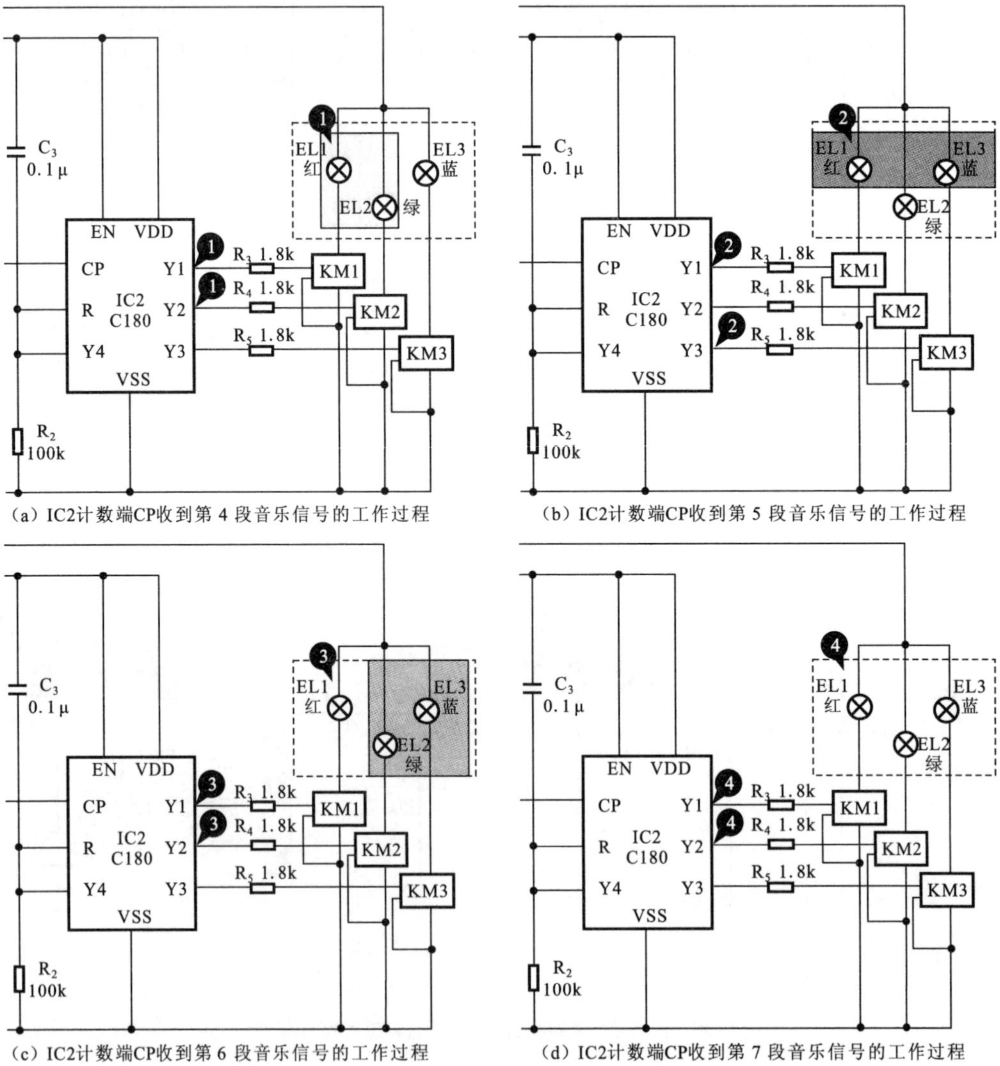

（a）IC2计数端CP收到第4段音乐信号的工作过程

（b）IC2计数端CP收到第5段音乐信号的工作过程

（c）IC2计数端CP收到第6段音乐信号的工作过程

（d）IC2计数端CP收到第7段音乐信号的工作过程

图2-39　音乐彩灯电路收到第4～7段音乐信号的工作过程

❶ IC2的CP端（计数端）收到第4段音乐信号，经IC2处理后由Y1和Y2同时输出高电平，

彩灯EL1和EL2同时发光（红色加绿色呈现黄色），彩灯呈现黄色。

❷ IC2的CP端（计数端）收到第5段音乐信号，经IC2处理后由Y1和Y3同时输出高电平，彩灯EL1的EL3同时发光（红色加蓝色呈现紫色），彩灯呈现紫色。

❸ 当IC2的CP端（计数端）收到第6段音乐信号，经IC2处理由Y2和Y3同时输出高电平，照明灯EL2和EL3同时发光（绿色加蓝色呈现青色），照明灯呈现青色。

❹ 当IC2的CP端（计数端）收到第7段音乐信号，经IC2处理由Y1、Y2和Y3输出高点片，彩灯EL1、EL2和EL3同时点亮，彩灯发出白光。音乐芯片不断输出信号，彩灯会随着音乐的变压按照这七种颜色轮流变化。

第3章 供配电系统电气线路识图

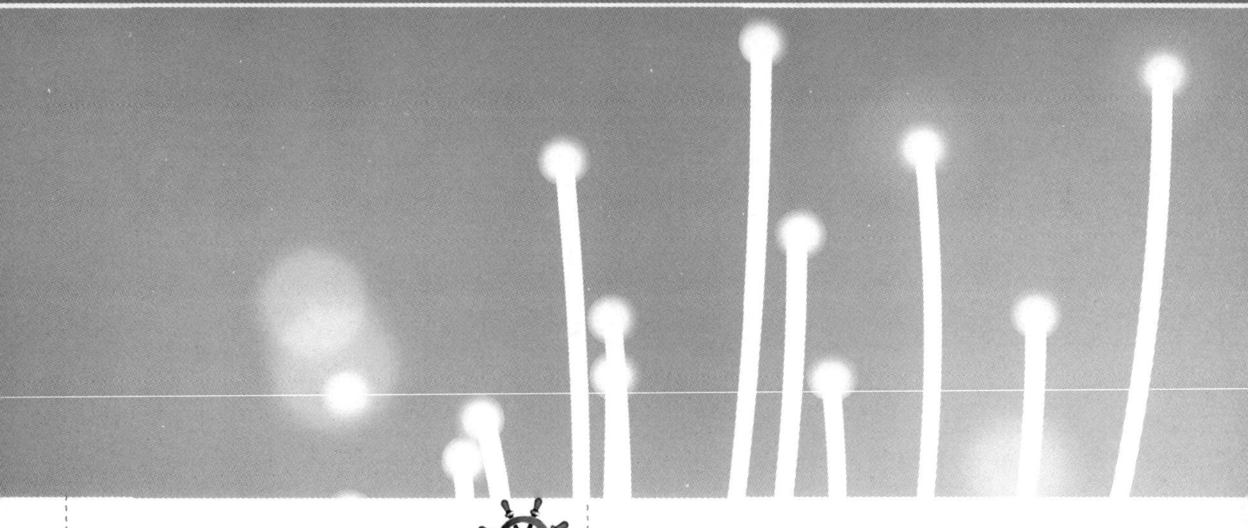

目标

本章从供配电系统电气线路的功能特点入手，通过对供配电系统电气线路结构组成的系统剖析，首先让读者建立起供配电系统电气线路中主要部件的电路功能和电路对应关系。然后，再以典型供配电系统电气线路为例，系统介绍供配电系统电气线路的识图特点和识图方法。最后，本章对目前流行且极具代表性的供配电系统电气线路进行归纳、整理，筛选出各具特色的供配电系统电气线路实用电路，及向读者逐一解读不同供配电系统电气线路实用电路的识读技巧和识图注意事项，力求让读者真正掌握供配电系统电气线路的识图技能。

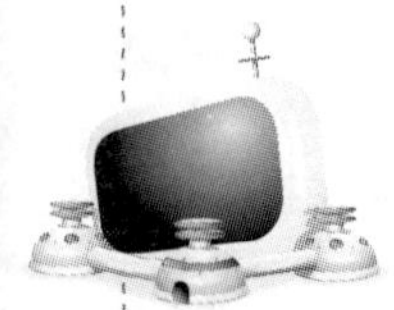

3.1 电能的产生及其传输

3.1.1 电能的产生及其设备

供配电系统电气线路最基本的功能就是实现供电和配电，是家庭生活和工业生产中离不开的实用电路。

(1) 发电厂

为工业、商业设施以及家庭提供交流电的设施是发电厂。发电厂是将自然界蕴藏的各种一次能源转换为电能（二次能源）的工厂，是将其他形式的能量转变成电能的设备基地。

目前我国使用的发电设施及形式主要有火力发电、水力发电和原子能发电等多种形式。这些发电设备也随着需求的增加而年年增加，且规模、容量和采用的技术也日新月异。

① 火力发电系统　火力发电是将石油、煤、液化天然气等矿物燃料燃烧获得的热能转换成机械能，驱动发电机旋转发电的方式称为火力发电。火力发电有燃气涡轮发电及内燃机发电等方式。将热能转变成蒸汽，利用蒸汽压驱动汽轮机旋转发电的火力发电占主流。

火力发电厂见图3-1。

火力发电厂，其能量转换过程：燃料的化学能→热能→机械能→电能。

② 水力发电系统　利用位于高处的河流或水库中水的位能使水轮机旋转产生机械能的方式称为水力发电，水力发电利用的水能主要是蕴藏于水中的位能。为实现将水能转换成电能，需要兴建不同类型的水电站。它是由一系列建筑物和设备组成的工程措施。建筑物主要用来集中天然水流的落差，形成水流，并以水库汇集、调节天然水流的流量；基本设备是水轮发电机组。当水流通过水电站引水建筑物进入水轮机时，水轮机受水流的推动而转动，使水能转化成机械能；水轮机带动发电机发电，机械能转换成电能，再经过变电站和输配电设备将电力送到用户。

水力发电厂见图3-2。

水力发电厂，其能量转换过程：水流位能→机械能→电能。

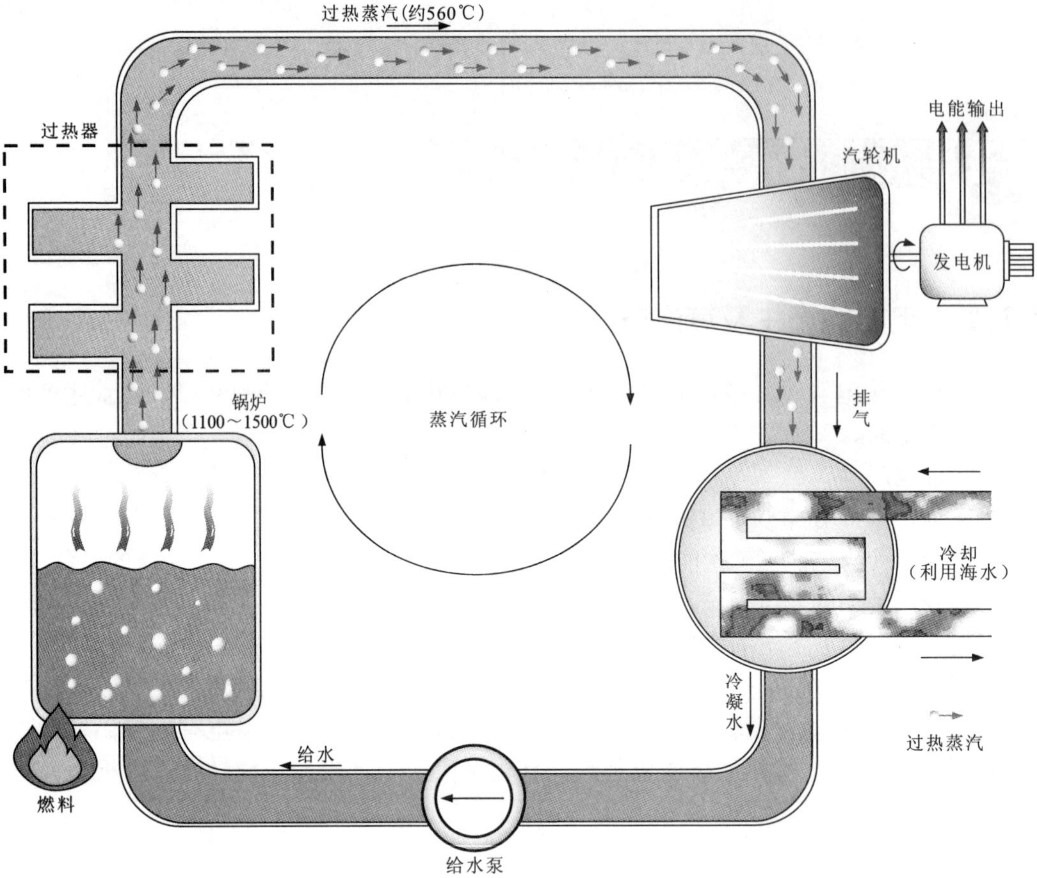

过热蒸汽（约560℃）
过热器
电能输出
汽轮机
发电机
锅炉
（1100～1500℃）
蒸汽循环
排气
冷却
（利用海水）
冷凝水
给水
燃料
给水泵
过热蒸汽

图3-1　火力发电的基本构成

水坝
蓄水池
至输电线路
发电站
有效落差
发电机
流量
变电器
理论水力
水轮机
水轮机
泄水口

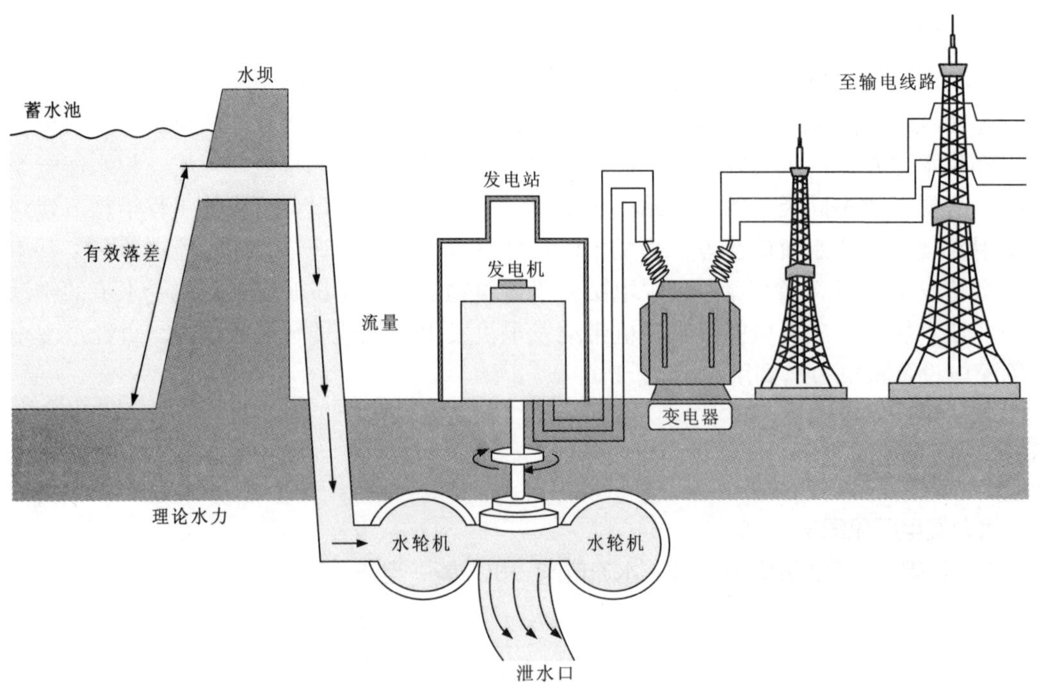

图3-2　水力发电厂的构成

提示

水所拥有的能是从太阳能引起的自然界循环周期产生的无限能。它与石油一类矿物燃料燃烧后获得的能不同，在水能转化为电能的过程中不发生化学变化，不排泄有害物质，对环境影响较小，因此水力发电所获得的是一种清洁的能源。水力发电具有清洁、对环境影响少的优点。而且，水力发电的效率比其他发电方式高，最高达到80%。

③ 核能发电系统　核能是利用核反应堆内核裂变反应产生的热能发电。核能发电的原理在汽轮机旋转发电这一点上与火力发电相同，不同的只是产生热能的装置为核反应堆。将由低浓缩铀制成的燃料棒放置到核反应堆内，周围注入轻水。在反应堆内使中子与铀235碰撞后，原子核剧烈振动发生核裂变，由于连锁反应产生巨大的热能。利用这种热能产生高温高压蒸汽，由该蒸汽驱动汽轮机带动发电机旋转发电。

图解

核能发电厂见图3-3。

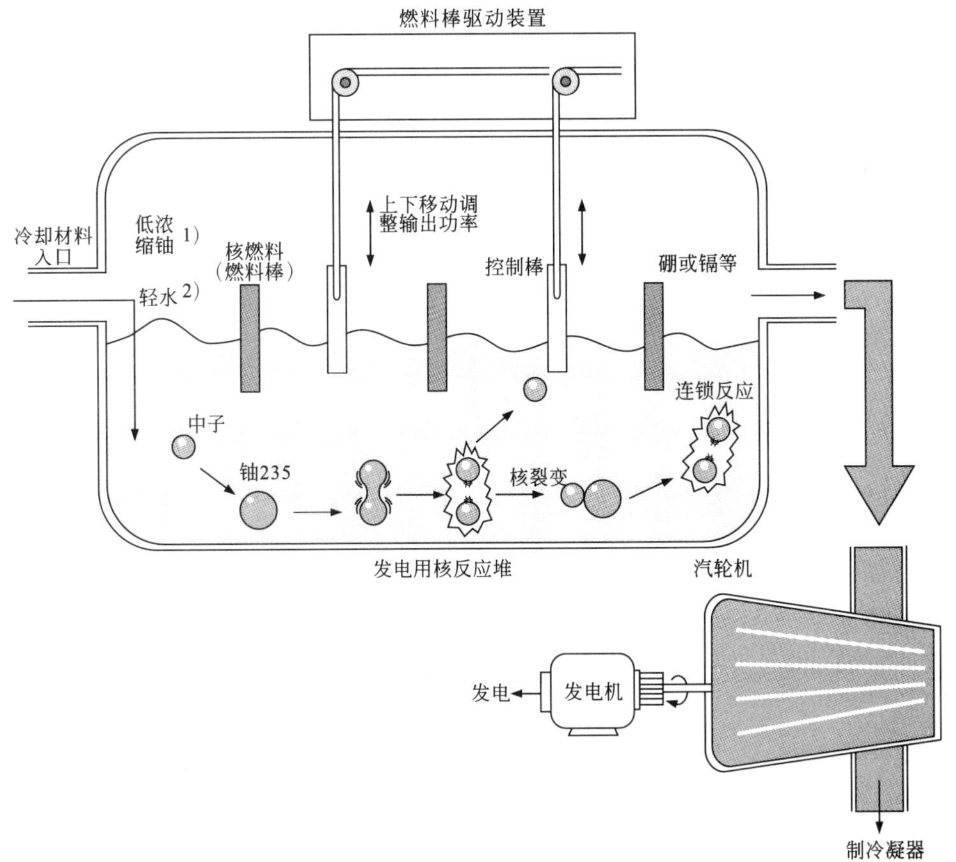

图3-3　核能发电的基本构成

核能发电厂，其能量转换过程：核裂变能→热能→机械能→电能。

④ 环保清洁能源系统

a. 太阳能　太阳能发电厂是利用太阳光能或太阳热能来生产电能。每1秒钟从太阳到达地球的光的能量在晴天1 m^2能达到1 kW。若要将这种能量转换成电能得使用太阳能电池板。利用太阳能电池发电称为太阳能发电。实际的发电系统是通过太阳能电池直接利用太阳能进行直流发电，经变频器将直流电转变成交流电后使用。太阳能电池光能的电转化效率低，为10%，不过目前正在开发提高效率的技术。

b. 风能　风力发电厂是利用风力的动能来生产电能，风能和太阳能一样，都是取之不尽的环保清洁能源。风力发电利用风力涡轮机将风能转换成旋转能，通过旋转能驱动发电机产生电能。风力发电的能量转换效率为30%，但有季节和时间性的变动，很难获得稳定的电力，所以要与电力系统联合使用。

（2）变配电所（站）

变配电所包含两个含义：变电所和配电所。其任务是接受电能、变换电压和分配电能，即受电、变压、配电。根据所需电压的不同，可分为升压变配电所和降压变配电所。

变配电所的应用见图3-4。

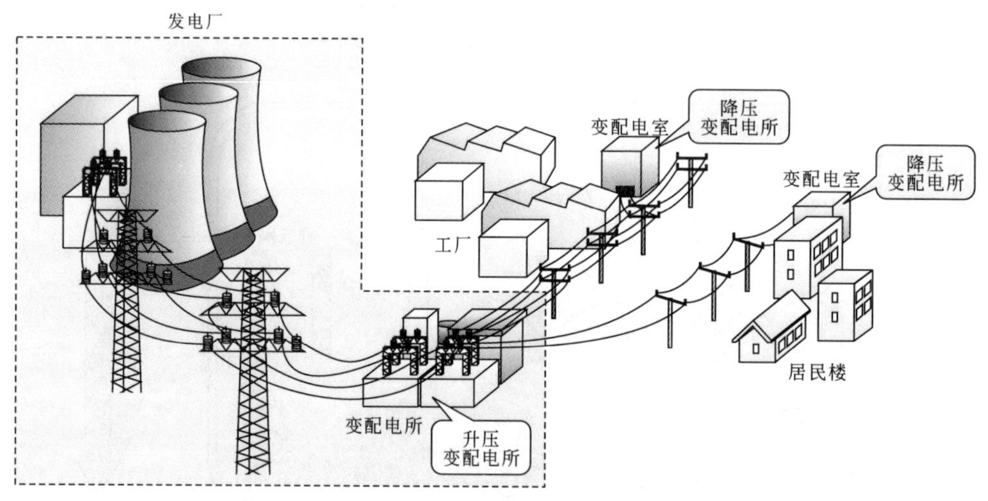

图3-4　变配电所的应用

升压变配电所一般建在发电厂，主要任务是将低电压变换为高电压；而降压变配电所一般建在靠近负荷中心的地点，主要任务是将高电压变换到一个合理的电压等级。

提示

降压变配电所根据其在电力系统中的地位和作用不同，又分为枢纽变电站、地区变配电所、工业企业变配电所。

（3）电能用户

电能用户又称电力负荷。在电力系统中，一切消费电能的用电设备均称为电能用户。

例如，几种常见的电能用户见图3-5。

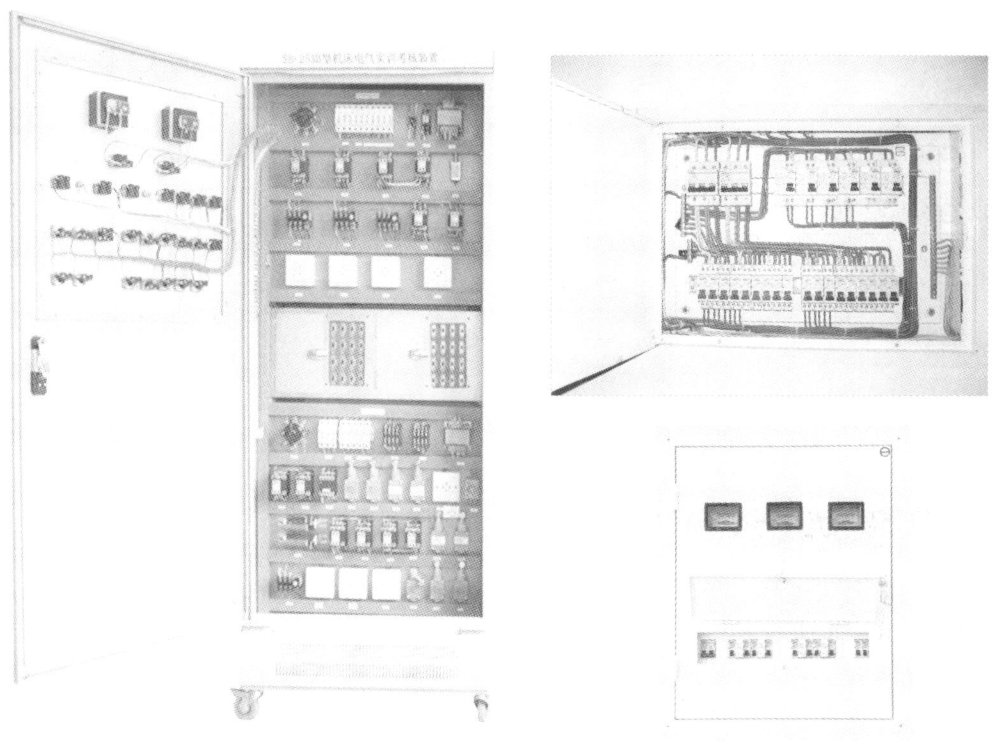

图3-5　电能用户

3.1.2　供配电系统电气线路的组成

供配电系统电气线路由发电厂、电力网和电能用户组成的一个发电、输电、变电、配电和用电的整体，如图3-6所示。

其中：发电厂的发电机生产电能，在发电机中机械能转化为电能；变压器、电力线路输送、分配电能；电动机、电灯、电炉等用电设备使用电能。

在学习识读供配电系统电气线路之前，我们首先要了解供配电系统电气线路的组成，明确供配电系统电气线路中各主要设备、部件以及电路对应关系。

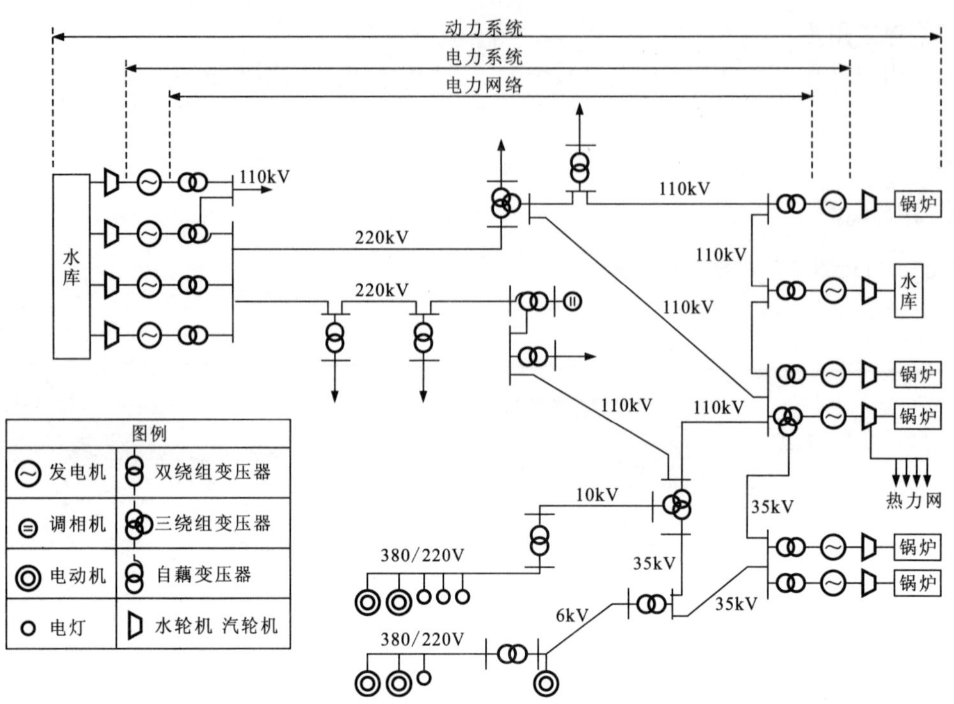

图3-6　供配电系统电气线路的组成

提示

电力网络或电网：指电力系统中除发电机和用电设备之外的部分，即电力系统中各级电压的电力线路及其联系的变配电所。

动力系统：指电力系统加上发电厂的“动力部分”。包括水力发电厂的水库、水轮机，热力发电厂的锅炉、汽轮机、热力网和用电设备，以及核电厂的反应堆等。

3.2 供配电系统电气线路的识读方法

3.2.1 供配电系统电气线路中的主要元器件

前面的章节中，我们大体了解了供配电系统电气线路的基本组成，接下来，我们会从供配电系统电气线路中的各主要元件、电气部件和供配电系统电气线路入手，掌握这些电路组成部件的种类和功能特点，为识读供配电系统电气线路打好基础。

（1）供配电的固定装置

① 变配电室　三相供配电为生活、生产提供能源，是居民小区或生产企业正常运行的

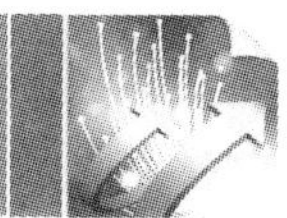

动力来源，是变电站、发电厂以及居民小区、生产企业之间能源的传递方式，因此每个小区或企业都会有变配电室，如图3-7所示。变配电室是用来放置变配电设备的专用房间，需要建设在指定的安装位置，便于供电。

图3-7　变配电室

② 变配电柜　变配电设备通常都安装在变配电柜中，即用来容纳变配电设备线路的金属框架，如图3-8所示，在变配电柜的前面设有控制操作和显示面板，面板上装有监视检测仪表设备，不但便于将高压和低压设备组装架设，而且具有安全和便于电路维修、设备增减的功能。

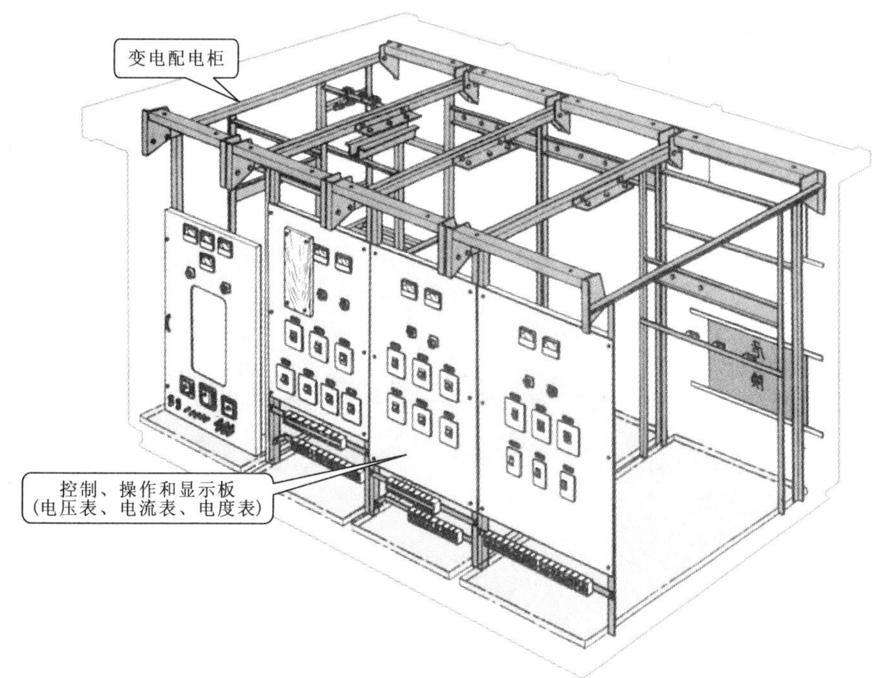

图3-8　金属框架式变配电柜

③ 变配电箱　电表与断路器一起安装在配电箱中，是每个企业或住户用于计量用电量的设备，如图3-9所示。根据电表的不同，配电箱可分为三相配电箱和单相配电箱两种，分别用于计量三相电和单相电的用电量。

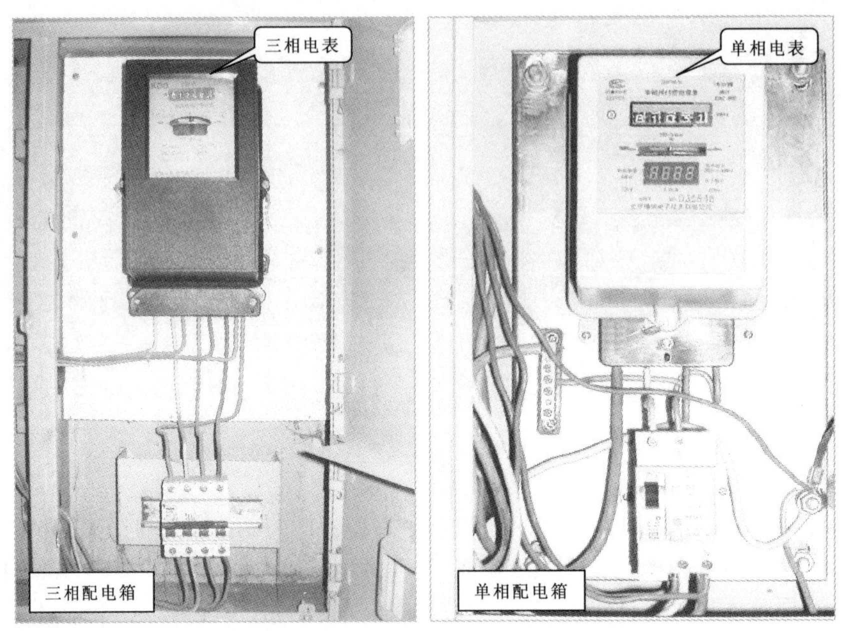

图3-9　配电箱

④ 配电盘　配电箱将交流电引入室内以后，需要经过配电盘的分配使室内用电量更加合理、后期维护更加方便、用户使用更加安全。配电盘主要是由各种功能的断路器组成的，如图3-10所示。在选购配电盘的时候，除了用于传输电力的配件使用金属材质以外，其他配件一般为绝缘材质。

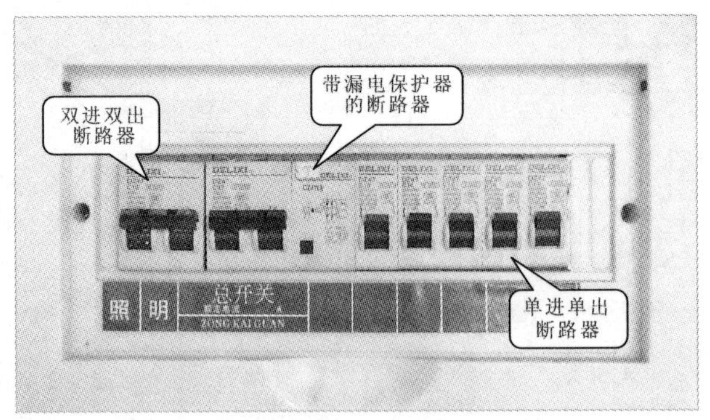

图3-10　配电盘

（2）供配电的设备

供配电电路所使用的设备与其他电工线路有很大的不同之处，不同的设备组合在一起，可以满足的用电量也各不相同。

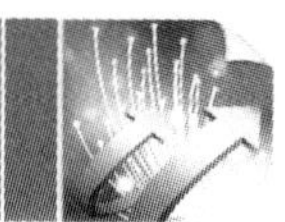

① 电流互感器　电流互感器是用来检测高压线流过电流的装置，它可以不接触高压线只通过感应的方法检测出电路中的电流，以便在电流过大时进行报警和保护。电流互感器是通过电磁感应的方式检测高压线路中流过的电流大小的，变配电设备中常见的有零序电流互感器和电流互感器两种，如图3-11所示。

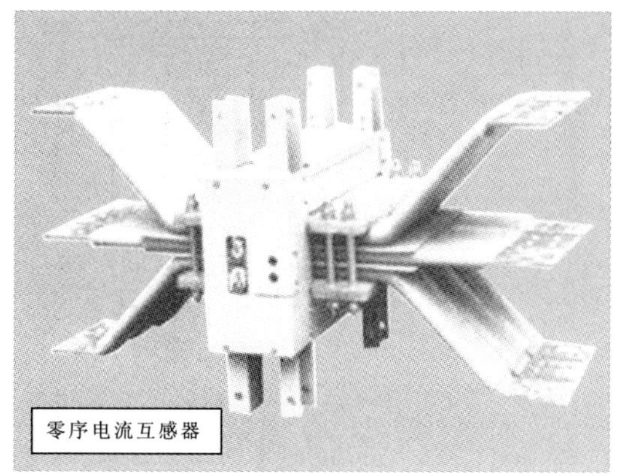

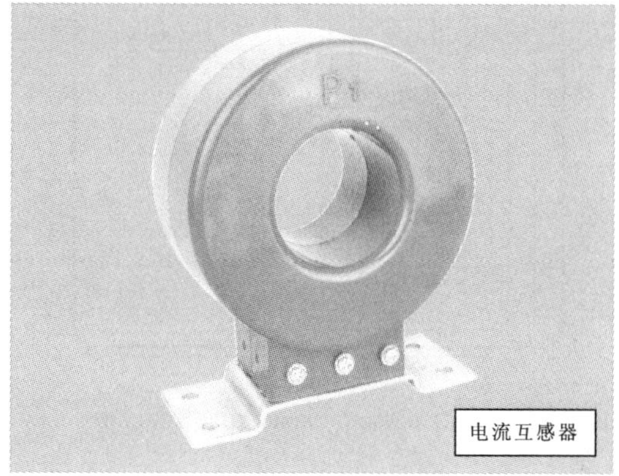

图3-11　电流互感器

② 高压变压器　供配电设备中的高压变压器比较常见的有两种，如图3-12所示，分别为高压三相变压器和高压单相变压器。

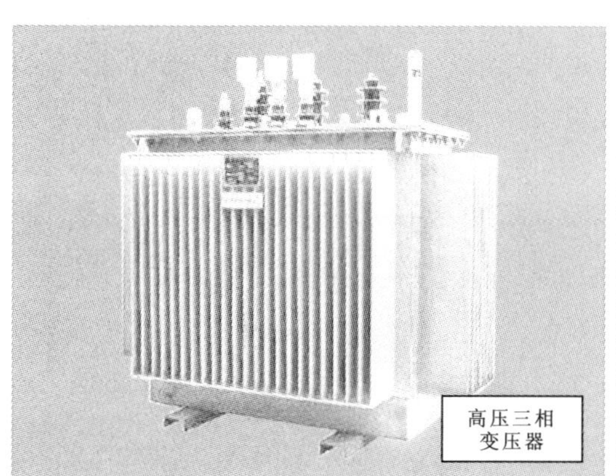

图3-12　高压变压器

高压三相变压器是将输入高压（10 kVA、6.6 kVA）变成三相380 V电压的变压器，其内部结构如图3-13所示，在铁芯上设有三组输入线圈和三组输出线圈，它可以将三相高压变成三相低压输出。由于输入线圈中的电压为高压，因此需要良好的绝缘措施，输入端装上绝缘良好的瓷瓶，整个铁芯和线圈装在密封的铁壳中，铁壳外装有散热片。

高压单相变压器的内部结构如图3-14所示，初级高压，次级输出单相220 V，单相高压变压器的输入端为高压，因而也需要采用良好的绝缘措施。

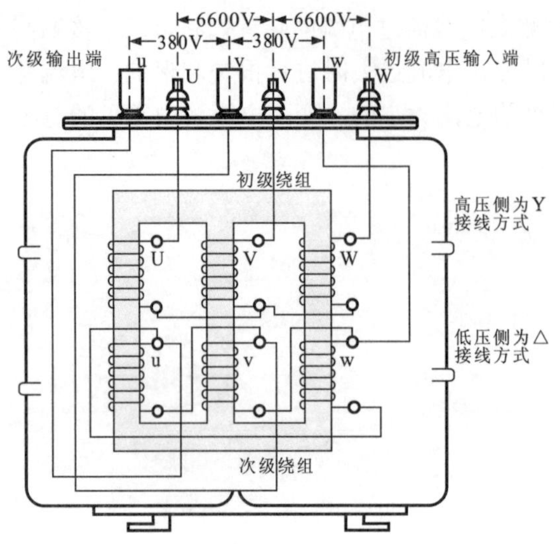

图3-13　高压三相变压器的内部结构

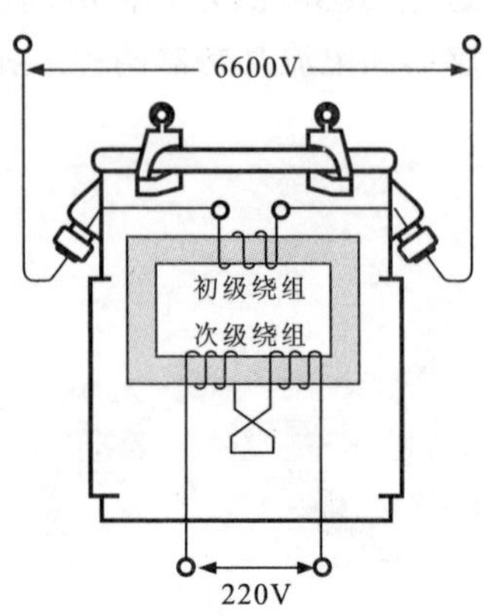

图3-14　高压单相变压器的内部结构

③ 计量变压器　计量变压器是采用间接的检测方法，检测高压供电线路的电压和电流。为了安全起见，采用线圈感应方式，而不采用直接测量方式，将感应出的信号再去驱动用来指示电压和指示电流的表头，以便观察变配电系统的工作电压和工作电流，如图3-15所示。

图3-15　计量变压器

④ 高压补偿电容器　高压补偿电容器是一种耐高压的大型金属壳电容器，它有三个端子，如图3-16所示，其内有三个电容器，可与高压三相线路上的负载并联，通过电容移相的作用，进行补偿，可以提高供电效率。

⑤ 断路器　变配电设备中会运用到许多过流保护装置，即断路器。当变配电设备中的线路发生短路故障时，断路器会自行断路进行保护，相当于普通电子产品中的保险丝或熔断器。

变配电设备中的断路器有许多种，如用于总电源开关的真空断路器；用于检测线路的过流断路器；用于保护高压设备的高压保护断路器以及位于端子台和接线板上连接负载的

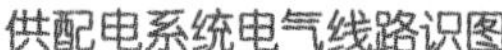
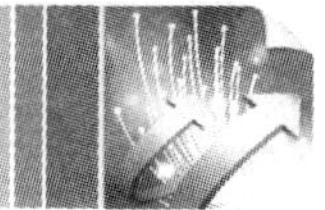

控制断路器等，如图3-17所示为几种常见的断路器。

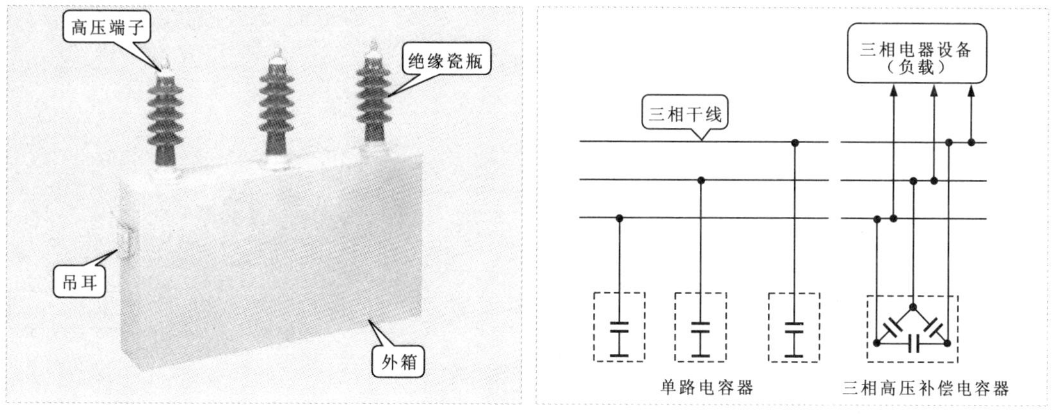

图3-16 高压补偿电容器

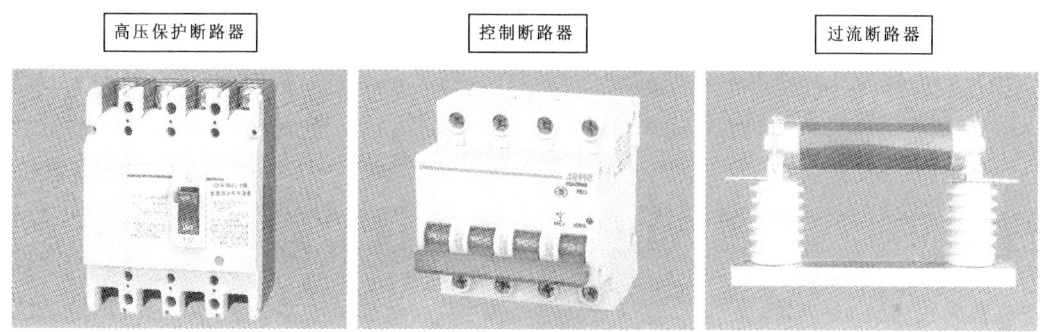

图3-17 断路器

⑥ 继电器 继电器是一种电子控制器件，具有控制系统和被控制系统两大部分，通常应用于自动控制电路中，实际上就是一个用较小的电流即可控制较大电流的“自动开关”。在电路中起着自动调节、安全保护和线路转换等功能。

变配电设备中的继电器有许多种，如图3-18所示为变配电系统中常见的漏电继电器和过流保护继电器。漏电保护继电器是与零序电流互感器接在一起的，是瞬时动作的过电流保护继电器，主要作用是对变配电系统中发生漏电情况时进行保护的器件；过流保护继电器是用于变配电系统中，检测电流量运行是否正常，并对真空断路器进行控制的主要设备，当供电线路中出现过流情况时进行控制，使主断路器切断供电线路。

⑦ 避雷器 避雷器是在供电系统受到雷击时的快速放电装置，从而可以保护变配电设备免受瞬间过电压的危害，避雷器通常用于带电导线与地之间，与被保护的变配电设备呈并联状态。当过电压值达到规定的动作电压时，避雷器立即动作进行放电，从而限制供电设备的过电压幅值，保护设备；当电压值正常后，避雷器又迅速恢复原状，以保证变配电系统正常供电。如图3-19所示为常见的变配电系统中的管型避雷器，它的一端接供电电源线，另一端接地。

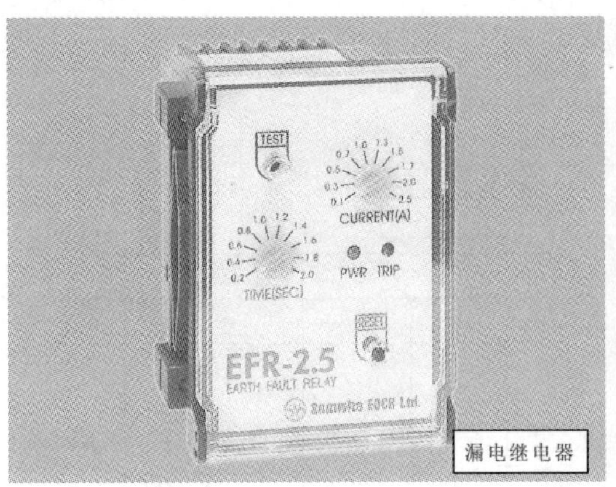

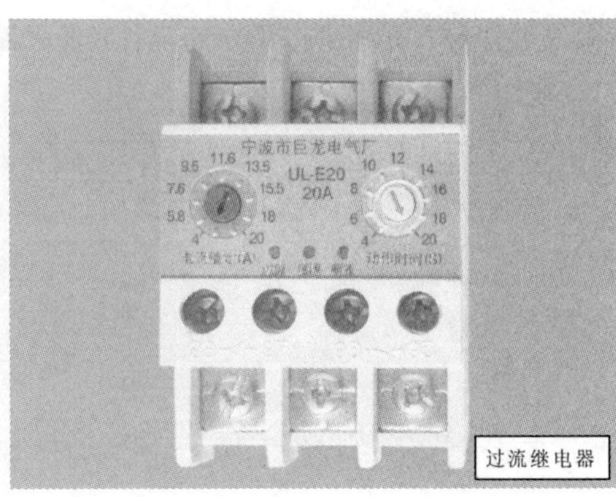

图3-18 继电器

图3-19 避雷器

⑧ 接线板、端子台 在变配电系统中为了方便电力传输以及与设备的连接和分配线路，经常使用到接线板和端子台，如图3-20所示。该变配电系统中电力输出就使用了接线板和端子台，其中接线板可以承受大电流的传输，而端子台则可方便传输电力的分配。

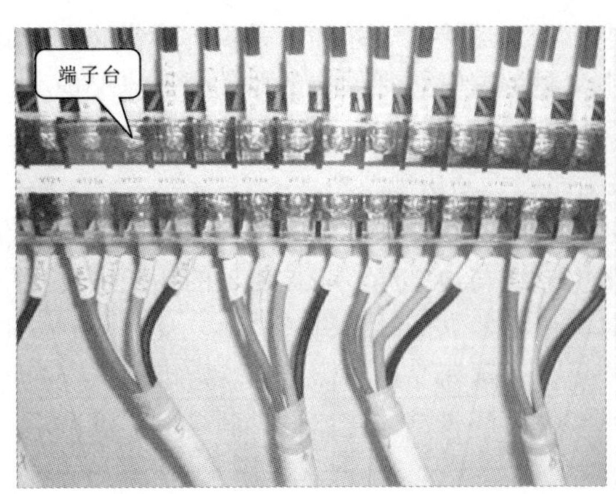

图3-20 接线板、端子台

⑨ 电表　电表又称电能表、火表、电度表，有三相电表和单相电表之分，如图3-21所示为几种不同类型的电表。

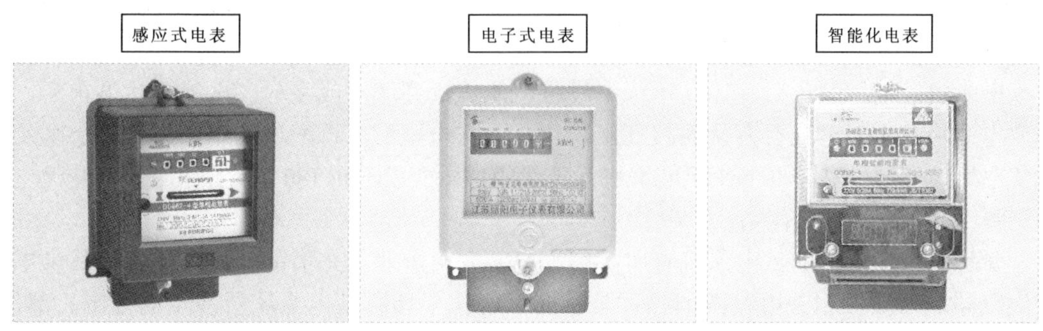

图3-21　电表

⑩ 电线、电缆　变配电系统中离不开进行电力传输的电线、电缆，如图3-22所示，该变配电系统中选用了4芯铠装电缆作为楼宇供电传输线路。此外在照明供电系统中，要根据所传输电流的值选择合适的电缆。

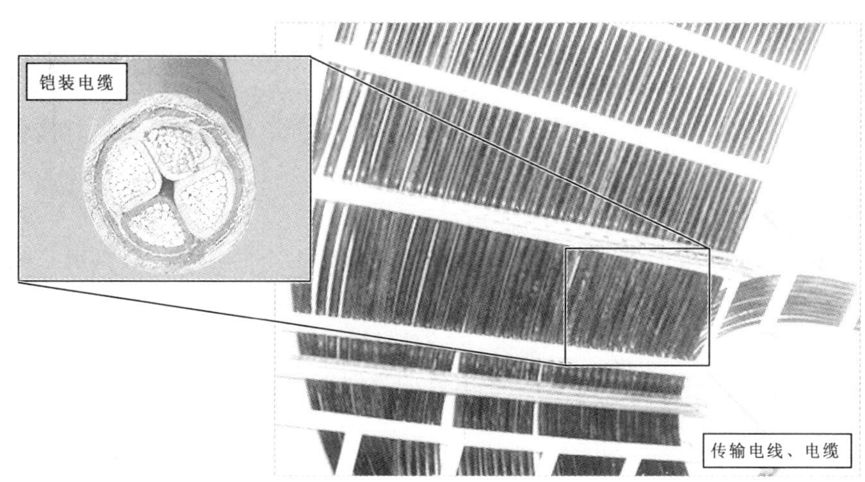

图3-22　传输电线、电缆

传输电流的值与电缆的规格要相适应，如选择电缆留的余量过大，会造成浪费，如电缆直径选择的过小，会使电缆在传输电流的过程中产生较大的热量。导线过热会引起线路损坏，还可能引起火灾，这是要十分注意的问题。

3.2.2　供配电系统电气线路的识读

供配电系统电气线路的结构多样，电子元件、控制部件和功能器件连接组合方式的不同，使得供配电系统的功能也千差万别。

因此，在对供配电系统电气线路进行识读时，通常要了解电动机控制电路的结构特点，掌握供配电系统电气线路中主要组成部件，并根据这些主要组成部件的功能特点和连接关系，对整个供配电系统电气线路进行单元电路的划分。

然后，进一步从控制部件入手，对供配电系统电气线路的工作流程进行细致的解析，搞清供配电系统电气线路工作的过程和控制细节，完成供配电系统电气线路的识读过程。

（1）供电系统电气图的识读原则

电能由发电厂升压后，经高压输电线将电能传输到城市或乡村。电能到达城市后，会经变电站将几十万至几百万伏的超高压降至几千伏电压后，再配送到工厂企业、小区及居民住宅处的变配电室，再由变配电室将几千伏的电压变成三相380 V或单相220 V交流电压输送到工厂车间和居民住宅。

要想对一个场所的供电系统有所了解，电工人员需要首先借助于该场所的整体供电系统电气图，通过对相关电气图的识读，从而了解整个场所供电系统所涉及的范围、部件、布线原则及线路走向等相关信息。

根据供电范围和供电需求的不同，不同环境所设计的供电系统均不相同，因此各供电系统电气图之间无明显相关性。在对一个场所的供电系统电气图进行识读时，通常需借助于很多的相关图纸，从各不同的电路图纸中，了解该电路的主要功能；之后，可根据相关电路的结构图，熟悉电路中涉及的电器部件，识读各部件之间的线路走向，建立对整个供电系统结构的初步了解。

之后，可继续从该供电系统的整体供电线路连接图和供电设备整体结构图进行入手，对其进行分析。在掌握了供电线路的基本流程后，可遵循从下往上、从左到右的识图顺序，对以上电路的整体流程和各部件之间电压的转换关系进行逐步识读，完成对整个供电系统电气图的具体分析、识读。

（2）供电系统电气图的识读方法

不同的供电系统，所采用的变配电设备和电路结构也不尽相同，对供电系统电气图的识读，首先要了解供电系统电气中主要部件的电路符号和功能特点，然后按信号流程对电路进行逐步识读。

下面以典型变压器配电室的供电系统电气图为例，向读者详细讲解对于该类电路的识读方法。

典型变配电室电路结构见图3-23。

该电路主要是由高压电能计量变压器、断路器、真空断路器、计量变压器、变流器、高压三相变压器、高压单相变压器、高压补偿电容等部件组成的。

❶ 三相三线高压首先经高压电能计量变压器送入，该变压器主要功能是驱动电度表测量用电量的设备。电表通常设置在面板上，便于相关工作人员观察记录。

❷ 线路中的断路器是具有过流保护功能的开关装置，开关装置可以人工操作，其内部或外部设有过载检测装置，当电路发生短路故障时，断路器会断路以保护用电设备，它相当于普通电子产品中带保险丝的切换开关。

❸ 真空断路器相当于变电配电室的总电源开关，切断此开关可以进行高压设备的检测检修。

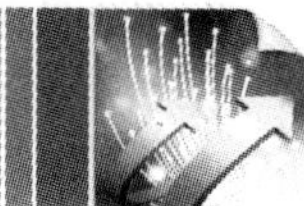

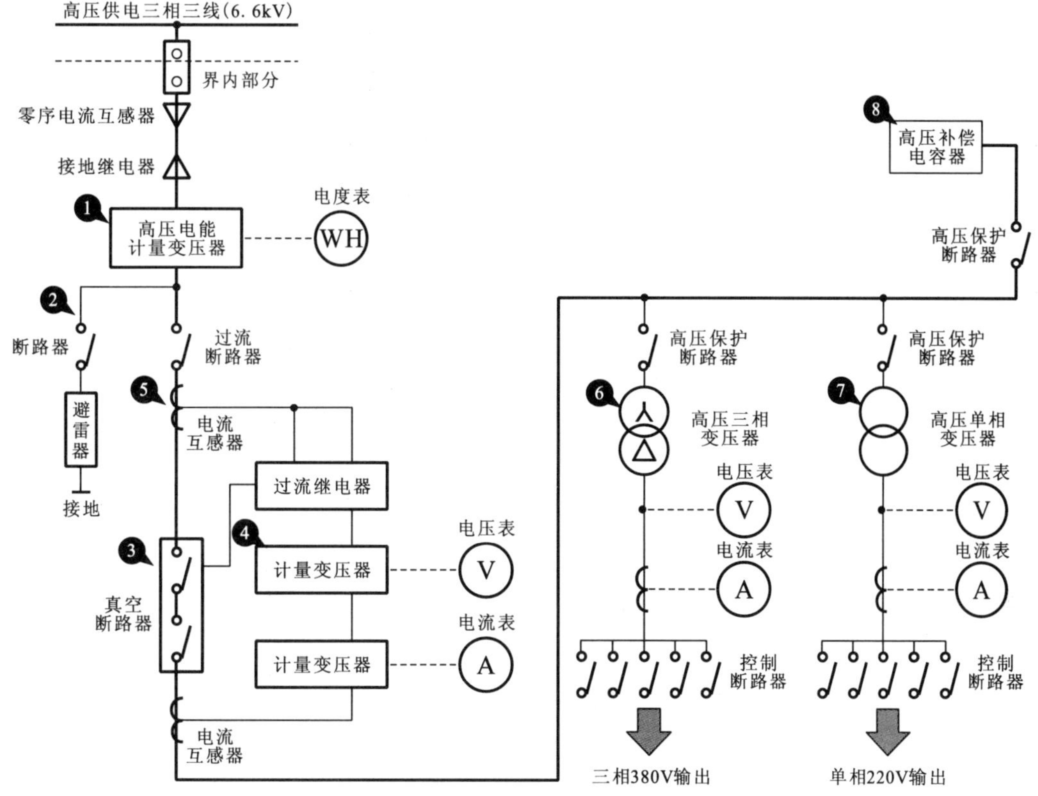

图3-23 典型变配电室电路结构

❹ 计量变压器用来连接指示电压和指示电流的表头。以便相关工作人员观察变电系统的工作电压和工作电流。

❺ 变流器即电流互感器是检测高压线流过电流大小的装置，它可以不接触高压线而检测出电路中的电压和电流，以便在电流过大时进行报警和保护。这种变流器是通过电磁感应的方式检测高压线路中流过的电流大小。

❻ 高压三相变压器是将输入高压（7 000 V以上）变成三相380 V电压的变压器，通常为工业设备的动力供电。该变电系统中使用了两个高压三相380 V输出的变压器，分成两组输出。一组用电系统中出现故障不影响另一系统。

❼ 高压单相变压器是将高压变成单相220 V输出电源的变压器，通常为照明和普通家庭供电。

❽ 高压补偿电容是一种耐高压的大型金属壳电容器，它有三个端子，内有三个电容器，外壳接地三个端子分别接在高压三相线路上，与负载并联，通过电容移相的作用进行补偿，可以提高供电效率。

这种结构关系图更多地反应供电系统电气图的组成和主要功能。对于电气信号的流程和原理更多地会从电气连接图中进行识读。

典型供配电线路连接图见图3-24。

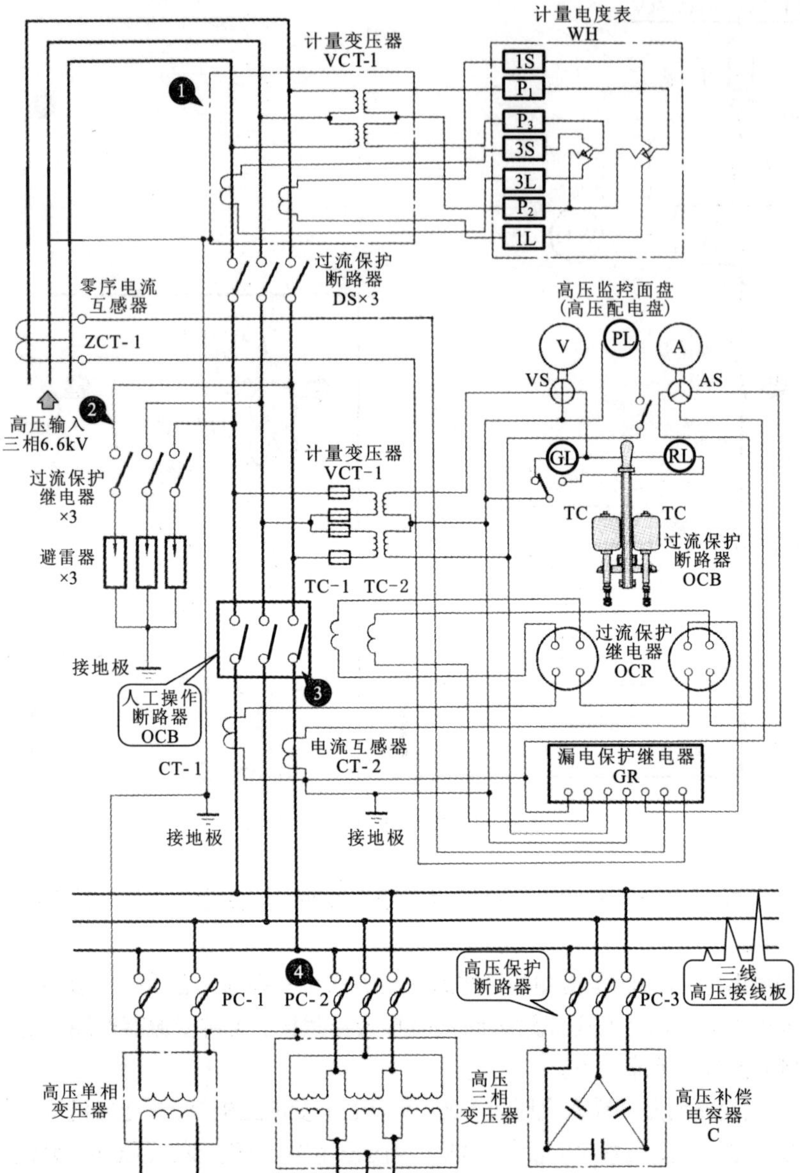

图3–24　供配电线路连接图

❶ 高压三相6.6 kV电源输入后，首先经过零序电流互感器（ZCT-1），检测在负载端是否有漏电故障发生。零序电流互感器的输出送到漏电保护继电器，如果有漏电故障发生，继电器会将过流保护断路器的开关切断进行保护。

❷ 接着电源经计量变压器（VCT-1），计量变压器（VCT-1）的输出接电度表，用于计量所有负载（含变配电设备）的用电量。经计量变压器（VCT-1）后电路送到过流保护继电器，当过流时熔断。

❸ 人工操作断路器（OCB）中设有电磁线圈（CT-1和CT-2），在人工操作断路器的输出线

路中设有2个电流互感器（CT-1、CT-2）。电流互感器（CT-1和CT-2）设在交流三相电路中的两条线路中进行电流检测，它的输出也送到漏电保护继电器中，同时送到过流保护继电器中，经过流保护继电器为人工操作断路器中的电磁线圈（CT-1和CT-2）提供驱动信号，使人工操作断路器自动断电保护。

❹ 最后，三相高压加到高压接线板（高压母线）上，高压接线板通常是由扁铜带或粗铜线制成，便于设备的连接。电源从高压接线板分别送到高压单相变压器、高压三相变压器和高压补偿电容器中。在变压器电源的输入端和高压补偿电容器的输入端分别设有高压保护继电器（PC-1、PC-2和PC-3），进行过流保护。高压单相变压器的输出为单相220 V，高压三相变压器的输出为三相380 V。单相220 V可作为照明用电，三相380 V可作为动力用电，也可送往住宅为楼内单元供电。单相变压器和三相变压器的数量可以根据需要增减。

3.3 供配电系统电气线路的识读

供配电系统由总降压变电所（高压配电所）、高压配电线路、车间变电所、低压配电线路及用电设备组成，每一组成部分的电气线路各有不同，下面分别进行识读。

3.3.1 一次变压供电系统的识读实例

供配电系统是对电能进行供应和分配的系统，为工厂企业及人们生活提供所需要的电能。

只有一个变电所的一次变压供电系统见图3-25。

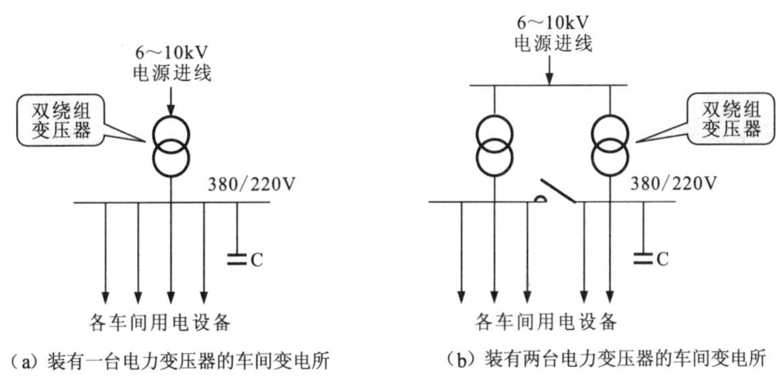

图3-25 供配电系统电气线路示意图（只有一个变电所的一次变压供电系统）

这是简单的供配电系统电气线路，它是只有一个变电所构成的一次变压供电系统，可将6 ~ 10 kV电压，降为380/220 V电压的变电所，通常车间采用这种变电所。采用两个变压器的变电所，当一个变压器有故障需要检修时，另一变压器仍可正常供电。

拥有高压配电所的一次变压供电系统见图3-26。

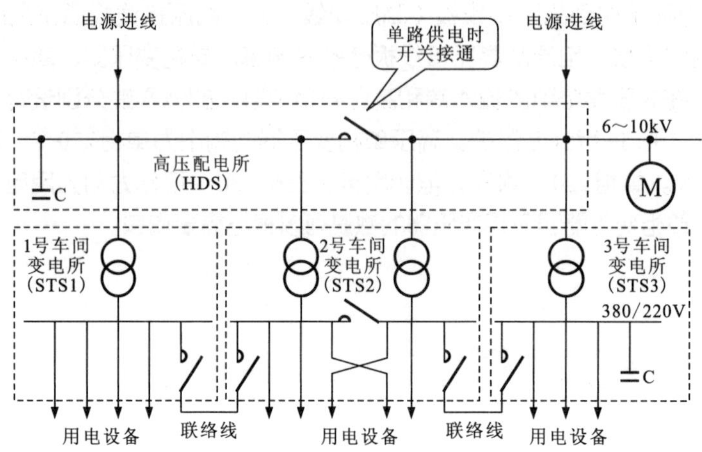

图3-26　拥有高压配电所的一次变压供电系统

拥有高压配电所的一次变压供配电系统，最少拥有一个高压配电所和若干个车间变电所。高压配电所接收6 ~ 10 kV的电源进线，经由车间变电所降压为380/220 V电压。该系统有两路独立的供电线路，当一路有故障时，另一路可正常为设备供电。

3.3.2　二次变压供电系统的识读实例

大型工厂和某些电力负荷较大的中型工厂，一般采用具有总降压变电所的二次变压供电系统。

有总降压变电所的二次变压供电系统见图3-27。

有总降压变电所的二次变压供电系统，至少拥有一个总降压变电所和若干个车间变电所，电源进线为35 ~ 110 kV，经总降压变电所输出6 ~ 10 kV高压，再由车间变电所降压为380/220 V。

正常情况有两路供电电路，分别为各自的系统供电。但电源进线一路停电时，可将SK1接通，整个系统正常供电。当T1或T2需检修时，接通SK2，整个系统可正常工作。当T4或T5需要检修时，接通SK3，整个电路仍可正常供电。

3.3.3　低压供配电系统的识读实例

无高压用电设备且用电设备总容量较小的小型工厂，直接采用380/220 V低压电源进线，只需设置一个低压配电室，将电能直接分配给各车间低压用电设备使用。

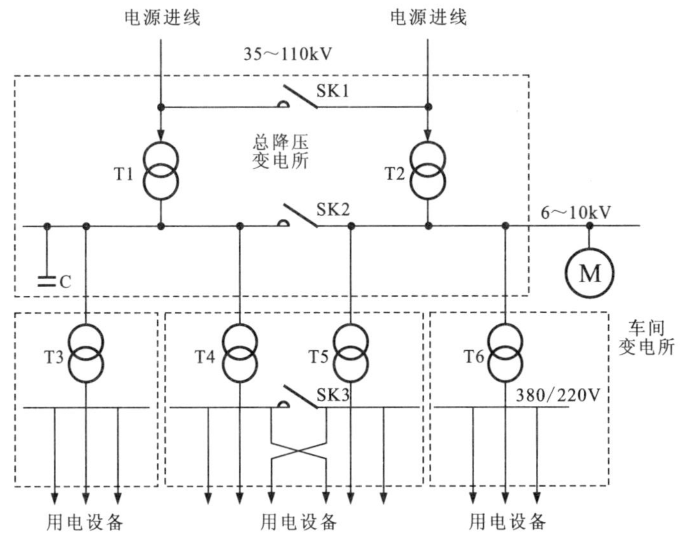

图3-27 有总降压变电所的二次变压供电系统

低压供配电系统见图3-28。

低压供配电系统直接将公共低压电网引进低压配电间，为各个用电车间供电。

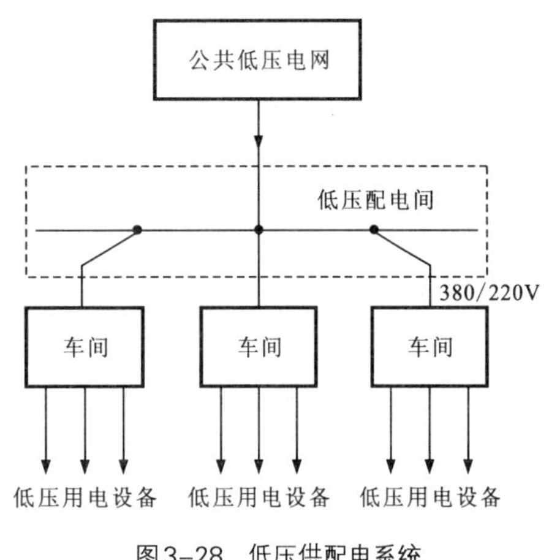

图3-28 低压供配电系统

扩展

供配电系统的安装要求：

① 安全 在电能的供应、分配和使用中，不应发生人身事故和设备事故；

② 可靠 应满足电能用户对供电可靠性即供电连续性的要求；

③ 优质 应满足电能用户对电压和频率等方面的质量要求；

④ 经济 应使供配电系统的投资少、运行费用低，并尽可能地节约电能和减少有色金属的消耗量。

3.3.4 供配电系统中心点电气线路的识读实例

电力系统的中性点是指发电机或变压器的中性点。考虑到电力系统运行的可靠性、安全性、经济性及人身安全等因素。

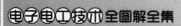

（1）中性点不接地

中性点不接地的供配电系统见图3-29。

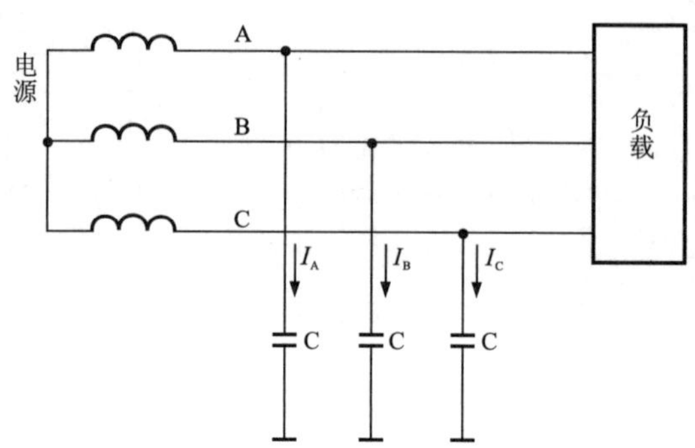

图3–29　中性点不接地的供配电系统

中性点不接地的运行方式，即电力系统的中性点不与大地相接。图3-29所示为电源中性点不接地的电力系统在正常运行时的电路图和相量图。我国3 ～ 66 kV系统，特别是3 ～ 10 kV系统，一般采用中性点不接地的运行方式。

扩展

中性点不接地的运行方式注意事项：

① 单相接地状态不允许长时间运行。原因：

a. 如果另一相又发生接地故障，就形成两相接地短路，产生很大的短路电流，从而损坏线路及其用电设备；

b. 较大的单相接地电容电流会在接地点引起电弧，形成间歇电弧过电压，威胁电力系统的安全运行。

② 我国电力规程规定，中性点不接地的电力系统发生单相接地故障时，单相接地运行时间不应超过2小时。

③ 中性点不接地系统一般都装有单相接地保护装置或绝缘监测装置，在系统发生接地故障时，会及时发出警报，提醒工作人员尽快排除故障；同时，在可能的情况下，应把负荷转移到备用线路上去。

（2）中性点经消弧线圈接地

中性点经消弧线圈接地的供配电系统见图3-30。

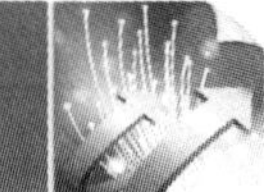

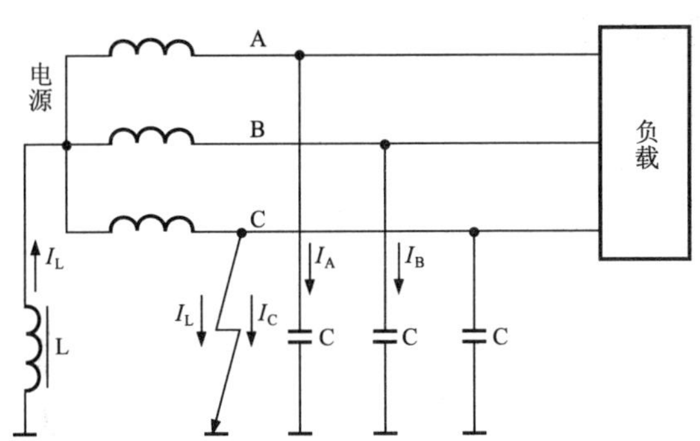

图3-30　中性点经消弧线圈接地的供配电系统

中性点经消弧线圈接地的运行方式采用经消弧线圈接地的措施来减小接地电流，熄灭电弧，避免过电压的产生。

扩展

中性点经消弧线圈接地的运行方式与中性点不接地系统一样，发生单相接地故障时的运行时间不允许超过2小时。

（3）中性点直接接地

中性点直接接地的供配电系统见图3-31。

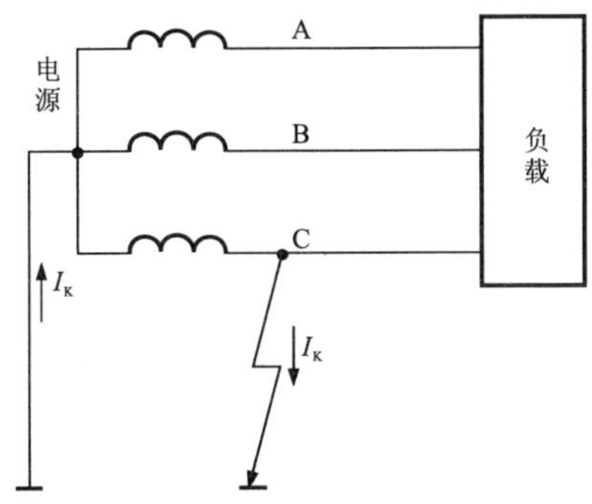

图3-31　中性点直接接地的供配电系统

图3-31为一相接地时中性点直接接地系统，当这种系统发生单相接地，即通过接地中性点形成单相短路。单相短路电流比线路的正常负荷电流大许多倍。因此，在系统发生单相短路时保护装置应跳闸，切除短路故障，使系统的其他部分恢复正常运行。并且发生单相接地时，其他两完好相的对地电压不会升高，因此，该系统中的供电设备的绝缘只需按相电压考虑，而无需按线电压考虑。

扩展

中性点直接接地的供配电系统应用在以下范围内：

① 110 kV以上的超高压系统：目前我国110 kV以上电力网均采用中性点直接接地方式。高压电器的绝缘问题是影响电器设计和制造的关键，电器绝缘要求的降低，直接降低了电器的造价，同时改善了电器的性能。

② 380/220 V低压配电系统：我国380/220 V低压配电系统也采用中性点直接接地方式，而且引出中性线（N线）、保护线（PE线）或保护中性线（PEN线），这样的系统，称为TN系统。其中中性线（N线）的作用是用来接相电压为220V的单相用电设备；用来传导三相系统中的不平衡电流和单相电流；减少负载中性点的电压偏移。而保护线（PE线）的作用则是保障人身安全，防止触电事故发生。

根据TN系统中N线和PE线的不同形式，分为TN-C系统、TN-S系统和TN-C-S系统，如图3-32所示。

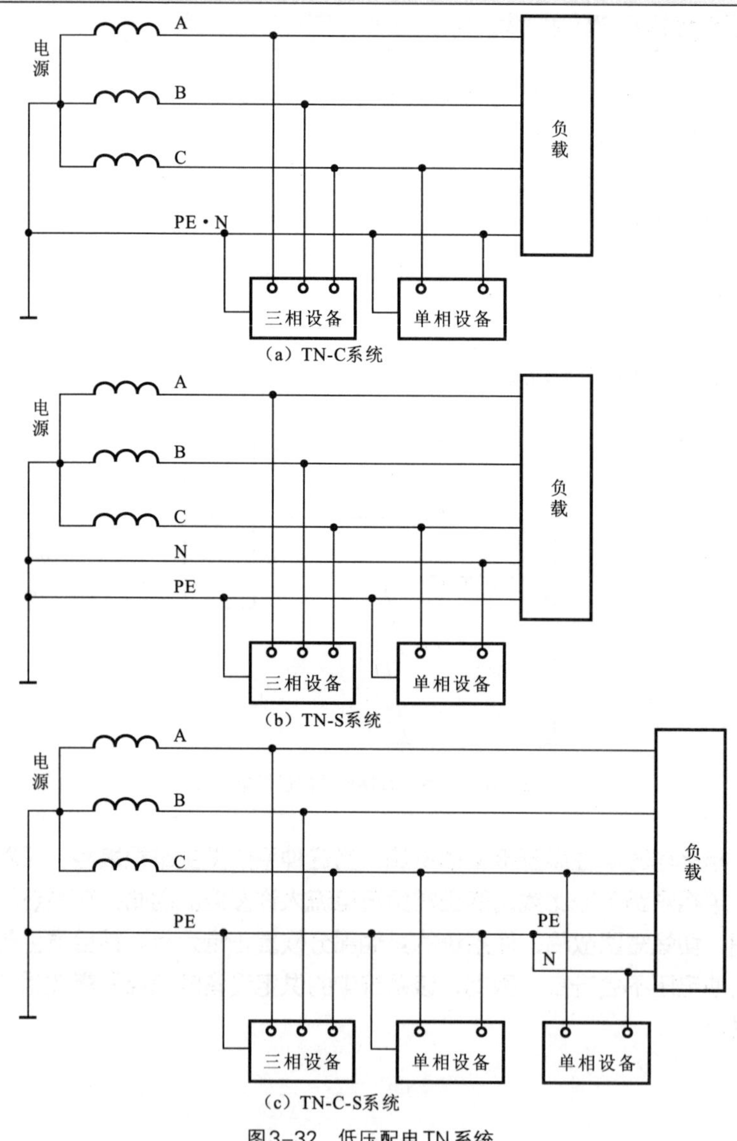

图3-32 低压配电TN系统

如图3-32（a）所示为TN-C系统：N线和PE线合用一根导线（PEN线），所有设备外露可导电部分（如金属外壳等）均与PEN线相连。安全要求较高的场所和要求抗电磁干扰的场所均不允许采用该系统。有如下特点：

① 保护中性线（PEN线）兼有中性线（N线）和保护线（PE线）的功能，当三相负荷不平衡或接有单相用电设备时，PEN线上均有电流通过。

② 这种系统一般能够满足供电可靠性的要求，而且投资较省，节约有色金属，但是当PEN断线时，可使设备外露可导电部分带电，对人有触电危险。

如图3-32（b）所示为TN-S系统：N线和PE线是分开的，所有设备的外露可导电部分均与公共PE线相连。多用于环境条件较差、对安全可靠性要求较高及用电设备对抗电磁干扰要求较严的场所。有如下特点：

① 公共PE线在正常情况下没有电流通过，因此不会对接在PE线上的其他用电设备产生电磁干扰。

② 由于其N线与PE线分开，因此其N线即使断线也并不影响接在PE线上的用电设备的安全。

如图3-32（c）所示为TN-C-S系统：这种系统前一部分为TN-C系统，后一部分为TN-S系统或部分为TN-S系统。多用于配电系统末端环境条件较差并且要求无电磁干扰的数据处理或具有精密检测装置等设备的场所。

特点：兼有TN-C系统和TN-S系统的优点。

3.3.5 室外引入室内供配电系统的识读实例

室外引入室内供配电系统见图3-33。

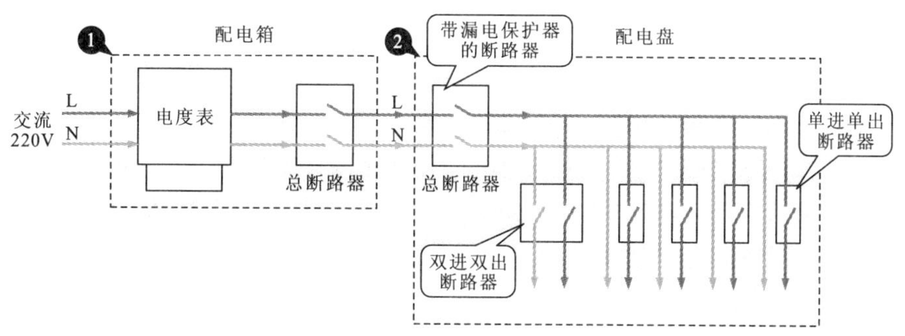

图3-33　室外引入室内供配电系统

室外配电箱引入室内配电盘电路主要是由电度表、总断路器、带漏电保护的断路器、双进双出断路器和单进单出断路器等部件组成的。

❶ 交流220 V进入室外配电箱接入电度表对其用电量进行计量，通过总断路器对主干供电线路上的电力进行控制，然后将其220 V供电电压送入室内配电盘中，分成各支路经断路器后，

传送到各个家用电器中。

❷ 进入室内后，供电电路根据所使用的电器设备的不同，可以分为小功率供电线路和大功率供电线路两大类。其中小功率供电电路和大功率供电电路没有明确的区分界限，通常情况下，将功率在1000 W以上的电器所使用的电路称之为大功率供电线路，1000 W以下的电器所使用的电路称之为小功率供电线路。

3.3.6 照明供配电系统的识读实例

例如，农村蔬菜大棚照明供配电系统见图3-34。

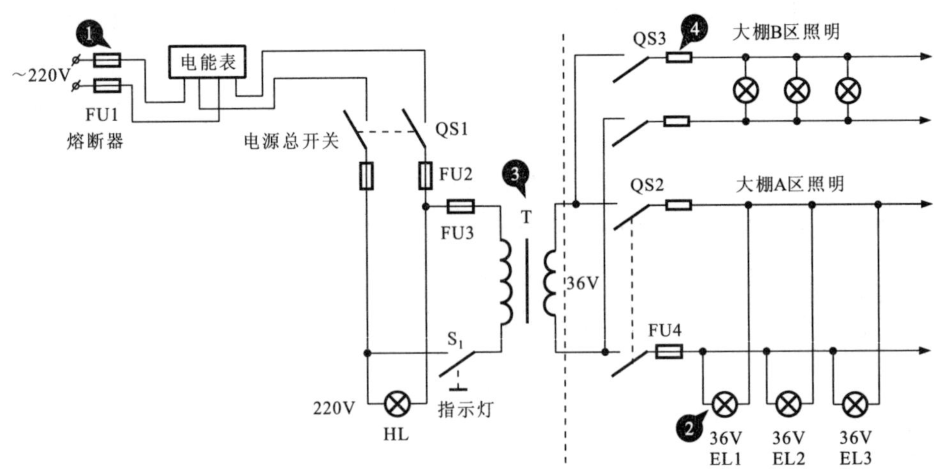

图3-34 农村蔬菜大棚照明供配电系统

蔬菜大棚照明控制电路主要是由交流输入电路、降压变压器T、照明灯电路等部分构成的。

❶ 交流220 V电源经保险丝和电能表后送入大棚，首先送到总电源开关SQ1。

❷ 照明灯采用36 V灯泡，根据大棚的面积选择灯泡的数量。

❸ 36 V交流电源是由降压变压器T提供的，交流降压变压器的初级绕组由220 V电源经启动开关S_1控制。接通S_1开关则变压器T初级绕组中有电压输入，次级绕组便有36 V输出。

❹ 在降压变压器的次级输出电路中，设有两个开关QS2、QS3，这两个开关可以分别控制两个区域照明灯的供电。

电动机控制电路识图

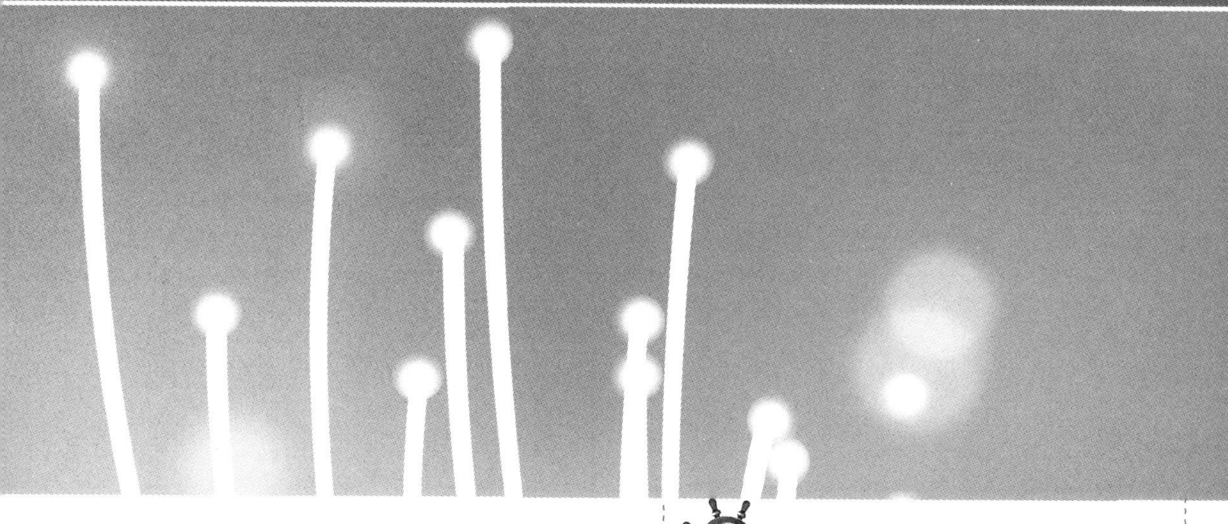

目标

本章从电动机控制电路的功能特点入手，通过对电动机控制电路结构组成的系统剖析，首先让读者建立起电动机控制电路中主要部件的电路功能和电路对应关系。然后，再以典型电动机控制电路为例，系统介绍电动机控制电路的识图特点和识图方法。最后，本章对目前流行且极具代表性的电动机控制电路进行归纳、整流，筛选出各具特色的电动机控制实用电路，向读者逐一解读不同电动机控制实用电路的识读技巧和识图注意事项，力求让读者真正掌握电动机控制电路的识图技能。

4.1 电动机控制电路的特点及用途

4.1.1 电动机控制电路的功能及应用

（1）电动机控制电路的功能

电动机控制电路是依靠启停按钮、接触器、时间继电器等控制部件来控制电动机，进而实现对电动机的降压启动控制、联锁控制、点动控制、连续控制、正反转控制、间歇控制、调速控制、制动控制。

电动机连续控制电路见图4-1。

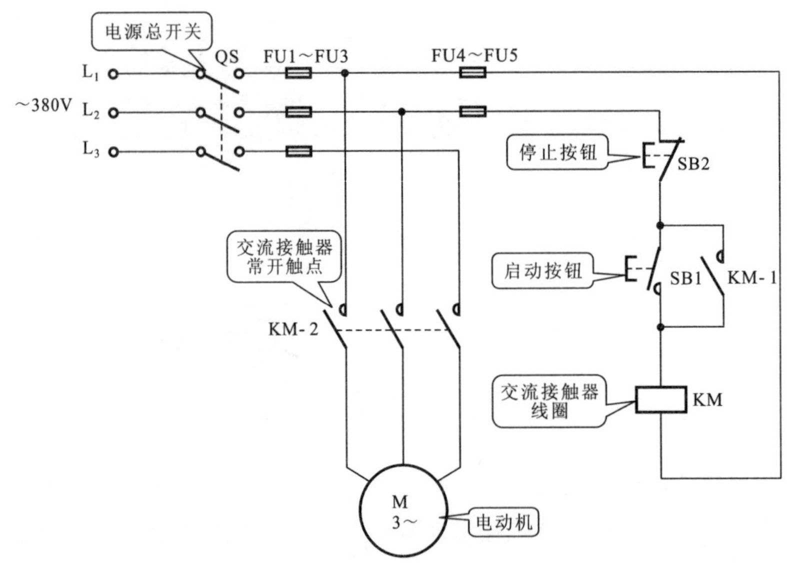

图4-1　电动机连续控制电路

这是简单的电动机连续控制电路，它通过启动按钮接通交流接触器KM线圈的供电，使其触点KM-1接通，锁定启动按钮，实现连续控制；KM-2接通，电动机连续启动运转。

由于电路结构设计和主要部件选用的不同，其电路功能也不大相同。

电动机正反转控制电路见图4-2。

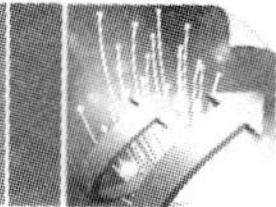

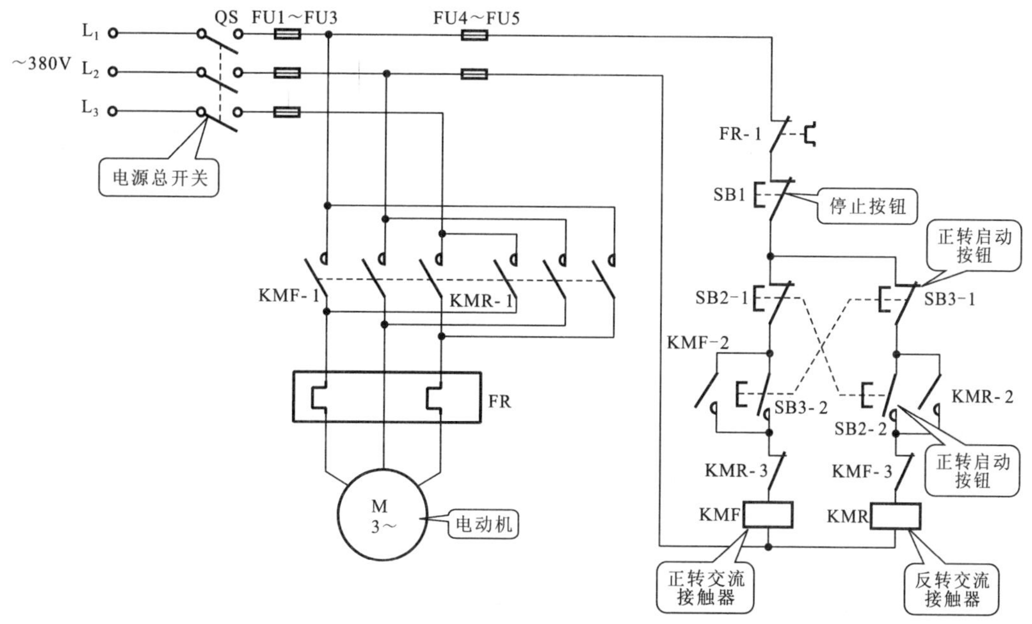

图4-2　电动机正反转控制电路

这是通过正转和反转交流接触器控制的电动机正反转控制电路，当按下正转启动按钮SB3后，正转交流接触器KMF线圈得电，触点动作，电动机正向运转；当按下反转启动按钮SB2后，反转交流接触器KMR线圈得电，触点动作，电动机反向运转；当需要电动机停机时，按下停止按钮SB1，电动机即可停止运转。

可见，根据不同的需求，电动机控制电路的结构以及所选用的控制元件也会发生变化，正是通过对这些部件巧妙的连接和组合设计，使得电动机控制电路实现各种各样的功能。

（2）电动机控制电路的应用

电动机控制电路的功能就是可以实现对电动机的控制，因此，不论是在工业或农业生产中，电动机控制电路都是非常重要且使用率很高的实用电路。

尤其是随着技术的发展和人们生活需求不断提升，电动机控制电路所能实现的功能多种多样，几乎在农业、工业生产和建筑业中都可以看到电动机控制电路的应用。

电动机控制电路的应用见图4-3。

电动机控制电路广泛应用于工业、农业及建筑等行业中，通过不同的控制方式的电路连接，为其相关设备提供动力。如在工业机床设备中用于带动主轴旋转、钻头的上下移动及工作台的左右移动等；在农业排灌设备中用于带动泵工作，为排水泵提供动力源；在建筑高空吊篮中通过控制器件控制电动机的工作状态，从而使高空吊篮上下移动，达到所需的高度。

在工业机床设备中的应用

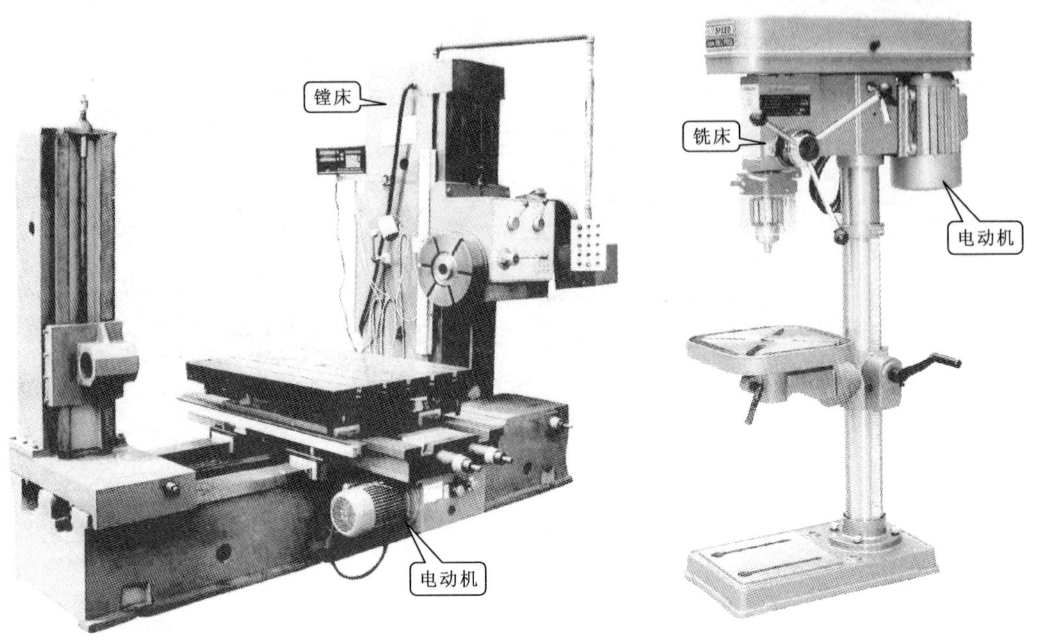

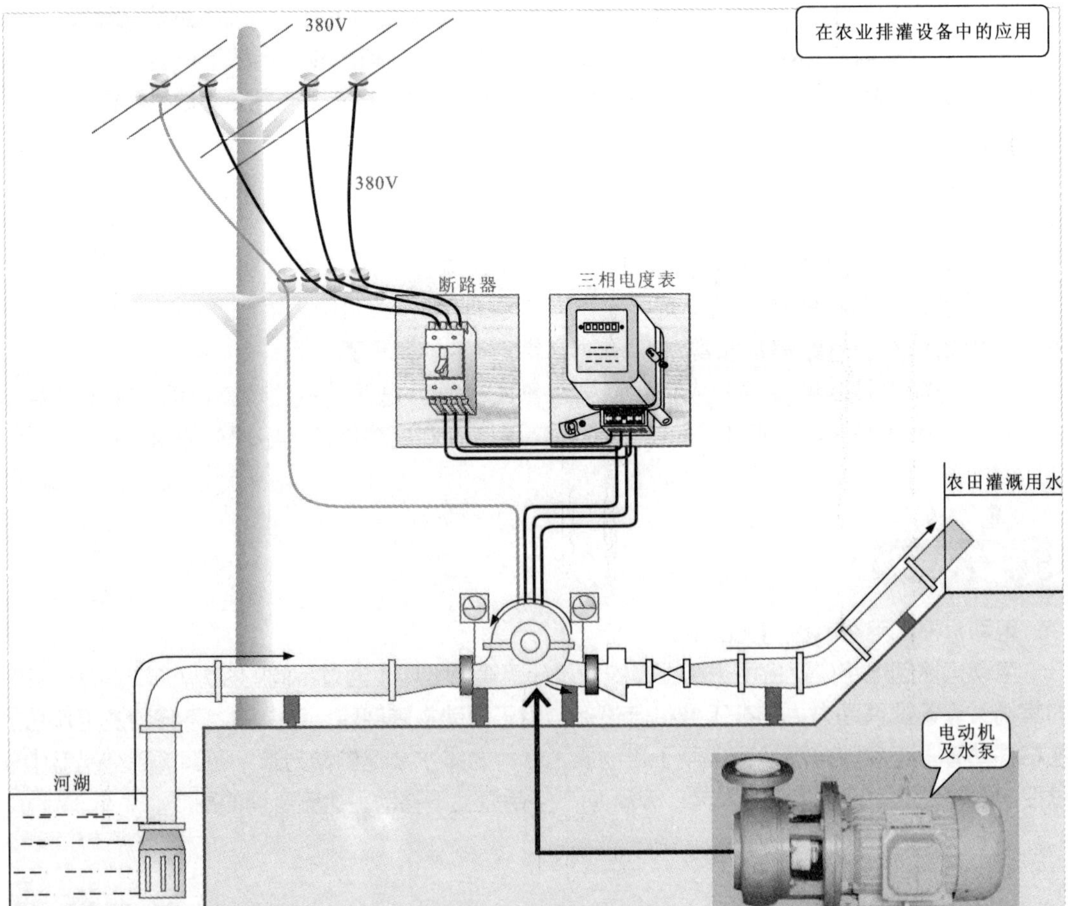

在农业排灌设备中的应用

380V

380V

断路器

三相电度表

农田灌溉用水

电动机
及水泵

河湖

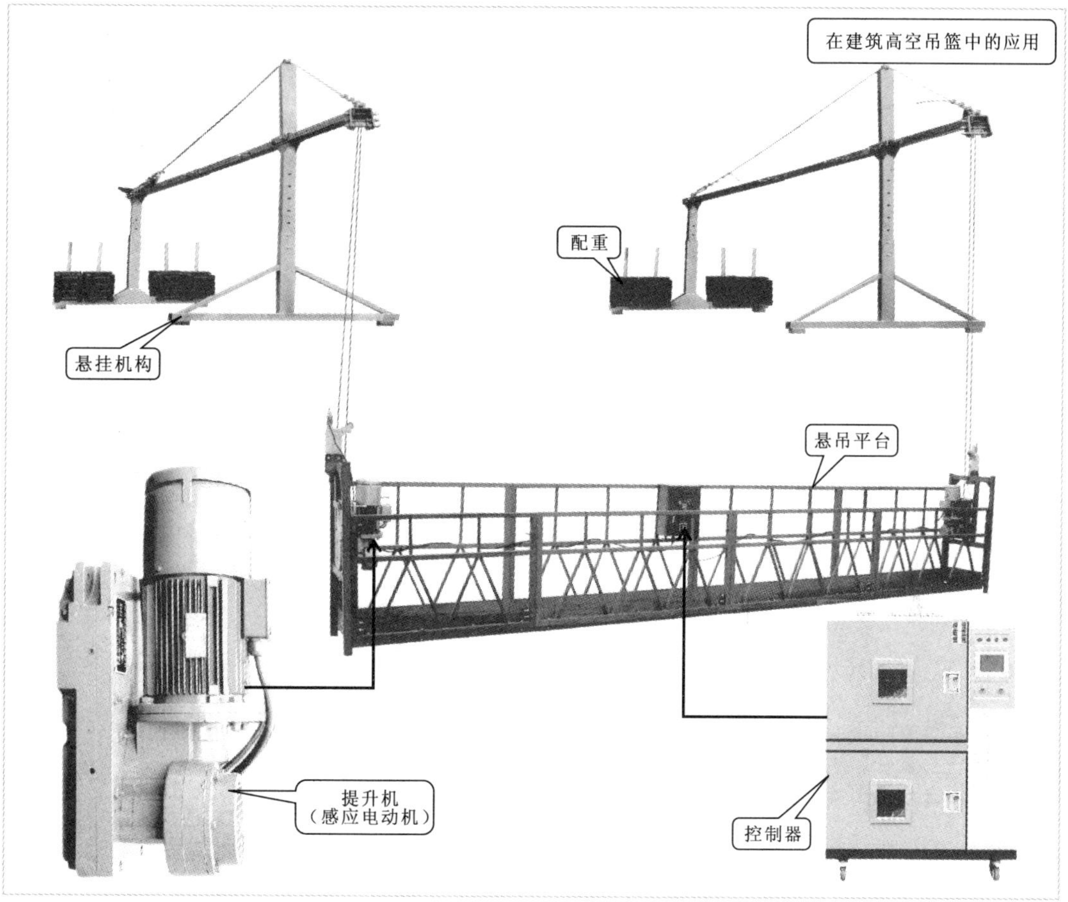

图4-3　电动机控制电路的应用

4.1.2　电动机控制电路的组成

电动机控制电路主要是由电动机、电气控制部件和基本电子元件构成的。在学习识读电动机控制电路之前，我们首先要了解电动机控制电路的组成，明确电动机控制电路中各主要控制部件以及电动机的电路对应关系。

了解电动机控制电路的组成是识读电动机控制电路图的前提，只有熟悉电动机控制电路中包含的元件及连接关系才能识读出电动机控制电路的功能及工作过程。

典型电动机控制电路组成见图4-4。

电动机的控制电路主要由供电电路、控制电路、保护电路和电动机组成，电动机供电电路是由总电源开关QS构成的；保护电路是由熔断器FU1 ~ FU5构成的；控制电路是由交流接触器KM、按钮开关SB构成的。

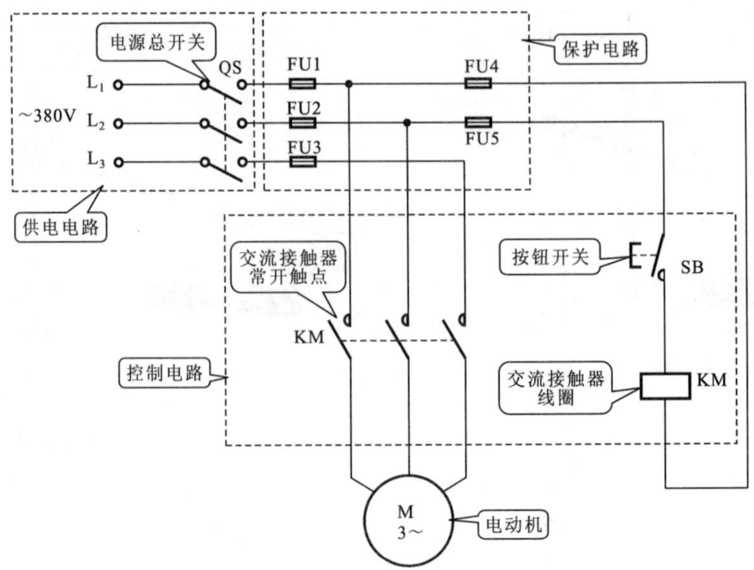

图4–4　电动机控制电路组成

其中“”表示电源总开关，在电路中用于接通三相电源；“”表示熔断器，在电路中用于保护电路；“”表示按钮开关，用于控制电动机的启动与停机；“”表示交流接触器，通过线圈的得电，触点动作，接通电动机的三相电源，启动电动机工作。

为了便于理解，我们可以将电动机控制电路以实物连接的形式体现。

典型电动机控制电路的实物连接示意图见图4-5。

在供电电路中，通过电源总开关QS接通三相交流电压，为电动机和控制电路提供所需的工作电压。控制电路主要是由按钮开关SB控制交流接触器KM的通断，从而实现对电动机启停的控制。在保护电路中，熔断器FU1 ~ FU5起保护电路的作用，其中FU1 ~ FU3为主电路熔断器，FU4、FU5为支路熔断器。在电动机点动运行过程中，若L_1、L_2两相中的任意一相熔断器熔断，接触器线圈就会因失电而被迫释放，从而使电动机切断电源停止运转。另外，若接触器的线圈出现短路等故障时，支路熔断器FU4、FU5也会因过流熔断，从而切断电动机电源起到保护电路的作用。

4.2 电动机控制电路的识读方法

4.2.1　电动机控制电路中的主要元器件

在前面的章节中，我们大体了解电动机控制电路的基本组成，接下来，我们会从电动

机控制电路中的各主要组成元件、电气部件和电动机入手，掌握这些电路组成部件的种类和功能特点，为识读电动机控制电路打好基础。

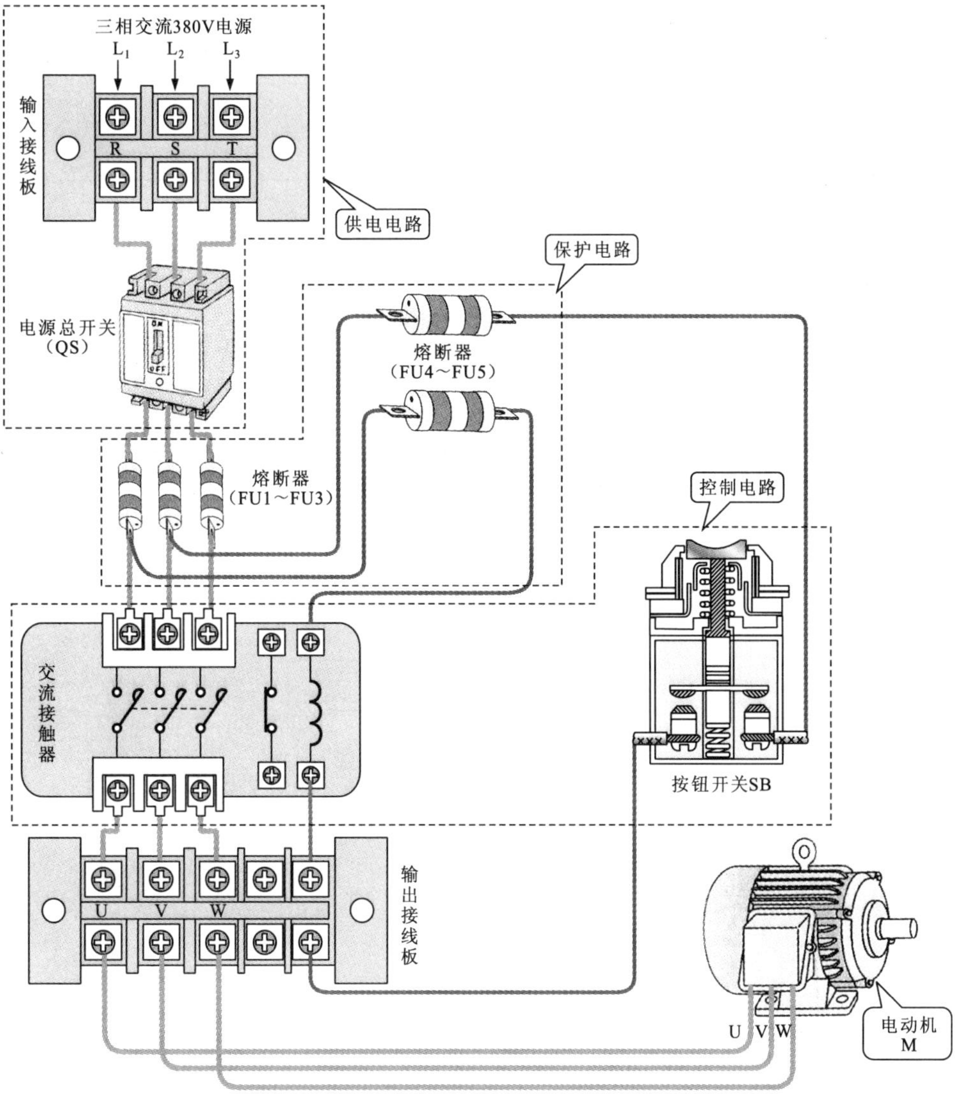

图4-5　典型电动机控制电路的实物连接示意图

（1）电动机

电动机主要可以分为两种：直流电动机和交流电动机。其应用也比较广泛，常用于各种家用电器、工厂车床设备以及各种电力设备中。常见电动机图形符号如表4-1所列。

电动机是一种可以将电能转换为机械能的电气设备，在工矿企业中，产品的加工、组装、运输等大量的工作都是由电动机来提供动力的，下面以三相异步电动机为例进行介绍。

表4-1　常见电动机图形符号

名称	图形	名称	图形
电动机	(*) *可用字母M、G等字母代换	并励式电动机	M
直流电动机	M	串励式电动机	M
步进电动机	M	他励式电动机	M
手摇发电机	G	复励式电动机	G
单相异步电动机	M ~	三相异步电动机	M 3~

三相异步电动机的实物外形、简易电路连接及应用环境见图4-6。

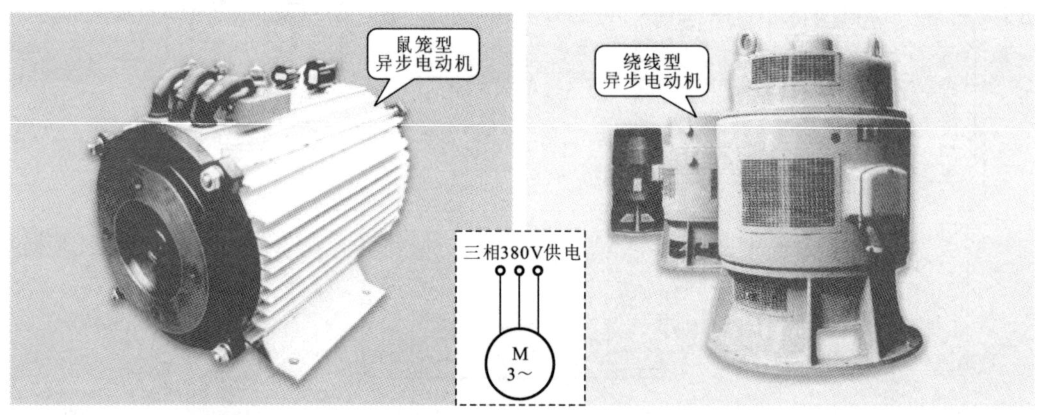

(a) 三相异步电动机的外形及简易电路连接

(b) 三相异步电动机的应用环境

图4-6　三相异步电动机实物外形、简易电路连接及应用环境

三相异步电动机是工农业中应用最为广泛的一种电动机，按照其转子绕组的不同又可以分为鼠笼型和绕线型两类。鼠笼型异步电动机的转子，它没有线圈，导电条采用嵌入式安装方式，所以结构上很结实。这种电动机结构比较简单，部件较少，且结实耐用，工作效率也高，是一种价格便宜的电动机，是目前应用较为广泛的电动机。绕线型异步电动机由于转子电流可以通过滑环和电刷引到外部，通过外接可变电阻就可以很方便地实现速度调节，所以这种电动机广泛应用于卷扬机和起重机等大型设备中。

（2）开关组件

开关组件是指对电动机控制电路发出操作指令的电器设备，它具有接通与断开电路的功能，利用这种功能，可以实现对生产机械的自动控制。电动机控制电路中的开关组件主要有电源总开关、启动按钮和停止按钮等，常见开关图形符号如表4-2所列。

表4-2　常见开关图形符号

名称	符号	图形	名称	符号	图形
开关	SA、QS、S		启动按钮	SA、QS、S	
点动式常开按钮	SA、QS、S		停止按钮	SA、QS、S	
点动式常闭按钮	SA、QS、S		组合开关	SA、QS、S	
复合按钮	SA、QS、S				

开关按钮的外形及内部结构如图4-7所示。

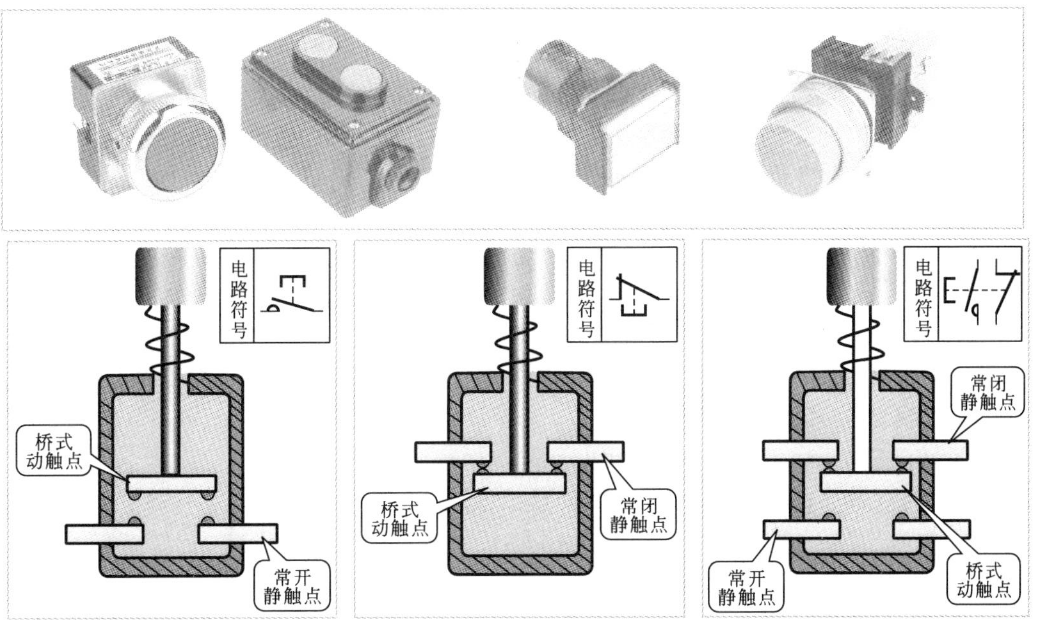

图4-7　开关按钮的外形及内部结构

常开按钮在电动机控制电路中常用作启动按钮，操作前触点是断开的，手指按下时触点闭合，手指放松后，按钮自动复位。

常闭按钮在电动机控制电路中常用作停机按钮，操作前手指未按下时，触点是闭合的。当手指按下时，触点被断开，放松后，按钮自动复位。

复合按钮在电动机控制电路中常用作正反转控制按钮或高低速控制按钮，其内部设有常开和常闭组合按钮，它设有两组触点，操作前有一组触点是闭合的，另一组触点是断开的。当手指按下时，闭合的触点断开，而断开的触点闭合，手指放松后，两组触点全部自动复位。

组合开关的外形及内部结构见图4-8。

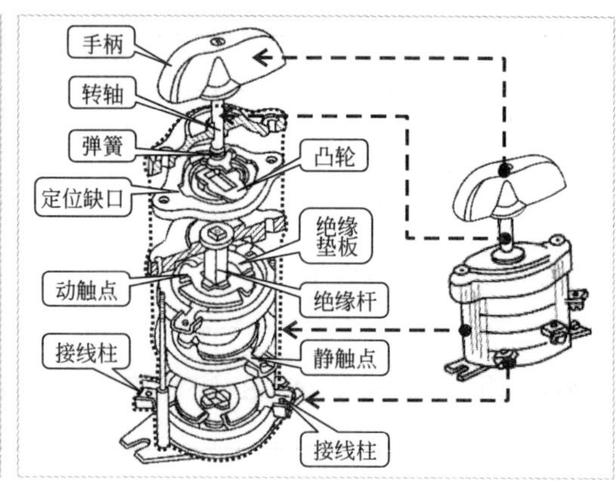

图4-8　组合开关的外形及内部结构

组合开关又称转换开关，是一种转动式的闸刀开关，主要用于接通或切断电路、换接电源或局部照明等。除了可以应用于电动机的启动外，还可应用于机床照明电路控制以及机床电源引入等，该开关具有体积小、寿命长、结构简单、操作方便、灭弧性能较好等优点。

组合开关内部有若干个动触片和静触片，分别装于数层绝缘件内，静触片固定在绝缘垫板上，动触片装在转轴上，随转轴旋转而变换通、断位置。在选用组合开关时，应根据电源种类、电压等级、所需触头数量及电动机的容量进行选择。

电源总开关的实物外形及简易电路连接见图4-9。

在电动机控制电路中，电源总开关通常采用断路器，主要用于接通或切断供电线路，这种开关具有过载、短路或欠压保护的功能。

（3）熔断器

熔断器是在电流超过规定值一段时间后，以其自身产生的热量使熔体熔化，从而使电路断开，起到短路、过载保护的作用。在电路中电路符号为“—▭—”，通常采用“FU”进行电路标识。

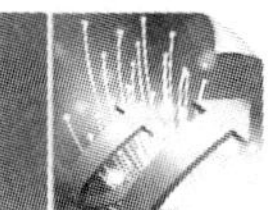

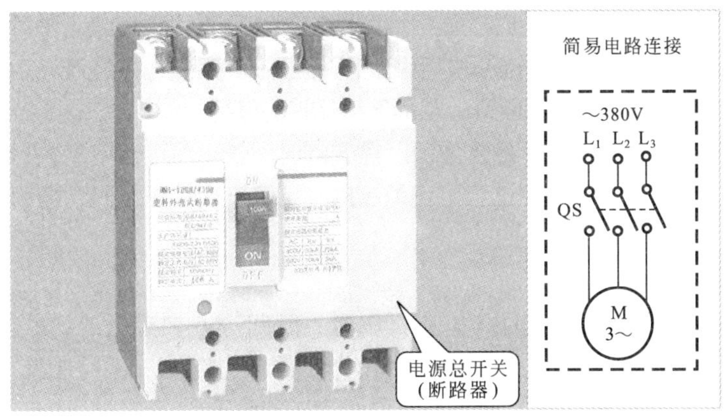

图4-9　电源总开关的实物外形及简易电路连接

熔断器实物外形见图4-10。

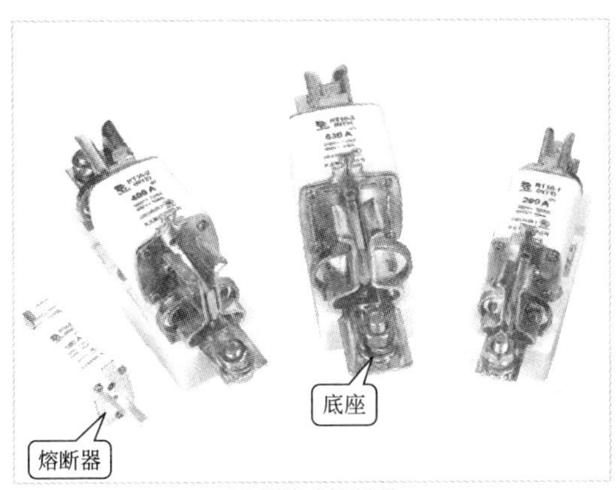

(a) 螺旋式熔断器

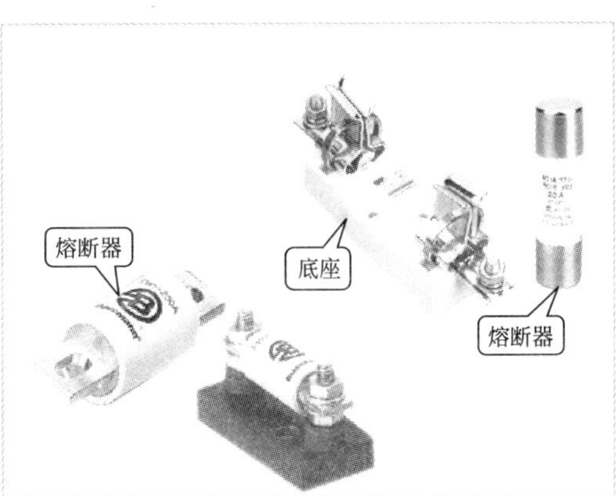

(b) 快速熔断器

(c) 有填料封闭管式熔断器

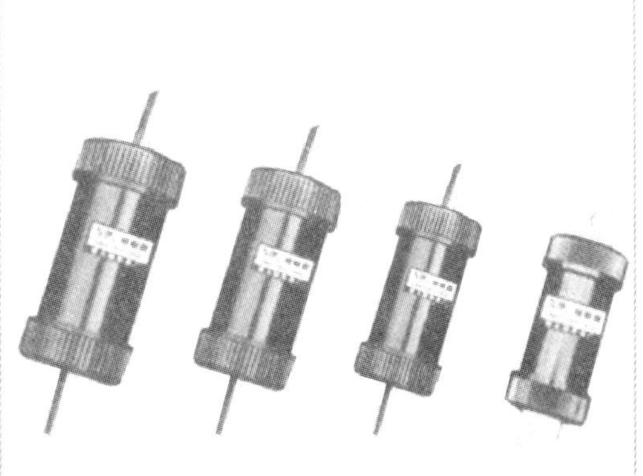

(d) 无填料封装熔断器

图4-10　熔断器实物外形

熔断器的种类有很多种，选用时应根据熔断器的额定电流和额定电压进行选用。熔断器在使用时是串联在被保护电路中，当被保护电路的电流超过规定值，并经过一定时间后，由熔体自身产生的热量熔断熔体，使电路断开，从而起到保护的作用。

当被保护电路过载电流小时，熔体熔断所需要的时间长；而过载电流大时，熔体熔断所需要的时间短，因这一特点，在一定过载电流范围内，至电流恢复正常时，熔断器不会熔断，可以继续使用。

（4）继电器和接触器

继电器和接触器都是根据信号（电压、电流、时间等）来接通或切断电流电路和电器的控制元件，该元器件在电工电子行业应用较为广泛，在许多机械控制及电子电路中都采用这种器件。常见的继电器和接触器图形符号如表4-3所示。

表4-3　常见继电器图形符号

名称	符号	图形	名称	符号	图形
交流接触器	KM	KM KM-1 或 KM KM-1	时间继电器	KT或KM	KT KT-1 或 KT KT-1
中间继电器	KA或KM	KM KM-1 或 KM KM-1	过热（温度）保护继电器	FR或KM	KM KM-1 或 KM KM-1
过流继电器	KA或KM	I> KM KM-1 或 I> KM KM-1 t> KM KM-1 或 t> KM KM-1	过压继电器	KV或KM	KM KM-1 或 KM KM-1 U< KM KM-1 或 U< KM KM-1
速度继电器	KM	KM KM-1 或 KM KM-1	压力继电器	KP或KM	P KM KM-1 或 P KM KM-1

接触器和继电器的实物外形见图4-11。

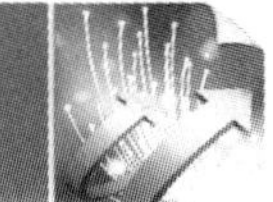

(a) 交流接触器

(b) 时间继电器

(c) 中间继电器

(d) 过热保护继电器

(e) 电流继电器

(f) 电压继电器

(g) 速度继电器

(h) 压力继电器

(i) 温度继电器

图4–11　接触器和继电器的实物外形

如图4-11（a）所示交流接触器实际上是用于交流供电电路中的通断开关，可用于控制电动机的接通与断开，在选择交流接触器时，应根据接触器的类型、额定电流、额定电压等进行选择。

如图4-11(b）所示时间继电器是一种延时或周期性定时接通、切断某些控制电路的继电器，当线圈得电后，经一段时间延时后（预先设定时间），其常开、常闭触点才会动作。

如图4-11（c）所示中间继电器通常用来控制各种电磁线圈使信号得到放大，将一个输入信号转变成一个或多个输出信号。

如图4-11（d）所示过热保护继电器是一种电气保护元件，利用电流的热效应来推动动作机构使触点闭合或断开的保护电器，主要用于电动机的过载保护、断相保护、电流不平衡保护以及其他电气设备发热状态时的控制。在选用热保护继电器时，主要是根据电动机的额定电流来确定其型号和热元件的电流等级，而且热保护继电器的额定电流通常与电动机的额定电流相等。

如图4-11（e）所示电流继电器是指根据继电器线圈中电流大小而接通或断开电路的继电器。通常情况下，电流继电器分为过电流继电器、欠电流继电器等。过电流继电器是指线圈中的电流高于容许值时动作的继电器；欠电流继电器是指线圈中的电流低于容许值时动作的继电器。

如图4-11（f）所示电压继电器又称零电压继电器，是一种按电压值动作的继电器，主要用于交流电路的欠电压或零电压保护。电压继电器与电流继电器在结构上的区别主要在于线圈的不同。电压继电器线圈与负载并联，反映的是负载电压，线圈匝数多，而且导线较细；电流继电器的线圈与负载串联，反映的是负载电流，线圈匝数少，而且导线较粗。

如图4-11（g）所示速度继电器又称反接制动继电器，这种继电器主要与接触器配合使用，用来实现电动机的反接制动。

如图4-11（h）所示压力继电器是将压力转换成电信号的液压器件，主要控制水、油、气体以及蒸气的压力等。

如图4-11（i）所示温度继电器是一种通过温度变化控制电路导通与切断的继电器，当温度达到温度继电器设定值时，温度继电器会断开电路，起温度控制和保护作用

扩展

电动机控制电路主要元器件的应用环境如图4-12所示。

4.2.2 电动机控制电路的识读

电动机控制电路的结构多样，电子元件、控制部件和功能器件连接组合方式的不同，使得电路的功能也千差万别。

因此，在对电动机控制电路进行识读时，通常先要了解电动机控制电路的结构特点，掌握电动机控制电路中的主要组成部件，并根据这些主要组成部件的功能特点和连接关系，对整个电动机控制电路进行单元电路的划分。

然后，进一步从控制部件入手，对电动机控制电路的工作流程进行细致的解析，搞清电动机控制电路的工作过程和控制细节，完成电动机控制电路的识读过程。

（1）电动机控制电路结构特点的识读

图解

电动机控制电路结构特点的识读见图4-13。

该电路的控制部件主要有停止按钮SB1、启动按钮SB2、交流接触器KM1/KM△/KMY、晶体三极管VT1，电位器RP1和一些其他外围元器件；电源部件主要有电源总开关QS、电源变压器T、桥式整流堆VD1 ~ VD4等；保护器件主要有熔断器FU1 ~ FU4、过热保护继电器FR、过电流继电器KA。

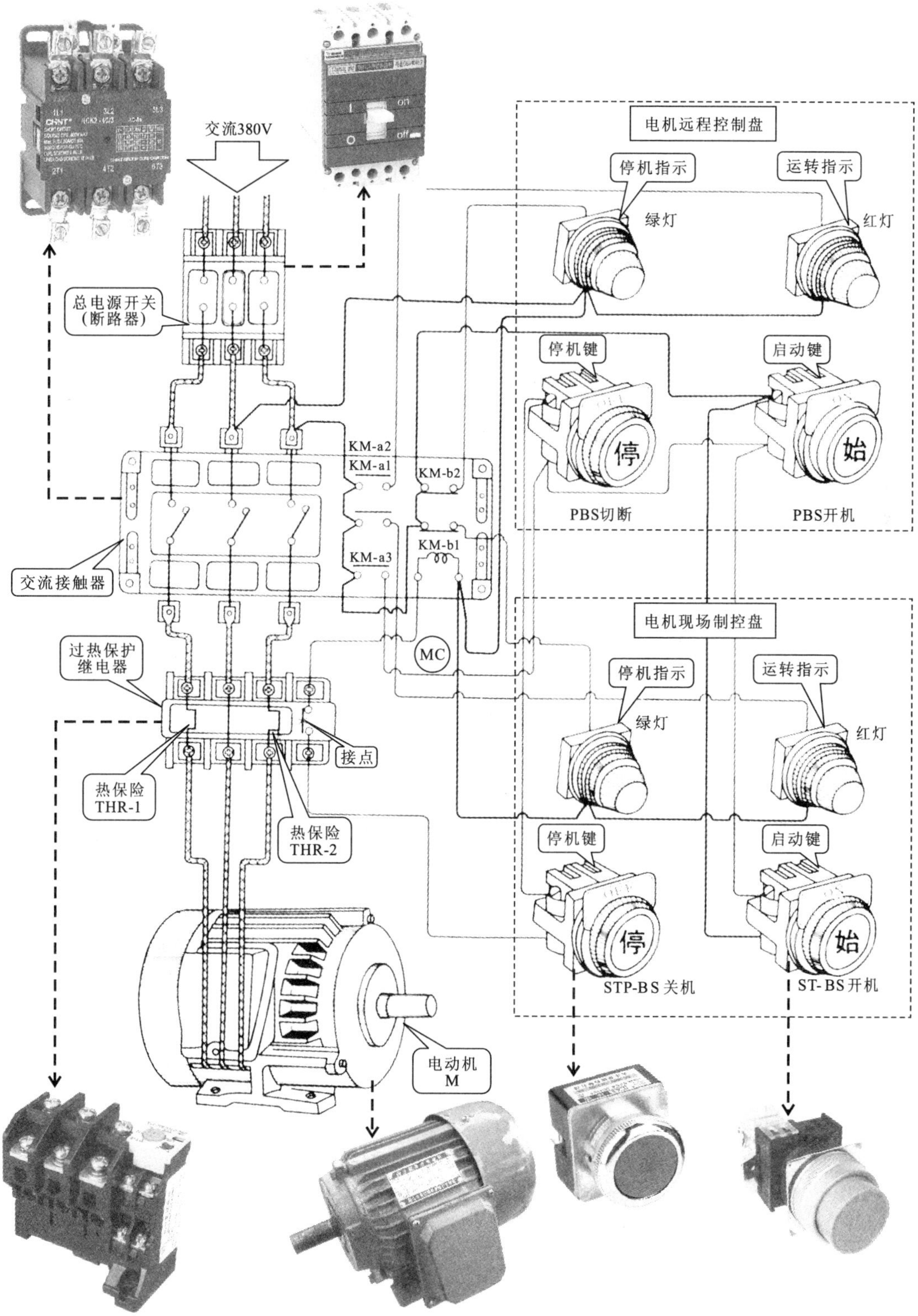

交流380V
总电源开关（断路器）
交流接触器
KM-a2
KM-a1
KM-b2
KM-b1
KM-a3
MC
过热保护继电器
接点
热保险 THR-1
热保险 THR-2
电动机 M
电机远程控制盘
停机指示
绿灯
运转指示
红灯
停机键
启动键
停
始
PBS切断
PBS开机
电机现场制控盘
停机指示
绿灯
运转指示
红灯
停机键
启动键
停
始
STP-BS关机
ST-BS开机

图4-12　电动机控制电路主要元器件的应用环境

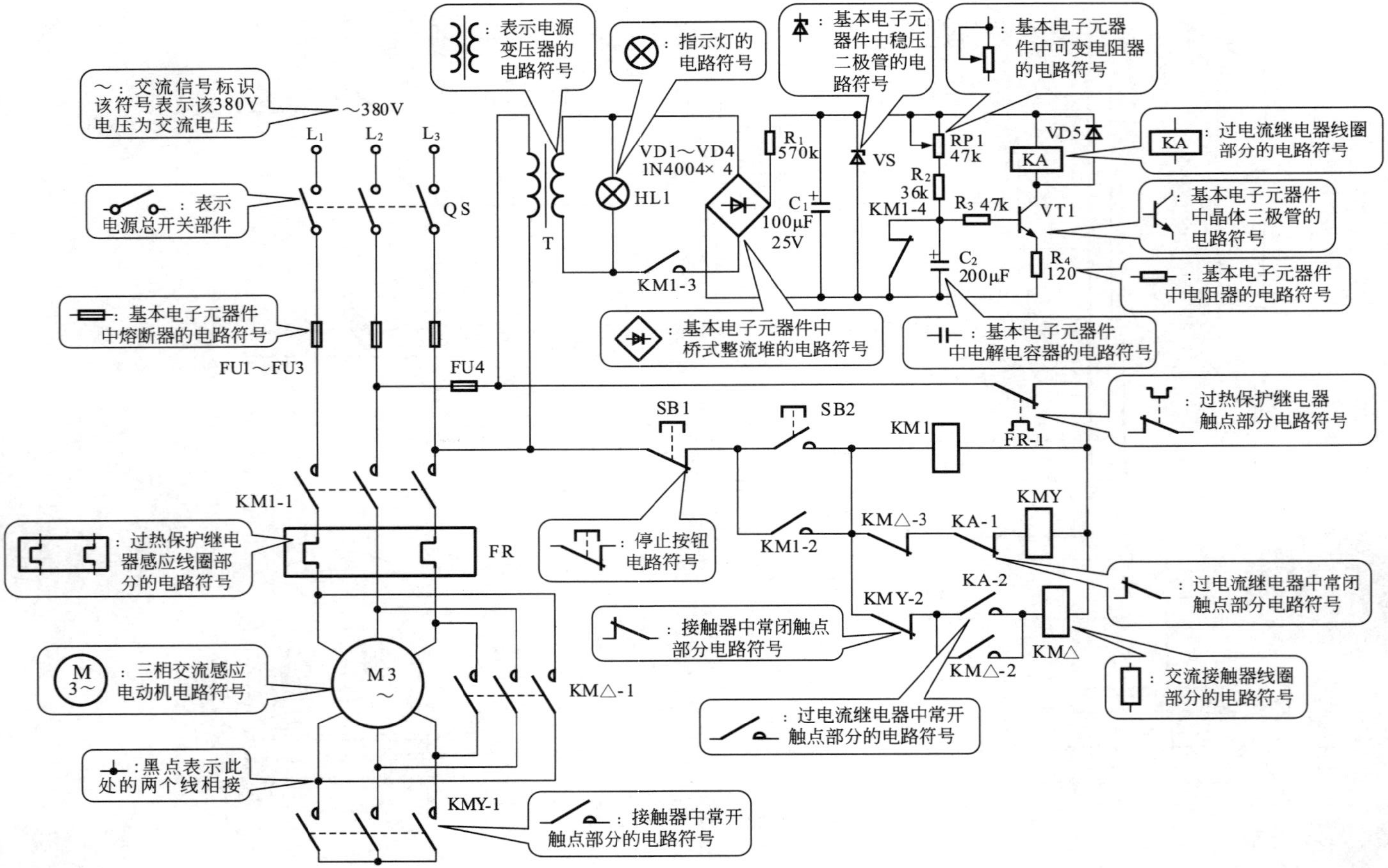

～：交流信号标识 该符号表示该380V电压为交流电压
～380V
L1 L2 L3
：表示电源总开关部件
QS
：基本电子元器件中熔断器的电路符号
FU1～FU3
FU4
：表示电源变压器的电路符号
T
：指示灯的电路符号
HL1
VD1～VD4 1N4004× 4
KM1-3
：基本电子元器件中桥式整流堆的电路符号
R1 570k
C1 100μF 25V
：基本电子元器件中稳压二极管的电路符号
VS
：基本电子元器件中可变电阻器的电路符号
RP1 47k
R2 36k
KM1-4
R3 47k
C2 200μF
：基本电子元器件中电解电容器的电路符号
VD5
KA
：过电流继电器线圈部分的电路符号
VT1
：基本电子元器件中晶体三极管的电路符号
R4 120
：基本电子元器件中电阻器的电路符号
SB1
SB2
：停止按钮电路符号
KM1
FR-1
：过热保护继电器触点部分电路符号
KM1-2
KM△-3
KA-1
KMY
：过电流继电器中常闭触点部分电路符号
KMY-2
KA-2
KM△
KM△-2
：接触器中常闭触点部分电路符号
：过电流继电器中常开触点部分的电路符号
：交流接触器线圈部分的电路符号
KM1-1
FR
：过热保护继电器感应线圈部分的电路符号
M 3～
：三相交流感应电动机电路符号
KM△-1
：黑点表示此处的两个线相接
KMY-1
：接触器中常开触点部分的电路符号

图4-13　电动机控制电路结构特点的识读

（2）根据主要组成部件的功能特点和连接关系划分单元电路

识读电动机控制电路的电路结构见图4-14。

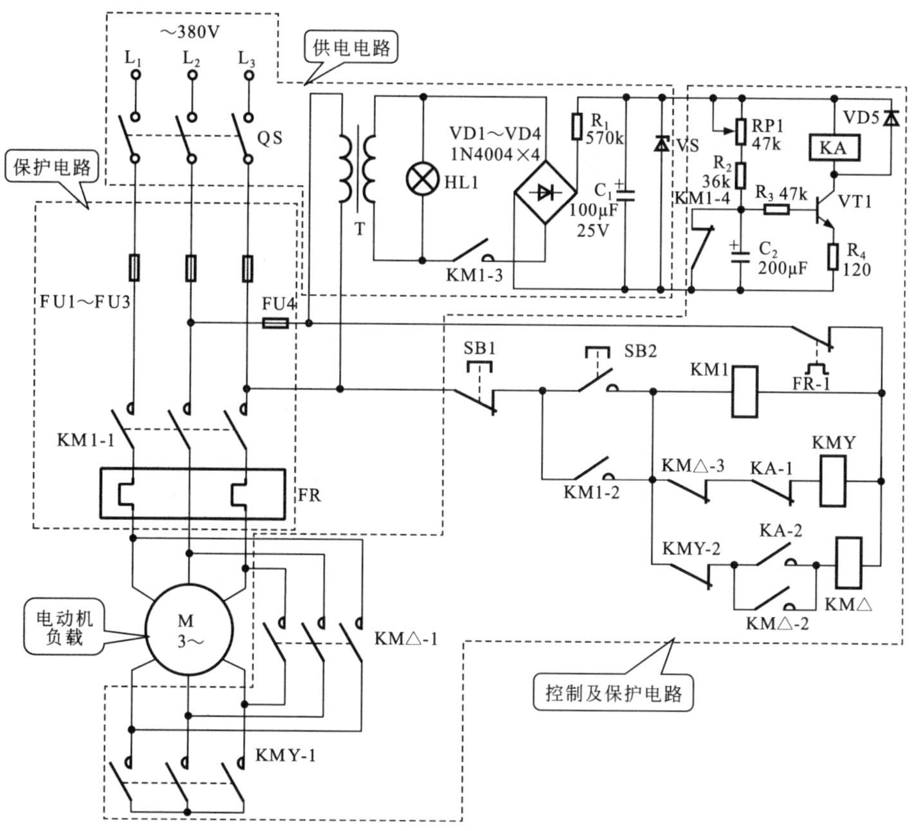

图4–14　识读电动机控制电路的电路结构

在电动机控制电路中，首先根据电路符号和文字标识找到主要组成部件，并根据主要组成部件的功能特点和连接关系划分单元电路，该电路可划分为供电电路、保护电路和控制电路。其中供电电路用于为电动机提供工作电压的；保护电路是当电路及电动机出现过流、过载、过热时，自动切断电源，起到保护电路和电动机的作用；控制电路则用于控制电动机的启动与停机。

（3）从控制部件入手，理清电动机控制电路的工作过程

电动机控制电路的流程分析见图4-15 ~图4-17。

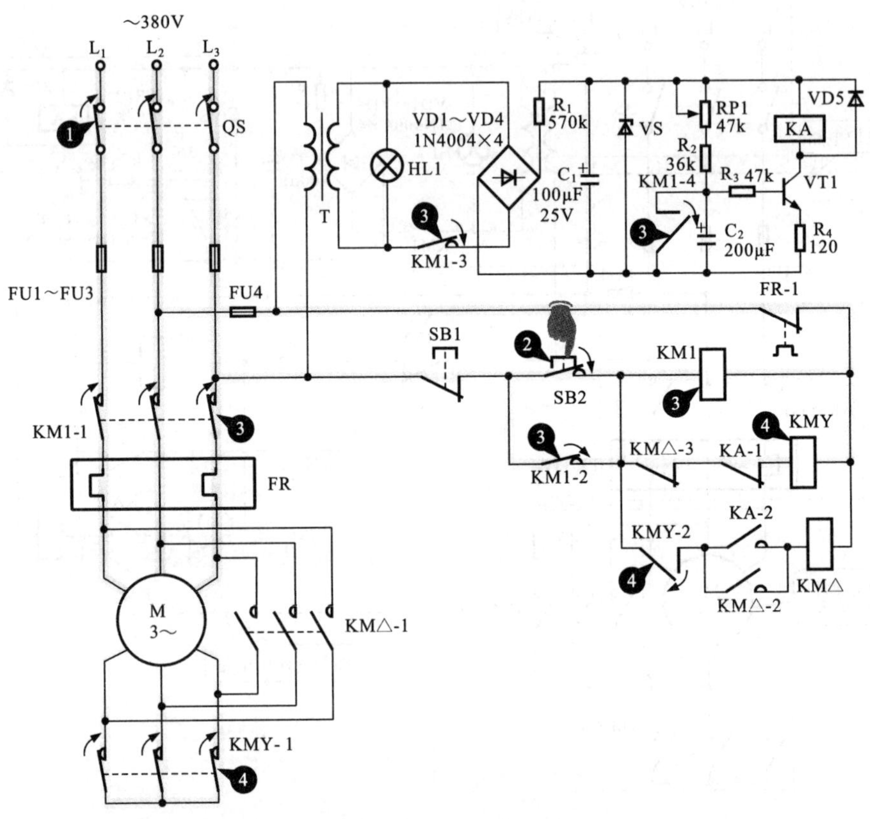

图4-15　电动机的降压启动过程

❶ 合上电源总开关QS，接通三相电源。

❷ 按下启动按钮SB2。

❸ 交流接触器KM1线圈得电，常开触点KM1-1接通，为降压启动做好准备；常开触点KM1-2接通实现自锁功能。

❹ 同时交流接触器KMY线圈得电，常闭触点KMY-2断开，保证KM△的线圈不会得电；常开触点KMY-1接通，此时电动机以Y形方式接通电路，电动机降压启动运转。

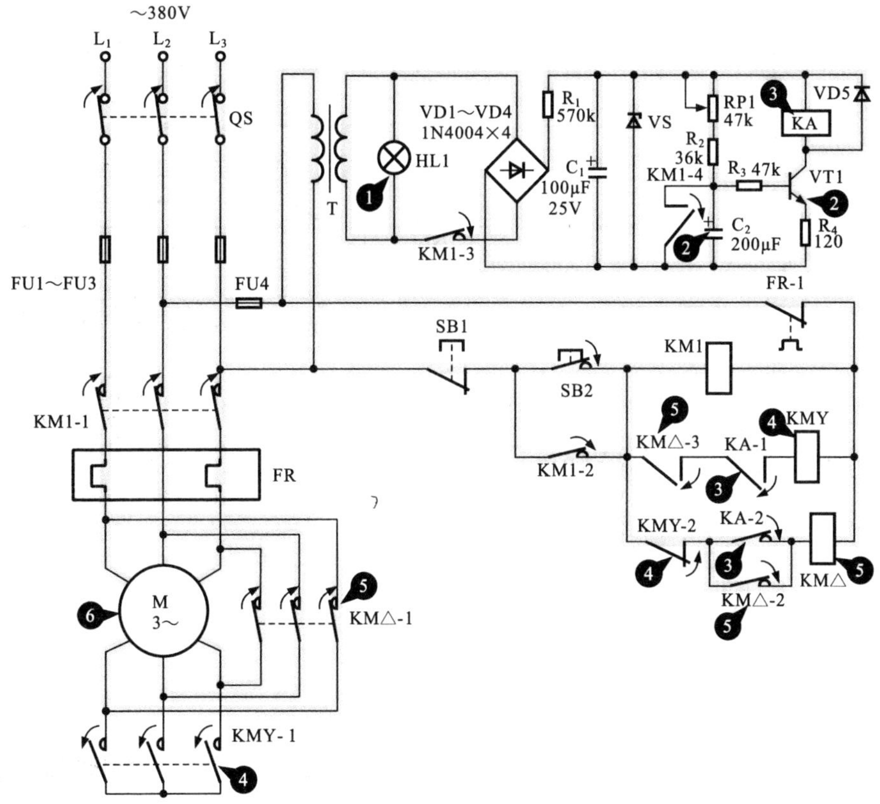

图4-16　电动机的全压启动过程

❶ 交流380 V电压经电源变压器降压后输出低压交流电，指示灯HL1点亮。

❷ 在降压启动过程中，接触器KM1线圈得电，常开触点KM1-3接通，此时低压电经桥式整流堆整流后，再经电阻器R_1降压，电容器C_1滤波，稳压二极管VS稳压后，经电位器RP1、电阻器R_2为电容器C_2进行充电，充电完成后，电容器C_2进行放电使晶体管VT1导通。

❸ 晶体管VT1导通后，过电流继电器KA线圈得电，常闭触点KA-1断开，常开触点KA-2接通。

❹ 过电流继电器KA常闭触点KA-1断开，接触器KMY线圈失电，常开触点KMY-1断开，常闭触点KMY-2接通。

❺ 过电流继电器KA常开触点KA-2接通，接触器KM△线圈得电，常开触点KM△-2接通，实现自锁功能，常闭触点KM△-3断开，保证KMY的线圈不会得电，常开触点KM△-1接通，此时电动机以△形方式接通电路，电动机在全压状态下开始运转。

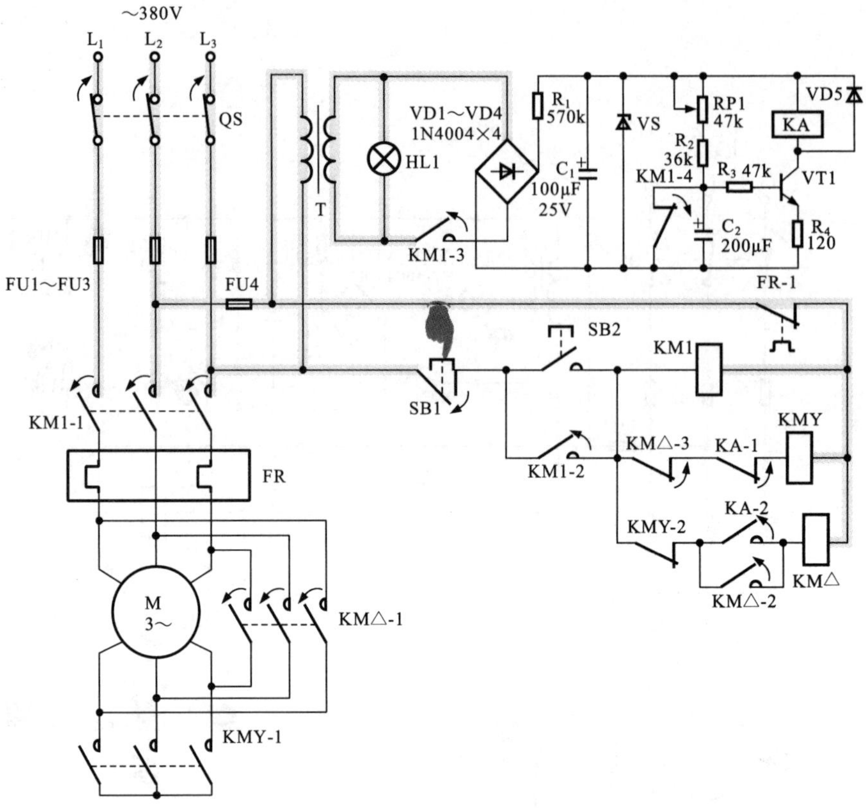

图4-17　电动机的停机过程

❻ 当需要电动机停止时，按下停止按钮SB1，接触器KM1、KM△的线圈将同时失电，触点全部复位，电动机停止运转。

通过识读电动机控制电路的流程，了解电动机的控制过程，可方便维修人员判断故障部位，对于日常的维护与检修有很大的帮助。

4.3 电动机控制电路的识读

4.3.1 电动机电阻器降压启动控制电路的识读实例

电阻器降压启动控制电路是指在电动机定子电路中串入电阻器，使电动机在低压状态下启动后，在进入全压运行状态。掌握电动机的电阻器降压启动控制电路的识读，可对不能直接启动电动机的设备进行设计、安装、改造和维修。

（1）电动机电阻器降压启动控制电路的结构组成的识读

识读电动机电阻器降压启动控制电路，首先要了解该电路的组成，明确电路中各主要部件与电路符号的对应关系。

三相交流感应电动机电阻器降压启动控制电路结构组成见图4-18。

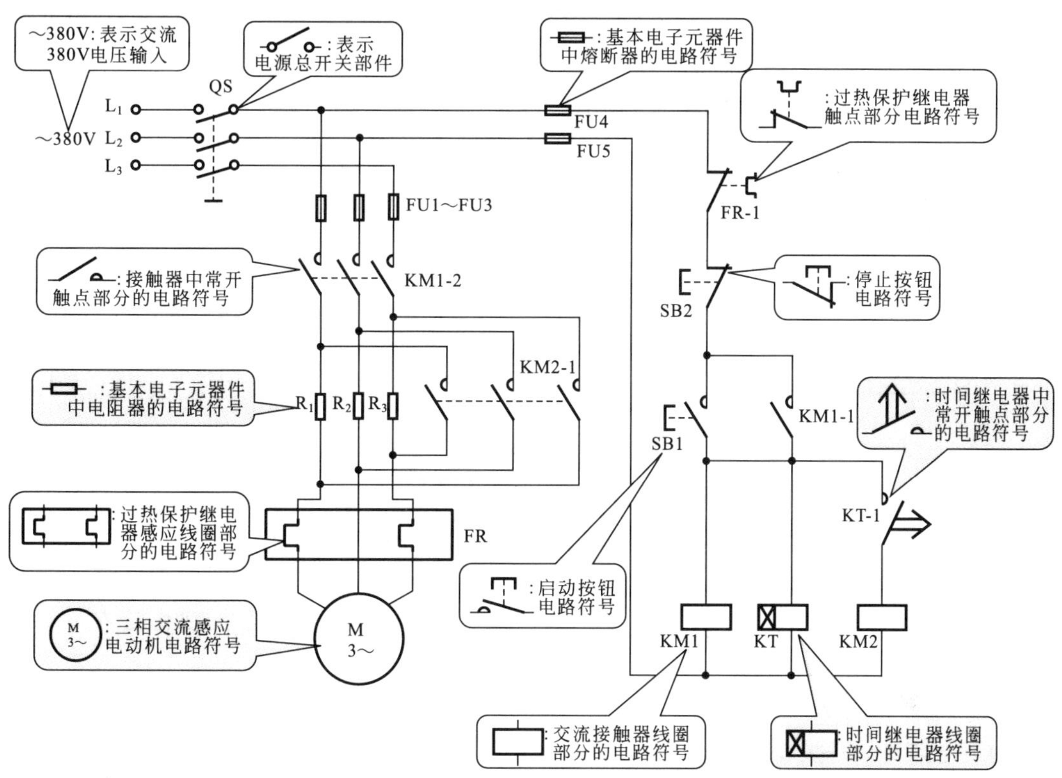

图4-18 电动机电阻器降压启动控制电路结构组成

该电路主要由供电电路、保护电路、控制电路和三相交流感应电动机等构成。其中供电电路包括电源总开关QS；保护电路包括熔断器FU1 ~ FU5、过热保护继电器FR；控制电路包括启动按钮SB1、停止按钮SB2、交流接触器KM1/KM2、时间继电器KT。该电路中采用时间继电器进行了延时控制，使其降压启动过程与全压启动过程之间隔有一定的时间，该时间为时间继电器预先设定的时间。

（2）电动机电阻器降压启动控制电路工作过程的识读

对电动机电阻器降压启动控制电路工作过程的识读，通常会从控制元件入手，通过对电路信号流程的分析，掌握电动机电阻器降压启动控制电路的工作过程及功能特点。

电动机的降压启动过程见图4-19。

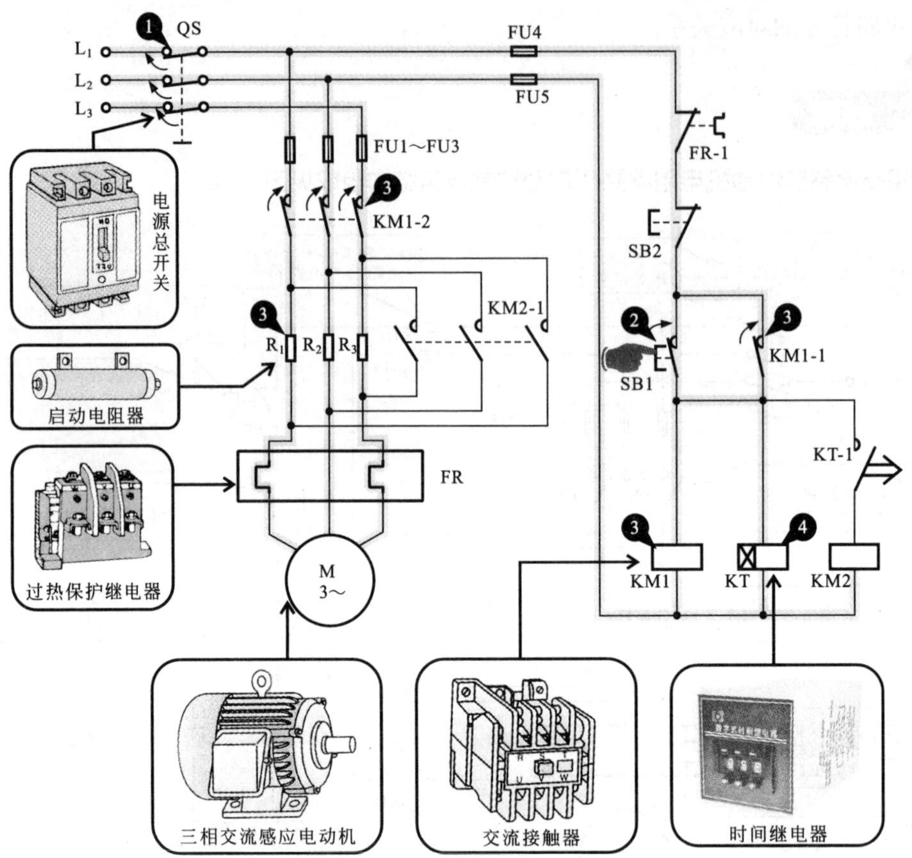

图4-19　电动机的降压启动过程

❶ 合上电源总开关QS，接通三相电源。

❷ 按下启动按钮SB1，交流接触器KM1线圈得电。

❸ 交流接触器KM1线圈得电，常开触点KM1-1接通实现自锁功能；常开触点KM1-2接通，电源经串联电阻器R_1、R_2、R_3为电动机供电，电动机降压启动开始。

❹ 同时时间继电器KT线圈得电。

电动机的全压启动过程见图4-20。

❶ 当时间继电器KT达到预定的延时时间后，其常开触点KT-1接通。

❷ 时间继电器KT的常开触点KT-1接通，接触器KM2线圈得电，常开触点KM2-1接通，短接启动电阻器R_1、R_2、R_3，电动机在全压状态下开始运行。

电动机停机过程见图4-21。

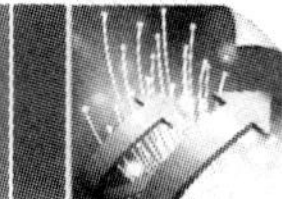

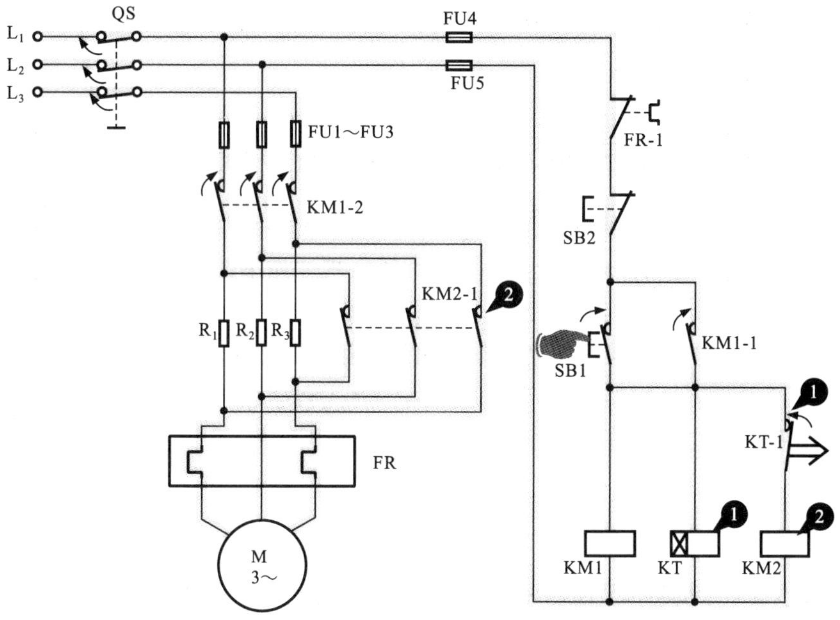

图4-20　电动机的全压启动过程

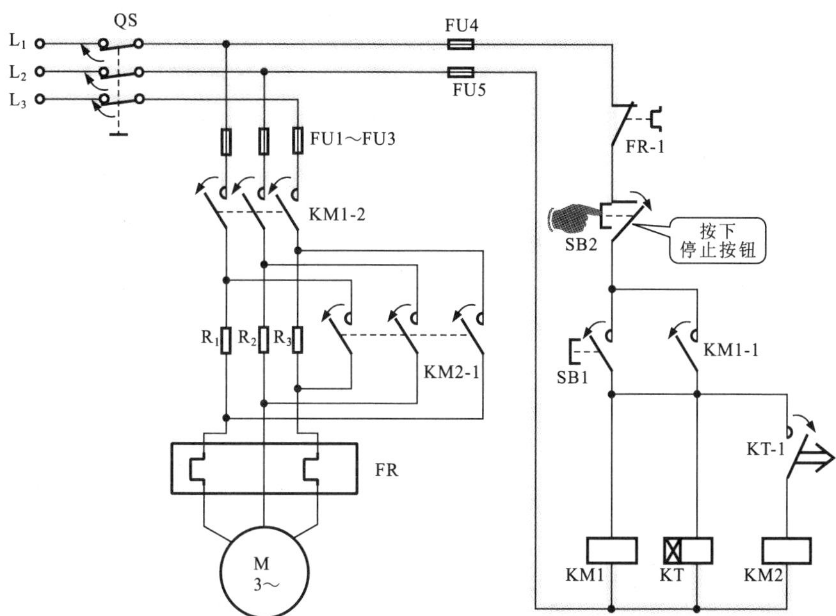

图4-21　电动机停机过程

当需要电动机停机时，按下停止按钮SB2，断开接触器KM1和KM2线圈的供电，常开触点KM1-2、KM2-1断开，从而断开电动机的供电，电动机停止运转。

经过电路分析，该电路启动时利用串入的电阻器起到降压限流的作用，当电动机启动完毕后，再通过电路将串联的电阻器短接，从而使电动机进入全压正常运行状态。该启动方式可防止启动电流过大，损坏供电系统中的相关设备，适用于容量在10 kW以上的电动机的启动。

4.3.2 电动机自耦变压器降压启动控制电路的识读实例

自耦变压器降压启动控制电路是指利用自耦变压器来降低电动机的启动电压，进行降压启动后，在进入全压运行状态。掌握电动机的自耦变压器降压启动控制电路的识读，可对不能直接启动电动机的设备进行设计、安装、改造和维修。

（1）电动机自耦变压器降压启动控制电路结构组成的识读

识读电动机自耦变压器降压启动控制电路，首先要了解该电路的组成，明确电路中各主要部件与电路符号的对应关系。

三相交流感应电动机自耦变压器降压启动控制电路结构组成见图4-22。

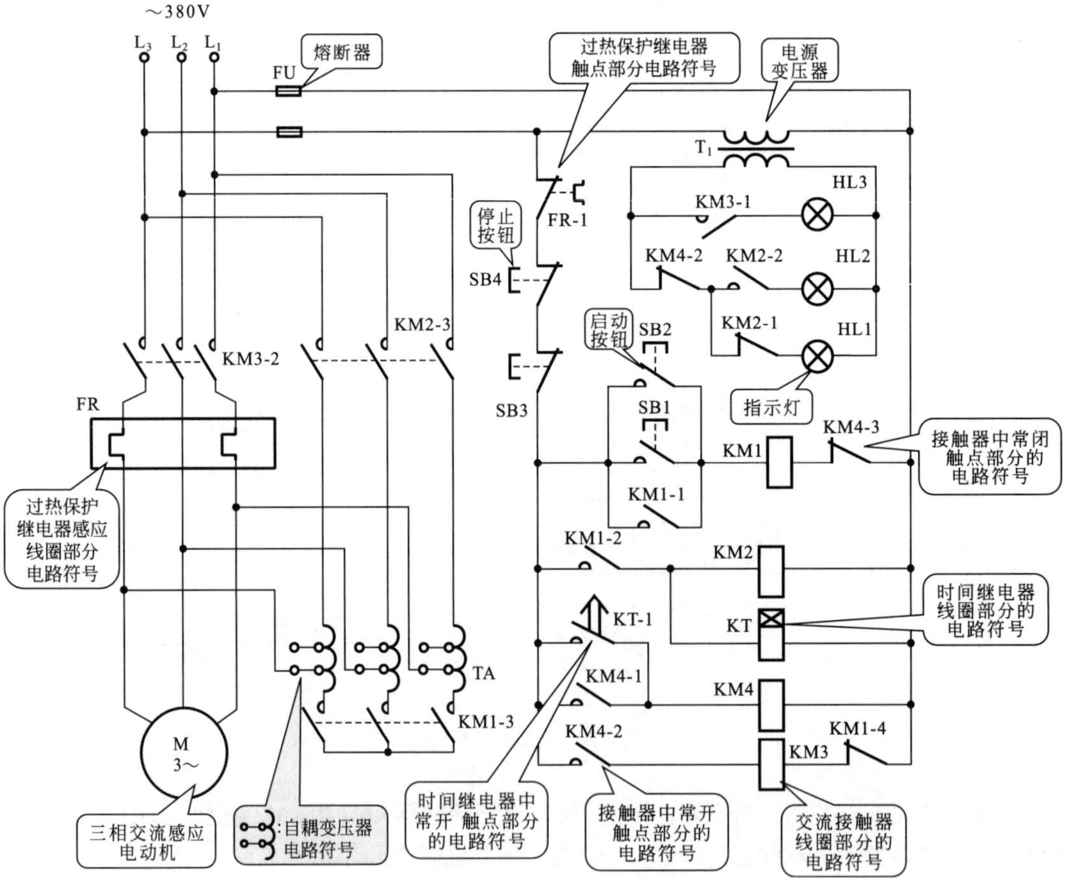

图4-22 电动机自耦变压器降压启动控制电路结构组成

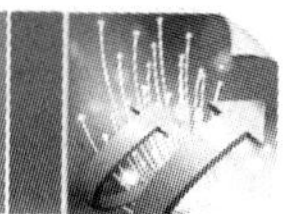

该电路主要由工作状态指示电路（T_1和指示灯），自耦变压器TA，时间继电器KT，中间继电器KM4，交流接触器KM1、KM2、KM3，三相交流感应电动机，启动按钮SB1、SB2，停止按钮SB3、SB4，过热保护继电器FR等构成。自耦变压器串接在电动机绕组端，起到降压启动的作用。

（2）电动机自耦变压器降压启动控制电路工作过程的识读

对电动机自耦变压器降压启动控制电路工作过程的识读，通常会从控制元件入手，通过对电路信号流程的分析，掌握电动机自耦变压器降压启动控制电路的工作过程及功能特点。

电动机的降压启动过程见图4-23。

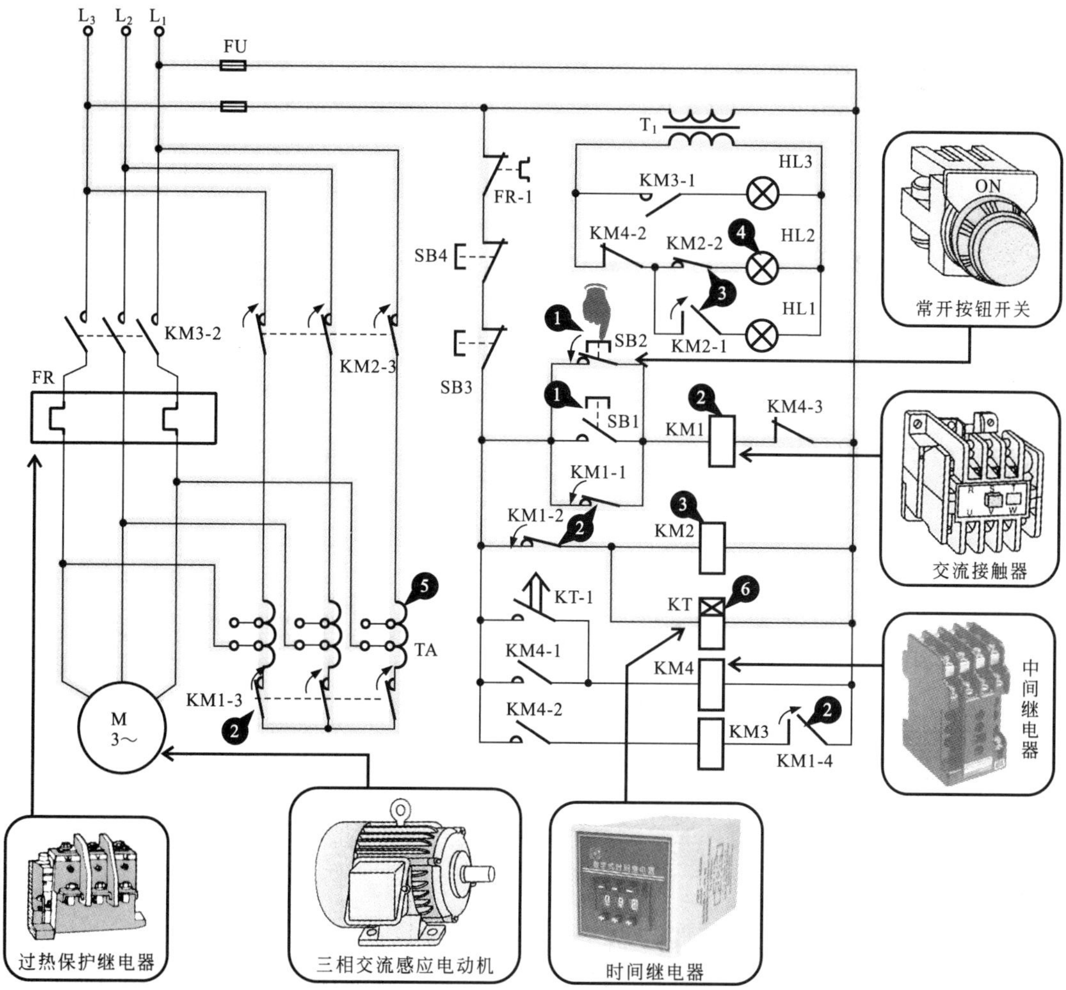

图4-23　电动机的降压启动过程

❶ 当需要启动电动机运转时，按下启动按钮SB1或SB2。

❷ 接触器KM1线圈得电，常开触点KM1-1接通实现自锁功能；KM1-3接通，准备串入自耦变压器进行降压启动；KM1-2接通，使接触器KM2线圈得电；KM1-4断开，防止接触器KM3线圈得电。

❸ 接触器KM2线圈得电后，常闭触点KM2-1断开、KM2-2接通，KM2-3接通。

❹ KM2-2接通，使指示灯HL2点亮，指示工作状态。

❺ KM2-3接通，使自耦变压器TA线圈串接在电动机与三相电源之间，电动机开始降压启动。

❻ 同时时间继电器KT线圈也得电。

电动机的全压启动过程见图4-24。

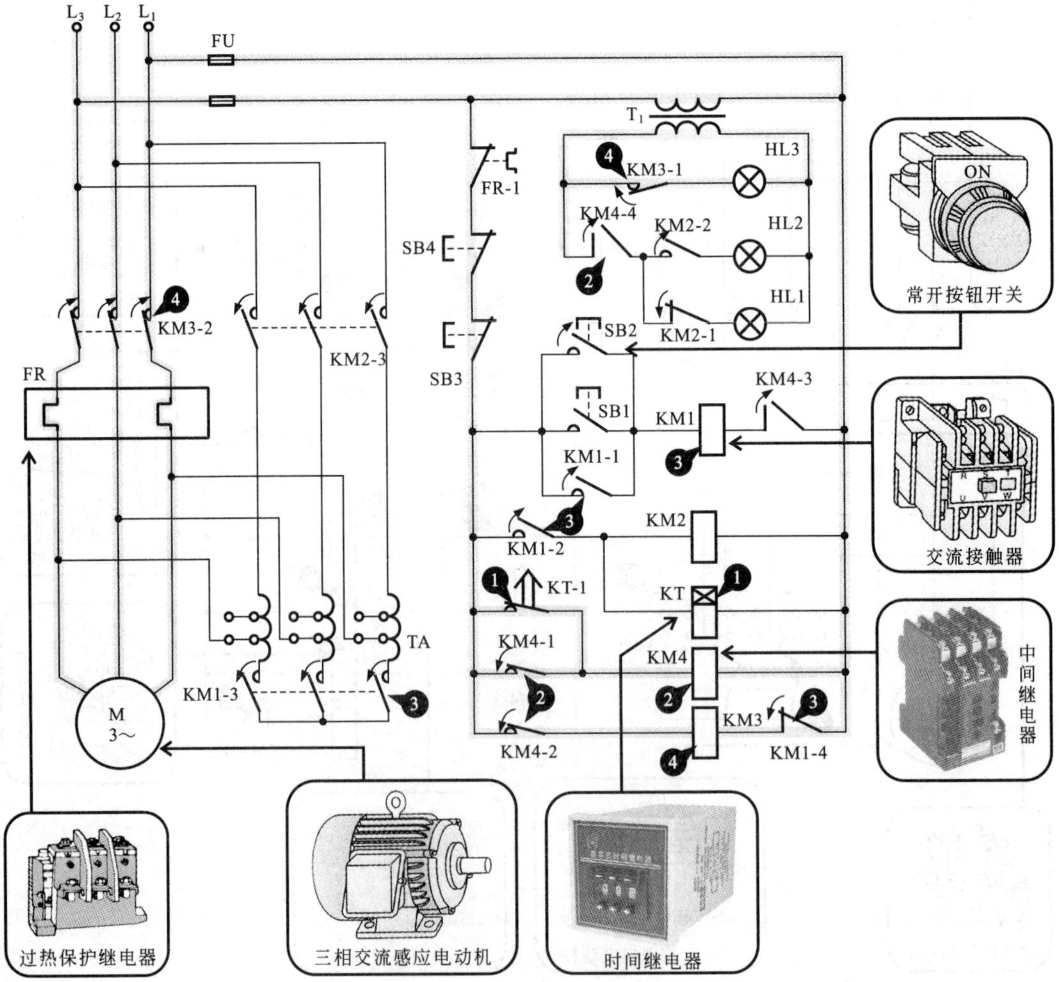

图4-24　电动机的全压启动过程

❶ 时间继电器KT线圈得电后，当达到预定的延时时间后，常开延时触点KT-1接通。

❷ 中间继电器KM4线圈得电，常开触点KM4-1接通实现自锁功能，常开触点KM4-2接通，常闭触点KM4-3、KM4-4断开。

❸ 常闭触点KM4-3断开，接触器KM1线圈失电，其常闭、常开触点复位，断开接触器KM2和时间继电器KT线圈的供电，触点全部复位。

❹ 常开触点KM4-2接通，接触器KM3线圈得电，常开触点KM3-1接通，指示灯HL3点亮，指示工作状态，常开触点KM3-2接通，使电动机接通三相供电，电动机在全压状态下开始运行。

电动机停机过程见图4-25。

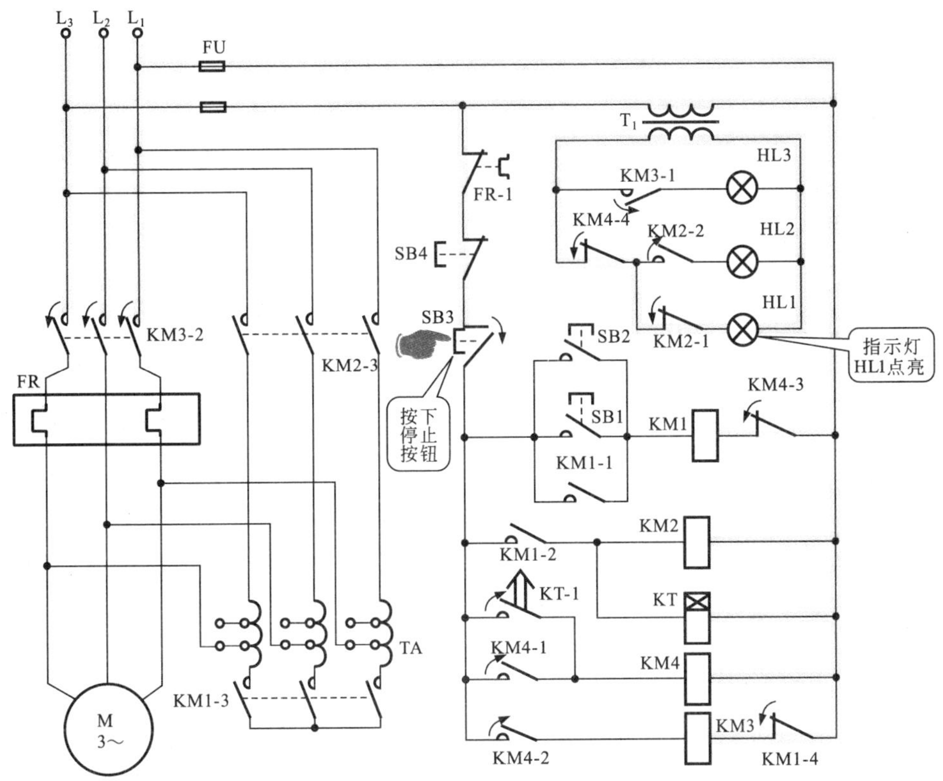

图4-25　电动机停机过程

当需要电动机停止时，按下停止按钮SB3或SB4，接触器线圈、时间继电器线圈、中间继电器线圈同时断开，触点全部复位，断开电动机供电，电动机停止运转。同时指示灯HL1点亮。

经过电路分析，该电路利用串入的自耦变压器来降低电动机的启动电压，限制启动电路而起到降压限流的作用，当电动机启动后，再断开自耦变压器，直接为电动机供电，从而使电动机进入全压启动运转状态。

4.3.3 电动机Y-△降压启动控制电路的识读实例

电动机Y-△降压启动控制电路是指电动机启动时，通过Y形连接进入降压启动运转，当转速达到一定值后，进入△形连接进入全压启动运行。掌握电动机的Y-△降压启动控制电路的识读也可对不能直接启动电动机的设备进行设计、安装、改造和维修。

（1）电动机Y-△降压启动控制电路的结构组成的识读

识读电动机Y-△降压启动控制电路，首先要了解该电路的组成，明确电路中各主要部件与电路符号的对应关系。

三相交流感应电动机Y-△降压启动控制电路结构组成见图4-26。

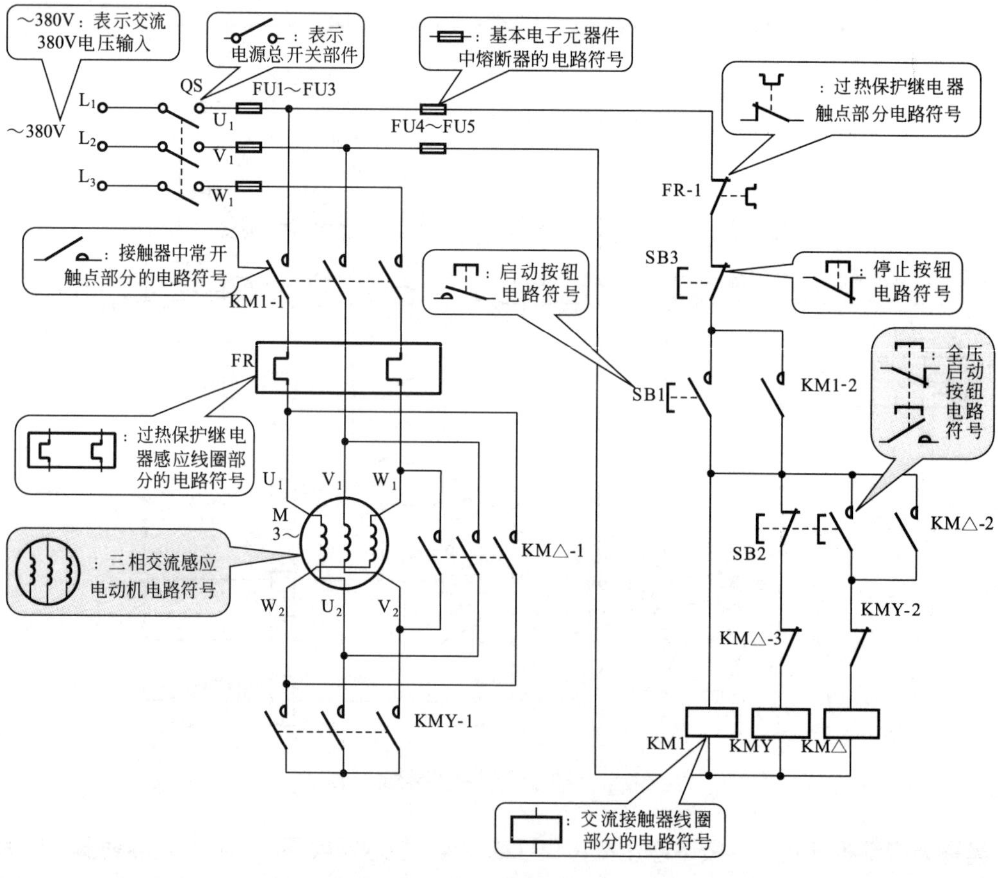

图4-26　电动机Y-△降压启动控制电路结构组成

该电路主要由供电电路、保护电路、控制电路和三相交流感应电动机M构成。其中供电电路包括电源总开关QS；保护电路包括熔断器FU1 ～ FU5、过热保护继电器FR；控制电路包括交流接触器KM1/KM△/KMY、停止按钮SB3、启动按钮SB1、全压启动按钮SB2。

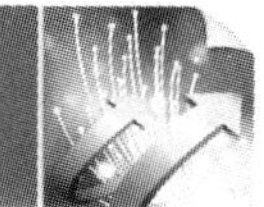

（2）电动机Y-△降压启动控制电路工作过程的识读

对电动机Y-△降压启动控制电路工作过程的识读，通常会从控制元件入手，通过对电路信号流程的分析，掌握电动机Y-△降压启动控制电路的工作过程及功能特点。

电动机的降压启动过程见图4-27。

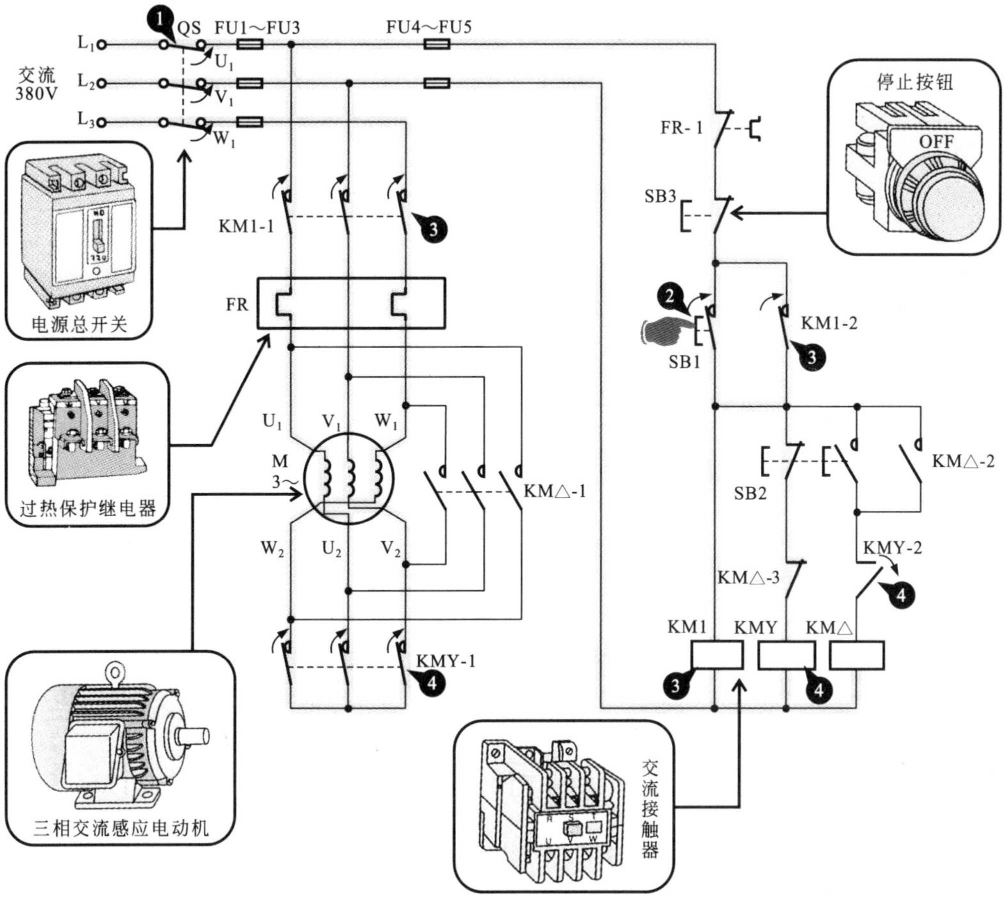

图4-27　电动机的降压启动过程

❶ 合上电源总开关QS，接通三相电源。

❷ 按下启动按钮SB1，交流接触器KM1线圈得电。

❸ 交流接触器KM1线圈得电，常开触点KM1-2接通实现自锁功能；常开触点KM1-1接通，为降压启动做好准备。

❹ 同时，交流接触器KMY线圈也得电，常开触点KMY-1接通，常闭触点KMY-2断开，保证KM△的线圈不会得电，此时电动机以Y形方式接通电路，电动机降压启动运转。

电动机的全压启动过程见图4-28。

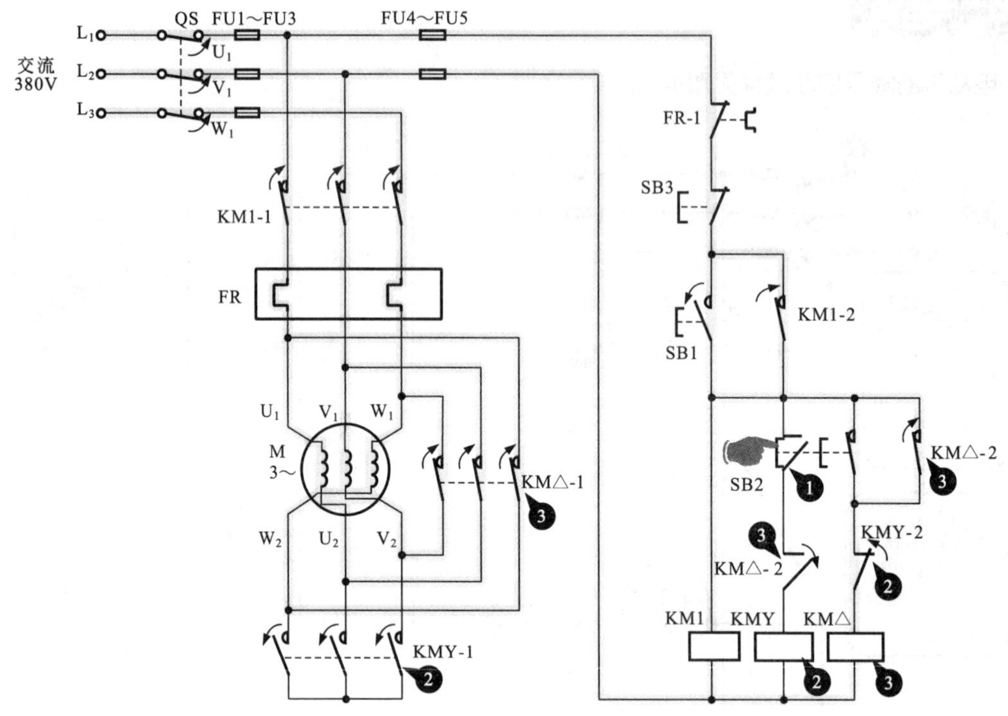

图4–28 电动机的全压启动过程

❶ 当电动机转速接近额定转速时，按下全压启动按钮SB2，其常闭触点断开，常开触点接通。

❷ 全压启动按钮SB2常闭触点断开，接触器KMY线圈失电，常开触点KMY-1断开，常闭触点KMY-2接通。

❸ 全压启动按钮SB2常开触点接通，接触器KM△的线圈得电，常闭触点KM△-2断开，保证KMY的线圈不会得电，常开触点KM△-1接通，此时电动机以△形方式接通电路，电动机在全压状态下开始运转。

电动机停机过程见图4-29。

当需要电动机停止时，按下停止按钮SB3，接触器KM1、KM△的线圈将同时失电断开，接着接触器的常开触点KM1-1、KM△-1同时断开，电动机停止运转。

经过电路分析，电动机Y-△降压启动控制电路启动电动机时，是由电路控制定子绕组先连接成Y形方式，待转速达到一定值后，再由电路控制定子绕组换接成△形，此后电动机进入全压正常运行状态。该启动方式适用于容量在10 kW以上的电动机或由于其他原因

不允许直接启动的电动机上。

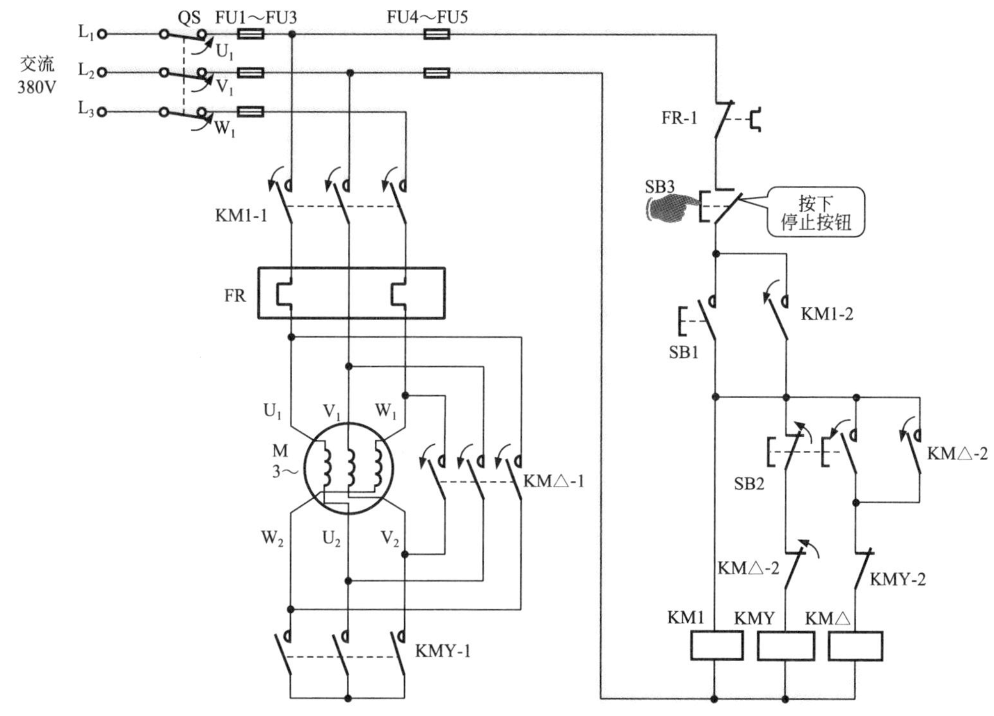

图4-29 电动机停机过程

三相交流感应电动机的接线方式主要有Y和△两种。对于三相380 V交流感应电动机来说，当电动机采用Y形连接时，电动机每相承受的电压均为220 V，当电动机采用△形连接时，电动机每相绕组承受的电压为380 V。

4.3.4 电动机联锁控制电路的识读实例

电动机的联锁控制电路是指对电路中的各个电动机的启动顺序进行控制，因此，也称为顺序控制电路。掌握电动机联锁控制电路的识读可对要求某一电动机先运行，另一电动机后运行的设备进行设计、安装、改造和维修。

（1）电动机联锁控制电路的结构组成的识读

识读电动机联锁控制电路，首先要了解该电路的组成，明确电路中各主要部件与电路符号的对应关系。

三相交流感应电动机联锁控制电路结构组成见图4-30。

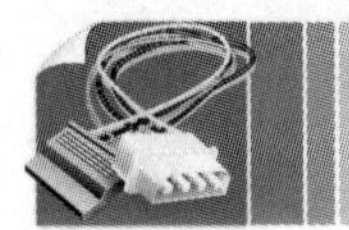

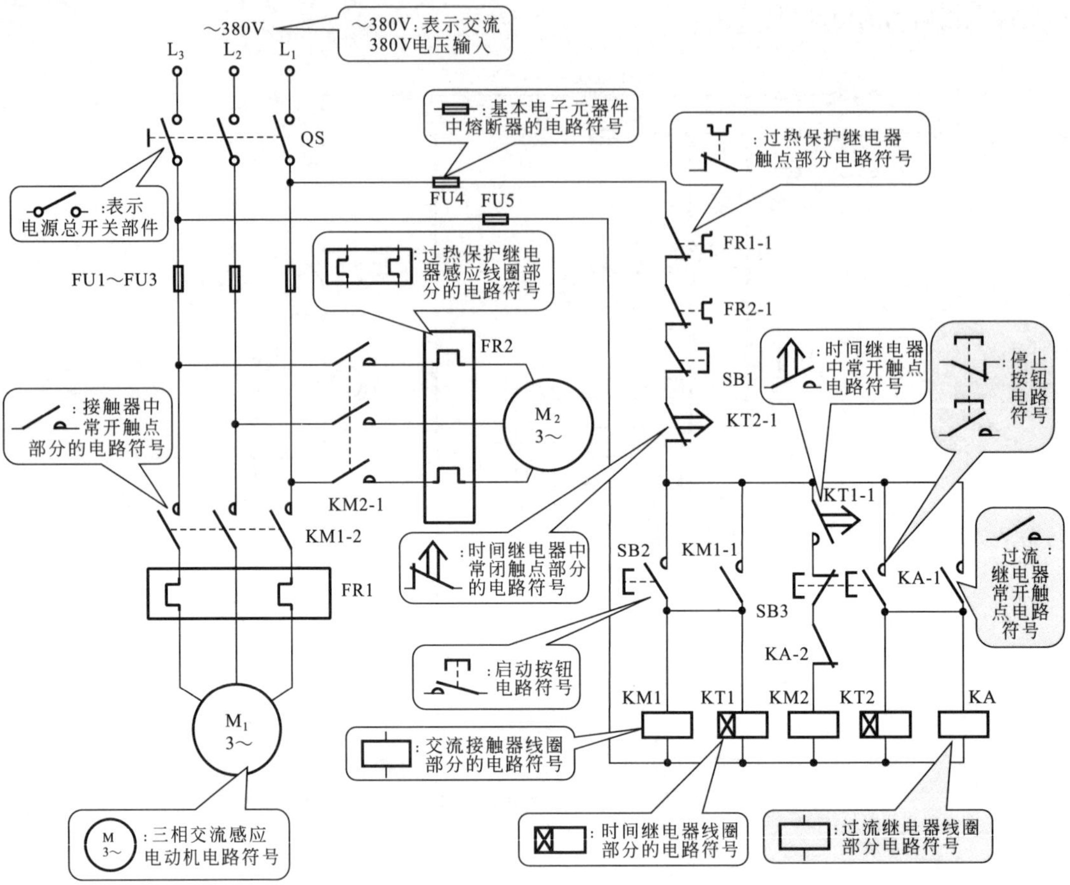

图4-30　电动机联锁控制电路结构组成

该电路主要由供电电路、保护电路、控制电路和三相交流感应电动机M_1、M_2构成。其中供电电路包括电源总开关QS；保护电路包括熔断器FU1 ~ FU5、热保护继电器FR1/FR2；控制电路包括启动按钮SB2、停止按钮SB3、紧急停止按钮SB1、时间继电器KT1/KT2、交流接触器KM1/KM2、过电流继电器KA构成。

（2）电动机联锁控制电路工作过程的识读

对电动机联锁控制电路工作过程的识读，通常会从控制元件入手，通过对电路信号流程的分析，掌握电动机联锁控制电路的工作过程及功能特点。

电动机的启动过程见图4-31。

❶ 合上电源总开关QS，接通三相电源。

❷ 按下启动按钮SB2，交流接触器KM1线圈得电。

❸ 交流接触器KM1线圈得电后，常开触点KM1-1接通实现自锁功能；KM1-2接通，电动机M_1启动运转。

❹ 同时时间继电器KT1线圈得电，延时常开触点KT1-1延时接通。

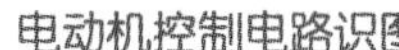

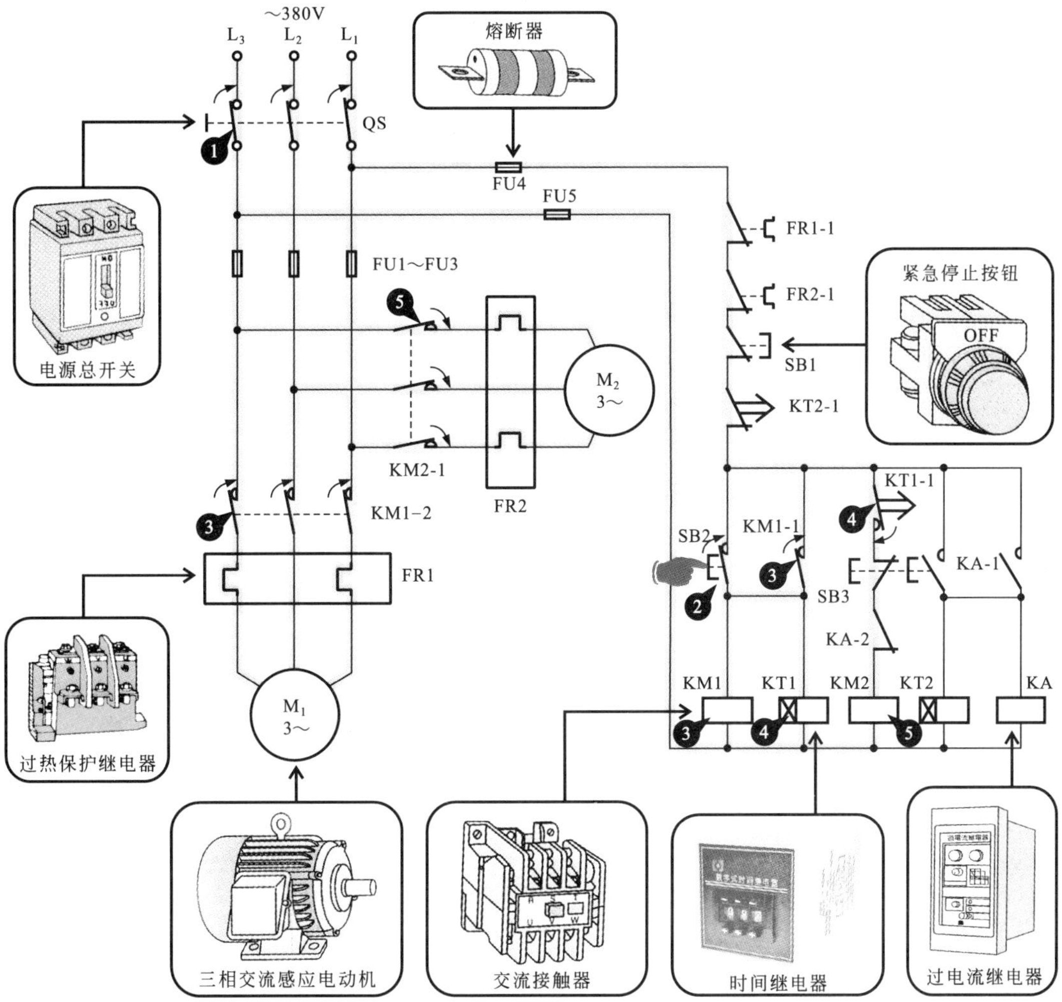

图4-31　电动机的启动过程

❺ 时间继电器KT1常开触点KT1-1延时接通后，接触器KM2线圈得电，常开触点KM2-1接通，电动机M_2启动运转。

电动机的停机过程见图4-32。

❶ 当电动机需要停机时，按下停止按钮SB3，常闭触点断开，常开触点接通。

❷ SB3常闭触点断开，接触器KM2线圈失电，常开触点KM2-1断开，电动机M_2停止运转。

❸ SB3的常开触点接通，过电流继电器KA线圈得电，常开触点KA-1接通，锁定KA继电器，即使停止按钮复位，电动机仍处于停机状态，常闭触点KA-2断开，保证线圈KM2不会得电。

❹ 同时时间继电器KT2线圈得电，经一段时间延时后（预先设定时间），常闭触点KT2-1断开。

❺ KT2-1断开后，接触器线圈KM1线圈失电，常开触点KM1-2断开，电动机M_1停止运转。

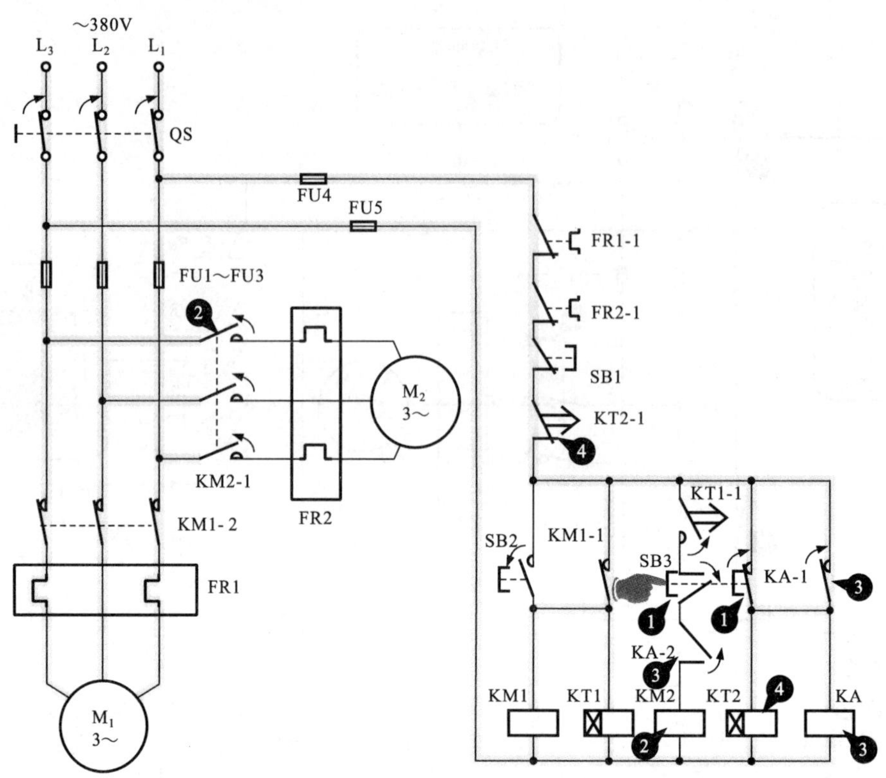

(a) 时间继电器KT2常闭触点未动作

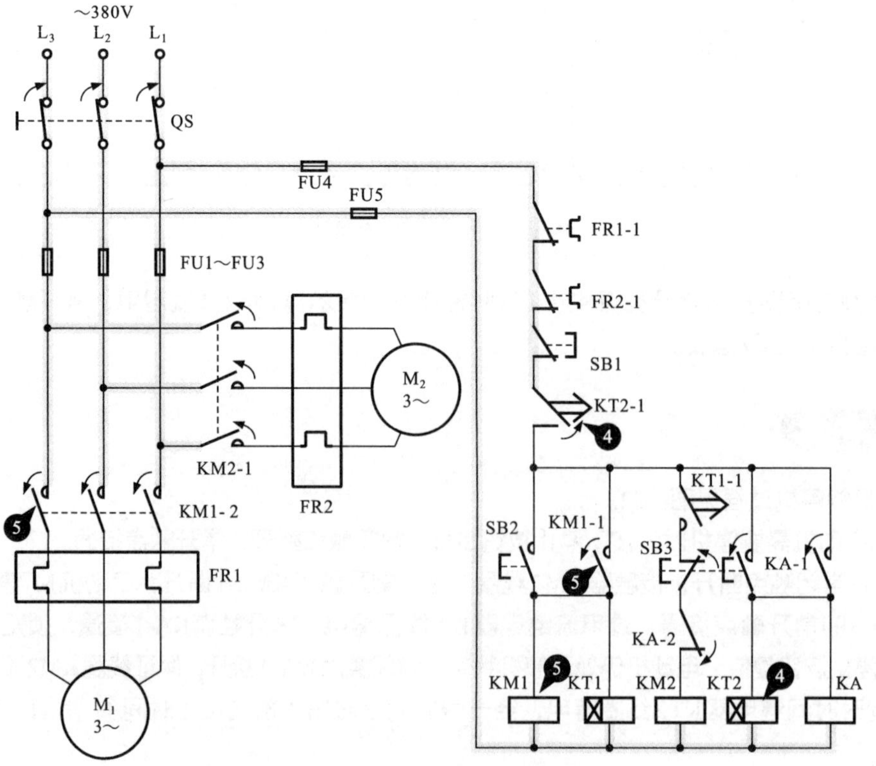

(b) 时间继电器KT2常闭触点动作

图4-32　电动机的停机过程

经过电路分析，该电动机联锁控制电路采用时间继电器进行控制，当按下启动按钮后，第一台电动机启动，然后由时间继电器控制第二台电动机自动启动，停机时，按动停机按钮，断开第二台电动机，然后由时间继电器控制第一台电动机停机。两台电动机的启动和停止时间间隔由时间继电器预设。

提示

紧急停止按钮用于当电路出现故障，需要立即停止电动机时，按下紧急停止按钮SB1，两台电动机立即停机。

4.3.5 电动机点动、连续控制电路的识读实例

电动机点动、连续控制电路是指该电路既能实现点动控制，也能实现连续控制。电动机点动控制是指按下按钮开关时电动机就转动，松开按钮时电动机就停止动作；电动机连续控制电路是指按下电动机启动按钮后再松开，控制电路仍保持接通状态，电动机能够继续正常运转，在运转状态按下停机键，电动机停止运转，松开停机键，复位后，电动机仍处于停机状态。掌握电动机的点动、连续控制电路的识读可对既需要电动机短时间工作，又需要电动机长时间运行工作的设备进行设计、安装、改造和维修。

（1）电动机点动、连续控制电路结构组成的识读

识读电动机点动、连续控制电路，首先要了解该电路的组成，明确电路中各主要部件与电路符号的对应关系。

三相交流感应电动机点动、连续控制电路结构组成见图4-33。

该电路主要由供电电路、保护电路、控制电路和三相交流感应电动机构成。其中供电电路包括电源总开关QS；保护电路包括熔断器FU1 ~ FU5、过热保护继电器FR；控制电路包括连续控制按钮SB1、点动控制按钮SB2、交流接触器KM1。

（2）电动机点动、连续控制电路工作过程的识读

对电动机点动、连续控制电路工作过程的识读，通常会从控制元件入手，通过对电路信号流程的分析，掌握电动机点动、连续控制电路的工作过程及功能特点。

电动机的点动启动过程见图4-34。

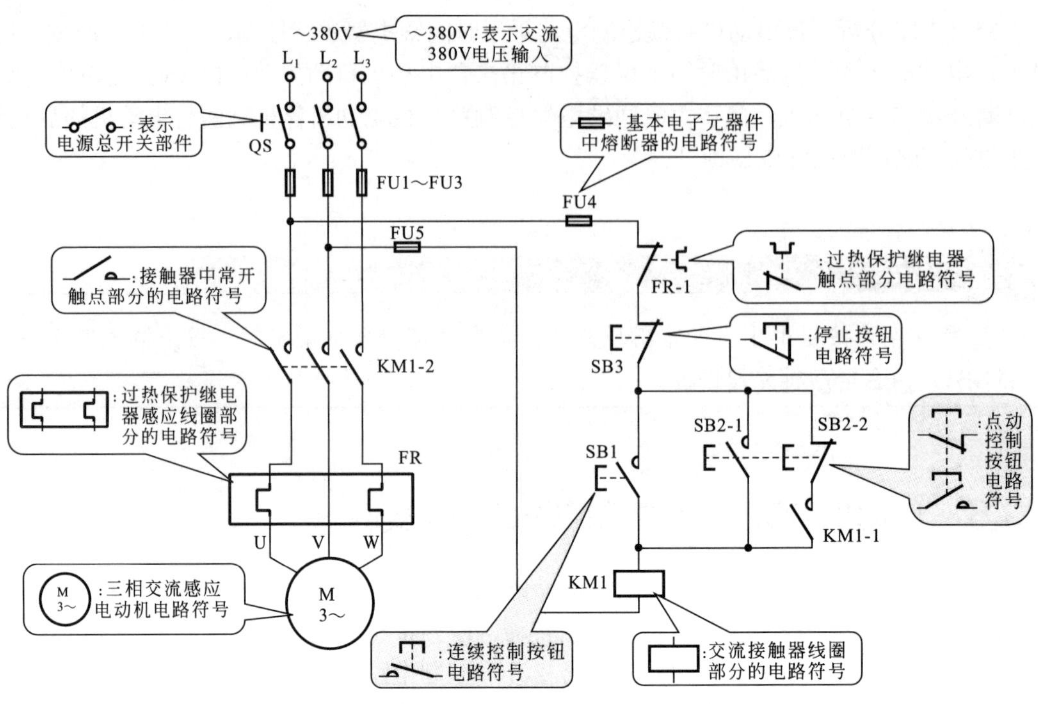

图4-33　电动机点动、连续控制电路结构组成

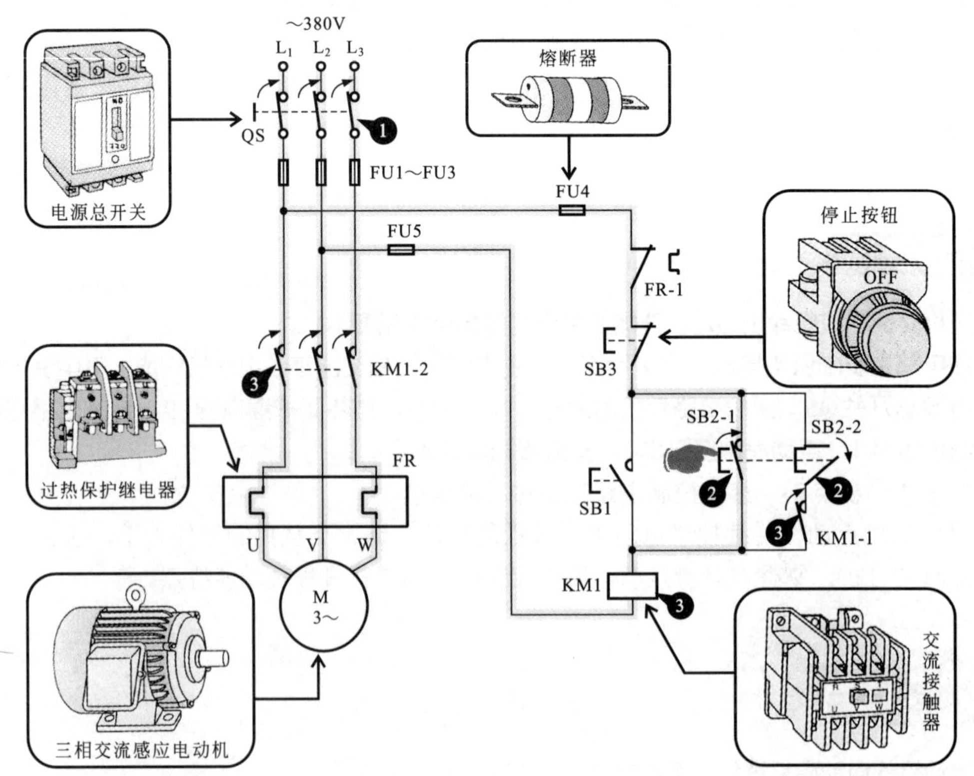

图4-34　电动机的点动启动过程

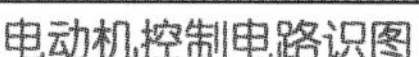
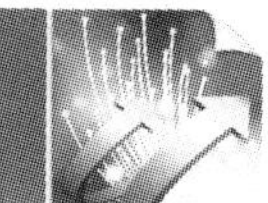

❶ 当电动机需要点动启动时，合上电源总开关QS，接通三相电源。

❷ 按下点动控制按钮SB2，常开触点SB2-1接通，常闭触点SB2-2断开。

❸ 常开触点SB2-1接通后，交流接触器KM1线圈得电，常开触点KM1-2接通，电动机接通交流380 V电压启动运转；常闭触点SB2-2断开后，防止交流接触器KM1线圈得电，常开触点KM1-1接通，对SB2-1锁定。

电动机的点动停机过程见图4-35。

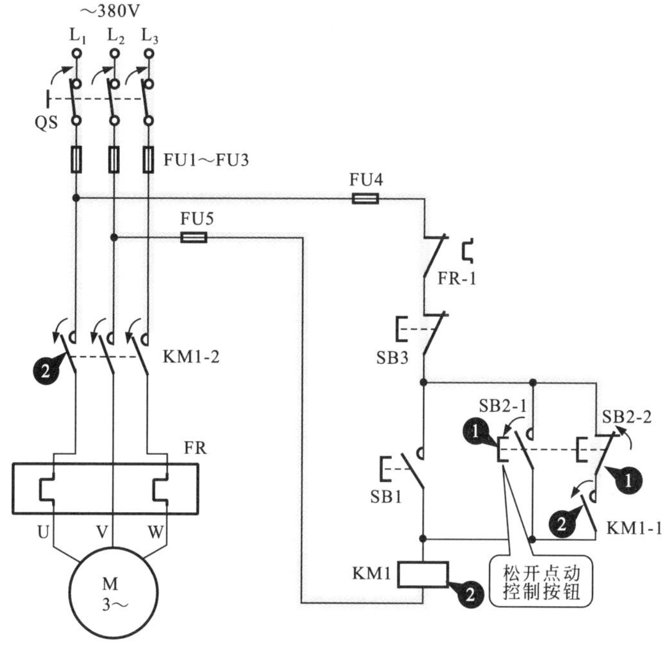

图4-35　电动机的点动停机过程

❶ 当需要电动机停机时，松开点动控制按钮SB2，常开触点SB2-1、常闭触点SB2-1复位。

❷ 交流接触器KM1线圈失电，常开触点KM1-2断开，电动机停止运转，常开触点KM1-1也断开。

电动机的连续启动过程见图4-36。

❶ 当电动机需要连续启动时，按下连续控制按钮SB1。

❷ 交流接触器KM1线圈得电，常开触点KM1-1接通，对SB1进行锁定，即使连续控制按钮复位断开，交流电源仍能通过KM1-1为交流接触器KM1供电，维持交流接触器的持续工作，使电动机连续工作，而实现连续控制；KM1-2接通，电动机接通交流380 V电源启动运转。

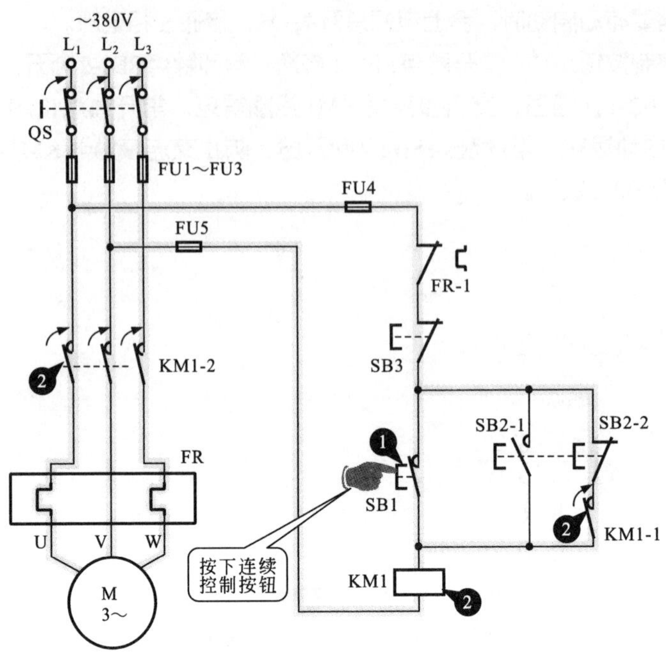

图4-36 电动机的连续启动过程

电动机的连续停机过程见图4-37。

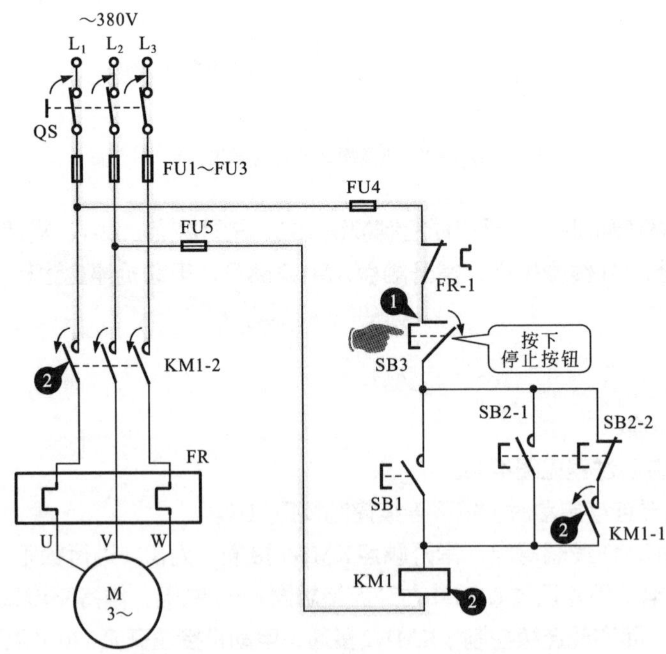

图4-37 电动机的连续停机过程

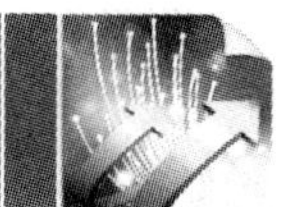

❸ 当电动机需要停机时，按下停止按钮SB3。

❹ 交流接触器KM1线圈失电，常开触点KM1-1断开，解除自锁功能；KM1-2断开，电动机停止运转。

经过电路分析，可知该电路即可实现对电动机的短时控制也可实现连续控制，因此该电路既适用于短时且连续的工作环境上，也适用于电动机长时间工作的环境上。

4.3.6 电动机正、反转控制电路的识读实例

电动机的正、反转控制电路是指能够使电动机实现正、反两个方向运转的电路，掌握电动机正、反转控制电路的识读可对具有电动机双向运转功能的设备进行设计、安装、改造和维修。

（1）电动机正、反转控制电路的结构组成的识读

识读电动机正、反转控制电路，首先要了解该电路的组成，明确电路中各主要部件与电路符号的对应关系。

三相交流感应电动机正、反转控制电路结构组成见图4-38。

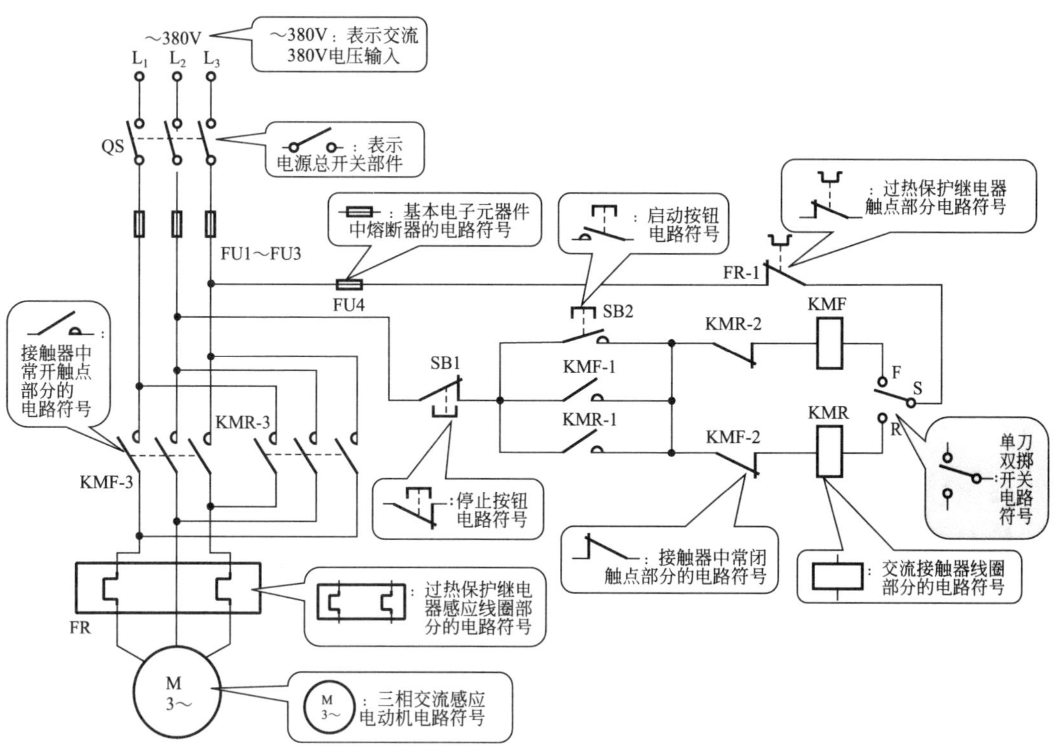

图4-38 电动机正、反转控制电路结构组成

该电路主要由供电电路、保护电路、控制电路和三相交流感应电动机构成。其中供电电路

包括电源总开关QS；保护电路包括熔断器FU1 ~ FU4、过热保护继电器FR；控制电路包括停止按钮SB1、启动按钮SB2、单刀双掷开关S、正转交流接触器KMF、反转交流接触器KMR。

（2）电动机正、反转控制电路工作过程的识读

对电动机正、反转控制电路工作过程的识读，通常会从控制元件入手，通过对电路信号流程的分析，掌握电动机正、反转控制电路的工作过程及功能特点。

电动机的正转启动过程见图4-39。

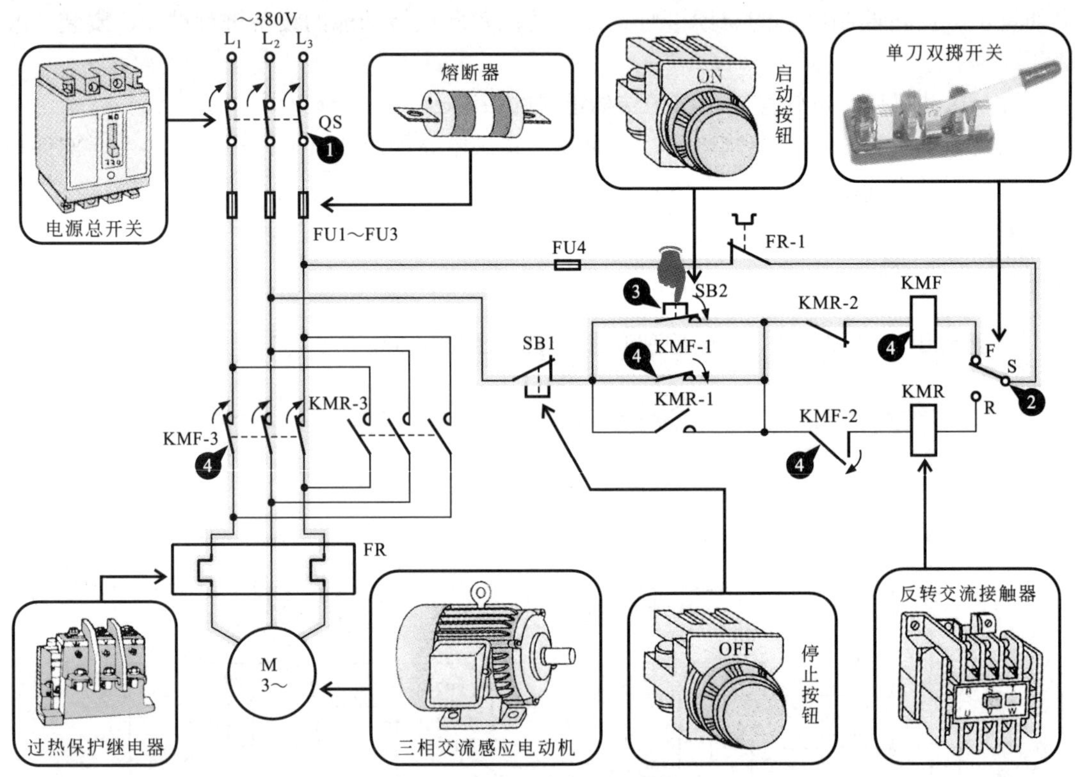

图4-39 电动机的正转启动过程

❶ 合上电源总开关，接通三相电源。

❷ 将单刀双掷开关S拨至F端（正转）。

❸ 按下启动按钮SB2。

❹ 正转交流接触器KMF线圈得电，常开触点KMF-1接通，实现自锁功能；常闭触点KMF-2断开，防止反转交流接触器KMR得电；常开触点KMF-3接通，电动机接通相序L_1、L_2、L_3正向运转。

电动机的反转启动过程见图4-40。

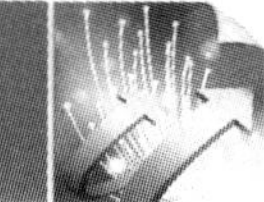

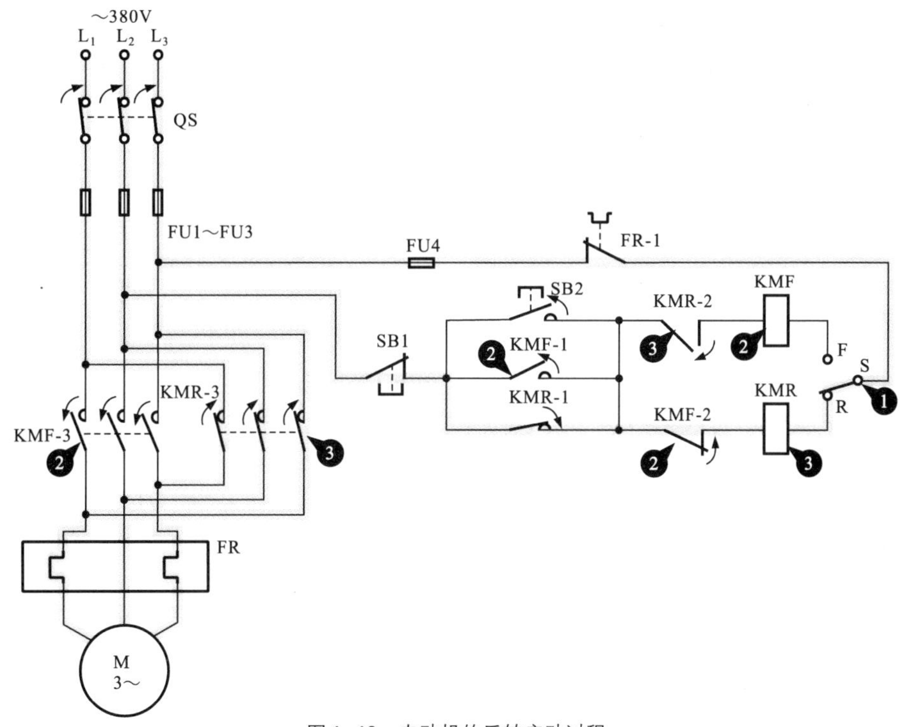

图4-40 电动机的反转启动过程

❶ 当电动机需要反转工作时，将单刀双掷开关S拨至R端（反转）。

❷ 正转交流接触器KMF线圈失电，常开触点KMF-1断开，解除自锁；KMF-3断开，电动机停止运转；常闭触点KMF-2接通。

❸ 同时反转交流接触器KMR线圈得电，常开触点KMR-1接通，实现自锁功能；常闭触点KMR-2断开，防止正转交流接触器KMF得电；常开触点KMR-3接通，电动机接通相序L_3、L_2、L_1反向运转。

电动机停机过程见图4-41。

当电动机需要停机时，按下停止按钮SB1，不论电动机处于正转运行状态还是反转运行状态，接触器线圈均断电，电动机停止运行。

经过电路分析，该电路具有正反两个方向的运转功能，适用于需要运动部件进行正、反两个方向运动的环境中，如起重机悬吊重物时的上升与下降、机床工作台的前进与后退等。

提示

三相交流感应电动机的正、反转控制电路通常采用改变接入电动机绕组的电源相序来实现的，从图4-41中可看出该电路中采用了两只交流接触器（KMF、KMR）来换接电动机三相电源的相序，同时为保证两个接触器不能同时吸合（否则将造成电源短路的事故），在控制电路中采用了按钮和接触器联锁方式，即在接触器KMF线圈支路中串入KMR的常闭触点，KMR线圈支路中串入KMF常闭触点。

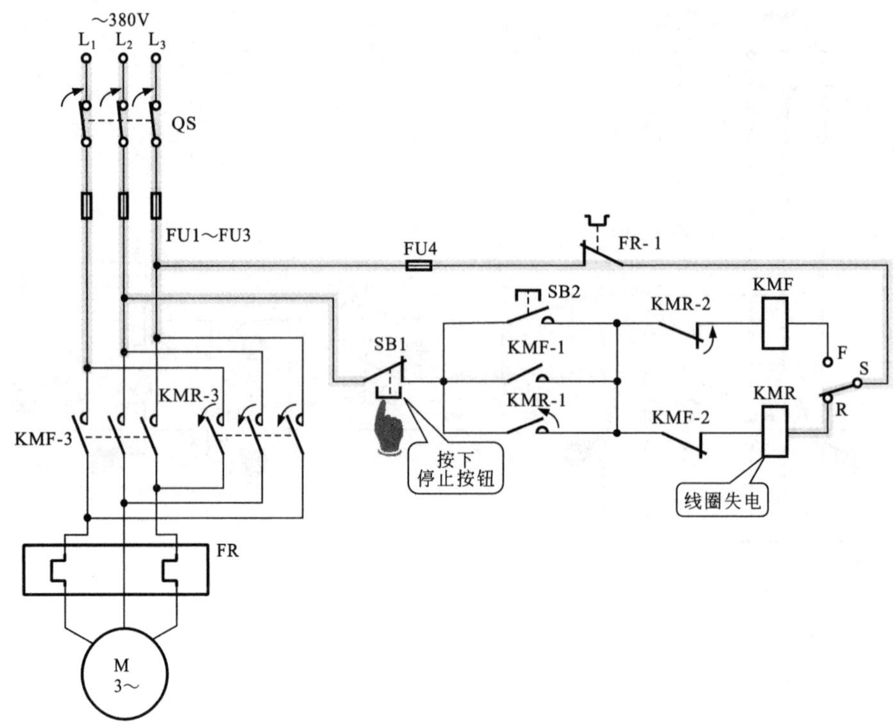

图4-41　电动机停机过程

4.3.7　电动机间歇控制电路的识读实例

电动机间歇控制电路是指控制电动机运行一段时间，自动停止，然后再自动启动，这样反复控制，来实现电动机的间歇运行。

（1）电动机间歇控制电路结构组成的识读

识读电动机间歇控制电路，首先要了解该电路的组成，明确电路中各主要部件与电路符号的对应关系。

三相交流感应电动机间歇控制电路结构组成见图4-42。

该电路主要由电源电路、保护电路、控制电路和三相交流感应电动机构成。其中电源电路包括电源总开关QS；保护电路包括熔断器FU1 ~ FU5、过热保护继电器FR；控制电路包括停止按钮SB1、启动按钮SB2、交流接触器KM1/KM2、中间继电器KM3、时间继电器KT1/KT2。

（2）电动机间歇控制电路工作过程的识读

对电动机间歇控制电路工作过程的识读，通常会从控制元件入手，通过对电路信号流程的分析，掌握电动机间歇控制电路的工作过程及功能特点。

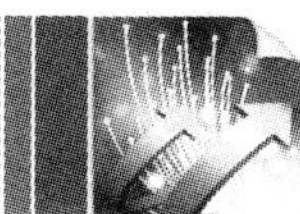

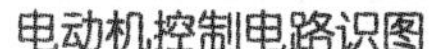

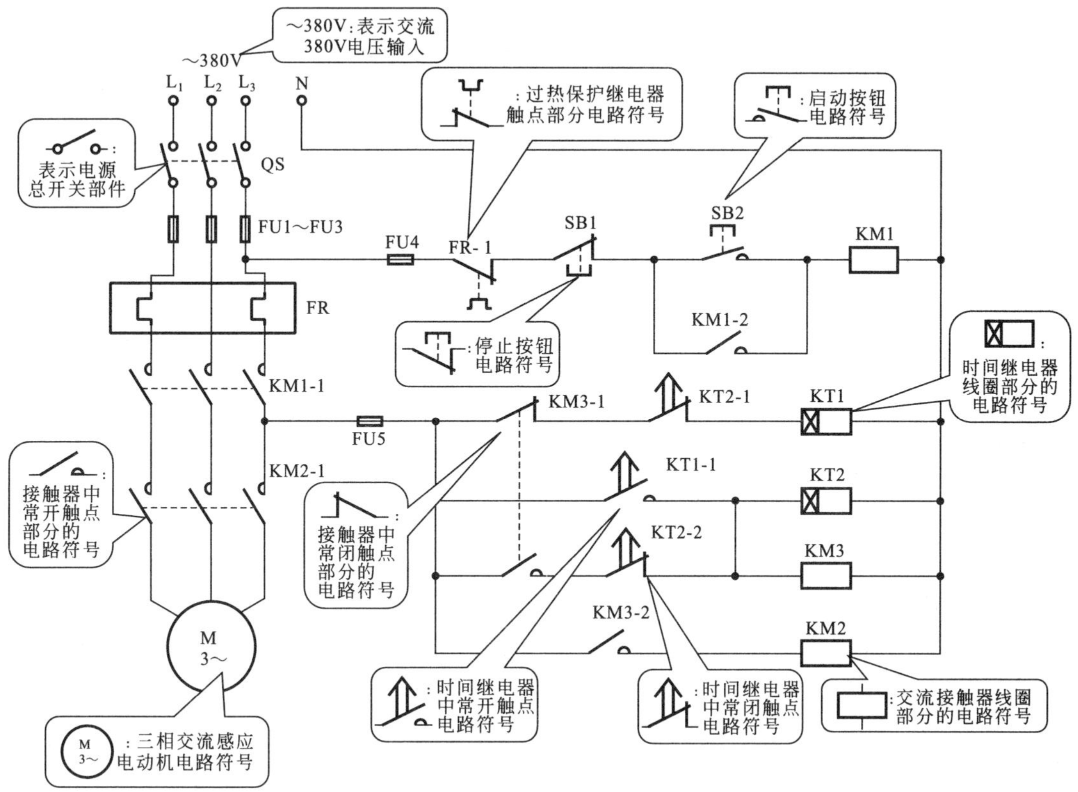

图4-42　电动机间歇控制电路结构组成

电动机的启动过程见图4-43。

❶ 合上电源总开关QS，接通三相电源。

❷ 按下启动按钮SB2。

❸ 交流接触器KM1线圈得电，常开触点KM1-2接通，实现自锁功能，常开触点KM1-1也接通。

❹ 常开触点KM1-1接通，时间继电器KT1线圈得电，延时常开触点KT1-1接通。

❺ 中间继电器KM3线圈得电，KM3的常开触点KM3-2接通。

❻ 接触器KM2线圈得电，常开触点KM2-1接通，电动机接通交流380 V电源启动运转。

❼ 同时时间继电器KT2线圈也得电。

电动机的间歇暂停过程见图4-44。

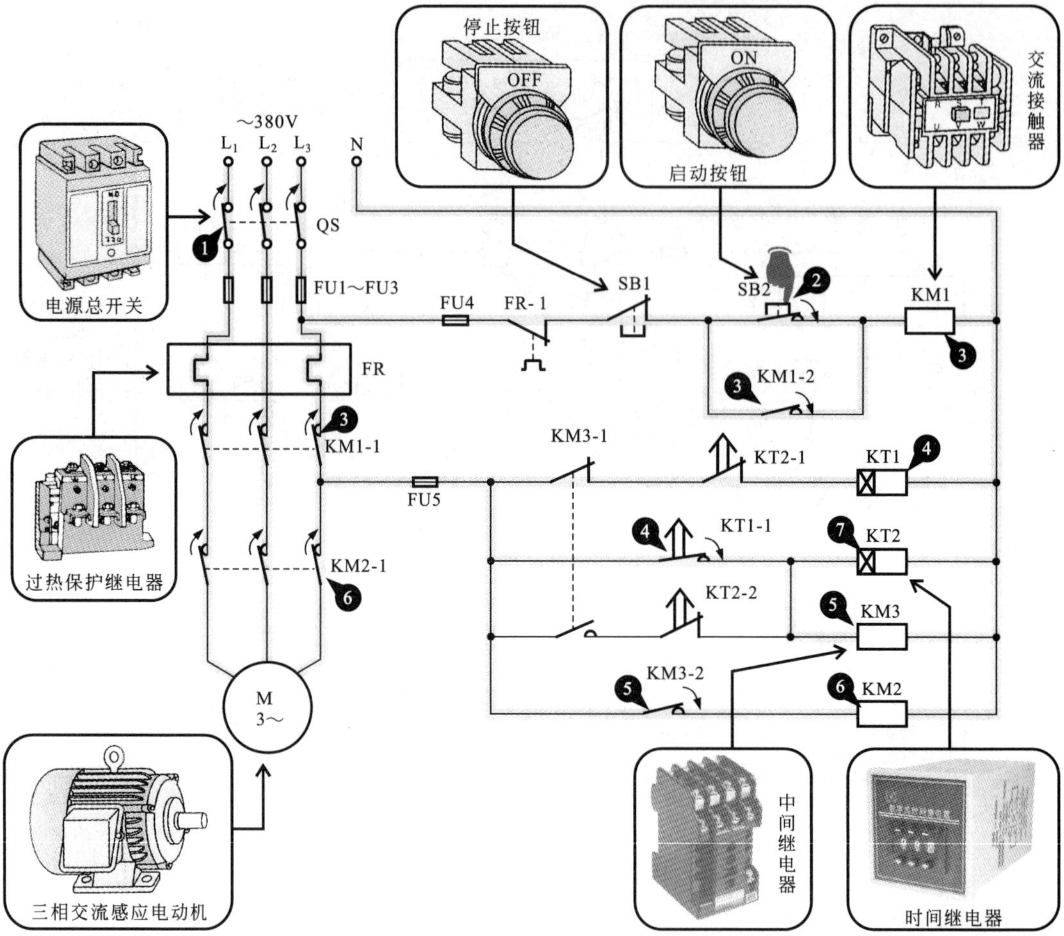

停止按钮
OFF
启动按钮
ON
交流接触器
~380V
L1 L2 L3 N
QS
FU1~FU3
电源总开关
FU4
FR-1
SB1
SB2
KM1
FR
KM1-2
KM1-1
KM3-1
KT2-1
KT1
FU5
KT1-1
KT2
KM2-1
KT2-2
KM3
过热保护继电器
KM3-2
KM2
M
3~
三相交流感应电动机
中间继电器
时间继电器

图4-43　电动机的启动过程

~380V
L1 L2 L3 N
QS
FU1~FU3
FU4
FR-1
SB1
SB2
KM1
FR
KM1-2
KM1-1
KM3-1
KT2-1
KT1
FU5
KT1-1
KT2
KM2-1
KT2-2
KM3
KM3-2
KM2
M
3~

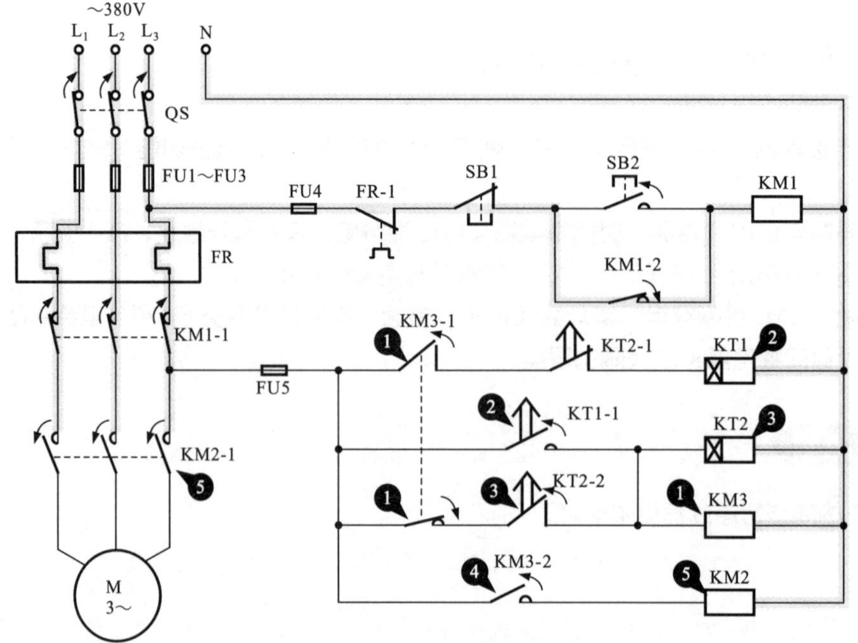

图4-44　电动机的间歇暂停过程

❶ 中间继电器KM3线圈得电，联动触点KM3-1的常闭触点断开，常开触点接通。

❷ 时间继电器KT1断电，延时常开触点KT1-1断开。

❸ 同时时间继电器KT2线圈得电后，经过一段时间延时后（电动机启动运转时间），延时常闭触点KT2-2断开。

❹ 中间继电器KM3线圈断电，常开触点KM3-2断开。

❺ 接触器KM2线圈断电，常开触点KM2-1断开，电动机停止运转。

电动机再启动过程见图4-45。

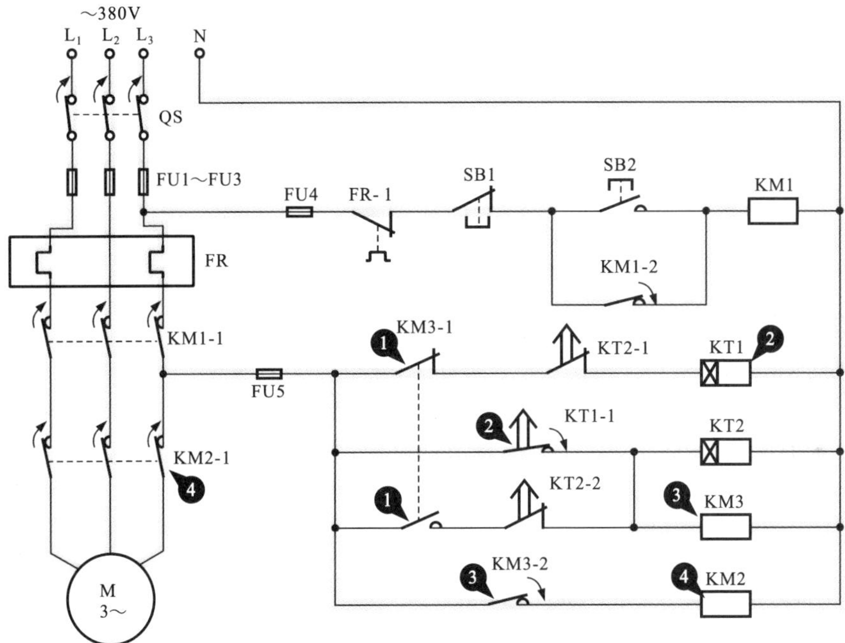

图4-45　电动机再启动过程

❶ 中间继电器KM3断电后，联动触点KM3-1常闭触点接通，常开触点断开。

❷ 时间继电器KT1线圈再次得电，经延时后（电动机停机时间），延时常开触点KT1-1接通。

❸ 中间继电器KM3线圈再次得电，常开触点KM3-2接通。

❹ 接触器KM2线圈得电，常开触点KM2-1接通，电动机再次启动运转。如此反复动作，实现电动机的间歇运转控制。

电动机停机过程见图4-46。

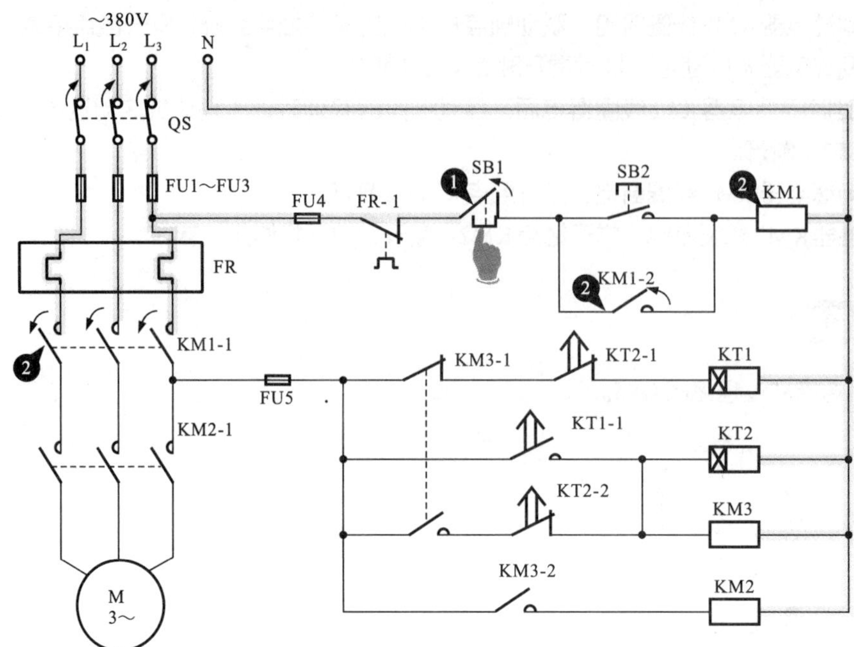

图4-46 电动机停机过程

❶ **当电动机需要停机时，按下停机按钮SB1。**

❷ **接触器KM1线圈失电，触点复位，电动机和控制电路均断电，系统停机。**

经过电路分析，电动机的间歇控制电路是由时间继电器进行控制的，通过预先对时间继电器的延迟时间进行设定，从而实现对电动机启动时间和停机时间的控制。该控制方式适用于具有交替运转加工的设备中。

4.3.8 电动机调速控制电路的识读实例

三相交流感应电动机调速控制电路是电动机控制系统中常用的一种电路形式，它可实现对电动机的速度控制，掌握电动机调速控制电路的识读对我们设计、安装、改造和维修实际电路很有帮助。

（1）电动机调速控制电路结构组成的识读

识读电动机调速控制电路，首先要了解该电路的组成，明确电路中各主要部件与电路符号的对应关系。

三相交流感应电动机调速控制电路结构组成见图4-47。

该电路主要由供电电路、保护电路、控制电路和三相交流感应电动机（双速电动机）等构成。其中供电电路包括电源总开关QS；保护电路包括熔断器FU1 ~ FU5，过热保护继电器FR1、FR2；控制电路包括停止按钮SB3，高速运转按钮SB2，低速运转按钮SB1，交流接触器

KM1、KM2、KM3。该电路中的高速运转按钮和低速运转按钮采用的为复合开关，内部设有一对常开触点和一对常闭触点，可起到联锁保护作用。

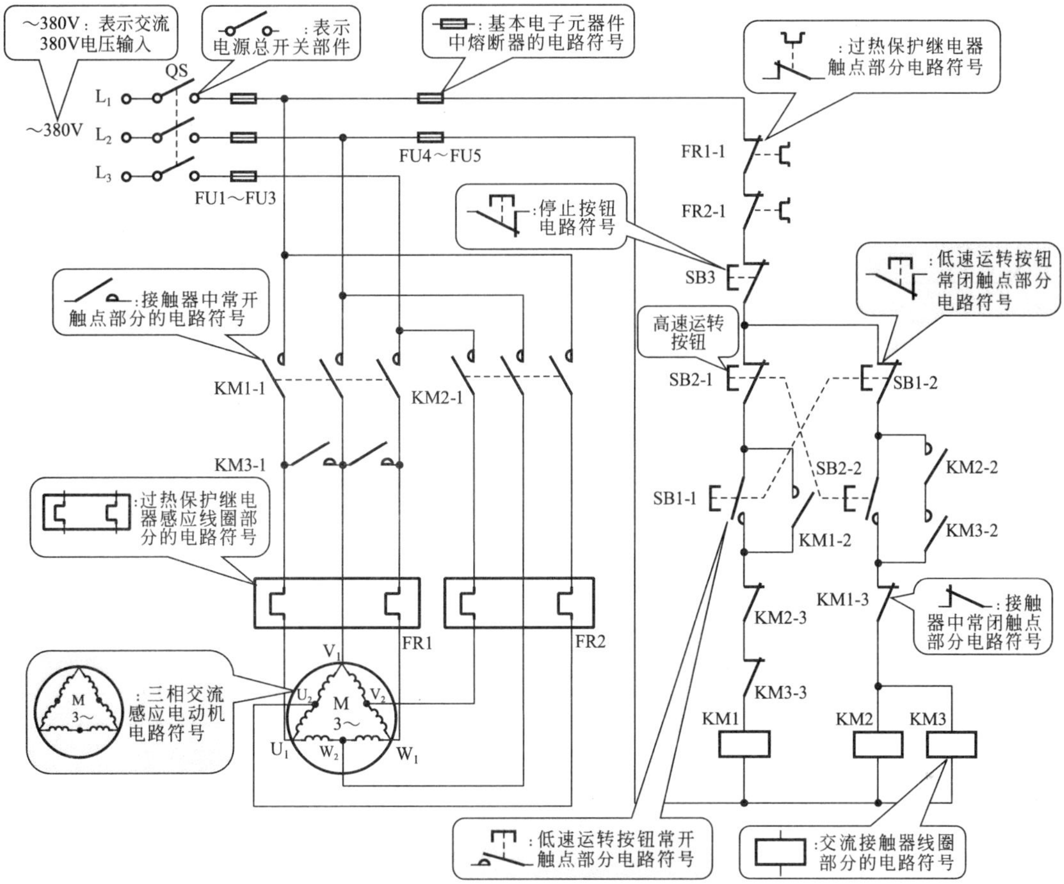

~380V：表示交流380V电压输入
：表示电源总开关部件
：基本电子元器件中熔断器的电路符号
：过热保护继电器触点部分电路符号
：停止按钮电路符号
：低速运转按钮常闭触点部分电路符号
：接触器中常开触点部分的电路符号
高速运转按钮
：过热保护继电器感应线圈部分的电路符号
：三相交流感应电动机电路符号
：接触器中常闭触点部分电路符号
：低速运转按钮常开触点部分电路符号
：交流接触器线圈部分的电路符号

图4-47　三相交流感应电动机调速控制电路结构组成

（2）电动机调速控制电路工作过程的识读

对电动机调速控制电路工作过程的识读，通常会从控制元件入手，通过对电路信号流程的分析，掌握电动机调速控制电路的工作过程及功能特点。

电动机的低速运转过程见图4-48。

❶ 合上电源总开关QS，接通三相电源。

❷ 按下低速运行按钮SB1，常开触点SB1-1接通，常闭触点SB1-2断开。

❸ 常开触点SB1-1接通，交流接触器KM1线圈得电，常开触点KM1-1接通，电动机定子绕组成△形，电动机开始低速运转，常开触点KM1-2接通，实现自锁功能，常闭触点KM1-3断开，防止接触器KM2、KM3线圈得电，起联锁保护作用。

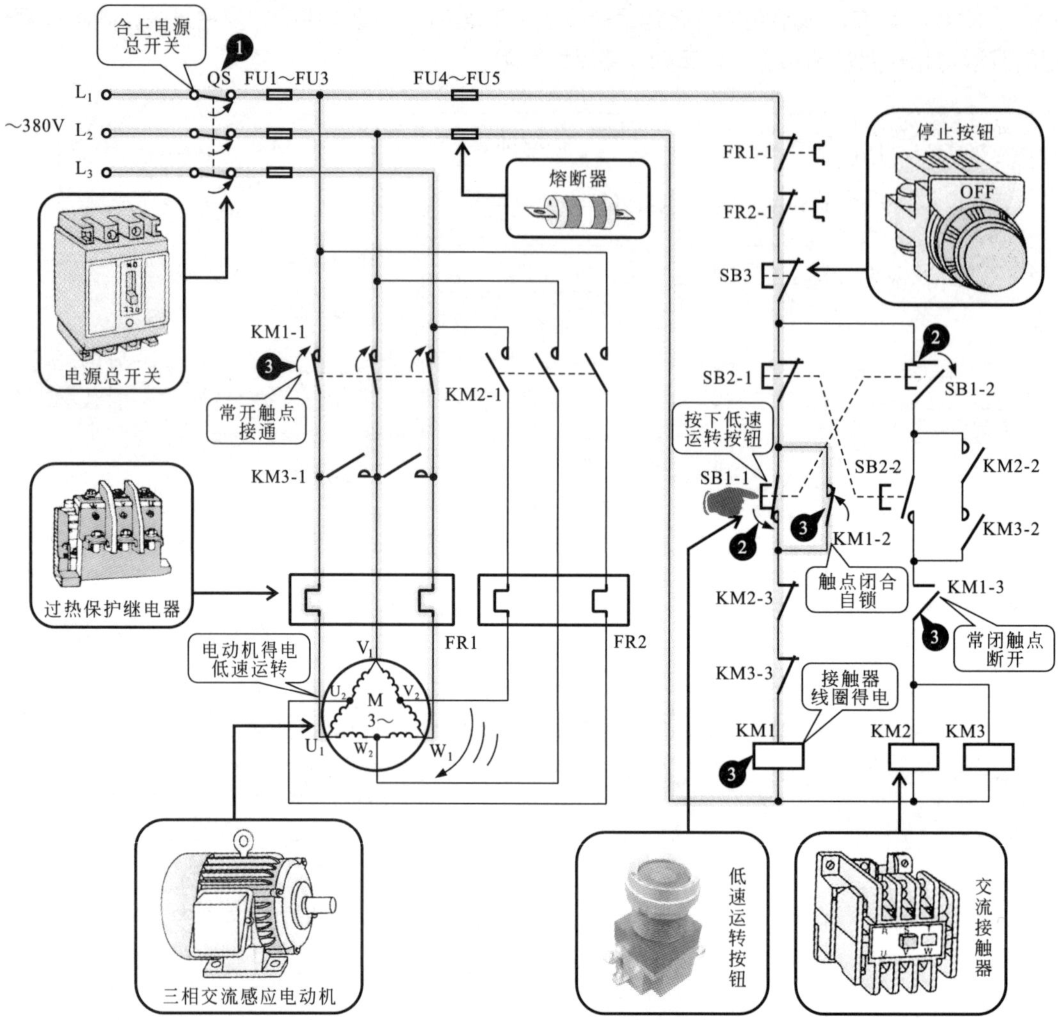

图4-48　电动机的低速运转过程

电动机的高速运转过程见图4-49。

❶ 当电动机需要高速运转时，按下高速运转按钮SB2，常闭触点SB2-1断开，常开触点SB2-2接通。

❷ 常闭触点SB2-1断开，接触器KM1线圈断电，常开常闭触点均复位，电动机断电低速惯性运转。

❸ 常开触点SB2-2接通，交流接触器KM2、KM3线圈得电，常开触点KM2-2、KM3-2接通，实现自锁功能；常闭触点KM2-3、KM3-3断开，防止接触器KM1线圈得电；常开触点KM2-1、KM3-1接通。

❹ KM2-1和KM3-1接通后，电动机定子绕组成YY形连接，电动机开始高速运转。

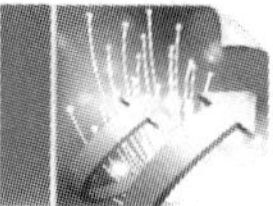

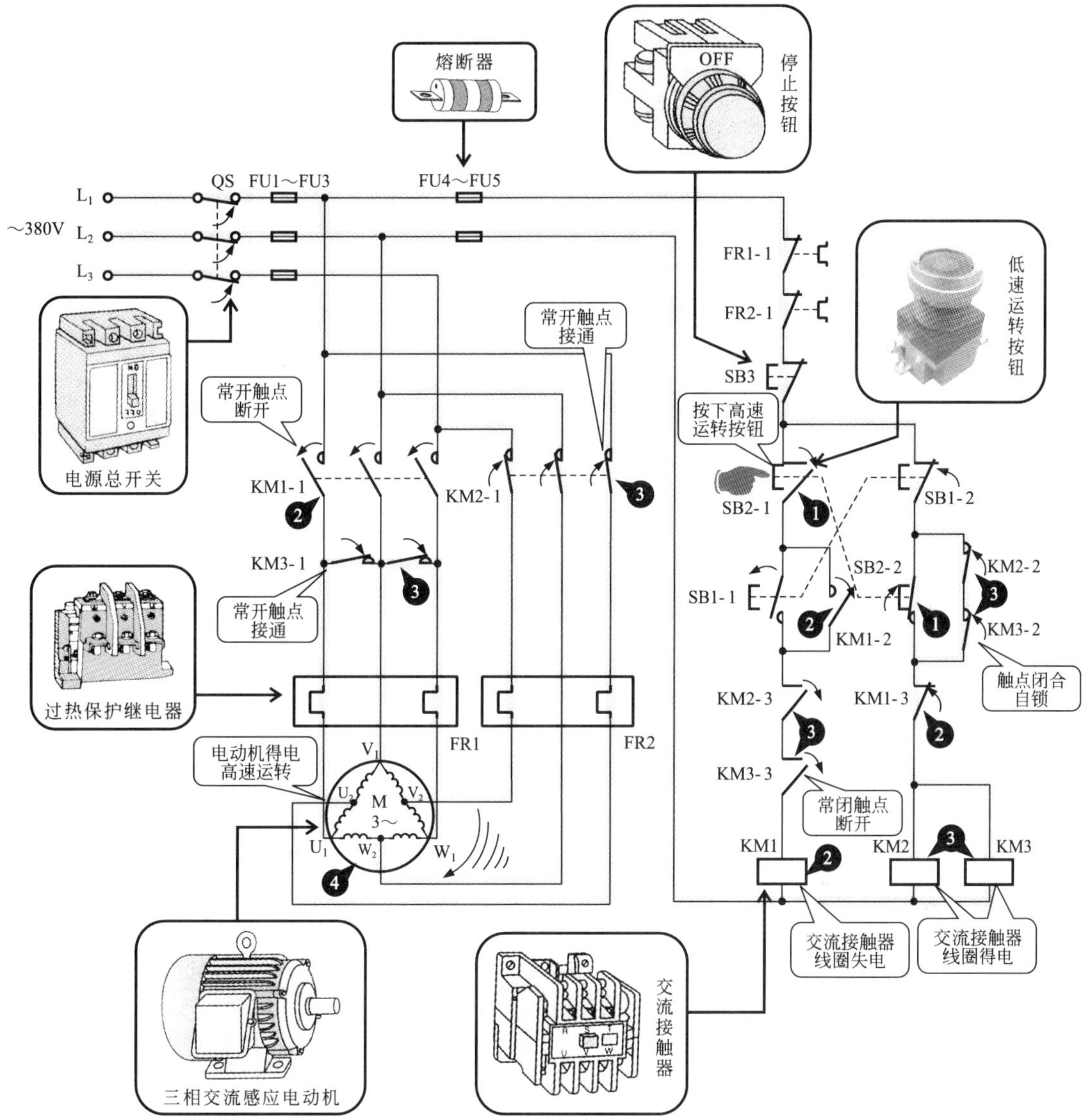

图4-49　电动机的高速运转过程

电动机停机过程见图4-50。

当电动机需要停机时，按下停止按钮SB3，无论电动机处于何种运行状态，交流接触器线圈均断电，常开、常闭触点全部复位，电动机停止运转。

经过电路分析，该电路是一个调速电路，根据电动机的工作需要，使用高速或低速运转按钮对电动机的运转速度进行控制，此种控制电路广泛应用于工业、农业生产中，如机床、轧钢机、运输设备中，需要在不同的环境下用不同的速度进行工作，以保证产品的生产效率和产品的质量。

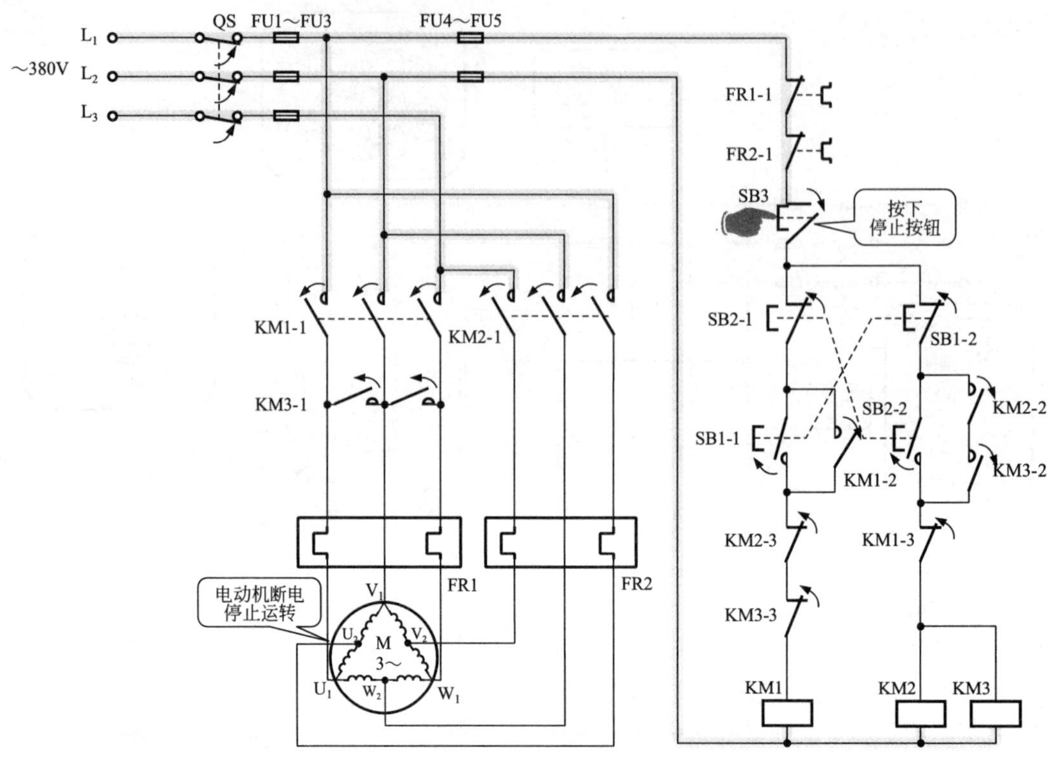

图4-50 电动机停机过程

提示

三相交流感应电动机的调速方法有很多种，如变极调速、变频调速和变转差率调速等。通常，双速电动机控制是目前应用中最常用一种变极调速形式，如图4-51所示为双速电动机定子绕组的连接方法。

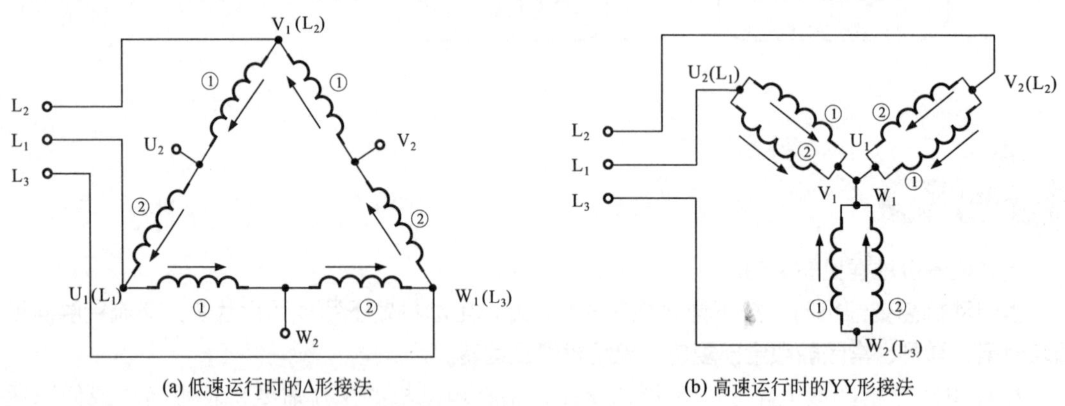

图4-51 双速电动机定子绕组的连接方法

从图4-51中可看出，低速运行时电动机定子的绕组接成△形，三相电源线L_1、L_2、L_3分别连接在定子绕组三个出线端U_1、V_1、W_1上，且每相绕组的中点接出的接线端U_2、V_2、W_2悬空不接，此时电动机三相绕组构成了△形连接，此时每相绕组的①、②线圈相互串联，电路中电流方向如图4-51中的箭头所示，若此时电动机磁极为4极，则同步转速为1500 r/min。而高速运行时电动机定子的绕组接成YY形，将三相电源L_1、L_2、L_3连接在定子绕组的出线端U_2、V_2、W_2上，且将接线端U_1、V_1、W_1连接在一起，此时电动机每相绕组的①、②线圈相互并联，电流方向如图4-51中箭头方向，此时电动机磁极为2极，同步转速为3000 r/min。

4.3.9 电动机抱闸制动控制电路的识读实例

电动机抱闸制动是指将电磁抱闸与电动机及控制线路相连，控制电动机迅速停机的电路，掌握电动机抱闸制动控制电路的识读可对要求电动机能迅速停车和准确定位的设备进行设计、安装、改造和维修。

（1）电动机抱闸制动控制电路结构组成的识读

识读电动机抱闸制动控制电路，首先要了解该电路的组成，明确电路中各主要部件与电路符号的对应关系。

三相交流感应电动机抱闸制动控制电路结构组成见图4-52。

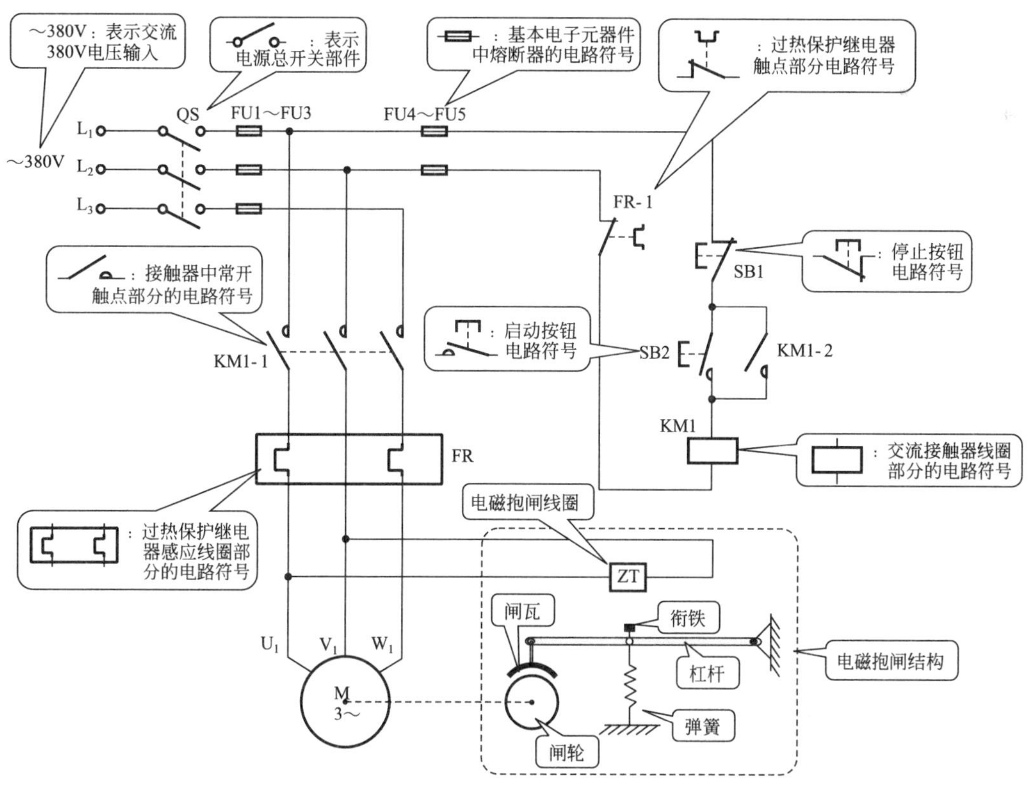

图4-52　电动机抱闸制动控制电路结构组成

该电路主要由电动机供电电路、保护电路、控制电路、制动系统和三相交流感应电动机构成的。其中供电电路包括电源总开关QS；保护电路包括熔断器FU1 ~ FU5、过热保护继电器FR；控制电路包括交流接触器KM1、停止按钮SB1、启动按钮SB2；制动系统包括电磁抱闸ZT。

（2）电动机抱闸制动控制电路工作过程的识读

对电动机抱闸制动控制电路工作过程的识读，通常会从控制元件入手，通过对电路信号流程的分析，掌握电动机抱闸制动控制电路的工作过程及功能特点。

电动机的启动过程见图4-53。

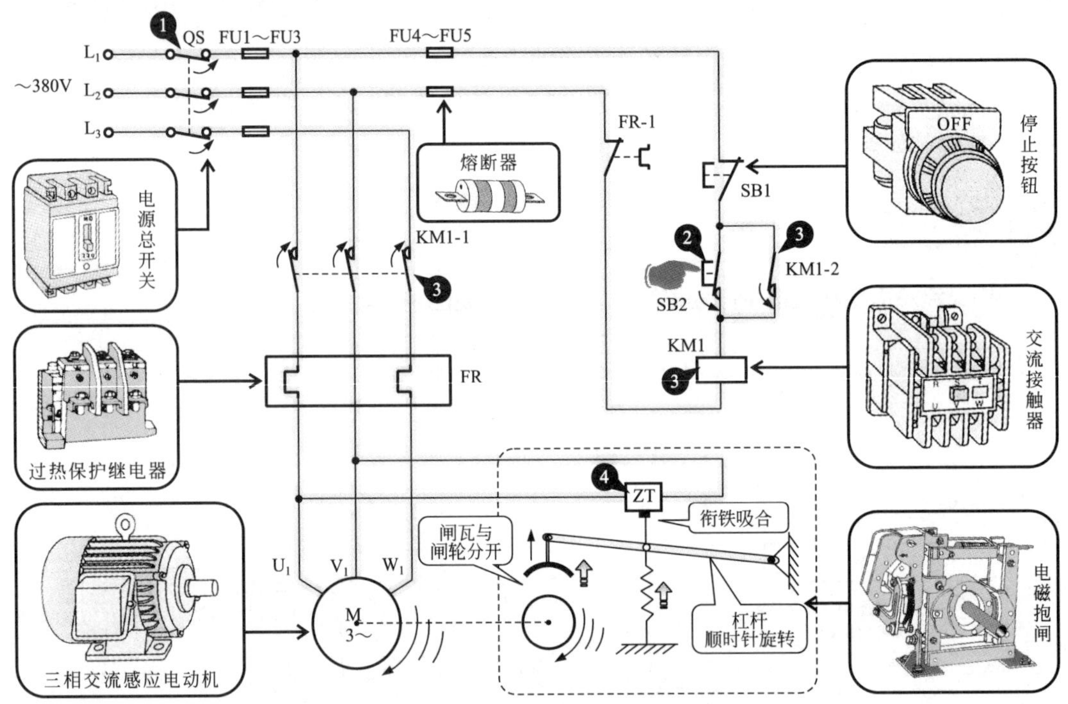

图4-53　电动机的启动过程

❶ 合上电源总开关，接通三相电源。

❷ 按下启动按钮SB2。

❸ 交流接触器KM1线圈得电，常开触点KM1-2接通，实现自锁功能；KM1-1接通，电动机接通交流380 V电源启动运转。

❹ 同时电磁抱闸线圈ZT得电，吸引衔铁，从而带动杠杆抬起，使闸瓦与闸轮分开，电动机正常运行。

电动机的制动及停机过程见图4-54。

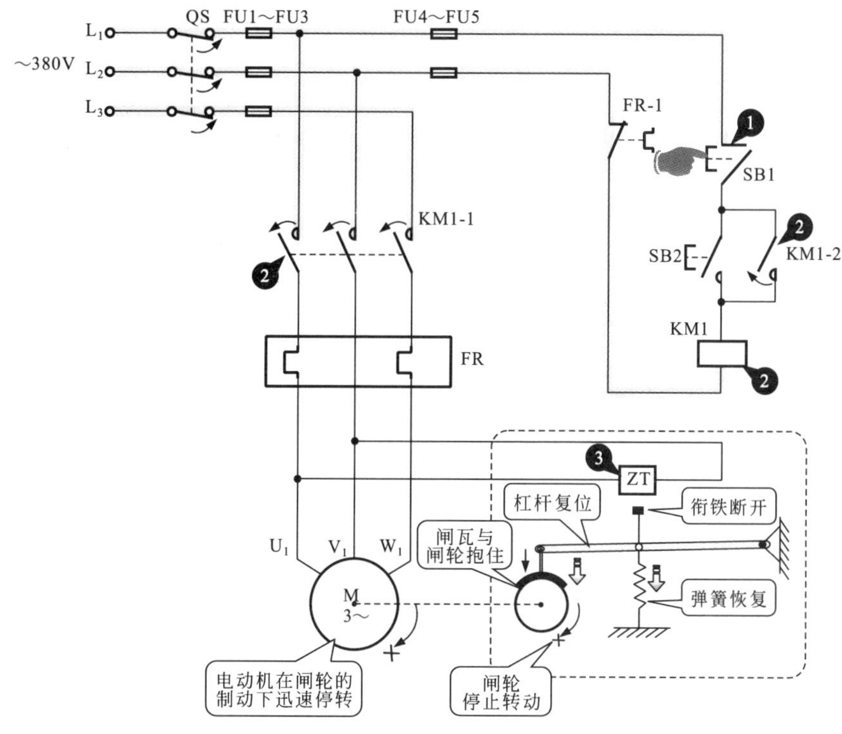

图4-54　电动机的制动及停机过程

❶ 当电动机需要停机时，按下停止按钮SB1。

❷ 接触器KM1线圈失电，常开触点KM1-2断开，解除自锁功能；KM1-1断开，电动机断电。

❸ 同时电磁抱闸线圈ZT也失电，杠杆在弹簧恢复力作用下复位，使得闸瓦与闸轮紧紧抱住。闸轮迅速停止转动，使电动机迅速停止转动。

经过电路分析，电磁抱闸的闸轮与电动机装在同一根转轴上，当闸轮停止转动时，电动机也同时迅速停转，该电路适用于需要电动机立即停机的机床设备中，以提高加工精度。

提示

电动机在切断电源后，由于惯性作用，还要继续旋转一段时间后才能完全停止。但在实际生产过程中有时候要求电动机能迅速停车和准确定位，因此需要采用电动机制动控制方式。电磁抱闸制动控制电路是电动机制动的一种，电磁抱闸主要由铁芯、衔铁、线圈、闸轮、闸瓦、杠杆和弹簧等构成，如图4-55所示。

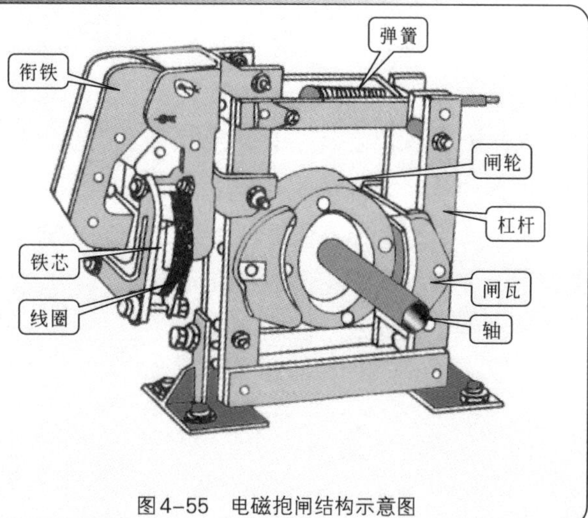

图4-55　电磁抱闸结构示意图

第5章 常用机电设备控制电路识图

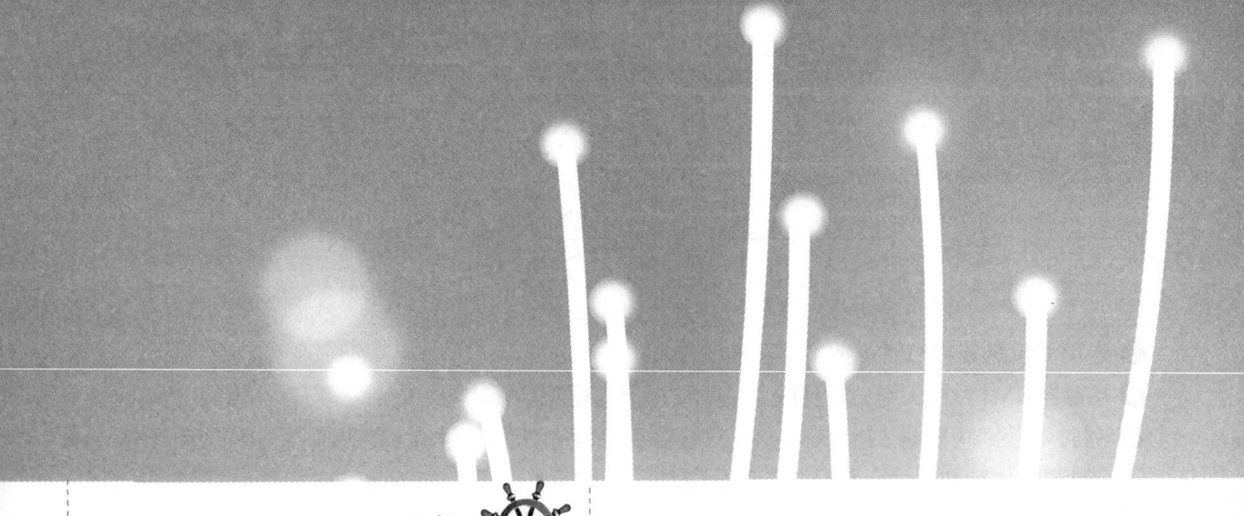

目标

本章从机电设备控制电路的功能特点入手，通过对机电控制电路结构组成的系统剖析，首先让读者建立起机电设备控制电路中主要部件的电路功能和电路对应关系。然后，再以典型机电设备控制电路为例，系统介绍机电设备控制电路的识图特点和识图方法。最后，本章对目前流行且极具代表性的机电设备控制电路进行归纳、整流，筛选出各具特色的机电设备控制实用电路，向读者逐一解读不同机电设备控制实用电路的识读技巧和识图注意事项，力求让读者真正掌握机电设备控制电路的识图技能。

5.1 常用机电设备控制电路的特点及用途

5.1.1 常用机电设备控制电路的功能及应用

（1）常用机电设备控制电路的功能

机电设备控制电路是依靠启停按钮、行程开关、转换开关、接触器、时间继电器、过流继电器、过压继电器等控制部件来控制电动机的工作，由电动机带动机电设备中的机械部件运作，进而实现对机电设备的控制。

C620-1 型卧式车床控制电路见图 5-1。

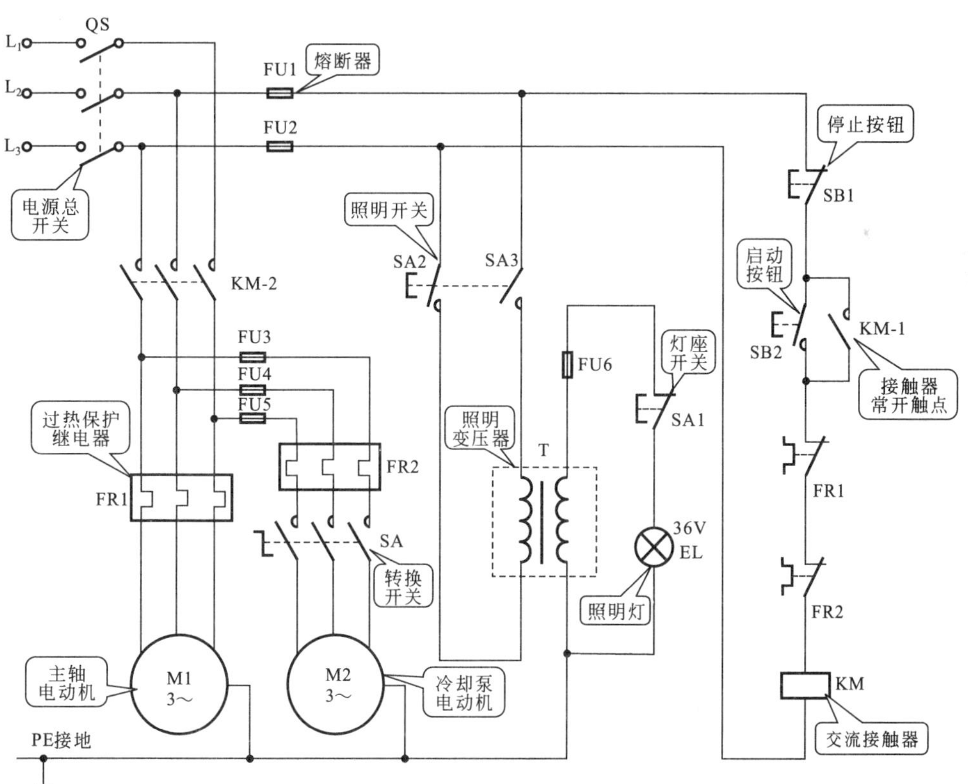

图 5-1 C620-1 型卧式车床控制电路

这是简单的车床控制电路，它通过启动按钮 SB2 接通交流接触器 KM 线圈的供电，使其触点 KM-1 接通，实现自锁控制；KM-2 接通，主轴电动机 M_1 启动运转。而冷却泵电动机 M_2 则是

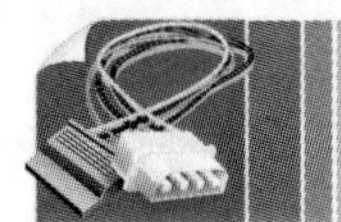

通过转换开关SA单独控制，但只有在主轴电动机M_1启动后，才可启动运转。而照明开关则用于控制照明灯的点亮与熄灭。当按下停止按钮SB1时，两台电动机均停止运转。

不同机电设备功能的不同，其控制电路也不相同，因此控制电路的结构以及所选用的控制元件也会发生变化，正是通过对这些部件巧妙的连接和组合设计，使得机电设备控制电路实现各种各样的功能。

（2）常用机电设备控制电路的应用

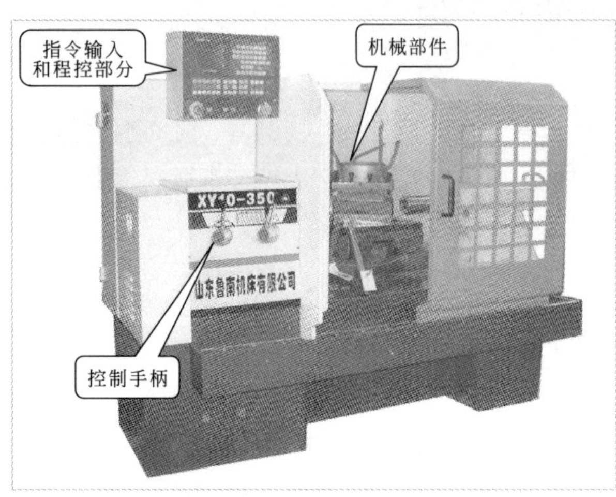

图5-2 机床控制部件

机电设备的功能就是完成不同工件的加工，因此在工业生产中，机电设备控制电路是非常重要且使用率很高的实用电路。

机电设备控制电路的应用见图5-2。

随着技术的发展和人们生活水平的提升，机电设备所能实现的功能多种多样，生活中的许多产品都是通过机电设备加工而成的，而机械设备的运作都是通过控制电路控制机械设备的运作，来完成工件加工的。

扩展

机电设备的应用环境见图5-3。

图5-3 机床设备的应用环境

5.1.2 常用机电设备控制电路的组成

机电设备控制电路主要是由电动机、电气控制部件和基本电子元件构成的。在学习识

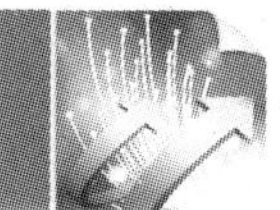

读机电设备控制电路之前，我们首先要了解机电设备控制电路的组成，明确机电设备控制电路中各主要控制部件以及电动机的电路对应关系。

了解机电设备控制电路的组成是识读机电设备控制电路图的前提，只有熟悉机电设备控制电路中包含的元件及连接关系才能识读出电动机控制电路的功能及工作过程。

典型机电设备控制电路（M7120型平面磨床控制电路）结构组成见图5-4、图5-5所示。

机电设备控制电路主要由供电电路、控制电路、保护电路和电动机组成，电动机供电电路是由总电源开关QS构成的；保护电路是由熔断器FU1 ~ FU7、过热保护继电器FR1 ~ FR3构成；控制电路是由交流接触器KM1 ~ KM6、按钮开关SB1 ~ SB9构成；电磁吸盘电路是由变压器T_1、桥式整流堆VD1 ~ VD4、欠压继电器KV、电磁吸盘YH等构成；指示电路是由指示灯HL1 ~ HL4、开关SA等构成。

其中“”表示电源总开关，在电路中用于接通三相电源；“”表示熔断器，在电路中用于保护电路；“”表示过热保护器，用于当电动机温度过高时，切断电路，起到保护作用；“”表示启动按钮，用于控制电动机或电磁吸盘启动工作；“”表示停止按钮，用于控制电动机或电磁吸盘停止工作；“”表示交流接触器，通过线圈的得电，触点动作，接通相关设备的电源；“KV”表示欠电流继电器，用于检测直流电压是否可靠，若直流电压不正常，常开触点KV-1不能动作；“YH”表示电磁吸盘，当线圈通电时，可吸牢加工工件；“⊗”表示指示灯，用于指示机床当前的工作状态。

为了便于理解，我们可以将机电设备控制电路以各单元电路的关系的形式体现。

机电设备控制电路各单元电路的关系示意图如图5-6所示。

在供电电路中通过电源总开关接通三相交流电源，为控制电路、电磁吸盘电路、指示电路提供所需的工作电压。

控制电路通过控制按钮接通与断开继电器的供电，使其触点动作，从而控制电动机、电磁吸盘电路、指示灯电路工作。

保护电路中熔断器用于实现对整个电路的保护，当电路中出现短路或过流等故障时，熔断器就会自动熔断，断开机床的电源，起到保护的作用。

电磁吸盘电路用于对加工工件进行吸合与释放，当对加工工件进行加工操作时，应先启动电磁吸盘电路吸合加工工件，当加工完成后，再对加工工件进行释放。而电流/电压继电器则用于检测该电路输出的电流、电压是否正常。

指示灯电路通过不同继电器的控制，指示机电设备当前的工作状态及为机电设备提供照明。

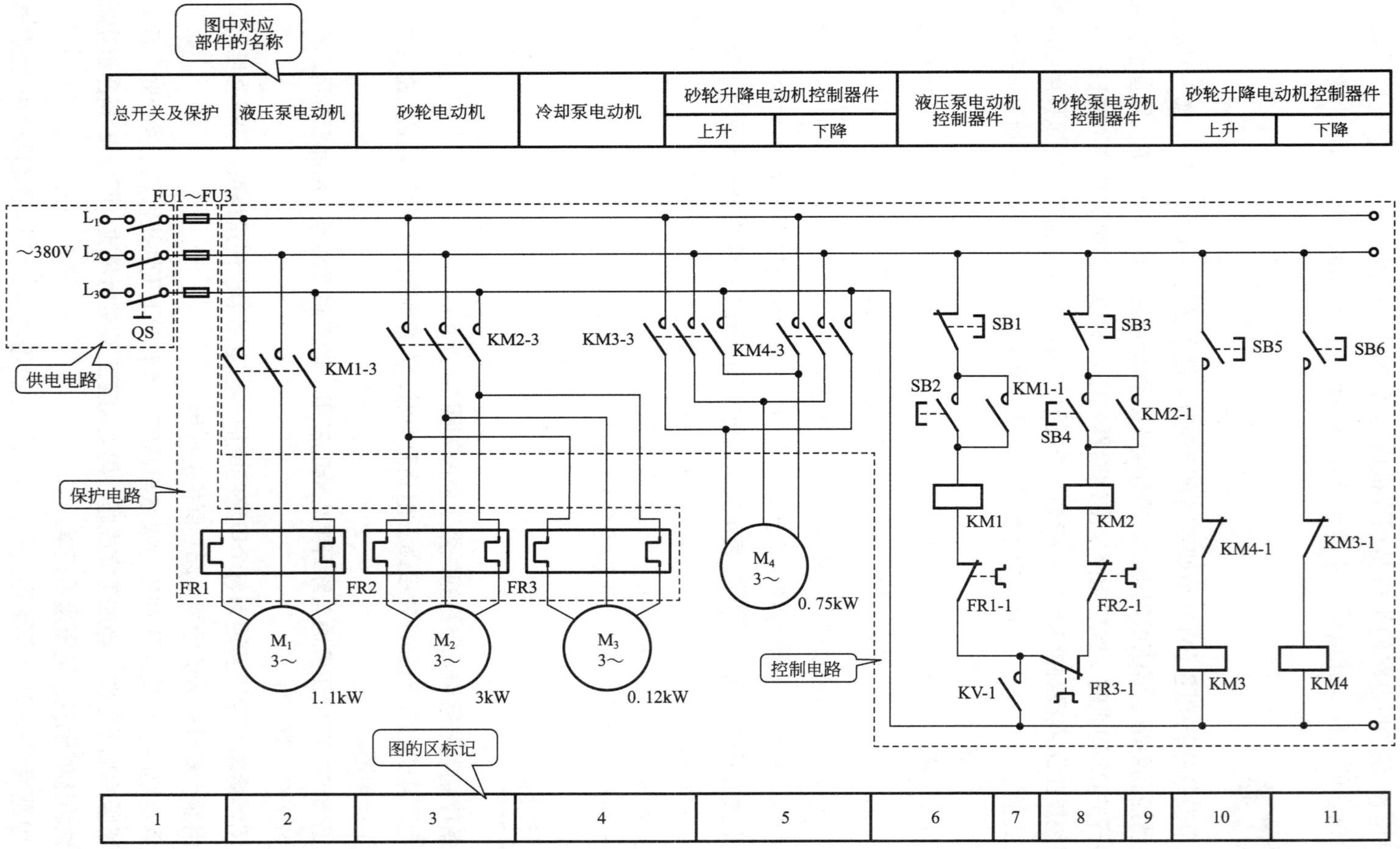

总开关及保护	液压泵电动机	砂轮电动机	冷却泵电动机	砂轮升降电动机控制器件		液压泵电动机控制器件	砂轮泵电动机控制器件	砂轮升降电动机控制器件	
				上升	下降			上升	下降

图中对应部件的名称

~380V L1 L2 L3 QS FU1~FU3

供电电路

KM1-3 KM2-3 KM3-3 KM4-3

保护电路

FR1 FR2 FR3

M1 3~ 1. 1kW

M2 3~ 3kW

M3 3~ 0. 12kW

M4 3~ 0. 75kW

控制电路

SB1 SB2 KM1-1 KM1 FR1-1 KV-1

SB3 SB4 KM2-1 KM2 FR2-1 FR3-1

SB5 KM4-1 KM3

SB6 KM3-1 KM4

图的区标记

1	2	3	4	5	6	7	8	9	10	11

图5-4　典型机电设备控制电路（M7120型平面磨床控制电路）结构组成（一）

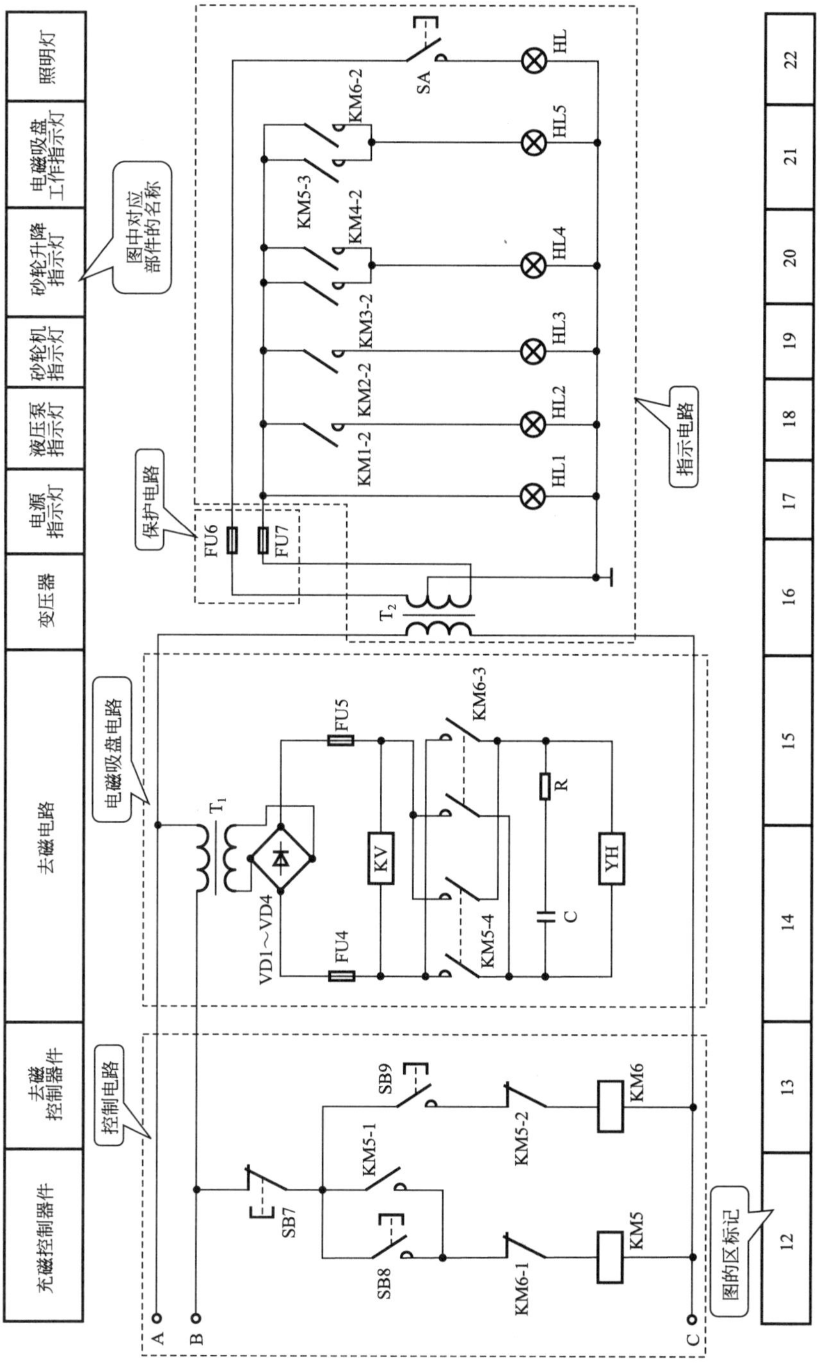

图5-5　典型机电设备控制电路（M7120型平面磨床控制电路）结构组成（二）

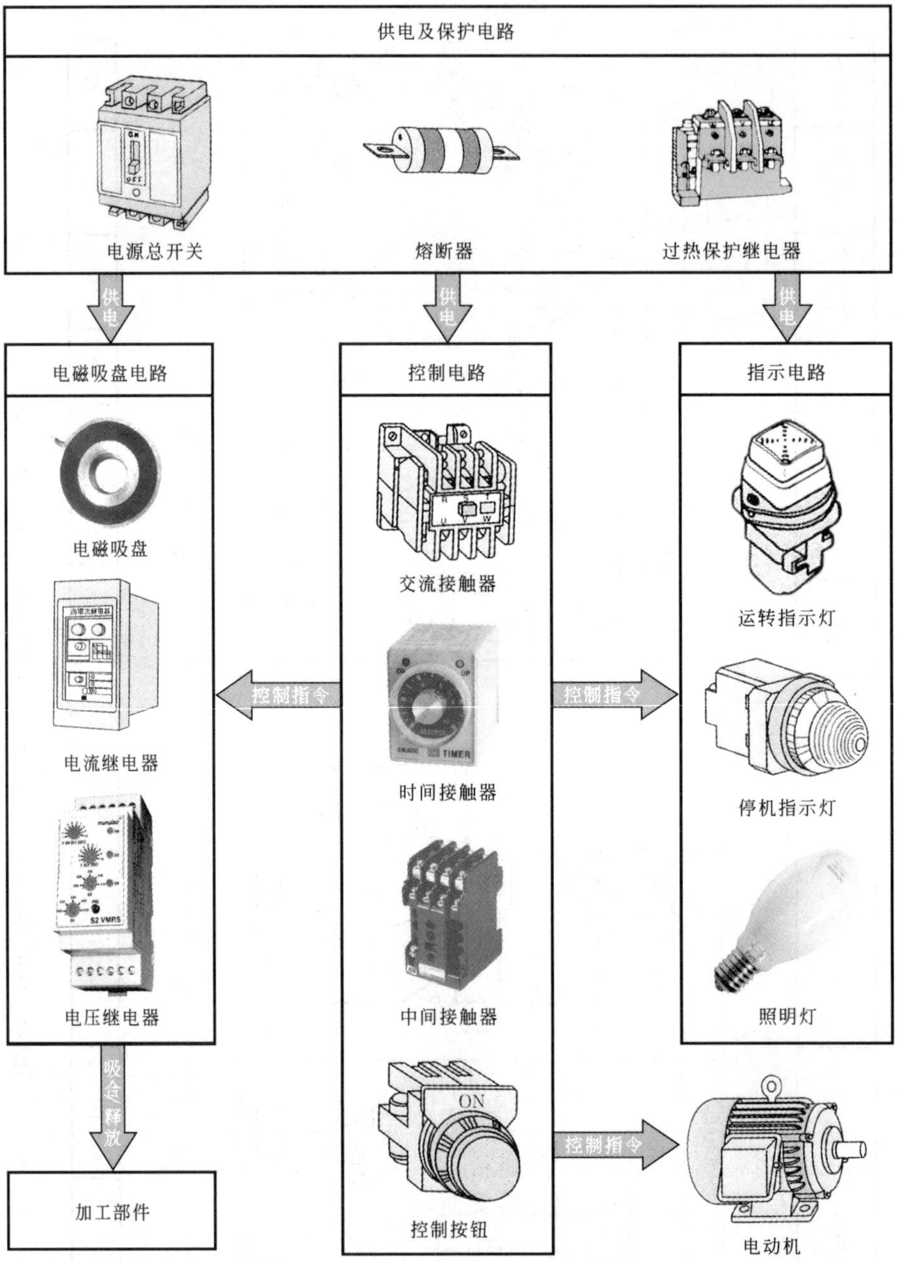

供电及保护电路

电源总开关　熔断器　过热保护继电器

供电　供电　供电

电磁吸盘电路

电磁吸盘

电流继电器

电压继电器

吸合释放

加工部件

控制电路

交流接触器

时间接触器

中间接触器

控制按钮

控制指令　控制指令　控制指令

指示电路

运转指示灯

停机指示灯

照明灯

电动机

图5-6　机电设备控制电路各单元电路的关系示意图

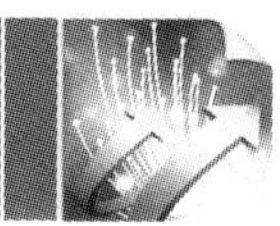

5.2 常用机电设备控制电路的识读方法

5.2.1 常用机电设备控制电路中的主要元器件

在前面的章节中，我们大体了解机电设备控制电路的基本组成，接下来，我们会从机电设备控制电路中的各主要组成元器件、电气部件和电动机入手，掌握这些电路组成部件的种类和功能特点，为识读机电设备控制电路打好基础。

机电设备控制电路实际上是电动机的驱动及控制电路，因此电路的构成就是将不同电动机的控制电路组合在一起对机电设备中的机械部件进行控制，从而实现对工件的加工。对于电动机控制电路中的主要元器件，这里就不再累述，可见“4.2　电动机控制电路的识读方法”。下面只对机电控制电路中比较重要的元器件进行介绍，以便读懂机电设备的控制电路。

（1）操作面板

典型机电设备的操作面板见图5-7。

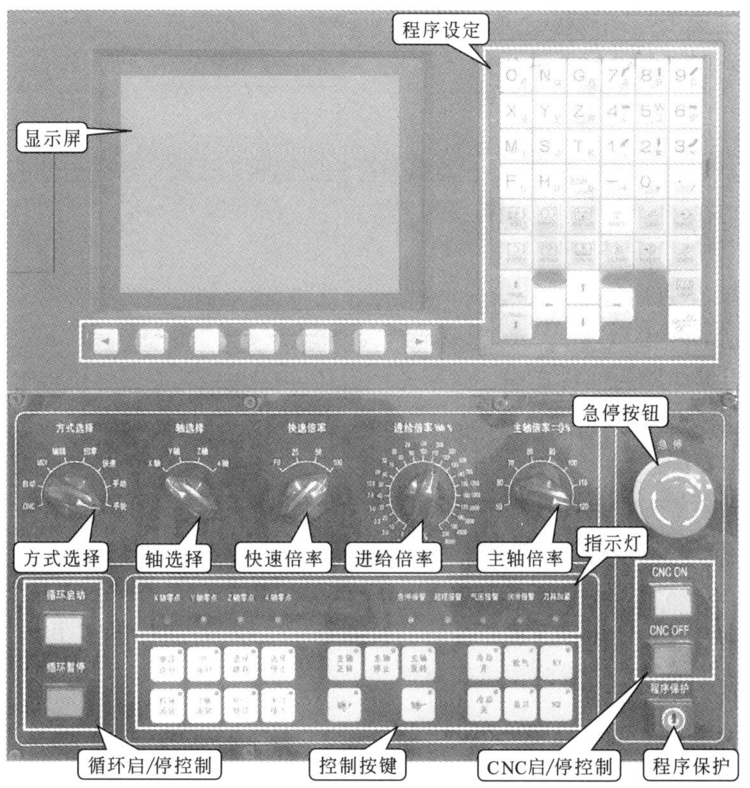

图5–7　典型机电设备的程序输入和操控面板

机电设备控制电路与电动机控制电路不同的是机电设备控制电路的大部分控制器件都集成到控制面板上，通过操作控制面板上的按键，对机电设备进行控制。

提示

"CNC"含义：计算机数字控制机床，全称"Computer numerical control"，它是一种由程序控制的自动化机床。

（2）电磁吸盘

电磁吸盘实物外形见图5-8。

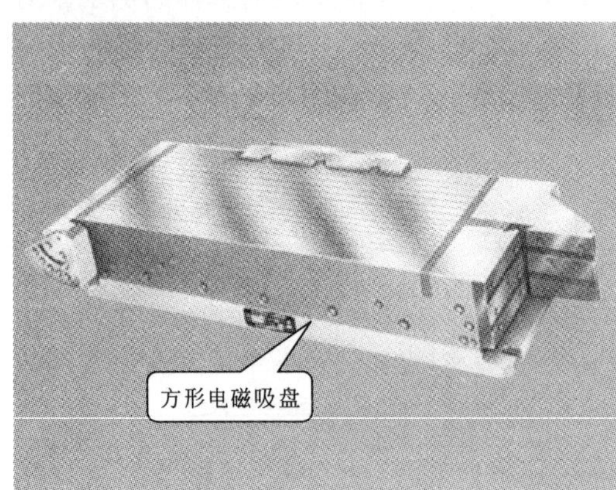

图5-8　电磁吸盘实物外形

电磁吸盘就是一个电磁铁，其线圈通电后产生电磁吸力，吸引铁磁材料的工件进行加工，当加工完成后，线圈断电，释放铁磁材料的工件。

5.2.2　常用机电设备控制电路的识读

机电设备控制电路的结构多样，电子元件、控制部件和功能器件连接组合方式的不同，使得电路的功能也千差万别。

因此，再对机电设备控制电路进行识读时，通常先要了解机电设备控制电路的结构特点，掌握机电设备控制电路中的主要组成部件，并根据这些主要组成部件的功能特点和连接关系，对整个机电设备控制电路进行单元电路的划分。

然后，进一步从控制部件入手，对机电设备控制电路的工作流程进行细致的解析，搞清机电设备控制电路的工作过程和控制细节，完成机电设备控制电路的识读过程。

（1）机电设备控制电路结构特点的识读

机电设备控制电路结构特点的识读如图5-9所示。

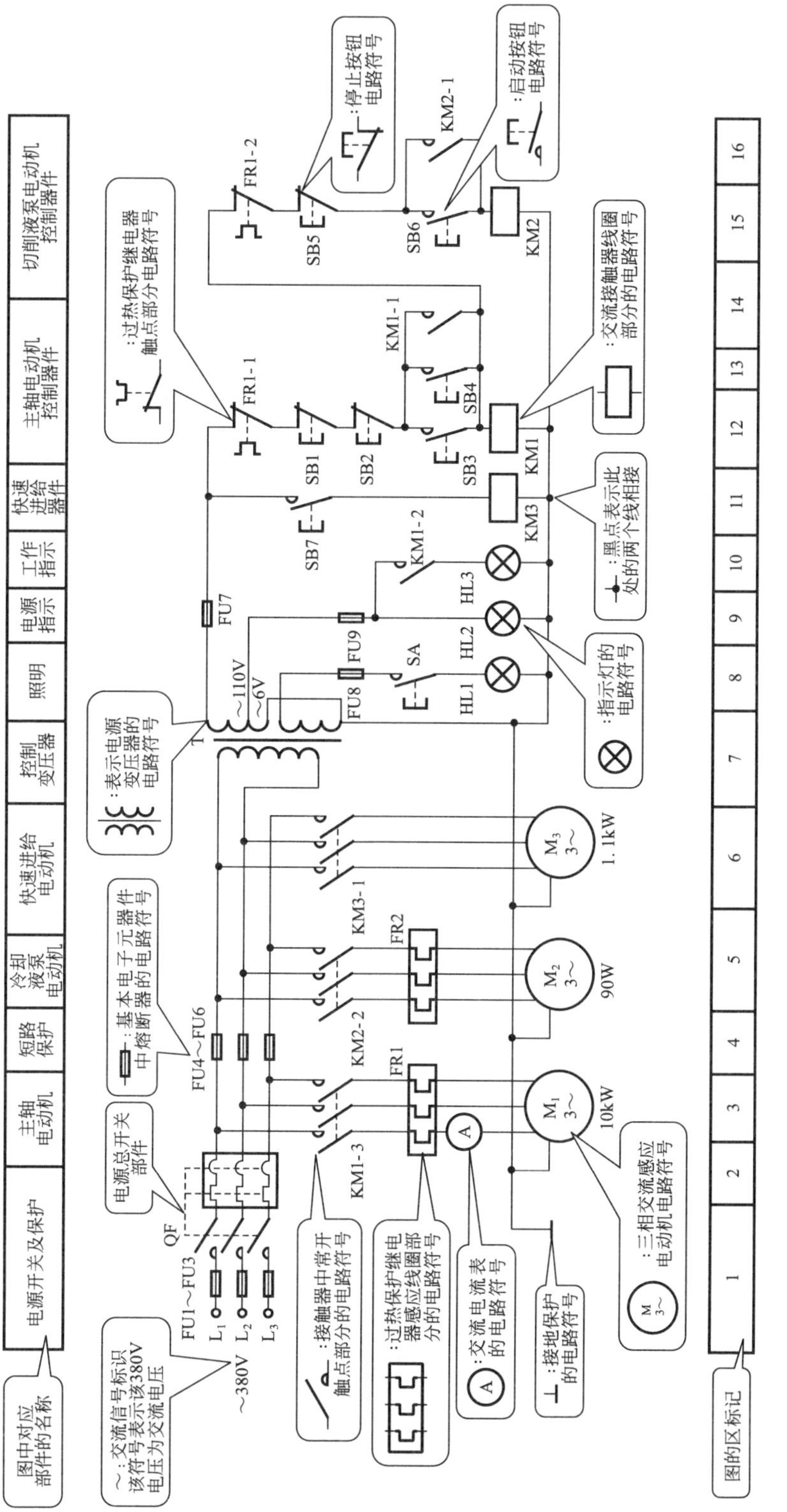

图5-9 识读车床控制电路及各个符号表示的含义

该电路的控制部件主要有停止按钮SB1/SB2、启动按钮SB3/SB4、交流接触器KM1/KM2/KM3；电源部件主要有电源总开关QF、电源变压器T；保护器件主要有熔断器FU1 ～ FU9、过热保护继电器FR1/FR2；指示电路主要有指示灯HL1/HL2/HL3、开关SA等构成。

（2）根据主要组成部件的功能特点和连接关系划分单元电路

识读机电设备控制电路的电路结构见图5-10。

在机电设备控制电路中，首先根据电路符号和文字标识找到主要组成部件，并根据主要组

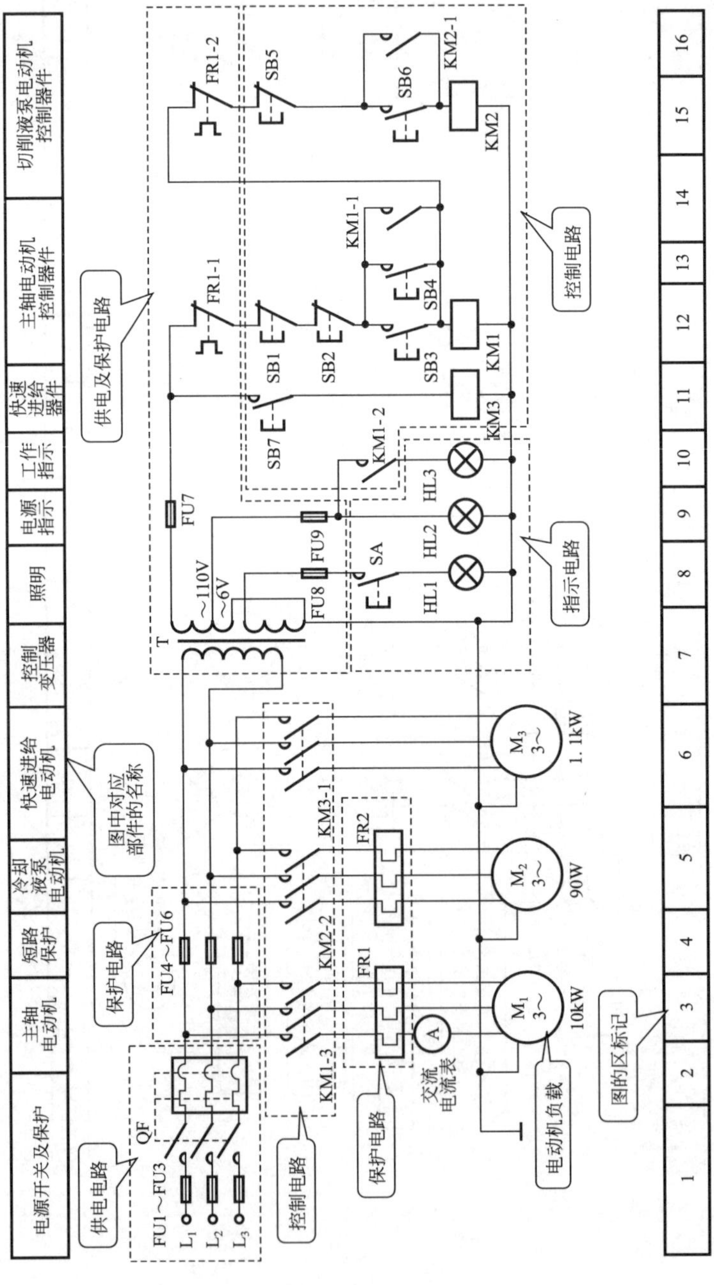

图5-10　识读机电设备控制电路的电路结构

成部件的功能特点和连接关系划分单元电路，该电路可划分为供电电路、保护电路、控制电路和指示电路。其中供电电路用于为电动机提供工作电压的；保护电路是当电路及电动机出现过流、过载、过热时，自动切断电源，起到保护电路和电动机的作用；控制电路则用于控制电动机的启动与停机；指示电路用于指示机电设备当前的工作状态。

（3）从控制部件入手，理清电动机控制电路的工作过程

机电设备控制电路的流程分析见图5-11 ～图5-13。

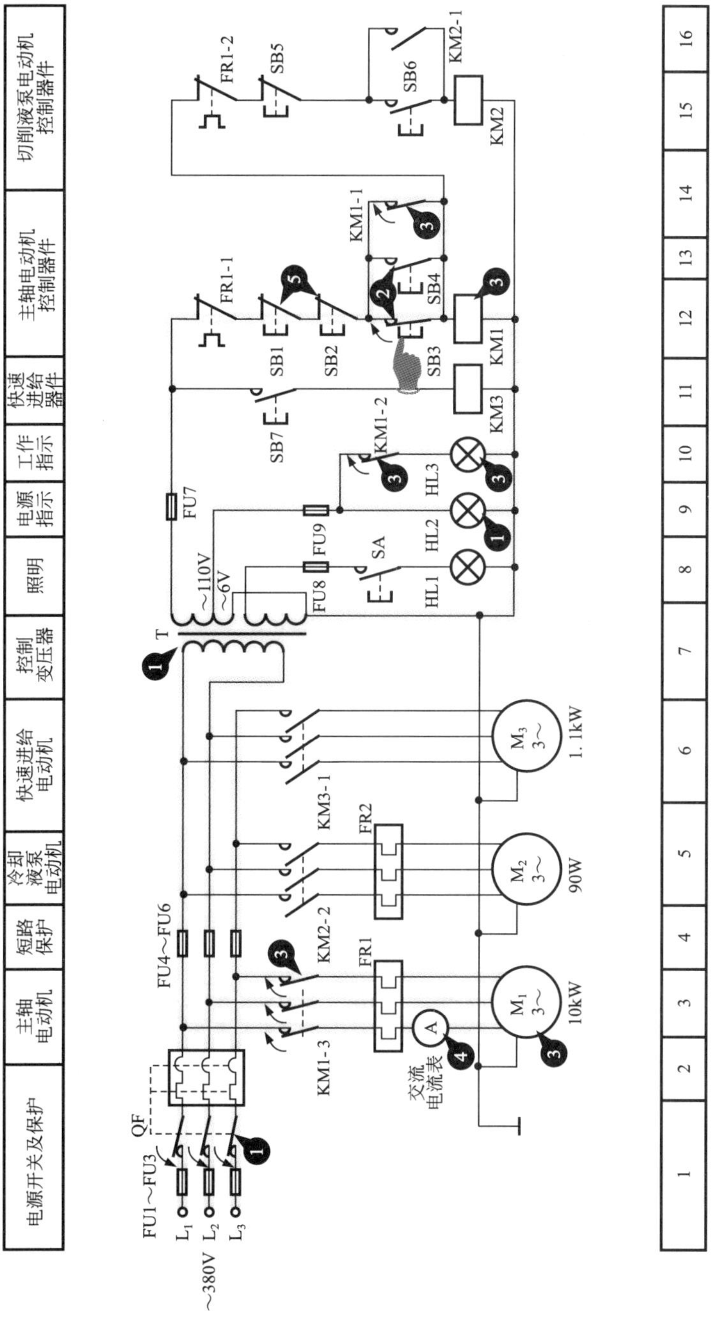

图5-11　主轴电动机M_1的控制过程

❶ 合上电源总开关QF（2区），交流380 V电压经变压器T（7区）降压后，输出交流110 V电压，电源指示灯HL2（9区）点亮。

❷ 按下启动按钮SB3（12区）或SB4（13区）。

❸ 接触器KM1（12区）线圈得电，常开触点KM1-1（14区）接通，实现自锁功能；KM1-2（10区）接通，指示灯HL3（10区）点亮，指示工作状态；KM1-3（3区）接通，主轴电动机M_1（3区）接通三相交流电源启动运转。

❹ 同时交流表A（3区）监测主轴电动机M_1工作时的负载。

❺ 当需要主轴电动机M_1停机时，按下停止按钮SB1或SB2（12区），接触器KM1线圈失电，触点复位，电动机停止运转。

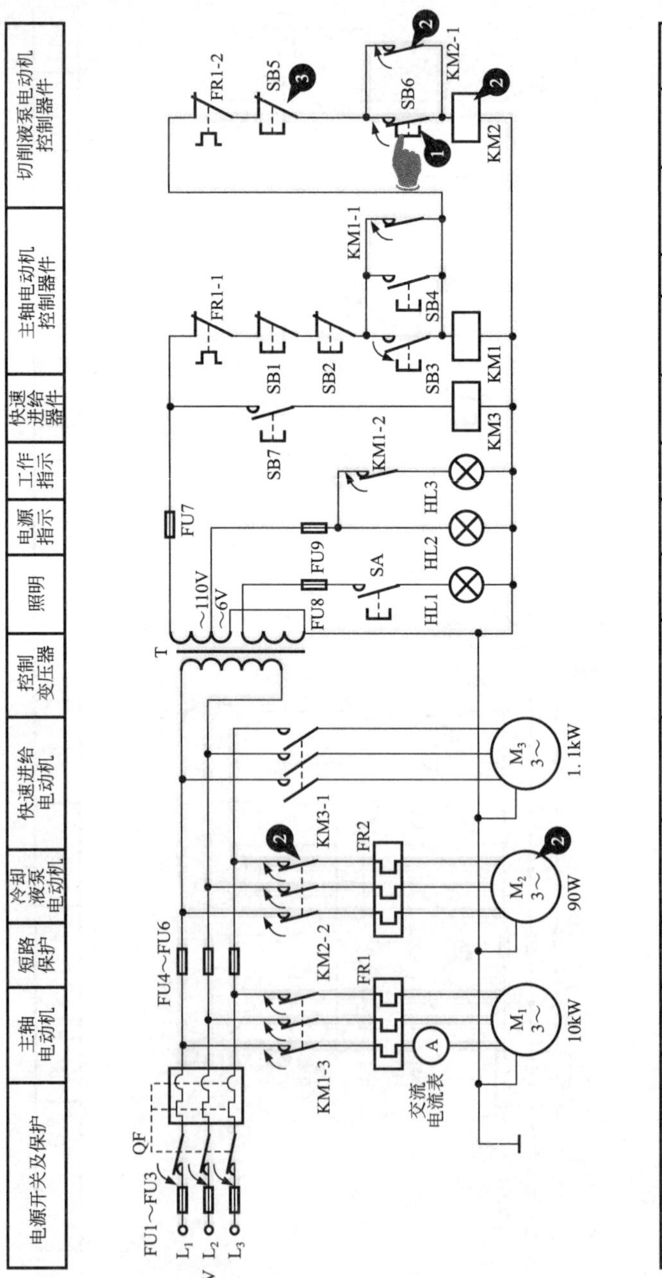

图 5-12　冷却液泵电动机M_2的控制过程

❶ 主轴电动机M_1启动完成后，按下启动按钮SB6（15区）。

❷ 接触器KM2（15区）线圈得电，常开触点KM2-1（16区）接通，实现自锁功能；KM2-2（5区）接通，冷却液泵电动机M_2接通三相交流电源启动运转。

❸ 当需要切削泵电动机M_2停机时，按下停止按钮SB5（15区），接触器KM2线圈失电，触点复位，电动机停止运转。

提示

启动切削泵电动机M_2（5区）前，需先启动主轴电动机M_1，才能接通切削泵电动机M_2的供电电源，当主轴电动机M_1停机时，切削泵电动机M_2也随即停机。

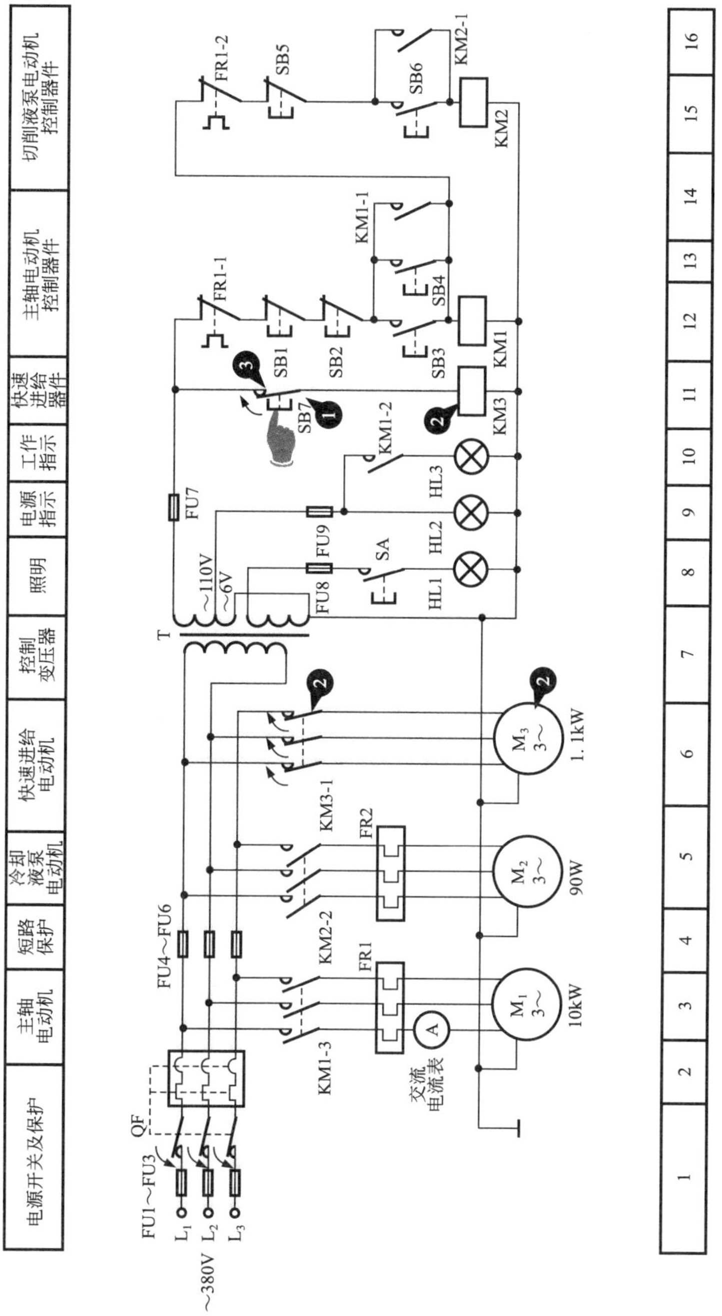

图5-13 快速进给电动机M_3的控制过程

❶ 快速进给电动机M_3（6区）是通过点动进行控制的。当需要启动时，按下启动按钮SB7（11区）。

❷ 接触器KM3（11区）线圈得电，常开触点KM3-1接通，快速进给电动机M_3启动运转。

❸ 当需要快速进给电动机M_3停机时，松开启动按钮SB7，接触器KM3线圈断电，触点复位，电动机停止运转。

通过识读车床控制电路的流程，可知该车床共配置了3台电动机，分别通过交流接触器进行控制。了解了车床的控制过程后，可方便维修人员判断故障部位，对于机床日常的维护与检修有很大的帮助。

提示

当电动机温度过高时，过热保护继电器（KM4或KM5）就会动作，使接在交流接触器供电电路中的常闭触点（KM4-1或KM5-1）断开，交流接触器（KM1或KM2）失电，电动机（M_1或M_2）停止运转。

扩展

如图5-14所示为CW6163B型车床实物外形，该车床适于车削精密零件，如拉削油沟、键槽，加工内外圆柱面、圆锥面、旋转零件、螺纹等。

图5-14　CW6163B型车床实物外形

5.3 常用机电设备控制电路的识读

机电设备中各机床控制电路的结构和所用电路器件的符号是相同的，可参照5.2.2中介

绍的车床控制电路的电路符号和电路结构的识读方法或参照第4章中的电动机控制电路的电路符号和电路结构的识读方法进行识读，在此不再赘述。由于各机床实现的功能均不相同，因此其电路流程也有所不同，下面分别对几种常见的机床控制电路的流程进行介绍。

5.3.1 CM6132型车床控制电路的识读实例

液压泵电动机M_3的控制过程见图5-15。

❶ 合上电源总开关QS（1区），接通三相电源。

❷ 三相交流电压经变压器T（9区）降压后，为电源指示灯HL1（10区）供电，指示灯HL1点亮。

❸ 将转换开关SA1（5 ~ 7区）拨至中间位置，触点A、B（5区）接通。

❹ 中间继电器KA1（5区）线圈得电，常开触点KA1-1（4区）接通，液压泵电动机M_3接通交流380 V电源启动运转；常开触点KA1-2（8区）也接通。

❺ KA1-2（8区）接通后如操作正转开关，则接触器KM1（6区）得电，如操作反转开关，则KM2（7区）得电，KM1、KM2任一接触器得电都会是时间继电器KT1（8区）线圈得电。

主轴电动机M_1的正向启动及冷却泵电动机M_2的控制过程见图5-16。

❶ 将转换开关SA1（5 ~ 7区）拨至向上位置，触点B、C（6区）接通。

❷ 接触器KM1（6区）线圈得电，常开触点KM1-1（2区）接通，主轴电动机M_1正向启动运转；常闭触点KM1-2（7区）、KM1-3（13区）断开；常开触点KM1-4（8区）接通。

❸ 常闭触点KM1-2（7区）断开，防止接触器KM2（7区）线圈得电，起联锁保护作用。

❹ 常闭触点KM1-3（13区）断开，断开电磁制动器YB（13区）的供电。

❺ 常开触点KM1-4（8区）接通，时间继电器KT1（8区）线圈得电，延时常开触点KT1-1（13区）接通，为电磁制动器YB（13区）的供电做好准备。

❻ 当需要启动冷却泵电动机M_2（3区）供给冷却液时，应先将主轴电动机M_1启动运转，然后操作转换开关SA2（3区），冷却泵电动机M2接通三相交流电源启动运转。

主轴电动机M_1的反向启动及变速控制过程见图5-17。

❶ 将转换开关SA1拨至向下位置，触点B、C（6区）断开，B、D（6区）接通。

❷ 触点B、C（6区）断开，接触器KM1（6区）线圈失电，触点复位，主轴电动机M_1正向运转停止。

❸ 触点B、D（6区）接通，接触器KM2（7区）线圈得电，常开触点KM2-1（2区）接通，

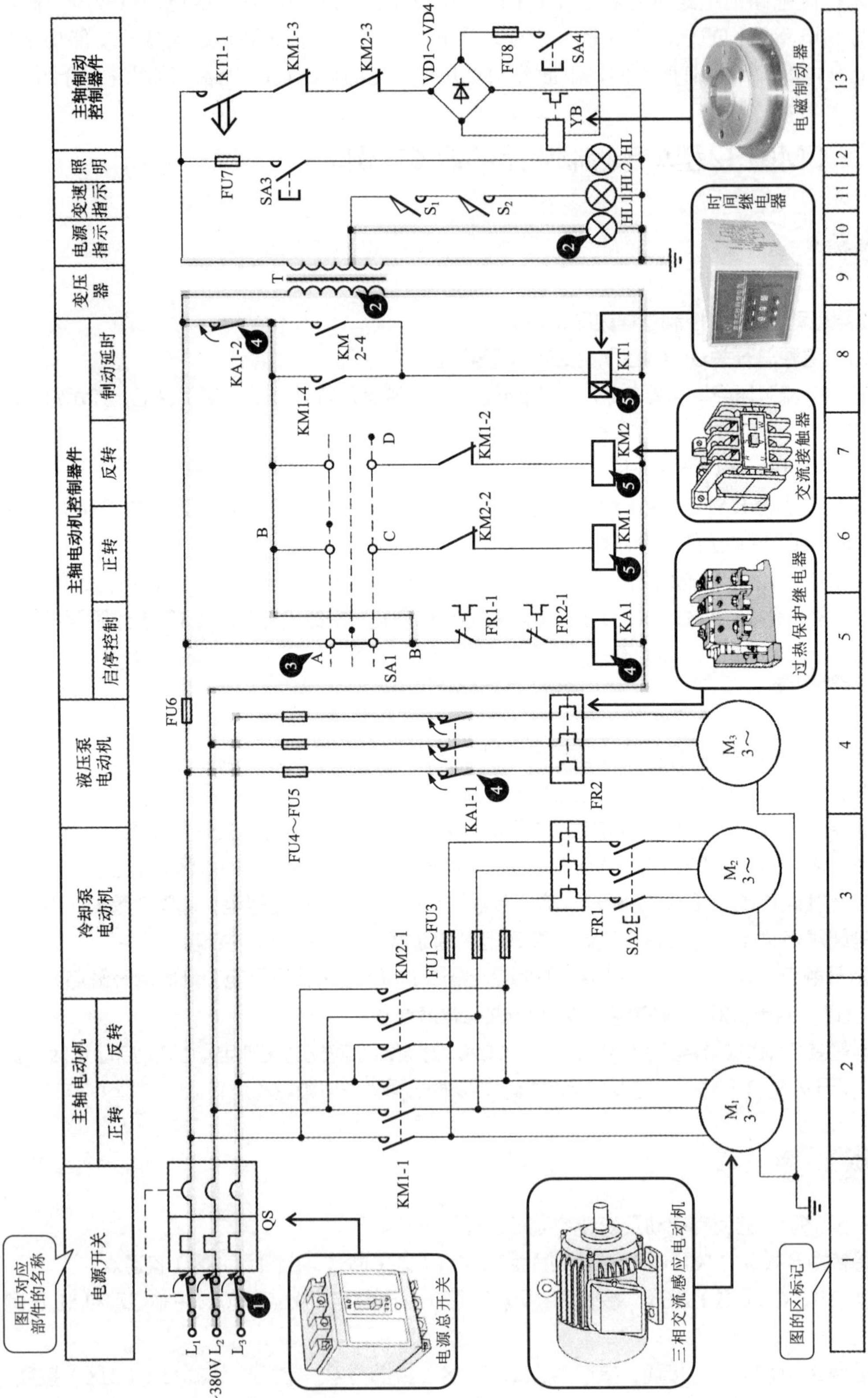

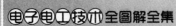

图 5-15　液压泵电动机 M_3 的控制过程

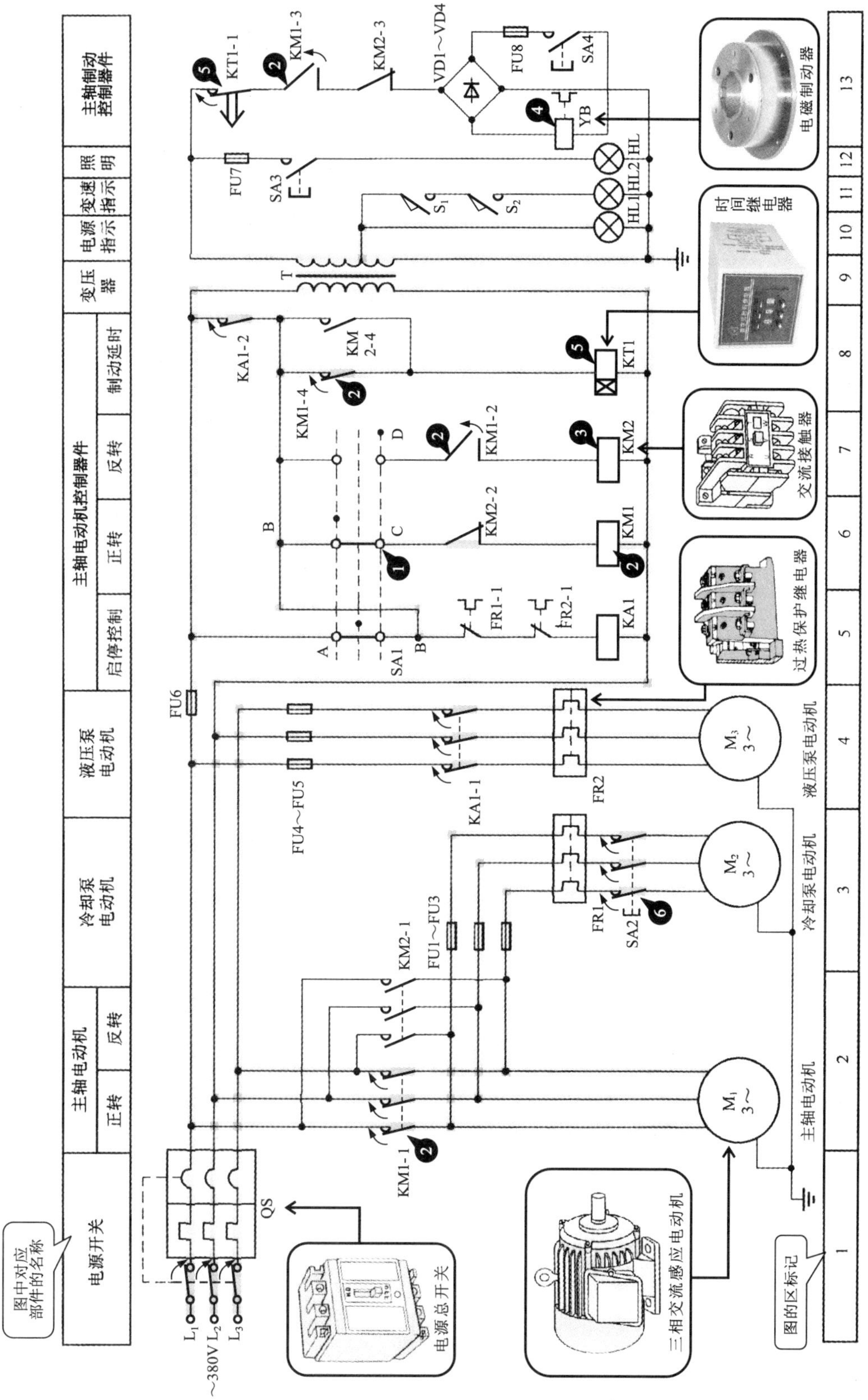

图5-16　主轴电动机M_1的正向启动及冷却泵电动机M_2的控制过程

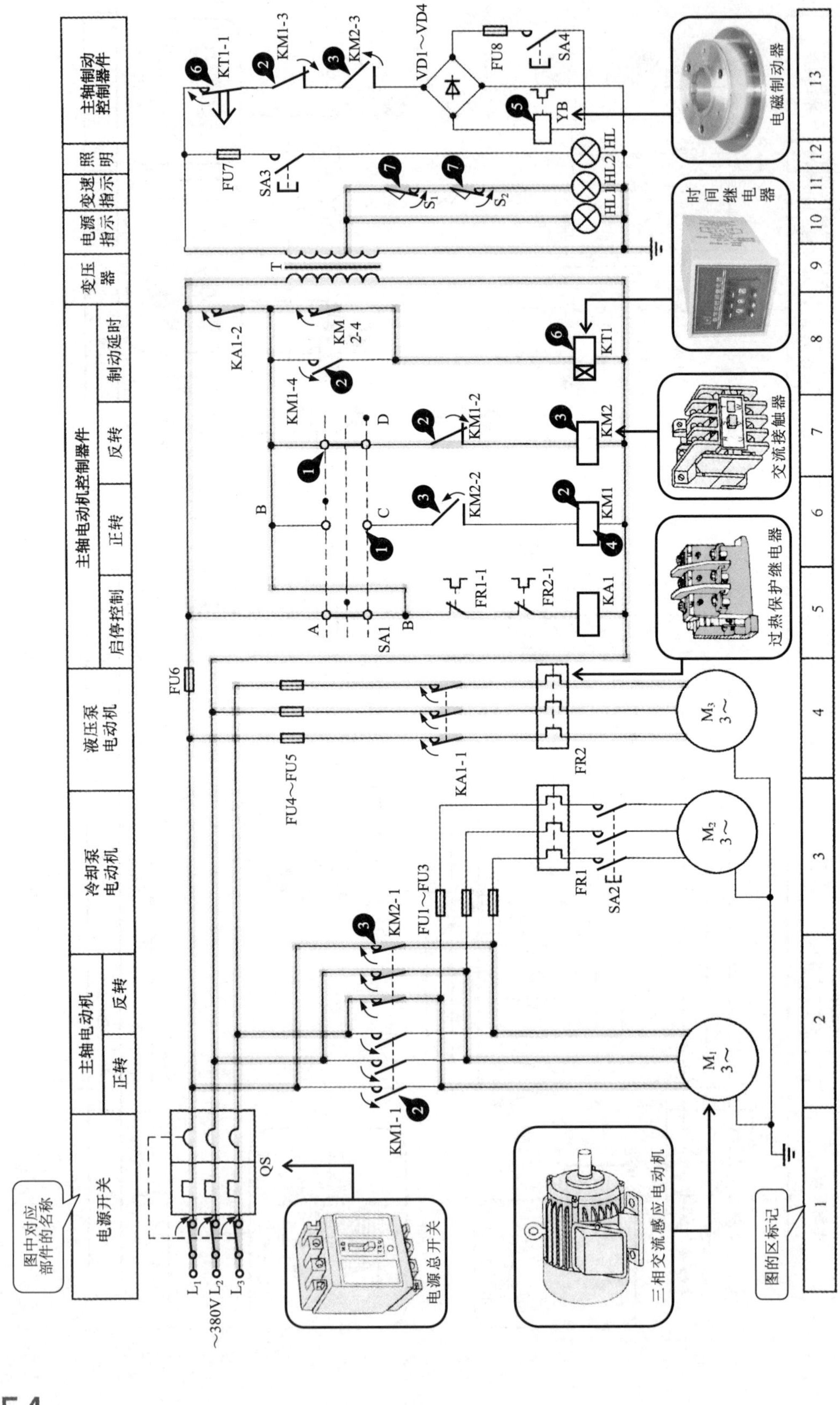

图5-17 主轴电动机M_1的反向启动及变速控制过程

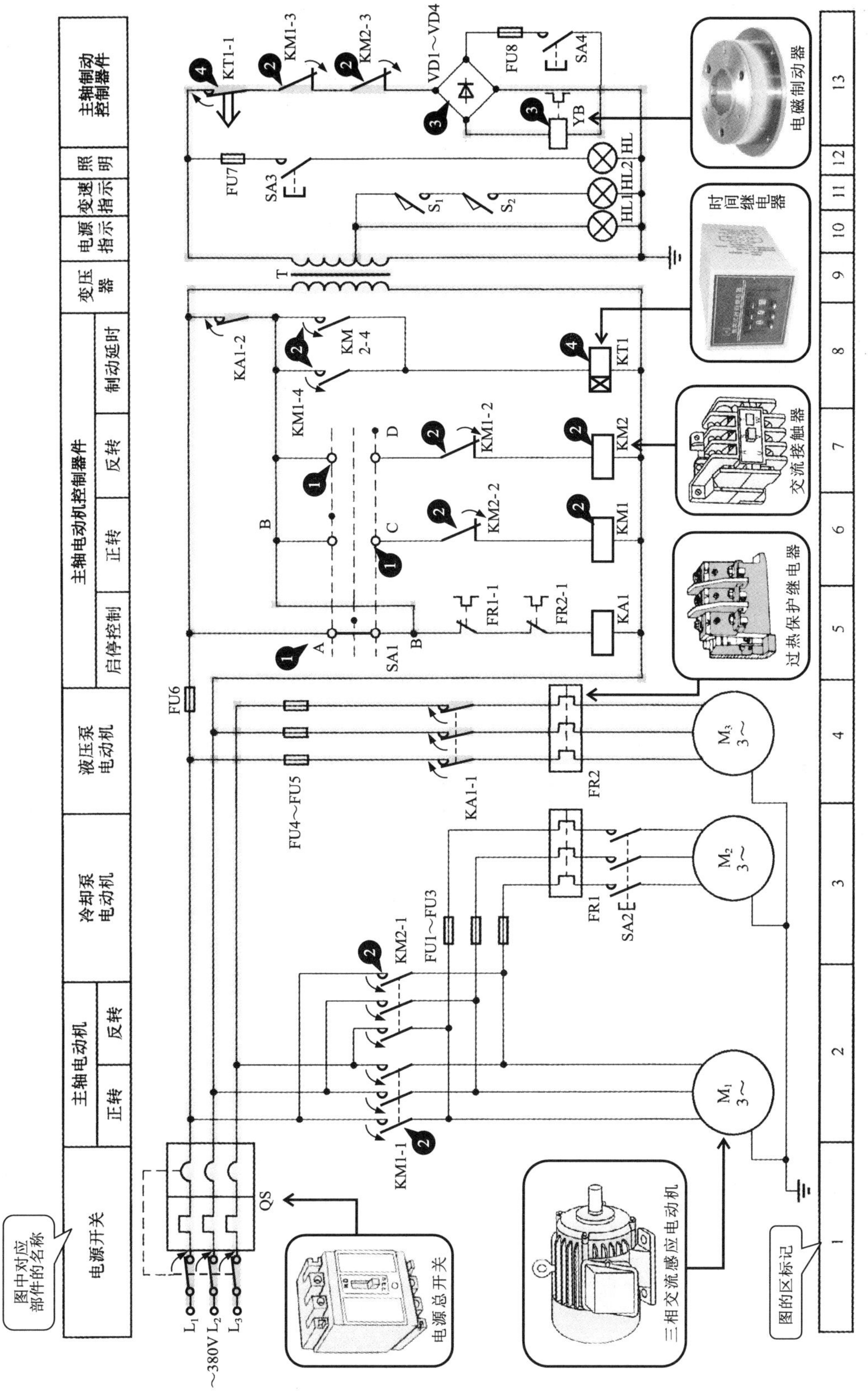

图中对应部件的名称

电源开关	主轴电动机		冷却泵电动机	液压泵电动机	主轴电动机控制器件				变压器	电源指示	变速指示	照明	主轴制动控制器件
	正转	反转			启停控制	正转	反转	制动延时					

图的区标记

1	2	3	4	5	6	7	8	9	10	11	12	13

图5-18　主轴电动机M_1的停机控制过程

主轴电动机M_1反向启动运转；常闭触点KM2-2（6区）、KM2-3（13区）断开；常开触点KM2-4（8区）接通。

❹ 常闭触点KM2-2（6区）断开，防止接触器KM1线圈得电，起联锁保护作用。

❺ 常闭触点KM2-3（13区）断开，断开电磁制动器YB的供电。

❻ 常开触点KM2-4（8区）接通，时间继电器KT1线圈得电，延时常开触点KT1-1接通，为电磁制动器YB的供电做好准备。

❼ 主轴变速是通过液压机构操纵两组拨叉实现的。当需要变速时，转动变速手柄，液压变速阀转到相应的位置，两组拨叉全部移动到相应的位置进行定位，同时微动开关S_1、S_2（11区）被压合，指示灯HL2（11区）点亮，指示变速工作状态完成。

提示

若转动变速手柄后，指示灯HL2未点亮，则说明滑动齿轮未齿合好，此时，需再次将位置开关SA1拨至向上或向下的位置，电动机正转或反转运转，使主轴转动一点，将齿轮齿合正常。

图解

主轴电动机M_1的停机控制过程见图5-18。

❶ 当主轴电动机M_1需要停机时，将位置开关SA1拨回中间位置，A、B点接通，B、C点断开，B、D点也断开。

❷ 接触器KM1、KM2线圈均断电，触点复位，主轴电动机M_1做惯性运转。

❸ 同时接通电磁制动器YB的供电（时间继电器KT1也失电，但延时常开触点KT1-1仍处于接通状态），交流电压经桥式整流堆VD1 ~ VD4（13区）整流后，电磁制动器YB得电，对主轴电动机M_1进行制动。

❹ 当时间继电器KT1延时常开触点KT1-1经延时断开后，电磁制动器YB失电，停止结束，电动机停止运转。

经电路分析，CM6132型车床共配置了3台电动机，分别通过交流接触器、中间继电器和时间继电器等进行控制。主轴电动机M_1（2区）具有正、反转运行功能，当液压泵电动机M_3（4区）启动后，方可启动该电动机。而冷却泵电动机M_2应在主轴电动机M_1启动后才可启动。该车床用于车削精密零件，其实物外形如图5-19所示。

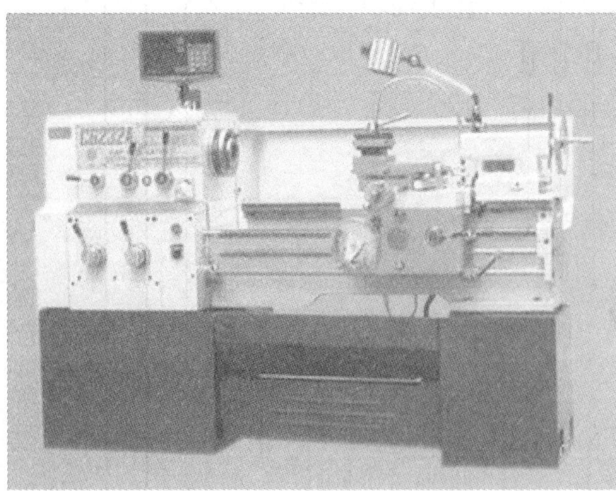

图5-19　CM6132型车床实物外形

5.3.2 X8120W型万能铣床控制电路的识读实例

铣头电动机M_2的低速正转控制过程见图5-20。

❶ 铣头电动机M_2（3区）用于对加工工件进行铣削加工，当需要启动机床进行加工时，需先合上电源总开关QS（1区），接通总电源。

❷ 将双速开关SA1（12、13区）拨至低速运转位置，A、B（12区）点接通。

❸ 接触器KM3（12区）线圈得电，常开触点KM3-1（3区）接通，为铣头电动机M_2低速运转做好准备；常闭触点KM3-3（13区）断开，防止接触器KM4（13区）线圈得电，起联锁保护作用。

❹ 按下正转启动按钮SB2（8区）。

❺ 接触器KM1（8区）线圈得电，常开触点KM1-1（9区）接通，实现自锁功能；KM1-2（3区）接通，铣头电动机M_2绕组呈△形低速正转启动运转；常闭触点KM1-3（10区）断开，防止接触器KM2（10区）线圈得电，实现联锁功能。

铣头电动机M_2的低速反转控制过程见图5-21。

❶ 当铣头电动机M_2需要低速反转运转加工工件时，若电动机正处于低速正转运转时，需先按下停止按钮SB1（8区），断开正转运行。

❷ 松开SB1后，双速开关SA1的A、B（12区）点接通通电。

❸ 接触器KM3（12区）线圈得电，触点动作，为铣头电动机M_2低速运转做好准备。

❹ 按下反转启动按钮SB3（10区）。

❺ 接触器KM2（10区）线圈得电，常开触点KM2-1（11区）接通，实现自锁功能；KM2-2（4区）接通，铣头电动机M_2绕组呈△形低速反转启动运转；常闭触点KM2-3（8区）断开，防止接触器KM1（8区）线圈得电，实现联锁功能。

铣头电动机M_2的高速正转控制过程见图5-22。

❶ 当铣头电动机M_2需要高速正转运转加工工件时，将双速开关SA1（12、13区）拨至高速运转位置，A、C（13区）点接通，A、B点断开。

❷ 接触器KM3线圈失电，触点复位，电动机低速运转停止。

❸ 接触器KM4（13区）线圈得电，常开触点KM4-1（4区）、KM4-2（3区）接通，为铣头电动机M_2高速运转做好准备；常闭触点KM4-3（12区）断开，防止接触器KM3线圈得电，起联锁保护作用。

❹ 此时按下正转启动按钮SB2（8区）。

❺ 接触器KM1线圈得电，常开触点KM1-1接通，实现自锁功能；KM1-2接通，铣头电动

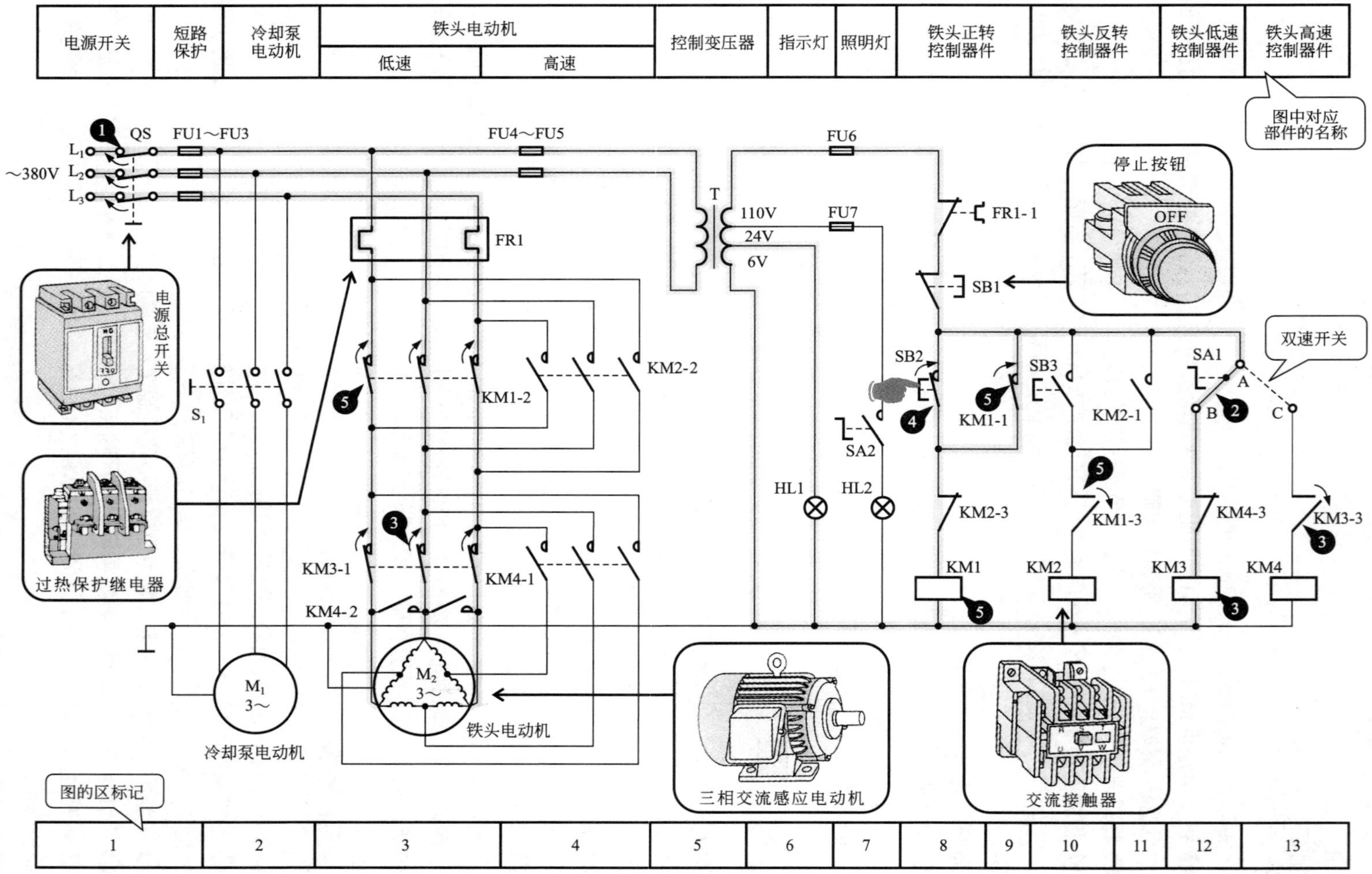

电源开关	短路保护	冷却泵电动机	铁头电动机		控制变压器	指示灯	照明灯	铁头正转控制器件	铁头反转控制器件	铁头低速控制器件	铁头高速控制器件
			低速	高速							

图中对应部件的名称

QS FU1～FU3 FU4～FU5 FU6
L_1 L_2 L_3 ～380V
T 110V 24V 6V FU7
FR1 FR1-1 SB1 停止按钮 OFF
电源总开关
S_1
KM1-2 KM2-2
SB2 SB3 SA1 A B C 双速开关
KM1-1 KM2-1
SA2 HL1 HL2
KM2-3 KM1-3 KM4-3 KM3-3
KM1 KM2 KM3 KM4
KM3-1 KM4-1 KM4-2
过热保护继电器
M_1 3～ 冷却泵电动机
M_2 3～ 铁头电动机
三相交流感应电动机
交流接触器
图的区标记

1	2	3	4	5	6	7	8	9	10	11	12	13

图5-20　铣头电动机M_2的低速正转控制

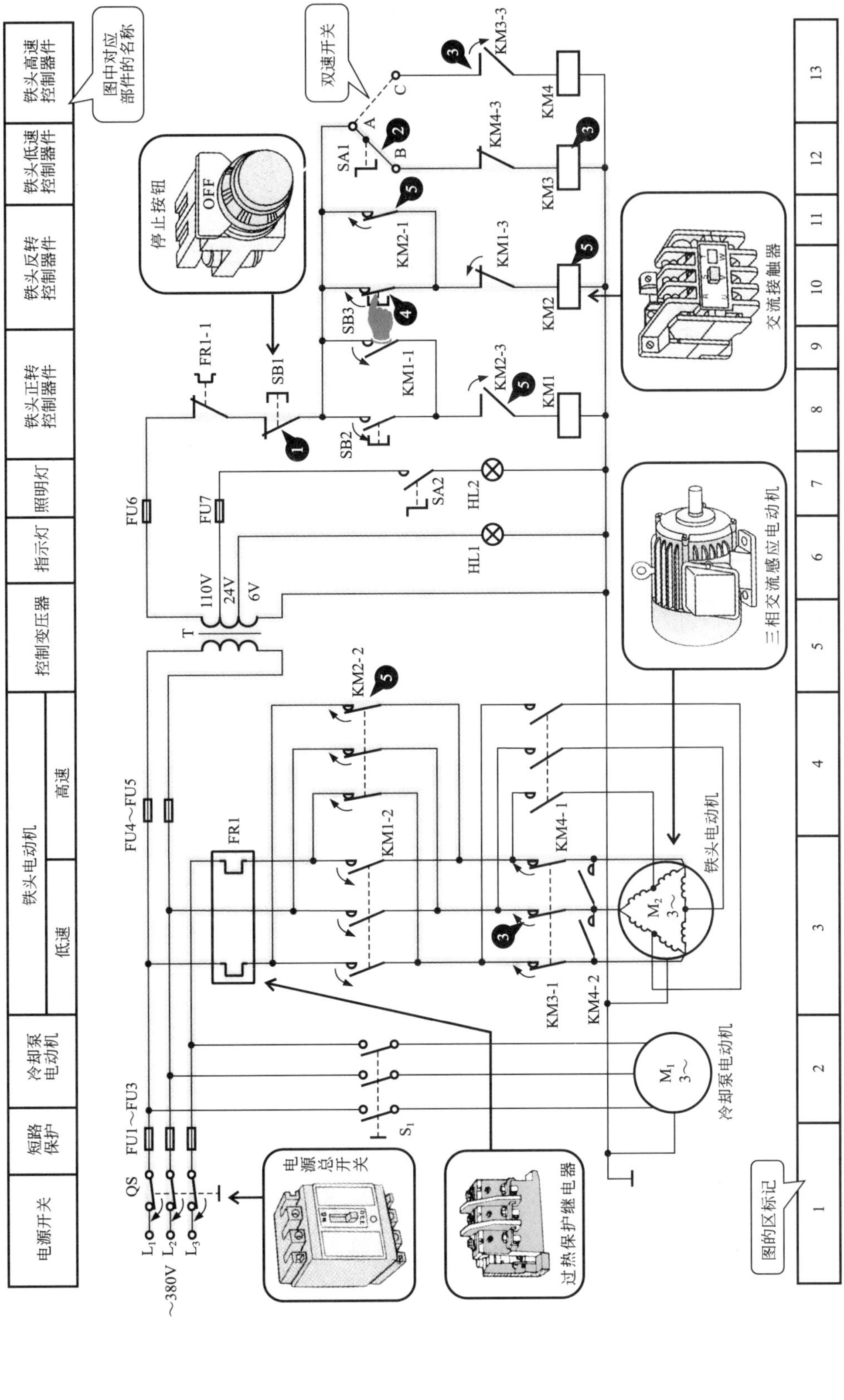

图 5-21　铣头电动机 M_2 的低速反转控制

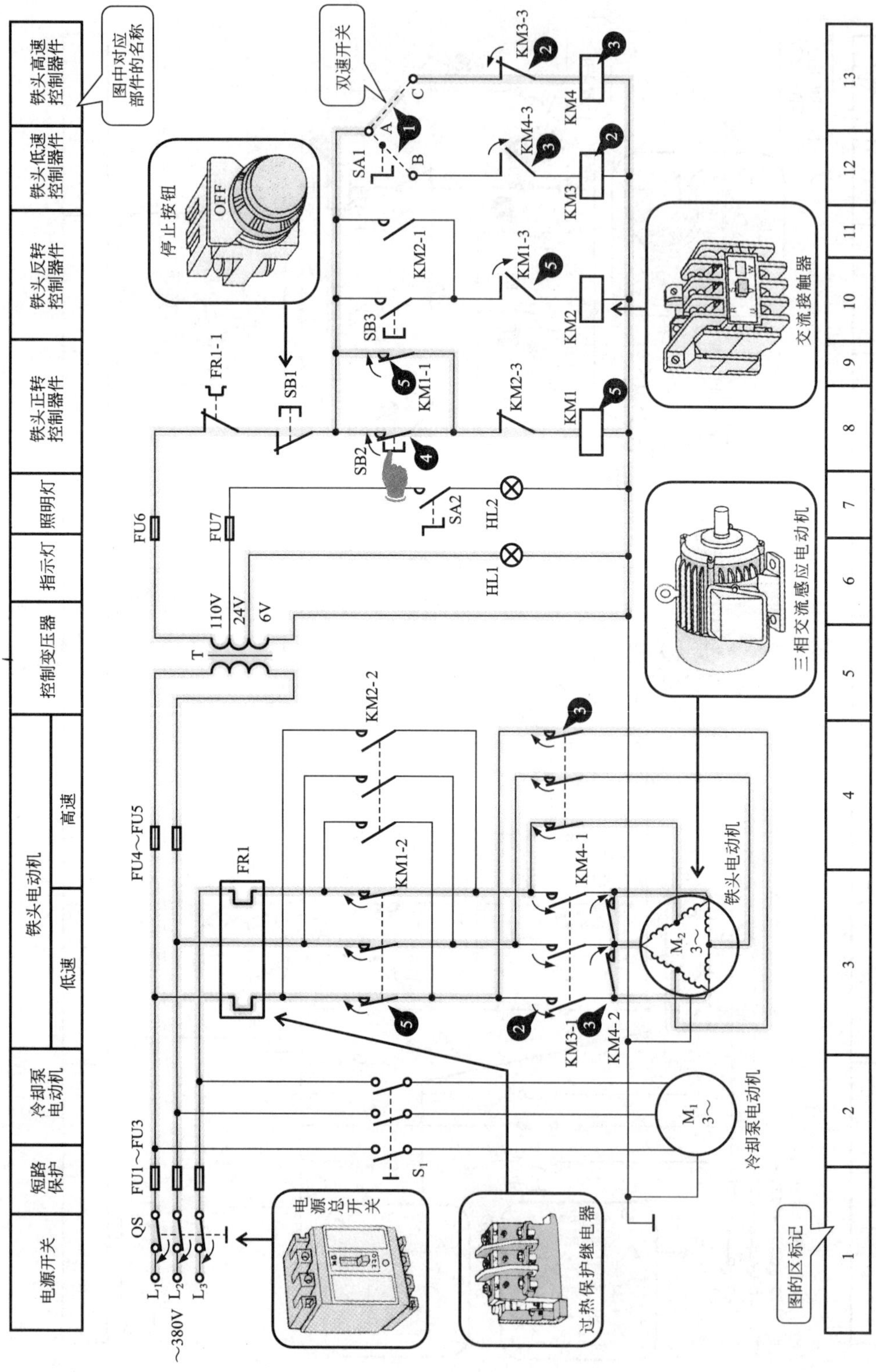

图5-22　铣头电动机M_2的高速正转控制

机M_2绕组呈YY型高速正转启动运转；常闭触点KM1-3（10区）断开，防止接触器KM2（10区）线圈得电，实现联锁功能。

铣头电动机M_2的高速反转控制及冷却泵电动机M_1的控制过程见图5-23。

❶ 当铣头电动机M_2需要高速反转运转加工工件时，若电动机正处于高速正转运转时，需先按下停止按钮SB1（8区），接触器KM1线圈断电，触点复位，断开正转运行。

❷ 松开SB1后，双速开关SA1的A、C（13区）点接通通电。

❸ 接触器KM4（12区）线圈得电，触点动作，为铣头电动机M_2高速运转做好准备。

❹ 按下反转启动按钮SB3（10区）。

❺ 接触器KM2（10区）线圈得电，常开触点KM2-1（11区）接通，实现自锁功能；KM2-2（4区）接通，铣头电动机M_2绕组呈YY型高速反转启动运转；常闭触点KM2-3（8区）断开，防止接触器KM1（8区）线圈得电，实现联锁功能。

❻ 当铣削加工完成后，按下停止按钮SB1（8区），无论电动机处于任何方向或速度运转，接触器线圈均失电，铣头电动机M_2停止运转。

❼ 冷却泵电动机M_1（2区）通过转换开关S_1（2区）直接进行启停的控制，在机床工作工程中，当需要为铣床提供冷却液时，可合上转换开关S_1，冷却泵电动机M_1接通供电电压，电动机M_1启动运转。若机床工作过程中不需要开启冷却泵电动机时，将转换开关S_1断开，切断供电电源，冷却泵电动机M_1停止运转。

经过电路分析，X8120W型万能铣床控制电路共配置了2台电动机，分别为冷却泵电动机M_1和铣头电动机M_2，其中铣头电动机M_2采用调速和正反转控制，可根据加工工件对其运转方向及旋转速度进行设置。而冷却泵电动机则根据需要通过转换开关直接进行控制。

5.3.3 Z535型钻床控制电路的识读实例

主轴电动机M_1的正转控制过程见图5-24。

❶ 合上电源总开关QS，接通三相电源。

❷ 将操作手柄拨至正转位置，行程开关S_2（10、12区）被压合，常开触点S2-1（10区）接通，常闭触点S2-2（12区）断开，起联锁保护作用。

❸ 接触器KM1（10区）线圈得电，常开触点KM1-1（11区）接通，实现自锁功能；常闭触点KM1-2（12区）断开，防止反转接触器KM2（11区）线圈得电，起联锁保护作用；常开触点KM1-3（4区）接通，主轴电动机M_1接通电源正向启动运转。

主轴电动机M_1的反转控制及冷却泵电动机M_2的过程见图5-25。

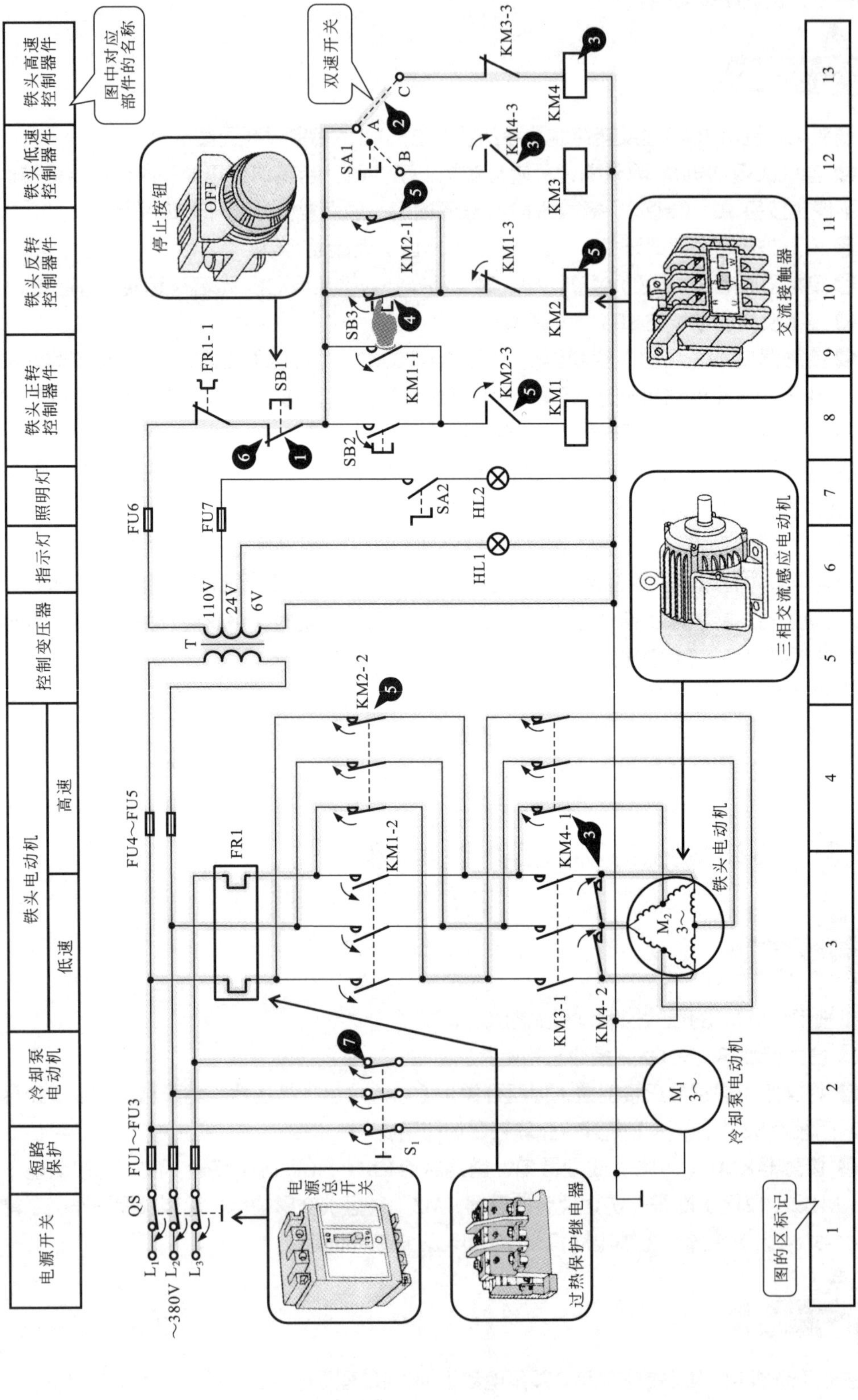

电源开关	短路保护	冷却泵电动机	铁头电动机		控制变压器	指示灯	照明灯	铁头正转控制器件	铁头反转控制器件	铁头低速控制器件	铁头高速控制器件
			低速	高速							

图中对应部件的名称

~380V L1 L2 L3 QS FU1~FU3 FU4~FU5 FU6 FU7 T 110V 24V 6V FR1 FR1-1 SB1 SB2 SB3 SA1 SA2 A B C HL1 HL2

停止按钮 OFF

双速开关

电源总开关

过热保护继电器

S1 KM1-2 KM2-2 KM3-1 KM4-1 KM4-2 KM1-1 KM2-1 KM2-3 KM1-3 KM4-3 KM3-3 KM1 KM2 KM3 KM4

M_1 3~ 冷却泵电动机

M_2 3~ 铁头电动机

三相交流感应电动机

交流接触器

图的区标记

1	2	3	4	5	6	7	8	9	10	11	12	13

图5-23 铣头电动机M_2的高速反转控制及冷却泵电动机M_1的控制

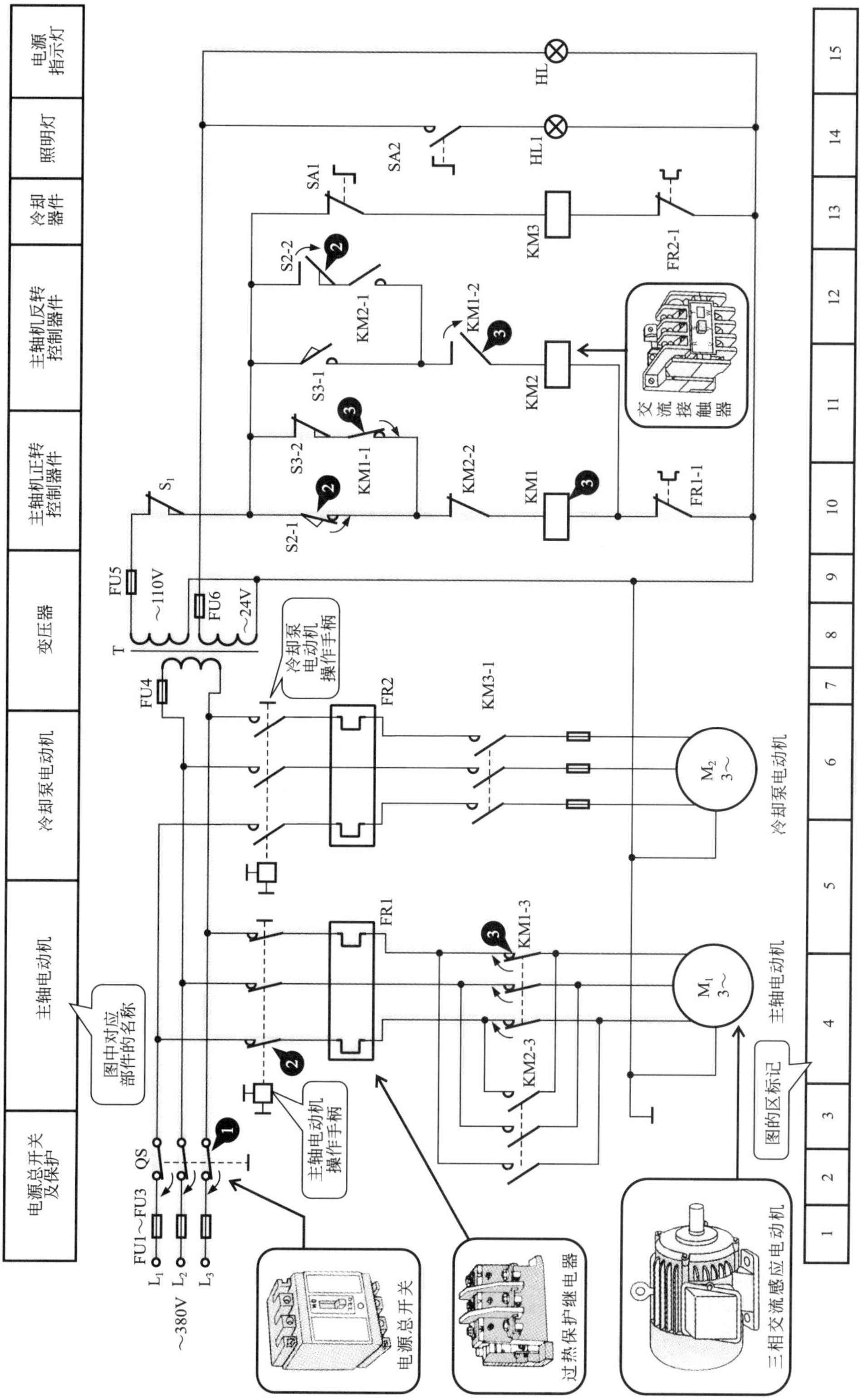

图5-24 主轴电动机M_1的正转控制过程

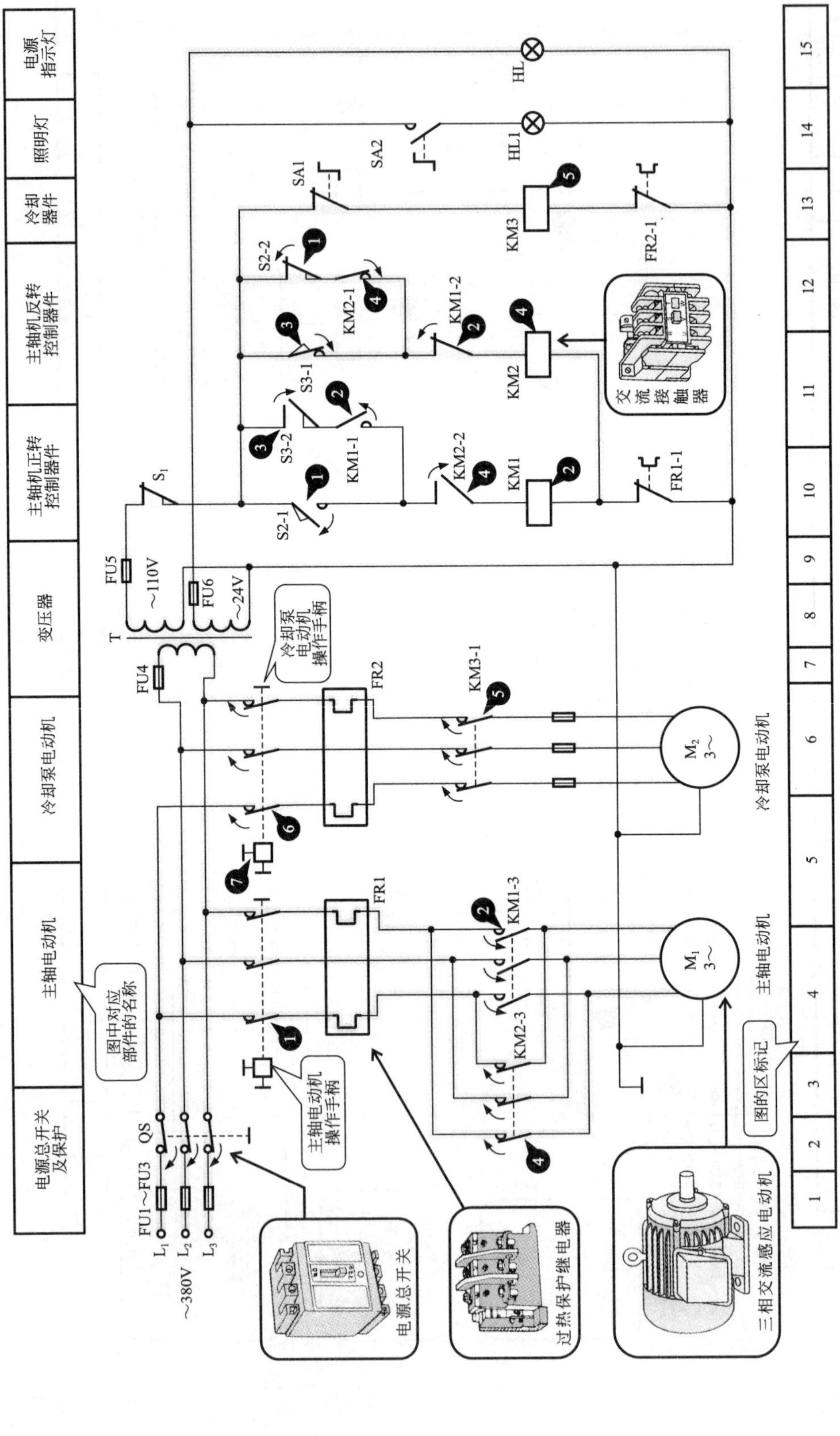

图5-25 主轴电动机M_1的反转控制及冷却泵电动机M_2的控制过程

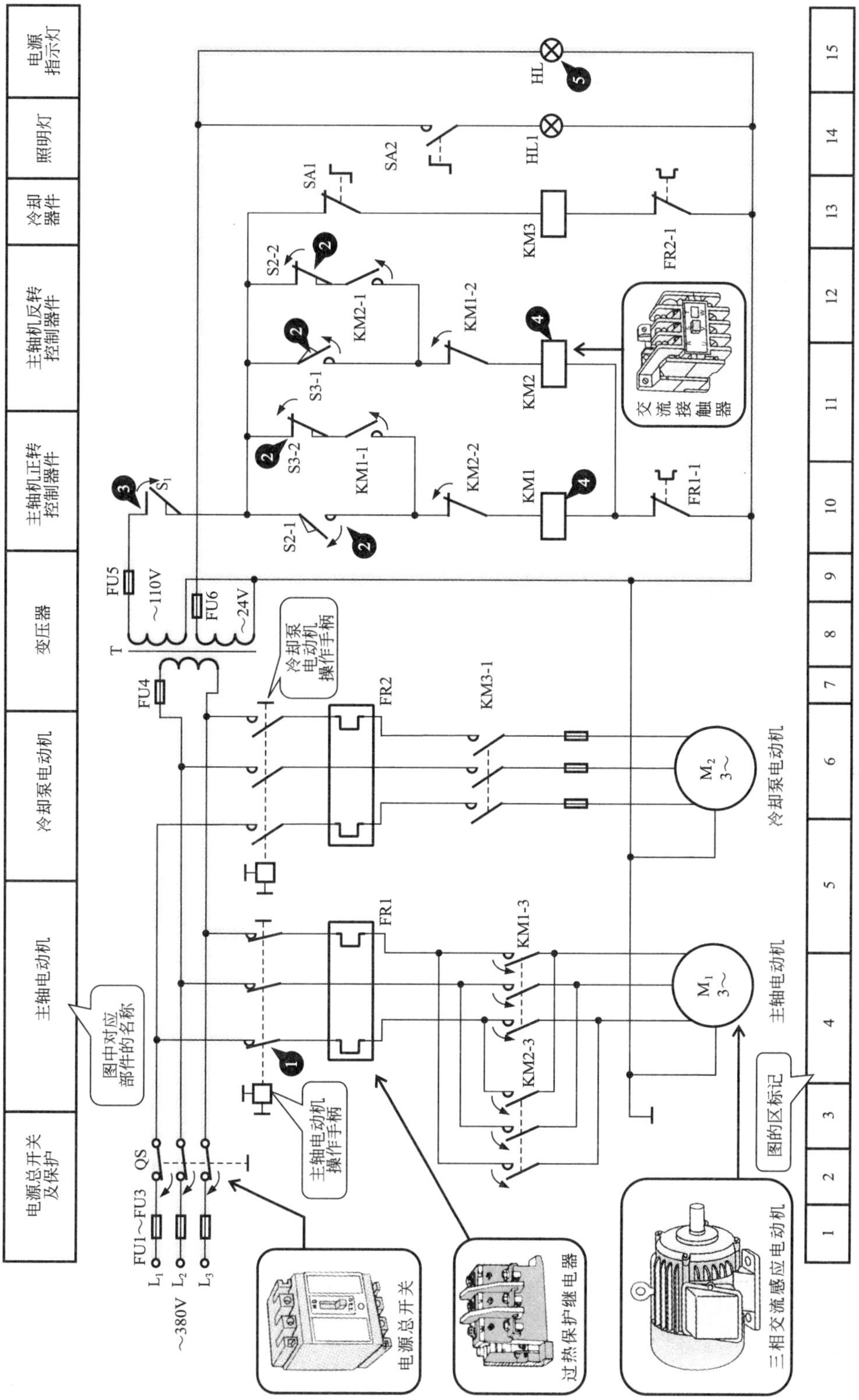

图5-26 主轴电动机M_1的停机过程

❶ 当电动机需要反转运行时，将操作手柄拨至反转位置，释放行程开关S_2，触点复位。

❷ 接触器KM1线圈失电，触点复位，主轴电动机M_1停止正向运转。

❸ 同时压合行程开关S_3（11区），常开触点S3-1（11区）接通，常闭触点S3-2（11区）断开，起联锁保护作用。

❹ 接触器KM2（11区）线圈得电，常开触点KM2-1（12区）接通，实现自锁功能；常闭触点KM2-2（10区）断开，防止正转接触器KM1（10区）线圈得电，起联锁保护作用；常开触点KM2-3（3区）接通，主轴电动机M_1接通电源反向启动运转。

❺ 主轴电动机M_1运转过程中，接触器KM3（13区）线圈得电，常开触点KM3-1（6区）接通，为冷却泵的随时启动做好准备。

❻ 当需要为机床提供冷却液时，将冷却泵电动机操作手柄拨至冷却位置，接通电源，冷却泵电动机M_2（6区）启动运转。

❼ 当需要冷却泵电动机停机时，再将冷却泵电动机操作手柄拨至停止位置，接触器KM3线圈失电，触点复位，冷却泵电动机M_2停止运转。

主轴电动机M_1的停机过程见图5-26。

❶ 当需要主轴电动机停止运转时，将操作手柄拨至停止位置。

❷ 无论电动机处于何种运行状态，行程开关S_2、S_3被释放。

❸ S_1（10区）被压合。

❹ 接触器KM1、KM2线圈失电，触点复位，主轴电动机M_1停止运转。

❺ 指示灯HL仍点亮，处于待机状态。

经过电路分析，Z535型钻床控制电路共配置了两台电动机，分别为主轴电动机M_1和冷却泵电动机M_2，其中主轴电动机M_1具有正反转运行功能，通过操作手柄控制继电器进行控制，而冷却泵电动机M_2只有在机床需要冷却液时，才启动工作，通过操作手柄直接进行控制。该钻床适用于对加工工件进行钻孔、扩孔、钻沉头孔、铰孔、镗孔等，若采用保险卡头，还可利用电动机的反转进行攻螺纹。如图5-27所示为Z535型钻床实物外形。

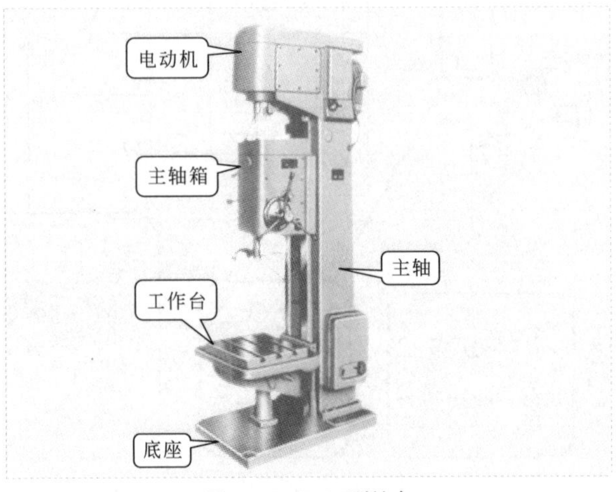

图5-27 Z535型钻床

PLC及变频器控制电路的识图

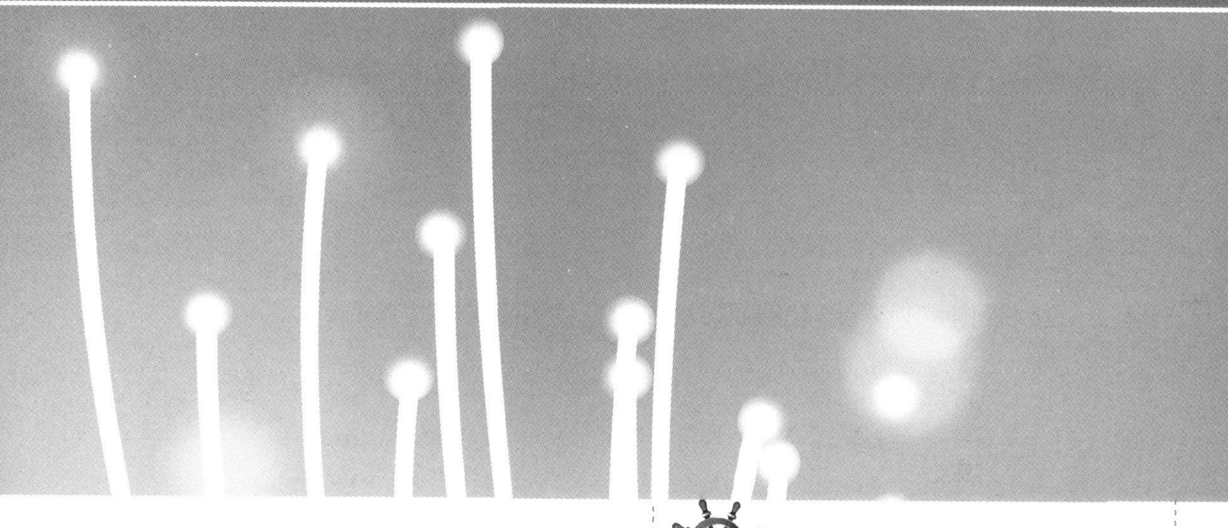

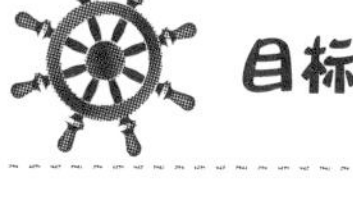

本章从PLC及变频器的功能特点入手，通过对PLC及变频器结构组成的系统剖析，首先让读者建立起PLC及变频器控制电路中主要部件的电路功能和电路对应关系。然后，再以典型PLC及变频器为例，系统介绍PLC及变频器控制电路的识图特点和识图方法。最后，本章对目前流行且极具代表性的PLC及变频器控制电路进行归纳、整理，筛选出各具特色的PLC及变频器控制实用电路，向读者逐一解读不同PLC及变频器控制实用电路的识读技巧和识图注意事项，力求让读者快速掌握PLC及变频器的识图方法。

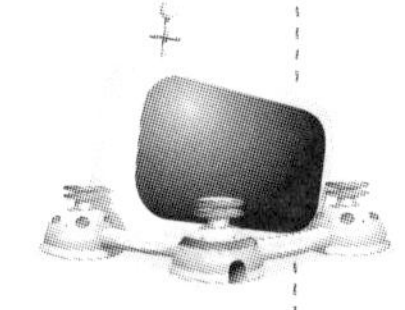

6.1 PLC及变频器控制电路的特点及用途

6.1.1 PLC及变频器控制电路的功能及应用

（1）PLC控制电路的功能

传统的工业控制领域是以继电器（接触器）控制占主导地位，具有结构简单、价格低廉、容易操作等优点，但同时具有适应性差的缺点，也就是说一旦工艺发生变化，就必须重新设计电路，并改变硬件结构。而且整个控制系统的体积庞大、生产周期长、接线复杂、故障率高、可靠性及灵活性也比较差。只适用于工作模式固定，控制逻辑简单的场合。

为了避免上述控制系统中的不足，以提高产品质量、增强竞争力，在控制系统中开发了先进的自动控制装置——PLC（可编程逻辑控制器）。

工业控制领域中继电器（接触器）控制和PLC控制系统的比较见图6-1。

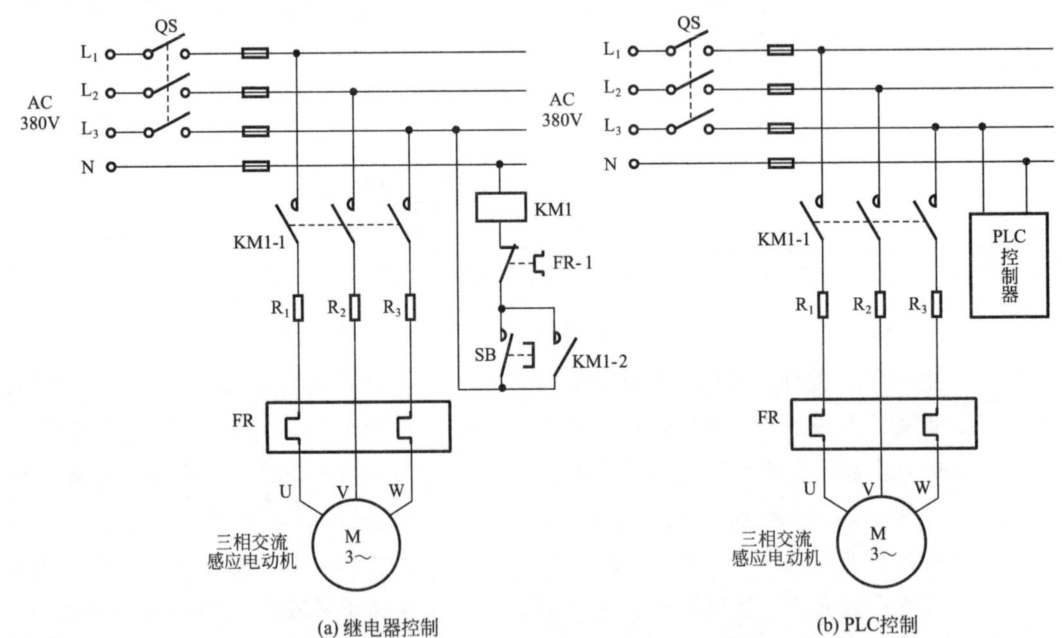

图6-1 生产型企业中采用不同控制方式的控制系统

PLC是Programmable Logic Controller的英文缩写，其含义为可编程逻辑控制器，是一种数字运算操作的电子系统，专为在工业环境应用而设计的。用于控制机械的生产过程，

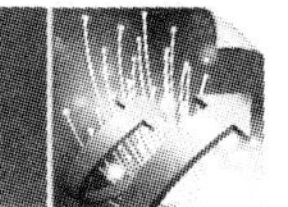

代替继电器实现逻辑控制。由此可知，PLC的主要功能即实现自动化控制，简化控制系统，而且在改变控制方式和效果时不需要改动电气部件的物理连接线路，只需要重新编写PLC内部的程序即可。

例如，采用交流接触器进行控制的三相交流感应电动机控制电路见图6-2。

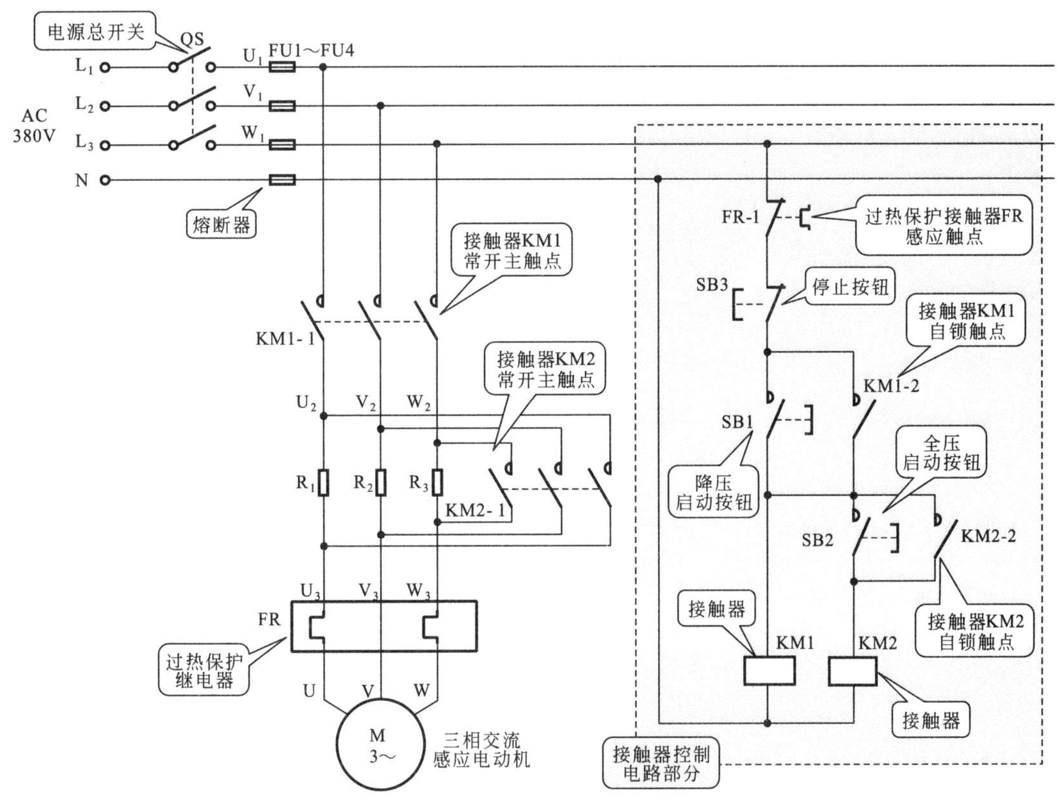

图6-2 采用继电器控制的三相交流感应电动机控制电路（电阻器式降压启动）

图6-2中灰色阴影的部分即为控制电路部分，合上电源总开关，按下启动按钮SB1，交流接触器KM1线圈得电，其常开触点KM1-2接通实现自锁功能；同时常开触点KM1-1接通，电源经串联电阻器R_1、R_2、R_3为电动机供电，电动机降压启动开始。

当电动机转速接近额定转速时，按下全压启动按钮SB2，交流接触器KM2的线圈得电，常开触点KM2-2接通实现自锁功能；同时常开触点KM2-1接通，短接启动电阻器R_1、R_2、R_3，电动机在全压状态下开始运行。

当需要电动机停止工作时，按下停机按钮SB3，接触器KM1、KM2的线圈将同时失电断开，接着接触器的常开触点KM1-1、KM2-1同时断开，电动机停止运转。

如果需要改变电动机的启动和运行方式的时候，就必须将控制电路中的接线重新连接，再根据需要进行设计、连接和测试，由此引起的操作过程繁杂、耗时。而对于PLC控制的系统来说，仅仅需要改变PLC中的应用程序即可。

例如，采用PLC进行控制的三相交流感应电动机控制系统见图6-3。

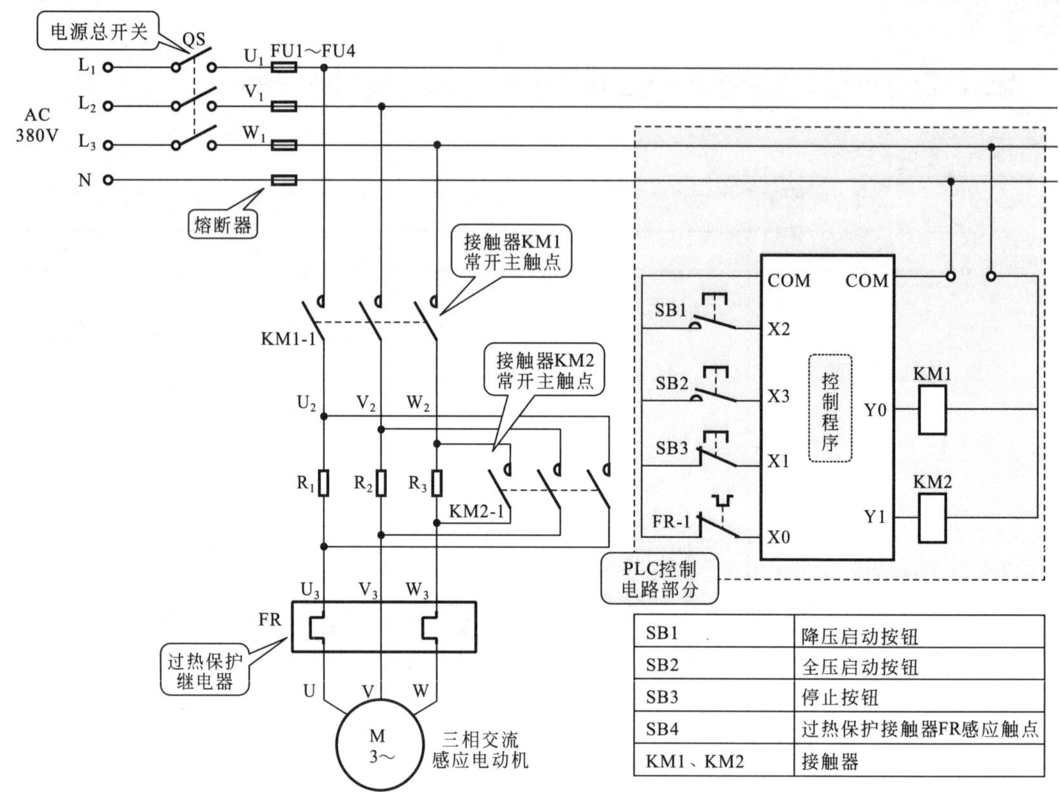

SB1	降压启动按钮
SB2	全压启动按钮
SB3	停止按钮
SB4	过热保护接触器FR感应触点
KM1、KM2	接触器

图6-3　采用PLC进行控制的三相交流感应电动机控制系统

在该电路中，若需要对电动机的控制方式进行调整，无需将电路中交流接触器、启动/停止开关以及接触器线圈等改变物理连接方式，只需要将PLC内部的控制程序重新编写，改变对其外部物理器件的控制和启动顺序即可。

根据不同的需求，PLC控制电路的连接以及所选用的控制部件也会发生变化，正是通过对这些部件巧妙的连接和组合设计，使得PLC控制电路可以实现各种各样的功能。

（2）变频器控制电路的功能

在工业日益发展的今天，节能生产已经成为企业越来越关注的焦点。而在工业生产当中，最常见的就是电动机的驱动控制。采用变频控制技术可以实现对电动机的转速控制。变频器的开发为电动机的驱动控制提供了极大的方便。

传统的电动机驱动方式是恒频的，即50 Hz供电电源直接驱动电动机，由于电源频率恒定，电动机的转速是不变的。如果需要满足变速的要求，就需要增加附加的减速或升速设备（变速齿轮箱等），这样会增加设备成本，还会增加能源消耗，其功能还受限制。而具有调速和软启动功能的变频器驱动电动机，可以实现宽范围的转速控制，大大降低了能耗，已经成为改造传统产业、改善工艺流程，提高生产自动化水平、提高产品质量、推动技术

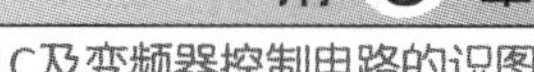

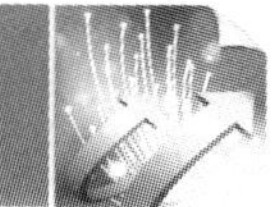

进步的重要手段，广泛应用于工业自动化的各个领域。

电动机传统驱动方式和变频器驱动方式的比较见图6-4。

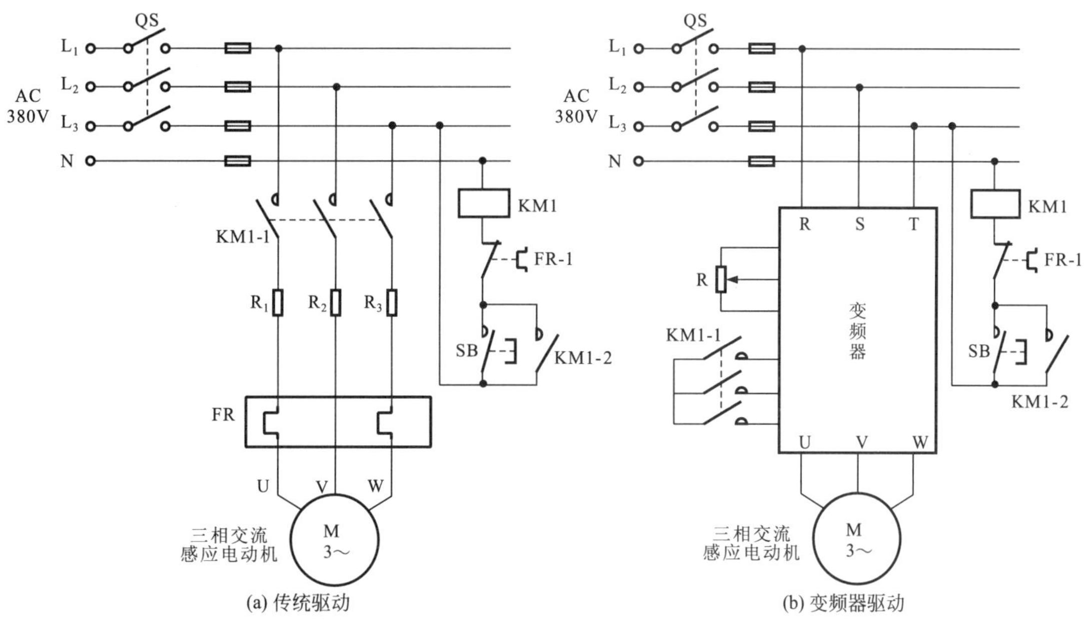

图6-4　电动机采用不同驱动方式的控制系统

变频器是采用改变驱动信号频率（含幅度）的方式控制电动机的转速，它通常包括逻辑控制电路、功率驱动电路、电流检测电路以及控制指令输入电路等部分构成的。

变频器的作用是改变电动机驱动电流的频率和幅值，进而改变其旋转磁场的周期，达到平滑控制电动机转速的目的。变频器的出现，使得复杂的调速控制简单化，用“变频器+交流鼠笼式感应电动机”的组合，替代了大部分原先只能用直流电动机完成的工作，缩小了体积，降低了故障发生的几率，使传动技术发展到新阶段。

例如，采用传统驱动的三相交流感应电动机控制电路见图6-5。

这是采用时间继电器对电动机进行调速控制的电路，主要由电源总开关QS，熔断器FU1～FU5，停机按钮SB3，低速运转按钮SB1，高速运转按钮SB2，交流接触器KM1、KM2、KM3，过热保护器FR1、FR2，时间继电器KT，三相交流感应电动机（双速电动机）等构成。

① 低速运转过程　合上电源总开关QS，接通三相电源，按下低速运行按钮SB1，常开触点SB1-1接通，交流接触器KM1线圈得电，常开触点KM1-1接通，实现自锁功能，常闭触点KM1-2、KM1-3断开，防止接触器KM2、KM3线圈及时间继电器KT得电，起联锁保护作用，常开触点KM1-4接通，电动机定子绕组成△形，电动机开始低速运转。按下低速运转按钮SB1

的同时常闭触点SB1-2断开，同样起到联锁保护作用。

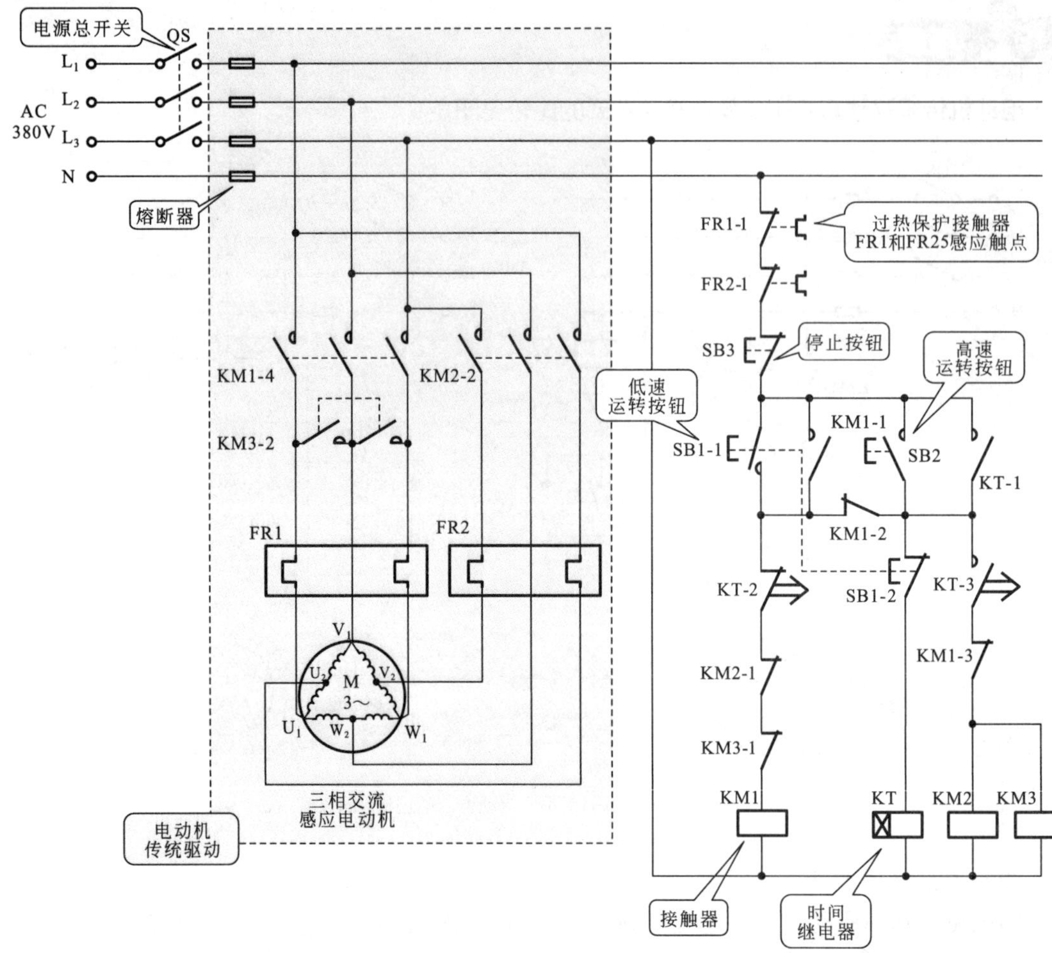

图6–5　采用传统驱动的三相交流感应电动机控制电路（时间继电器调速控制电路）

② **高速运转过程**　当电动机需要高速运转时，按下高速运转按钮SB2，时间继电器KT线圈得电，常开触点KT-1瞬间接通实现自锁功能，延时常闭触点KT-2首先断开，接触器KM1线圈失电，常开、常闭触点均复位，电动机断电低速惯性运转。随后延时常开触点KT-3闭合，接触器KM2、KM3线圈得电，常闭触点KM2-1、KM3-1断开，防止接触器KM1线圈得电，起联锁保护作用，常开触点KM2-2、KM3-2接通，电动机定子绕组成YY形连接，电动机开始高速运转。

③ **停机过程**　当电动机需要停机时，按下停止按钮SB3，交流接触器线圈均断电，常开、常闭触点全部复位，电动机停止运转。

采用时间继电器、交流接触器等主令器件构成的调速电路的结构比较复杂，而且局限性比较强，当需要改变调速时间等条件时，需要重新设定硬件参数，如遇到不合理的地方，则需要重新设定电路，并进行物理连接。如果采用变频驱动方式，不但简化电路结构，而且对于参数的设定、更改，只需对变频器进行人机交互操作即可完成。

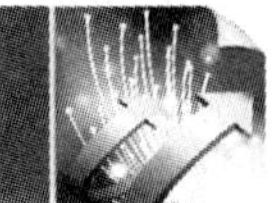

例如，采用变频器驱动的三相交流感应电动机控制系统见图6-6。

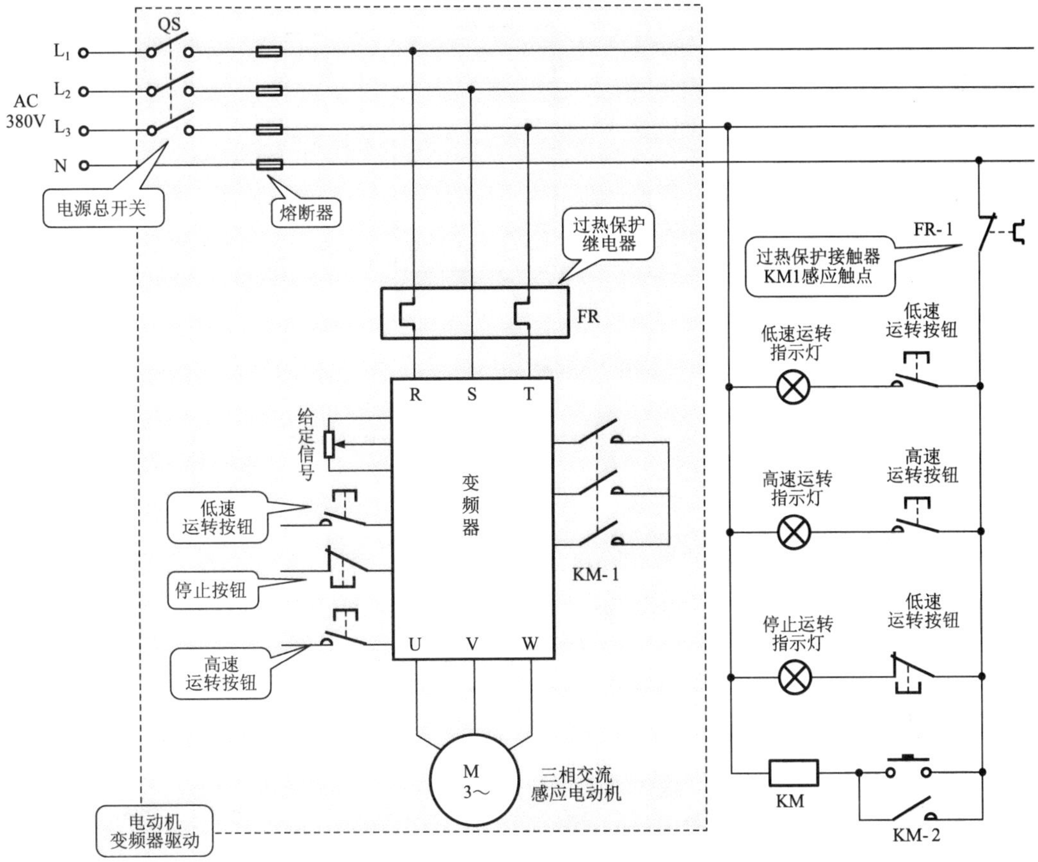

图6-6　采用变频器驱动的三相交流感应电动机控制系统

图6-6采用变频器替换时间继电器、接触器等部件构成的复杂电路，由变频器直接控制电动机的速度，减少了继电器、接触器的个数、简化了电路的连接。

（3）PLC及变频器控制电路的应用

PLC和变频器最基本的功能就是实现对电动机的控制，因此在工业领域，PLC和变频器的广泛应用于自动化生产，实现多种多样的功能。

PLC与变频器控制电路的应用见图6-7。

PLC可实现控制电路自动化，而变频器用来改善工业电动机驱动方式。PLC与变频器结合使用，可实现环保节能、自动化两者结合的工业生产。

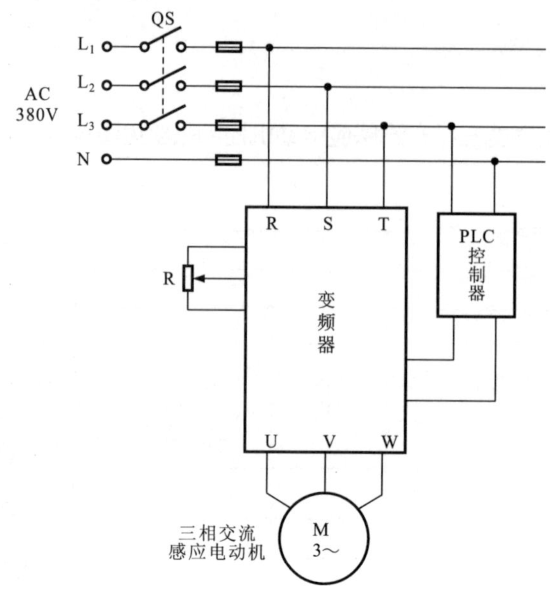

图6-7 PLC与变频器驱动控制的三相交流感应电动机

扩展

工业控制领域中继电器控制和PLC及变频器控制系统的比较见图6-8。

(a) 继电器控制

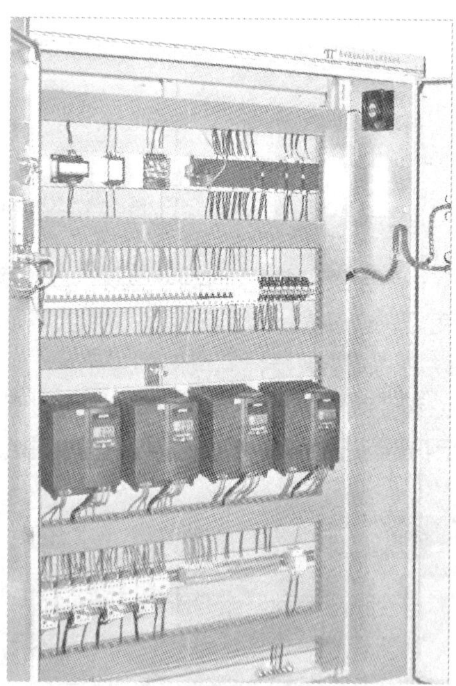

(b) PLC及变频器控制

图6-8 典型生产型企业中采用不同控制方式的控制系统

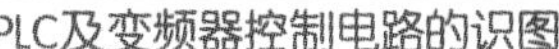

6.1.2 PLC及变频器控制电路的组成

（1）PLC控制电路的组成

PLC的组成可分为硬件组成模块和软件组成模块两部分。

① PLC的硬件组成模块

PLC硬件组成部分见图6-9。

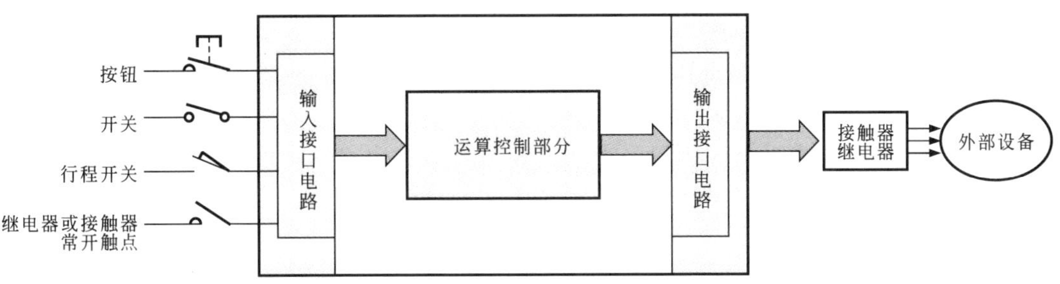

图6-9 PLC硬件组成部分

PLC硬件系统主要是由输入部分、运算控制部分、输出部分等构成的。其中输入部分和输出部分实现了人机对话。

◆ 输入部分：是将被控对象的各种控制信息及操作命令转换成PLC输入信号，然后送给运算控制部分。

◆ 运算控制部分：由PLC内部CPU按照用户设定的程序对输入信息进行处理，然后输送给输出部分，这个过程是实现算术、逻辑运算等多种操作功能。

◆ 输出部分：由PLC输出接口和外部被控负载构成，CPU完成的运算结果由PLC输出接口提供给被控负载。

扩展

PLC的硬件系统是由CPU模块、存储器、编程接口、电源模块、基本I/O接口电路等五大部分组成的，如图6-10所示。

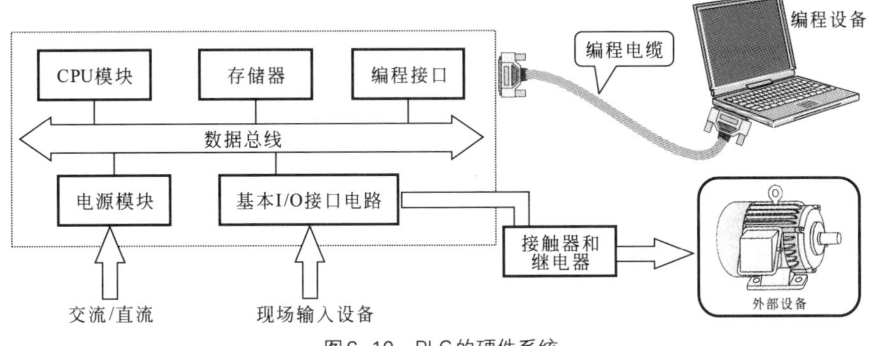

图6-10 PLC的硬件系统

◆ CPU模块：是PLC的核心，PLC的主要功能和性能（如速度、规模）是由CPU控制的。不同的PLC配有不同的CPU，CPU在系统监控程序的控制下工作，承担着将外部输入信号的状态写入输入映像存储器区域，然后将结果送到输出映像寄存器区域。CPU常用的微处理器有通用微处理器、单片微处理器和位片式微处理器。

◆ 存储器：是存储用户程序，由只读存储器（ROM）和随机存储器（RAM）两大部分构成。系统程序存放在ROM中，用户程序和中间运算数据存放在RAM中，当断电时，用户程序保存在可擦可编程只读存储器（EPROM）中或高能量锂电池支持的RAM中。

◆ 编程接口：通过编程电缆与编程设备（电脑）连接，电脑通过编程电缆对PLC进行编程、调试、监视、试验和记录。

◆ 电源模块：PLC内部配有一个专用开关式稳压电源，将交流/直流供电电源转化为PLC内部电路需要的工作电源。

◆ 基本I/O接口电路：可以分为PLC输入电路和PLC输出电路两种，现场输入设备将输入信号送入PLC输入电路，经PLC内部CPU处理后，由PLC输出电路输出送给外部设备。

② PLC的软件系统　PLC软件系统和硬件电路共同构成PLC系统的整体。PLC软件系统又可分为系统程序和用户程序两大类。

系统程序是由PLC制造厂商设计编写的，用户不能直接写入和更改，包括系统诊断程序、输入处理程序、编译程序、信息传送程序、监控程序等。

用户程序是用户根据控制要求，按系统程序允许的编程规则，用厂家提供的编程语言编写的程序。

（2）变频器控制电路的组成

变频器控制电路的组成见图6-11。

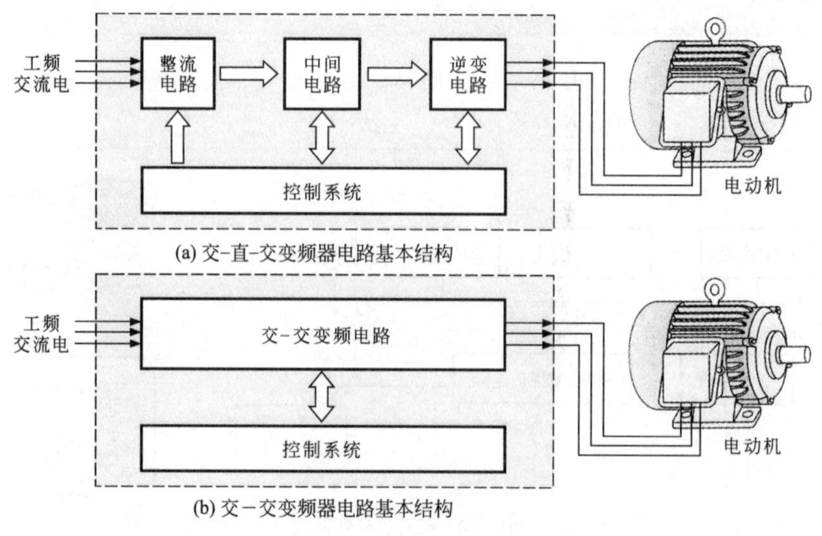

(a) 交-直-交变频器电路基本结构

(b) 交-交变频器电路基本结构

图6-11　变频器基本电路

变频器控制电路根据变频的方式不同，可分为交-直-交变频器和交-交变频器两种，由于交-交变频器只能输出频率较低的交流电，调速范围很窄，因此应用的并不如交-直-交变频器广泛。

6.2 PLC及变频器控制电路的识读方法

PLC及变频器控制电路主要应用在工业生产硬件设备的组装，或是传统工业的改造，因此PLC及变频器控制电路在应用过程中，更多的是与各种控制器件、加工设备之间的连接。

PLC及变频器控制电路实际上就是电动机的驱动及控制电路，因此电路的构成就是在传统电动机控制电路的基础上进行改进。对于电动机控制电路中的主要元器件，这里就不再累述，具体见“4.2.1　电动机控制电路中的主要元器件”中的详细叙述。下面只对PLC及变频器控制电路中比较重要的元器件进行介绍，以便读懂由PLC或变频器构成的电路。

6.2.1 PLC及变频器控制电路中的主要元器件

(1) PLC

PLC是在继电器、接触器控制和计算机技术的基础上，逐渐发展起来的以微处理器为核心，集微电子技术、自动化技术、计算机技术、通信技术为一体，以工业自动化控制为目标的新型控制装置。

PLC的实物外形、电路符号见图6-12。

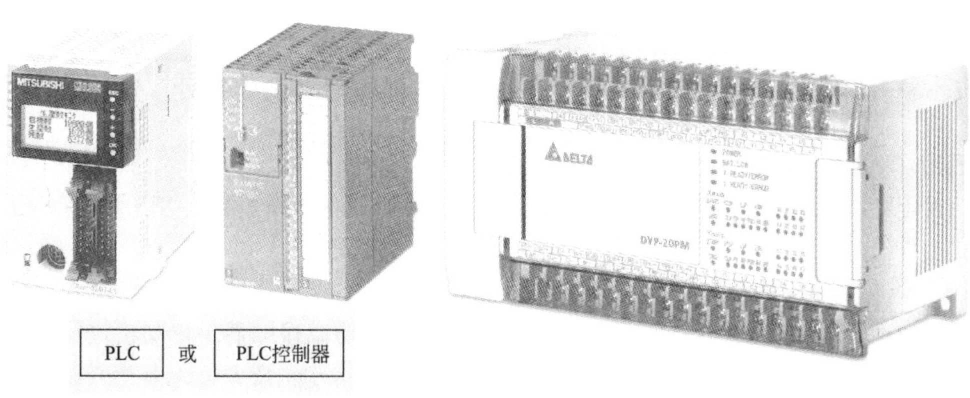

图6-12　PLC的典型结构和实物外形、电路符号

(2) 变频器

变频器的英文简称为VFD或VVVF，采用改变驱动信号频率（含幅度）的方式控制电

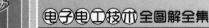

动机的转速，能实现对交流异步电动机的软起动、变频调速、提高运转精度、改变功率因素、过流/过压/过载保护等功能。

变频器的实物外形、电路符号见图6-13。

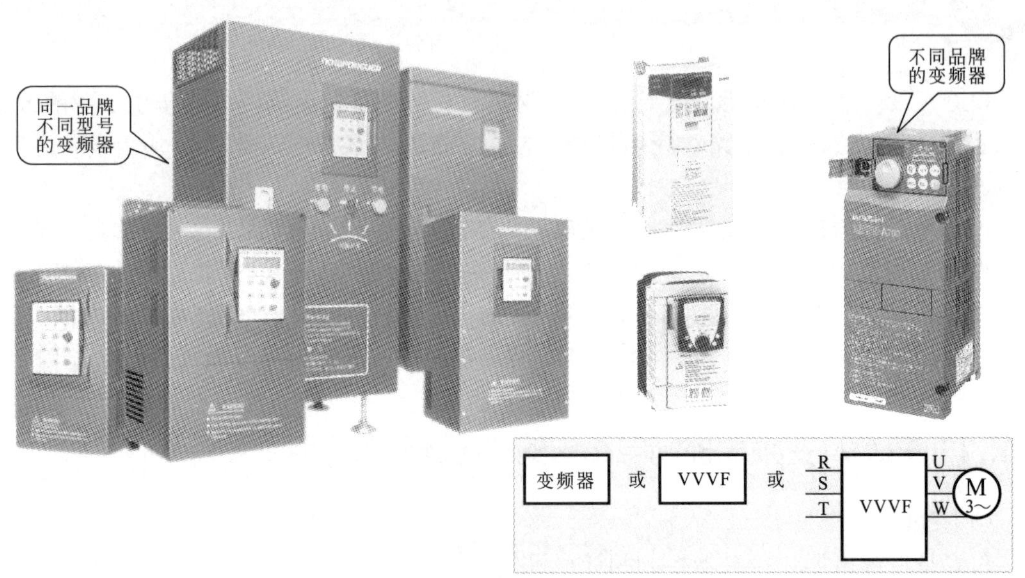

图6-13　变频器的实物外形、电路符号

变频器控制对象是电动机，由于电动机的功率或应用场合不同，因而驱动控制用变频器的性能、尺寸、安装环境也会有很大的差别。

（3）电动机

PLC及变频器控制电路中应用的电动机主要是三相异步电动机，也是工农业中应用最为广泛的一种电动机。

三相异步电动机的实物外形、电路符号见图6-14。

这种电动机结构比较简单，部件较少，且结实耐用，工作效率也高，可适用复杂的工作环境，是一种价格便宜的电动机，也是目前应用较为广泛的电动机。

（4）继电器和接触器

即便采用PLC或变频器控制电路取代了大多数继电器或接触器对电动机进行控制，但并不是说电路中就不会出现继电器或接触器，只是从控制方面减少了继电器或接触器的数量，而对于需要增加人工干预或是简单的操作电路，还是会使用继电器或接触器的。

（5）开关组件

即便是集成化很强的工业生产，仍然离不开开关组件实现人机交互功能，不论是点动式开关组件、连续式开关组件还是符合式开关组件都是必不可少的元器件。

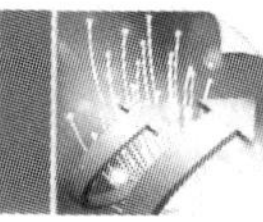

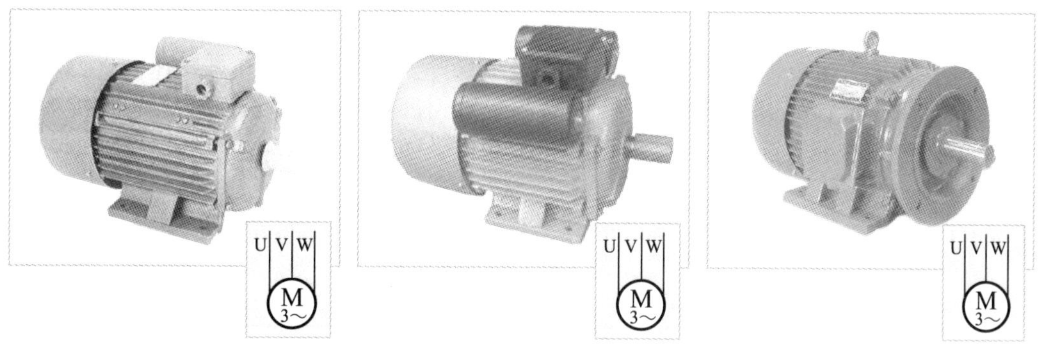

图6-14　三相异步电动机实物外形、电路符号

值得注意的是，PLC控制器连接的开关组件，应是常开式，如图6-15所示，不能使用常闭式，而变频器连接的开关组件则应根据电路功能需要安装。

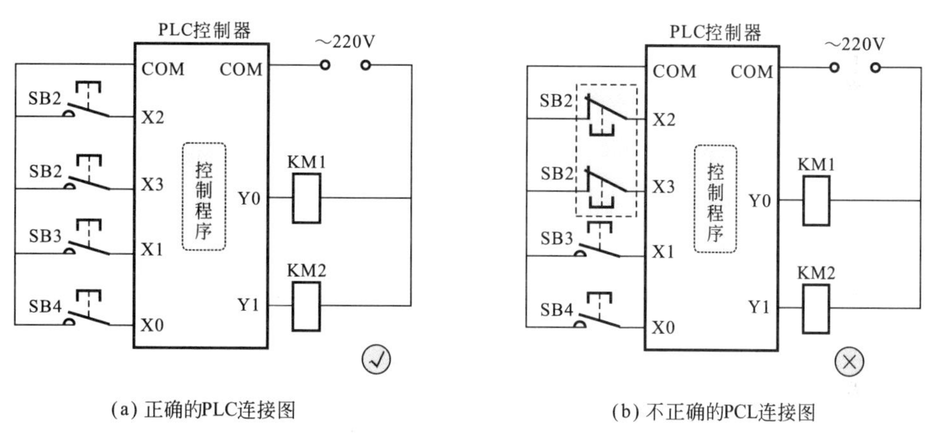

(a) 正确的PLC连接图　　(b) 不正确的PCL连接图

图6-15　PLC控制器连接的开关组件

6.2.2 PLC及变频器控制电路的识读

PLC及变频器控制电路的结构多样，电子元件、控制部件和功能器件连接组合方式的不同，使得控制电路的功能也千差万别。

因此在对PLC及变频器控制电路进行识读时，通常要了解电动机控制电路的结构特点，掌握PLC及变频器控制电路中主要组成部件，并根据这些主要组成部件的功能特点和连接关系，对整个PLC及变频器控制电路进行单元电路的划分。

然后，进一步从控制部件入手，对PLC及变频器控制电路的工作流程进行细致的解析，搞清PLC及变频器控制电路工作的过程和控制细节，完成PLC及变频器控制电路的识读过程。

由于PLC及变频器控制电路与电动机有着密切的关联，因此其识读过程中应遵循的方法、原则和基本步骤与“4.2.2　电动机控制电路的识读”中介绍的基本相似，这里不再累述。下面通过几个典型电路，分析PLC及变频器控制电路图的特点。

（1）**电动葫芦中的PLC控制电路识读**

电动葫芦是起重运输机械的一种，主要用来提升或下降重物，并可以在水平方向平移重物。电动葫芦具有结构简单、操作方便等特点，但一般只有一个恒定的运行速度，大多应用于工矿企业的小型设备的安装、吊动和维修中。如图6-16所示为电动葫芦在电镀流水线中的应用。

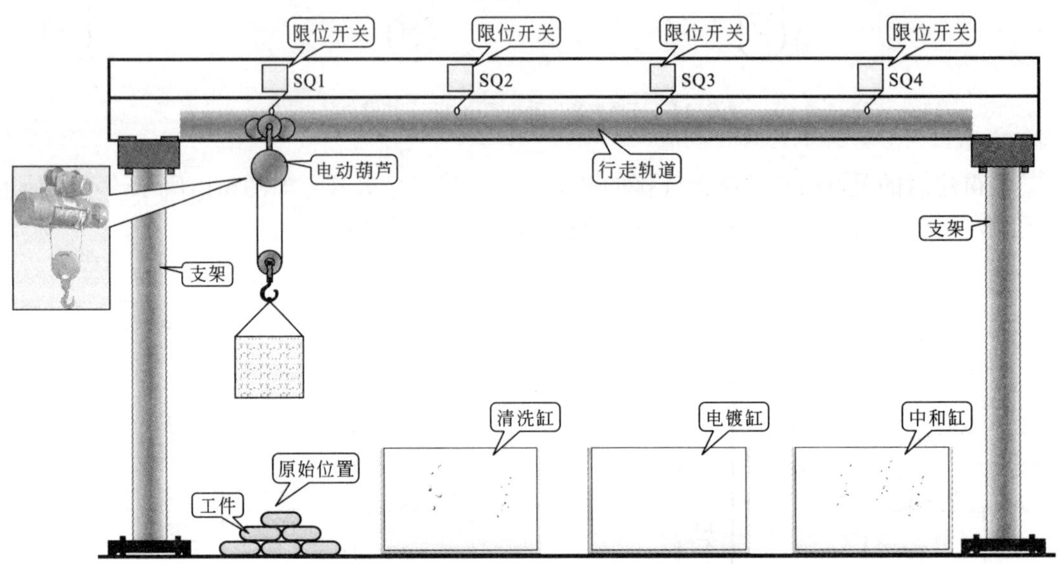

图6-16 电动葫芦在电镀流水线中的应用

电动葫芦传统电气控制结构采用的是交流继电器、接触器的控制方式，这种控制方式人工干预的部分较多，存在可靠性低、线路维护困难等缺点，将直接影响企业的生产效率。由此，很多生产型企业中采用PLC控制方式对其进行控制。

电动葫芦的PLC控制电路结构组成见图6-17。

该电路的控制部件主要由电动葫芦、PLC控制器、限位开关（SQ1 ~ SQ4）、继电器（KM1 ~ KM4）等构成。

起重部件电动葫芦有两个电动机，电动机M_1为吊钩升降电动机，用来在上下位置上提升工件，电动机M_2为移位机构电动机，用来在水平位置上移动工件。

控制部件由PLC控制器、继电器（KM1 ~ KM4）等构成，用来控制电动葫芦的运行。

保护部件由限位开关（SQ1 ~ SQ4）构成，主要用来进行上、下限和前、后限的保护，使工件不超过行程。

该控制电路中的PLC控制器采用三菱FX_{2N}系列PLC，其I/O分配表见表6-1。

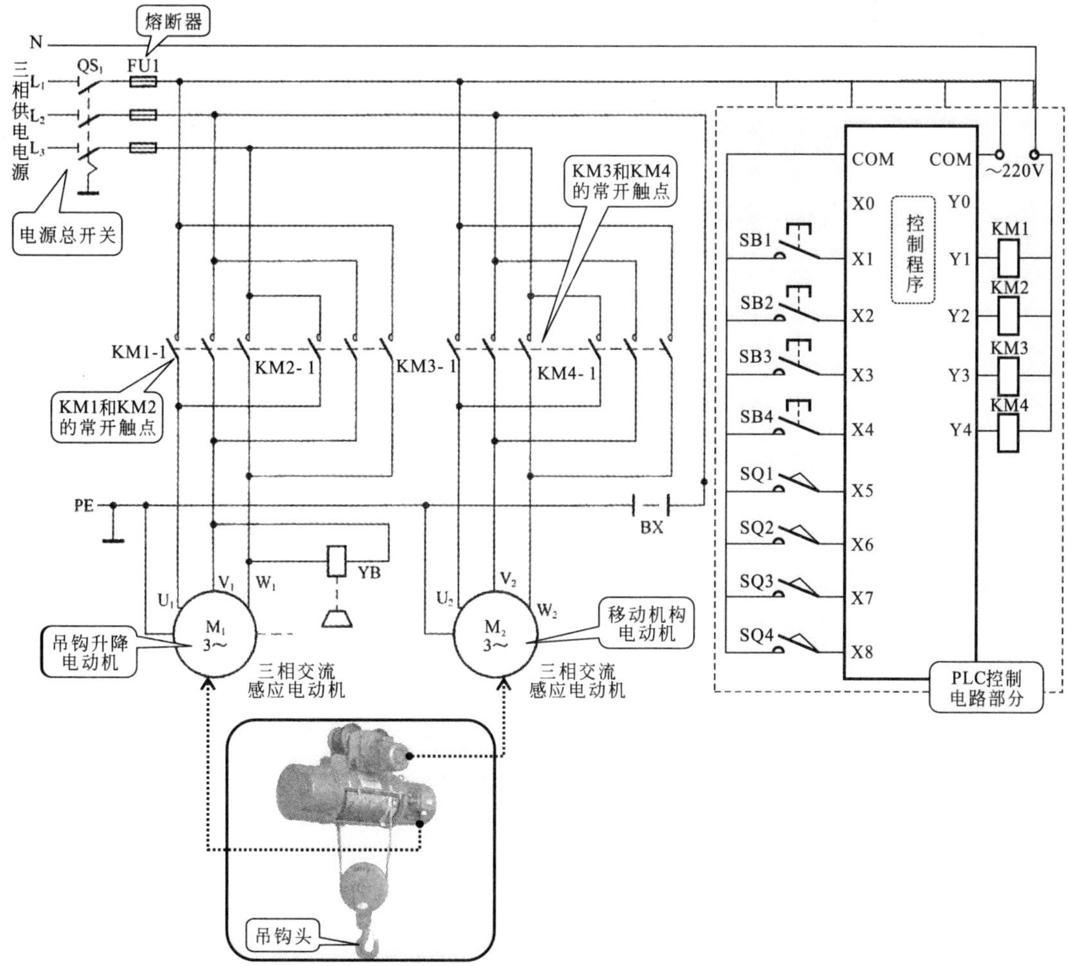

图6-17　电动葫芦的PLC控制电路结构组成的识读

表6-1　电动葫芦三菱FX_{2N}系列PLC控制I/O分配表

输入信号及地址编号			输出信号及地址编号		
名称	代号	输入点地址编号	名称	代号	输出点地址编号
电动葫芦上升点动按钮	SB1	X1	电动葫芦上升接触器	KM1	Y1
电动葫芦下降点动按钮	SB2	X2	电动葫芦下降接触器	KM2	Y2
电动葫芦左移点动按钮	SB3	X3	电动葫芦左移接触器	KM3	Y3
电动葫芦右移点动按钮	SB4	X4	电动葫芦右移接触器	KM4	Y4
电动葫芦上升限位行程开关	SQ1				
电动葫芦下降限位行程开关	SQ2				
电动葫芦左移限位行程开关	SQ3				
电动葫芦右移限位行程开关	SQ4				

扩展

图6-17中，通过PLC的I/O接口与外部电器部件进行连接，提高了系统的可靠性，并能够有效地降低故障率，维护方便。当使用编程软件向PLC中写入的控制程序，便可以实现外接电器部件及负载电动机等设备的自动控制。想要改动控制方式时，只需要修改PLC中的控制程序即可，大大提高调试和改装效率。电动葫芦三菱FX_{2N}系列PLC控制梯形图如图6-18所示。

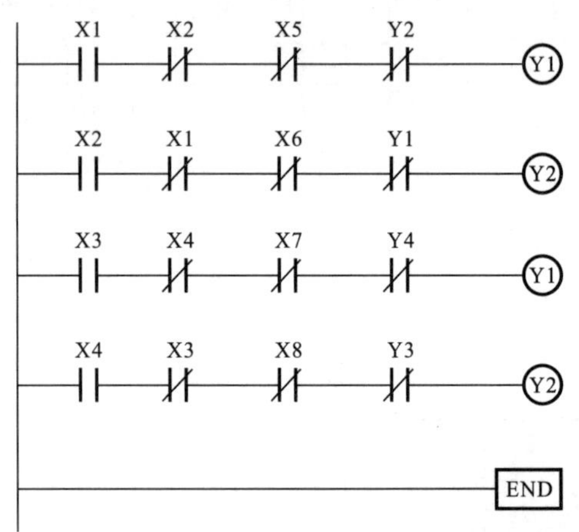

图6-18　电动葫芦三菱FX_{2N}系列PLC控制梯形图

根据梯形图（PLC编程语言）识读PLC的控制过程，首先可对照PLC控制电路和I/O分配表，在梯形图中进行适当文字注解，然后再根据操作动作具体分析启动和停止的控制原理。

① PLC控制下电动葫芦的上升过程　电动葫芦三菱FX_{2N}系列PLC控制电路的上升过程如图6-19所示。

具体过程为：

❶ 按下上升点动控制按钮SB1；

❷ PLC内的X1置“1”，即该触点接通；

❸ 输出继电器Y1得电；

❹ 控制PLC外接交流接触器线圈KM1得电，同时其常闭触点断开与KM2互锁，主电路中的主触点闭合，接通电动机电源，吊钩升降电动机启动开始上升运转；

❺ 当电动机上升到限位开关设定位置时，限位行程开关断开，将PLC内X5置“0”，接触器线圈失电复位，主触点复位断开，电动机停止上升。

② PLC控制下电动葫芦的下降过程　电动葫芦三菱FX_{2N}系列PLC控制电路的下降过程如图6-20所示。

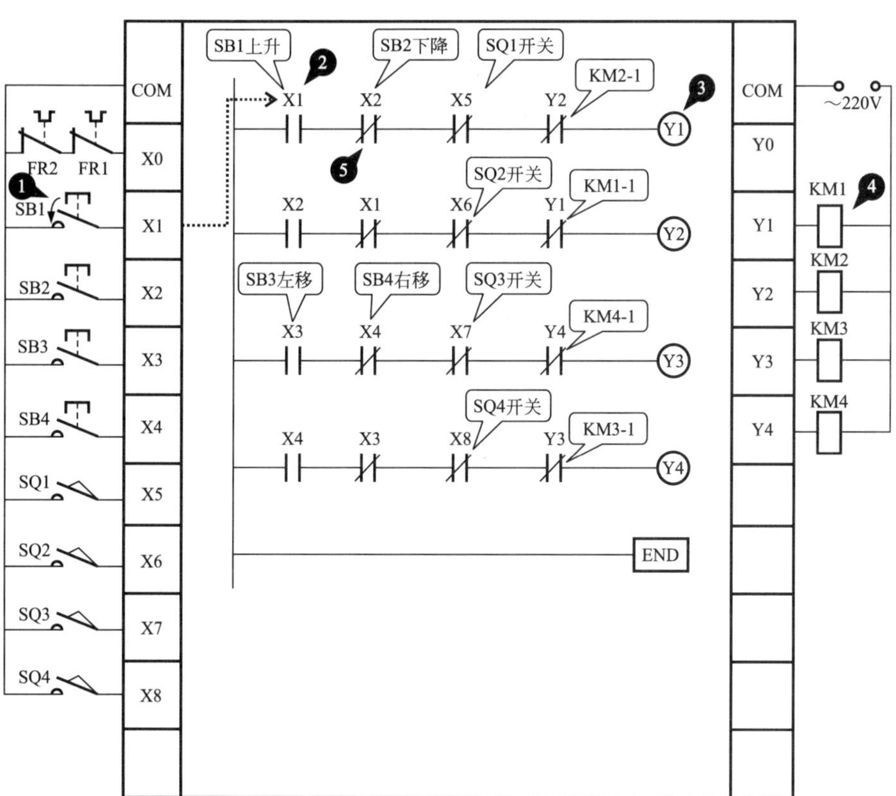

图6-19　PLC控制下电动葫芦吊钩升降电动机的上升过程的识读

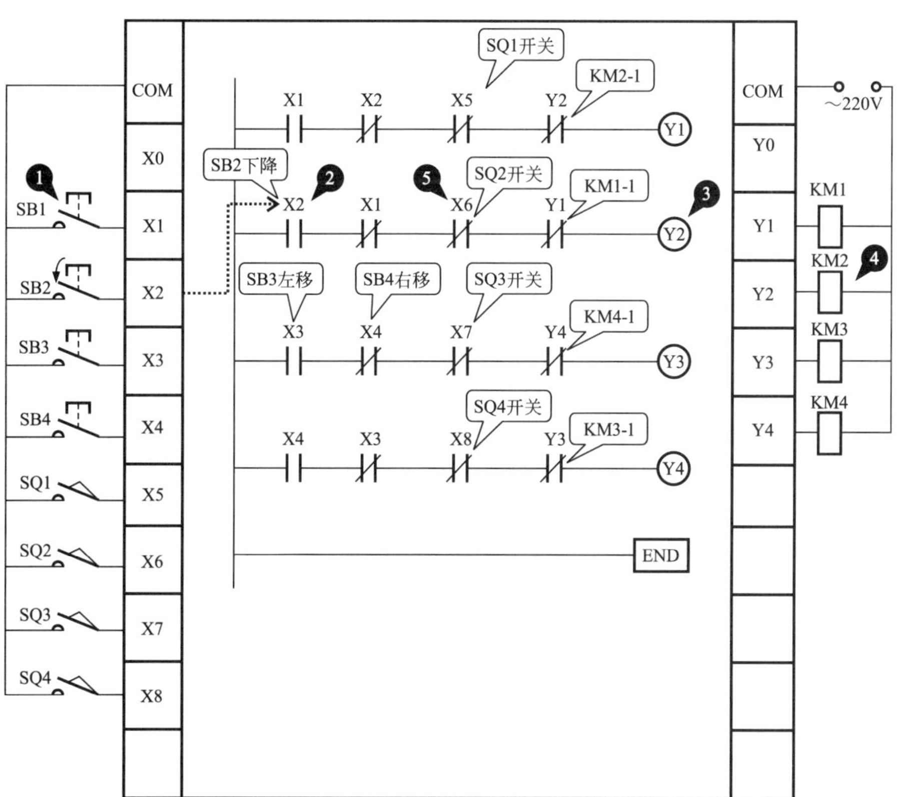

图6-20　PLC控制下电动葫芦吊钩升降电动机的下降过程

具体控制过程为：

❶ 按下下降点动控制按钮SB2；

❷ PLC内的X2置“1”，即该触点接通；

❸ 输出继电器Y2得电；

❹ 控制PLC外接交流接触器线圈KM2得电，同时其常闭触点断开与KM1互锁，主电路中的主触点闭合，接通电动机电源，吊钩升降电动机启动开始上升运转；

❺ 当电动机下降到限位开关设定位置时，限位行程开关断开，将PLC内X6置“0”，接触器线圈失电复位，主触点复位断开，电动机停止下降。

电动葫芦的水平左移和右移控制原理与上升和下降的控制原理基本相同，这里不再重复。

（2）机床中的PLC控制电路识读

机床是生产企业中最常见的机械加工设备，其种类多样，下面以C620-1型车床为例，讲解PLC在机床中的应用电路的识读过程。

C620-1型卧式车床是一种典型的机床设备，其主要是由变换齿、主轴变速箱、刀架、尾架、丝杆、光杆等部分组成，如图6-21所示。

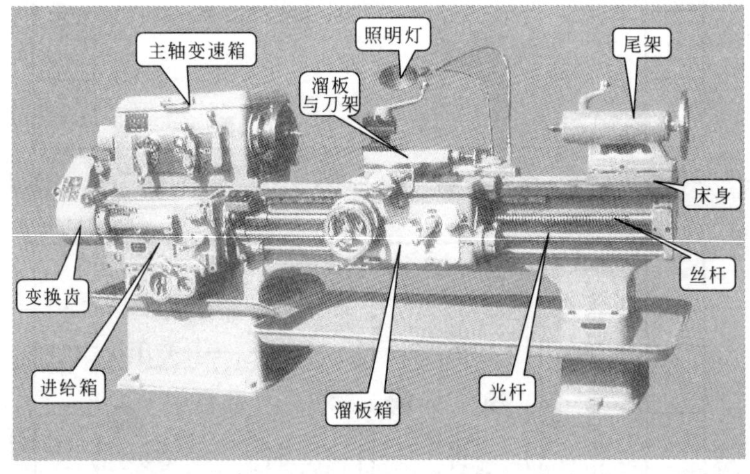

图6-21　C620-1型卧式车床的基本外形结构

刀架的纵向或横向直线运动是车床的进给运动，其传动线路是由主轴电动机经过主轴箱输出轴、挂轮箱传动到进给箱，进给箱通过丝杆将运动传入溜板箱，在通过溜板箱的齿轮与床身上的齿条或通过刀架下面的光杆分别获得纵横两个方向的进给运动。主运动和进给运动都是由主电动机带动的。

主电动机一般选用三相异步电动机，通常不采用电气调速而是通过变速箱进行机械调速。其启动、停止采用按钮操作，并采用直接启动方式。

车削加工时，需要冷却液冷却工件，因此必须有冷却泵和驱动电动机。当主电动机停止时，冷却泵电动机也停止工作。主轴电动机和冷却泵电动机的驱动控制电路中设有短路和过载保护部分。当任何一台电动机发生过载故障时，两台电动机都不能工作。

C620-1型车床的PLC控制电路见图6-22。

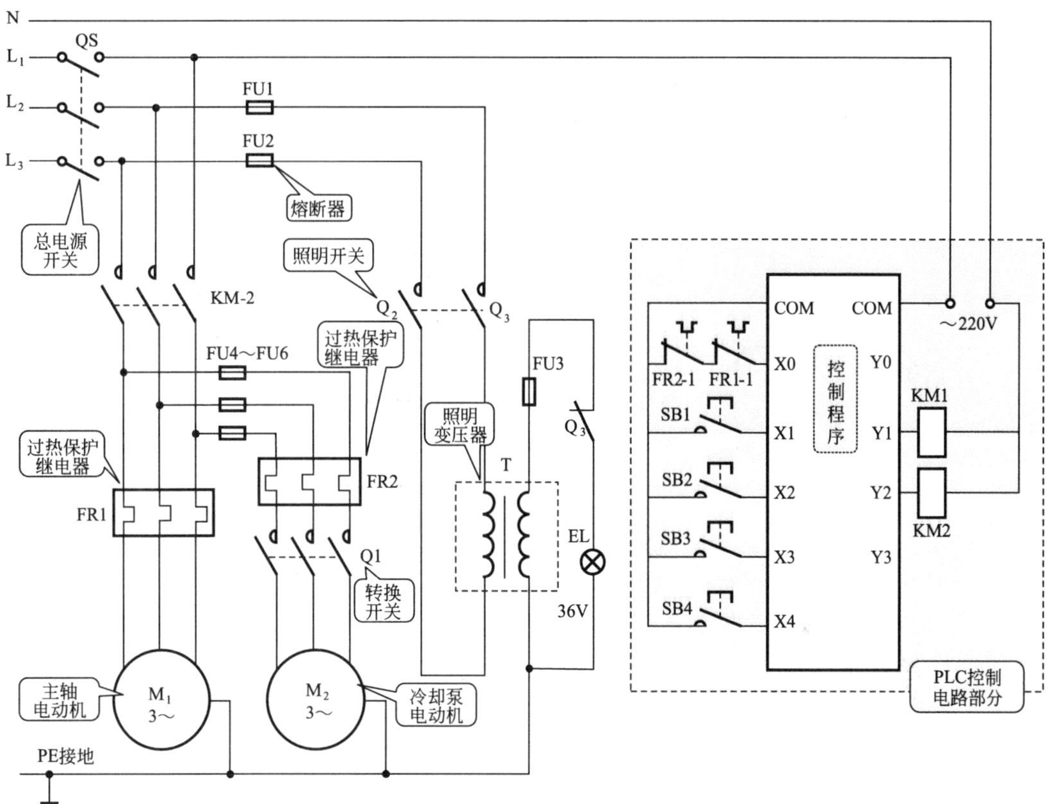

图6-22　C620-1型车床的PLC控制电路

该电路的控制部件主要有电动机、PLC控制器、保护电器、照明电路等构成。

功能部件为两个电动机，一个是主轴电动机，另一个是冷却泵电动机。

保护电路为过热保护继电器和熔断器构成。

照明电路由照明变压器T、照明灯EL构成。

该控制电路中的PLC控制器采用三菱FX2N系列PLC，其I/O分配表见表6-2。

（3）机床中的PLC及变频器控制电路识读

机床中除了可以使用PLC进行控制，还可以使用变频器实现调速功能。如图6-23所示为刨床拖动系统中的变频调速和PLC控制关系图。

表6-2　C620-1型车床三菱FX_{2N}系列PLC控制I/O分配表

输入信号及地址编号			输出信号及地址编号		
名称	代号	输入点地址编号	名称	代号	输出点地址编号
热继电器	FR1、FR2	X0	主轴电动机接触器	KM1	Y1
主轴电动机启动按钮	SB1	X1	冷却泵电动机接触器	KM2	Y2
主轴电动机停止按钮	SB2	X2			
冷却泵电动机启动按钮	SB3	X3			
冷却泵电动机停止按钮	SB4	X4			

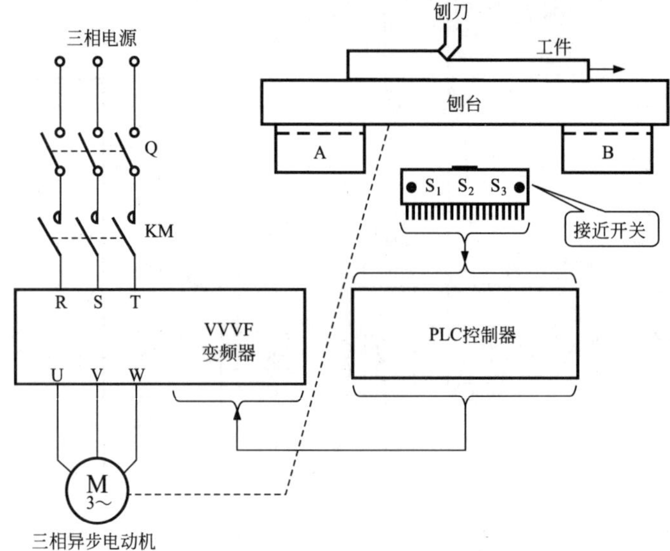

图6-23　刨床拖动系统中的变频调速

主拖动系统需要一台三相异步电动机，调速系统由专用接近开关得到的信号，接至PLC控制器的输入端，通过PLC的输出端控制变频器，以调整刨床在各时间段的转速。

刨床的变频器控制电路见图6-24。

该控制电路是采用外接电位器的电动机的变频驱动和控制电路。

❶ 接触器KM用于接通变频器的电源。

❷ SB1和SB2控制启停。

❸ 继电器KA1用于正转，由SF和ST控制。

❹ 继电器KA2用于反转，由SR和ST控制。

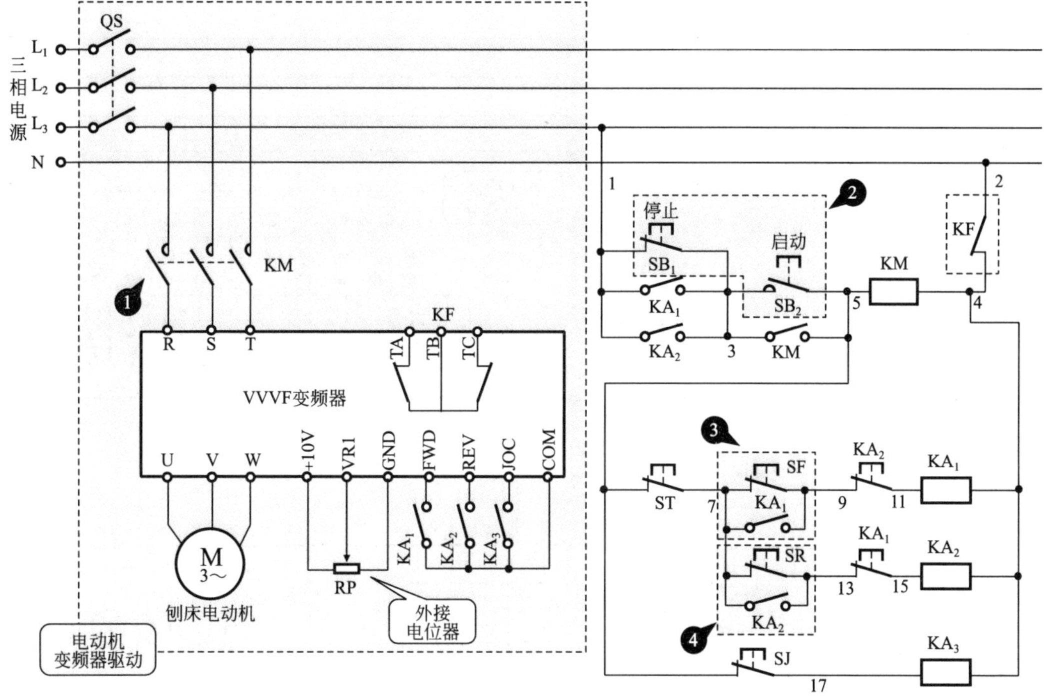

图6-24　刨床的变频器控制电路

刨床的PLC及变频器控制电路见图6-25。

◆ 变频器通电。当空气断路器合闸后，由按钮SB1和SB2控制接触器KM，进而控制变频器的通电与断电，并由指示灯HLM进行指示。

◆ 速度调节。刨床的刨削速度和返回速度分别通过电位器RP1和RP2来调节。刨床步进和步退的转速由变频器预置的点动频率决定。

◆ 往复运动的启动。通过按钮SF2和SR2来控制，具体按哪个按钮，须根据刨床的初始位置来决定。

◆ 故障处理。一旦变频器发生故障，触点KF闭合，一方面切断变频器的电源，同时指示灯HLT亮，进行报警。

◆ 油泵故障处理。一旦变频器发生故障，继电器KM闭合，PLC将使刨床在往复周期结束之后，停止刨床的继续运行。同时指示灯HLP亮，进行报警。

◆ 停机处理。正常情况下按ST2，刨床应在一个往复周期结束之后才切断变频器的电源。如遇紧急情况，则按ST1，使整台刨床停止运行。

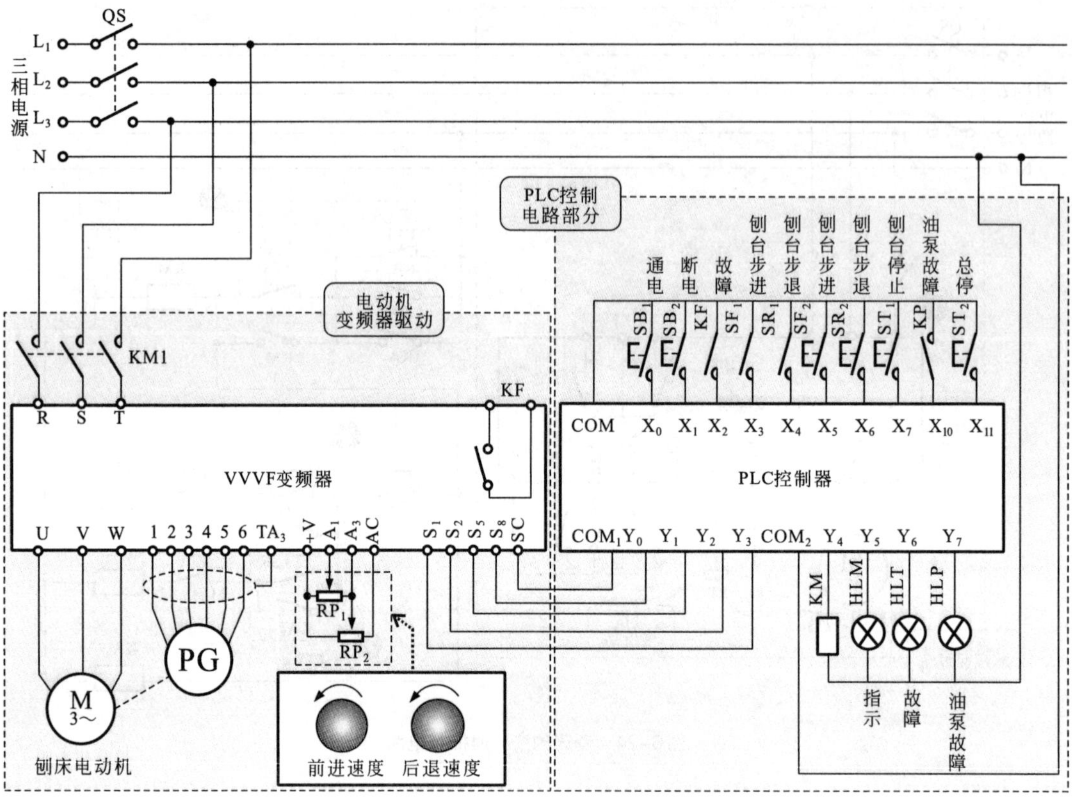

图6-25　PLC刨床的变频调速系统

6.3 PLC及变频器控制电路的识读

6.3.1 电泵变频控制电路的识读

电泵变频器控制电路见图6-26。

高压三相电（1140 V，50Hz）输入整流电路，变成直流高压为变频驱动功率电路提供工作电压，其中变频电路中的IGBT管由变频驱动系统控制，为三相电动机提供变频电流。

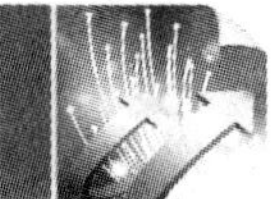

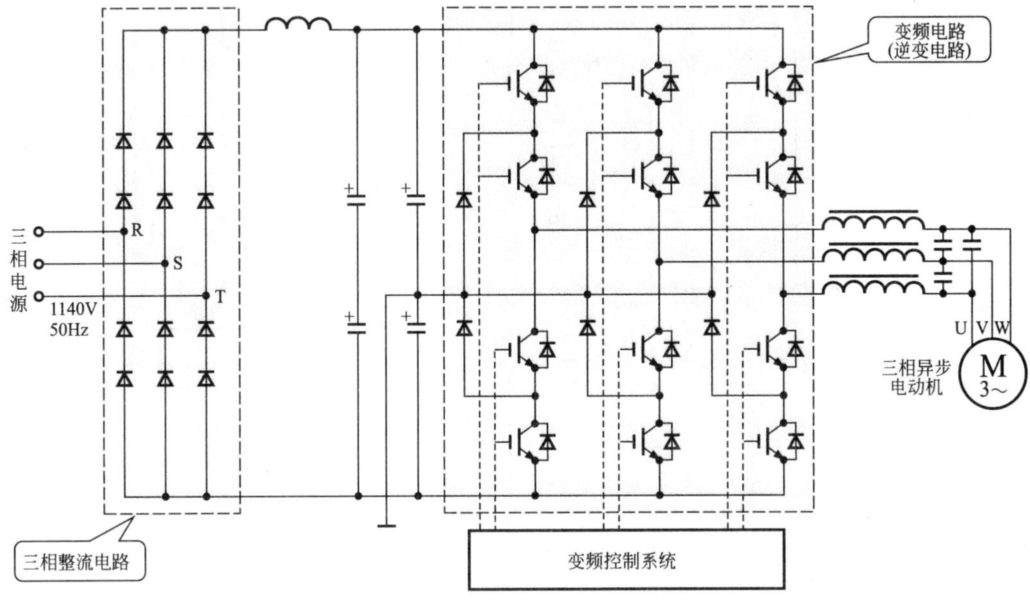

图6-26 电泵变频器控制电路

6.3.2 提升机变频器控制电路的识读

提升机变频器控制电路见图6-27。

提升机采用变频电路驱动电动机，三相电源经过三相整流电路、滤波电路、制动电路、逆变电路驱动电动机，回馈逆变电路用于检测变频电路。

6.3.3 高压电动机变频器控制电路的识读

高压系统变频器控制电路见图6-28。

在高压系统中采用变频器控制电路，多由晶闸管构成逆变电路，触发信号由变频器控制器提供，可实现高压大功率电动机变频驱动。3 kV高压电源经高压变压器T1降压后，输出三相1.7 kV的三相交流电压，分别经桥式整流电路变成三路直流高压，经逆变器为三相交流电动机提供变频驱动过电流。逆变器是由晶闸管构成的。

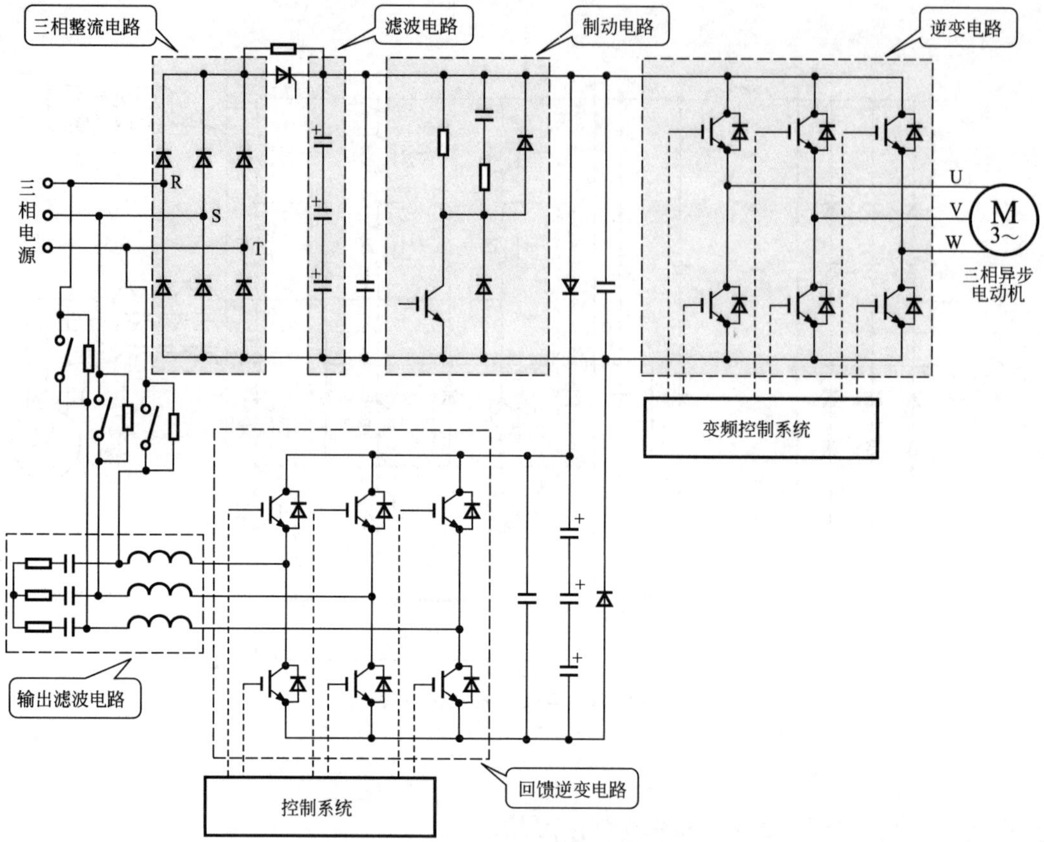

图6-27　提升机电动机驱动系统中的变频电路实例

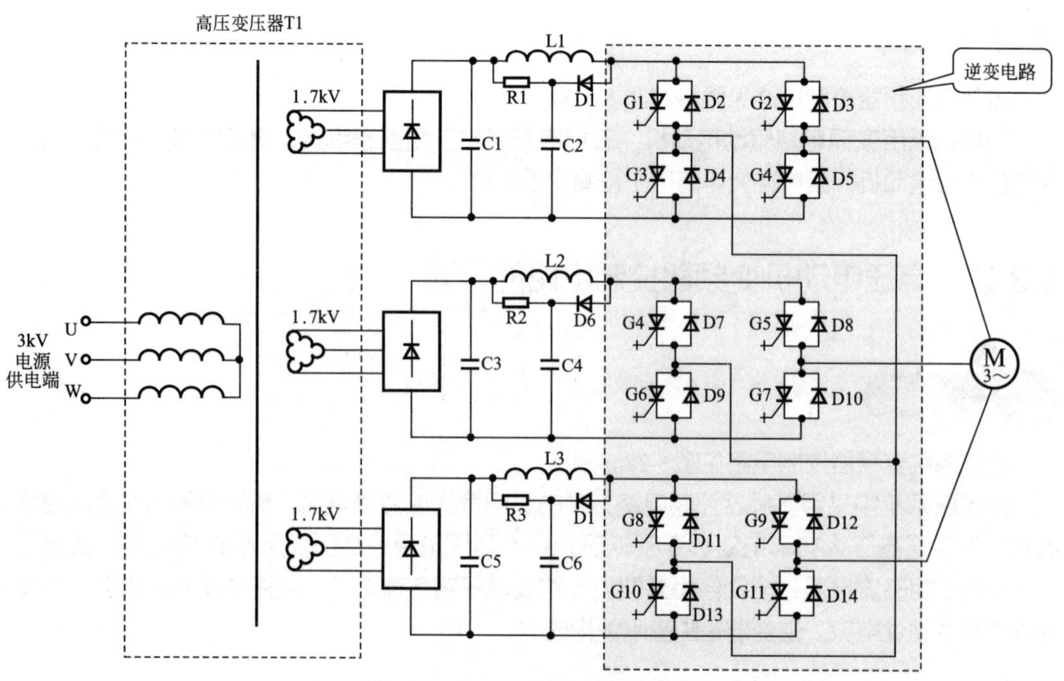

图6-28　高压系统变频器控制电路

6.3.4 鼓风机变频器控制电路的识读

某厂燃煤炉鼓风机变频器控制电路见图6-29。

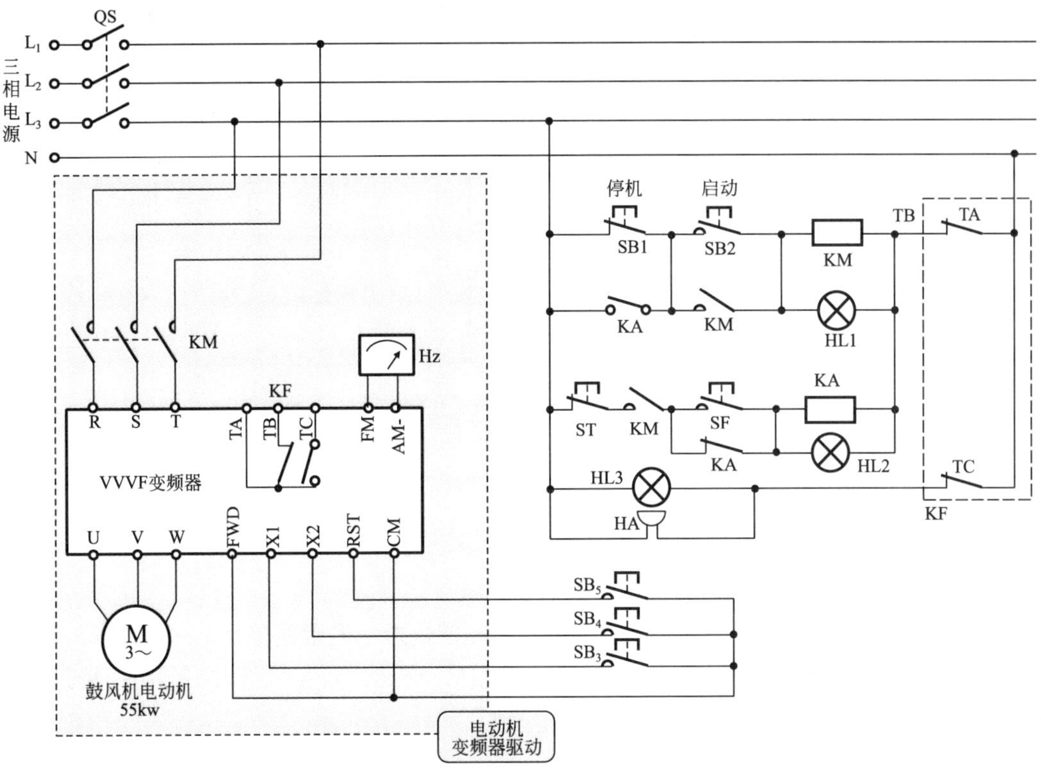

图6-29 某厂燃煤炉鼓风机变频器控制电路

VVVF变频器是一种通用变频器，三相交流电源经开关和交流接触器加到变频器的供电端（R、S、T），经变频处理后，由U、V、W端为电动机供电，通过变频的方式对电动机进行速度控制。

该风机中的电动机容量为55 kW，采用变频调速实现风量调节。风速大小要求由司炉工操作，因炉前温度较高，因此应将变频器放在较远处的配电柜内。

6.3.5 卷纸系统变频器控制电路的识读

如图6-30所示为变频器控制电路在卷纸系统中的应用实例，该实例中有三台三相异步电动机，每一台电动机都由变频器控制的，三台变频器统一受主控制器EC20控制。

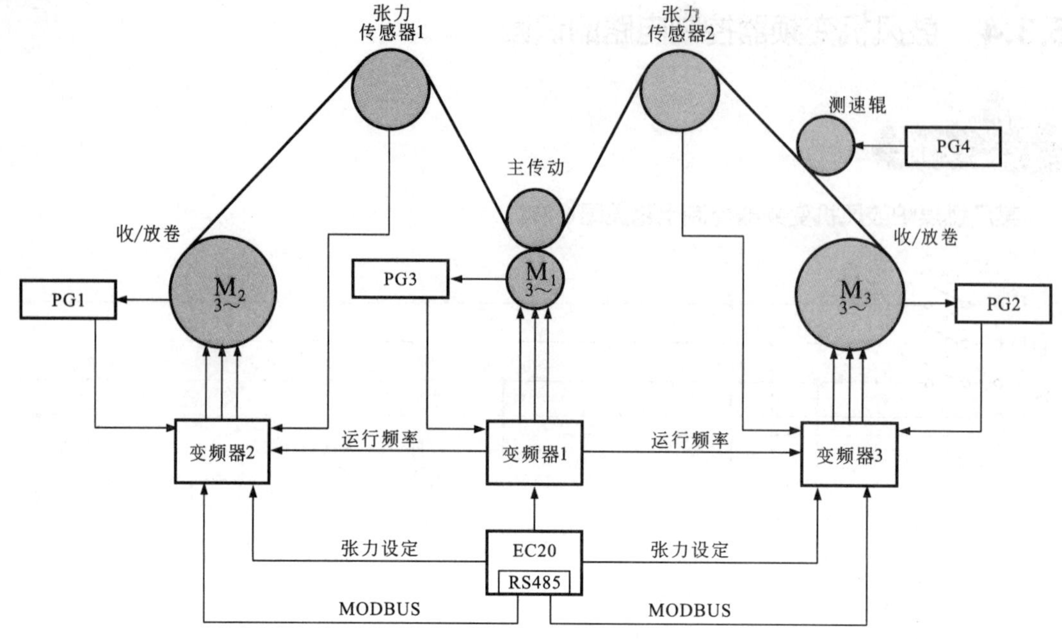

图6–30　变频器控制电路在卷纸系统中的应用实例

卷纸系统中变频器控制电路见图6-31。

该系统采用的是MD320变频器，该变频器被制成标准化的电路单元。两组操作控制电路分别控制变频器2和变频器3，为受卷电动机M2和M3调速，而变频器1则是为主动轴电动机调速的。

6.3.6　锅炉水泵变频器控制电路的识读

如图6-32所示为变频器控制电路在锅炉水泵系统中的应用实例，该系统中有两台风机驱动电动机和一台水泵驱动电动机，这三台电动机都采用了变频器驱动方式，大大节省了能耗，提高了效率。

锅炉水泵系统中变频器控制电路见图6-33。

该系统在变频器的FWD（正转）控制端，加入了继电器J和人工操作键，使电动机的控制可以加入人工干预。

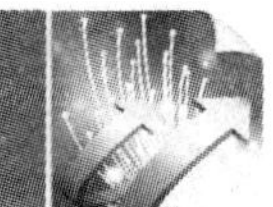

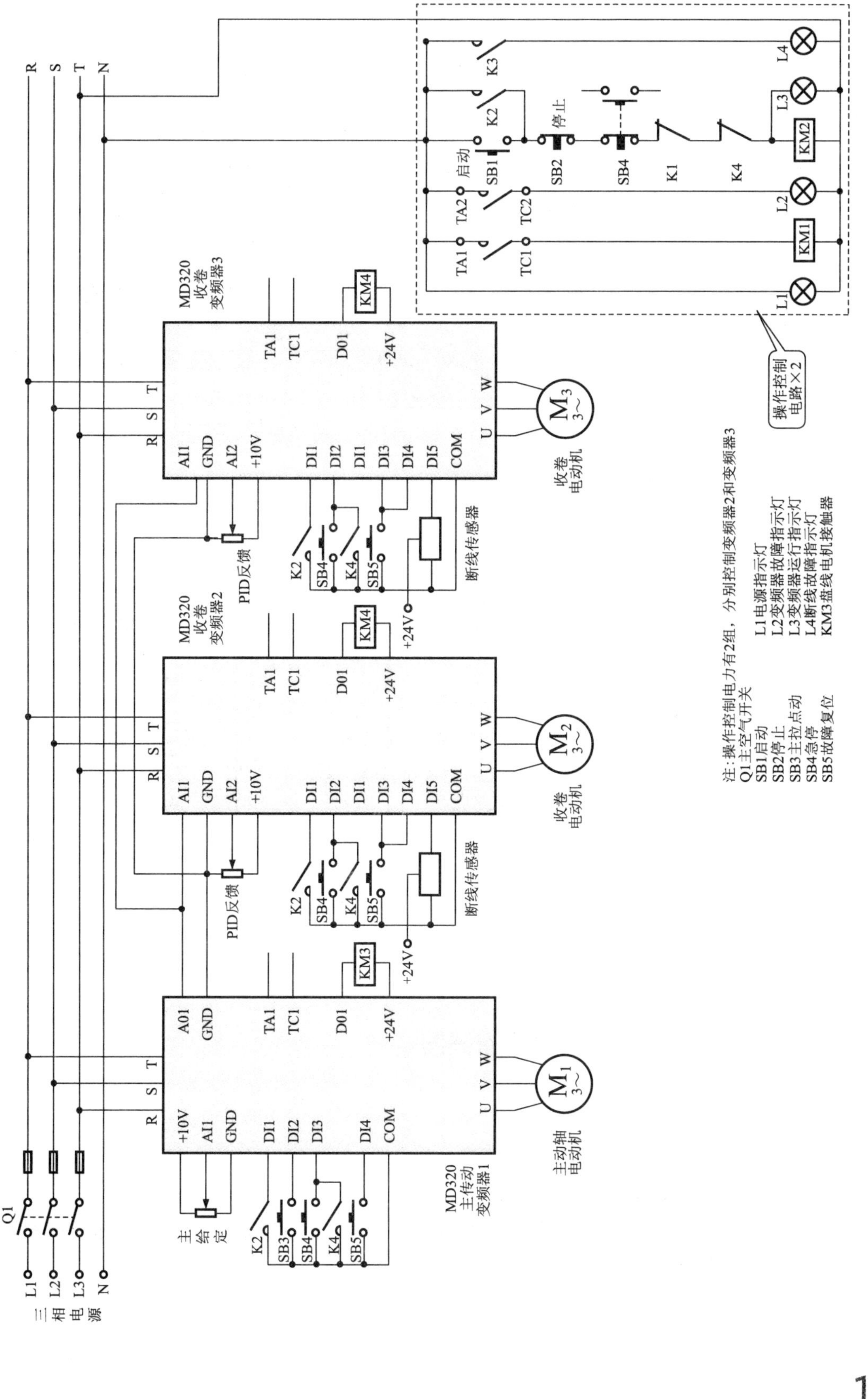

注：操作控制电力有2组，分别控制变频器2和变频器3
Q1主空气开关
SB1启动
SB2停止
SB3主拉点动
SB4急停
SB5故障复位
L1电源指示灯
L2变频器故障指示灯
L3变频器运行指示灯
L4断线故障指示灯
KM3盘线电机接触器
三相电源
MD320 主传动 变频器1
MD320 收卷 变频器2
MD320 收卷 变频器3
主动轴电动机
收卷电动机
PID反馈
断线传感器
主给定
操作控制电路×2
启动
停止

图6-31　卷纸系统中变频器控制电路

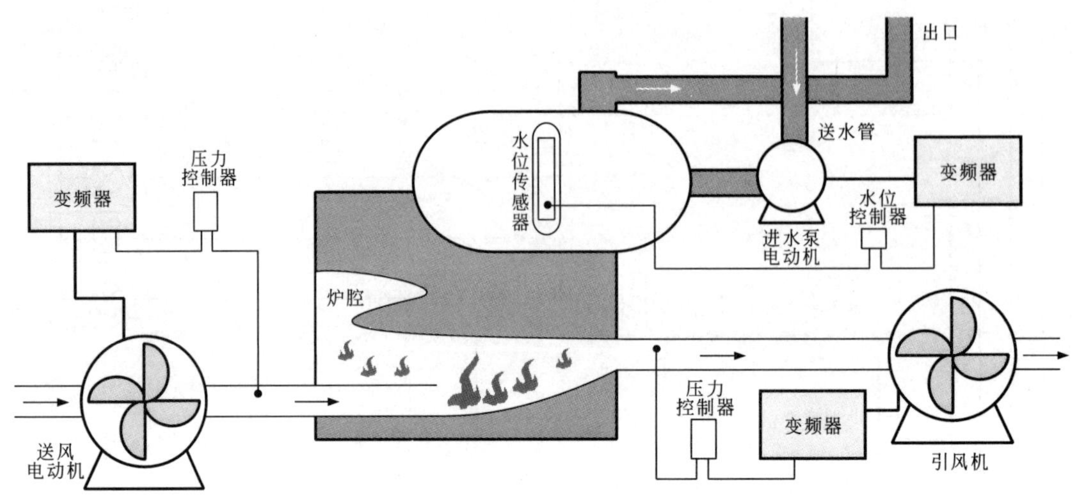

图6-32 变频器控制电路在锅炉水泵系统中的应用实例

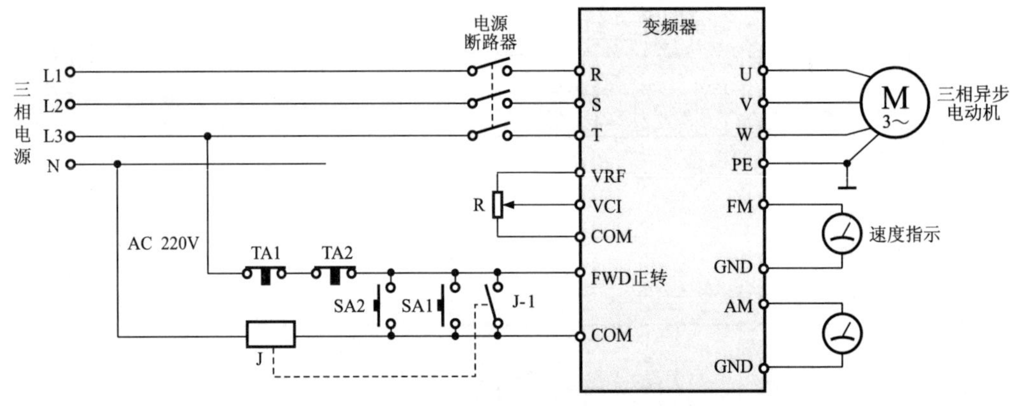

图6-33 锅炉水泵系统中变频器控制电路

6.3.7 储料器变频器控制电路的识读

储料输料器变频器控制电路见图6-34。

该系统中有两个电动机，分别由两个变频器控制调速，从而实现输料的自动控制使储料器中的料始终保持在上限位置和下限位置之间。

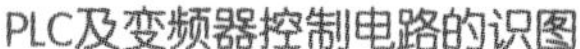

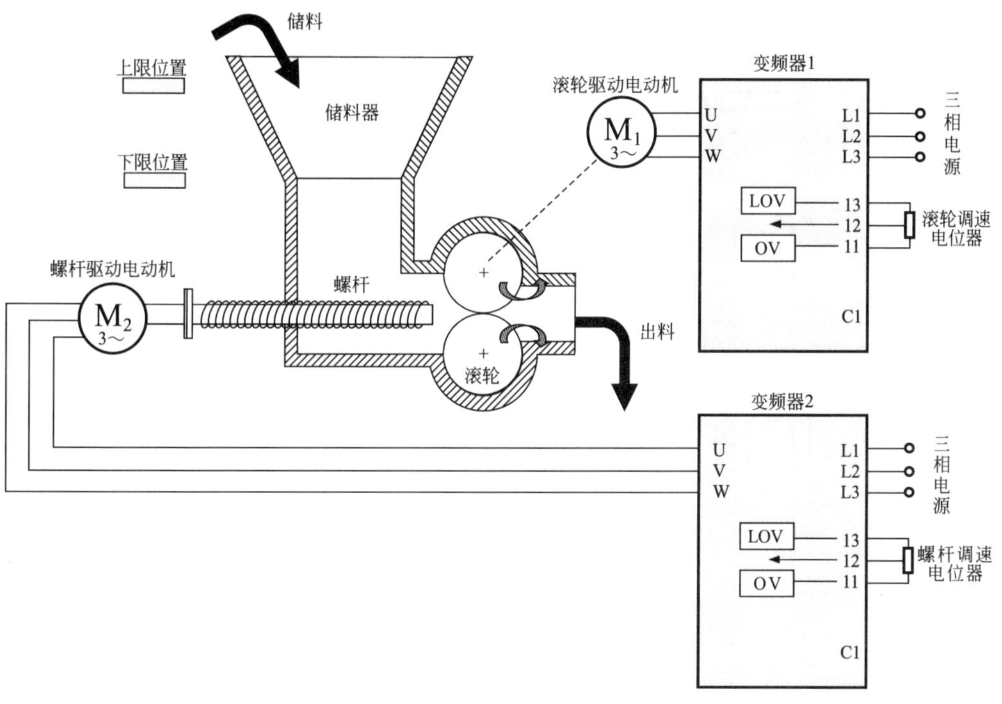

图6-34　储料器变频器控制电路

6.3.8　传送带变频器控制电路的识读

传送带变频器控制电路见图6-35。

扩展

如图6-35所示的传动系统中，采用变频器进行调速，继电器、开关按钮进行控制，为了提高自动化控制，可以加入PLC程序控制器，如图6-36所示。

将VVVF变频器、PLC控制器加入传送系统，由三相交流电源为变频器供电，在变频器中经整流滤波电路、变频控制电路和功率输出电路后，由U、V、W端输出变频驱动信号，并加到进料电动机的三相绕组上。

变频器内的微处理器根据PLC的指令或外部设定开关，为变频器提供变频器控制信号，电动机启动后，传输带的转速信号经速度检测电路检测后，为PLC提供速度反馈信号，作为PLC的参考信号。经处理后由PLC变频器提供实时控制信号。

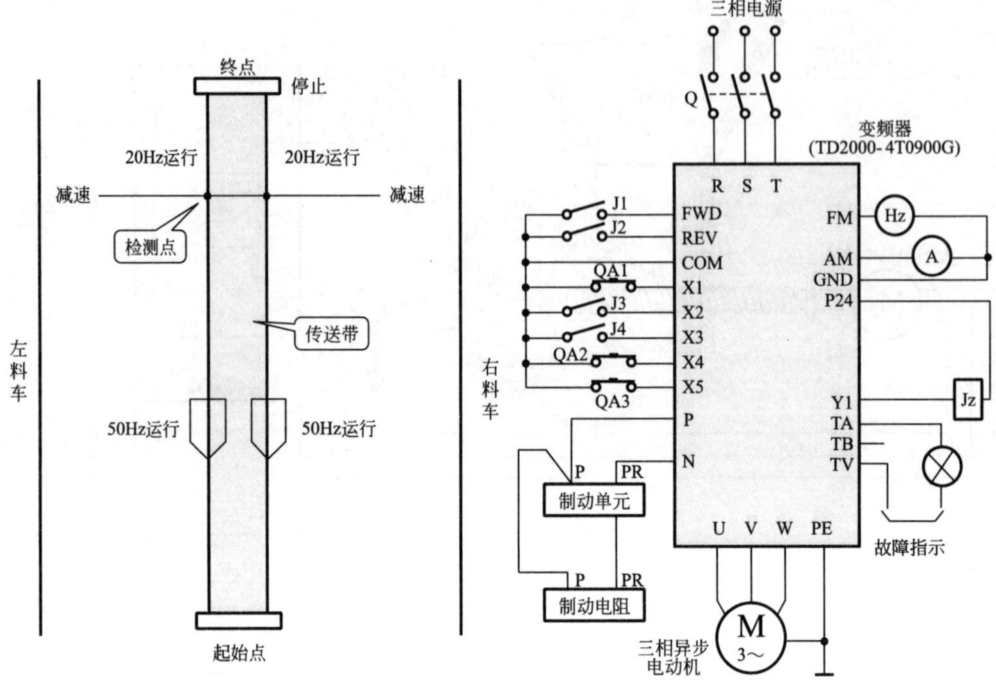

图6-35　传送带变频器控制电路

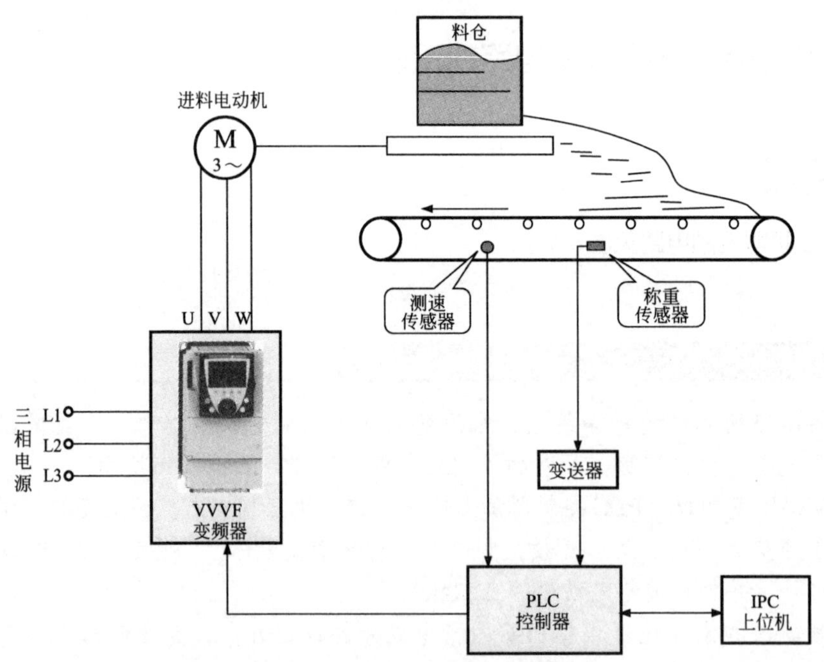

图6-36　传送带PLC及变频器控制电路

6.3.9 冲压机变频器控制电路的识读

冲压机变频器控制电路见图6-37。

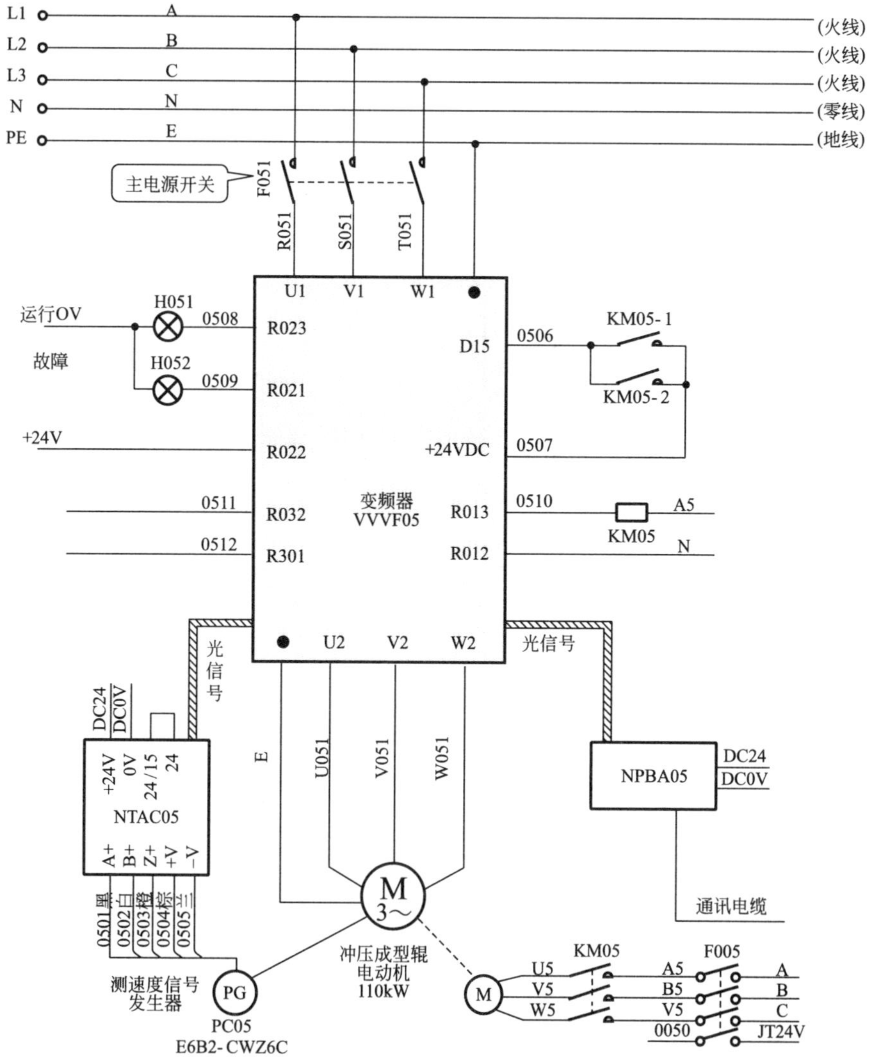

图6-37 变频器在冲压机中的应用实例

该系统中采用了VVVF05通用变频器为电动机供电，三相交流电源经主电源开关F051为变频器供电，将三相电源加到变频器的U1、V1、W1端，经变频器转换控制后，变成频率可变的驱动过电流，为电动机供电，由变频器的U2、V2、W2端输出加到电动机的三相绕组上。测速信号发生器PG为变频器提供速度信号。

6.3.10 电梯驱动控制PLC及变频器控制电路的识读

电梯驱动系统PLC及变频器控制电路见图6-38。

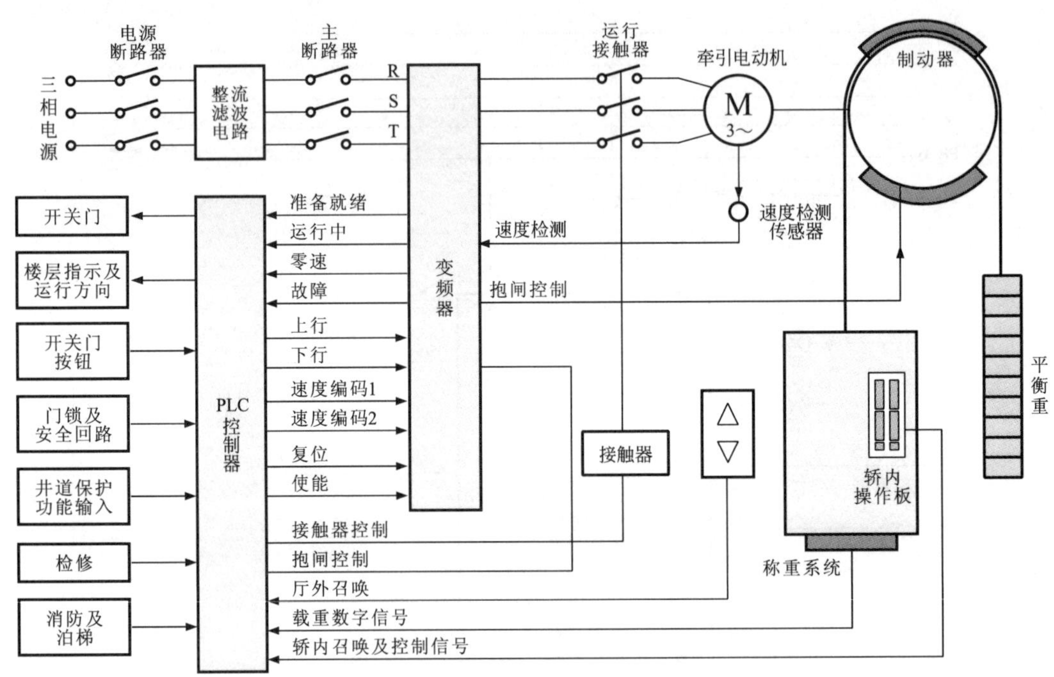

图6-38 电梯驱动系统PLC及变频器控制电路

电梯的驱动是电动机，电动机在驱动过程中运转速度和运转方向都有很大的变化，电梯内、每层楼都有人工指令输入装置，电梯在运行时必须有多种自动保护环节。

三相交流电源经断路器、整流滤波电路、主断路器加到变频器的R、S、T端，经变频器变频后输出变频驱动信号，经运行接触器为牵引电动机供电。

为了实现多功能多环节的控制和自动保护功能，在控制系统中设置了PLC控制器，指令信号、传感信号和反馈信号都送到PLC中，经PLC后为变频器提供控制信号。

6.3.11 多泵电动机驱动PLC及变频器控制电路的识读

多泵系统PLC及变频器控制电路见图6-39。

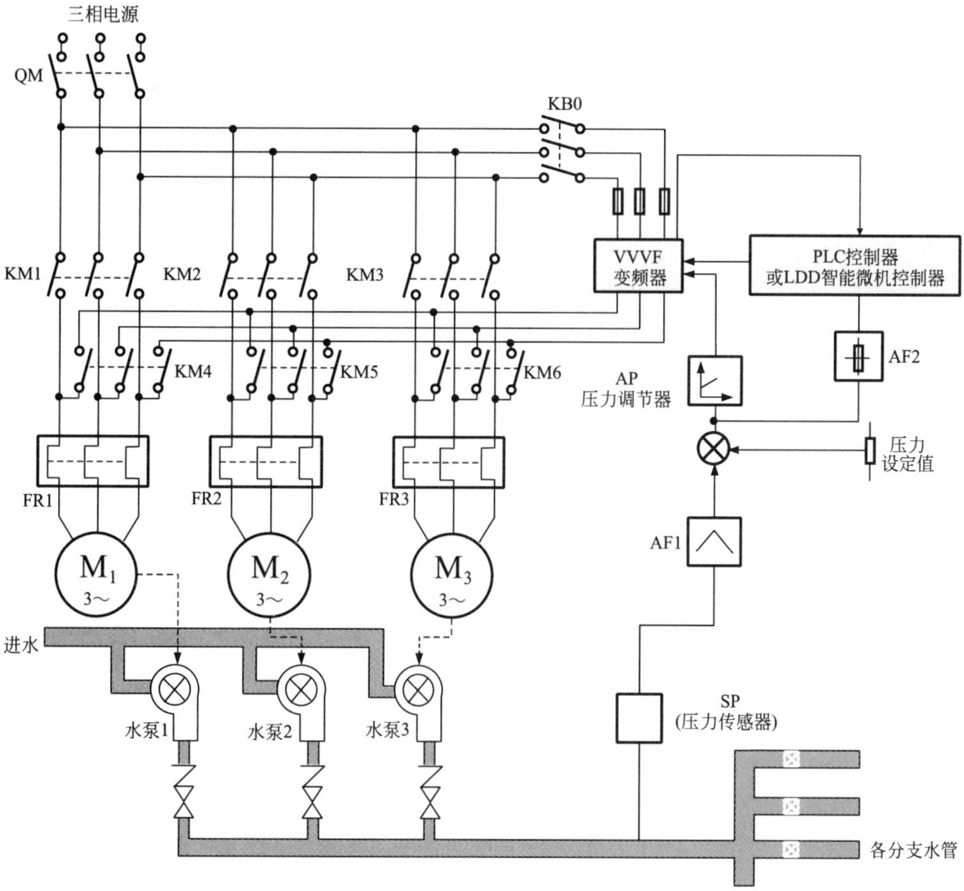

图6-39　多泵系统PLC及变频器控制电路

该泵站系统中设有3个驱动水泵的电动机，统一由一个变频器UF控制，三相交流电源经总电源开关（QM）、接触器和保险管给变频器供电，经变频器后转换为频率和电压可变的驱动信号，加给三台电动机。电动机的运转情况经压力传感器反馈到PLC控制电路和变频器。PLC的控制信号送给变频器作为控制信号。这样就构成了泵站系统的自动控制系统。

第7章 检测及保护电路识图

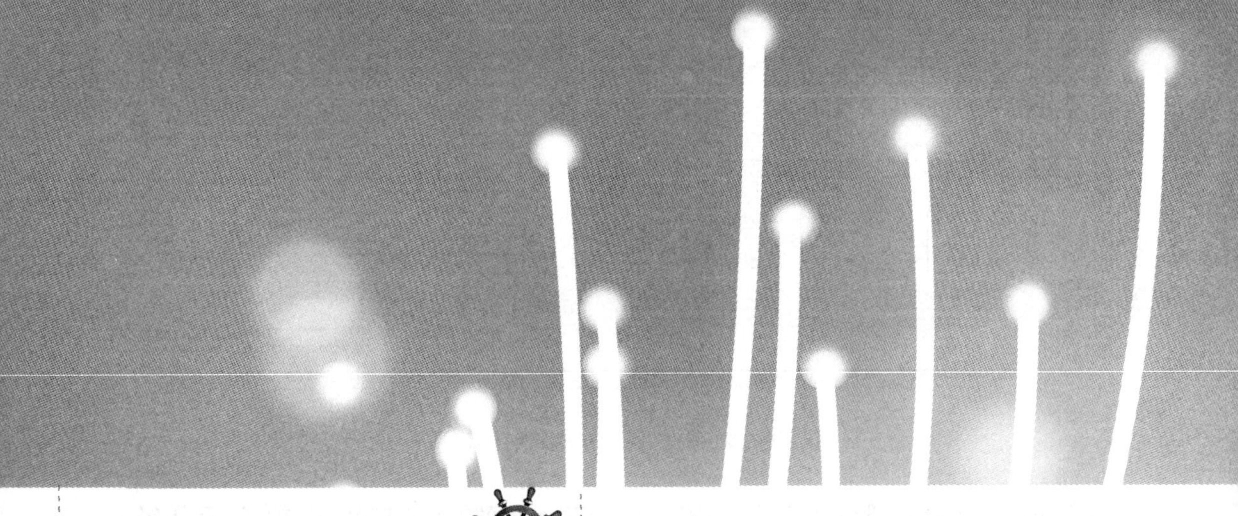

目标

本章从检测及保护电路的功能特点入手，通过对检测及保护电路结构组成的系统剖析，首先让读者建立起检测及保护电路中主要部件的电路功能和电路对应关系。然后，再以典型检测及保护电路为例，系统介绍检测及保护电路的识图特点和识图方法。最后，本章对目前流行且极具代表性的检测及保护电路进行归纳、整理，筛选出各具特色的检测及保护电路实用电路，向读者逐一解读不同检测及保护电路实用电路的识读技巧和识图注意事项，力求让读者迅速掌握检测及保护电路的识图技能。

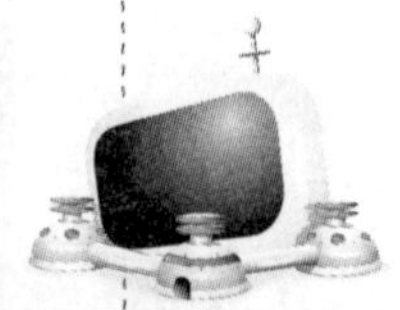

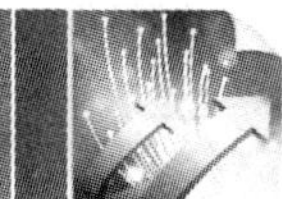

7.1 检测及保护电路的特点及用途

7.1.1 检测及保护电路的功能及应用

（1）断相检测及保护电路的功能

断相检测及保护电路是由断相检测电路、控制器件和继电器等元器件构成的，对供电电源进行检测和保护，进而实现对整个用电设备的实时监控和用电保护。

例如，断相保护电路见图7-1。

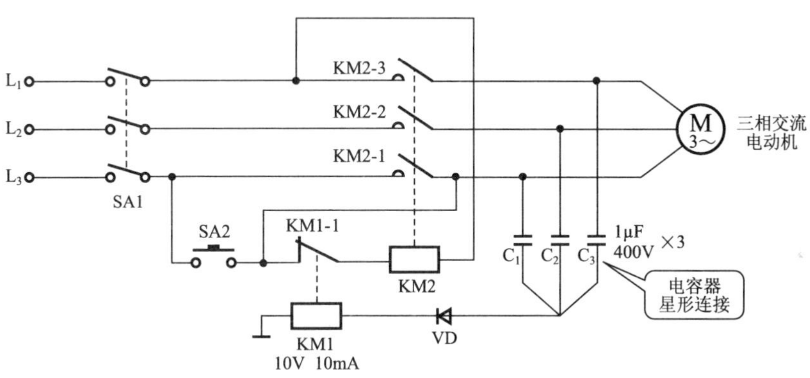

图7–1 断相保护电路

这是简单的检测及保护电路，由电容器星形连接构成。该电路是利用电容器星形连接的特点，通过检测三相电的平衡状态，来判断是否有断相现象产生，再利用三相不平衡产生的电压差转换成控制信号，控制继电器切断三相供电电源，达到保护的目的。

接通电源开关SA1，按下启动开关SA2，接触器KM2的线圈得电，常开触点KM2-1、KM2-2、KM2-3接通，使接触器KM2实现自锁，并为三相交流电动机供电，开始运转。

如线路出现断相故障，致使三相供电不平衡，电容器星形连接点对地就会产生电压，使二极管VD导通，继电器KM1的线圈得电，常闭触点KM1-1断开，同时切断接触器KM2的供电，由KM2的3组常开触点切断三相电源，停止三相交流电动机的供电，从而实现断电保护。

检测及保护电路由于应用环境的不同，其电路功能也不大相同。

三相交流电源的相序检测和相序校正电路见图7-2。

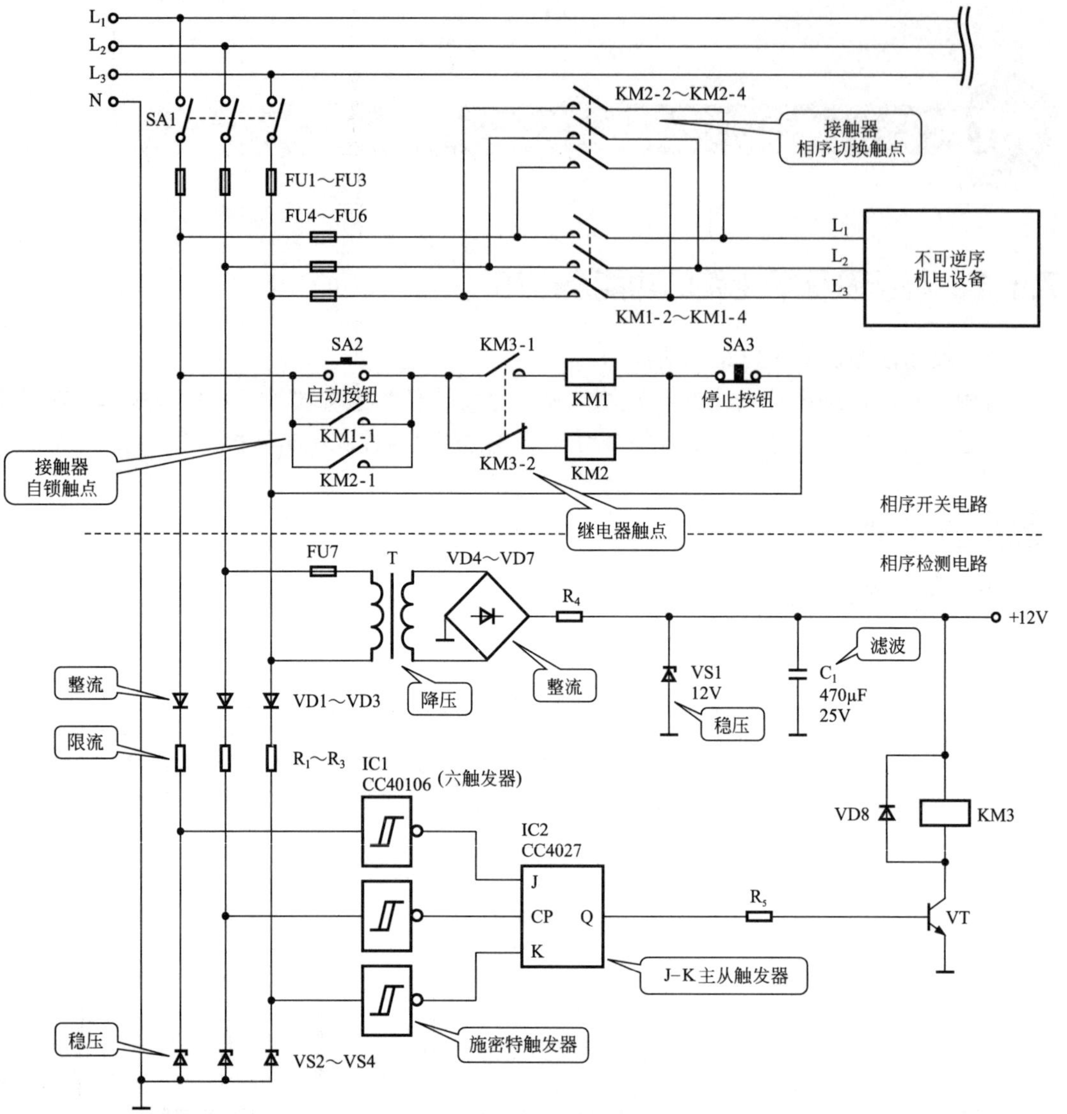

图7-2　三相电相序校正电路

这是由J-K主从触发器构成的三相电相序校正电路，该电路适用于不允许电源相序更变、不可逆序运转的机电设备当中，如水泵设备，只允许电动机正向运转，不能反向运转。采用该电路，当电网的相序发生变化，相序检测电路输出的控制信号控制相序开关电路，使其输出的相序保持恒定不变。如与三相交流电动机对应连接，则可确保电动机转向正确。

相序开关电路中，SA2为启动开关，SA3为停止开关，KM1和KM2为接触器，各有四组常开触点，其中一组为自锁触点，另外三组控制相序切换。

相序检测电路中，变压器T与桥式整流堆VD7 ～ VD10、稳压二极管VS1和电容器C1构成直流电压的整流、滤波、稳压电路，为继电器KM3提供工作电压，对相序开关电路中的开关触点进行控制。而继电器KM3的控制信号则来自触发器IC1和IC2构成的控制电路。

三相电经电源开关SA1、熔断器FU1 ～ FU3后，一路经交流接触器KM1和KM2，进行相

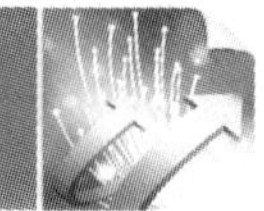

序接环后，为不可逆序机电设备提供恒定相序供电电压；另一路经VD1 ~ VD3整流、R_1 ~ R_3限流、VS2 ~ VS4稳压后，为相序检测电路提供相序信号，其中继电器KM3的工作电压是由L_2和L_3两相电压经过降压、整流、滤波、稳压后生成的+12 V直流电压。

当三相电输入的是正相序三相电时，经施密特触发器IC1反相整形后的方波，依次滞后120° 相位角，分别送给双J-K主从触发器IC2的J、CP、K端。在J-K触发器的时钟CP上升沿来到时，J端为高电平、K端为低电平，输出端Q输出高电平。该信号经R_5加到晶体三极管VT的基极，使其导通，继电器KM3的线圈得电吸合，常开触点KM3-1接通，常闭触点KM3-2断开。

此时，按下启动按钮SA2，交流接触器KM1线圈得电吸合，常开触点KM1-1接通，实现自锁，三组触点KM1-2 ~ KM1-4接通，将输入的正相序三相交流电直接送给不可逆序的机电设备，以供使用。

当三相电输入的三相电源相序不正常时（或出现逆相序情况），三相电压经IC1整形后输出信号的相位顺序失常，CP端有上升沿信号时，J端为负、K端为正，输出端Q输出低电平。该信号经R_5加到晶体三极管VT的基极，使其截止，继电器KM3的线圈断电，常开触点KM3-1断开，常闭触点KM3-2接通。

此时，按下启动按钮SA2，交流接触器KM2线圈得电吸合，常开触点KM2-1接通，实现自锁，三组触点KM2-2 ~ KM2-4接通，将输入的逆相序三相交流电自动换相，切换为正相序，然后输送给不可逆序的机电设备，以供使用。

可见，根据不同的需求，检测及保护电路的结构与所选用的电子元件、控制器件和功能器件也会发生变化，正是通过对这些部件巧妙的连接，使得检测及保护电路可实现各种各样的功能。

（2）漏电检测及保护电路的应用

漏电检测及保护电路最基本的功能就是实现对用电设备及操作人员的保护。而在电工作业过程中，触电是最常见一类事故。它主要是指人体接触或接近带电体时，电流对人体造成的伤害。

为预防触电伤害，除了建立安全操作意识，掌握规范操作方法之外，还可以利用各种检测、校正、保护电路对供电电路进行监测，从硬件设备上预防触电伤害或设备损坏。

例如，漏电保护电路（漏电保护器）的应用见图7-3。

电路中的电源供电线路穿过零序电流互感器的环形铁芯，零序电流互感器的输出端与漏电脱扣器相连接，在被保护电路工作正常，没有发生漏电或触电的情况下，通过零序电流互感器的电流向量和等于零，这样零序电流互感器的输出端无输出，漏电保护器不动作，系统保持正常供电。

当负载或用电设备发生漏电或有人触电时，由于有漏电电流的存在，使供电电流大于返回电流，通过零序电流互感器两路电流的向量和不再等于零，在铁芯中出现了交变磁通。在交变磁通的作用下，零序电流互感器的输出端就有感应电流产生，当达到额定值时，脱扣器驱动断路器自动跳闸，切断故障电路，从而实现保护。

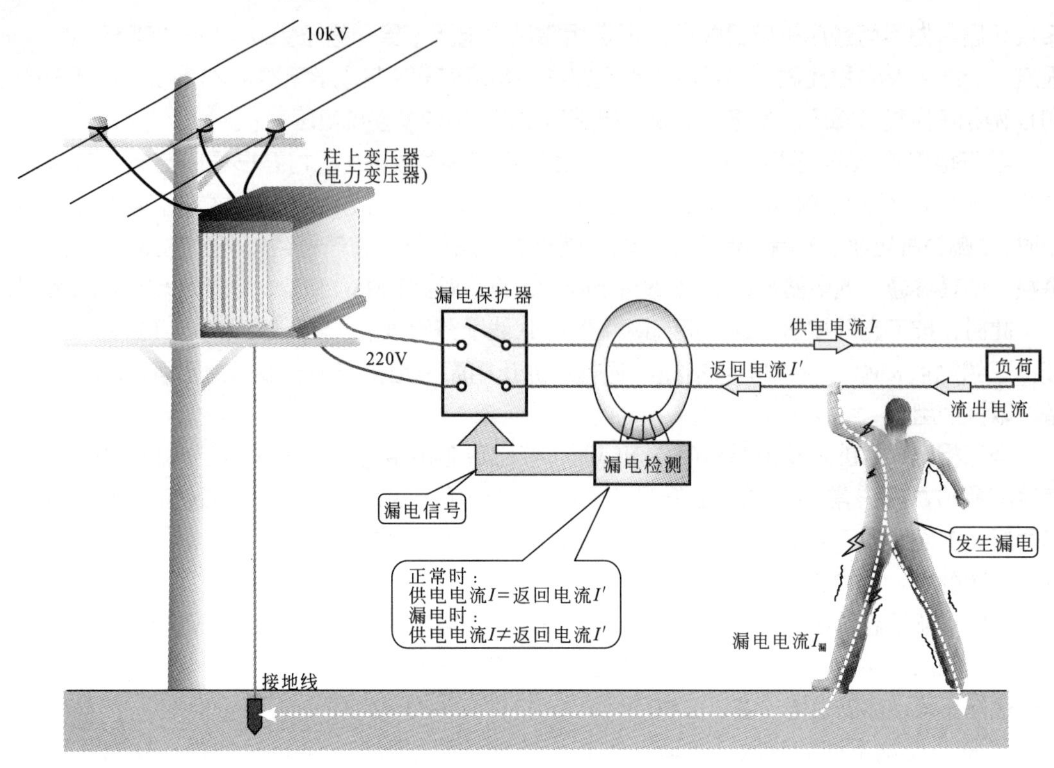

图7-3 漏电保护电路（漏电保护器）的应用

7.1.2 故障检测及保护电路的组成

故障检测及保护电路是由检测器、控制器件和功能器件构成的。在学习识读检测及保护电路之前，首先要了解故障检测及保护电路的组成，明确故障检测及保护电路中各主要检测器件、控制器件以及功能器件的电路对应关系。

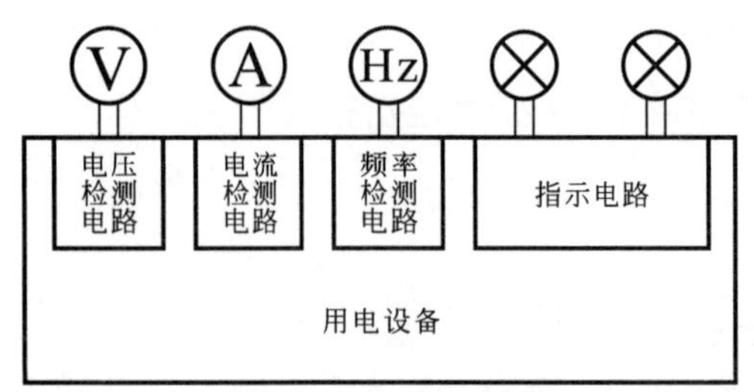

图7-4 故障检测电路的基本构成

故障检测电路的基本构成见图7-4。

故障检测电路除了基本电路以外，最大的特点就是有用于提示的测量表或指示灯。

保护电路的基本构成见图7-5。

用电设备性能的不同，保护电路也各种各样，如过压保护电路、过流保护电路、漏电保护电路、校正电路等。

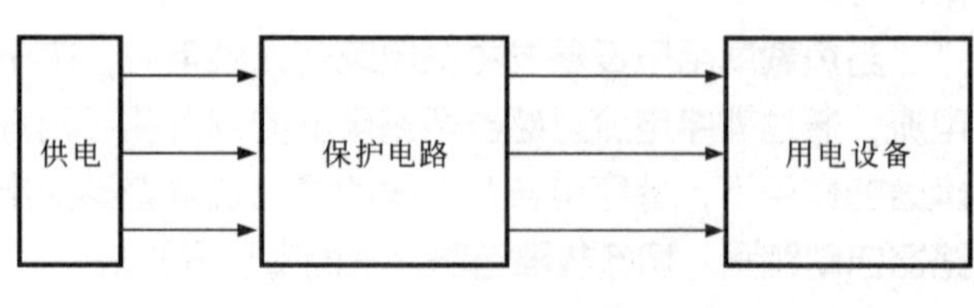

图7-5 保护电路的基本构成

7.2 故障检测及保护电路的识读方法

7.2.1 故障检测及保护电路中的主要元器件

从前面的章节中，大体了解了故障检测及保护电路基本组成，接下来，从故障检测及保护电路中的各主要组成元件、电气部件和功能器件入手，掌握这些电路组成部件的种类和功能特点，为识读检测及保护电路打好基础。

（1）过压、欠压保护器

过压、欠压保护器实物外形见图 7-6。

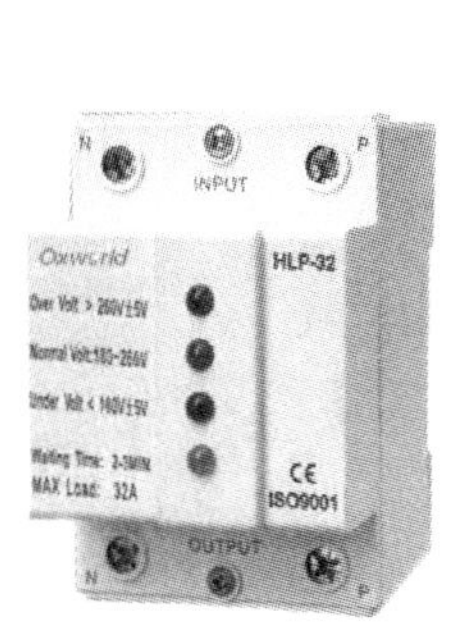

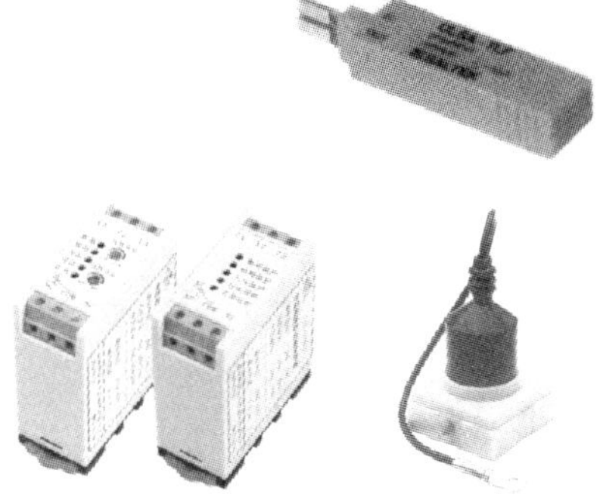

图 7-6 过压、欠压保护器

过压、欠压保护器用于在市电出现过压或欠压的情况下，自动切断负载的供电线路，可防止用电设备因欠压或过压而损坏，

（2）过流保护器

过流保护器实物外形见图 7-7。

过流保护器接在电源供电线路中进行过流检测和保护，如过流保护、浪涌保护、过载保护、限流保护等，当电路出现过流、过载等情况时，会切断电路，起到保护作用。

图 7-7 过流保护器

（3）漏电保护器

漏电保护器实物外形见图 7-8。

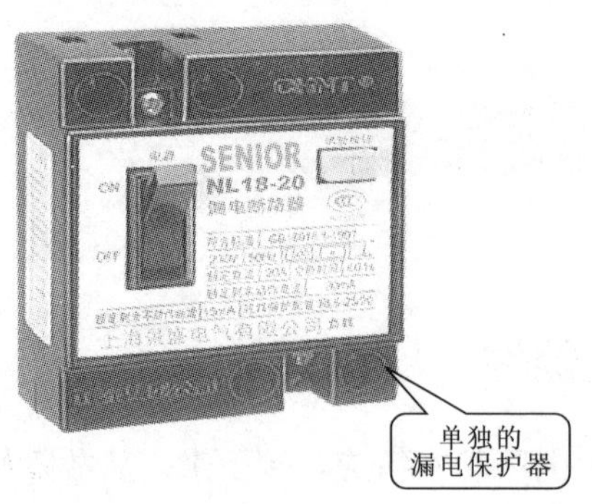

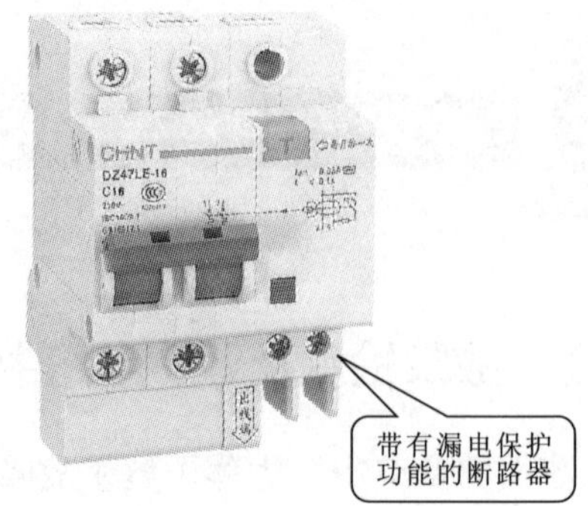

图7-8　漏电保护器

漏电保护器用于在设备漏电或使用者触电的瞬间，进行断电保护的。常见的漏电保护器有单独的漏电保护器和与断路器制成一体的漏电保护器（带有漏电保护功能的断路器）。

（4）交流接触器及继电器

交流接触器及继电器实物外形见图7-9。

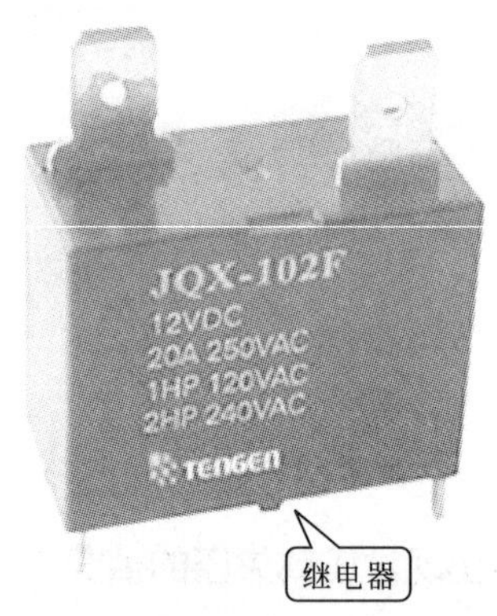

图7-9　交流接触器及继电器实物外形

交流接触器及继电器都是用于保护电路中的器件，通过继电器或交流接触器单独控制部分电路的导通与截止，对用电设备起到保护作用。

（5）相序检测及保护器

相序检测/保护器实物外形见图7-10。

相序检测/保护器用于校正三相电的相序，当三相电处于正相序三相电与逆相序三相电时，相序检测/保护器内部触点的状态不同，可实现相序的校正，使负载设备正常运转。

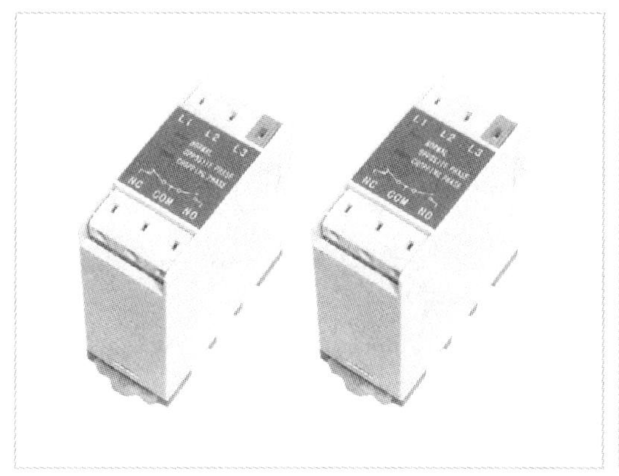

图7-10 相序检测/保护器实物外形

7.2.2 故障检测及保护电路的识读

故障检测及保护电路的结构多样，电子元件、控制部件和功能器件连接组合方式的不同，使得电路功能也千差万别。

因此，在对检测及保护电路进行识读时，通常先要了解检测及保护电路的结构特点，掌握检测及保护电路中的主要组成部件，并根据这些主要器件的功能特点和连接关系，对整个检测及保护电路进行单元电路的划分。

然后，进一步从控制部件入手，对检测及保护电路的工作流程进行细致的解析，搞清检测及保护电路工作的细节，完成检测及保护电路的识读过程。

（1）过压保护电路

过压保护电路也称为过压、欠压保护电路，主要用于对电气设备的供电电路进行检测和保护，当电压过高或过低时，都会自动切断电气设备的供电，防止电气设备损坏。

① 过压保护电路结构特点的识读　在过压保护电路中，首先根据电路符号和文字标识，找到主要组成部件，并根据主要组成部件的功能特点和连接关系划分单元电路。

过压、欠压保护电路的符号含义及电路结构的识读见图7-11。

在过压、欠压保护电路图上，会看到图中包含了许多电路符号、文字标识、线条等元素，这些元素即为该电路的识读信息，在电路中均起到不同的作用。如“～”为交流信号标识；“ ”表示变压器；“ ”表示桥式整流堆；“ ”表示二极管；“ ”表示继电器线圈等。因此，了解电路符号及标识方法是识读过压、欠压保护电路的重要前提。

② 从控制部件入手，理清过压保护电路的工作过程

过压、欠压保护电路流程的识读见图7-12 ～图7-14。

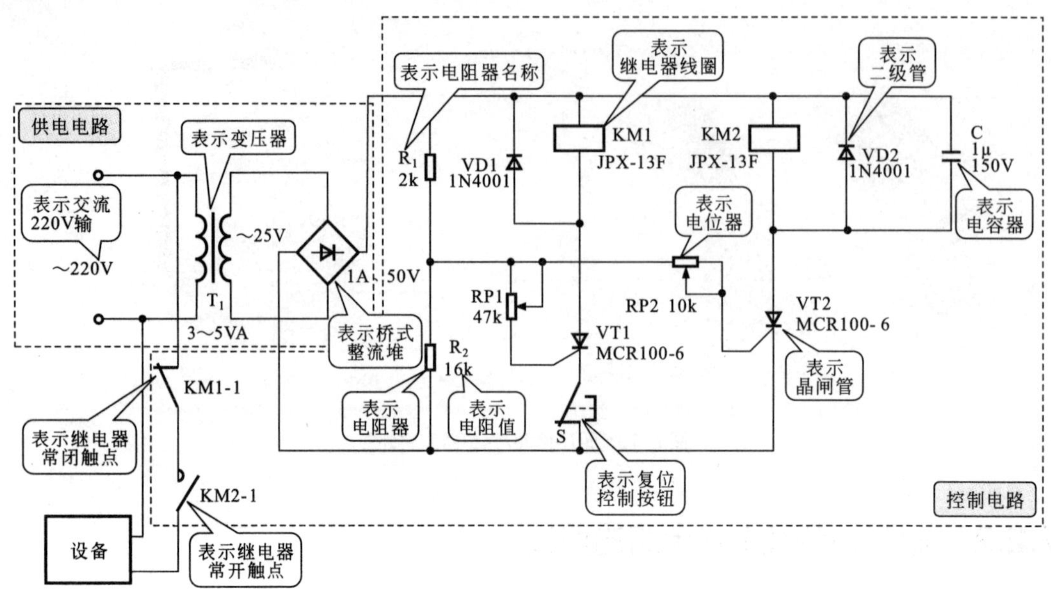

图7-11 过压、欠压保护电路的符号含义及电路结构的识读

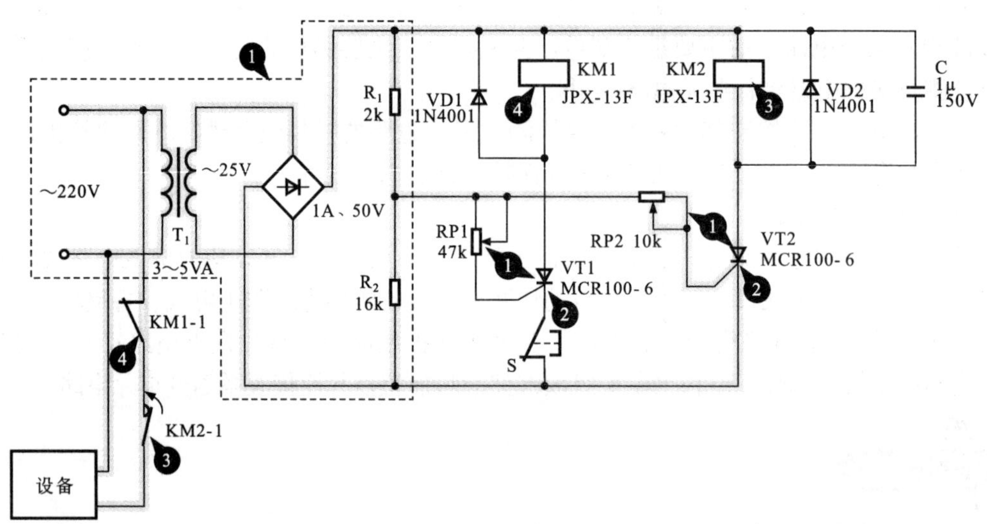

图7-12 市电正常情况下的工作状态

❶ 交流220 V电压由变压器T_1降压后，经桥式整流堆整流，再由R_1、R_2进行分压，为电位器RP1、RP2及晶闸管VT1、VT2提供电压。

❷ 在市电电压在170 ~ 240 V时，晶闸管VT1截止，晶闸管VT2导通。

❸ 继电器KM2线圈得电，常开触点KM2-1接通，负载设备接通电源启动工作。

❹ 此时继电器KM1仍处于释放状态，常闭触点KM1-1仍处于接通状态。

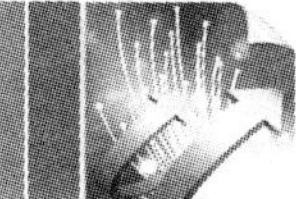

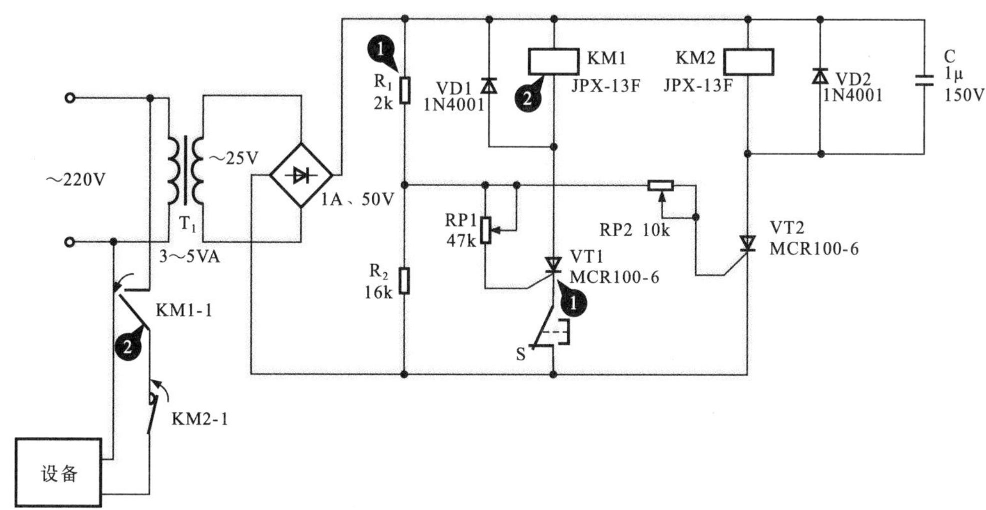

图7-13 市电电压高于240 V的工作状态

❶ 当市电电压高于240 V时，RP1两端的电压降升高，VT1导通。

❷ 继电器KM1线圈得电，常闭触点KM1-1断开，切断供电电路的供电电源，起到过压保护作用。

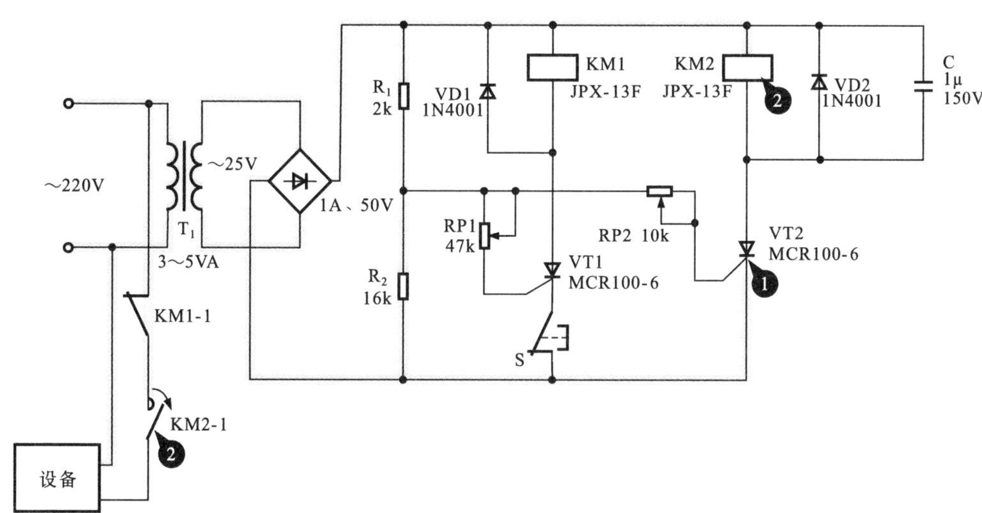

图7-14 市电电压低于170 V的工作状态

❶ 当市电电压低于170 V时，单向晶闸管VT2的触发极电压过低而截止。

❷ 继电器KM2线圈失电，常开触点KM2-1断开，切断供电线路的供电电压，起到欠压保护作用。

经电路分析，当市电电压正常时，晶闸管VT2导通，接触器KM2触点动作，接通负载的供电电压；当电压过高时，晶闸管VT1导通，接触器KM1触点动作，切断负载的供电电压，起到过压保护作用；当电压过低时，晶闸管VT2截止，接触器触点复位，断开负载的供电电压，起到欠压保护作用。

（2）过流保护电路

过流保护电路包括过流保护、浪涌保护、过载保护、限流保护等电路，下面以典型三相电过流保护点过为例进行介绍。

① 过流保护电路结构特点的识读　在过流保护电路中，首先根据电路符号和文字标识，找到主要组成部件，并根据主要组成部件的功能特点和连接关系划分单元电路。

三相电过流保护电路的符号含义及电路结构的识读见图7-15。

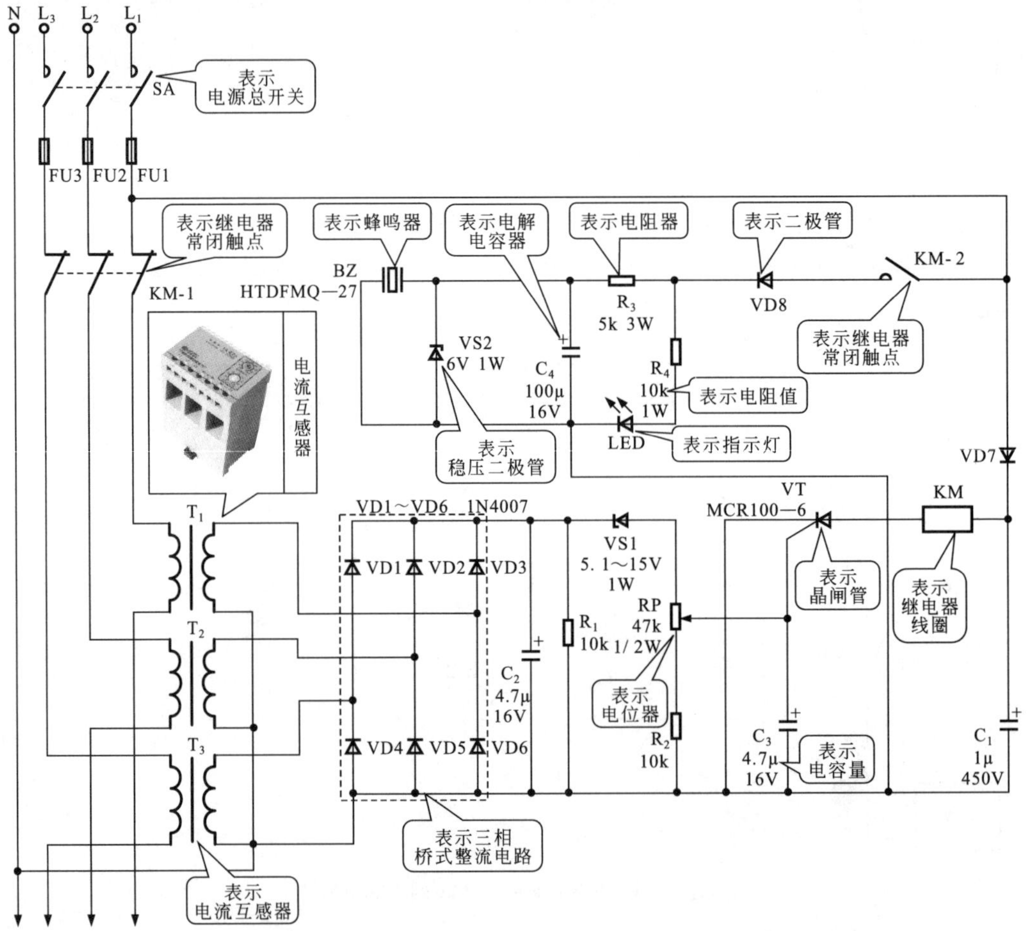

图7-15　三相电过流保护电路的符号含义及电路结构的识读

过流保护电路的电路符号同电压保护电路相同，也是通过电路图中的不同电路符号及文字标识进行识读，通过识读电路上的符号信息及文字信息，可进一步识读该电路的信号流程。

② 从控制部件入手，理清电流保护电路的工作过程

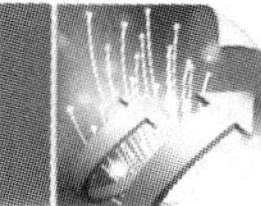

电流保护电路流程的识读见图7-16、图7-17。

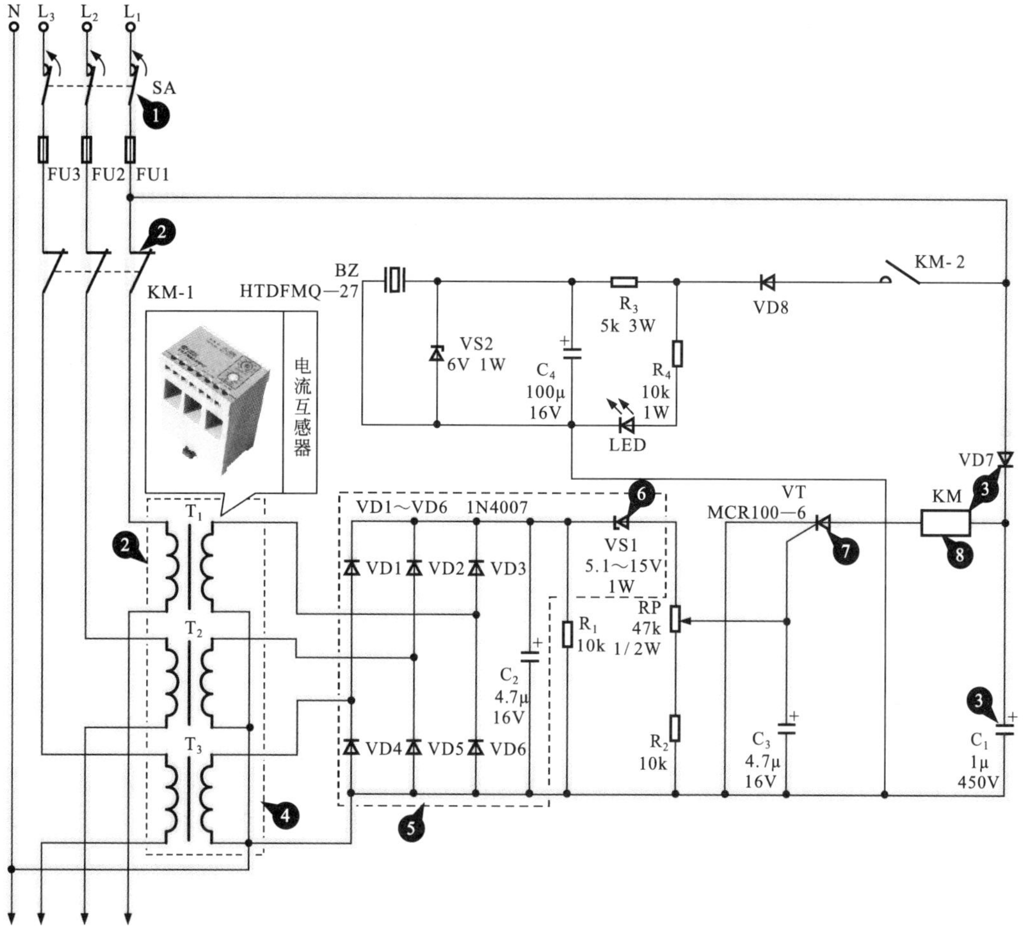

图7–16　负载电流超过设定值时的工作状态

❶ 合上电源总开关SA，L_1、L_2、L_3端提供380 V供电电压。

❷ 经继电器常闭触点KM-1进入电流互感器T_1 ~ T_3为过流检测电路供电。

❸ 其中相线L_1提供220 V，由二极管VD7进行半波整流，C_1滤波后，为继电器KM供电。

❹ 电流互感滤波器对380 V供电电流进行检测。

❺ 将检测值经三相桥式整流电路VD1 ~ VD6和电容器C_2整流滤波。

❻ 将整流滤波后的电压加到稳压二极管VS1的负极上，当负载电流未超过设定值时，稳压二极管VS1截止，对后级电路没有作用。当负载电流超过设定值，稳压二极管VS1就会导通。

❼ 给晶闸管VT送去触发信号，使其导通。

❽ 继电器KM的线圈得电动作，并会切断三相电源。

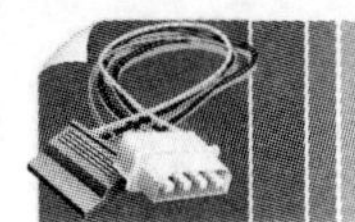

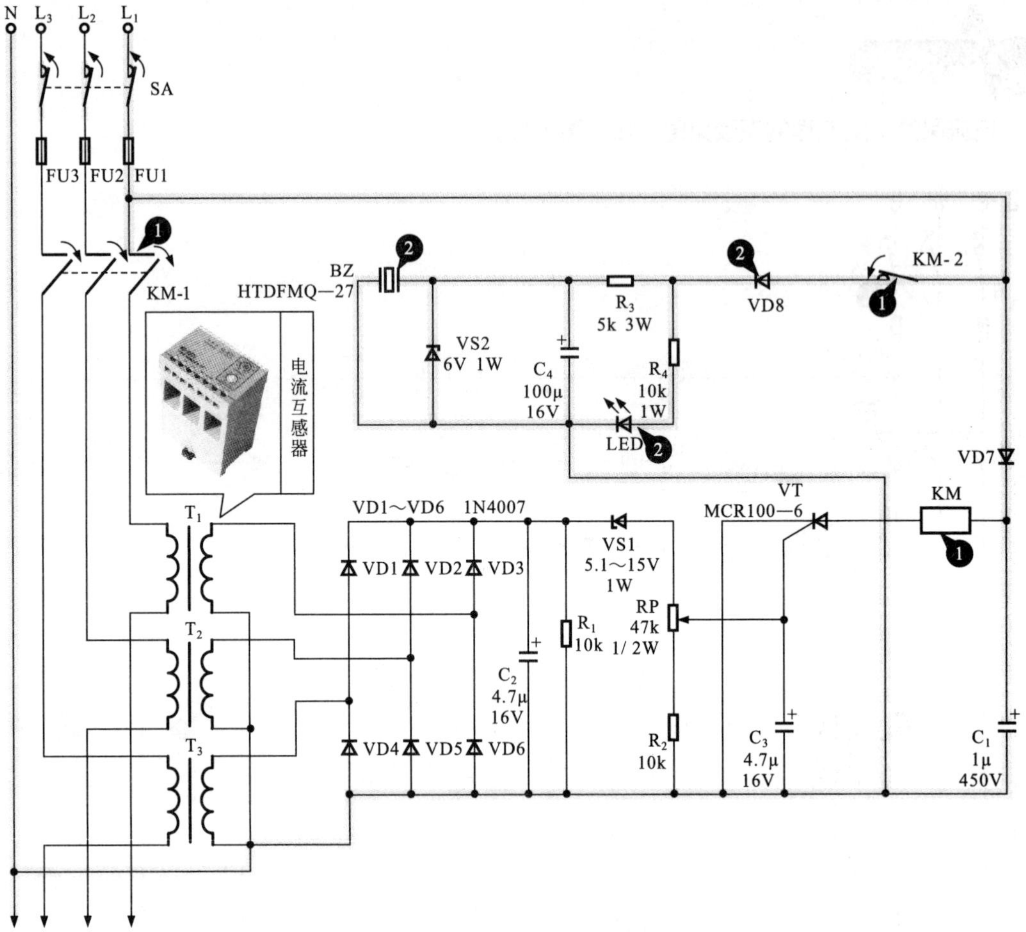

图7-17　电路处于保护状态

❶ 继电器KM的线圈得电后，常闭触点KM-1断开，切断供电电路。此时，继电器KM的常开触点KM-2接通。

❷ 相线L1提供的220 V经VD8半波整流后，使指示灯LED发光，蜂鸣器BZ鸣响，提示线路处于过流保护状态。

经电路分析，电路通过晶闸管的导通与截止来接通与断开继电器的供电，当负载电流正常时晶闸管截止，继电器仍处于释放状态，当负载电流出现过载时，晶闸管导通，接触器得电，触点动作，进而断开电路起到保护作用，该电路适用于三相小功率供电系统中。

（3）漏电保护电路

漏电保护器的特性不受电源电压的影响，环境温度对特性影响也很小，耐压冲击能力强，外界磁场干扰小，并具有结构简单、进出可倒接等优点，但耐机械冲击振动能力较差。

① 漏电保护电路结构特点的识读　在漏电保护电路中，首先根据电路符号和文字标识，找到主要组成部件，并根据主要组成部件的功能特点和连接关系划分单元电路。

三相漏电保护电路的符号含义及电路结构的识读见图7-18。

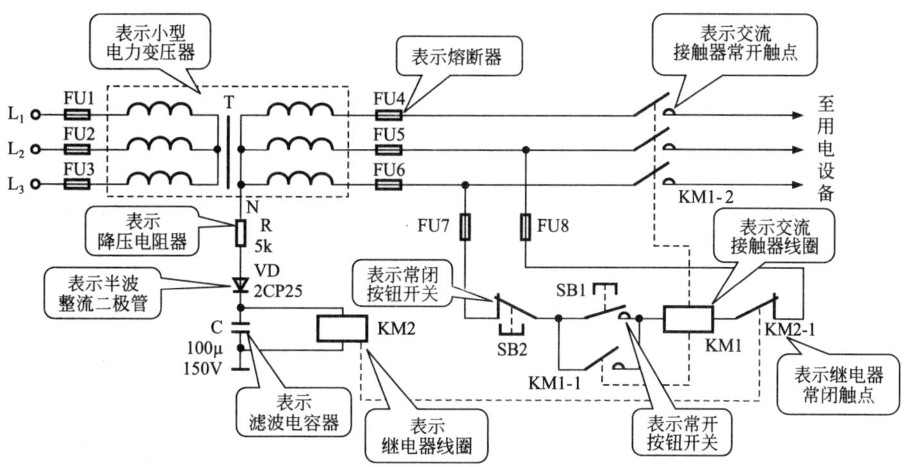

图7-18　三相漏电保护电路的符号含义及电路结构的识读

该电路主要由电力变压器T、交流接触器KM1、继电器KM2、常开按钮开关SB1、常闭按钮开关SB2和一些其他外围元器件构成，识读出各符号及文字标识的标识含义后，即可进行电路流程的识读。

② 从控制部件入手，理清漏电保护电路的工作过程

三相漏电保护电路流程的识读见图7-19～图7-21。

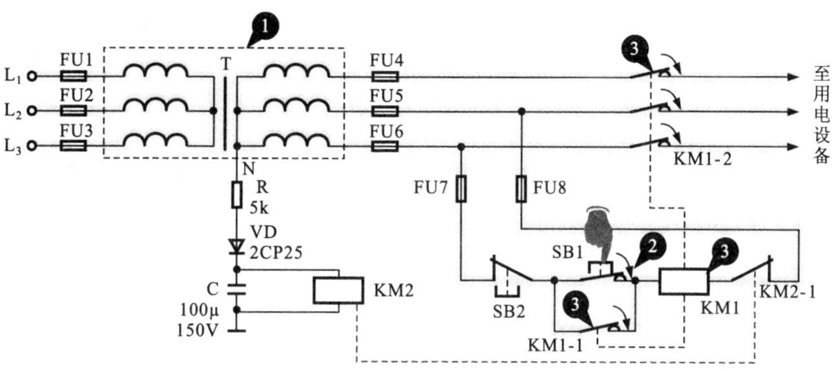

图7-19　三相漏电保护电路未进入保护状态

❶ 三相电经电力变压器T从次级绕组输出，交流接触器由两相线经熔断器FU7、FU8为控制电路供电。

❷ 按下常开按钮SB1。

❸ 交流接触器KM1线圈得电，常开触点KM1-1接通，实现自锁，常开触点KM1-2接通，为用电设备供电。

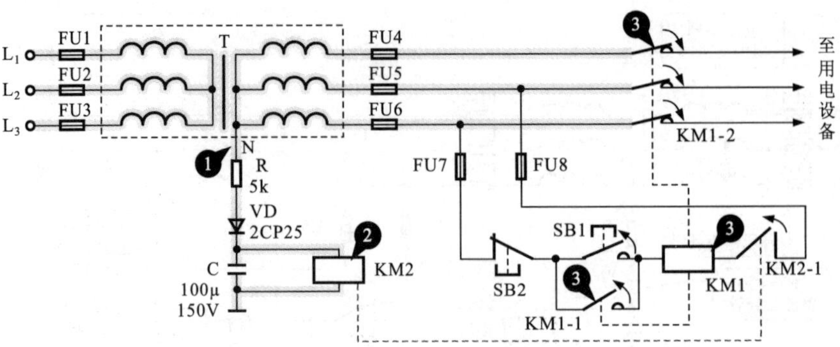

图7-20　三相漏电保护电路进入保护状态

❶ 当有人触摸到线路中的某一相线并与大地构成回路时，电力变压器T的零线（N）就会产生电压。

❷ 经整流后加到继电器KM2的线圈上，使其常闭触点KM2-1断开。

❸ 交流接触器KM1线圈失电，常开触点KM1-1、KM1-2断开，切断电力变压器到用电设备之间的线路，起到了保护的作用。

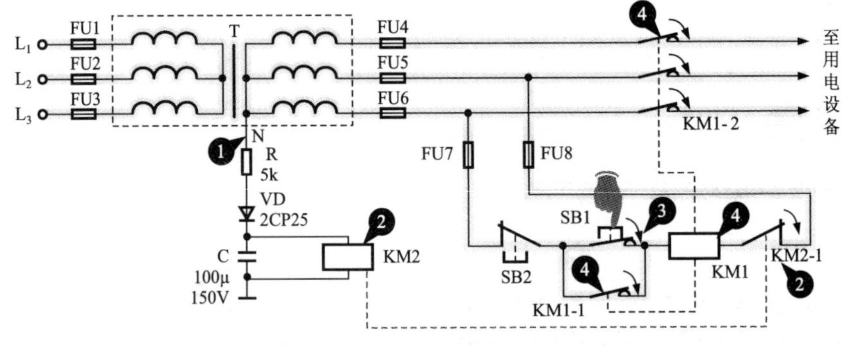

图7-21　再次进入正常工作状态

❶ 一旦人脱离三相电源，电力变压器次级绕组零线上的电压就会消失。

❷ 继电器KM2线圈失电，常闭触点KM2-1复位接通。

❸ 再次按下常开按钮SB1。

❹ 交流接触器KM1再次得电，常开触点KM1-1接通，实现自锁，常开触点KM1-2接通，为用电设备供电。

（4）单相供电保护电路

单相供电保护电路主要功能就是对火线和零线错接、短接等异常情况发生时进行校正和保护的电路。

① 单相供电保护电路结构特点的识读　在单相供电保护电路中，首先根据电路符号和文字标识，找到主要组成部件，并根据主要组成部件的功能特点和连接关系划分单元电路。

单相校正电路的符号含义及电路结构的识读见图7-22。

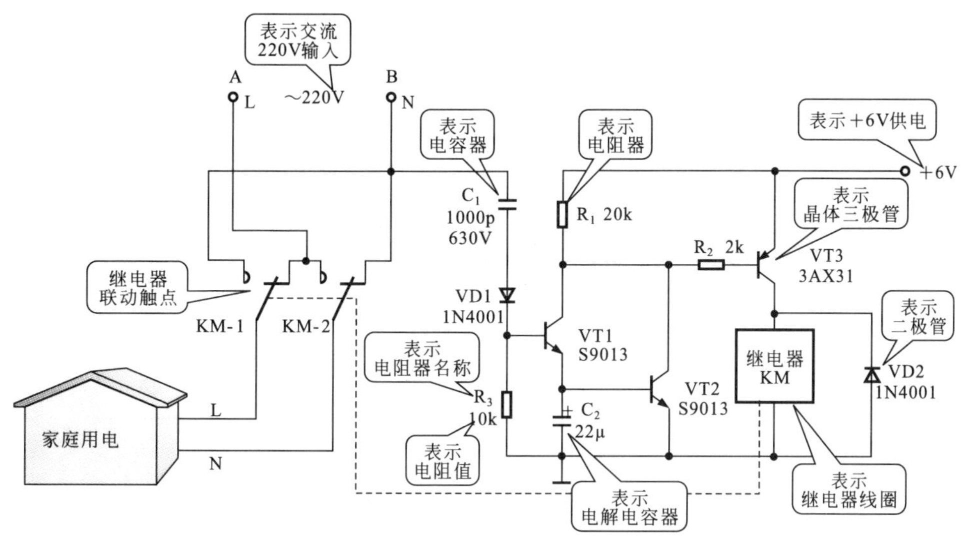

图7-22　单相校正电路的符号含义及电路结构

该电路主要由继电器、晶体三极管、电容器、电阻器和二极管等器件构成，通过识读该电路的电路符号及文字标识，为进一步识读电路流程奠定基础。

② 从控制部件入手，理清单相供电保护电路的工作过程

单相校正电路流程的识读见图7-23、图7-24。

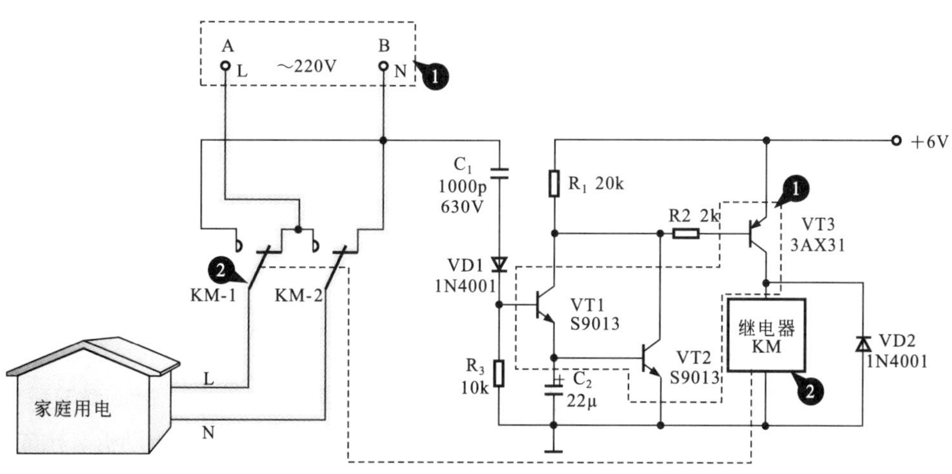

图7-23　A端连接火线（L），B端连接零线（N）时

❶ 当线路的A端连接火线（L），B端连接零线（N）时，晶体三极管VT1 ~ VT3截止。

❷ 继电器KM不动作，其两个联动触点也不动作，校正电路保持静止状态。火线（L）和零线（N）直接经常闭触点供家庭用电使用。

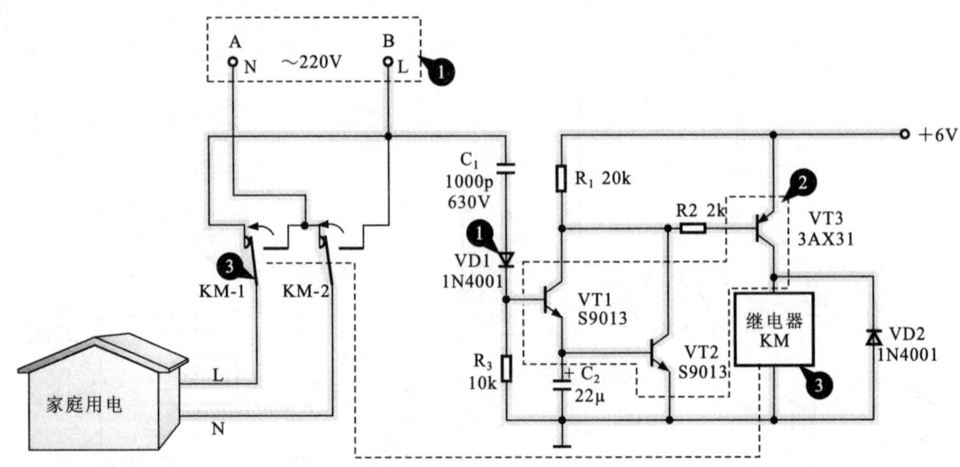

图7-24　线路的A端连接零线（N），B端连接火线（L）时

❶ 当线路的A端连接零线（N），B端连接火线（L）时，校正电路中的二极管VD1导通。

❷ 晶体三极管VT1 ～ VT3也都导通。

❸ 继电器KM动作，其联动触点改变工作状态，常开触点接通，常闭触点断开。火线（L）和零线（N）经常开触点后供家庭用电的线路极性不变。

经过电路分析，该电路火线（L）与零线（N）可任意接在A、B两端，由晶体管的导通与断开控制继电器KM线圈的供电，进而控制触点动作，实现单相校正保护。由于该电路具有自动识别，自动校正火线（L）与零线（N）的功能，也就是说无论输入端的线路是如何连接的，经过该电路后，输出端的火线（L）、零线（N）位置不变，便于对线路不了解的人员进行操作。

（5）三相供电保护电路

三相供电保护电路在不同的供电环境下，其电路结构各有不同，下面以三相电相序校正电路为例进行介绍。

① 三相供电保护电路结构特点的识读　在三相供电保护电路中，首先根据电路符号和文字标识，找到主要组成部件，并根据主要组成部件的功能特点和连接关系划分单元电路。

三相电相序校正电路的符号含义及电路结构的识读见图7-25。

该电路主要由电源总开关SA、熔断器FU1 ～ FU3、接触器KM1/KM2、时间继电器KT、相序检测/保护器XA、指示灯HL1/HL2、过热保护继电器FR、三相交流感应电动机等构成。识读出该电路中的各符号表示含义后，即可进行电路流程的识读。

② 从控制部件入手，理清三相供电保护电路的工作过程

三相电相序校正电路流程的识读见图7-26、图7-27。

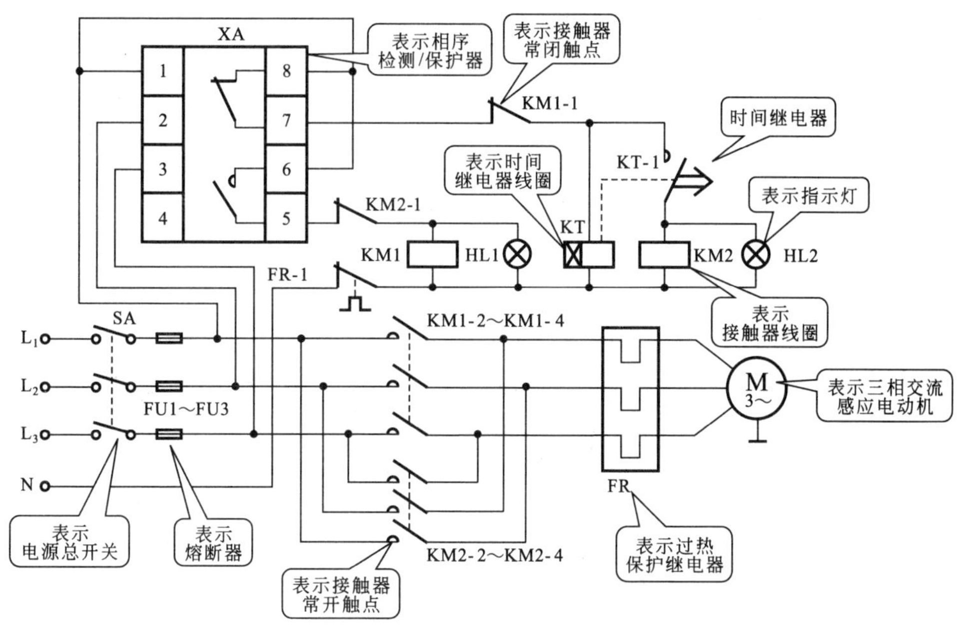

图7-25 三相电相序校正电路的符号含义及电路结构的识读

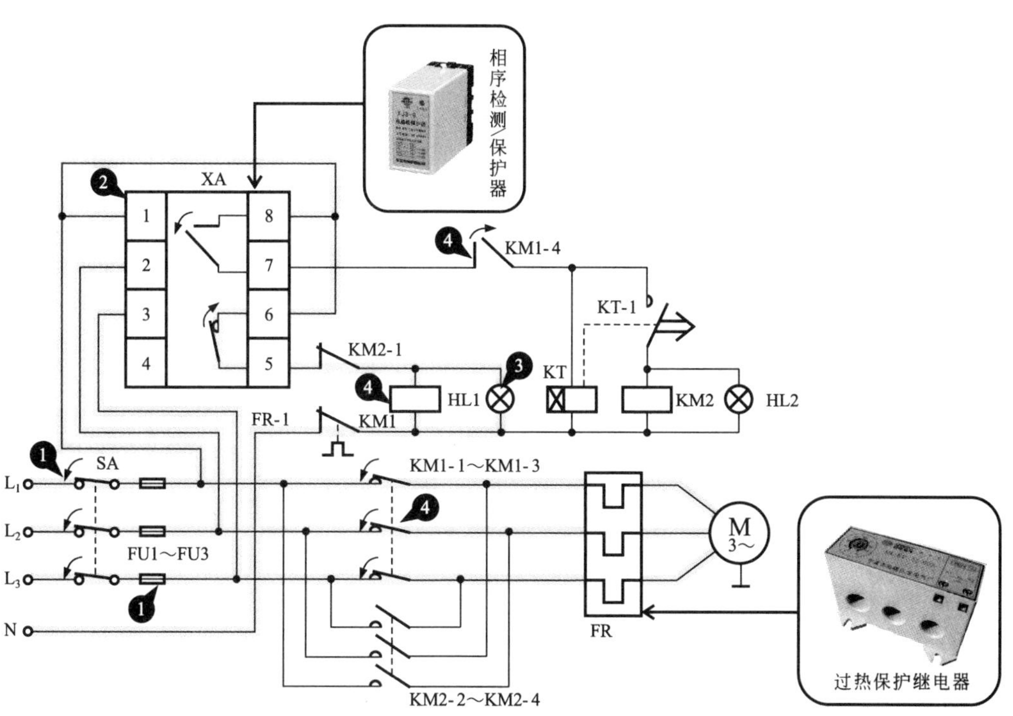

图7-26 三相电处于正相序三相电时的流程

❶ 接通电源开关SA，三相电通过熔断器FU1 ～ FU3送入保护电路中。

❷ 当三相电处于正相序三相电时，相序保护器XA内部的继电器工作，⑦脚和⑧脚之间的常闭触点断开，⑤脚和⑥脚之间的常开触点接通。

❸ 指示灯HL1点亮。

❹ 接触器KM1的线圈得电，常开触点KM1-1、KM1-2、KM1-3接通，三相交流电动机正向运转。同时常闭触点KM1-1断开。

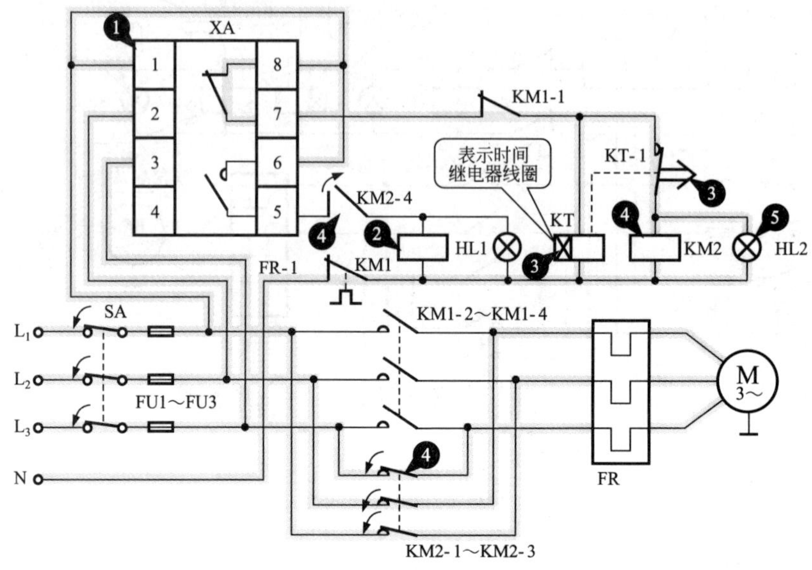

图7-27　三相电处于逆相序三相电时的流程

❶ 当三相电处于逆相序三相电时，相序保护器XA内的触点不动作。

❷ 接触器KM1不工作。

❸ 时间继电器KT得电延迟1 ～ 2 s，即常开触点KT-1接通。

❹ 使接触器KM2的线圈得电，常开触点KM2-1、KM2-2、KM2-3接通，三相交流电动机供电线路换相仍保持正向运转。常闭触点KM2-4断开。

❺ 同时指示灯HL2点亮。

提示

相序保护器内部的继电器通电后，⑦脚和⑧脚之间常闭触点的断开需要一定的时间，因此需要加入延迟电路，以避免三相电换相时，出现短路现象。

7.3 检测及保护电路的识读

7.3.1 过流保护电路的识读实例

过流保护电路主要是由晶体三极管、晶闸管和继电器进行控制。该电路可对流过负载的电流进行检测，一旦检测到超过额定值的负载电流，就会自动启动工作，切断负载的供电线路。掌握过流保护电路的识读对于设计、安装、改造和维修检测和控制电路有所帮助。

（1）过流保护电路结构组成的识读

识读过流保护电路，首先要了解该电路的组成，明确电路中各主要部件与电路符号的对应关系。

过流保护电路的结构组成见图7-28。

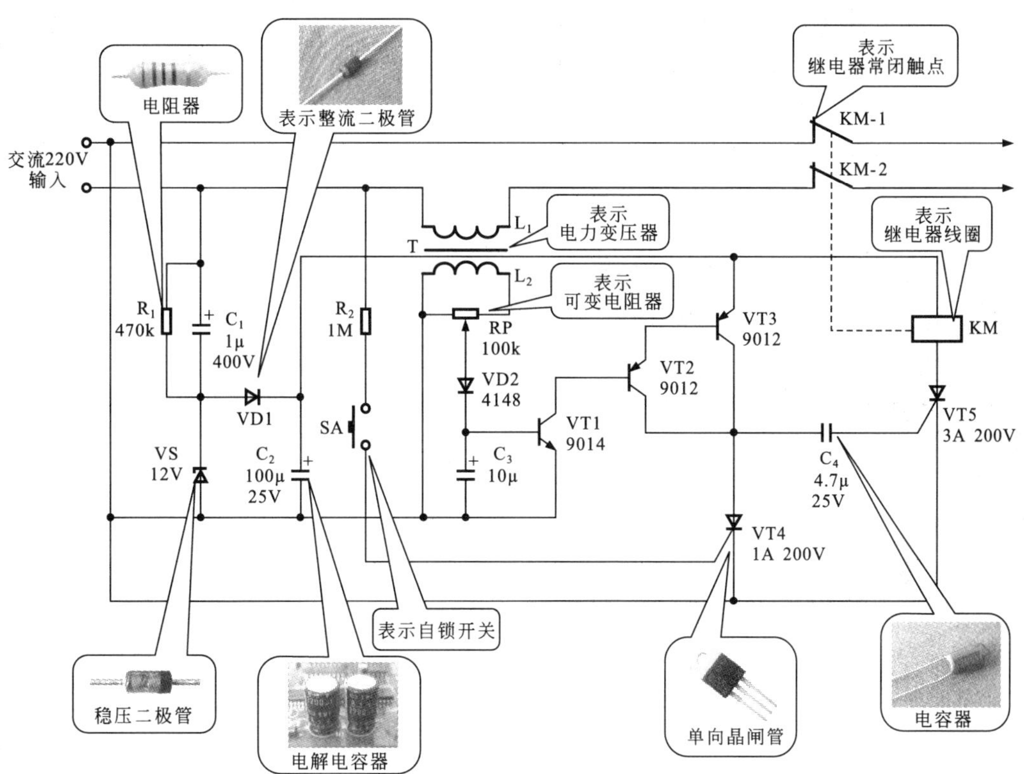

图7-28 过流保护电路的结构组成

过流保护电路是由交流220V供电，电路结构是由继电器及其常闭触点、电力变压器可变电阻器、稳压二极管、整流二极管、晶体管极端、晶闸管、电解电容器等组成。

（2）过流保护电路工作过程的识读

对过流保护电路工作过程的识读，通常会从电路的工作原理入手，通过对电路信号流程的分析，掌握过流保护电路的工作过程及功能特点。

过流保护电路电流正常时的工作过程见图7-29。

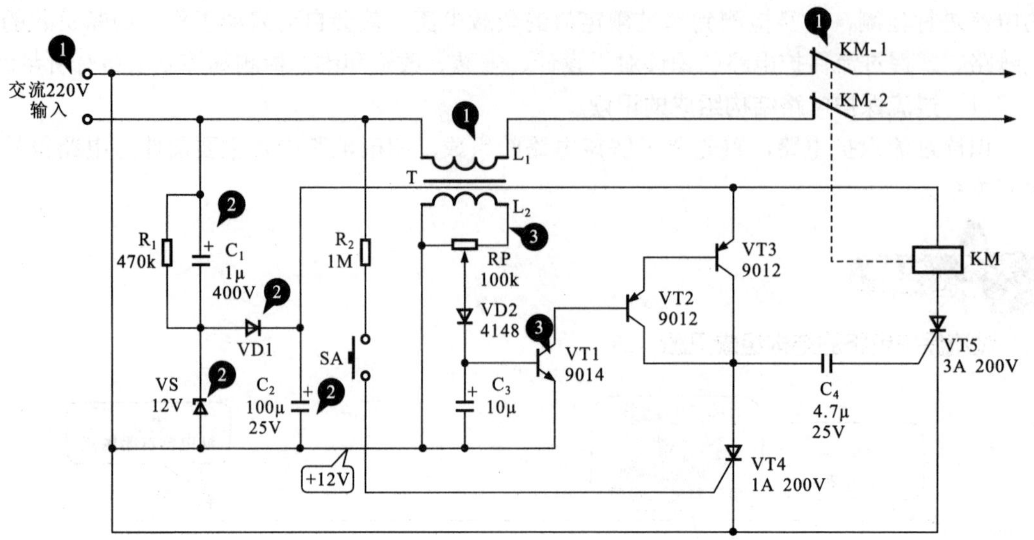

图7-29　过流保护电路点流程尝试的工作过程

❶ 交流220 V经电流互感器T的初级绕组L_1、继电器常闭触点KM-1和KM-2为负载供电。

❷ 串联在供电线路中的检测电路，由R_1C_1降压，稳压二极管VS稳压，二极管VD1半波整流、电容器C_2滤波后得到DC 12 V直流电压，为控制电路供电。

❸ 电路中电流正常时，电流互感器T的次级线圈L_2感应电压较小，晶体三极管VT1截止，后级电路不工作，KM不动作。

过流保护电路电流过大时的工作过程见图7-30。

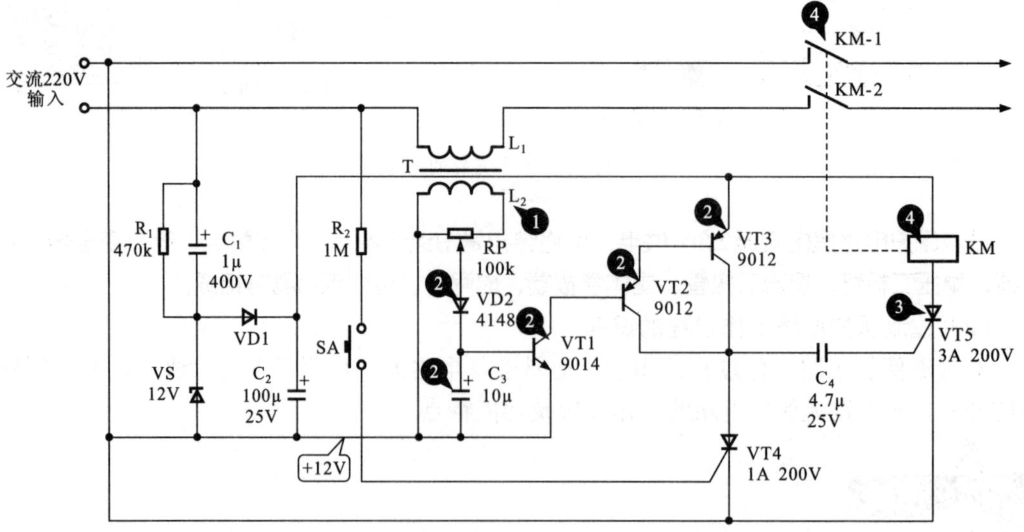

图7-30　过流保护电路电流过大时的工作过程

❶ 当负载电流过大时，电流互感器T的次级线圈L_2产生感应电压升高。

❷ 经过整流二极管VD2和电容器C3半波整流滤波后，使晶体三极管VT1、VT2和VT3相继导通。

❸ 当晶体三极管VT1、VT2、VT3导通后，为单向晶闸管VT5送入触发信号，使其导通。

❹ 继电器KM的线圈得电工作，其常闭触点KM-1和KM-2断开，切断负载的供电线路，起到保护作用。

经对过流保护电路的分析，当电流正常的情况下，电路可以直接为负载设备供电，当电路中出现过流或过载时，晶体三极管导通使晶闸管导通，继电器线圈得电工作，常闭触点断开，停止为负载设备进行供电，起到保护作用。当线路进入电流保护状态，在排除故障因素后，按下开关SA，可使继电器KM失电复位，恢复供电。

7.3.2 漏电保护电路的识读实例

漏电保护电路是由单向晶闸管和继电器等控制。该电路几乎不受电源电压的影响，环境温度对特性影响也很小，耐压冲击能力强，外界磁场干扰小，结构简单。掌握漏电保护电路的识读对于设计、安装、改造和维修供电及保护电路有所帮助。

（1）漏电保护电路的结构组成的识读

识读漏电保护电路，首先要了解该电路的组成，明确电路中各主要部件与电路符号的对应关系。

漏电保护电路的结构组成见图7-31。

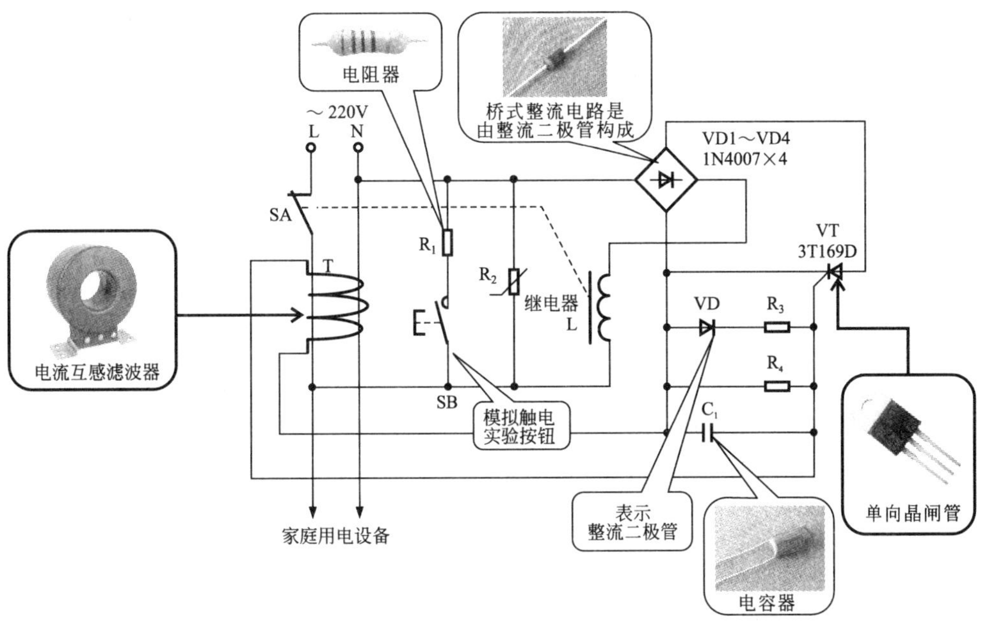

图7-31　漏电保护电路的结构组成

漏电保护电路是由继电器及其控制触点、桥式整流电路、单向晶闸管、电流互感器、热敏电阻器、二极管、电容器等构成。

（2）漏电保护电路工作过程的识读

对漏电保护电路工作过程的识读，通常会从电路的工作原理入手，通过对电路信号流程的分析，掌握漏电保护电路的工作过程及功能特点。

漏电保护电路正常运转时的工作过程见图7-32。

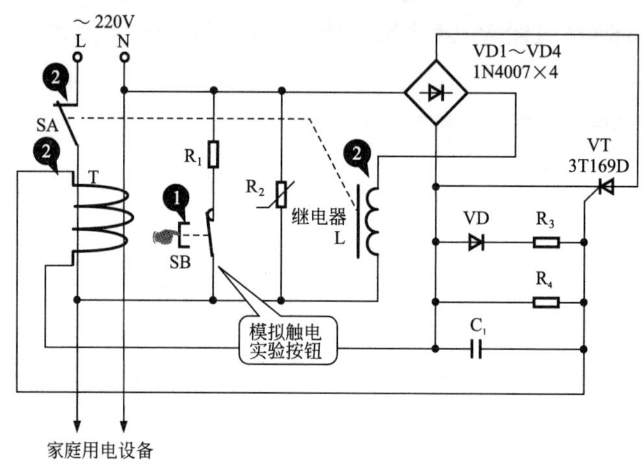

图7-32　漏电保护电路正常运转时的工作过程

❶ 模拟触电开关SB闭合。

❷ 在无漏电的情况下，也就是没有人触电时。电源供电线路L、N的电流平衡电流互感滤波器T的电压为零，继电线圈L无电流，常闭电源开关SA不动作，漏电保护电路正常运转。

漏电保护电路发生漏电现象时的工作过程见图7-33。

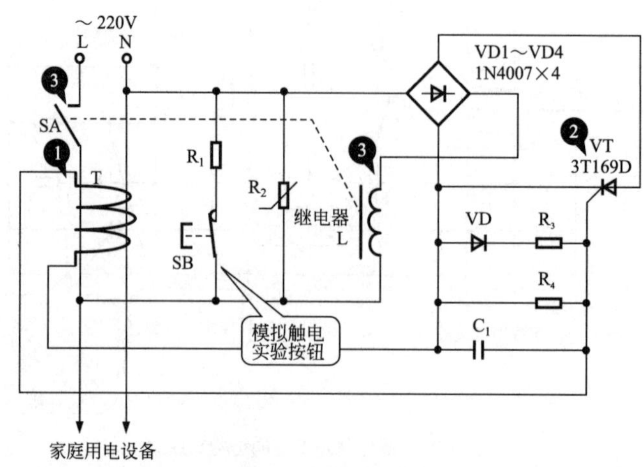

图7-33　漏电保护电路发生漏电现象时的工作过程

❶ 当线路中发生触电或漏电事故时，电流互感器T中检测到火线和零线之间的电流不平衡，产生感应电动势。

❷ 感应电动势控制单向晶闸管VT导通。

❸ 导通后，继电器线圈L就有直流电流过流，产生磁通吸引衔铁，带动脱扣装置，使常闭电源开关SA跳闸，断开线路，从而达到安全保护的目的。

经对漏电保护电路分析，该电路是通过晶闸管的导通控制电路中继电器电气线圈的吸合，当该电路触点或漏电时，晶闸管导通，使继电器电磁线圈动作，电源总开关SA断开，整个电路断路，起到保护作用。

7.3.3 单相电校正电路的识读实例

单相电校正电路是由光敏电阻器和直流继电器构成。该电路可以校正电路中的零线与火线的位置，防止零线与火线的接反导致的火灾等。掌握单向电校正电路的识读对于设计、安装、改造和维修相关电路有所帮助。

（1）单相校正电路的结构组成的识读

识读单相电校正电路，首先要了解该电路的组成，明确电路中各主要部件与电路符号的对应关系。

单相校正电路的结构组成见图7-34。

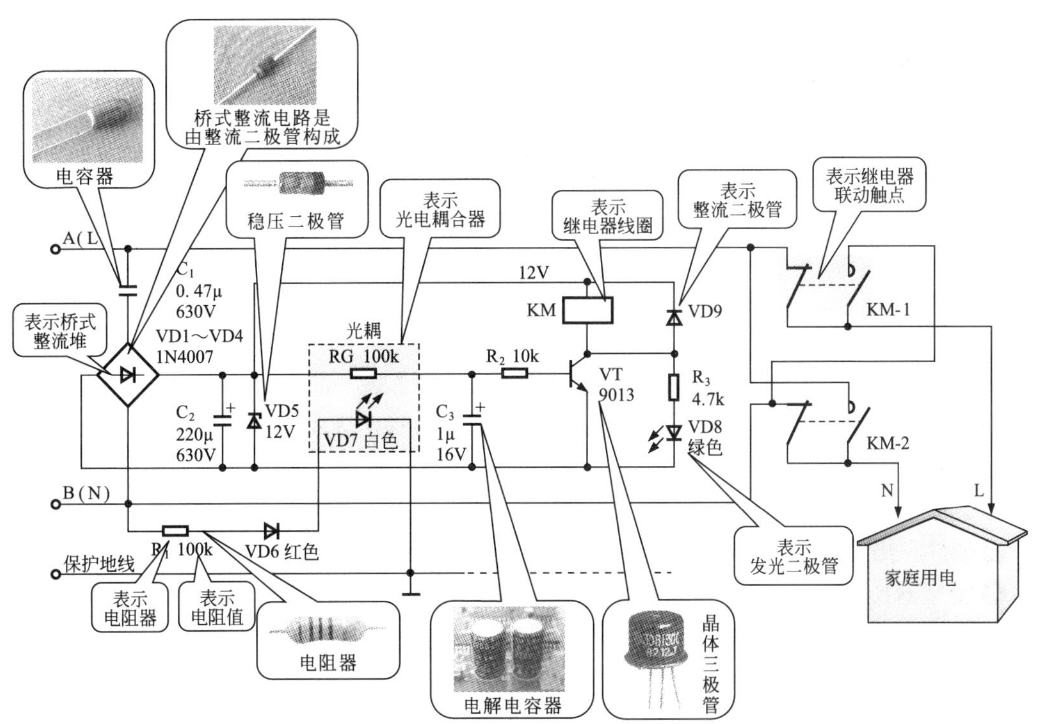

图7-34 单相校正电路的结构组成

单相校正电路的是由桥式整流电路、电容器、电阻器、光电耦合器、继电器、发光二极管、稳压二极管、整流二极管等构成。

（2）单相校正电路工作过程的识读

对单相电校正电路工作过程的识读，通常会从电路的工作原理入手，通过对电路信号流程的分析，掌握单相电校正电路的工作过程及功能特点。

单相校正电路火线与零线连接正确时的工作过程见图7-35。

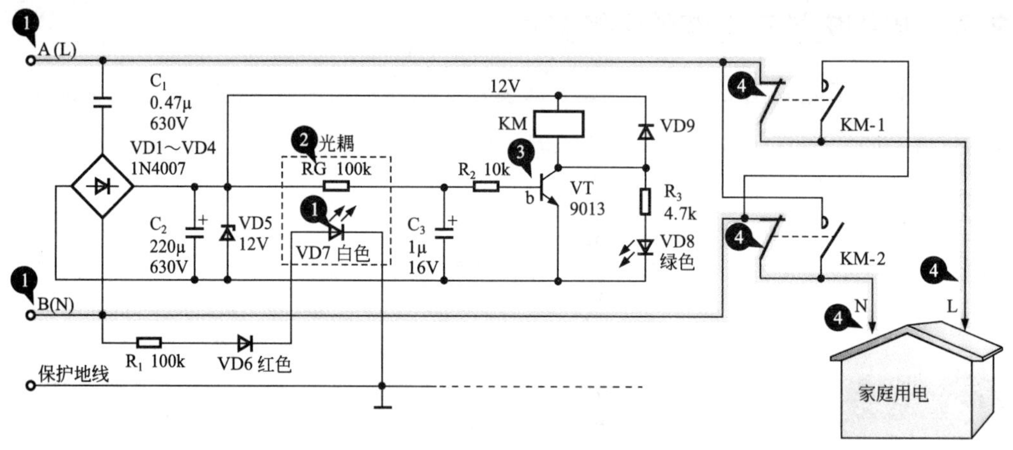

图7-35 单相校正电路火线与零线连接正确时的工作过程

❶ 当火线（L）与零线（N）连接正确的时候，零线（N）与保护地线之间的电压很低发光二极管VD7截止不发光。

❷ 光敏电阻器RG无光照，呈高阻抗状态。

❸ 晶体三极管VT的基极（b）无工作电流，处于截止状态。

❹ 火线（L）与零线（N）经过常闭触点提供家庭用电。

单相校正电路火线与零线连接错误时的工作过程见图7-36。

❶ 当火线（L）与零线（N）连接错误的时候，即火线接到B端，有高压经R_1和VD6加到发光二极管VD7上并使之导通发光。

❷ 光敏电阻器RG有光照，呈低阻抗状态。

❸ 晶体三极管VT的基极（b）电压升高，处于导通状态。

❹ 继电器KM工作，其常闭触点断开，常开触点接通，火线（L）与零线（N）经过常开触点提供家庭用电，保持家庭供电的极性不变。

经过对单相校正电路分析，电路中的火线（L）与零线（N）可以任意接在A、B两端，是由晶体三极管VT进行控制继电器的导通，实现单项校正保护，该电路可以自动校正火线

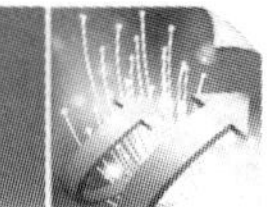

（L）与零线（N），无论输入端如何连接，经该电路后，输出端的火线（L）、零线（N）位置不会发生改变，适合对初级人员应用。

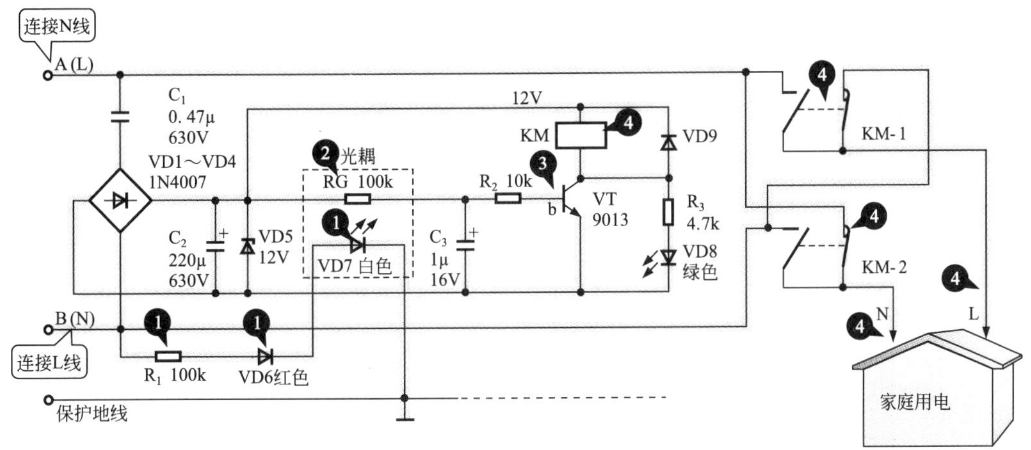

图7-36　单相校正电路火线与零线连接错误时的工作过程

7.3.4　三相电断相保护电路的识读实例

三相电断相保护电路是中间继电器和交流接触器构成的。该电路可用于动力配电箱中，对小型用电工厂进行系统配电。掌握三项电断相保护电路的识读对于设计、安装、改造和维修有所帮助。

（1）三相电断相保护电路的结构组成的识读

识读三相电断相保护电路，首先要了解该电路的组成，明确电路中各主要部件与电路符号的对应关系。

三相电断相保护电路的结构组成见图7-37。

三相电断相保护电路是由交流接触器及其控制触点、中间继电器及其控制触点、熔断器、指示灯、开关等构成。

（2）三相电断相保护电路工作过程的识读

对三相电断相保护电路工作过程的识读，通常会从电路的工作原理入手，通过对电路信号流程的分析，掌握三相电断相保护电路的工作过程及功能特点。

三相电断相保护电路正常情况下的工作过程见图7-38。

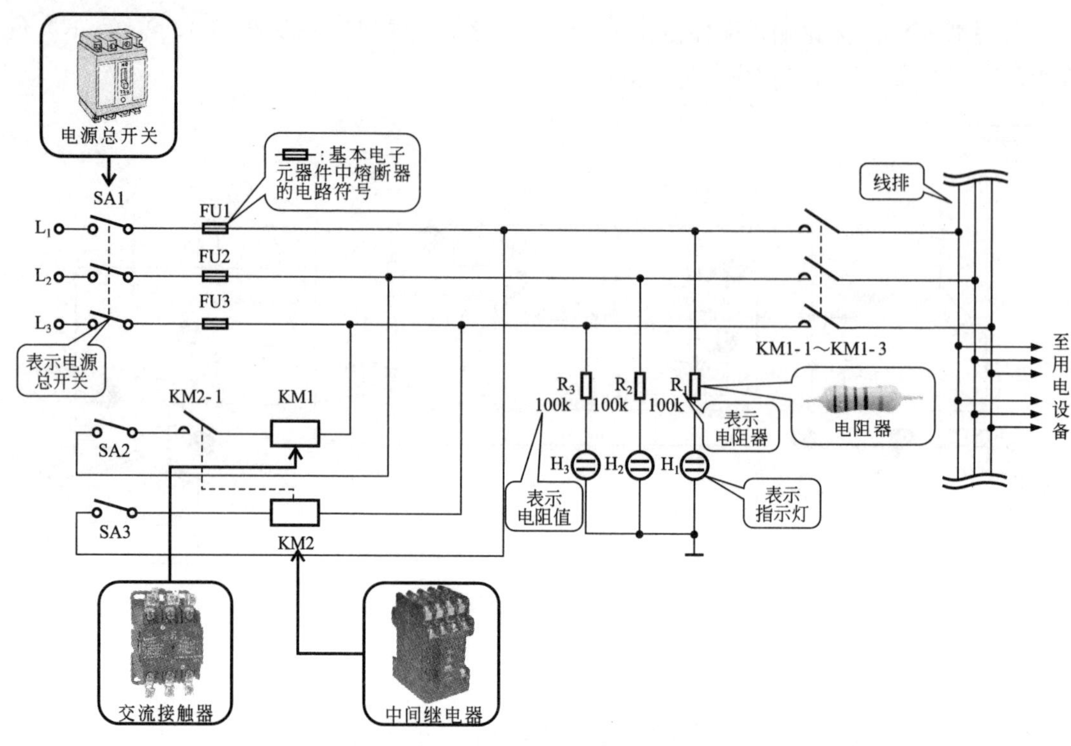

图7-37　三相电断相保护电路的结构组成

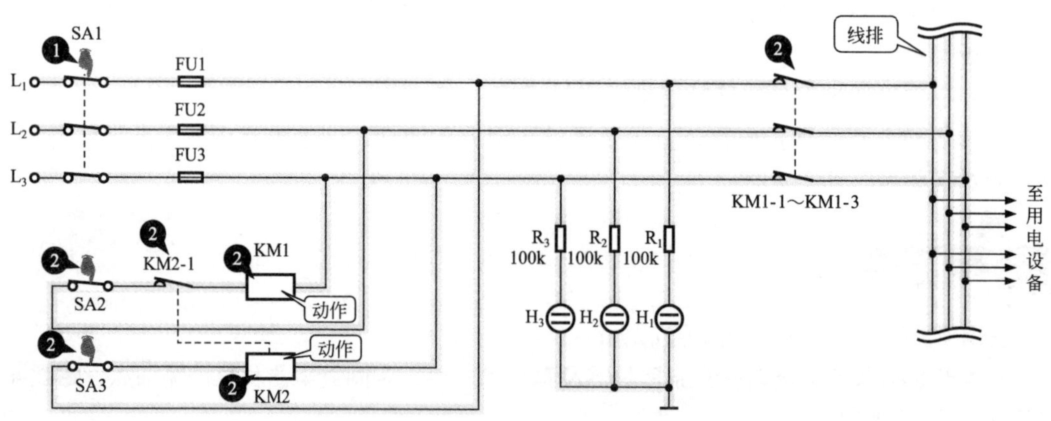

图7-38　三相电断相保护电路正常情况下的工作过程

❶ 接通电源开关SA1，三相电进入配电箱。

❷ 分别闭合按钮SA2和SA3，可使中间继电器KM2和交流接触器KM1的常开触点接通，使三相电顺利进入线排，再由线排分别送到各个用电设备中。

三相电断相保护电路L_1断相情况下的工作过程见图7-39。

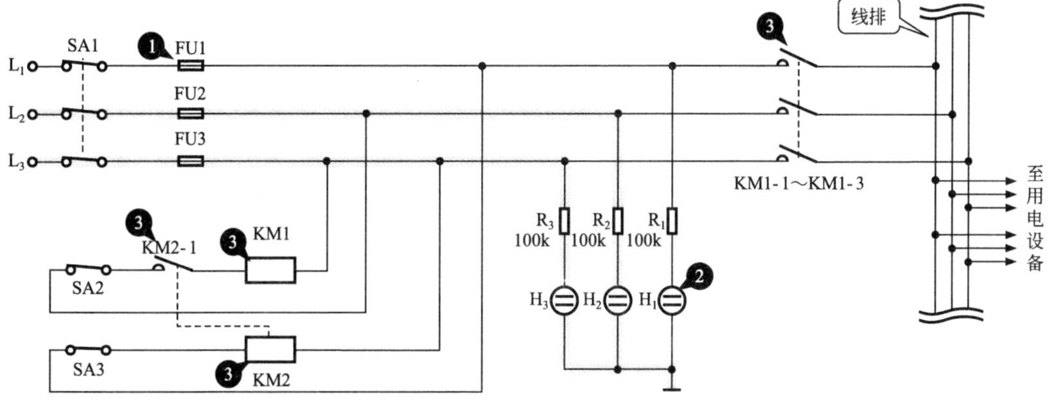

图7-39　三相电断相保护电路L_1断相情况下的工作过程

❶ 若L_1相的熔断器FU1熔断，导致断相。

❷ 指示灯H_1灭。

❸ 中间继电器KM2的线圈断电释放，其常开触点KM2-1断开，切断交流接触器KM1的供电，常开触点KM1-1 ～ KM1-3断开，切断送至线排的三相电。

三相电断相保护电路L_2断相情况下的工作过程见图7-40。

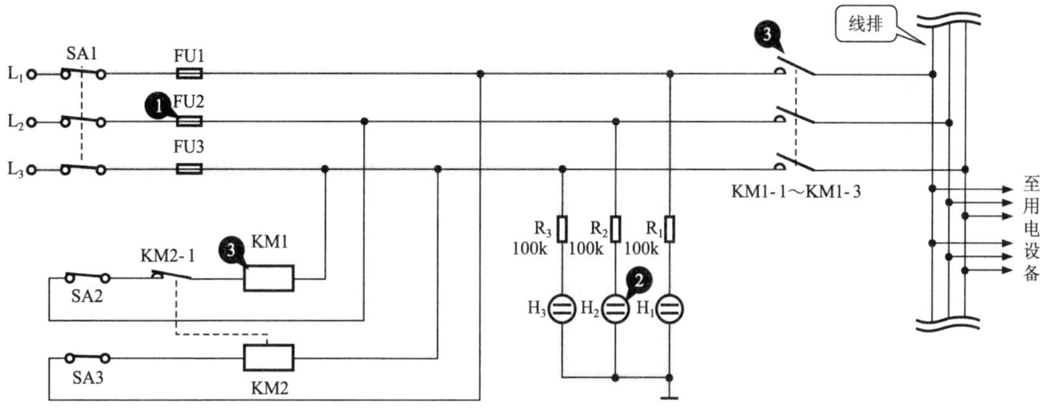

图7-40　三相电断相保护电路L_2断相情况下的工作过程

❶ 若L_2相的熔断器FU2熔断，导致断相。

❷ 指示灯H_1灭。

❸ 交流接触器KM1的线圈释放，常开触点KM1-1 ～ KM1-3被断开，同样切断送至线排的三相电。

三相电断相保护电路L_3断相情况下的工作过程见图7-41。

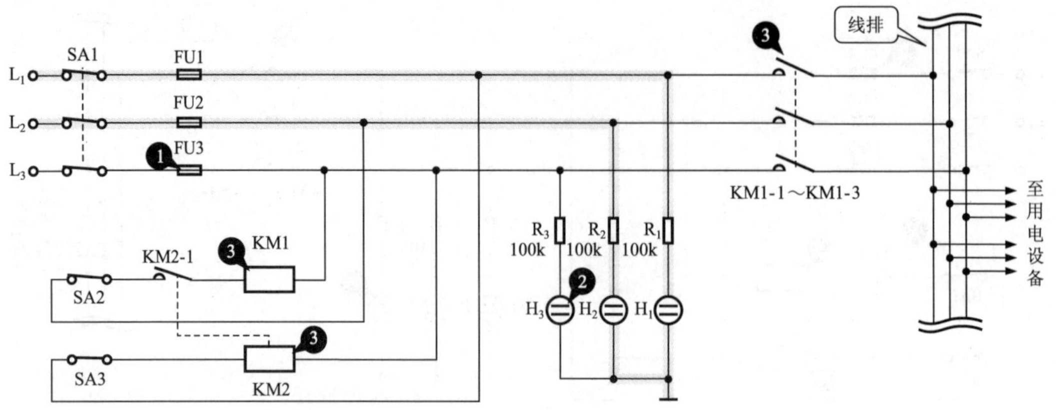

图7-41　三相电断相保护电路L_3断相情况下的工作过程

❶ 若L_3相的熔断器FU3熔断，导致断相。

❷ 指示灯H_1灭。

❸ 中间继电器KM2和交流接触器KM1同时失去供电，致使送到线排上的三相电被切断。

经对三相电断相保护电路分析，当电路正常工作时，电路中的指示灯H_1～H_3全亮，若当其中某一相发生断路，其指示灯也将熄灭，可以准确地判断出现故障的相线，三项电被切断防止用电设备出现故障，起到保护作用。

第8章 农业电气控制电路识图

目标

本章从农业电气控制电路的功能特点入手，通过农业电气控制电路结构组成的系统剖析，首先让读者建立起农业电气控制电路中主要部件的电路功能和电路对应关系。然后，再以典型农业电气控制电路为例，系统介绍农业电气控制电路的识图特点和识图方法。最后，本章对目前流行且极具代表性的农业电气控制电路进行归纳、整理，筛选出各具特色的照明控制实用电路，向读者逐一解读不同照明控制实用电路的识读技巧和识图注意事项，力求让读者真正掌握农业电气控制电路的识图方法。

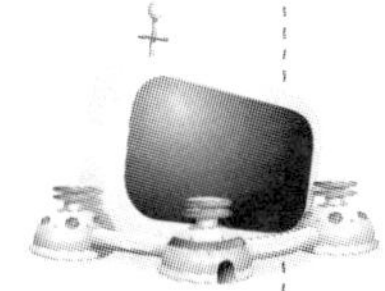

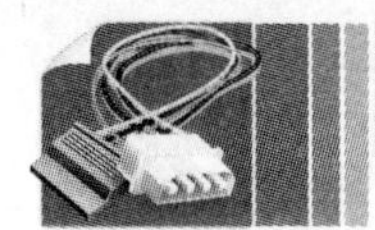

8.1 农业电气控制电路的特点及用途

8.1.1 农业电气控制电路的功能及应用

(1) 农业电气控制电路的功能

农业电气控制电路是由电子元件、控制器件和功能器件构成的单元电路或模块设备，对工业设备进行控制，进而可以节约人力劳动，提高工作效率。

电围栏控制电路见图8-1。

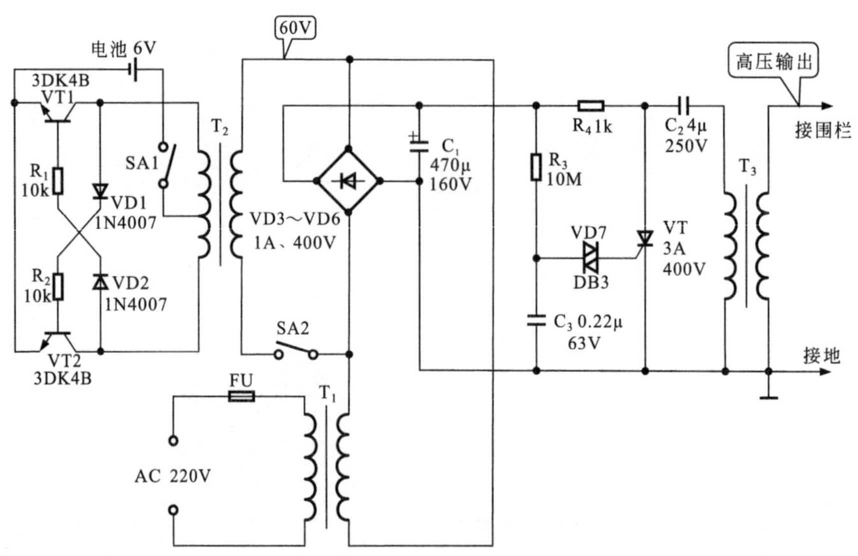

图8-1 电围栏控制电路

电围栏控制电路是由桥式整流电路、变压器、晶体三极管、双向二极管和晶闸管等构成。该电路可以在振荡电路和升压变压器的作用下产生高压脉冲为电围栏进行供电，当有动物碰到该电围栏时，会受到围栏高压电击，使其产生触怕心理。该围栏可以用于养殖畜牧业，防止牲畜的丢失或被外来的猛兽袭击。也可以用于农田耕种的保护，防止动物的入侵。

电围栏可用电池或交流220 V供电，当用直流电压进行供电时，应将开关SA1、SA2接通，由6 V的电池供电经开关SA1加到脉冲振荡电路，振荡脉冲加到变压器T2的初级，经变压后形成60 V脉冲电压，该电压经桥式整流堆和电容器C_1整流滤波后，形成直流电压同时经过电阻器R_3为电容器C_3充电，充电后电容器C_3的电压使双向二极管VT7导通，出信号使晶闸管VT触发并导通；晶闸管VT在触发信号的作用下形成振荡，振荡信号经升压变压器为围栏提供高压。

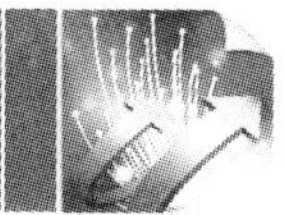

电围栏在交流电压进行供电时，应当将开关SA1、SA2断开，由AC 220 V供电，经变压器T_1进行降压、由变压器T1为桥式整流堆供电，其他电路与上述电路工作过程相同。

雏鸡孵化告知电路见图8-2。

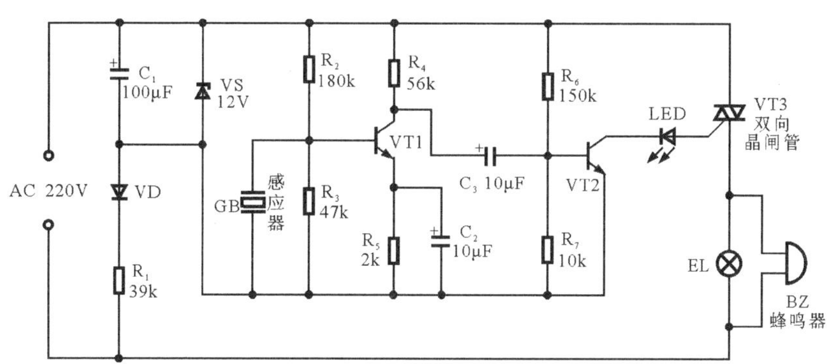

图8-2　雏鸡孵化告知电路

雏鸡孵化告知电路是由晶体三极管、稳压二极管、双向晶闸管、指示灯和蜂鸣器等构成的。该电路主要用于雏鸡孵化时检测雏鸡从蛋中出壳后，蜂鸣器会发出警示声、指示灯亮，提醒养殖户将雏鸡取出，以免影响到其他蛋的孵化。

当雏鸡从蛋中孵化后，GB感受到雏鸡的感应而产生信号感应器接收到信号经三极管VT1、VT2放大为双向晶闸管VT3提供触发信号使之导通，指示灯EL亮，蜂鸣器BZ发出警示音提醒养殖户将其取出。当雏鸡被取出后，感应器无信号，晶体三极管VT1、VT2截止，双向晶闸管VT3截止，照明灯EL灭，蜂鸣器停止发声。进入准备状态，等待下一个蛋的孵化。

可见根据不同的需要农业电气控制电路的结构以及所选用的负载设备和控制部件也会发生变化。正是通过对这些部件巧妙的连接和组合设计，使得农业电气控制电路可以实现各种各样的功能。

（2）农业电气控制电路的应用

农业电气控制电路的应用见图8-3。

① 农业电气控制电路可以用来检测水塘中的水位，对其进行排灌。

② 渔业养殖中可以根据养鱼池中氧气量的多少对养鱼池进行增氧。

③ 可以使用农业电气控制电路进行雏鸡自动孵化。

④ 可以检测大棚中土壤的湿度，根据湿度的变化利用控制电路对其进行控制，使其达到需要的湿度。

⑤ 可以用来检测畜牧养殖和生产。

⑥ 可以将种植或收割工作转变为自动化。

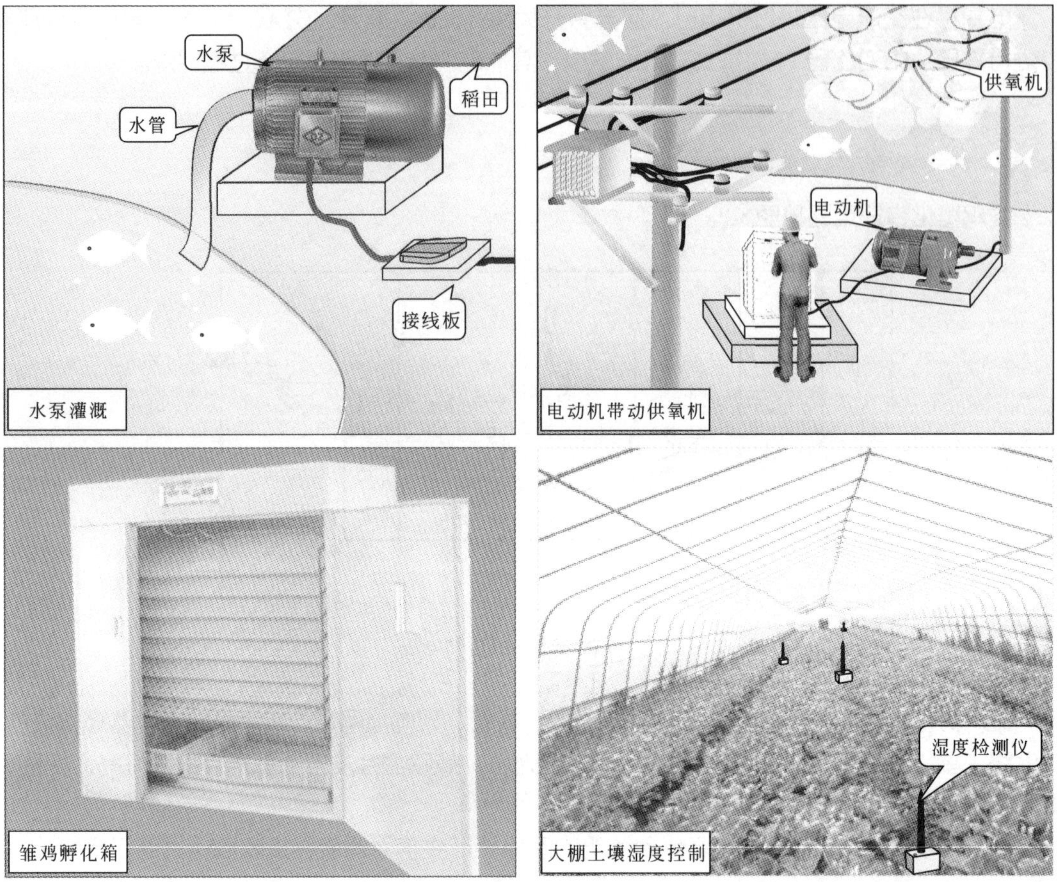

图8–3　农业电气控制电路的应用

8.1.2　农业电气控制电路的组成

农业电气控制电路是由电子元件、控制部件和功能器件构成的。在学习识读农业电气控制电路之前，首先要了解农业电气控制电路的组成。明确农业电气设备中各主要电子元器件、控制部件以及功能器件的电路对应关系。

农业电气控制电路的基本构成见图8-4。

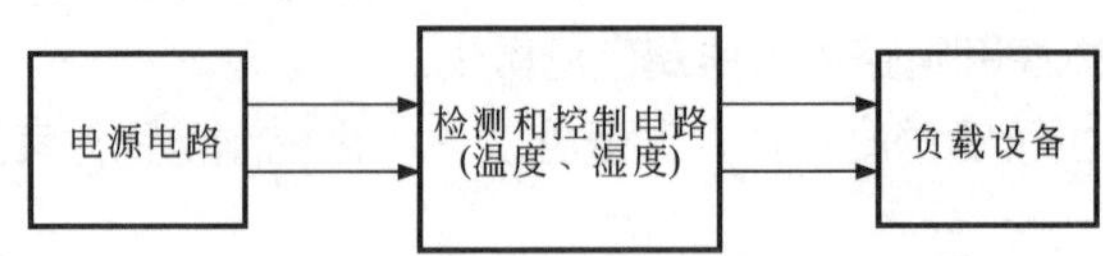

图8–4　农业养殖孵化电气控制电路的基本结构

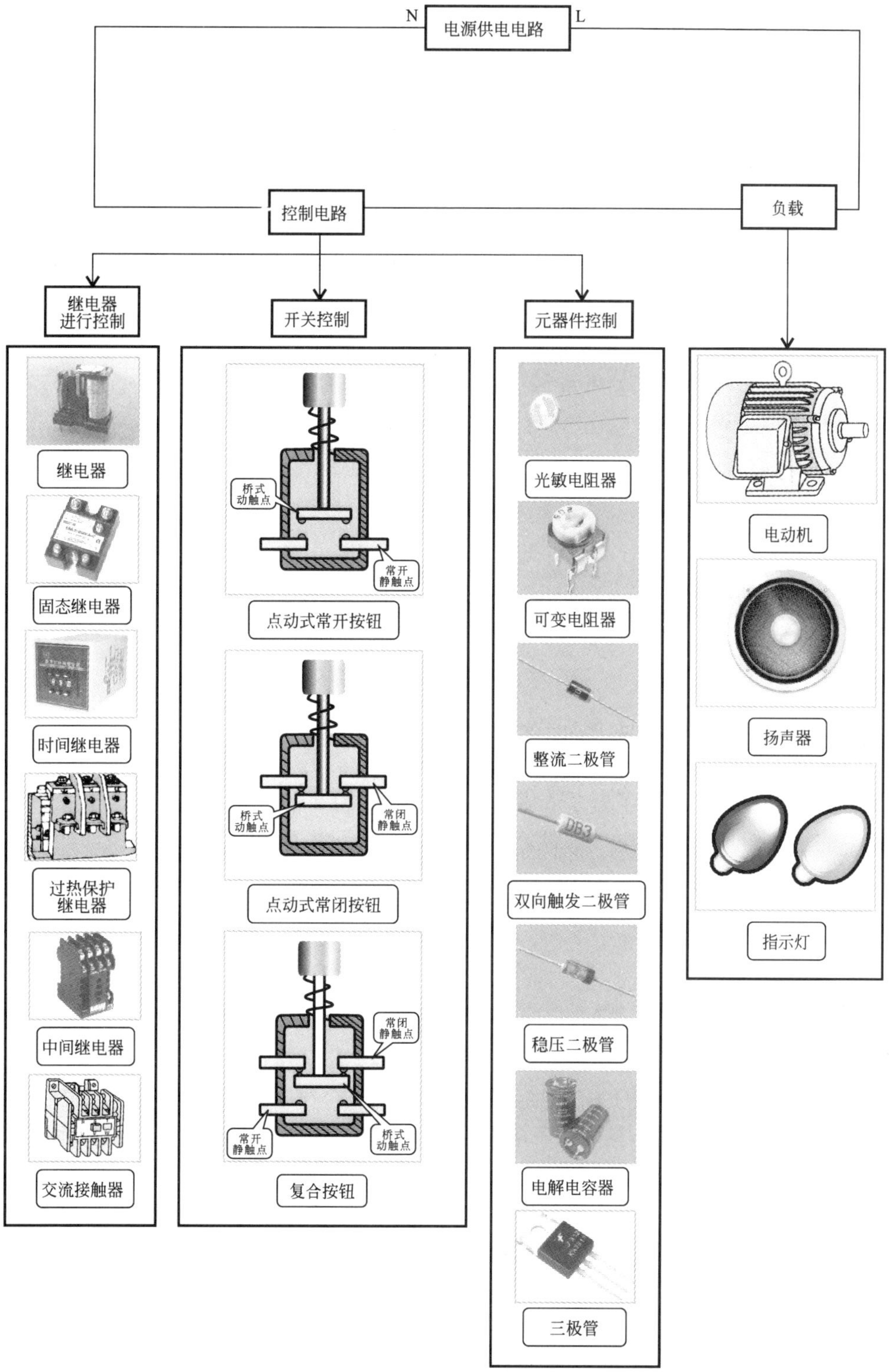

N 电源供电电路 L

控制电路

负载

继电器进行控制

继电器

固态继电器

时间继电器

过热保护继电器

中间继电器

交流接触器

开关控制

桥式动触点

常开静触点

点动式常开按钮

桥式动触点

常闭静触点

点动式常闭按钮

常闭静触点

常开静触点

桥式动触点

复合按钮

元器件控制

光敏电阻器

可变电阻器

整流二极管

DB3

双向触发二极管

稳压二极管

电解电容器

三极管

电动机

扬声器

指示灯

图8-5　农业电气控制电路

农业电气控制电路是由电源电路为整个电路进行供电，由控制电路根据所设定的参数（温度、湿度、时间等）控制负载设备（电动机）的运转和停止。

了解农业电气控制电路的组成是识读农业电气控制电路的前提，当熟悉农业电气控制电路中包含的元件及连接关系才能识读出农业电气控制电路的功能及工作过程。

提示

农业电气控制电路主要是由电源电路、控制电路和负载等部分构成。控制电路的不同决定了该照明电路的控制方法，控制电路主要是由元器件、不同的控制开关和继电器等组成控制，负载为电动机、扬声器、指示灯等。当农业电气控制电路需要控制的设备不同其负载有所不同，控制电动机负载可以进行灌溉、加工等工作；扬声器负载作为警报使用，对养殖户或种植户进行需要的提醒；指示灯负载的作用是提示和警示，如图8-5所示。

8.2 农业电气控制电路的识图方法

8.2.1 农业电气控制电路中的主要元器件

在前面的章节中，大体了解了农业电气控制电路的基本组成。接下来，从农业电气控制电路中的主要组成元件、电气部件和功能器件入手，掌握这些电路的组成部件的种类和功能特点，为识读农业电气控制电路打好基础。

（1）开关组件

农业电气控制电路中常见的开关组件如图8-6所示。

如图8-6（a）所示电源总开关在电路中用“SA、QS、S”符号表示，在农业电气控制电路中，电源总开关通常采用断路器，主要用于接通或切断供电线路，这种开关具有过载、短路或欠压保护的功能。

如图8-6（b）所示点动开关在电路中用“SA、QS、S”符号表示，控制电路的导通与断开。

如图8-6（c）所示自锁开关在电路中用“SA、QS、S”符号表示，当其按下后电路进行锁定模式。

如图8-6（d）所示常开开关在电路中用“SA、QS、S”符号表示，常开按钮内部的触点操作前断开，当手指按下时触点闭合，手指放松后，按钮自动复位。

如图8-6（e）所示常闭开关在电路中用“SA、QS、S”符号表示，常闭按钮内部的触点在操作前闭合。当手指按下时，触点被断开，放松后，按钮自动复位。

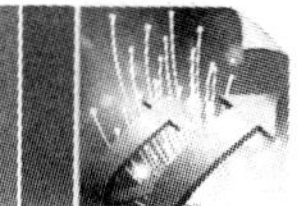

如图8-6（f）所示复合开关在电路中用“SA、QS、S”符号表示，复合按钮在其内部设有常开和常闭组合按钮，它设有两组触点，操作前有一组触点是闭合的，另一组触点是断开的。当手指按下时，闭合的触点断开，而断开的触点闭合，手指放松后，两组触点全部自动复位。

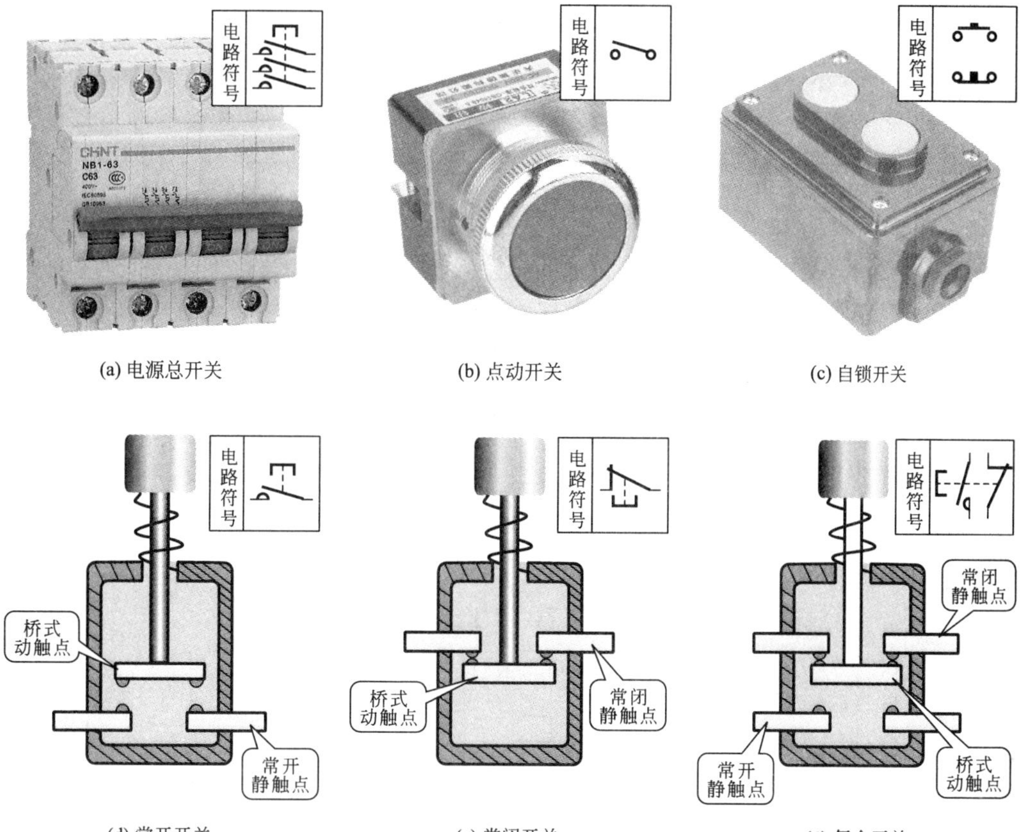

电路符号

(a) 电源总开关

电路符号

(b) 点动开关

电路符号

(c) 自锁开关

电路符号
桥式动触点
常开静触点

(d) 常开开关

电路符号
桥式动触点
常闭静触点

(e) 常闭开关

电路符号
常闭静触点
常开静触点
桥式动触点

(f) 复合开关

图8-6　农业电气控制电路中的开关组件

（2）继电器和接触器

继电器和接触器都是根据信号（电压、电流、时间等）来接通或切断电流电路和电器的控制元件，该元器件在电工电子行业应用较为广泛，在许多机械控制及电子电路中都采用这种器件。常见的继电器和接触器图形符号如表8-1所列。

表8-1　常见继电器图形符号

名称	符号	外形	图形	作用
交流接触器	KM	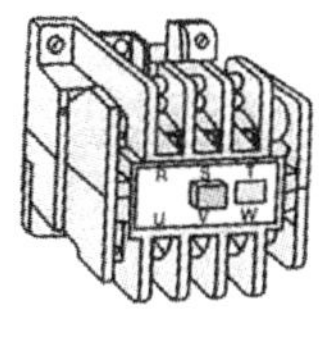	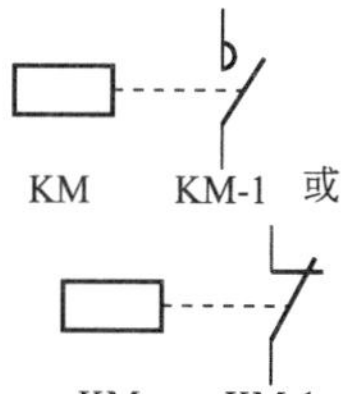 KM　KM-1　或 KM　KM-1	交流接触器实际上是用于交流供电电路中的通断开关，可用于控制电动机的接通与断开，在选择交流接触器时，应根据接触器的类型、额定电流、额定电压等进行选择

续表

名称	符号	外形	图形	作用
中间继电器	KA、KM		KM KM-1 或 KM KM-1	中间继电器通常用来控制各种电磁线圈使信号得到放大，将一个输入信号转变成一个或多个输出信号
固态继电器	KM、KA		6 1 5 4 KM 2 3	固态继电器的输入端用微小的控制信号，达到直接驱动大电流负载
继电器	KA、KM		KM KM-1 或 KM KM-1	继电器利用信号是内部触点动作，控制电路的导通与断开
时间继电器	KT、KM		KT KT-1 或 KT KT-1	时间继电器是一种延时或周期性定时接通、切断某些控制电路的继电器，当线圈得电后，经一段时间延时后（预先设定时间），其常开、常闭触点才会动作
过热（温度）保护继电器	FR、KM		KM KM-1 或 KM KM-1	热保护继电器是一种电气保护元件，利用电流的热效应来推动动作机构使触点闭合或断开的保护电器，主要用于电动机的过载保护、断相保护、电流不平衡保护以及其他电气设备发热状态时的控制。在选用热保护继电器时，主要是根据电动机的额定电流来确定其型号和热元件的电流等级，而且热保护继电器的额定电流通常与电动机的额定电流相等

（3）泵组件

农业电气控制电路中常见的泵组件如图8-7所示。

(a) 单级离心泵

(b) 增氧泵

(c) 抽水泵

图8-7　农业电气控制电路中常见的泵组件

如图8-7（a）所示单级离心泵又可以分为单级单吸式、单级双吸式和多级式三种。单级单吸式具有扬程较高、流量较小、结构简单、使用方便等优点，水泵出水口的方向可以根据需要进行上下、左右的调整，适用于丘陵、山区等小型灌溉场所。

如图8-7（b）所示增氧泵多用于渔业养殖中，可以通过控制电路对其进行控制。

如图8-7（c）所示抽水泵适合需要干燥的养殖环境，当水过多时，抽水泵可以通过控制电路将水抽出。

8.2.2　农业电气控制电路的识读

农业电气控制电路的结构多样，电子元件、控制部件和功能器件连接组合方式的不同，使得电路的功能也千差万别。

因此，在对农业电气控制电路进行识读时，通常先要了解农业电气控制电路的结构特点，掌握农业电气控制电路中的主要组成部件，并根据这些主要组成部件的功能特点和连接关系，对整个农业电气控制电路进行单元电路的划分。

然后，进一步从控制部件入手，对农业电气控制电路的工作流程进行细致的解析，搞清农业电气控制电路的工作过程和控制细节，完成农业电气控制电路的识读过程。

（1）孵化设备控制电路的识读

① 孵化设备控制电路结构特点的识读

孵化设备控制电路结构特点的识读见图8-8。

在一张农业电气控制电路图上，可以看到图中包含了许多电路符号、文字标识、线条等元素，这些元素即为该卵生孵化控制电路的识读信息，在电路中均起到不同的作用。如“AC”为交流供电标识；“EL”与“⊗”同样表示指示灯；“”与“SA”表示开关；“”表示热敏电阻器；“”表示双向晶闸管；“”表示桥式整流堆；“”表示电容器；“”表示电阻器；“”表示晶体三极管；“Ⓜ”表示电动机。因此，了解电路符号及标识方法是识读卵生孵化控制电路的关键。

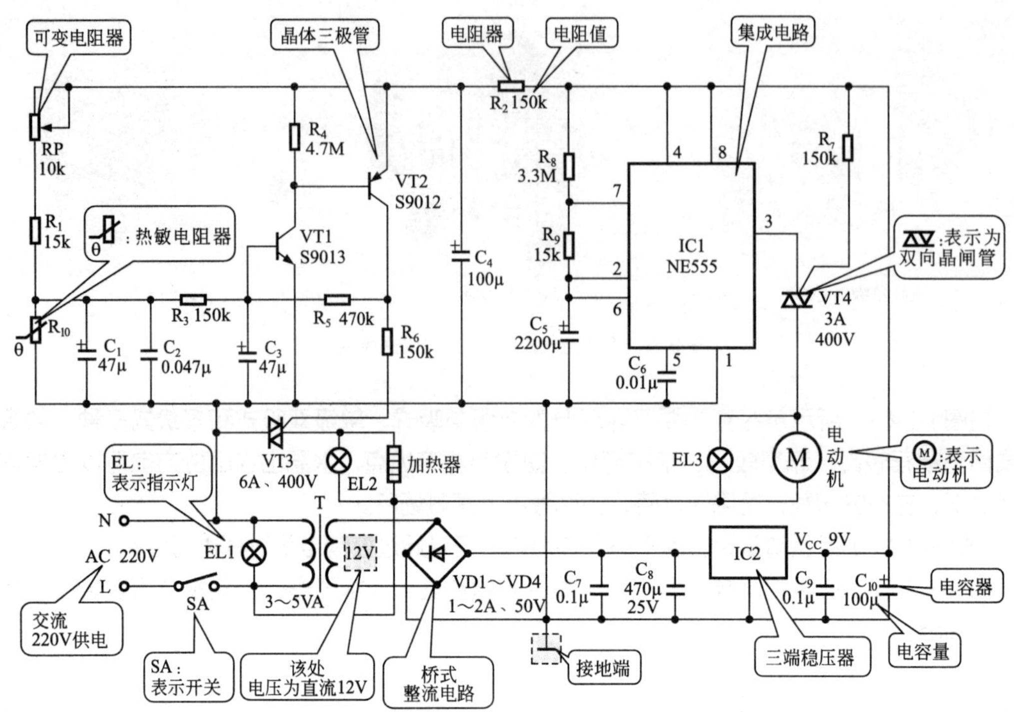

图8-8　孵化设备控制电路的结构特点

② 根据主要组成部件的功能特点和连接关系划分单元电路

识读孵化设备控制电路的结构见图8-9。

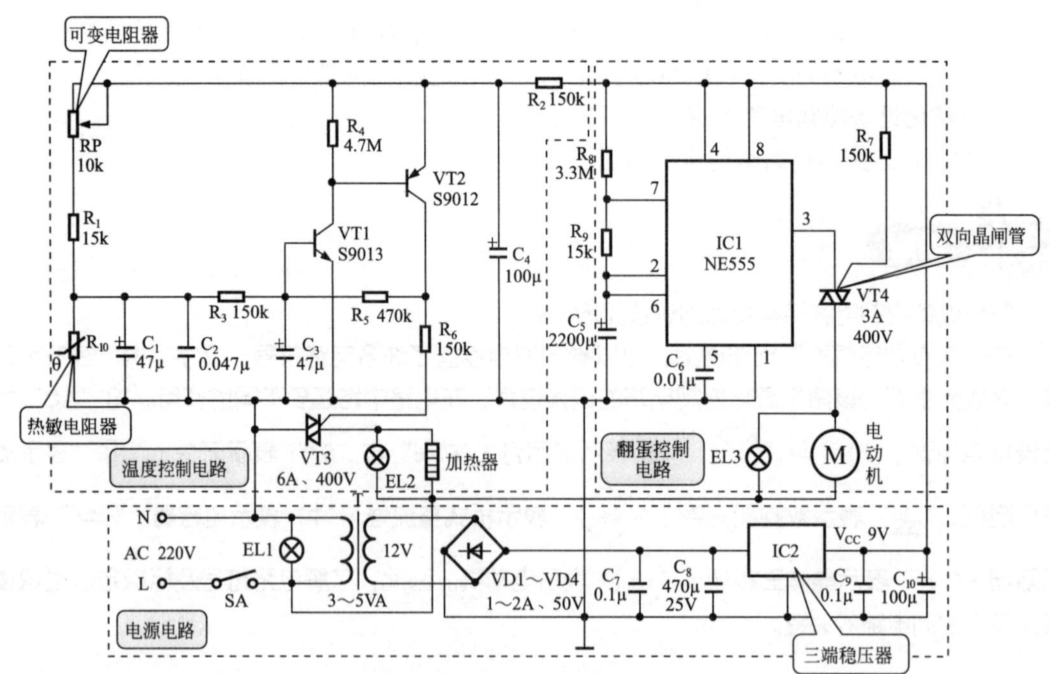

图8-9　孵化孵化控制电路识图结构

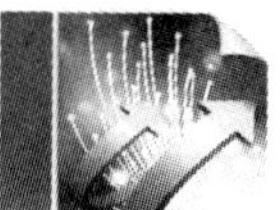

在对孵化固化控制电路进行识图时，首先了解该电路的结构，从图8-9中可知该电路是由电源电路、温度控制电路和翻蛋控制电路构成的。然后再对各个电路的构成进行了解，在该图中电源电路中含有开关SA、指示灯EL1、变压器、桥式整流电路和三端稳压器等构成；温度控制电路中含有热敏电阻器、双向晶闸管、晶体三极管和指示灯EL2构成；翻蛋控制电路是由IC1（NE 555）集成电路芯片、双向晶闸管、指示灯EL3和电动机M等构成的。

③ 从控制部件入手，理清孵化设备控制电路的工作过程

识读孵化设备控制电路的流程见图8-10。

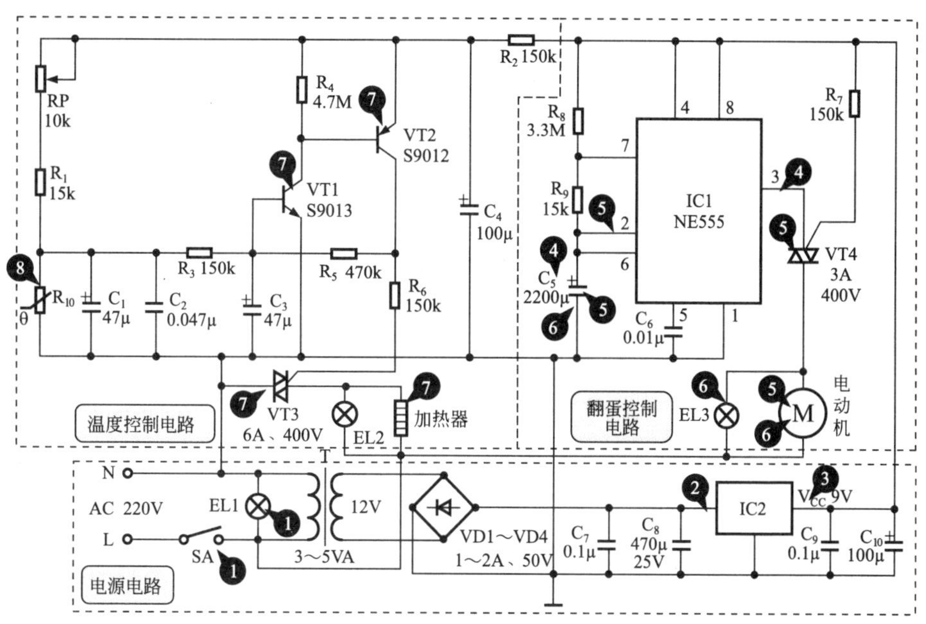

图8-10 卵生孵化控制电路的工作流程

❶ 该电路当开关SA闭合时，由AC 220 V供电，指示灯EL1亮，经变压器T后输出12 V电压。

❷ 12 V电压经桥式整流堆整流，由电容器C_7和C_8进行滤波，将直流电压加给三端稳压集成电路。

❸ 经三端稳压器内部工作后输出9 V电压为翻蛋控制电路和温度控制电路供电。

❹ 当9 V工作电压输入到翻蛋控制电路中时，电容器C_5进行充电，开始时由于IC1的②脚、⑥脚电压过低，由③脚输出的为低电平，双向晶闸管VT4截止，指示灯EL3不亮，电动机M不工作，无法进行翻蛋。

❺ 当电容器C_5进行充电后，IC1的②脚、⑥脚电压上升，IC1的③脚输出低电平，是双向晶闸管VT4导通，指示灯EL3亮，电动机M进行翻蛋工作。

❻ 当翻蛋工作完成后，电容器C_5电压下降，IC1的③脚输出高电平，双向晶闸管截止，指示灯EL3灭，电动机M停止翻蛋工作；当电容器C_5的电量再次充满后，翻蛋控制电路继续进行

翻蛋工作。进入反复工作状态。

❼ 当温度控制电路中接到供电电压后，由于该电路在刚开始时，加热器处于低温，热敏电阻器的阻值较大，使晶体三极管VT1、VT2导通，将双向晶闸管VT3导通，指示灯EL2亮，加热器进行加热工作。

❽ 当加热器加热到一定的温度后，热敏电阻器阻值减小，使晶体三极管VT1、VT2截止。双向晶闸管也随之截止，指示灯EL2灭，加热器停止工作。当一段时间后，随着热敏电阻器周围的温度降低，晶体三极管VT1、VT2重新导通，双向晶闸管导通，指示灯EL2亮，加热器工作。该电路进入反复工作状态。

孵化设备控制电路可以控制孵化过程中的温度，使其达到孵化设定的温度，防止产生过高的温度使孵化的蛋损坏。可以自控进行翻蛋使其孵化的过程更为简便，节省了人力劳动还可以增加了效率。

（2）养鱼池水泵和增氧泵自动交替运转的控制电路识读

① 养鱼池水泵和增氧泵自动交替运转的控制电路结构特点的识读

养鱼池水泵和增氧泵自动交替运转的控制电路结构特点的识读见图8-11。

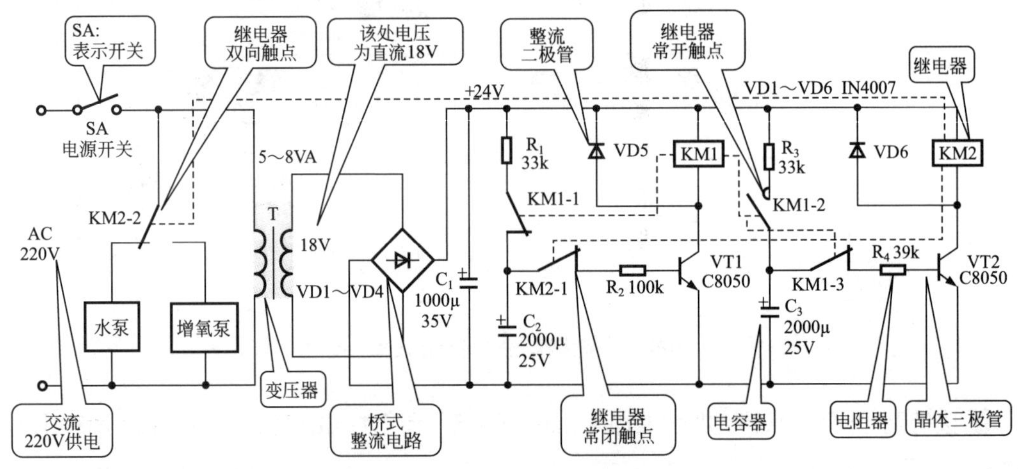

图8-11 养鱼池水泵和增氧泵自动交替运转的控制电路结构特点

在养鱼池水泵和增氧泵自动交替运转的控制电路图中可以看到包含了许多电路符号、文字标识、线条等元素，这些元素即为该电路的识读信息，在电路中起到不同的作用。如“AC”表示交流供电；“T”表示变压器；“ ”与“SA”表示开关；“ ”表示二极管；“ ”表示桥式整流电路；“ ”表示电容器；“ ”表示电阻器；“ ”表示晶体三极管；“KM”表示继电器，“ ”表示继电器控制的双向触点，“ ”表示继电器控制的常开触点，“ ”表示继电器控制的常闭触点。因此，了解电路符号及标识方法是识读卵生孵化控制电路的关键。

② 根据主要组成部件的功能特点和连接关系划分单元电路

识读养鱼池水泵和增氧泵自动交替控制电路的结构见图8-12。

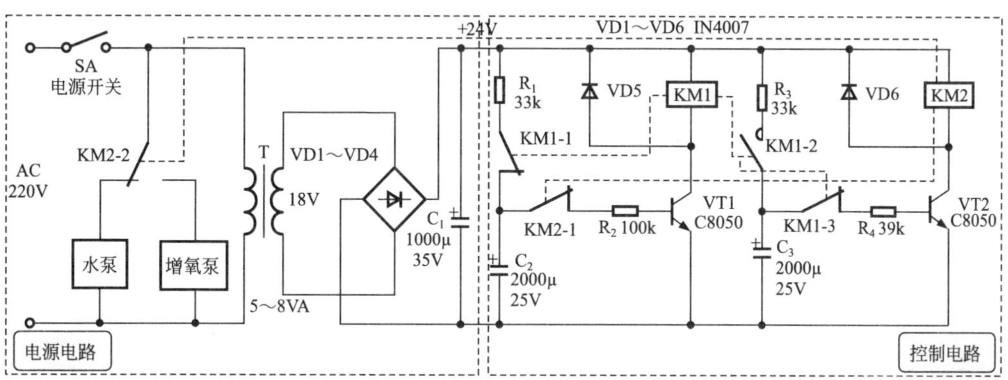

图8-12 养鱼池水泵和增氧泵自动交替控制电路识图结构

在对卵生孵化控制电路进行识图时，首先了解该电路的结构，从图8-12中可知该电路是由电源电路和控制电路构成的。电源电路是由电源开关SA、水泵、增氧泵、变压器、桥式整流电路和电容器C_1构成。控制电路是由电阻器R_1 ~ R_4、电容器C_2和C_3、晶体管极管VT1和VT2、二极管VD5和VD6、继电器KM1和KM2构成。

③ 从控制部件入手，理清照明控制电路的工作过程

识读水泵和增氧泵控制电路的流程见图8-13。

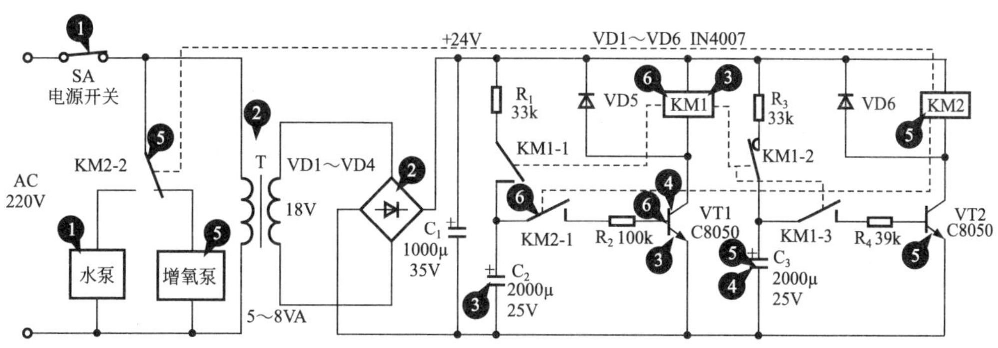

图8-13 养鱼池水泵和增氧泵自动交替控制电路工作流程

❶ 当电源开关SA接通后，电源供电经继电器触点KM2-2后输入水泵后，水泵进行工作。

❷ 交流 220 V电源经变压器后输出18 V电压经桥式整流堆和电容器C_1整流滤波，输出24 V直流电压为控制电路进行供电。

❸ 当开关SA2接通直流24 V为电容器C_2进行充电，当充电后晶体三极管VT1导通，继电

器KM1动作，控制的常闭触点KM1-1和KM1-3断开、常开触点KM1-2接通。

❹ 继电器常开触点KM1-2接通后，24 V为电容器C_3充电。

❺ KM1复位，KM1-2断开，电容器C_3上的电压释放，经继电器常闭触点KM1-3、晶体三极管VT2导通，继电器KM2动作，使其触点KM2-2与增氧泵端接通，增氧泵进行工作，水泵停止。

❻ 继电器KM2动作，常闭触点KM2-1断开，晶体三极管VT1截止，继电器KM1复位，其触点恢复原位。接着电路再次循环上述电路的工作过程，两电机的转换时间取决于充电电容器C_2、C_3和充电电阻的值。

该电路利用在养鱼池中，通过继电器控制的触点转换水泵与增氧泵之间运行情况，使其可以自动转换。

（3）农用排灌设备控制电路识读

① 农用排灌设备控制电路结构特点的识读

农用排灌设备控制电路结构特点的识读见图8-14。

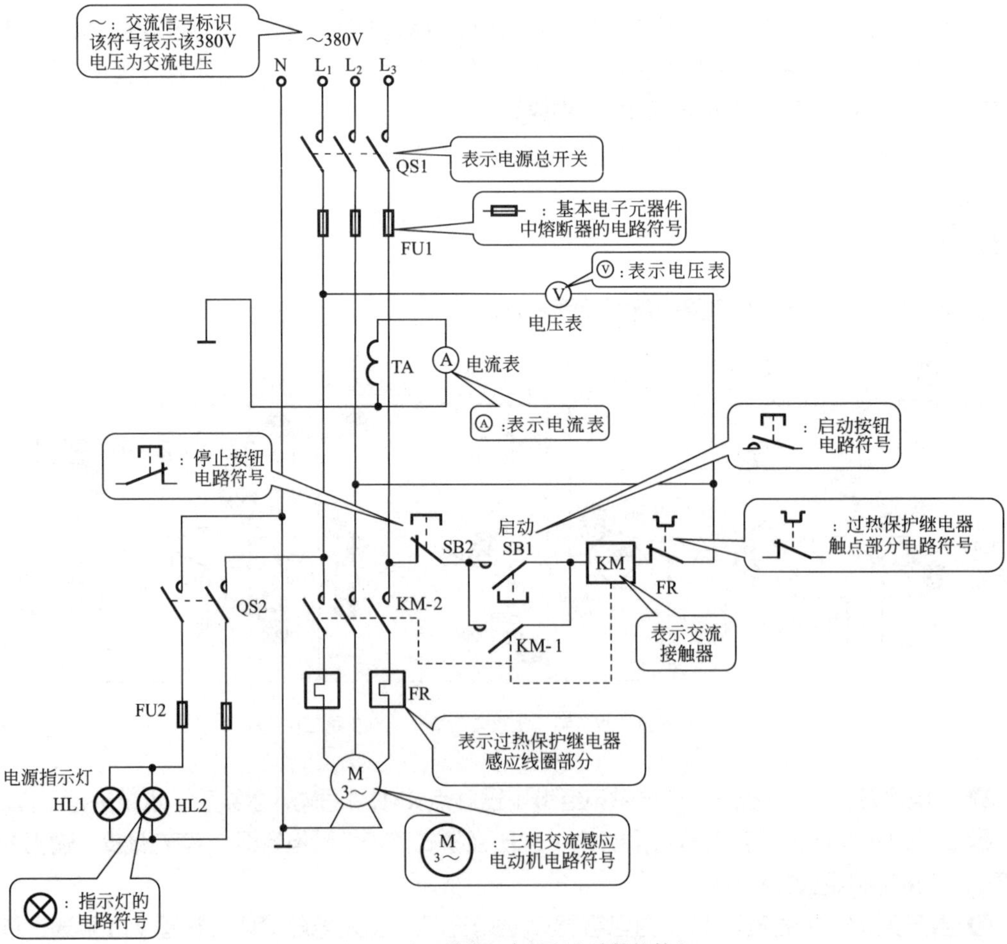

～：交流信号标识 该符号表示该380V电压为交流电压
～380V
N L1 L2 L3
QS1 表示电源总开关
FU1 ：基本电子元器件中熔断器的电路符号
Ⓥ：表示电压表
电压表
TA 电流表
Ⓐ：表示电流表
：停止按钮电路符号
：启动按钮电路符号
SB2 启动 SB1 KM FR
：过热保护继电器触点部分电路符号
QS2 KM-2 KM-1
表示交流接触器
FU2 FR
表示过热保护继电器感应线圈部分
电源指示灯 HL1 HL2
M 3～
：三相交流感应电动机电路符号
：指示灯的电路符号

图8-14　农用排灌设备控制电路结构特点

在农用排灌设备控制电路图中可以看到包含了许多电路符号、文字标识、线条等元素，这些元素即为该电路的识读信息，在电路中起到不同的作用。如“～”表示交流供电；“[符号]”表示电源总开关；“[符号]”表示停止按钮；“[符号]”表示启动按钮；“[符号]”表示过热保护继电器；“Ⓐ”表示电流表；“Ⓥ”表示电压表器；“⊗”表示指示灯；“KM”表示交流接触器，“[符号]”表示常开触点，“[符号]”表示常闭触点；“FU”与“[符号]”表示熔断器。因此，了解电路符号及标识方法是识读卵生孵化控制电路的关键。

② 根据主要组成部件的功能特点和连接关系划分单元电路

识读农用排灌设备控制电路的结构见图8-15。

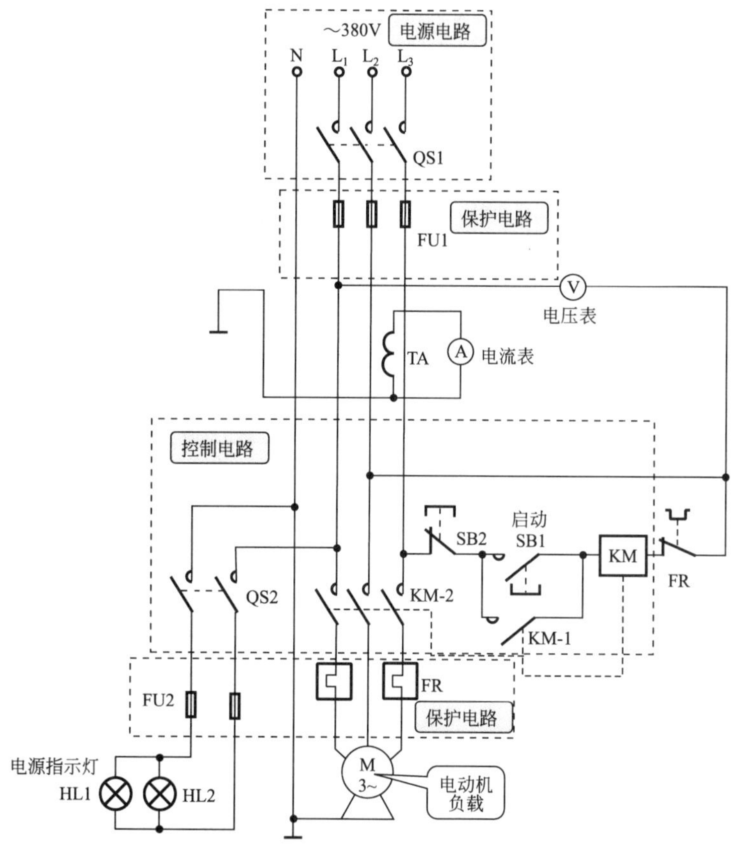

图8-15 农用排灌设备控制电路识图结构

在对农用排灌设备控制电路进行识图时，首先了解该电路的结构，从图8-15中可知该电路是由电源电路、保护电路和控制电路构成的。电源电路是由电源电源总开关QS1。保护电路是由熔断器FU1、FU2和过热保护继电器FR构成，控制电路是由交流接触器、启动按钮、停止按钮等构成。

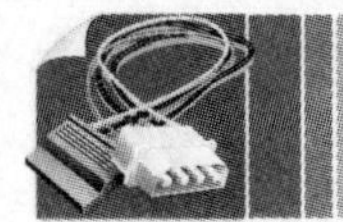

③ 从控制部件入手，理清照明控制电路的工作过程

识读农用排灌设备控制电路的流程见图 8-16。

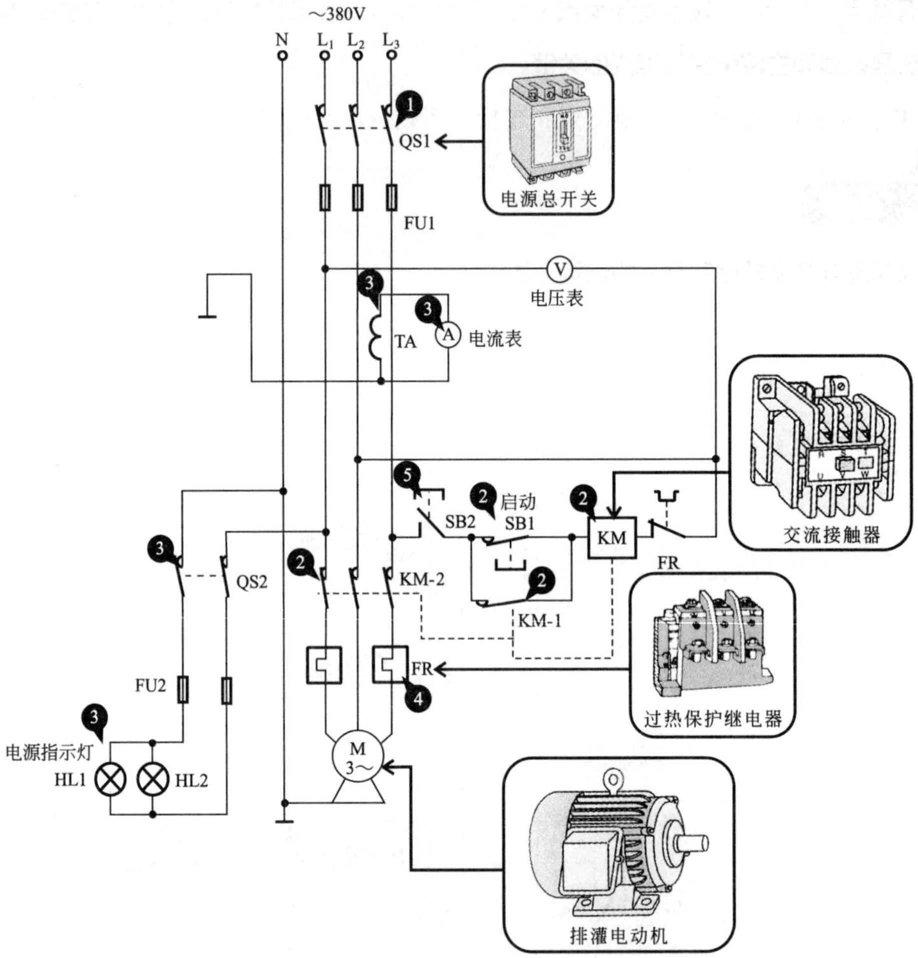

图8-16　农用排灌设备控制电路工作流程

❶ 当接通电源总开关QS1后，排灌设备处于待机状态。

❷ 按下启动开关SB1，交流电源为交流接触器KM供电，KM-1与KM-2吸合，KM触点为交流接触器提供自锁电源。同时KM-1触点接通为电动机M供电，电动机开始工作。

❸ 电流互感器TA的输出接电流表上指示工作电流，交流电压表接在L_1和L_2之间指示工作电压，同时开关QS2接照明灯HL1、HL2，指示交流输入电压是否正常。

❹ 在电动机供电电路中还设有过热保护继电器FR，当温度过高时进行断路保护。

❺ 停机时操作停机键SB2，使交流接触器KM失去电源，KM切断电动机的供电、电动机停转。

8.3 农业电气控制电路的识读

8.3.1 土壤湿度检测电路的识读实例

湿度检测电路是湿敏电阻器对于湿度感应产生变化，利用指示灯进行提示。可以达到对湿度的实时检测，防止湿度过大导致减产的可能。该电路多用于农业种植对湿度检测，使种植者可以随时根据该检测设备的提醒对湿度进行调整，掌握湿度检测电路的识读对于设计、安装、改造和维修有所帮助。

（1）湿度检测电路的结构组成的识读

识读湿度检测电路，首先要了解该电路的组成，明确电路中各主要部件与电路符号的对应关系。

湿度检测电路的结构组成见图8-17。

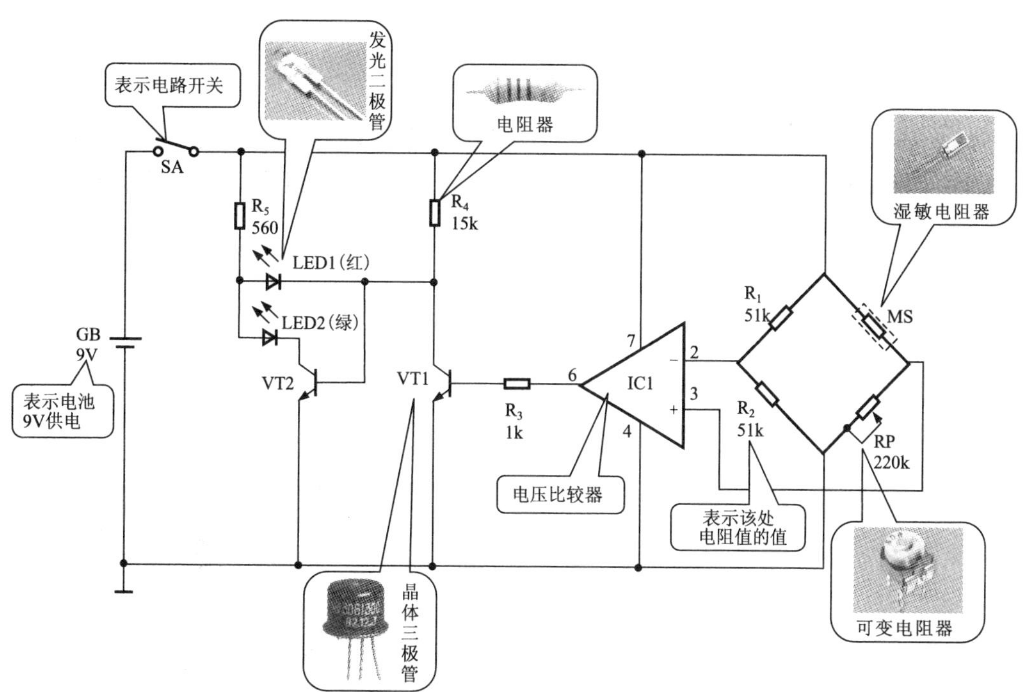

图8-17　湿度检测电路的结构组成

湿度检测电路是由电池供电、电路开关、晶体三极管、三端稳压器、可变电阻器、湿度电阻器和发光二极管等构成。

（2）湿度检测电路工作过程的识读

对湿度检测电路工作过程的识读，通常会电路的工作原理入手，通过对电路信号流程的分析，掌握湿度检测电路的工作过程及功能特点。

湿度检测电路检测到土壤湿度正常时的工作过程见图8-18。

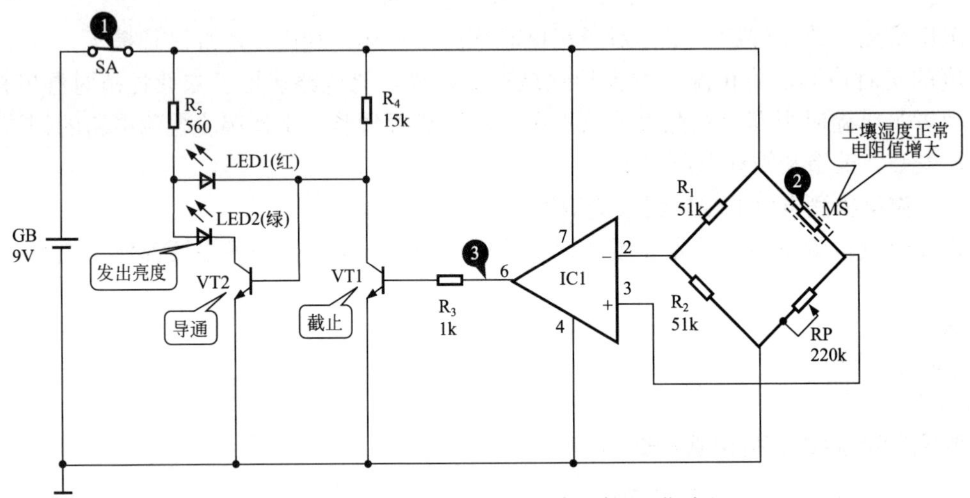

图8-18　湿度检测电路的土壤湿度正常时工作过程

❶ 当开关SA闭合。

❷ 9 V电源为检测电路供电。湿度正常时，湿敏电阻器MS的阻值大于可变电阻器RP的阻值。

❸ 使电压比较器IC1的③脚电压低于②脚、IC1的⑥脚输出低电平，晶体三极管VT1截止、VT2导通，指示二极管LED2绿灯亮。

土壤湿度过大时的工作过程见图8-19。

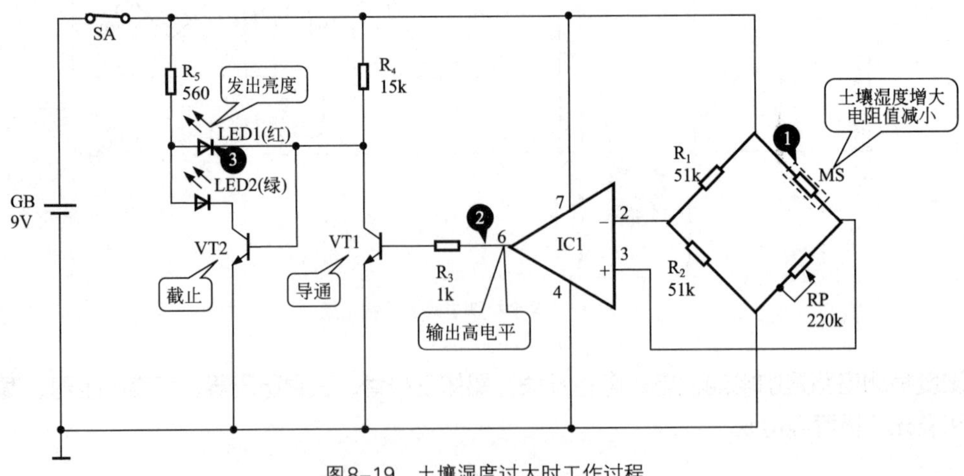

图8-19　土壤湿度过大时工作过程

❶ 当土壤的湿度过大时，湿敏电阻器MS的阻值减小，则IC1 ③脚的电压上升。

❷ 电压经比较器IC1的⑥脚输出高电平，使晶体三极管VT1导通、VT2截止。

❸ 指示二极管LED1点亮、LED2熄灭，给农户以提示，应当适当减小大棚内的湿度。

8.3.2 菌类培养湿度检测电路的识读实例

菌类培养湿度检测电路是由NE 555集成电路和扬声器发出提示信号。由于培养菌类对土壤湿度的要求很高，可以采取该电路对其湿度进行监测，当湿度出现异常时，扬声器会发出报警声。掌握菌类培养湿度检测电路的识读对于设计、安装、改造和维修有所帮助。

（1）菌类培养室湿度检测电路的结构组成的识读

识读菌类培养室湿度检测电路，首先要了解该电路的组成，明确电路中各主要部件与电路符号的对应关系。

菌类培养室湿度检测电路的结构组成见图8-20。

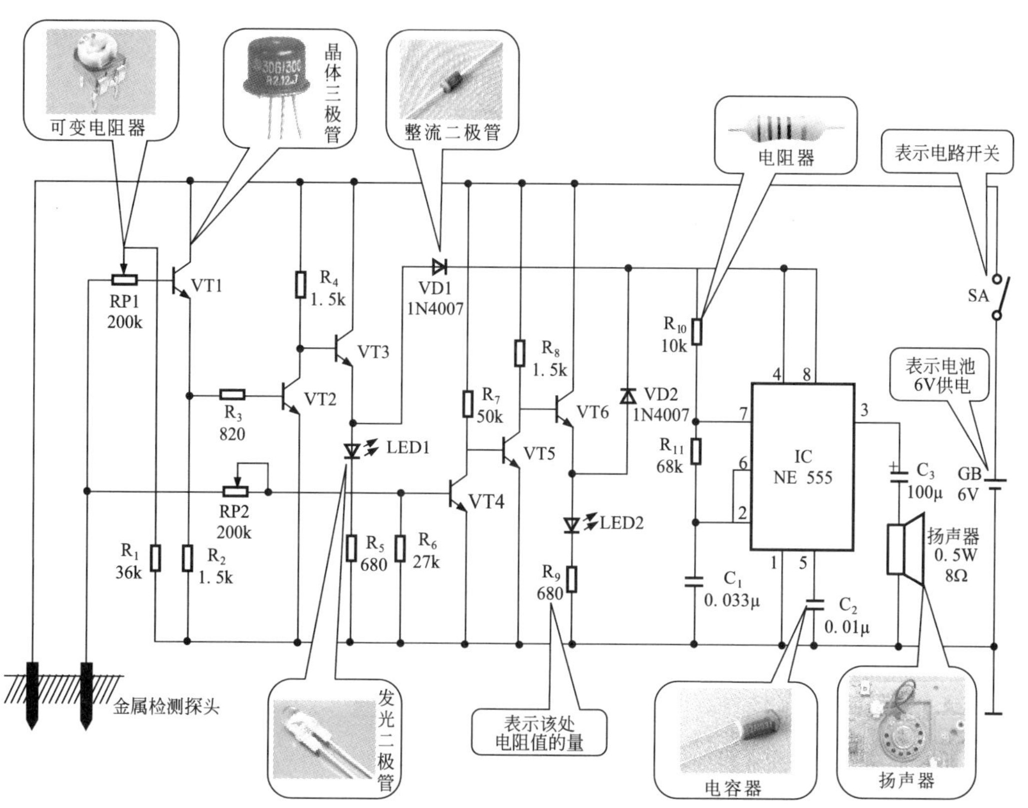

图8-20　菌类培养室湿度检测电路的结构组成

菌类培养室湿度检测电路是由电池进行供电，由金属检测探头、可变电阻器、晶体三极管、发光二极管、集成电路IC NE 555和扬声器等构成。利用扬声器和指示灯发出警报指示。

（2）菌类培养室湿度检测电路工作过程的识读

对菌类培养室湿度检测电路工作过程的识读，通常会从电路的工作原理入手，通过对电路信号流程的分析，掌握菌类培养湿度检测电路的工作过程及功能特点。

湿度过大状态，菌类培养室湿度检测电路的工作过程见图8-21。

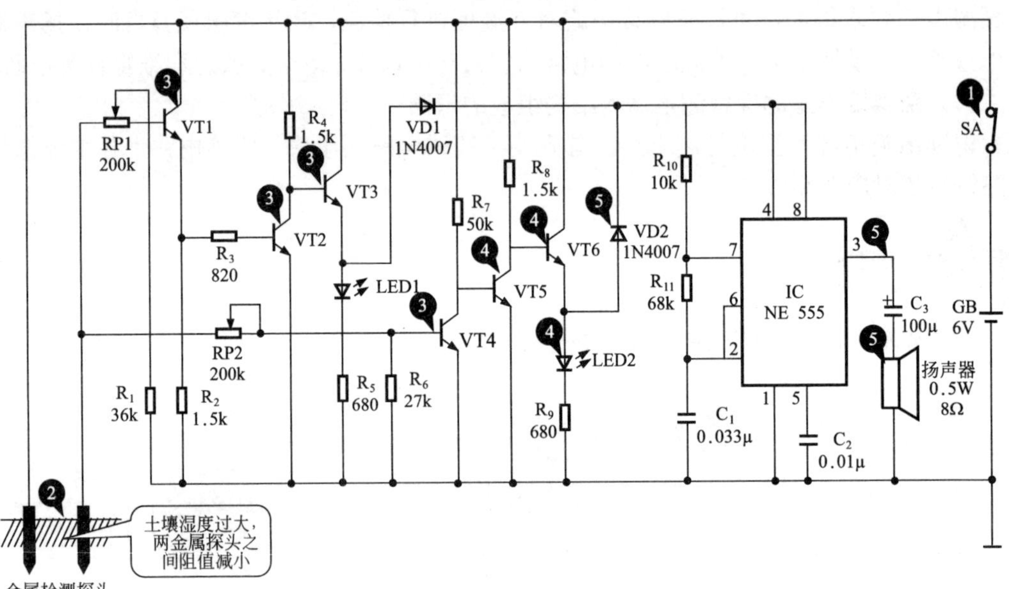

图8-21 菌类培养室湿度检测电路的土壤湿度多大工作过程

❶ 电路中开关SA闭合。

❷ 当培植菌类的环境湿度多大时，两探头之间的电阻减小。

❸ 晶体三极管VT1、VT2和VT4导通。

❹ 晶体三极管VT5截止，晶体三极管VT6导通使发光二极管LED2发光。

❺ 二极管VD2导通，集成电路芯片IC NE 555的④脚、⑧脚电压上升，于是③脚输出报警信号，扬声器发出警报声。

湿度过小状态，菌类培养室湿度检测电路的工作过程见图8-22。

❶ 当土壤过干时，两探头之间的阻值增大几乎断路。

❷ 晶体三极管VT1和VT2截止。

❸ 晶体三极管VT3导通，发光二极管LED1亮。

❹ 二极管VD1导通，集成电路芯片IC NE 555的④脚、⑧脚电压上升，于是③脚输出报警信号，扬声器同时也会发出警报声。

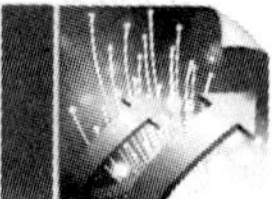

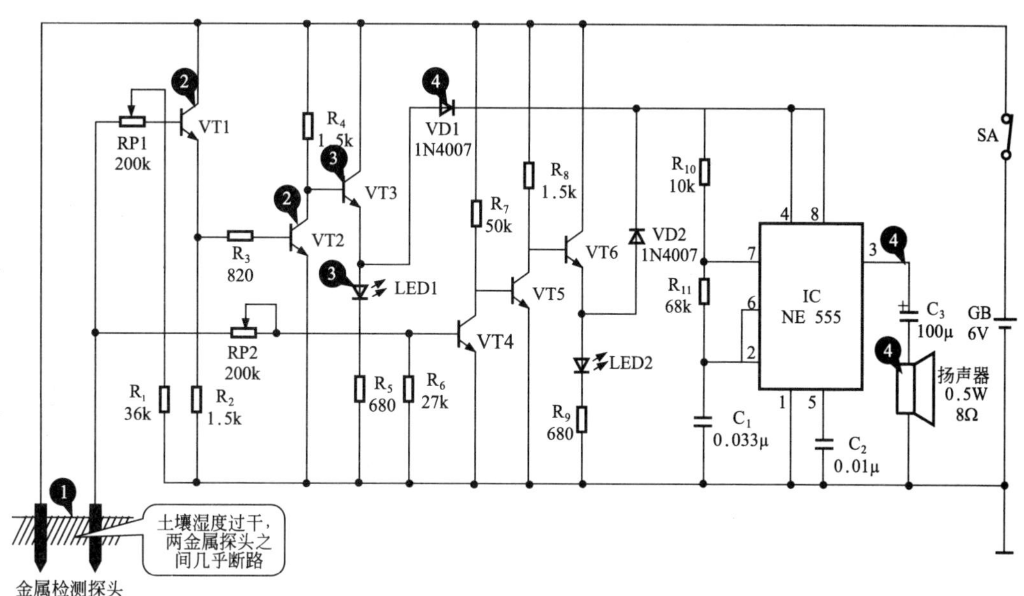

图8–22 菌类培养室湿度检测电路的土壤湿度的工作过程

湿度正常状态，菌类培养室湿度检测电路的工作过程见图8-23。

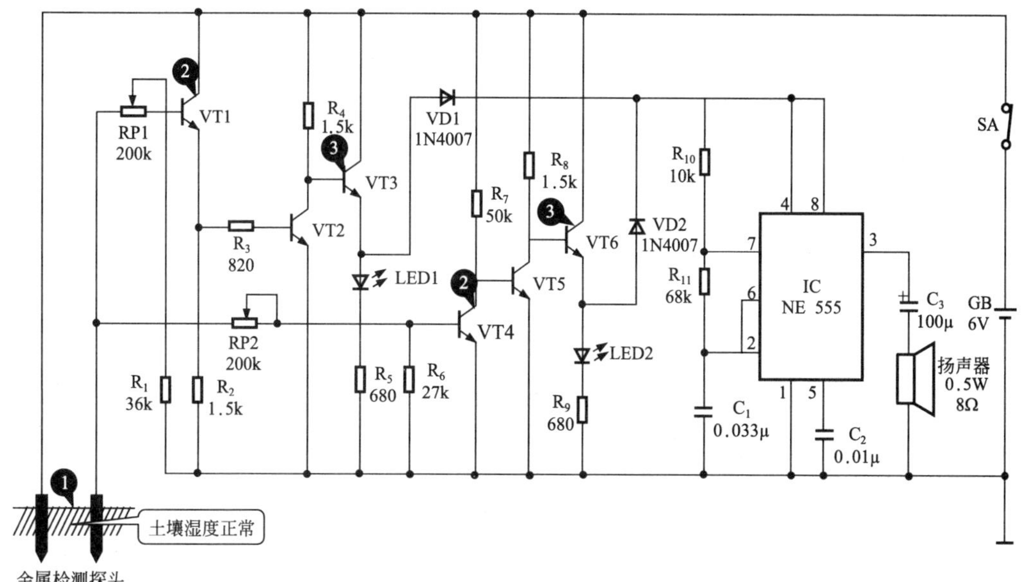

图8–23 菌类培养室湿度检测电路的土壤湿度多大工作过程

❶ 当土壤湿度适宜时，两探头间阻抗中等。

❷ 晶体三极管VT4截止、VT1导通。

❸ 晶体三极管VT3、VT6截止，IC NE555的④、⑧脚为低电平，IC无动作扬声器无声。

8.3.3 畜牧产仔报警电路的识读实例

畜牧产仔无线警报电路是感应到有新生命的产生发出警报，对养殖户进行提醒。该电路有效地节省了人力，不需要长时间的看守。掌握畜牧产仔无线报警电路的识读对于设计、安装、改造和维修有所帮助。

（1）畜牧产仔无线警报电路的结构组成的识读

识读畜牧产仔无线警报电路，首先要了解该电路的组成，明确电路中各主要部件与电路符号的对应关系。

畜牧产仔无线报警电路的结构组成见图8-24。

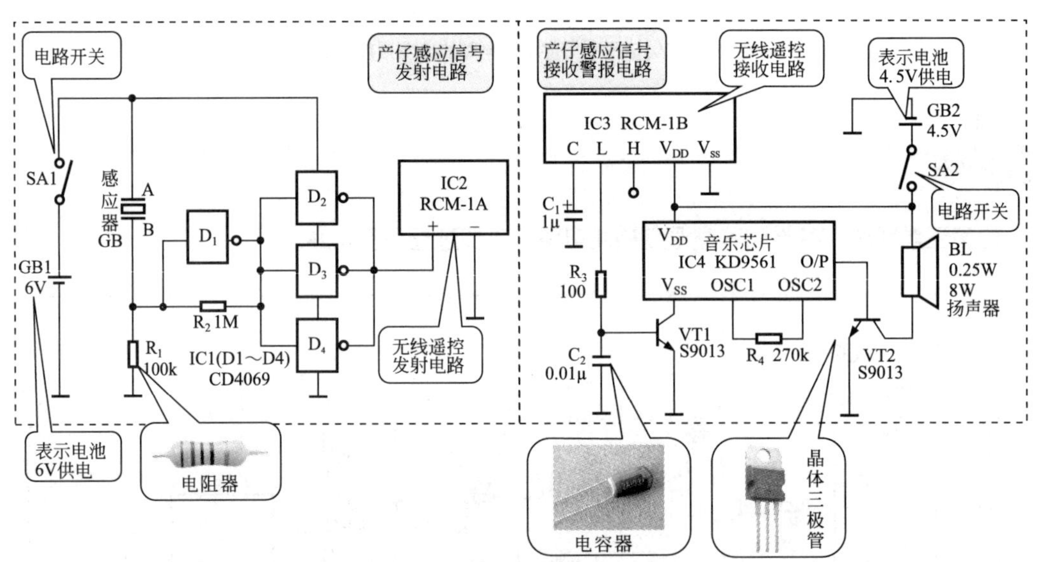

图8-24 畜牧产仔无线报警电路的结构组成

畜牧产仔无线警报电路是由电池进行供电，由信号产生电路发射信号和信号接收电路接收信号并发出警报，整个电路是由感应器、与非门集成电路、无线电检测发射电路、无线电检测接收电路、音乐集成电路、晶体三极管和扬声器等构成。

（2）畜牧产仔无线警报电路工作过程的识读

对畜牧产仔无线警报电路工作过程的识读，通常会从电路的工作原理入手，通过对电路信号流程的分析，掌握畜牧产仔无线警报电路的工作过程及功能特点。

畜牧产仔无线警报电路的工作过程见图8-25。

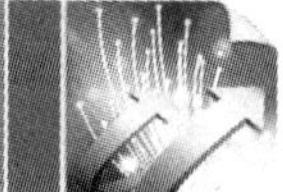

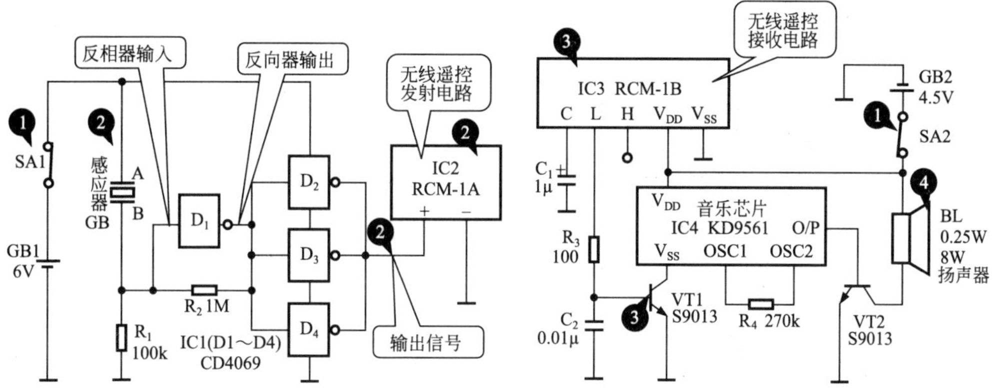

图8-25　畜牧产仔无线报警电路的工作过程

❶ 畜牧场中动物产仔时，而养殖户不能在现场看守时，将感应端的开关SA1和警报器端的开关SA2同时接通。

❷ 当感应器GB感应到有新的动物产生时，GB有感应信号输出经反相器放大后将信号送入无线发射电路IC2的输入端使无线控制发射电路发出信号。

❸ 无线接收电路接收到信号后，输出信号使晶体三极管VT1导通，输入到音乐集成电路IC4中。

❹ 由音乐芯片的O/P端输出音乐信号经晶体三极管VT2放大后去驱动扬声器，扬声器发出报警声音作为提醒。

提示

该电路当养殖户接收到警报信号后可以将开关SA2断开，扬声器即可停止发出警报声。当养殖户赶到畜牧园中，将感应端的开关SA1断开，对新生产的动物进行看管。这可以节约该电路中的电能。

8.3.4　秸秆切碎机驱动控制电路的识读实例

秸秆切碎机驱动控制电路是驱动两个电动机的工作，进行送料和切碎工作。该电路有效地节省了人力劳动。掌握秸秆切碎机驱动控制电路的识读对于设计、安装、改造和维修有所帮助。

（1）秸秆切碎机驱动控制电路的结构组成的识读

识读秸秆切碎机驱动控制电路，首先要了解该电路的组成，明确电路中各主要部件与电路符号的对应关系。

图解

秸秆切碎机驱动控制电路的结构组成见图8-26。

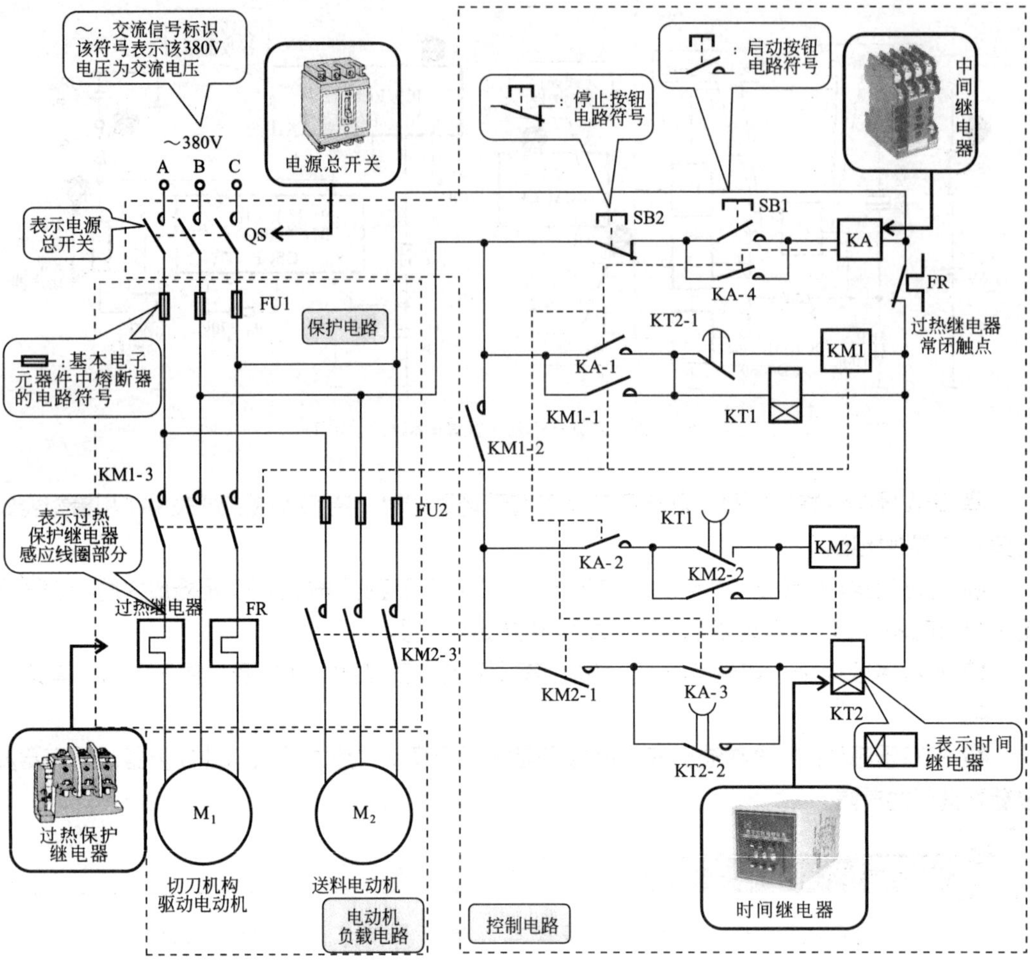

图8-26 秸秆切碎机驱动控制电路的结构组成

秸秆切碎机驱动控制电路可以分为控制电路、保护电路和电动机负载电路，控制电路是由电源总开关、停机开关、开机开关、时间继电器、中间继电器等构成，保护电路是由容电器和过热继电器构成，电动机负载电路是由切刀机构、驱动电动机和送料电动机等构成。

（2）秸秆切碎机驱动控制电路工作过程的识读

对秸秆切碎机驱动控制电路工作过程的识读，通常会电路的工作原理入手，通过对电路信号流程的分析，掌握秸秆切碎机驱动控制电路的工作过程及功能特点。

秸秆切碎机驱动控制电路的启动过程见图8-27。

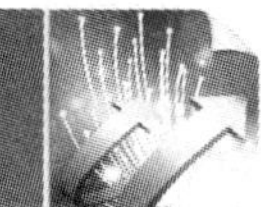

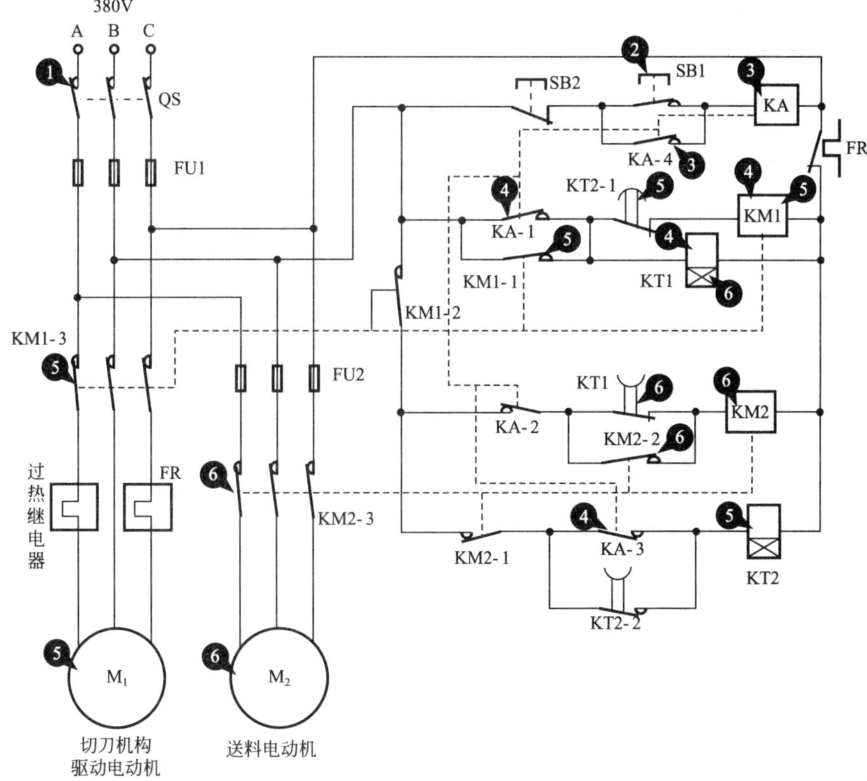

图8–27　秸秆切碎机驱动控制电路的启动过程

❶ 接通电源总开关QS后。

❷ 按下启动开关SB1。

❸ 中间继电器KA得电吸合，KA-4闭合自锁，锁定KA的供电，即SB1松开后，中间继电器KA仍保持供电吸合状态。

❹ 触点KA-1闭合，时间继电器KT1动作，触点KA-3由常开变为闭合状态。

❺ 时间继电器KT2得电，时间继电器KT2经过30s延时后吸合，使KT2-1触点吸合。KT2-1的吸合为KM1接通了电源，于是KM1吸合，KM1的触点KM1-3接通，切碎驱动电动机M_1得电开始工作。同时KM1-1触点吸合为KM1提供自锁供电通道。

❻ 由于KA-1的闭合给时间继电器KT1供电、KT1的触点30s后闭合，为KM2交流接触器接通了电源，KM2便动作，接在给料（送料）电动机M_2供电电路中的KM2-3接通，电动机M_2开始工作。给料机构动作，整个切碎机进入正常工作状态。

由该机工作原理可以看到给料电动机比切碎驱动电动机延迟动作，可以防止进料机中的进料过多而溢出。

秸秆切碎机驱动控制电路的停机过程见图8-28。

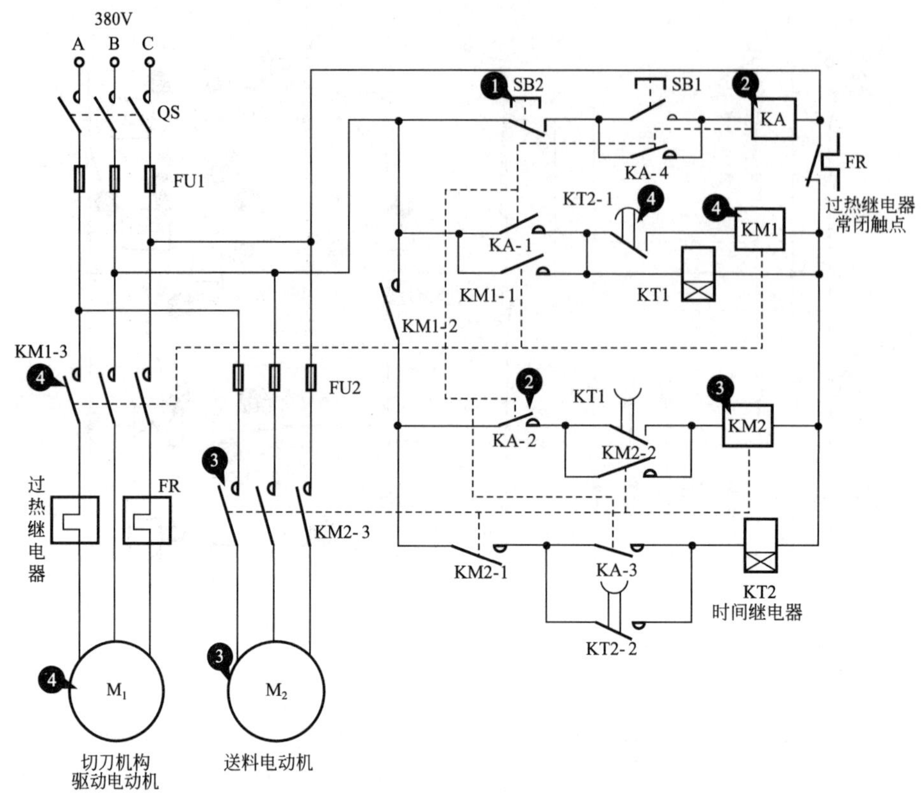

图8-28　秸秆切碎机驱动控制电路的停机过程

❶ 当需要结束工作时，按下停机键SB2，整个控制电路失电。

❷ 中间继电器KA断电，KA-1、KA-2、KA-3触点断开。

❸ 继电器KM2也断电KM2-1、KM2-2、KM2-3触点断开，给料驱动电动机M_2停转。

❹ 继电器时间继电器KT2断电，KT2-1、KT2-2触点断开，继电器KM1断电，KM1-1、KM1-2、KM1-3断开，切碎驱动电动机M_1延迟后停机。

提示

该电路的过热继电器，感受到电机温度过热时，会自动弹开，使电路断电，电机停转，进入保护状态。

8.3.5　磨面机驱动控制电路的识读实例

磨面机驱动控制电路是利用控制设备控制电路机进行磨面工作。该电路可以节约人力劳动和能源消耗提高工作效率。掌握磨面机驱动控制电路的识读对于设计、安装、改造和维修有所帮助。

（1）磨面机驱动控制电路的结构组成的识读

识读磨面机驱动控制电路，首先要了解该电路的组成，明确电路中各主要部件与电路符号的对应关系。

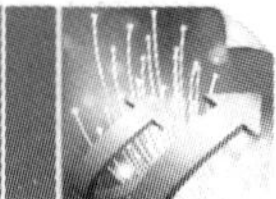

磨面机驱动控制电路的结构组成见图8-29。

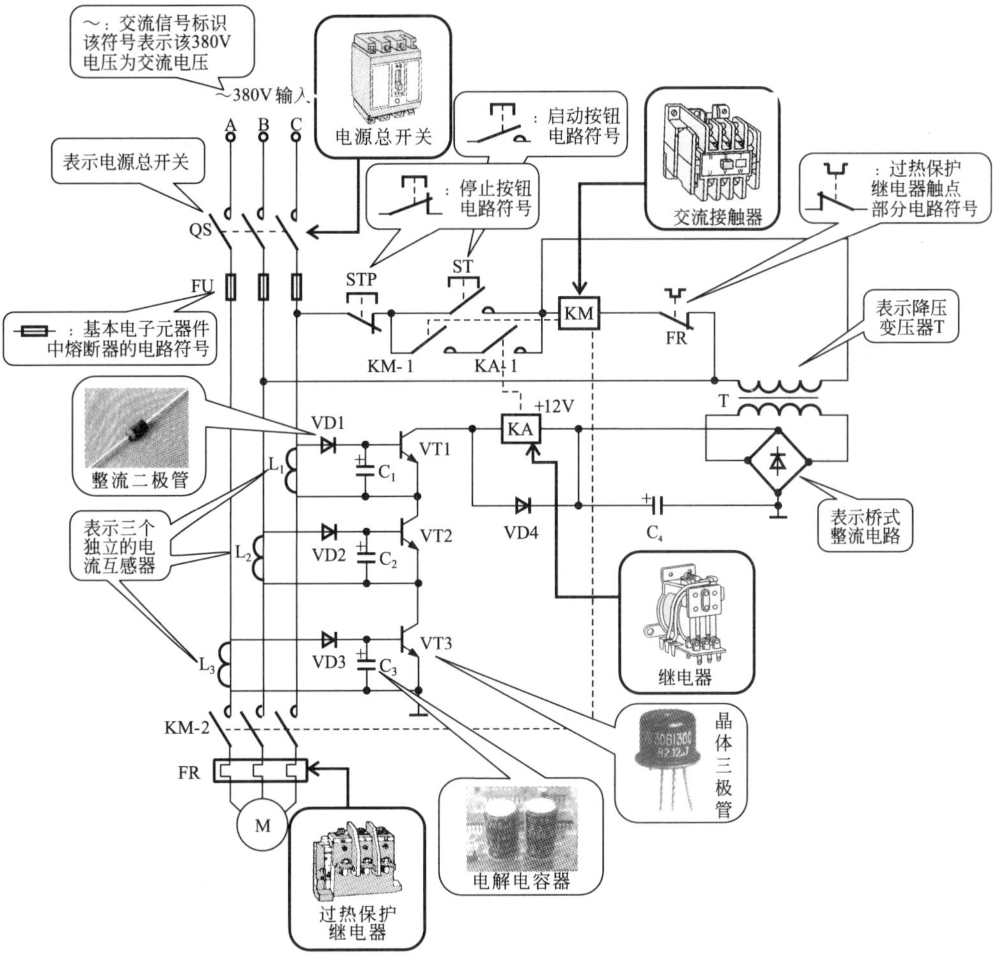

图8-29　磨面机驱动控制电路的结构组成

磨面机驱动控制电路是由控制电路、保护电路和电动机负载电路构成。磨面机内的电动机采用的交流三相380 V供电，电源经总开关QS为设备供电。控制电路是由电源总开关、启动按钮、停机按钮、交流接触器、桥式整流电路、降压变压器、电流互感器、继电器、晶体三极管、电容器和整流二极管；保护电路是由熔断器、过热保护继电器构成。

（2）磨面机驱动控制电路工作过程的识读

对磨面机驱动控制电路工作过程的识读，通常会电路的工作原理入手，通过对电路信号流程的分析，掌握磨面机驱动控制电路的工作过程及功能特点。

磨面机驱动控制电路的启动工作过程见图8-30。

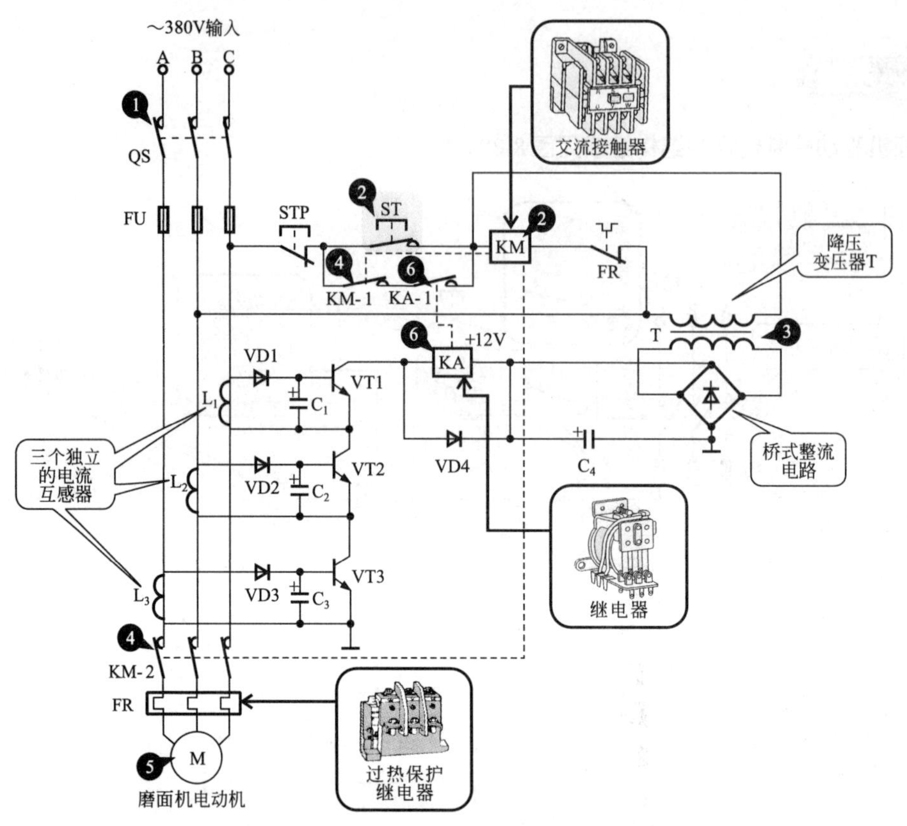

图8-30　磨面机驱动控制电路的启动的工作过程

❶ 接通电源总开关QS。

❷ 按下启动键ST时，交流接触器KM两端接通了B、C相的380 V电源，交流接触器KM吸合

❸ 降压变压器T的初级加上了380 V交流电压。

❹ 交流接触器KM得电后，KM-1、KM-2均接通，KM-1为交流接触器KM提供了自锁电压，即使启动键复位，KM也有电源维持工作状态。

❺ KM-2接通后，将交流380 V电压加到电动机的三相绕组上，电动机M旋转，磨面机开始工作。

❻ 降压变压器得电后，次级输出交流低压信号，该低压交流信号经桥式整流电路整流和C4滤波输出+12 V直流电压，该电压为缺相检测电路和保护继电器KA供电。KA受电流互感器的控制。

提示

在电动机的三相供电电路中分别设有一个电流互感器L_1、L_2、L_3，用来检测三相线路中的电流，当电动机启动后三相供电线路中都有电流，因而L_1、L_2、L_3均有交流感应电压输出。交流检测用互感器输出的交流电压分别经VD1、VD2、VD3整流和C_1、C_2、C_3滤波；并变成直流电压分别加到晶体管VT1、VT2、VT3的基极上。三

个晶体管便导通，三个晶体管串联起来为继电器KA提供了直流通路。于是继电器KA迅速吸合。KA的触点KA-1也闭合，KA-1与KM-1串联接在为KM供电的电路中，维持交流接触器的吸合状态。磨面机进行正常工作。如果三相供电电路中有缺相的情况，三个电流互感器中会有一个无信号输出，三个晶体管VT1、VT2、VT 3中会有一个晶体管截止，从而使继电器KA失电，则KA-1断路，KM断电，KM-2断开，电机停机。

图解

磨面机驱动控制电路的停机的工作过程见图8-31。

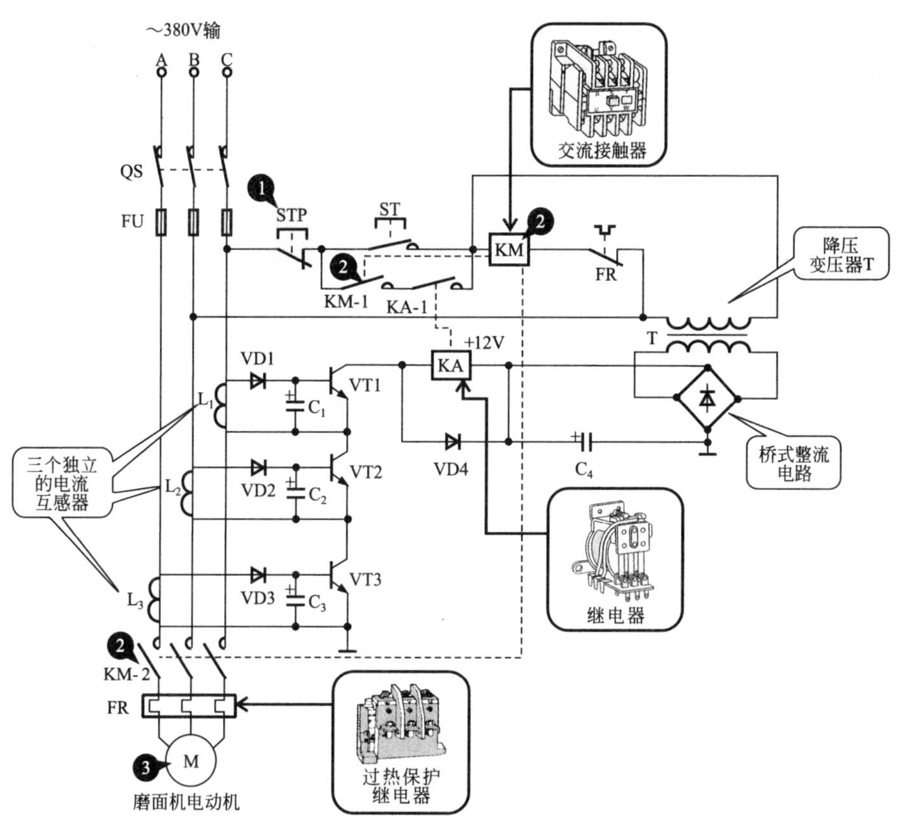

图8–31　磨面机驱动控制电路的停机的工作过程

❶ 当需要结束工作时，按下停机键STP，整个控制电路失电。

❷ 交流接触器KM断电故为，KM-1、KM-2触点断开。

❸ 当触点KM-2断开时，磨面电动机延迟停止工作。

提示

在夏季连续工作时间过长，机器温升过高，过热继电器FR会自动断开，便切断了电动机的供电电源，同时也切断了KM的供电，磨面机进入断电保护状态。这种情况在冷却后仍能正常工作。

8.3.6 淀粉加工机控制电路的识读实例

淀粉加工机控制电路是利用控制电路对电动机进行控制。使其可以节约人力劳动和能源消耗提高工作效率。掌握淀粉加工机控制电路的识读对于设计、安装、改造和维修有所帮助。

（1）淀粉加工机控制电路的结构组成的识读

识读淀粉加工机控制电路，首先要了解该电路的组成，明确电路中各主要部件与电路符号的对应关系。

淀粉加工机控制电路的结构组成见图 8-32。

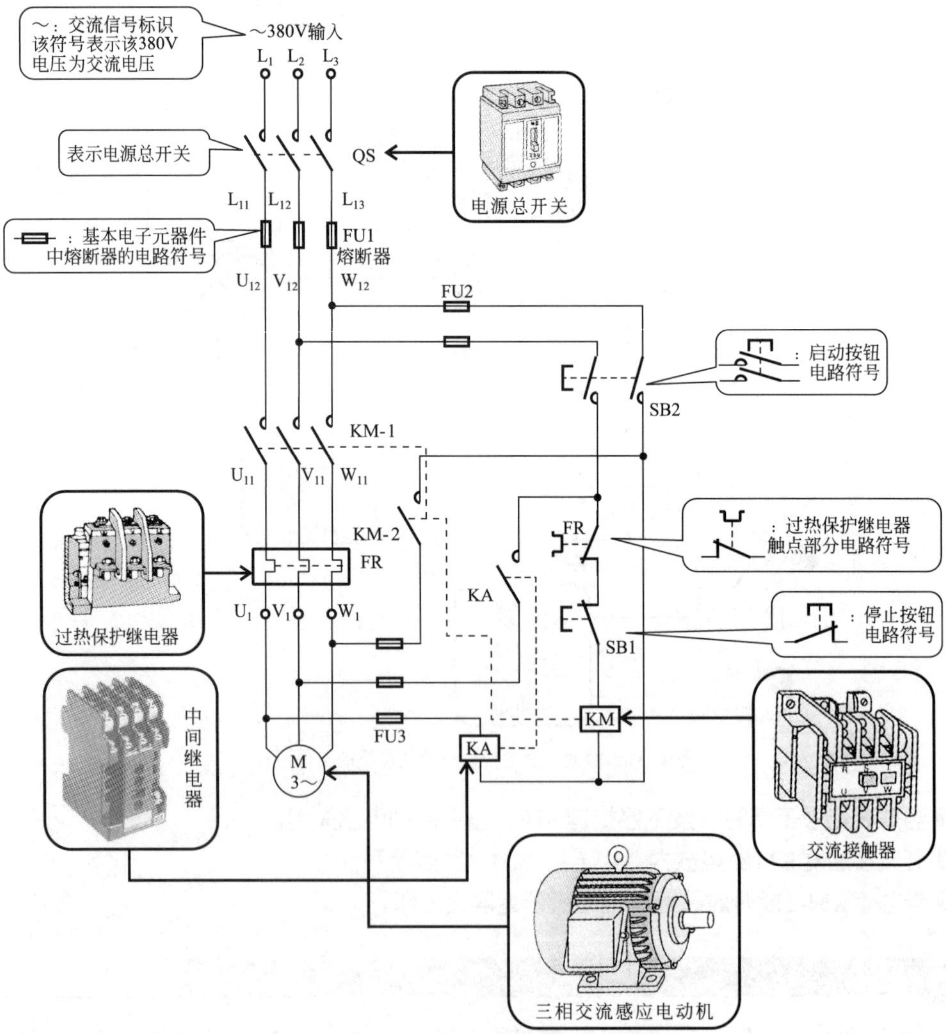

图 8-32 淀粉加工机控制电路的结构组成

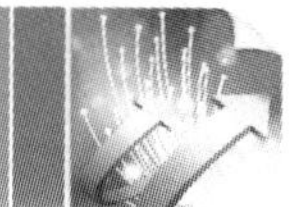

淀粉加工机控制电路是由～ 380 V交流供电。该电路由控制电路、保护电路和电动机负载组成。控制电路是由电源总开关、启动按钮、停机按下钮、交流接触器、中间继电器；保护电路是由熔断器和过热保护继电器构成。

（2）淀粉加工机控制电路工作过程的识读

对淀粉加工机控制电路工作过程的识读，通常会从电路的工作原理入手，通过对电路信号流程的分析，掌握淀粉加工机控制电路的工作过程及功能特点。

磨面机驱动控制电路的启动的工作过程见图8-33。

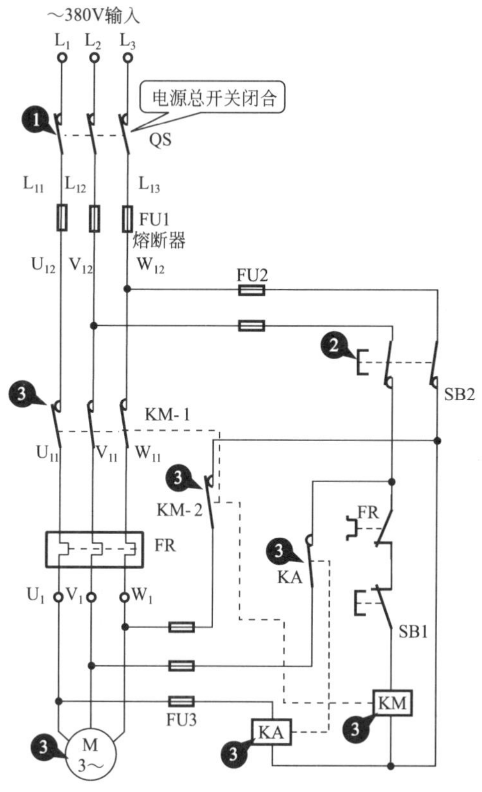

图8–33 淀粉加工机控制电路的启动过程

❶ 接通电源总开关QS。

❷ 按下启动开关SB2。

❸ 交流接触器KM和中间继电器KA接通，交流接触器KM控制的触点KM-1、KM-2接通，中间继电器KA控制的触点KA接通，三相交流感应电动机得电进行淀粉加工。

磨面机驱动控制电路停机的工作过程见图8-34。

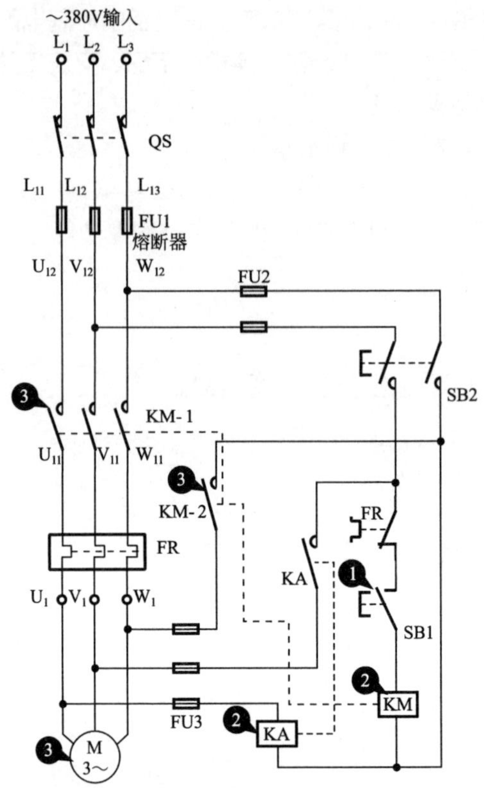

图8-34　淀粉加工机控制电路的停机过程

❶ 按下停机按钮SB1。

❷ 交流接触器KM断电，中间继电器KA断电。

❸ 交流接触器触点KM-1、KM-2断开，中间继电器触点KA断开，三相交流感应电动机失电停止工作。

提示

在正常工作状态，如果出现缺相故障KA或KM会断电，KM-1、KM-2、KA触点都会断开，从而切断电动机的供电电源，电动机停机进行自我保护。

当连续工作时间过长，电动机温度上升过高、过热继电器FR会动作，自动切断电动机的供电电源，电动机自动停机。

电工技能速成全图解

第1章 常用电子元器件的识别与检测

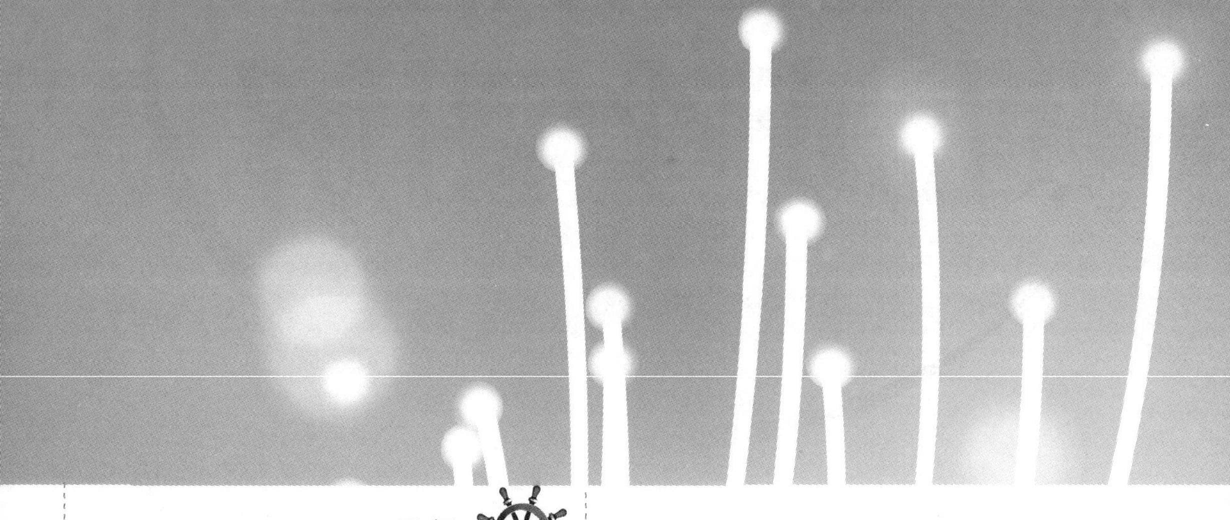

目标

本章主要的目标是让读者了解常用电子元器件的种类特点和检修技能。由于常用电子元器件种类多样，功能和结构各不相同，因此，我们特别对当前市场上常用电子元器件进行了细致的归纳整理，将市场占有率高、结构特征明显、检测代表性强的常用电子元器件按功能用途划分，选择极具代表性的常用电子元器件作为实测元器件展开讲解。

通过对不同类型的电子元器件识别、实测的操作演示，首先从电子元器件的识别入手，让读者了解不同种类电子元器件功能特点的同时，对电子元器件的种类和功能特点有一个整体的认识，然后，在此基础上将电子元器件的检测方法加以提炼、整理，找出检测电子元器件的共性。

最后，再通过对实测电子元器件检测操作，让读者真正掌握常用电子元器件检测的方法和技巧。

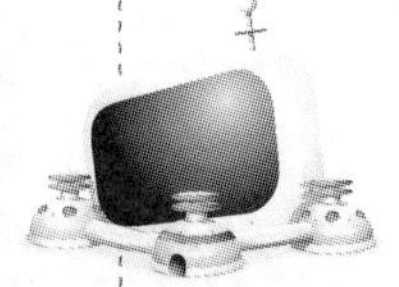

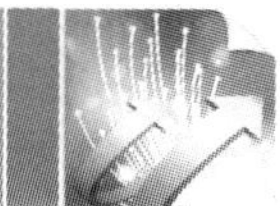

常见基本元器件的实物外形见图 1-1。

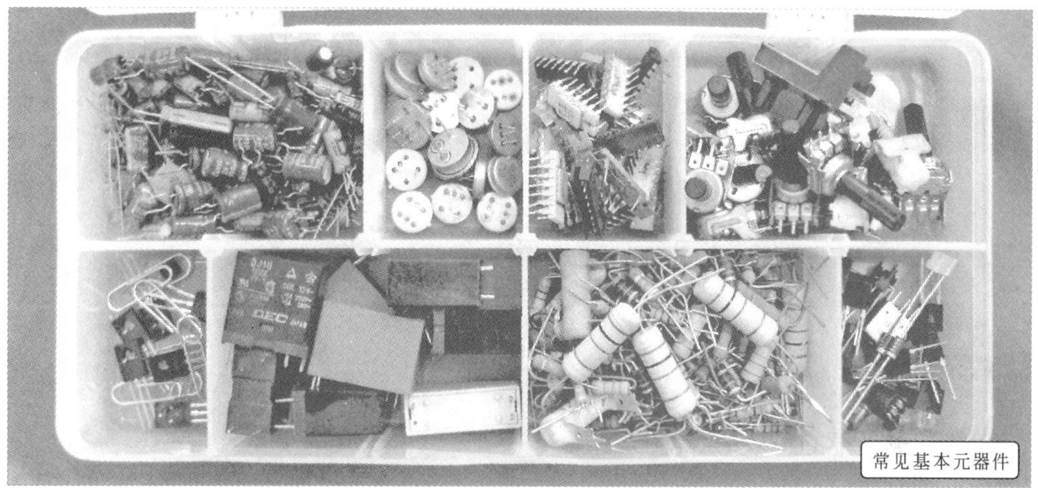

图 1–1　常见基本元器件的实物外形

几乎所有的电子产品都是由一些基本的元器件或部件组成的，常用的基本元器件主要有：电阻器、电容器、电感器、电位器、晶体二极管、晶体三极管、场效应晶体管、晶闸管、变压器、继电器以及集成电路等。

1.1 电阻器的识别与检测

1.1.1 电阻器的种类特点

物体对所通过的电流会产生阻碍作用，利用这种阻碍作用制成的电子元器件称为电阻器，简称“电阻”，是电子产品中最基本、最常用的电子元器件之一。

典型电阻器的结构示意见图 1-2。

电阻器主要是由具有一定阻值的材料构成，外部有绝缘层包裹。电阻器两端的引线用来与电路板进行焊接。为了便于识别，在绝缘层上标注了该电阻器的阻值（通常，电阻的阻值有直标法和色环标注法两种。图 1-2 所示的电阻就是采用的色环标注法）。

电阻器是限制电流的元器件，通常简称为电阻，是电子产品中最基本、最常用的电子元器件之一。

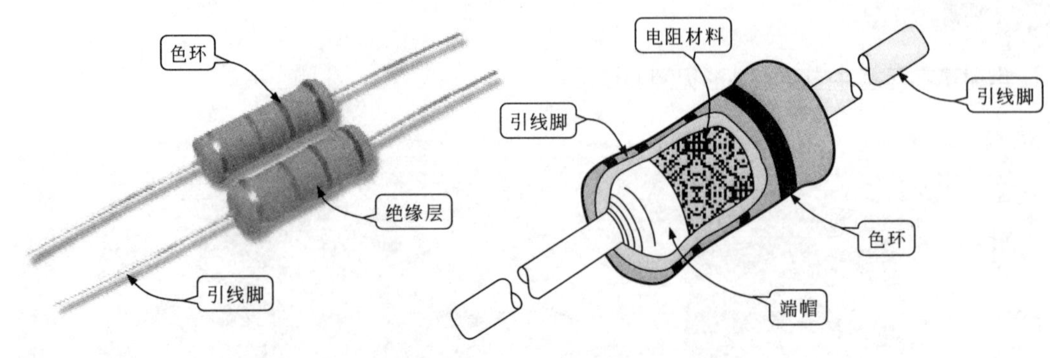

图1–2　典型电阻器的结构

几种常见电阻器的实物外形见图1-3。

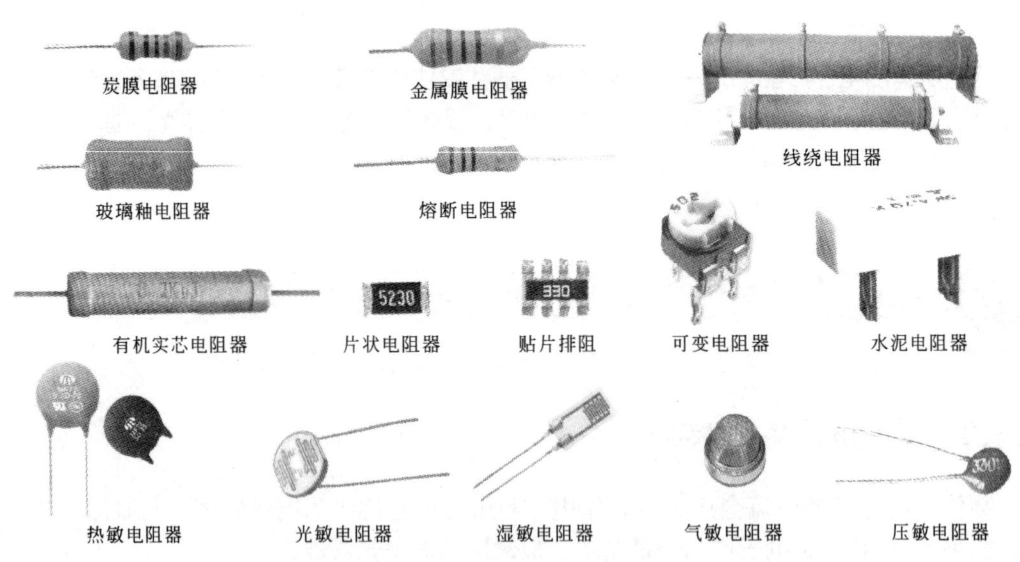

图1–3　几种常见电阻器的实物外形

在实际应用中，电阻器的种类很多，根据其功能和应用领域的不同，主要可分为固定电阻器和可变电阻器几种。其中，可变电阻器又分为可调电阻器和敏感电阻器两种类型。

（1）固定电阻器种类特点

固定电阻器种类特点见表1-1。

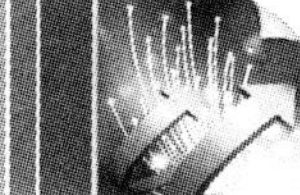

表1-1 固定电阻器种类特点

名称	外形	特点	规格
碳膜电阻器（RT）		碳膜电阻器就是将炭在真空高温的条件下分解的结晶碳蒸镀沉积在陶瓷骨架上制成的，这种电阻的电压稳定性好，造价低，在普通电子产品中应用非常广泛	其额定功率主要有：1/8W，1/4W，1/2W，1W，2W，3W等几种
金属膜电阻器（RJ）		金属膜电阻是将金属或合金材料在真空高温的条件下加热蒸发沉积在陶瓷骨架上制成的电阻。 这种电阻器具有较高的耐高温性能、温度系数小、热稳定性好、噪声小等优点	其额定功率主要有：1/8W，1/4W，1/2W，1W，2W等几种
金属氧化膜电阻器（RY）		金属氧化膜电阻器就是将锡和锑的金属盐溶液进行高温喷雾沉积在陶瓷骨架上制成的。比金属膜电阻更为优越，具有抗氧化、耐酸、抗高温等特点	其额定功率主要有：1/4W，1/2W，1W，2W，3W，4W，5W，7W，10W等几种
合成碳膜电阻器（RH）		合成碳膜电阻器是将炭黑、填料还有一些有机黏合剂调配成悬浮液，喷涂在绝缘骨架上，再进行加热聚合而成的。合成碳膜电阻器是一种高压、高阻的电阻器，通常它的外层被玻璃壳封死	
玻璃釉电阻器（RI）		玻璃釉电阻器就是将银、铑、钌等金属氧化物和玻璃釉黏合剂调配成浆料，喷涂在绝缘骨架上，再进行高温聚合而成的，这种电阻具有耐高温、耐潮湿、稳定、噪声小、阻值范围大等特点	
水泥电阻器		水泥电阻器是采用陶瓷、矿质材料封装的电阻器件，其特点是功率大，阻值小，具有良好的阻燃、防爆特性	其额定功率主要有：2W，3W，4W，5W，10W，15W，20W等几种

续表

名称	外形	特点	规格
排电阻器		排电阻器（简称排阻）是一种将多个分立的电阻器按照一定规律排列集成为一个组合型电阻器，也称集成电阻器或电阻器网络	排电阻规格按照其排列电阻形式和数量决定其额定功率的大小
熔断电阻		熔断电阻器又叫保险丝电阻器，具有电阻器和过流保护熔断丝双重作用，在电流较大的情况下熔化断裂从而保护整个设备不受损坏	额定功率有：1/4W，1/2W，1W，2W，3W等几种。阻值：0.33Ω、0.38Ω、0.68Ω
实心电阻		实心电阻器是由有机导电材料或无机导电材料及一些不良导电材料混合并加入黏合剂后压制而成的。这种电阻器阻值误差较大，稳定性较差，因此目前电路中已经很少采用	
熔断器 或		熔断器又称保险丝，阻值接近零，是一种安装在电路中，保证电路安全运行的电子元器件。它会在电流异常升高到一定的强度时，自身熔断切断电路，从而起到保护电路安全运行的作用	其额定电流主要有2A，3A，5A，10A等多种；规格电阻值为0Ω

（2）可变电阻器的种类特点

可变电阻器是指阻值可以变化的电阻器：一种是可调电阻器，这种电阻器的阻值可以根据需要人为调整；另一种是敏感电阻器，这种电阻器的阻值会随周围环境的变化而变化。

可变电阻器的种类特点见表1-2。

表1–2 可变电阻器的种类特点

名称	外形	特点	规格
可调电阻器（RP）		可变电阻器的阻值是可以调整的，常用在电阻值需要调整的电路中，如电视机的亮度调谐器件或收音机的音量调节器件等。该电阻器由动片和定片构成，通过调节动片的位置，改变电阻值的大小	常用 ●0.5 ~ 1 W； ●1 ~ 100kΩ

续表

名称	外形	特点	规格
线绕电位器		线绕电位器是用康铜丝和镍铬合金丝绕在一个环状支架上制成的。具有功率大、耐高温、热稳定性好且噪声低的特点，阻值变化通常是线性的，用于大电流调节的电路中。但由于电感量大，不宜用在高频电路场合	常用 ● 4.7 ~ 100 kΩ
碳膜电位器		碳膜电位器的电阻体是在绝缘基体上蒸涂一层碳膜制成的。具有结构简单、绝缘性好、噪声小且成本低的特点，因而广泛用于家用电子产品	常用 ● 1 W ● 4.7 ~ 100 kΩ
合成碳膜电位器		合成碳膜电位器是由石墨、石英粉、炭黑、有机黏合剂等配成的一种悬浮液涂在纤维板或胶纸板上制成的。具有阻值变化连续、阻值范围宽、成本低，但对温度和湿度的适应性差等特点。常见的片状可调电位器、带开关电位器、精密电位器等都属于此类电位器	常用 ● 0.5 ~ 1 W ● 4.7 ~ 100 kΩ
实心电位器		实心电位器是用炭黑、石英粉、黏合剂等材料混合加热压制构成电阻体，然后再压入塑料基体上经加热聚合而成的。具有可靠性高，体积小，阻值范围宽，耐磨性、耐热性好，过负载能力强等特点。但是噪声较大，温度系数较大	常用 ● 0.5 ~ 1 W ● 4.7 ~ 100 kΩ
导电塑料电位器		导电塑料电位器就是将DAP（邻苯二甲酸二烯丙脂）电阻浆料覆在绝缘机体上，加热聚合成电阻膜。该元器件具有平滑性好、耐磨性好、寿命长、可靠性极高、耐化学腐蚀等特点。可用于航天装置、飞机雷达天线的伺服系统等	常用 ● 0.5 W ● 1 ~ 100 kΩ
单联电位器		单联电位器有自己独立的转轴，常用于高级收音机、录音机、电视机中的音量控制的开关式旋转电位器	常用 ● 1 W ● 1 ~ 100 kΩ

续表

名称	外形	特点	规格
双联电位器		双联电位器是两个电位器装在同一个轴上，即同轴双联电位器。常用于高级收音机、录音机、电视机中的音量控制的开关式旋转电位器。采用双联电位器可以减少电子元器件，美化电子设备的外观	常用 ●1 W ●1 ~ 100 kΩ
单圈电位器		普通的电位器和一些精密的电位器多为单圈电位器	常用 ●0.5W ●1 ~ 100 kΩ
多圈电位器		多圈电位器的结构大致可以分为两种：① 电位器的动接点沿着螺旋形的绕组做螺旋运动来调节阻值； ②通过蜗轮、蜗杆来传动，电位器的接触刷装在轮上并在电阻体上做圆周运动	常用 ●1/4 W ●1 ~ 100 kΩ
直滑式电位器		直滑式电位器采用直滑方式改变阻值的大小，一般用于调节音量；通过推移拨杆改变阻值，即改变输出电压的大小，进而达到调节音量的目的	常用 ●0.5 W ●4.7 ~ 47 kΩ

敏感电阻器的种类特点见表1-3。

表1-3 敏感电阻器的种类特点

名称	外形	特点
热敏电阻器 （MZ、MF） θ		热敏电阻的阻值会随温度的变化而变化，可分为正温度系数（PTC）和负温度系数（NTC）两种热敏电阻。 正温度系数热敏电阻的阻值随温度的升高而升高，随温度的降低而降低；负温度系数热敏电阻的阻值随温度的升高而降低，随温度的降低而升高

续表

名称	外形	特点
光敏电阻器（MG）		光敏电阻器的特点是当外界光照强度变化时，光敏电阻器的阻值也会随之变化
湿敏电阻器（MS）		湿敏电阻器的阻值随周围环境湿度的变化而变化，常用作湿度检测元件
气敏电阻器（MQ）		气敏电阻器是一种新型半导体元器件，这种电阻器是利用金属氧化物半导体表面吸收某种气体分子时，会发生氧化反应或还原反应使电阻值改变的特性而制成的电阻器
压敏电阻器（MY）		压敏电阻器是敏感电阻器中的一种，是利用半导体材料的非线性特性的原理制成的，当外加电压施加到某一临界值时，电阻的阻值急剧变小的敏感电阻器

1.1.2 电阻器的识别

在实际电阻器表面，也可以找到与电子电路图中对应的标识信息，通常标识有电阻器的类型和电阻器的电阻值。下面选取典型电阻器分别介绍电阻器实物的标识方法。

（1）电阻器的类型标识方法

根据我国国家标准规定，固定电阻器型号命名由4个部分构成。

电阻器的命名规格实例见图1-4。

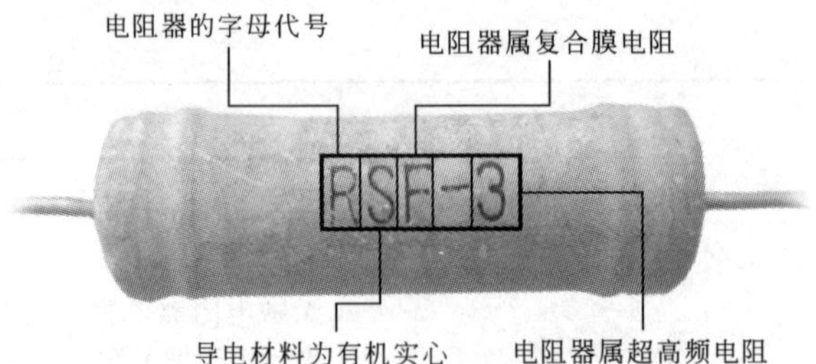

图1-4　电阻器命名规格实例

该电阻器的命名为“RSF-3”，其中“R”表示电阻；“S”表示有机实心电阻，“F”表示复合膜电阻；“3”表示超高频电阻。因此，可以识别该电阻器为有机实心复合膜超高频电阻器。

电阻器主称部分符号、意义对照表如表1-4所列。

表1-4　电阻器主称部分符号、意义对照表

符号	意义	符号	意义
R	普通电阻	MS	湿敏电阻
MY	压敏电阻	MQ	气敏电阻
MZ	正温度系数热敏电阻	MC	磁敏电阻
MF	负温度系数热敏电阻	ML	力敏电阻
MG	光敏电阻		

电阻器导电材料符号、意义对照表如表1-5所列。

表1-5　电阻器导电材料的符号、意义对照表

符号	意义	符号	意义
H	合成碳膜	S	有机实心
I	玻璃釉膜	T	碳膜
J	金属膜	X	线绕
N	无机实心	Y	氧化膜
G	沉积膜	F	复合膜

电阻器类别符号、意义对照表如表1-6所列。

表1-6　电阻器类别符号、意义对照表

符号	意义	符号	意义
1	普通	G	高功率
2	普通或阻燃	L	测量
3	超高频	T	可调
4	高阻	X	小型
5	高温	C	防潮
7	精密	Y	被釉
8	高压	B	不燃性
9	特殊（如熔断型等）		

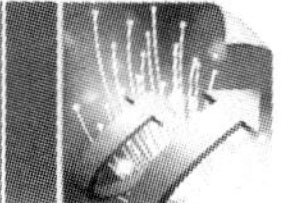

（2）电阻器的电阻值标注方法

不同的电阻器都有不同的阻值，通常，电阻器将其阻值和相关参数通过色环标注法或直接标注法标注在电阻器的外壳上。下面，我们就具体介绍一下电阻器阻值的标注方法。

① 电阻器的直接标注法　电阻器的直接标注法是将电阻器的类别、标称电阻值及允许偏差、额定功率及其他主要参数的数值等直接标注在电阻器外表面上。根据我国国家标准规定，固定电阻器型号命名由4个部分构成（在“电阻器的类型标识方法”中已经介绍），阻值由2个部分构成。

电阻器直接标注法实例见图1-5。

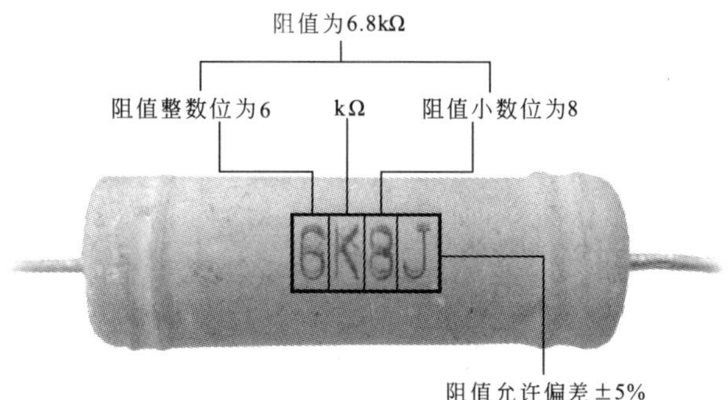

图1-5　电阻器直接标注法实例

该电阻的标注为“6K8J”，其中“6K8”表示阻值大小（通常电阻器的直标采用的是简略方式，也就是说只标识出重要的信息，而不是所有的都被标识出来）；“J”表示允许偏差±5%。即该电阻的阻值大小为6.8（1±5%）kΩ。

其中，标称电阻值的单位符号有R、K、M、G、T几个符号，各自表示的意义如下：

R=Ω

K=kΩ=10^3Ω

M=MΩ=10^6Ω

G=GΩ=10^9Ω

T=TΩ=10^{12}Ω

单位符号在电阻上标注时，单位符号代替小数点进行描述。例如：

0.68Ω的标称阻值，在电阻外壳表面上标成“R68”；

3.6Ω的标称电阻，在电阻外壳表面上标成“3R6”；

3.6 kΩ的标称电阻，在电阻外壳表面上标成“3K6”；

3.32 GΩ的标称阻值，在电阻外壳表面上标成“3G32”。

表1-7所列为电阻的允许偏差、符号对照表。

表1-7　电阻的允许偏差、符号对照表

符号	意义	符号	意义
Y	± 0.001%	D	± 0.5%
X	± 0.002%	F	± 1%
E	± 0.005%	G	± 2%
L	± 0.01%	J	± 5%
P	± 0.02%	K	± 10%
W	± 0.05%	M	± 20%
B	± 0.1%	N	± 30%
C	± 0.25%		

② 电阻器的色环标注法　电阻器的色环标注法是将电阻器的参数用不同颜色的色环或色点标注在电阻体表面上，常见的色环标注有4环标注和5环标注两种。下面以5环电阻器为例介绍色环标注法。

5环电阻器色环标注法实例见图1-6。

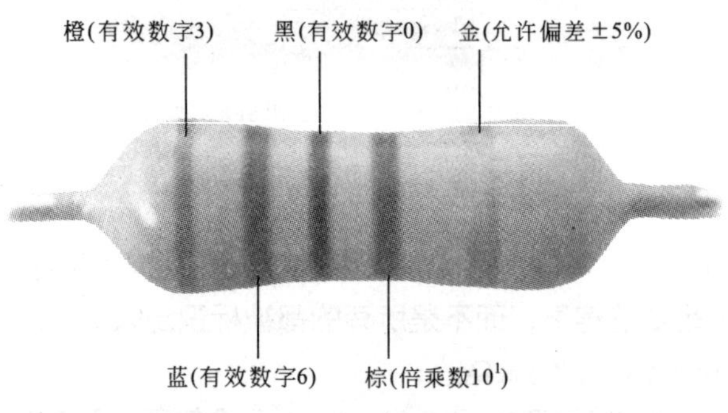

图1-6　电阻器色环标注法实例

该电阻器有5条色环标识的电阻器，其色环颜色依次为“橙蓝黑棕金”。“橙色”表示有效数字3；“蓝色”表示有效数字6；“黑色”表示有效数字0；“棕色”表示倍乘数10^1；“金色”表示允许偏差±5%。因此该阻值标识为3.6（1±5%）kΩ。

不同颜色的色环代表的意义不同，相同颜色的色环排列在不同位置上的意义也不同，具体如表1-8所列。

表1-8　色标法的含义表

色环颜色	色环所处的排列位		
	有效数字	倍乘数	允许偏差/%
银色	—	10^{-2}	± 10
金色	—	10^{-1}	± 5

续表

色环颜色	色环所处的排列位		
	有效数字	倍乘数	允许偏差/%
黑色	0	10^0	—
棕色	1	10^1	± 1
红色	2	10^2	± 2
橙色	3	10^3	—
黄色	4	10^4	—
绿色	5	10^5	± 0.5
蓝色	6	10^6	± 0.25
紫色	7	10^7	± 0.1
灰色	8	10^8	—
白色	9	10^9	—
无色	—	—	± 20

1.1.3 电阻器的检测方法

电阻器通常可以通过用万用表检测电阻器阻值的方法来判断电阻器是否良好。下面，针对不同电阻器来具体介绍一下电阻器的检测方法。

（1）普通电阻器的检测方法

待测的普通电阻器见图1-7。

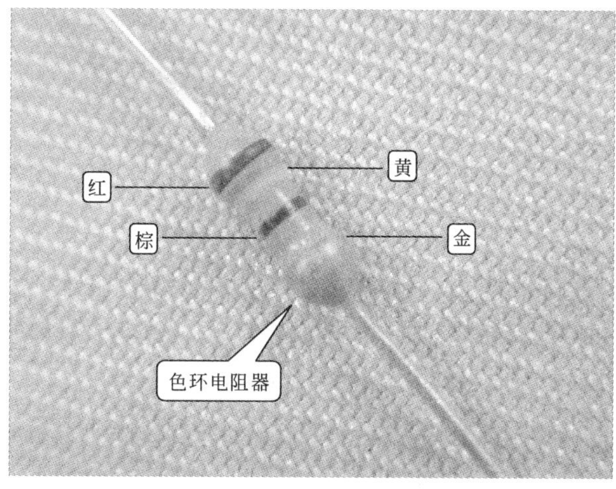

图1-7　色环标注法标注的待测电阻器

根据电阻器上的色环标注或直接标注识，便能读出该电阻器的阻值。可以看到，该电阻器是采用色环标注法。色环从左向右依次为“红”、“黄”、“棕”、“金”。根据前面所学的知识可以识读出该电阻器的阻值为240Ω，允许偏差为±5%。

在检测电阻器时，可以采用万用表检测其电阻阻值的方法，判断其好坏。

普通电阻器的检测方法见图1-8。

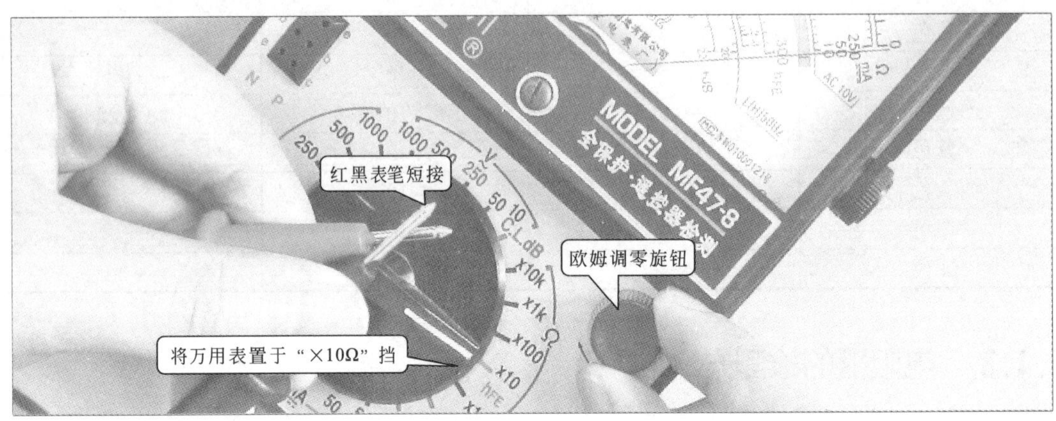

（a）将万用表的量程调整至欧姆挡，并将其挡位调整至“R×10Ω”挡后，扭转调零旋钮，进行调零校正

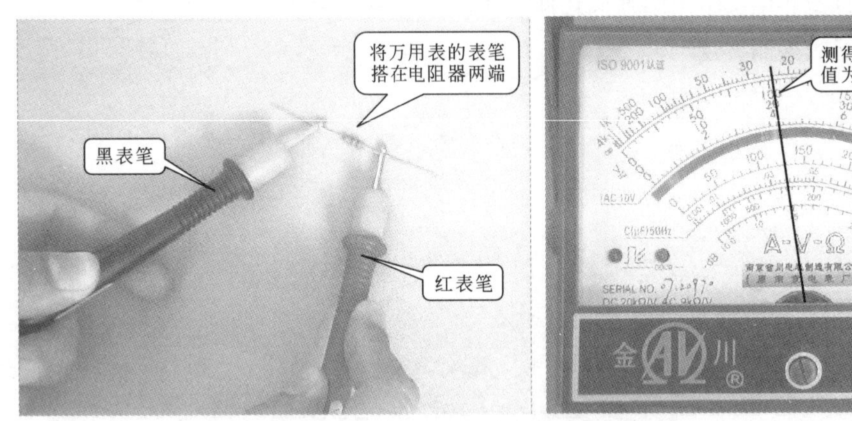

（b）将表笔分别搭在电阻器两端检测其阻值

图1-8 普通电阻器的检测方法

判断普通电阻器的好坏：若测得的阻值与标称值相符或相近，则表明该电阻器正常，若测得的阻值与标称值相差过多，则该电阻器可能已损坏。

无论是使用指针式万用表还是数字式万用表，在设置量程时，要选择尽量与测量值相近的量程以保证测量值准确。如果设置的量程范围与待测值之间相差过大，则不容易测出准确值，这在测量时要特别注意。

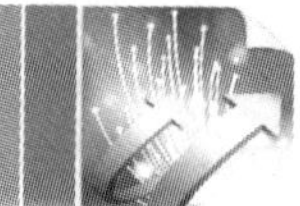

（2）热敏电阻器的检测方法

由于热敏电阻器的特点是当外界温度变化时，热敏电阻器的阻值也会随之变化。因此，为了能够更好地观察测量结果，应注意测试的环境温度。

待测的热敏电阻器见图 1-9。

在检测热敏电阻器前也要先确定其标称值，如图 1-9 所示热敏电阻器的标称阻值通过直接标注的方法标注在电阻器的表面，为“330Ω”。

在使用万用表检测热敏电阻器好坏时，可使用热源迅速对热敏电阻器加热，正常情况下表针会随温度的变化而摆动，注意用模拟万用表测量电阻前都要进行零欧姆校正，而且每换一次量程都要再进行一次零欧姆校正。

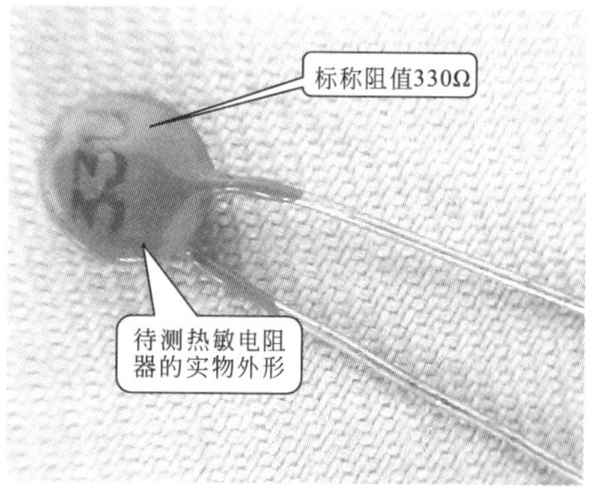

图 1-9　待测的热敏电阻器的阻值标注

热敏电阻器的检测方法见图 1-10。

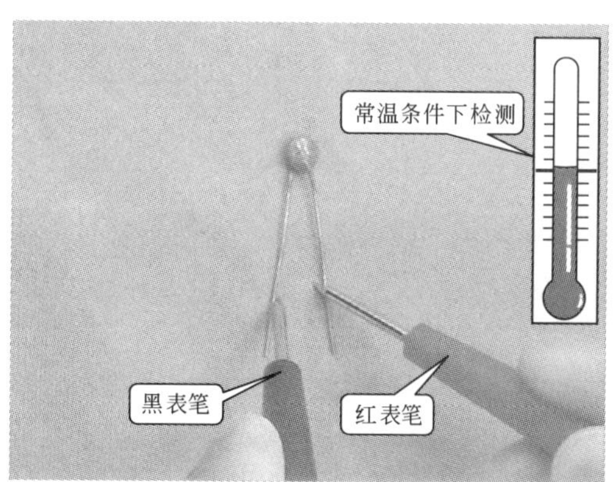

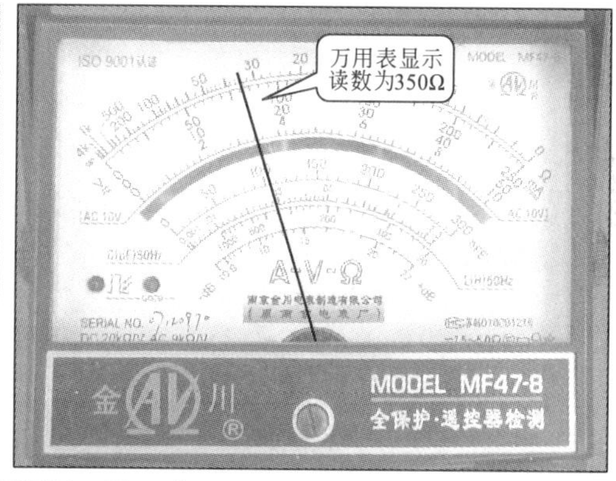

（a）正常温度下测量热敏电阻器的阻值

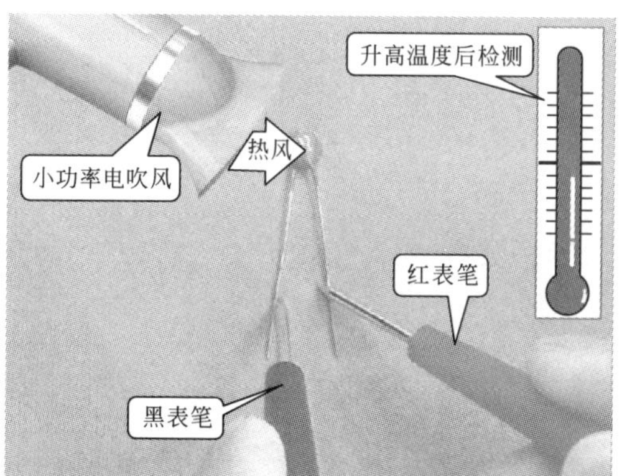

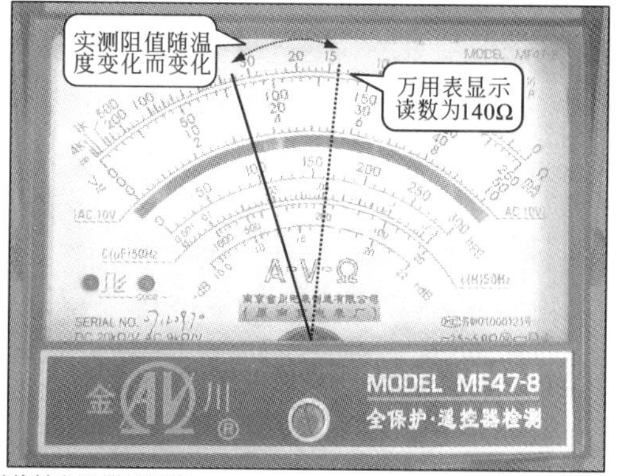

（b）温度变化时测量热敏电阻器的阻值

图 1-10　热敏电阻器的检测方法

判断热敏电阻器的好坏：正常情况下，热敏电阻器在迅速加热时可以看到随着温度的变化，阻值也发生着变化。因此测量时宜采用数字式万用表以便于观察阻值的变化。

提示

如果当温度升高时所测得的阻值比正常温度下所测得的阻值大，则表明该热敏电阻器为正温度系数热敏电阻器。如果当温度升高时所测得的阻值比正常温度下测得的阻值小，则表明该热敏电阻器为负温度系数热敏电阻器。

（3）光敏电阻器的检测方法

光敏电阻器的特点是当外界光照强度变化时，光敏电阻器的阻值也会随之变化。若被测光敏电阻器表面没有标称阻值，应使用较大的量程测量，以免打坏万用表。

图解

光敏电阻器的检测方法见图1-11。

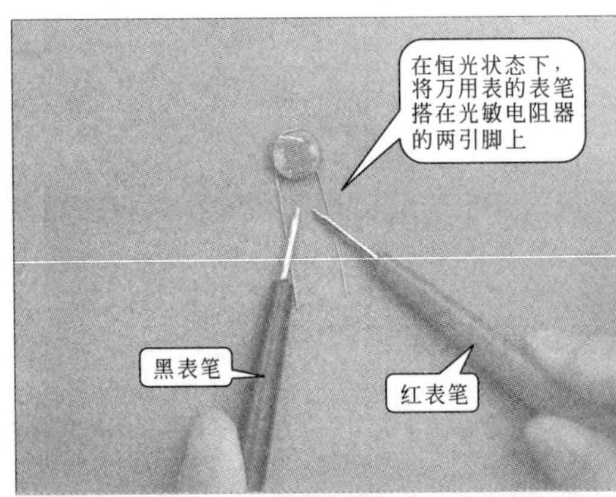

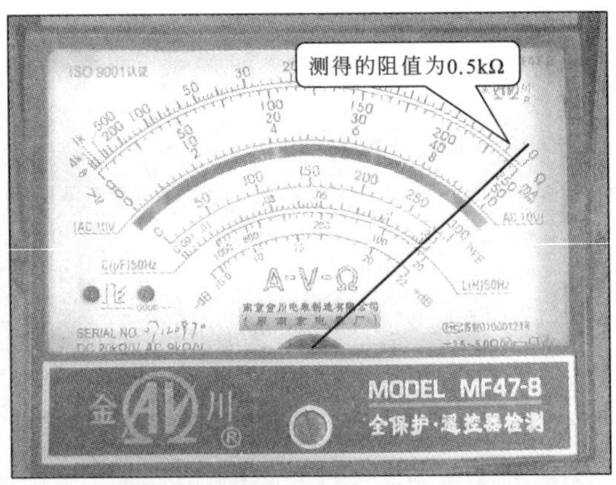

（a）检测前应先对万用表进行欧姆挡调零，恒光状态下测量光敏电阻器阻值

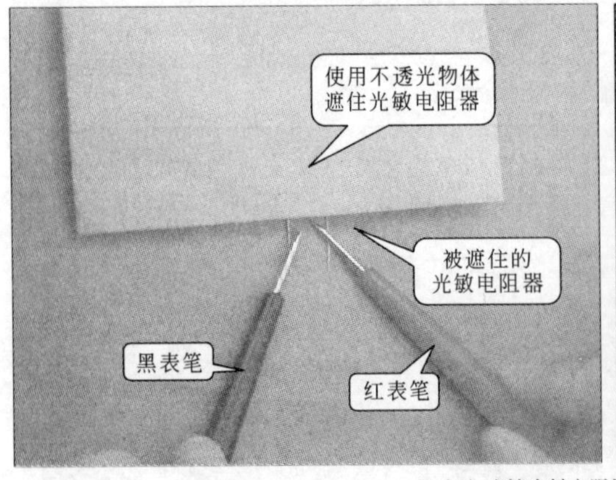

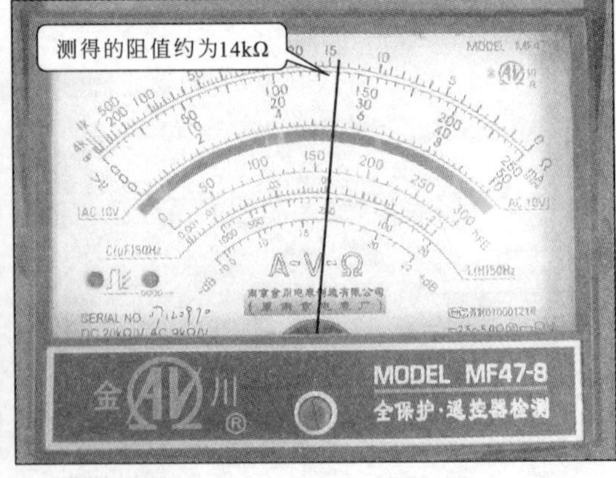

（b）遮挡光敏电阻器再次测量其阻值

图1-11　光敏电阻器的检测方法

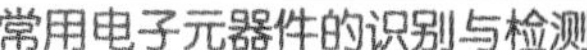

正常情况下，光敏电阻器的阻值会随光线强度的不同发生相应变化。一般来说，光线强度越高，光敏电阻器阻值越小。

（4）湿敏电阻器的检测方法

湿敏电阻器是随周围湿度的变化而变化的一种电阻器，所以在湿敏电阻的表面一般没有标称值，对该类电阻器，通过改变其湿度条件下来测电阻器以判断好坏。

湿敏电阻器的检测方法见图1-12。

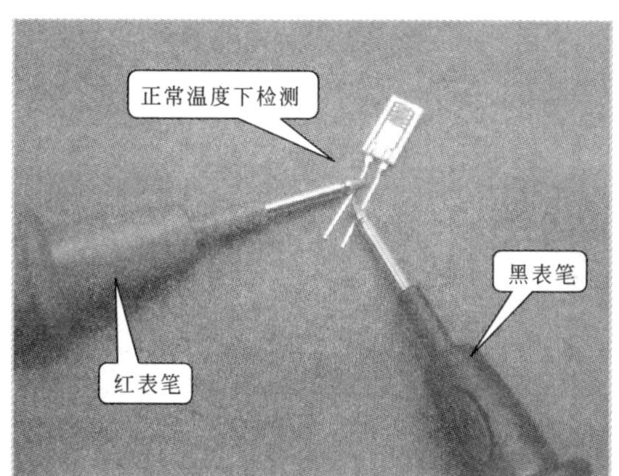

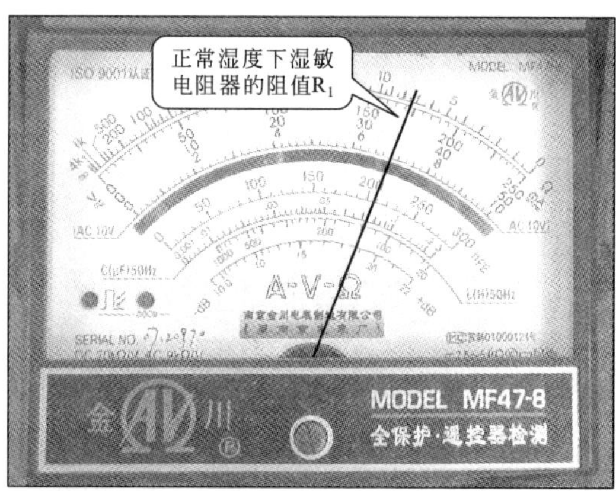

（a）正常湿度下检测湿敏电阻器的阻值

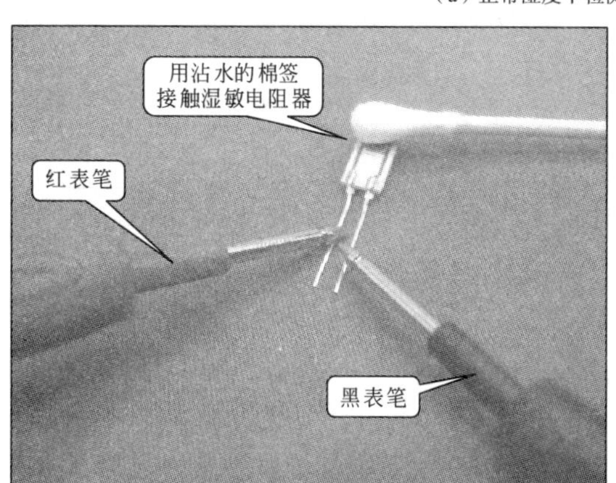

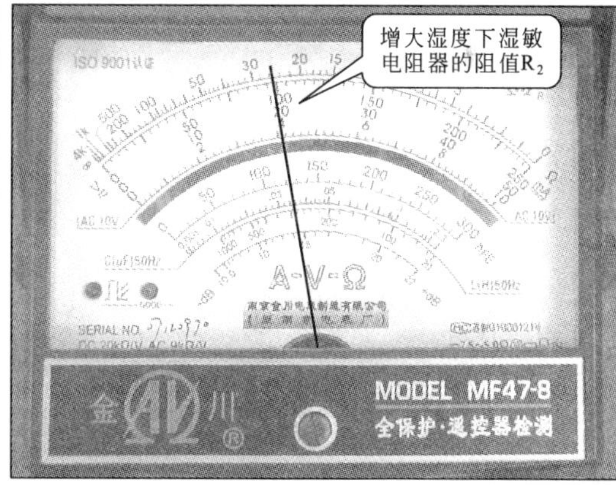

（b）增大湿度下检测湿敏电阻器的阻值

图1–12　湿敏电阻器的检测方法

若R_1趋近于零或无穷大，则说明该湿敏电阻器已经损坏；若R_2大于R_1，则表明该电阻器基本正常；若R_2与R_1阻值相等或相近，则说明该湿敏电阻器感应湿度变化的灵敏度低或性能异常。

（5）排电阻器的检测方法

待测排电阻器实物外形见图1-13。

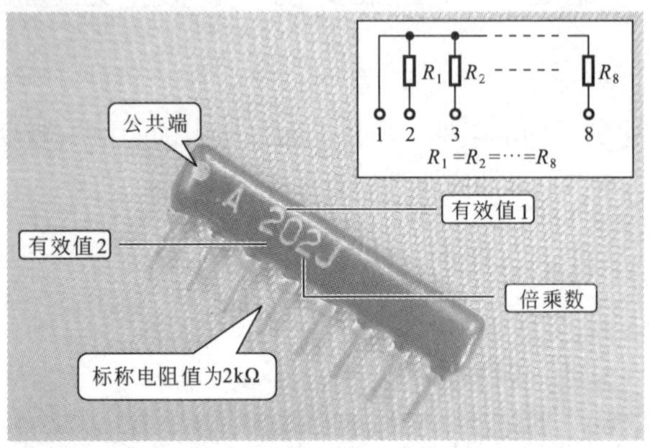

图1-13 排电阻器实物外形

待测排电阻器的引脚有8个，其标称阻值为$20\times10^2=2\,\text{k}\Omega$。在使用万用表检测排电阻器时，将万用表的一只表笔搭在排电阻器的引脚公共端上，再用另一只表笔分别搭在排电阻另外几只引脚上，正常情况下测得的阻值相同。

排电阻器的检测方法见图1-14。

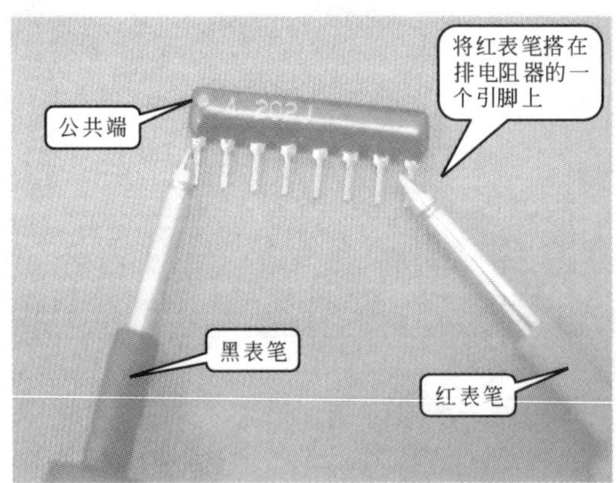

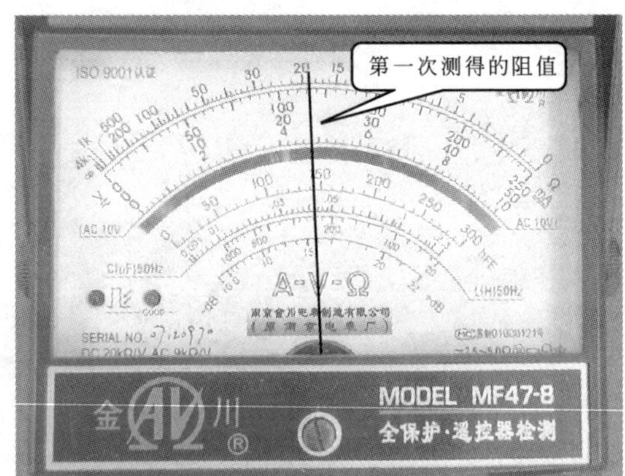

（a）检测排电阻器的引脚

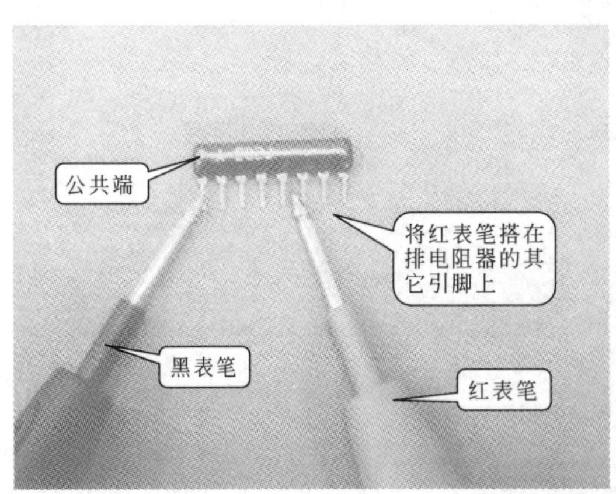

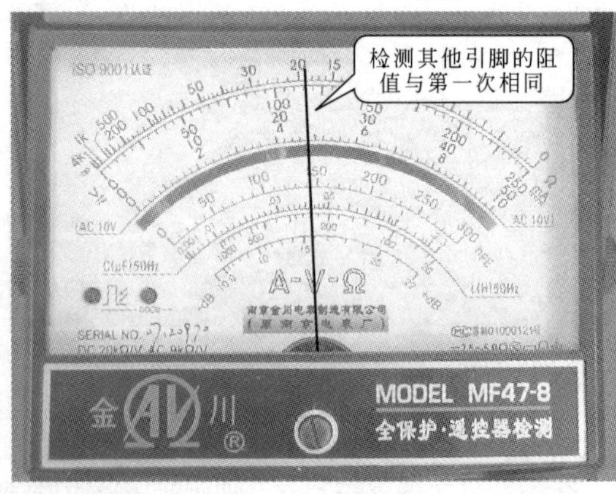

（b）检测排电阻器的其他引脚

图1-14 使用万用表检测排电阻器的方法

对检测结果进行判断，若排电阻器各引脚与公共端的阻值相同，则说明该电阻器良好；若某个引脚的阻值与其他引脚的阻值有差异，则说明排电阻器可能损坏。

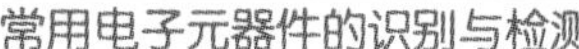

扩展

除了以上检测电阻器的方法外，电阻器还可以直接在电路板上进行检测，此种检测方法称为在路检测法。在进行检测之前，将待测电阻所在电路板的电源断开，以确保检测时的安全。另外，由于在路检测时会因电路中其他元器件的干扰而导致电阻器进行测量时阻值的偏差，因此，在对电阻器进行检测时要注意其他元器件的影响。

（6）电位器的检测方法

在对电位器进行检测时，为了测得准确的结果，通常情况下采用脱开电路板检测的方法，即开路测量方法。在对其进行检测之前应观察单联电位器各个引脚（区分定片与动片及调节旋钮部分）。

图解

待测单联电位器的实物外形见图 1-15。

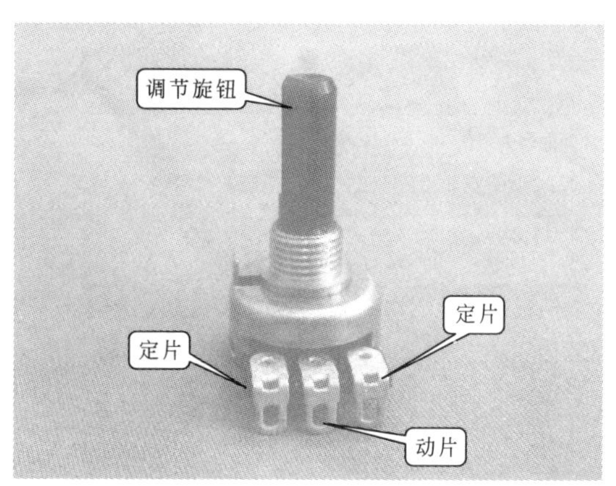

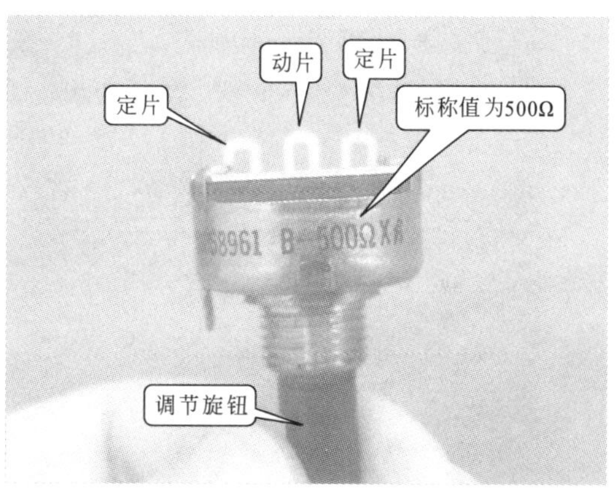

图 1–15　待测单联电位器的实物外形

图解

检测电位器的方法见图 1-16。

该单联电位器的定片引脚之间的最大电阻值 R_1 若与该电位器的标称阻值相差较大，则说明该电位器存在故障。

正常情况下，动片引脚与定片引脚之间的最大可变阻值 R_2 应接近最大电阻值 R_1，即 $R_2 \leqslant R_1$。

正常情况下，动片与定片之间的最小可变阻值 R_3 应与最大电阻值 R_1 之间存在一定差距，即 $R_3 < R_1$。

R_2 与 R_3 近似相等，则说明该单联电位器已失去调节功能，不能起到调节电阻的功能。

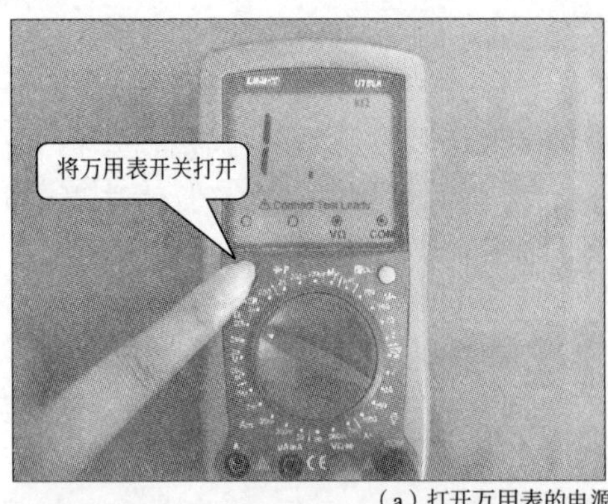

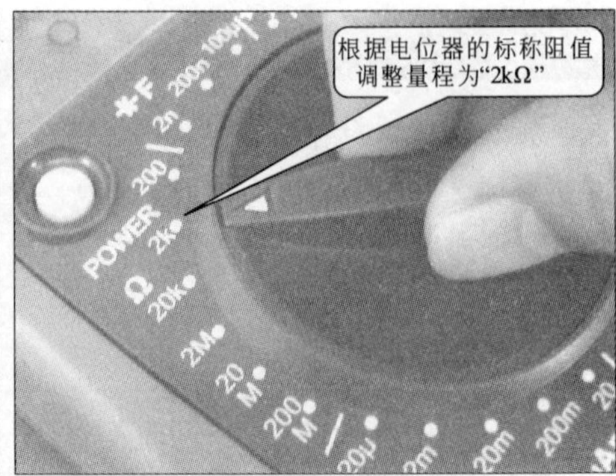

（a）打开万用表的电源开关，调整万用表量程

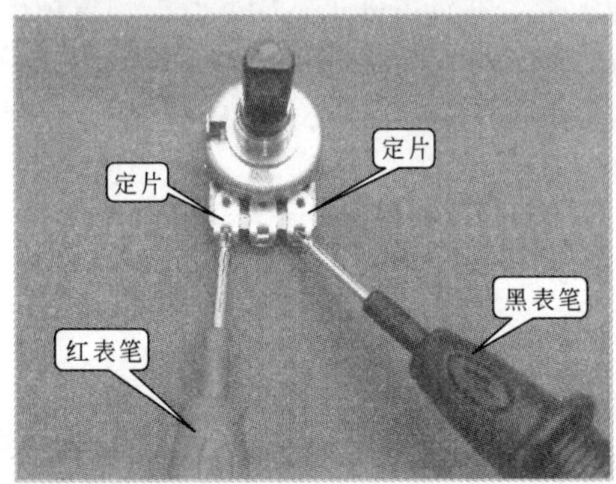

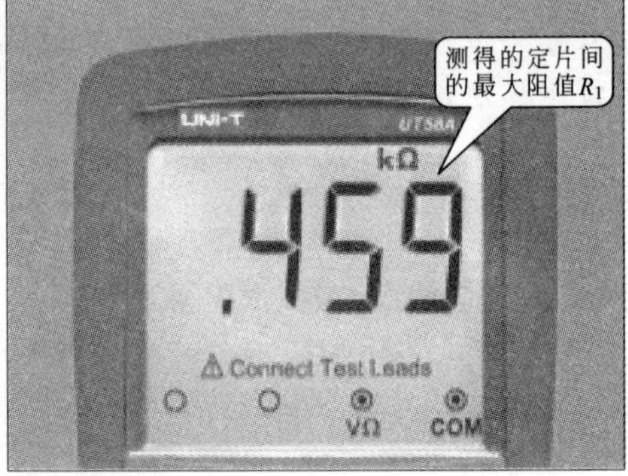

（b）检测电位器两定片间的最大阻值

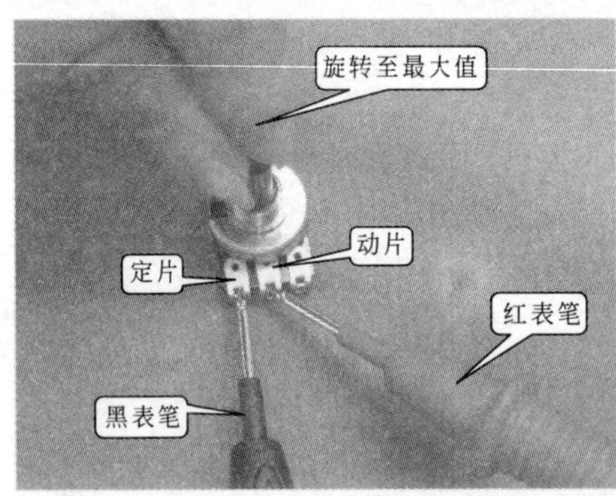

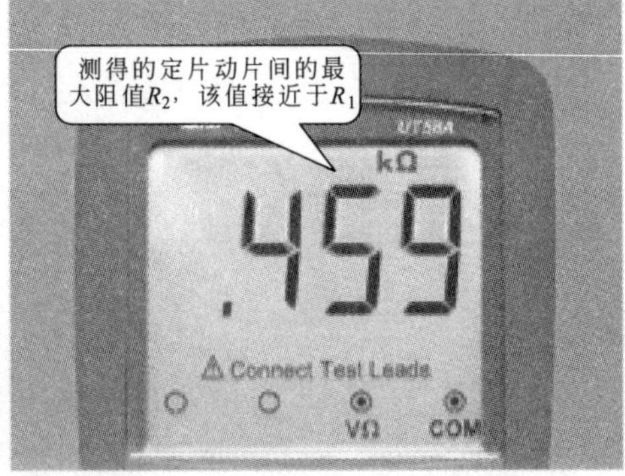

（c）检测电位器动片引脚与定片引脚之间的最大阻值

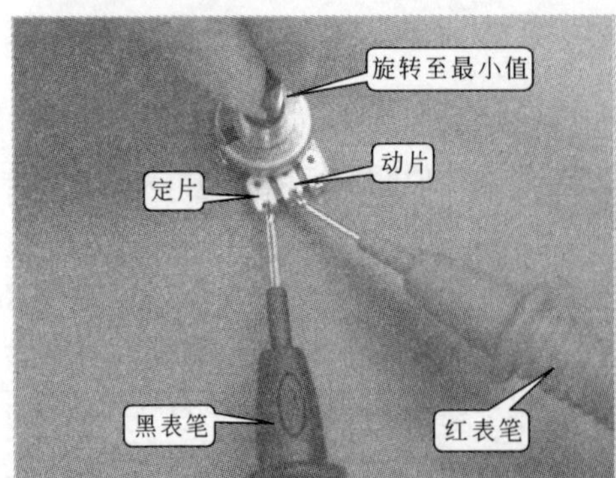

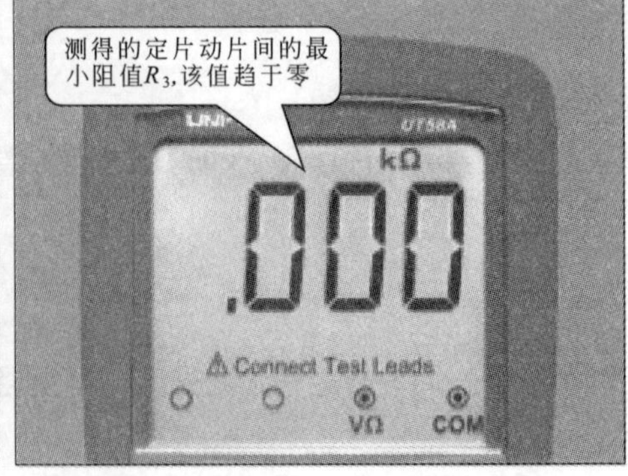

（d）检测电位器动片引脚与定片引脚之间的最小值

图1–16　电位器的检测方法

1.2 电容器的识别与检测

1.2.1 电容器的种类特点

在对电容器进行检测之前，首先要了解电容器的种类和功能特点，以便很容易对电容器进行检测。

电容器是一种可储存电能的元件（储能元件），它的结构非常简单，主要是由两个互相靠近的导体中间夹一层不导电的绝缘介质构成的。

电容器是一种可储存电能的元件（储能元件），通常简称为电容。其结构非常简单，主要是由两个互相靠近的导体、中间夹一层不导电的绝缘介质构成的。

图解

几种常见电容器的实物外形见图 1-17。

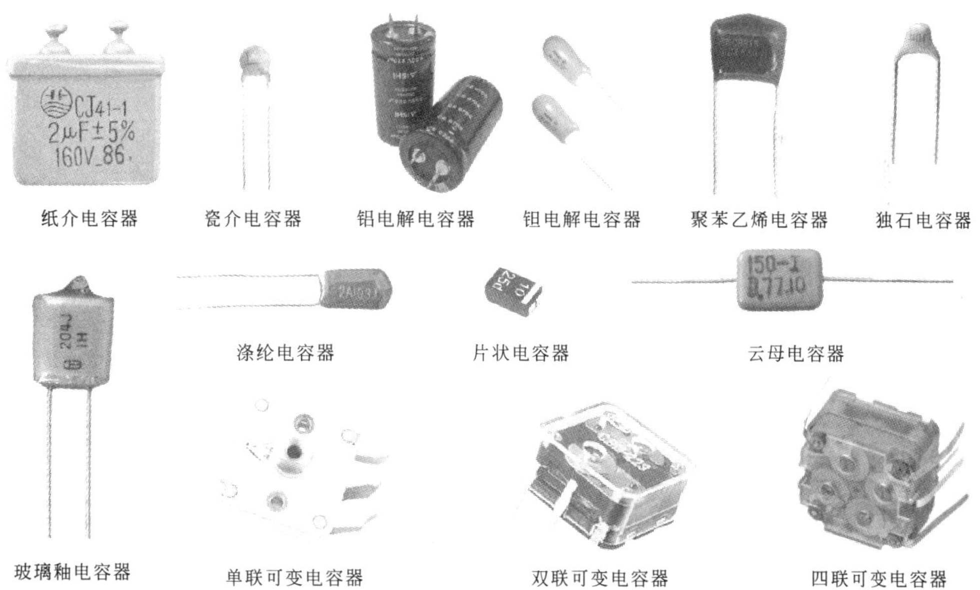

图 1–17 常见电容器的实物外形

电容器的种类很多，几乎所有的电子产品中都有电容器。根据制作工艺和功能的不同，主要可以分为固定电容器和可变电容器两大类。其中固定电容器还可以细分为无极性固定电容器和有极性固定电容器两种。

（1）固定电容器的种类特点

固定电容器是指电容器制成后，其电容量不能发生改变的电容器。该类电容器还可以细分为无极性固定电容器和有极性固定电容器两种。

无极性电容器的种类特点见表1-9。

表1-9　无极性电容器的种类特点

名称	外形	特点	规格
纸介 电容器 （CJ） ─┤├─		纸介电容器的价格低、体积大、损耗大且稳定性较差，并且由于存在较大的固有电感，故不宜在频率较高的电路中使用，主要应用在低频电路或直流电路中。 该电容器容量范围在几十皮法（pF）到几微法（μF）之间。耐压有250 V、400 V和600 V等几种，容量偏差一般为±5%、±10%、±20%	①中小型纸介电容 容量范围：470 pF ~ 0.22 μF。直流工作电压：63 ~ 630 V。运用频率：8 MHz以下。漏电电阻：>5 000 MΩ。 ②金属壳密封纸介电容 容量范围：0.01 pF ~ 10 μF。直流工作电压：250 ~ 1600 V。运用频率：直流、脉动直流。漏电电阻：1000 ~ 5000 MΩ。 ③中、小型金属化纸介电容 容量范围：0.01 ~ 0.22 μF。直流工作电压：160 V、250 V、400 V。运用频率：8 MHz以下。漏电电阻：>2000 MΩ。 ④金属壳密封金属化纸介电容 容量范围：0.22 ~ 30 μF。直流工作电压：160 ~ 1600 V。运用频率：直流、脉动直流。漏电电阻：30 ~ 5000 MΩ
瓷介 电容器 （CC） ─┤├─		瓷介电容器是以陶瓷材料作为介质，在其外层常涂以各种颜色的保护漆，并在陶瓷片上覆银制成电极。 这种电容器的损耗较少，稳定性好，且耐高温高压	容量范围：1pF ~ 0.1 μF。 直流工作电压：63 ~ 630 V。 运用频率：50 ~ 3000 MHz以下。 漏电电阻：>10000 MΩ
云母 电容器 （CY） ─┤├─		云母电容器是以云母作为介质。这种电容器的可靠性高，频率特性好，适用于高频电路	容量范围：10 pF ~ 0.5 μF。 直流工作电压：100 ~ 7000 V。 运用频率：75 ~ 250 MHz以下。 漏电电阻：>10000 MΩ

续表

名称	外形	特点	规格
涤纶电容器（CL） ⊣⊢		涤纶电容器采用涤纶薄膜为介质，这种电容器的成本较低，耐热、耐压和耐潮湿的性能都很好，但稳定性较差，适用于稳定性要求不高的电路中	电容量：40 pF ~ 4 μF。 额定电压：63 ~ 630 V
玻璃釉电容器（CI） ⊣⊢		玻璃釉电容器使用的介质一般是玻璃釉粉压制的薄片，通过调整釉粉的比例，可以得到不同性能的电容器，这种电容器介电系数大、耐高温、抗潮湿性强，损耗低	电容量：10pF ~ –0.1 μF。 额定电压：63 ~ 400 V
聚苯乙烯电容器（CB） ⊣⊢		聚苯乙烯电容器是以非极性的聚苯乙烯薄膜为介质制成的，这种电容器成本低、损耗小，充电后的电荷量能保持较长时间不变	电容量：10 pF ~ 1 μF。 额定电压：100 V ~ 30 kV

无极性电容器是指电容器的两个金属电极（引脚）没有正负极性之分，使用时两极可以交换连接。

有极性电容器是指电容器的两个金属电极有正负极性之分，使用时一定要正极性端连接电路的高电位，负极性端连接电路的低电位，否则就会引起电容器的损坏。

有极性电容器也称电解电容器，按电极材料的不同，常见的有极性电解电容器有铝电解电容器和钽电解电容器两种。

有极性电容器种类特点见表 1-10。

表 1–10　有极性电容器种类特点

名称	外形	特点	规格
铝电解电容器（CD） ⊣⊢+		铝电解电容器体积小，容量大。与无极性电容器相比绝缘电阻低，漏电流大，频率特性差，容量和损耗会随周围环境和时间的变化而变化，特别是当温度过低或过高的情况下，且长时间不用还会失效。因此，铝电解电容器仅限于低频、低压电路（例如电源滤波电路、耦合电路等）	容量范围： 0.47 ~ 10000 μF。 直流工作电压： 4 ~ 500 V。 运用频率：< 1MHz

续表

名称	外形	特点	规格
钽电解电容器 （CA） ⊣⊢⁺		钽电解电容器的温度特性、频率特性和可靠性都较铝电解电容器好，特别是它的漏电流极小，电荷储存能力好，寿命长，误差小，但价格昂贵，通常用于高精密的电子电路中	容量范围： 0.1 ~ 1000 μF。 直流工作电压： 6.3 ~ 160 V。 运用频率：< 1MHz

由于有极性电容器需区分其正负极接入电路中，在选用及设计电路时，需要注意区分其极性。

扩展

基本区分方法见表1-11。

表1-11 基本区分方法

方式	具体方法	举例
根据外壳的标注区分	对于有极性电容器来说，由于引脚有极性之分，为确保安装正确，有极性电容器除了标注出该电容器的相关参数外，而且对电容器引脚的极性也进行了标注。电容器外壳上标注有“–”的引脚为负极性引脚，用以连接电路的低电位	例1：
根据引脚长短区分	有些电解电容从引脚的长短也可以进行判别。引脚相对较长的为正极性引脚	例2：

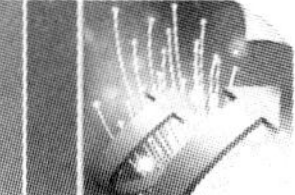

续表

方式	具体方法	举例
根据外壳颜色区分	许多贴片式有极性电容器在顶端和底部也都通过不同的方式进行标注。从顶端标记进行识别时，带有颜色标记的一侧引脚为负极性引脚。如果从底部进行识别，有缺口的一侧为正极性引脚，没有缺口的一侧为负极性引脚	例3： 颜色标记 ⊖极性一侧(有颜色标记) 缺口标记 ⊕极性引脚(有缺口标记)

（2）可变电容器的种类特点

可变电容器是指电容量可以调整的电容器。这种电容器主要用在接收电路中选择信号（调谐）。可变电容器按介质的不同可以分为空气介质和有机薄膜介质两种。按照结构的不同又可分为单联可变电容器、双联可变电容器和多联可变电容器。

可变电容器的种类见表1-12。

表1-12　可变电容器的种类特点

名称、符号	外形	特点	规格、特性
微调电容器		微调电容器又叫半可调电容器，这种电容器的容量较固定电容器小，常见的有瓷介微调电容器、管型微调电容器（拉线微调电容器）、云母微调电容器、薄膜微调电容器等	容量范围：2/7 ~ 7/25 pF。 直流工作电压： 250 ~ 500 V以上。 运用频率：高频。 漏电电阻： 1000 ~ 10000 MΩ
单联可变电容器		单联电容器的内部只有一个可调电容器。该电容器常用于直放式收音机电路中，可与电感组成调谐电路	容量范围：最小>7 pF，最大<1100 pF。 直流工作电压：100 V以上。 运用频率：低频、高频。 漏电电阻：>500 MΩ

续表

名称、符号	外形	特点	规格、特性
双联可变电容器	2个补偿电容器	双联可变电容器是由两个可变电容器组合而成的。对该电容器进行手动调节时，两个可变电容器的电容量可同步调节	与单联可变电容器相同
四联可变电容器 或	2个补偿电容器	四联可变电容器的内部包含有4个可变电容器，4个电容可同步调整	与单联可变电容器相同

1.2.2 电容器的识别

在实际电容器表面，也可以找到与电子电路图中对应的标识信息，通常标识有电容器的电容量，有极性的电容器还标有负极性。下面选取典型电容器分别介绍电容器实物的标识方法。

电容器的容量值标法通常使用直标法，就是通过一些代码符号将电容的容量值及主要参数等标识在电容器的外壳上。根据我国国家标准的规定，电容器型号命名由4个部分构成，容量值由2个部分构成。下面，分别介绍无极性电容器和有极性电容器的标注方法。

无极性电容器的标注实例见图1-18。

图1-18　无极性电容器的标注实例

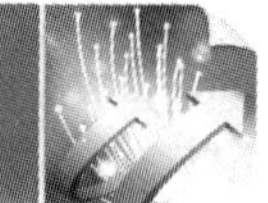

该电容器的标注为“CZJD 1 μF±10% 400V 80.4”。其中“C”表示电容；“Z”表示纸介电容；“J”表示金属化电容；“D”表示铝材质；“1 μF”表示电容量值大小；“±10%”表示电容允许偏差。因此该电容标识为：金属化纸介铝电容，电容量为1 μF±10%，“400V”就表示该电容的额定电压。通常电容器的直标采用的是简略方式，只标识出重要的信息，并不是所有的信息都被标识出来。而有些电容还会标识出其他参数，如额定工作电压。

有极性的电容器的标注实例见图1-19。

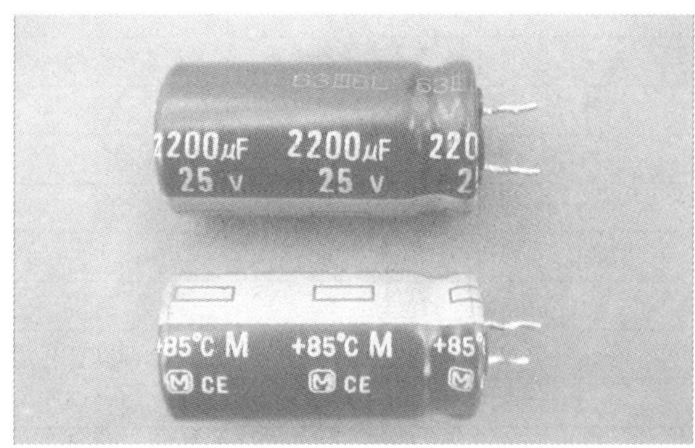

图1-19　有极性电容器的标注实例

该电容标识为“2200 μF 25V+85℃ M CE”。其中“2200 μF”表示电容量大小；“25 V”表示电容的额定工作电压；“+85℃”表示电容器正常工作的温度范围；“M”表示允许偏差为±20%；“C”表示电容；“E”表示其他材料电解电容。所以该电容标识为：其他材料电解电容，大小为2200 μF，正常工作温度不超过+85℃。由于电容器直标法采用的是简略方式，因此只标识出重要的信息，有些则被省略。

电容器的材料、符号对照表如表1-13所列。

表1-13　电容器的材料、符号对照表

符号	材料	符号	材料
A	钽电解	L	聚酯等极性有机薄膜
B	聚苯乙烯等非极性有机薄膜	N	铌电解
C	高频陶瓷	O	玻璃膜
D	铝，铝电解	Q	漆膜
E	其他材料	T	低频陶瓷
G	合金	V	云母纸
H	纸膜复合	Y	云母
I	玻璃釉	Z	纸介
J	金属化纸介		

电容器的类型、符号对照表如表1-14所列。

表1-14　电容器的类型、符号对照表

符号	类别			
G	高功率型			
J	金属化型			
Y	高压型			
W	微调型			
	瓷介电容	云母电容	有机电容	电解电容
1	圆形	非密封	非密封	箔式
2	管形	非密封	非密封	箔式
3	叠片	密封	密封	烧结粉　非固体
4	独石	密封	密封	烧结粉　固体
5	穿心		穿心	
6	支柱等			
7				无极性
8	高压	高压	高压	
9			特殊	特殊

电容器的允许偏差、符号对照表如表1-15所列。

表1-15　电容器的允许偏差、符号对照表

符号	意义	符号	意义
Y	± 0.001%	N	± 30%
X	± 0.002%	H	+100%
E	± 0.005%		0%
L	± 0.01%	R	+100%
P	± 0.02%		–10%
W	± 0.05%	T	+50%
B	± 0.1%		–10%
C	± 0.25%	Q	+30%
D	± 0.5%		–10%
F	± 1%	S	+50%
G	± 2%		–20%
J	± 5%	Z	+80%
K	± 10%		–20%
M	± 20%		

扩展

对于有极性电容器来说，由于引脚有极性之分，为确保安装正确，有极性电容器除了标注出该电容器的相关参数外，而且对电容器引脚的极性也做了标注。如图1-20所示，电容器外壳上标注有“-”的引脚为负极性引脚，用以连接电路的低电位。

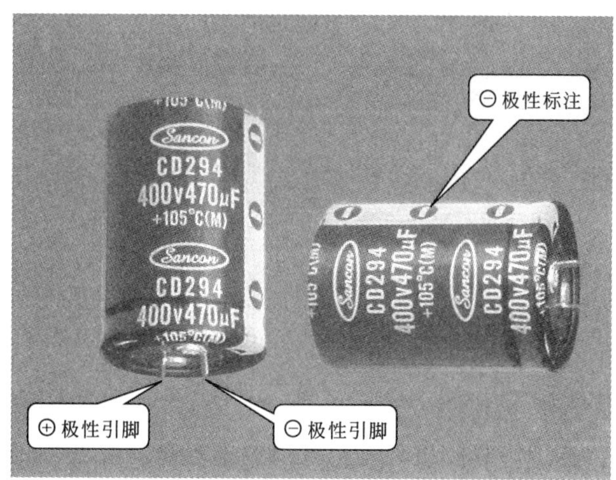

图1-20　直接标注法识别电容器极性

有些电解电容从引脚的长短也可以进行判别。如图1-21所示，引脚相对较长的为正极性引脚。

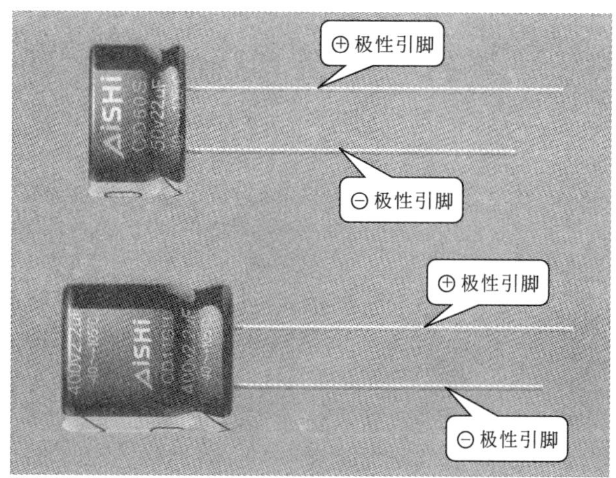

图1-21　引脚长短法识别电容器极性

此外，如图1-22所示，许多贴片式有极性电容器在顶端和底部也都通过不同的方式进行标注。从顶端标记进行识别时，带有颜色标记的一侧引脚为负极性引脚。如果从底部进行识别，有缺口的一侧为正极性引脚，没有缺口的一侧为负极性引脚。

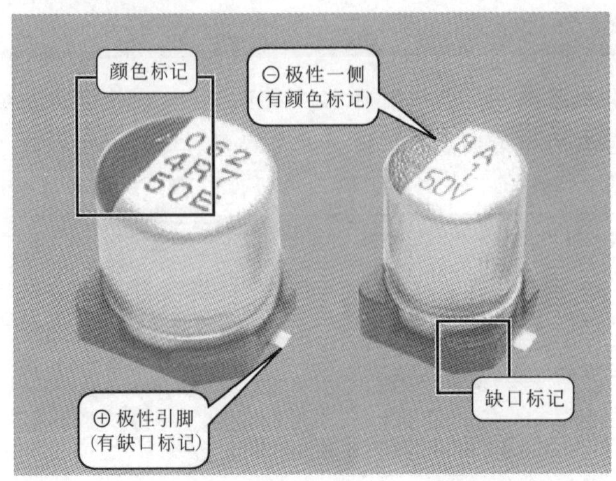

图1-22　顶端和底端标识法识别电容器极性

1.2.3　电容器的检测方法

在前文介绍中，讲到电容器有很多种，其检测方法也各有不同，通常可以使用万用表检测电容器阻值的方法来判断电容器的性能是否良好，用数字式万用表的电容挡来检测电容器的电容量。下面，我们选取几种不同类型电容器来具体介绍其检测方法。

（1）固定电容器的检测方法

下面，我们以玻璃釉电容器为例介绍一下固定电容器的检测方法。

待测玻璃釉电容器的实物外形见图1-23。

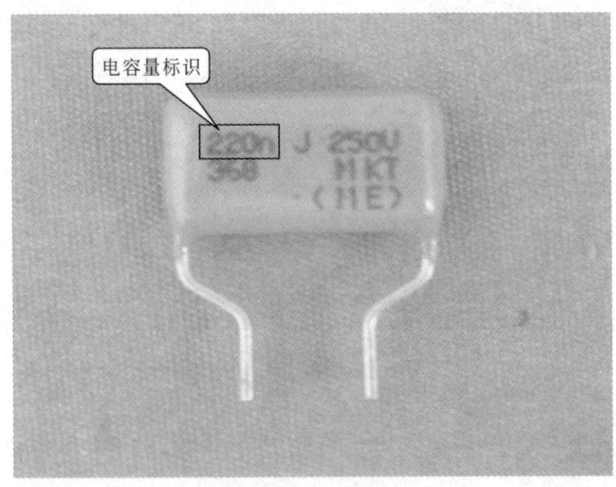

图1-23　待测玻璃釉电容器的实物外形

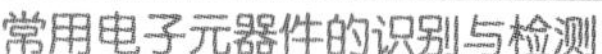

玻璃釉电容器属于固定电容器。固定电容器是指电容器经制成后，其电容量不能发生改变的电容器。观察该电容器标识，根据标识可以识读出该电容器的标称容量值为220 nF。

玻璃釉电容器的检测方法见图1-24。

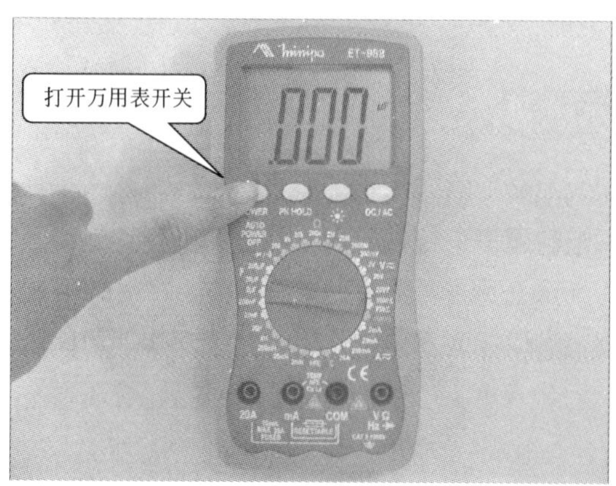

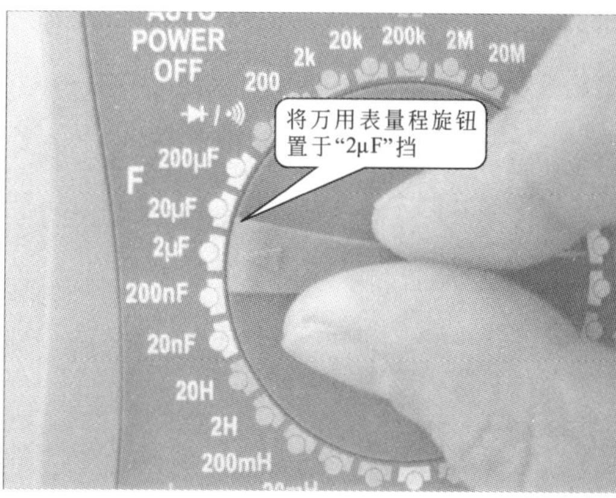

（a）使用万用表对其进行检测，一般选择带有电容量测量功能的数字式万用表进行打开开关并调整挡位

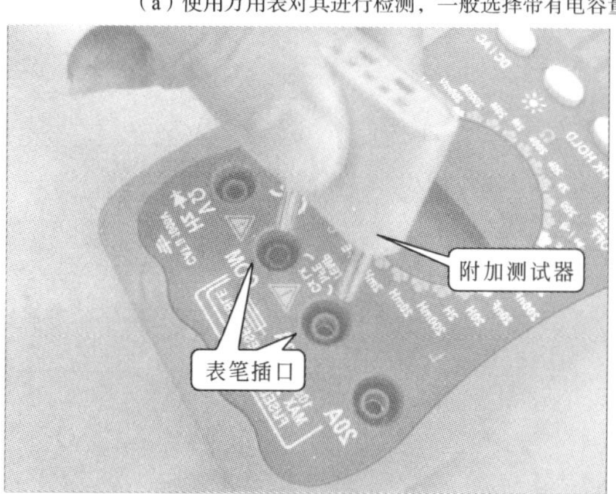

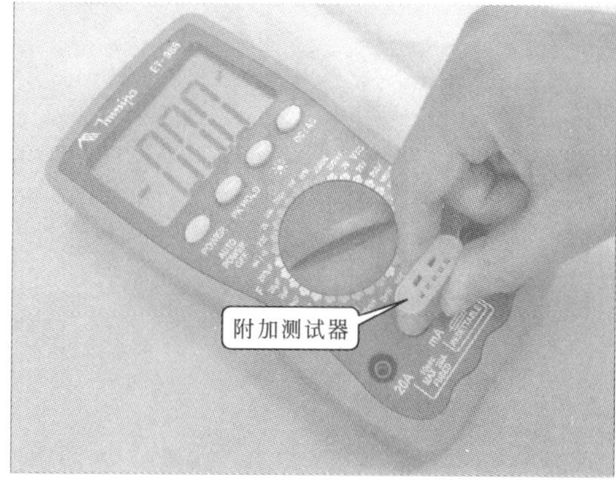

（b）插入附加测试器

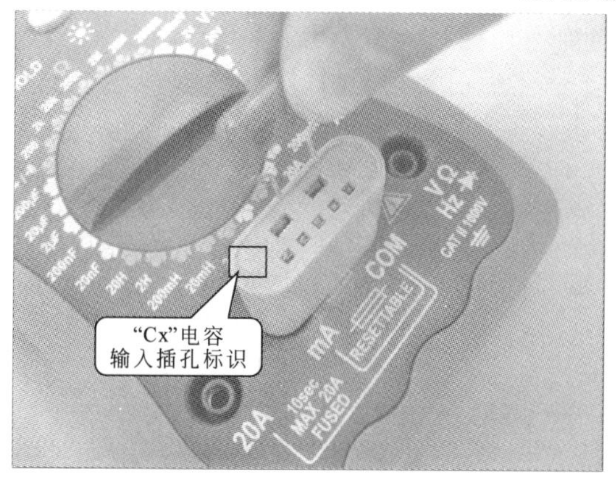

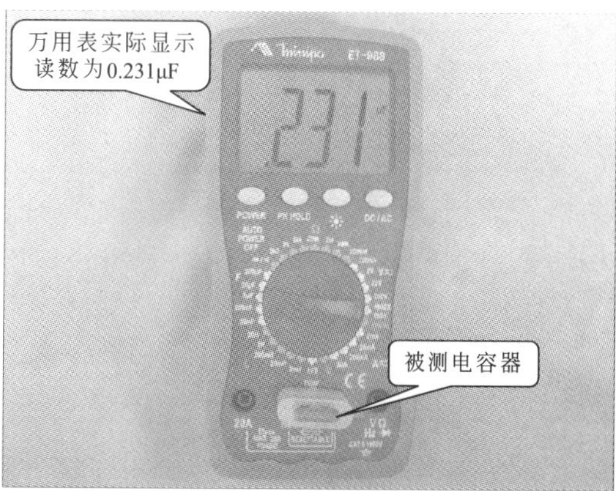

（c）插入电容检测其电容量

图1–24　玻璃釉电容器的检测方法

测得该电容器的电容量为0.231 μF，即231 nF（1 μF = 1 × 10^3 nF），与该电容器的标称值接近，可以证明该电容器正常。若测得的电容量过大或过小，则该电容器可能已损坏。

（2）电解电容器的检测方法

对于电解电容器也可以按照固定电容器检测电容量的方法进行检测。此外，也可以通过对电解电容器充放电状态的检测来判断其性能的好坏。下面，我们就以典型电解电容器为例介绍一下检测方法。

图1-25　电解电容器的实物外形

待测的电解电容器实物外形见图1-25。

电解电容属于有极性电容，从电解电容的外观上即可判断。一般在电解电容的一侧标记为“－”，则表示这一侧的引脚极性即为负极，而另一侧引脚则为正极。

电解电容器检测方法见图1-26。

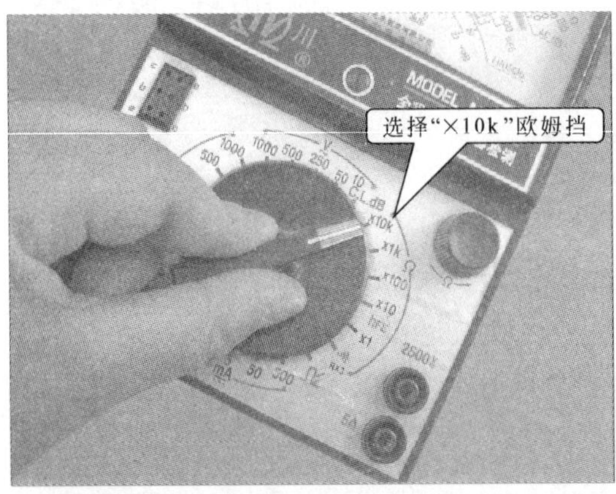

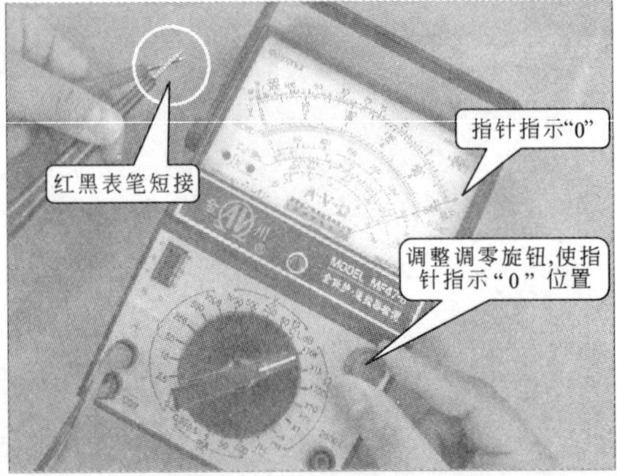

（a）电解电容的检测是使用模拟万用表对其漏电电阻值的检测来判断电解电容性能的好坏，调整万用表量程，并进行欧姆调零

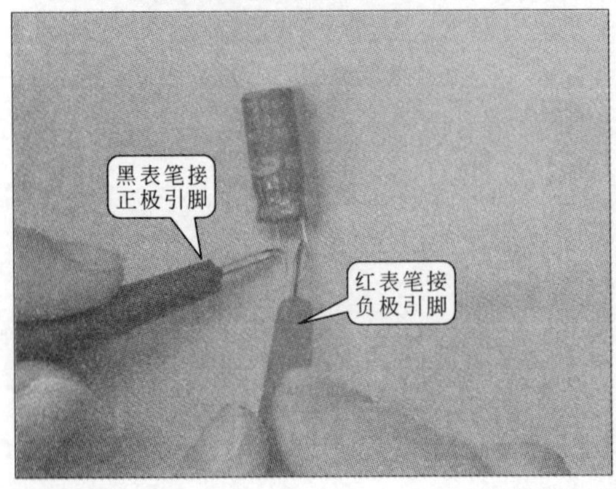

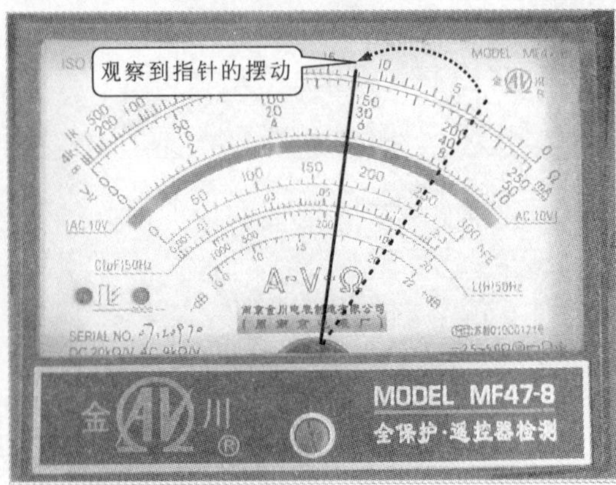

（b）万用表指针向左逐渐摆回至某一固定位置

图1-26　判断电解电容器好坏的方法

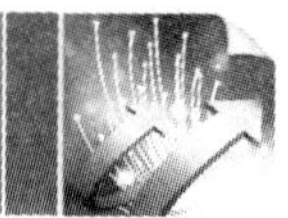

正常情况下，使用万用表判断电解电容器的好坏会观察到一个充放电过程。若数字万用表的指针无反应，则该电容器可能已损坏。

提示

用万用表检测电解电容器的充放电性能时，为了能够直观地看到充放电的过程，通常选择指针式万用表进行检测。

对于大容量电解电容，在工作中可能会有很多电荷，如短路会产生很强的电流，为防止损坏万用表或引发电击事故，应先用电阻对其放电，然后再进行检测。对大容量电解电容放电可选用阻值较小的电阻，将电阻的引脚与电容的引脚相连即可。

（3）可变电容器的检测方法

待测可变电容器的实物外形见图 1-27。

图 1-27　待测可变电容器的实物外形

从图 1-27 中可以看到可变电阻器的引脚和转轴，使用万用表可以检测可变电容器的引脚通断，来判断其好坏。在对可变电容器进行检测之前，应首先检查可变电容器在转轴时是否能感觉转轴与动片引脚之间应有一定的黏合性，不应有松脱或转动不灵的情况。

图解

可变电容器的检测方法见图 1-28。

正常情况下，测得的阻值均为无穷大。若测得的阻值为零，说明动片和定片的内部有短路，绝缘介质已损坏。

提示

这种可变电容器的电容量很小，通常不超过 360 pF，用万用表检测不出容量值。只能检测内部是否有碰片短路的情况，即绝缘介质是否有损坏的情况，正常状态下使用万用表检测其阻值应为无穷大。若转轴转动到某一角度，万用表测得的阻值很小或为零，则说明该可变电解电容为短路情况，很有可能是动片与定片之间存在接触或电容器膜片存在严重磨损（固体介质可变电容器）。

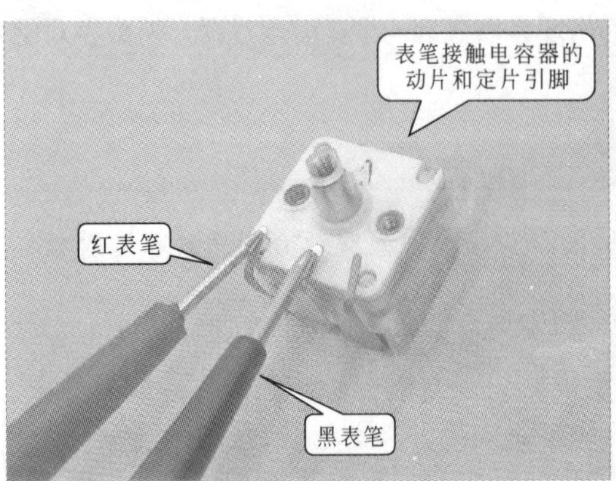

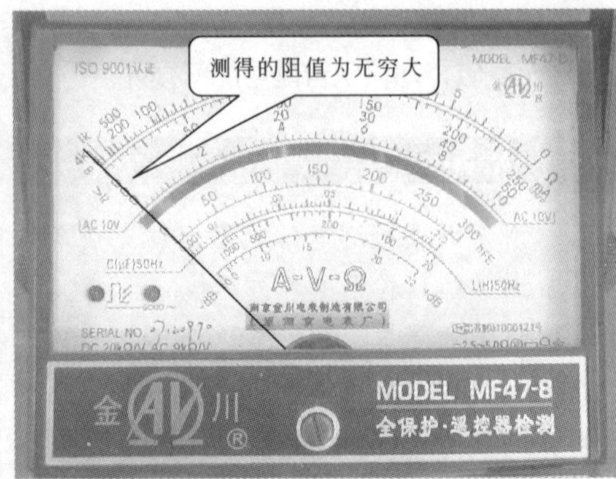

（a）检测压敏电阻器动片和定片间的阻值

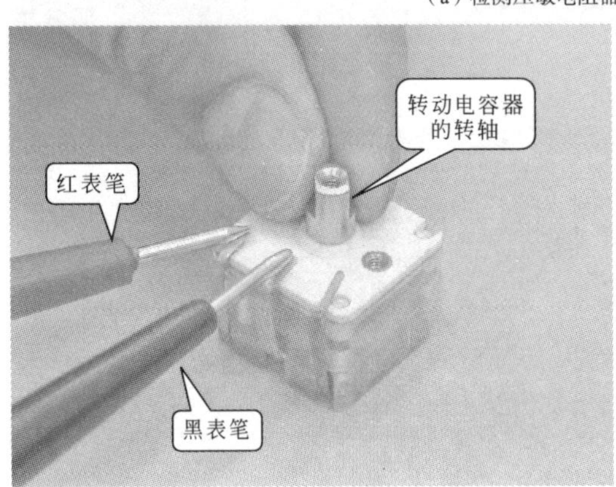

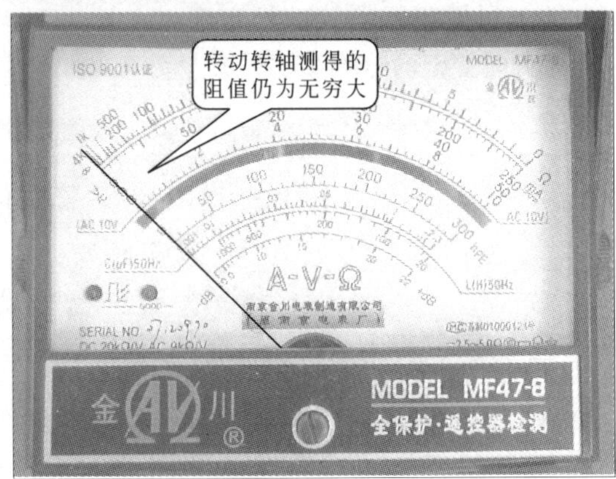

（b）转动转轴时检测压敏电阻器动片和定片间的阻值

图1–28 可变电容器阻值的检测

1.3 电感器的识别与检测

1.3.1 电感器的种类特点

在对电感器进行检测之前，首先要了解电感器的种类和功能特点，以便很容易对电感器进行检测。

电感元件是一种储能元件，它可以把电能转换成磁能并储存起来。在电路中，当电流流过导体时，会产生电磁场，电磁场的大小与电流的大小成正比。电感元件就是将导线绕制线圈状制成的，当电流流过时，在线圈（电感）的两端就会形成较强的磁场。由于电磁感应的作用，它会对电流的变化起阻碍作用。因此，电感对直流呈现很小的电阻（近似于短路），而对交流呈现阻抗（其阻值的大小与所通过的交流信号的频率有关。同一电感元件，通过的交流电流的频率越高，则呈现的电阻值越大）。

电感元件是电子产品中最基本、最常用的电子元件之一。

常见电感器的实物外形见图1-29。

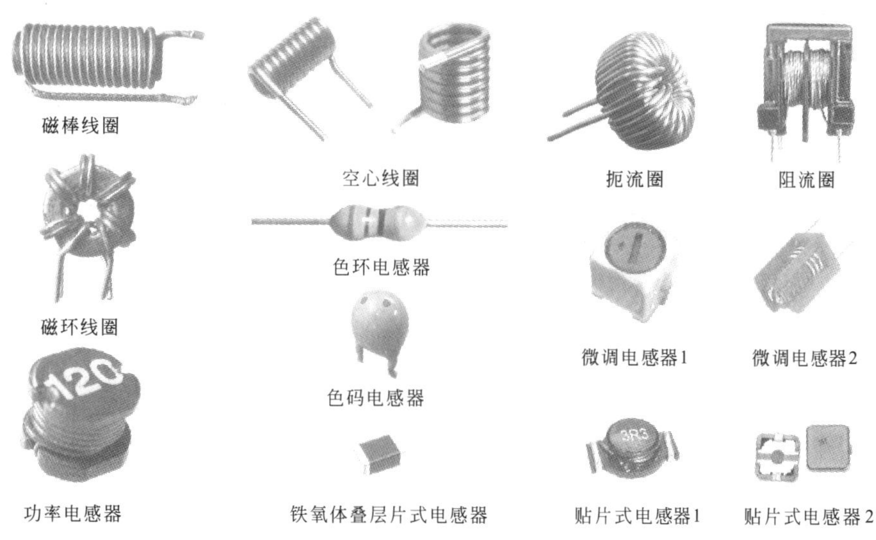

图1-29 常见电感器的实物外形

电感元件的种类繁多，分类方式也多种多样。按照外形电感器可分为：空心电感器（空心线圈）、磁心电感器（线圈绕在磁心上）；按照工作性质电感器可分为：高频电感器（天线线圈）、振荡线圈、低频电感器（各种扼流圈、滤波线圈）；按照封装形式电感器可分为：普通电感器（色标电感、色环电感器）、贴片电感器等；按照电感量电感器可分为：固定电感器、可调电感器。

（1）固定电感器的种类特点

固定电感器的实物外形见表1-16。

表1-16 固定电感器的实物外形

名称	外形	特点	规格
固定色环电感器		固定色环电感器的电感量固定，它是一种具有磁心的线圈，将线圈绕制在软磁性铁氧体的基体上，再用环氧树脂或塑料封装，并在其外壳上标以色环表明电感量的数值	电感量： 0.1 μH ～ 22 mH。 尺寸： 0204、0307、0410、0512

续表

名称	外形	特点	规格
固定色码电感器		色标电感器与色环电感器都属于小型的固定电感器，用色点标识只是其外形结构为直立式； 性能比较稳定，体积小巧。固定色环或色码电感被广泛用于电视机、收录机等电子设备中的滤波、陷波、扼流及延迟线等电路中	电感量： 0.1 μH ~ 22 mH； 尺寸： 0405、0606、0607、0909、0910
片状电感		外形体积与贴片式普通电阻器类似，常采用“Lxxx”、“Bxxx”形式标识其代号	电感量： 0.01 ~ 200 μH，额定电流最高为100 mA

（2）可变电感器的种类特点

可变电感器的实物外形见表1-17。

表1–17　可变电感器的实物外形

名称	外形	特点
空心线圈		空心线圈没有磁心，通常线圈绕的匝数较少，电感量小。微调空心线圈电感量时，可以调整线圈之间的间隙大小，为了防止空心线圈之间的间隙变化，调整完毕后用石蜡加以密封固定，这样不仅可以防止线圈的形变，同时可以有效地防止线圈振动
磁棒线圈		磁棒线圈的基本结构是在磁棒上绕制线圈，这样会大大增加线圈的电感量。 可以通过调整线圈磁棒的相对位置来调整电感量的大小，当线圈在磁棒上的位置调整好后，应采用石蜡将线圈固定在磁棒上，以防止线圈左右滑动而影响电感量的大小

续表

名称	外形	特点
磁环线圈 		磁环线圈的基本结构是在铁氧体磁环上绕制线圈，如在磁环上两组或两组以上的线圈可以制成高频变压器。 磁环的存在大大增加了线圈电感的稳定性。磁环的大小、形状、铜线的多种绕制方法都对线圈的电感量有决定性影响。改变线圈的形状和相对位置也可以微调电感量
微调电感器 		电感的磁心制成螺纹式，可以旋到线圈骨架内，整体同金属封装起来，以增加机械强度。磁心帽上设有凹槽可方便调整
偏转线圈		偏转线圈是CRT电视机的重要部件，套装在显像管的管颈上。移动线圈的位置可改变磁场的强度和磁场分布状态。 电子枪发射的电子束在行、场偏转线圈的作用下，使电子束可以在屏幕上扫描运动，形成光栅图像，最终实现电视机的成像目的

1.3.2 电感元件的识别

在一些实际电感元件表面，也可以找到与电子电路图中对应的标识信息，电感元件直标法采用的是简略方式，也就是说只标识出重要的信息。下面选取典型电感器分别介绍电感器实物的标识方法。

电感器的标记方法与电容器类似，也可以分为直接标记法和色环标记法。

（1）直接标记法

直接标记法的电感器实物见图1-30。

标识为“5L713 G”。其中“L”表示电感；“713 G”表示电感量。其中英文字母“G”相当于小数点的作用，由于“G”跟在数字“713”之后，因此该电感的电感量为713 μH。通常电感器的直标法采用的是简略方式，也就是说只标识出重要的信息，而不是所有的都被标识出来。

图1-30　电感器直标法命名实例

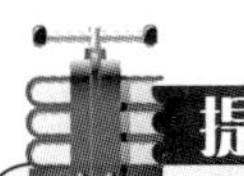
提示

许多贴片式电感由于体积较小，通常只通过有效数字的标注方式标注该电感的电感量。这种标注方式主要有两种方法：第一种是全部采用数字标注的方式，这种标注方式第1个和第2个数字都分别表示该电感的有效数值，第三个数字则表示10的倍乘数。默认单位为“微亨”(μH)。

有的使用直接标记法标记的电感器的标注完全是数字。

图解

全数字标注的电感器实物见图1-31。

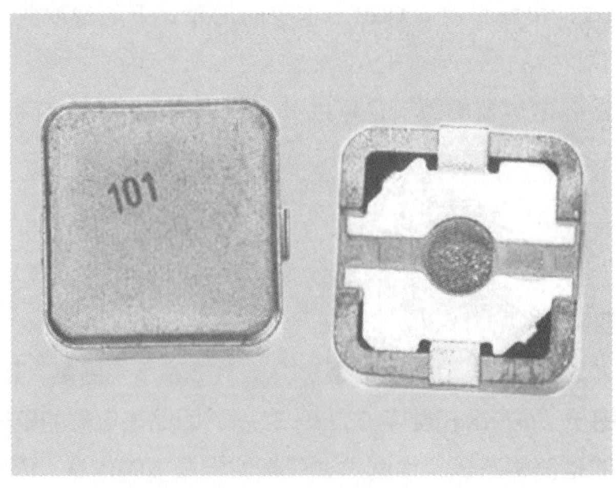

图1-31　全数字标注的电感器

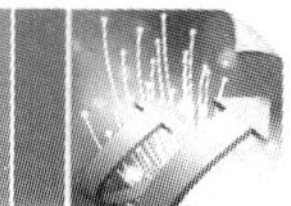

图中所示的电感器标注为“101”，根据规定，前两位数字表示电感量的有效值，即为“10”，第三位的“1”表示“10^1”，因此，该电感的电感量为 $10 \times 10^1 = 100\ \mu H$。

有的电感器采用数字中间加字母的标注方法，这种方法实际上就是直标法的简略标注。

采用数字、字母标注的电感器实物见图1-32。

图1-32　数字、字母标注的电感器

该电感器的标注为“3R3”，这种标注方法的第1和第3位的数字为该电感量的有效值。中间的R相当于小数点的作用。因此，该电感器的电感量为3.3 μH。

电感器的产品名称、符号对照表如表1-18所列。

表1-18　电感器的产品名称、符号对照表

符号	意义	符号	意义
L	电感器、线圈	ZL	阻流圈

电感器的允许偏差、符号对照表如表1-19所列。

表1-19　电感器的允许偏差、符号对照表

符号	意义	符号	意义
J	± 5%	M	± 20%
K	± 10%	L	± 15%

（2）色环标记法

采用色环标记法标注的电感器见图1-33。

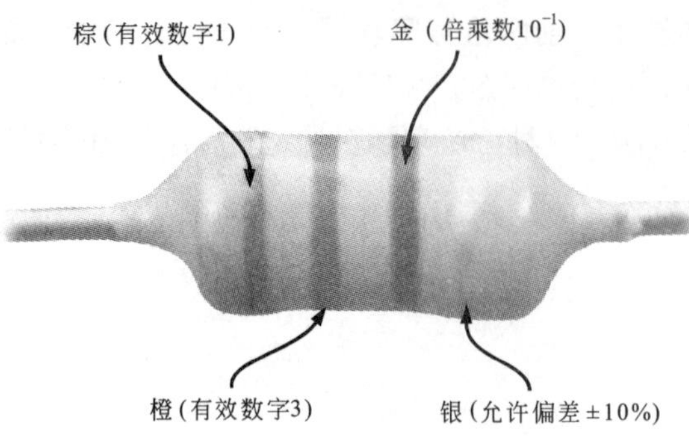

图1-33 电感器直标法命名实例

图1-33中电感器其色环颜色依次为"棕橙金银"。"棕色"表示有效数字1;"橙色"表示有效数字3;"金色"表示倍乘数10^{-1};"银色"表示允许偏差±10%。因此该电感量标识为1.3 μH±10%。

不同颜色的色环代表的意义不同,相同颜色的色环排列在不同位置上的意义也不同,具体如表1-20所列。

表1-20 色标法的含义表

色环颜色	色环所处的排列位		
	有效数字	倍乘数	允许偏差/%
银色	—	10^{-2}	±10
金色	—	10^{-1}	±5
黑色	0	10^{0}	—
棕色	1	10^{1}	±1
红色	2	10^{2}	±2
橙色	3	10^{3}	—
黄色	4	10^{4}	—
绿色	5	10^{5}	±0.5
蓝色	6	10^{6}	±0.25
紫色	7	10^{7}	±0.1
灰色	8	10^{8}	—
白色	9	10^{9}	±5
			-20
无色	—	—	±20

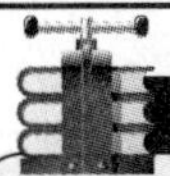

提示

通常,在没有明确标注单位的情况下,电感元件默认的单位都为"微亨"(μH)。

扩展

早期,我国生产的电感器还经常采用字母、数字及型号混合标注的方式,如图1-34所示。

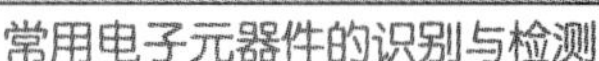

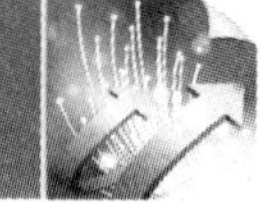

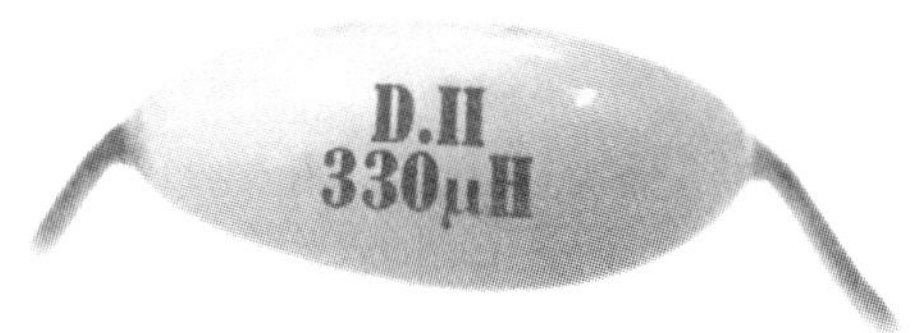

图1-34　采用字母、数字及型号混合标注的电感器

该电感器的标记为“D.II 330 μH”，其中字母D表示该电感的最大工作电流。根据规定，最大工作电流的字母共有A/B/C/D/E五个，分别对应的最大工作电流为50 mA、150mA、300mA、700mA、1600mA，II表示允许误差，表示型号共有I、II、III三种，分别表示误差为±5%、±10%、±20%。因此该电感器的最大工作电流为700mA，电感量为330μH±10%。

1.3.3　电感器的检测方法

在前文介绍中，讲到电感器有很多种，其检测方法也各有不同，通常可以使用万用表检测电感器阻值或电感量的方法来判断电感器的性能是否良好。下面，就针对不同类型的电感器来具体介绍其检测方法。

（1）固定电感器的检测方法

对于固定电感器的检测，主要是检测其电感量与被测电感器自身标识的电感量是否一致。如果一致，则说明被测电感器正常，若差别很大，则说明电感器自身性能不良。下面，我们以色环电感器为例，介绍一下固定电感器的检测方法。

待测色环电感器的实物外形见图1-35。

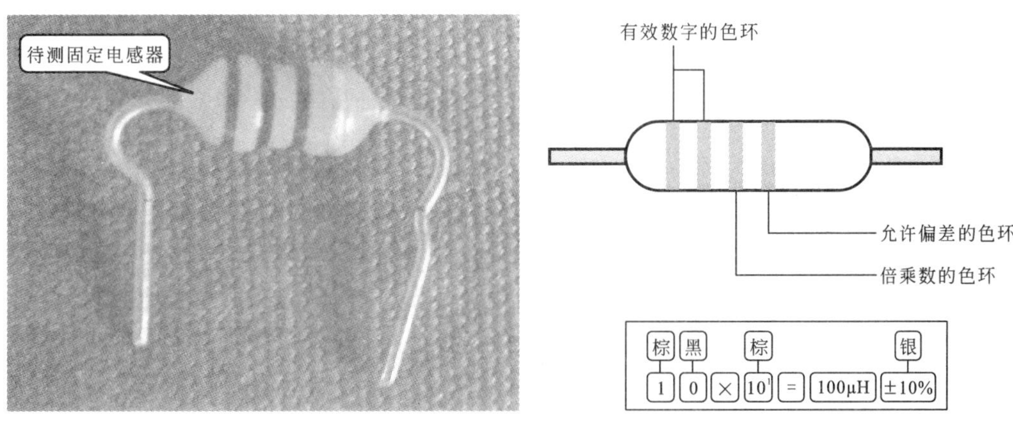

图1-35　待测色环电感器的实物外形

观察该电感器色环，其采用四环标注法，颜色从左至右分别为“棕”、“黑”、“棕”、“银”，根据色环颜色定义可以识读出该四环电感器的标称电感量为“100 μH”，允许偏差值为±1%。

色环电感器的检测方法见图1-36。

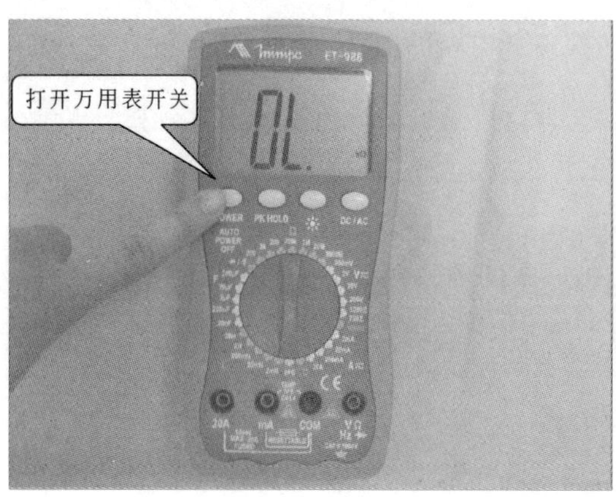

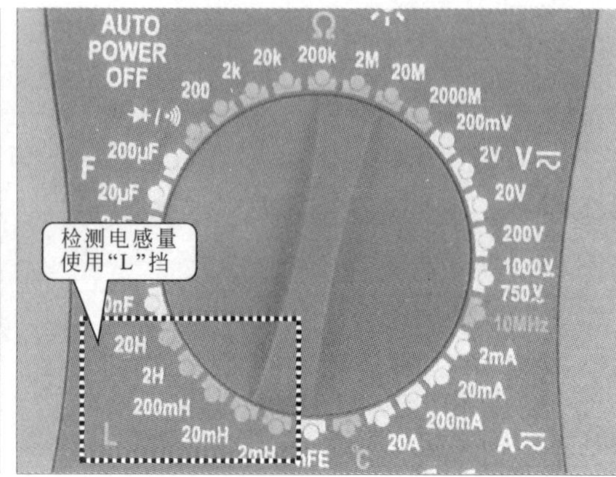

（a）打开万用表开关并调整挡位

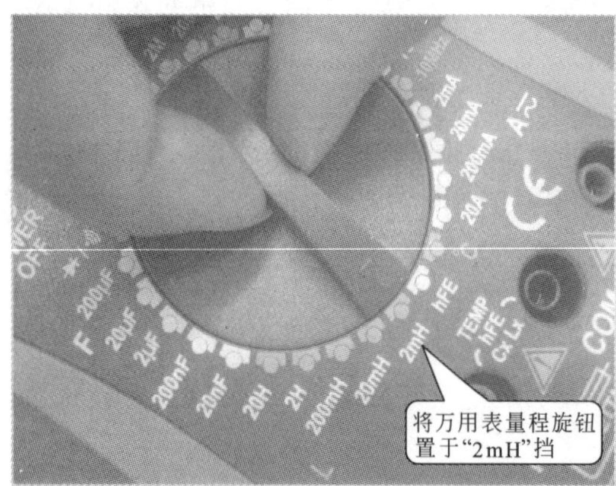

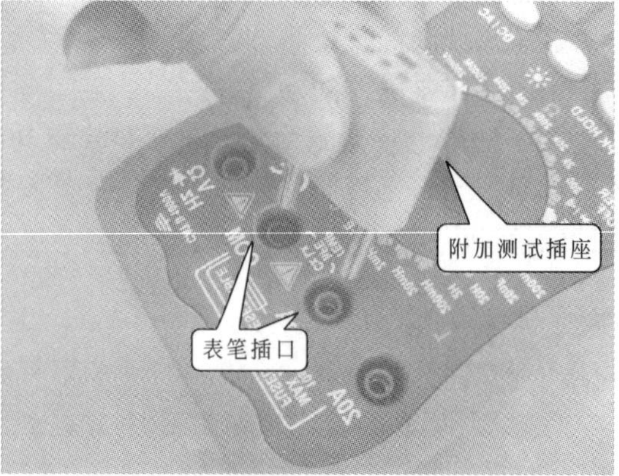

（b）调整量程万用表量程，并将附加测试器插座插入万用表的表笔插座中

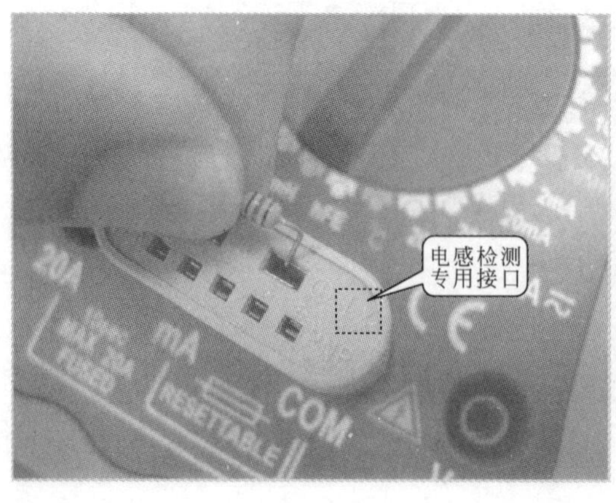

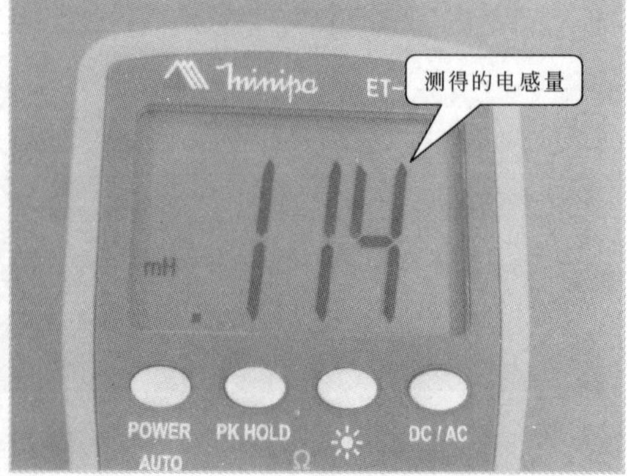

（c）对色环电感器进行检测

图1-36　色环电感器的检测方法

正常情况下，可以测得一个与标称值相同或相近的电感量。若测得的电感量与标称值相差过大，则该电感器可能已损坏。

（2）微调电感器的检测

待测的微调电感器的实物外形见图1-37。

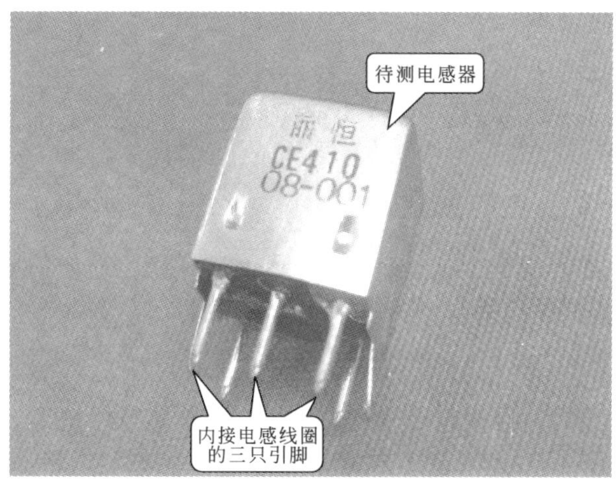

图1-37　微调电感器

微调电感器又叫半可调电感器，这种电感器同固定电感器一样，电阻值比较小，因此可以选用数字万用表进行检测。

微调电感器的检测方法见图1-38。

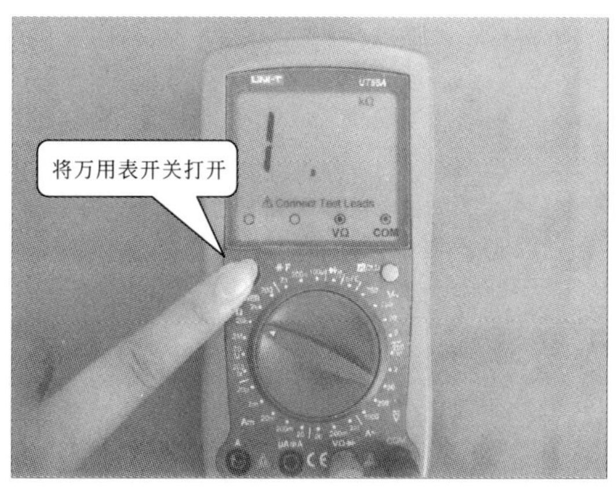

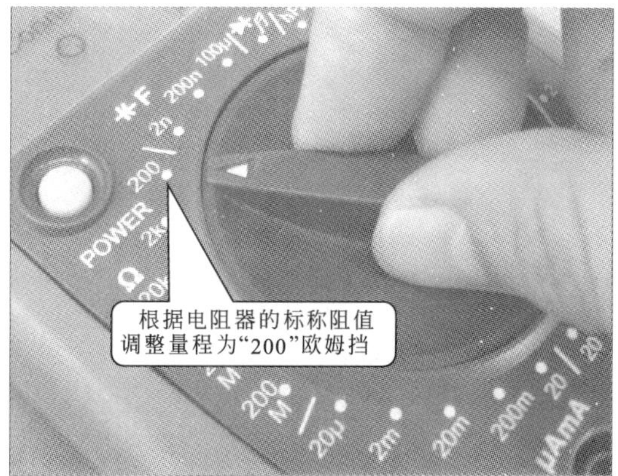

（a）使用万用表对其进行检测，首先将万用表的电源开关打开。将万用表调至欧姆挡，由于其阻值较小，应当将万用表的量程调至200Ω挡位

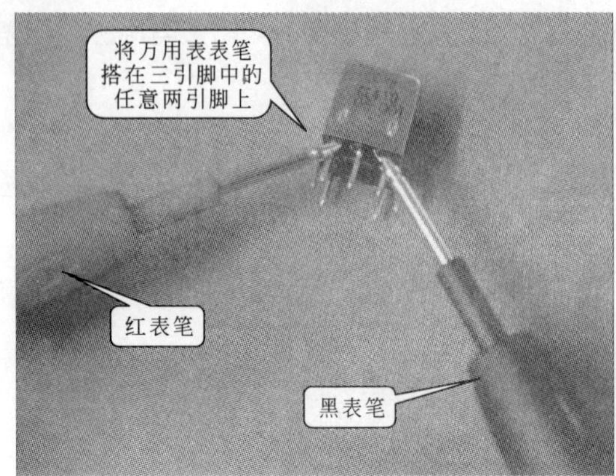

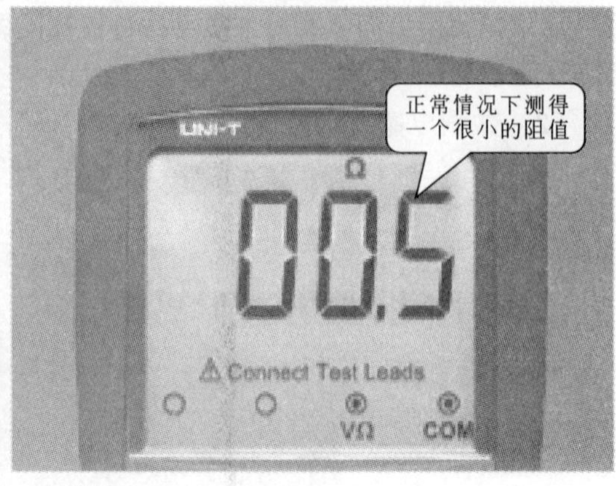

（b）检测可变电阻器的阻值

图1-38 微调电感器的检测方法

若它们之间均有固定阻值，说明该电感器正常，可以使用；若测得微调电感器的阻值趋于无穷大，则表明电感器已损坏。

第2章 常用半导体器件的识别与检测

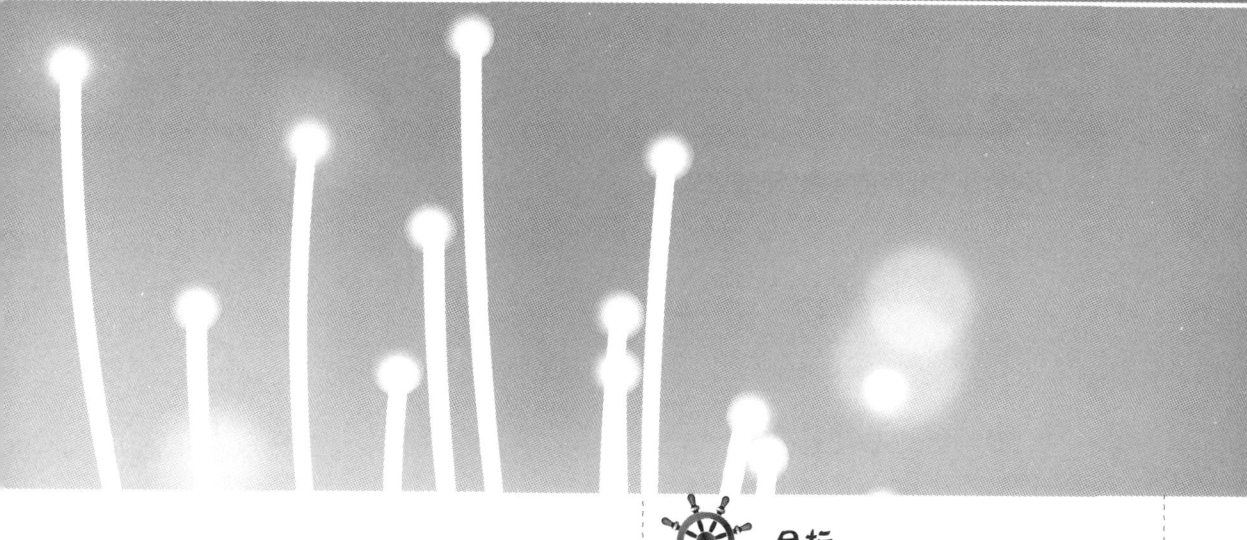

目标

本章主要的目标是让读者了解常用半导体器件的识别与检测技能。由于常用半导体器件种类多样，功能和结构各不相同。因此，我们特别对当前市场上常用半导体器件进行了细致的归纳整理，将市场占有率高，结构特征明显，检测代表性强的常用半导体器件按功能用途划分，选择极具代表性的半导体器件作为实测半导体器件展开讲解。

通过对不同类型的半导体器件的识别、实测的操作演示，首先从半导体器件的识别入手，让读者了解不同种类电子元器件功能特点的同时，对电子元器件的种类和功能特点有一个整体的认识，然后，在此基础上将半导体器件的检测方法加以提炼、整理，找出检测电子元器件的共同方法。

最后，再通过对实测半导体器件检测操作，在验证半导体器件检测理念的同时，让读者真正掌握常用半导体器件的识别方法和检测技巧。

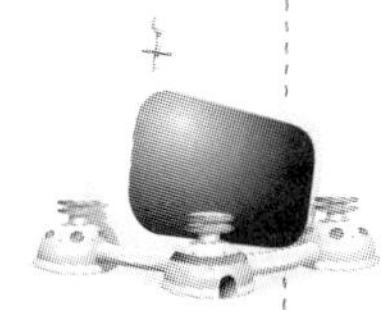

2.1 二极管的识别与检测

2.1.1 二极管的种类特点

二极管是非常重要的半导体器件，它在电子电路中有着广泛的应用。

二极管是一种常用的半导体器件，它是由一个P型半导体和N型半导体形成的P-N结，并在P-N结两端引出相应的电极引线，再加上管壳密封制成的。

几种常见二极管的实物外形见图2-1。

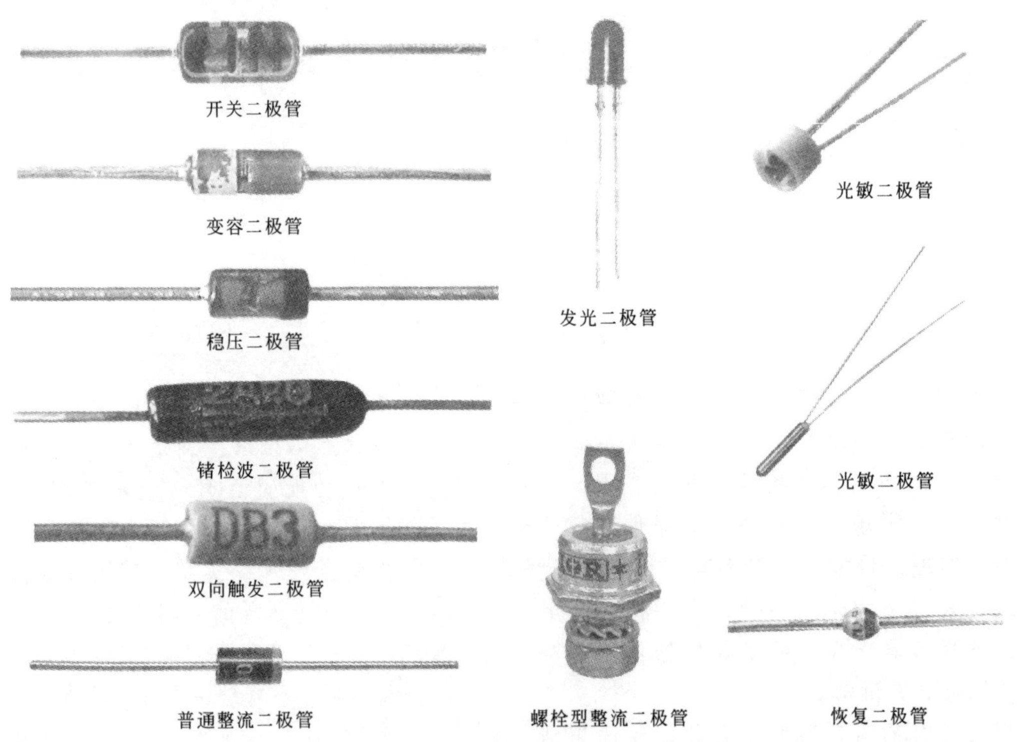

图2-1　常见二极管的实物外形

二极管种类有很多，根据制作半导体材料的不同，可分为锗二极管（Ge管）和硅二极管

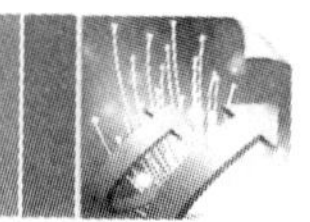

（Si管）。根据结构的不同，可分为点接触型二极管、面接触型二极管。根据实际功能的不同，又可分为整流二极管、检波二极管、稳压二极管、开关二极管、变容二极管、发光二极管、光敏二极管等。

二极管的种类很多，在电路中所起的作用也各不相同，因此在识别二极管时，应根据二极管的种类、作用进行判别。

常见的几种固定二极管种类特点见表2-1。

表2-1　常见的几种固定二极管的种类特点

名称	外形	特点
整流二极管（VD）		整流二极管外壳封装常采用金属壳封装、塑料封装和玻璃封装。由于整流二极管的正向电流较大，所以整流二极管多为面接触型二极管，结面积大、结电容大，但工作频率低
检波二极管（VD）		检波二极管是利用二极管的单向导电性把叠加在高频载波上的低频信号检出来的器件。这种二极管具有较高的检波效率和良好的频率特性
稳压二极管 或（ZD）		稳压二极管是由硅材料制成的面结合型晶体二极管，利用P-N结反向击穿时其电压基本上保持恒定的特点来达到稳压的目的。 主要有塑料封装、金属封装和玻璃封装三种封装形式
发光二极管（VD或LED）		发光二极管是一种利用正向偏置时P-N结两侧的多数载流子直接复合释放出光能的发射器件

续表

名称	外形	特点
光敏二极管（光电二极管） （VD）		光敏二极管又称为光电二极管。光敏二极管的特点是当受到光照射时，二极管反向阻抗会随之变化（随着光照射的增强，反向阻抗会由大到小），利用这一特性，光敏二极管常用作光电传感器件使用。 光敏二极管在光线照射下反向电阻会由大变小，其顶端有能射入光线的窗口，光线可通过该窗口照射到管心上
变容二极管 或 （VD）		变容二极管是利用P-N结的电容随外加偏压而变化这一特性制成的非线性半导体元件，在电路中起电容器的作用。它被广泛地用于超高频电路中的参量放大器、电子调谐及倍频器等高频和微波电路中
开关二极管		开关二极管是利用半导体二极管的单向导电性，为在电路上进行“开”或“关”的控制而特殊设计的一类二极管。这种二极管导通/截止速度非常快，能满足高频和超高频电路的需要，广泛应用于开关及自动控制等电路
双向触发二极管 （VD）	DB3	双向触发二极管（简称DIAC）是具有对称性的两端半导体器件。常用来触发双向晶闸管，或用于过压保护、定时、移相电路
快恢复二极管 （VD）		快恢复二极管（简称FRD）也是一种高速开关二极管。这种二极管的开关特性好，反向恢复时间很短，正向压降低，反向击穿电压较高。主要应用于开关电源、PWM脉宽调制电路以及变频等电子电路中

2.1.2 二极管的识别

通常，在实际的二极管上采用直标法命名，下面以检波二极管为例介绍二极管的命名规则。

检波二极管的命名规则实例见图2-2。

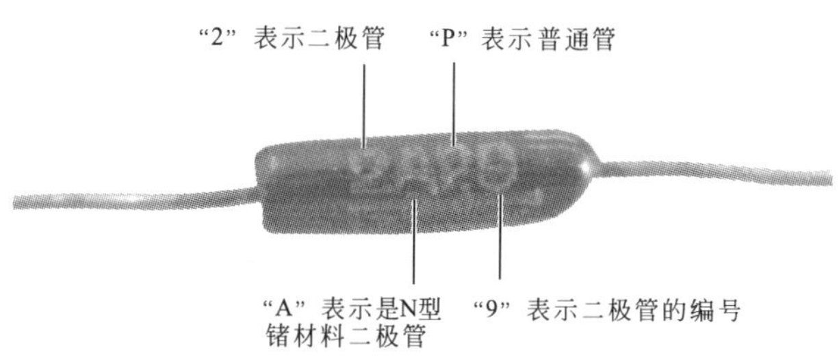

图2-2 检波二极管的命名规则实例

该二极管命名为2AP9，“2”是二极管的名称代号，“A”标识该二极管是N型锗材料二极管，“P”则表明该二极管属于普通管，“9”为二极管的编号。

材料-极性符号、意义对照表如表2-2所列。

表2-2 材料-极性符号、意义对照表

符号	意义	符号	意义
A	N型锗材料	D	P型硅材料
B	P型锗材料	E	化合物材料
C	N型硅材料		

二极管的类型符号、意义对照表如表2-3所列。

表2-3 二极管的类型符号、意义对照表

符号	意义	符号	意义
P	普通管	V	微波管
W	稳压管	C	参量管
L	整流堆	JD	激光管
N	阻尼管	S	隧道管
Z	整流管	CM	磁敏管
U	光电管	H	恒流管
K	开关管	Y	体效应管
B	变容管	EF	发光二极管
G	高频小功率管（$F > 3\text{MHz}$，$P_c < 1\text{W}$）	D	低频大功率管（$F < 3\text{MHz}$，$P_c > 1\text{W}$）
X	低频小功率管（$F < 3\text{MHz}$，$P_c < 1\text{W}$）	A	高频大功率管（$F > 3\text{MHz}$，$P_c > 1\text{W}$）

扩展

在实际的电工维修中，除了国产二极管，比较常见的还有日本二极管和美国二极管，下面以图示的方式分别介绍命名规则。

（1）日本二极管的命名及规格标识

日本生产的二极管命名规则如图2-3所示。它的标注是由7个部分构成（通常只会用到前5个部分）。

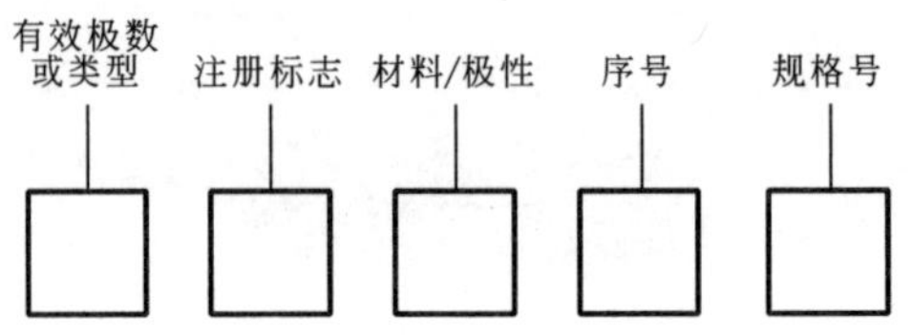

图2-3　二极管的日本命名规则

① 有效极数或类型：用数字表示，表示有效极性引脚。

② 注册标志：日本电子工业协会JEIA注册标志，用字母表示，S表示已在日本电子工业协会JEIA注册登记的半导体器件。

③ 材料-极性：用字母表示，表示二极管使用材料极性和类型。

④ 序号：用数字表示在日本电子工业协会JEIA登记的顺序号，两位以上的整数从“11”开始，表示在日本电子工业协会JEIA登记的顺序号；不同公司的性能相同的器件可以使用同一顺序号；数字越大，越是近期产品。

⑤ 规格号：用字母表示同一型号的改进型产品标志。A、B、C、D、E、F表示这一器件是原型号产品的改进产品。

二极管的有效极数-类型、符号对照表如表2-4所列。

表2-4　二极管的有效极数－类型、符号对照表

符号	意义	符号	意义
0	光电（即光敏）二极管	2	三极或两个P-N结的二极管
1	二极管	3	四极或三个P-N结的二极管

（2）常用二极管参数（表2-5、表2-6）

表2-5　常用的二极管耐压比较表（一）

型号	1N4001	1N4002	1N4003	1N4004	1N4005	1N4006	1N4007
耐压/V	50	100	200	400	600	800	1000
电流/A	1	1	1	1	1	1	1

表2-6 常用二极管耐压比较表（二）

型号	1N4728	1N4729	1N4730	1N4732	1N4733	1N4734
耐压/V	3.3	3.6	3.9	4.7	5.1	5.6
型号	1N4735	1N4744	1N4750	1N4751	1N4761	
耐压/V	6.2	15	27	30	75	

（3）美国二极管的命名及规格标识

美国生产的二极管命名比较混乱。其中，根据美国电子工业协会（EIA）规定，二极管型号命名由5个部分构成，具体命名规则如图2-4所示。

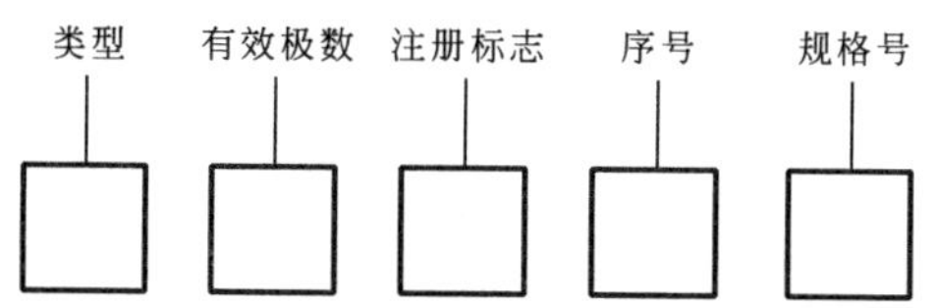

图2-4 二极管的美国命名规则

① 类型：表示器件的用途类型。

② 有效极数：用数字表示，表示有效P-N结极数。

③ 注册标志：美国电子工业协会（EIA）注册标志。N表示该器件已在美国电子工业协会（EIA）注册登记。

④ 序号：用多位数字表示，美国电子工业协会登记顺序号。

⑤ 规格号：用字母表示同一型号的改进型产品标志。A、B、C、D…同一型号器件的不同挡别用字母表示。

二极管的类型符号、意义对照表如表2-7所示。

表2-7 二极管的类型符号、意义对照表

符号	意义	符号	意义
JAN	军级	JANS	宇航级
JANTX	特军级	无	非军用品
JANTXV	超特军级		

二极管的有效极数符号、意义对照表如表2-8所示。

表2-8 二极管的有效极数符号、意义对照表

符号	意义	符号	意义
1	二极管（1个P-N结）	3	三个P-N结
2	三极管（2个P-N结）	n	n个P-N结

提示

在实际二极管表面，也可以找到与电子线路图中对应的标识信息，通常标识有二极管的正、负极。下面以稳压二极管为例介绍二极管实物引脚极性的标识方法。

稳压二极管的标识方法如图2-5所示。

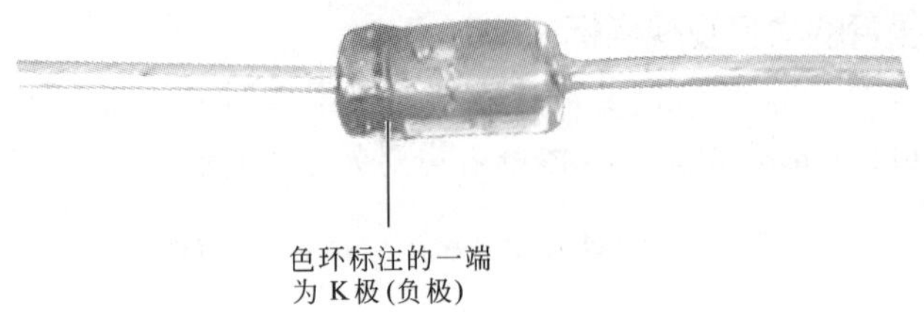

图2-5　稳压二极管的标识方法

发光二极管一般没有色环标识，可以通过引脚的长短来判断发光二极管的极性，如图2-6所示。相对较长的引脚为发光二极管的A极（正极），较短的引脚为发光二极管的K极（负极）。

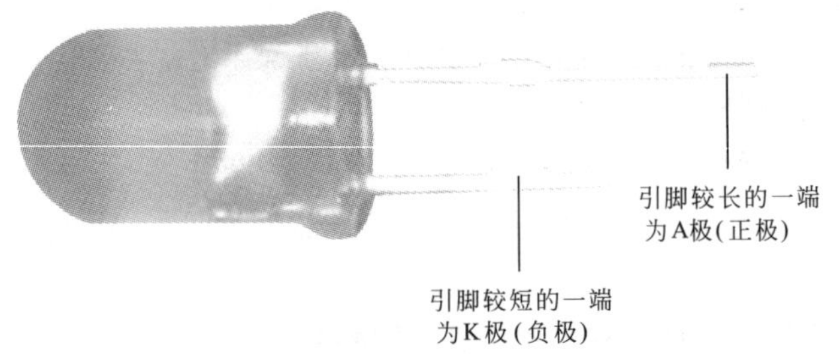

图2-6　发光二极管的引脚极性

2.1.3　二极管的检测方法

在前文介绍中，讲到晶体二极管有很多种，其检测方法也各有不同，通常可以使用万用表检测晶体二极管阻值的方法来判断晶体二极管的性能是否良好。下面，就针对几种不同类型的晶体二极管来具体介绍其检测方法。

（1）普通二极管阻值的检测

对于普通二极管的检测可以使用万用表对其正反向的阻值进行测量，即可判别被测二极管是否良好。下面，我们以典型普通二极管为例，介绍一下普通二极管的检测方法。

待测普通二极管的实物外形见图2-7。

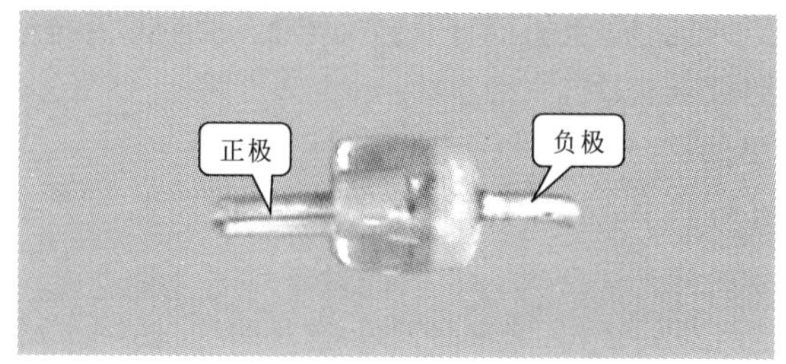

图2-7　待测普通二极管的实物外形

普通二极管的检测首先应根据二极管标识区分待测二极管引脚的正负极。

在检测普通二极管前，将指针式万用表的量程调整至“R×1k”欧姆挡，并进行零欧姆调整。

普通二极管阻值的检测方法见图2-8。

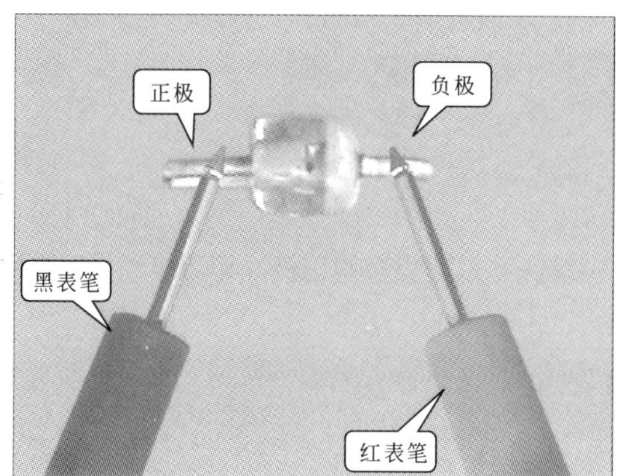

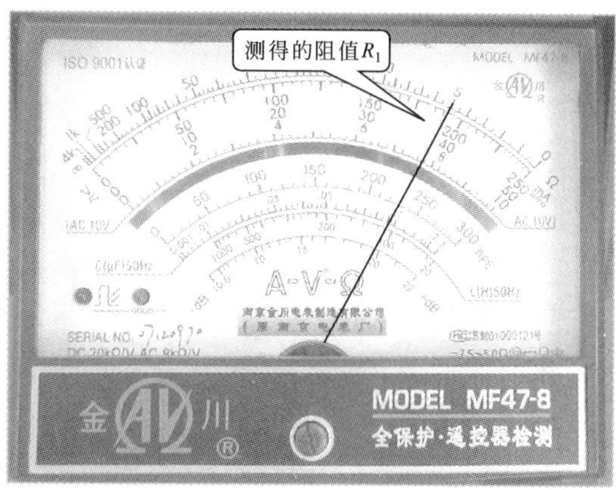

（a）检测二极管的正向阻值。

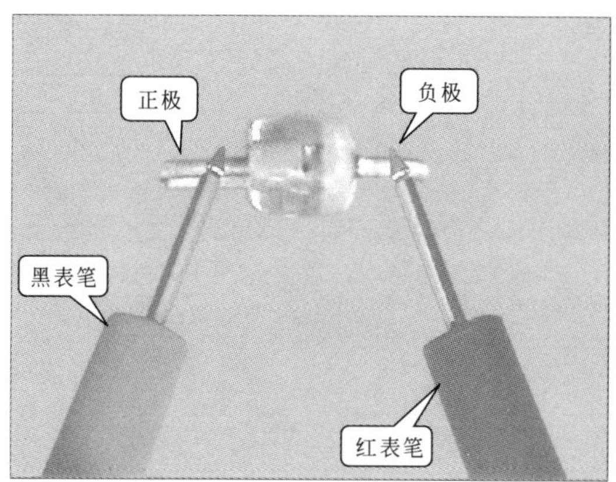

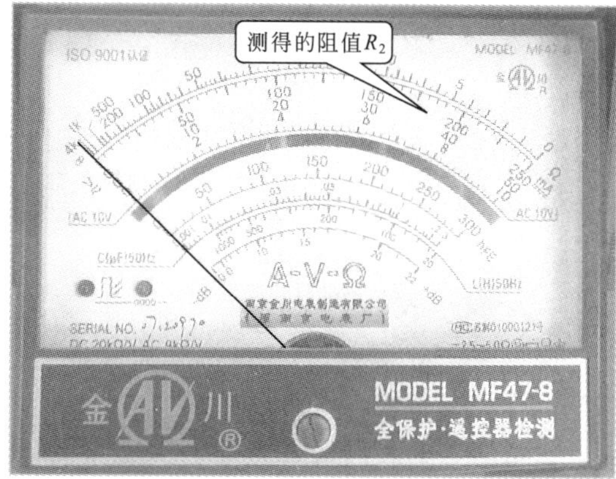

（b）检测二极管的反向阻值

图2-8　普通二极管阻值的检测

正常情况下测得的该普通二极管的正向阻值为5 kΩ，反向阻值为无穷大。若测得的阻值偏差过大，则该普通二极管可能已损坏。

（2）发光二极管阻值的检测

待测发光二极的实物外形见图2-9。

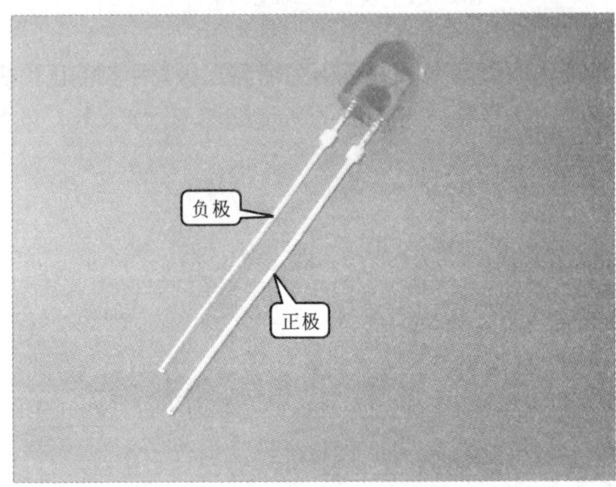

图2-9　待测发光二极的实物外形

在对待测发光二极管进行检测时，通常需要先辨认发光二极管的正极性和负极性，引脚长的为正极，引脚短的为负极。

发光二极管阻值的检测方法见图2-10。

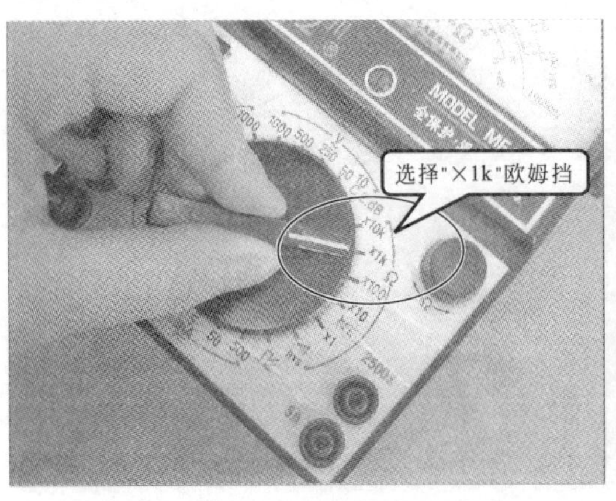

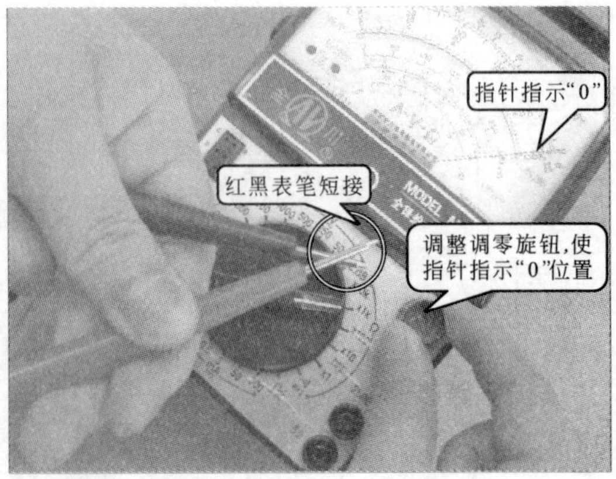

（a）检测时，首先将万用表量程旋至欧姆挡，量程调整为“R×1 k”欧姆挡，将万用表进行欧姆调零

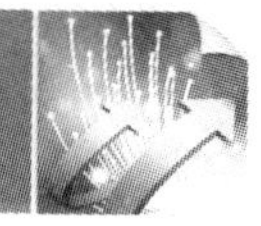

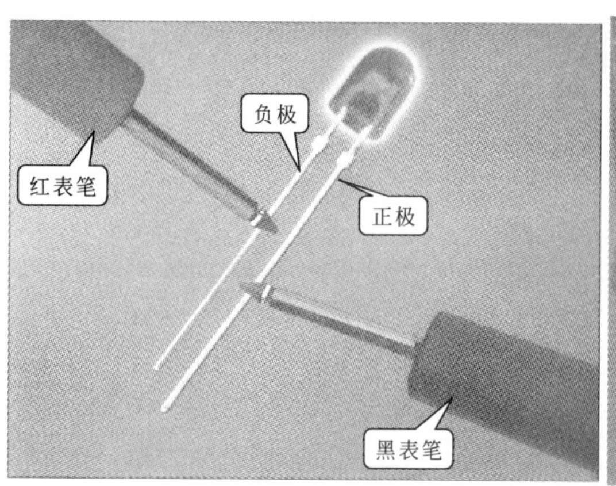

（b）检测发光二极管的正向阻值

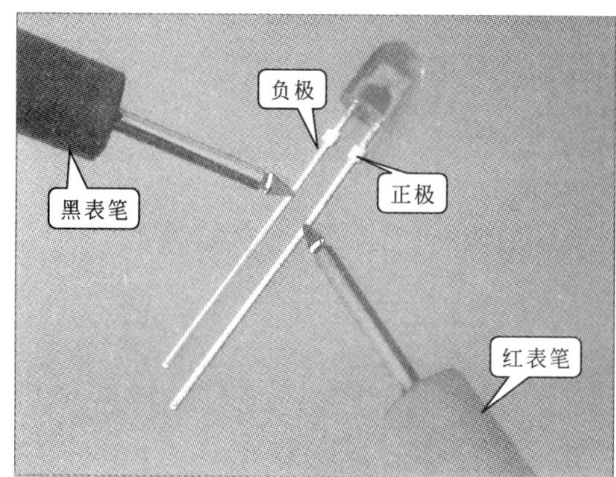

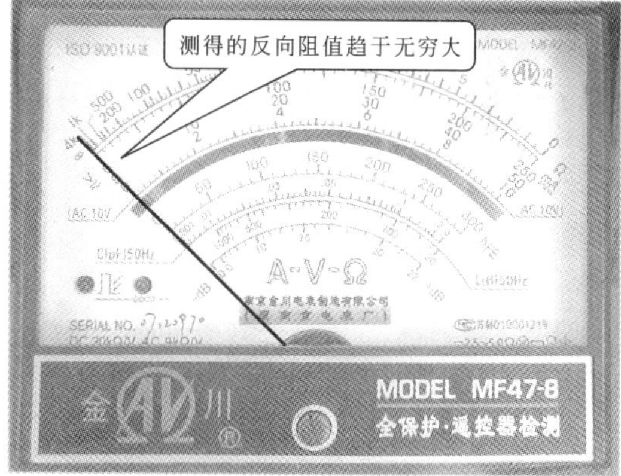

（c）检测发光二极管的反向阻值

图2-10　发光二极管阻值的检测

正常情况下测得的该发光二极管的正向阻值为20 kΩ，反向阻值为无穷大。若测得的阻值偏差过大，则该发光二极管可能已损坏。另外，正常情况下，测正向阻值时，二极管应发光。

（3）光敏二极管阻值的检测

光敏二极管的特点是当受到光照射时，二极管反向阻抗会随之变化（随着光照射的增强，反向阻抗会由大到小）。利用这一特性，我们可以判断出光敏二极管的好坏。

待测光敏二极管的实物外形见图2-11。

检测光敏二极管时，通常需要先辨认二极管引脚的正极性和负极性。有些光敏二极管的正极引脚较粗，负极引脚较细。

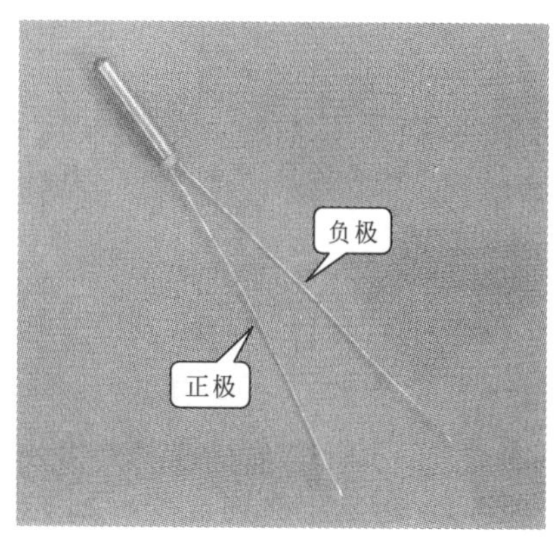

图2-11　待测光敏二极管的实物外形

将万用表旋至欧姆挡，量程调整为“R×1k”欧姆挡，并进行欧姆调零。

光敏二极管的检测方法见图2-12。

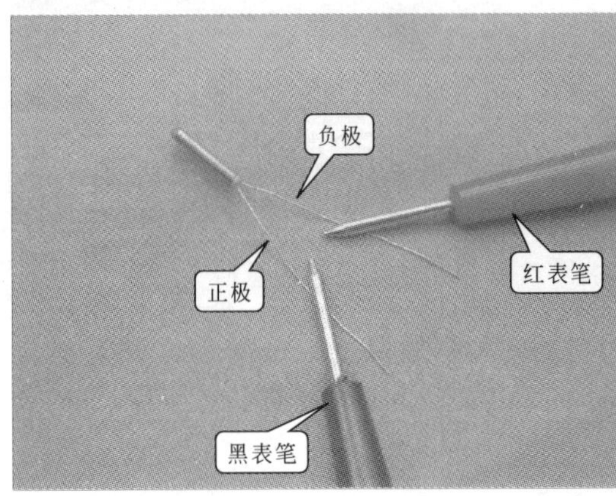

（a）普通日光光照条件下检测光敏二极管的正向阻值

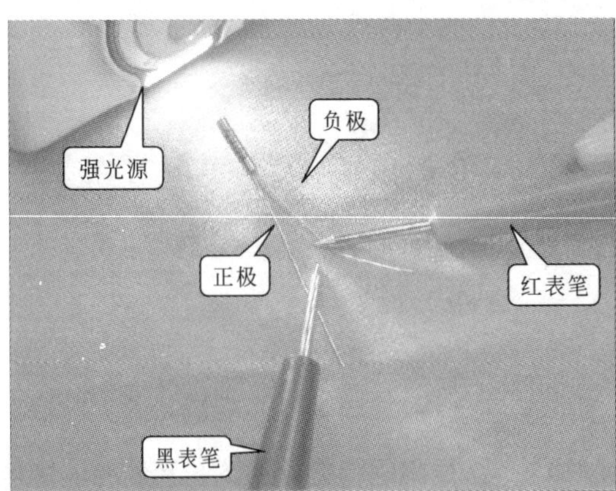

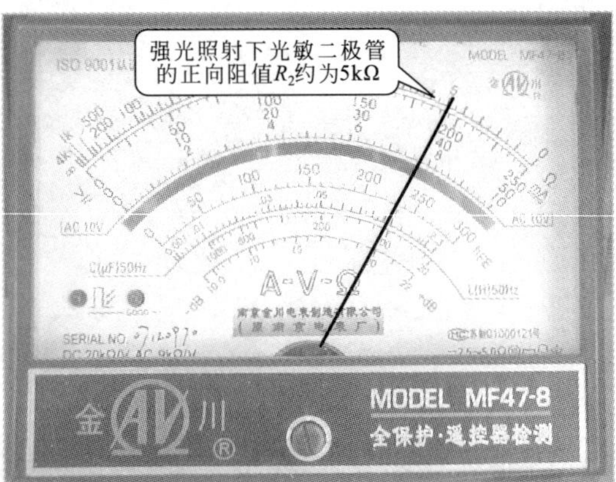

（b）测量光敏二极管在强光照射下的正向阻值

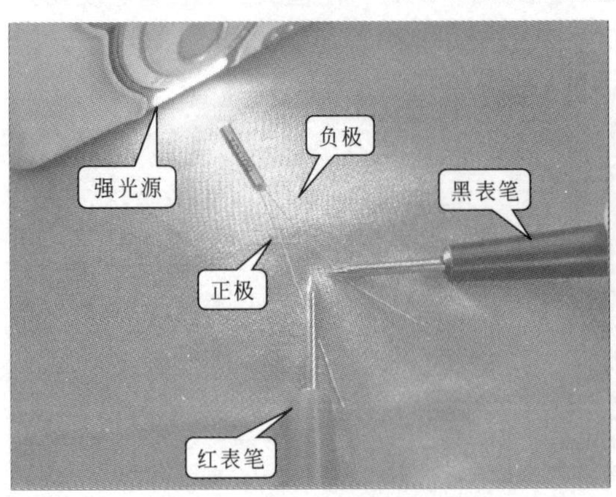

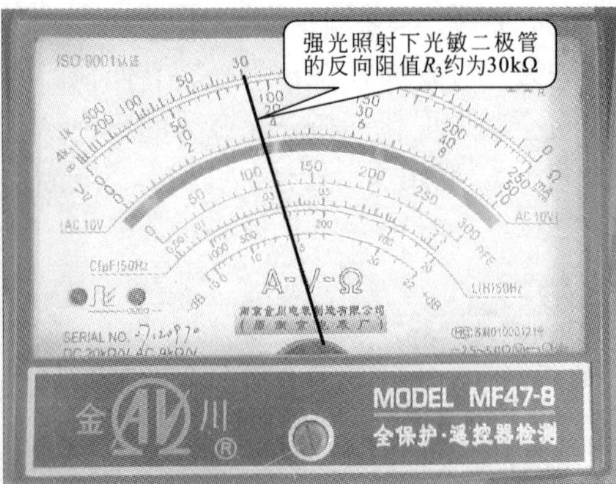

（c）测量光敏二极管在强光照射下的反向阻值

图2-12 光敏二极管的检测

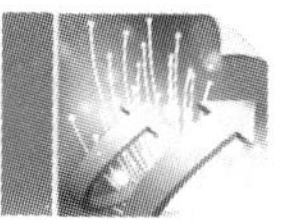

正常情况下，强光光照条件下发光二极管的正向阻值R_2会比普通日光光照下的正向阻值R_1小，强光光照条件下的反向阻值R_3则大于正向阻值R_2。若测得的数据失常，则该光敏二极管可能损坏。

提示

当光敏二极管受光照后，正向电阻变化越大，可以断定该光敏二极管的灵敏度越高。

2.2 三极管的识别与检测

2.2.1 三极管的种类特点

三极管是非常重要的半导体器件，这种半导体器件的种类繁多，应用十分广泛。

图解

几种常见三极管的实物外形见图2-13。

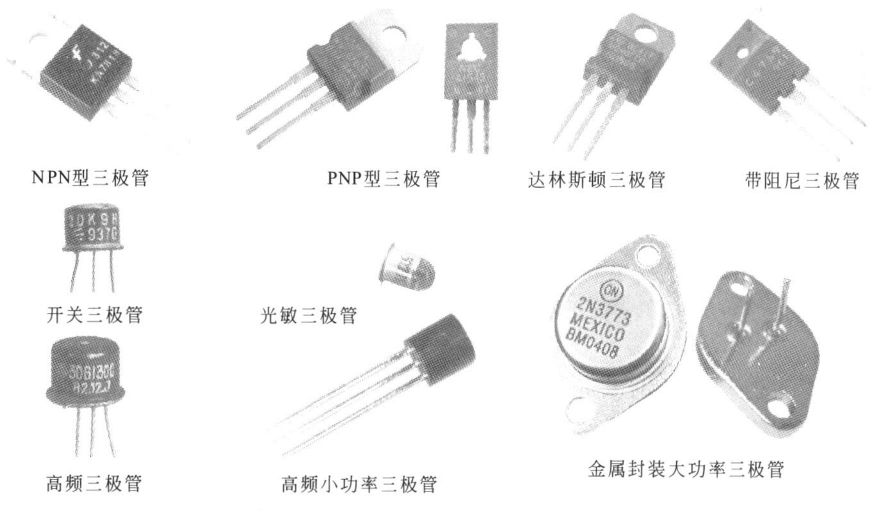

图2-13 常见晶体三极管的实物外形

晶体三极管应用广泛、种类繁多；根据制作工艺和内部结构的不同，可以分为NPN型三极管和PNP型三极管（其中又可细分成平面型管、合金型管）；根据功率的不同，可以分为小功率三极管、中功率三极管和大功率三极管；根据工作频率的不同可以分为低频三极管和高频三极管；根据封装形式的不同，主要可分为金属封装型、塑料封装型、贴片式封装型等；根据功能

的不同又可以分为放大三极管、开关三极管、光敏三极管、超高频三极管等。

晶体三极管的种类很多，在电路中所起的作用也各不相同，因此在识别晶体三极管时，应根据晶体三极管的种类、作用进行判别。

常见的几种晶体三极管种类特点见表2-9。

表2-9　常见的几种固定晶体三极管种类特点

名称	外形	特点
小功率晶体三极管		小功率晶体三极管的功率P_c一般小于0.3W，它是电子电路中用得最多的晶体三极管之一。主要用来放大交、直流信号或应用在振荡器、变换器等电路中
中功率晶体三极管		中功率晶体三极管的功率P_c一般在0.3～1W，这种晶体三极管主要用于驱动电路和激励电路中，或者是为大功率放大器提供驱动信号。根据工作电流和耗散功率，应采用适当的选择散热方式
大功率晶体三极管		大功率晶体三极管的功率P_c一般在1W以上，这种晶体三极管由于耗散功率比较大，工作时往往会引起芯片内温度过高，所以通常需要安装散热片，以确保晶体三极管良好的散热
低频晶体三极管		低频晶体三极管的特征频率f_t小于3MHz，这种晶体三极管多用于低频放大电路，如收音机的功放电路等
高频晶体三极管		高频晶体三极管的特征频率f_t大于3MHz，这种晶体三极管多用于高频放大电路，混频电路或高频振荡等电路

续表

名称	外形	特点
表面封装形式的晶体三极管		采用表面封装形式的晶体三极管体积小巧，多用于数码产品的电子电路中
金属封装形式的晶体三极管	采用B型封装形式的高频小功率三极管 采用F型封装形式的低频大功率三极管	采用金属封装形式的晶体三极管主要有B型、C型、D型、E型、F型和G型。 其中，小功率晶体三极管（以高频小功率晶体三极管为主）主要采用B型封装形式，F型和G型封装形式主要用于低频大功率晶体三极管
光敏晶体管 或		光敏晶体管是一种具有放大能力的光-电转换器件，因此相比光敏二极管它具有更高的灵敏度。需要注意的是，光敏晶体管既有三个引脚的，也有两个引脚的，使用时要注意辨别，不要误把两个引脚的光敏晶体三极管作为光敏二极管使用

2.2.2 三极管的识别

三极管的命名规则各个国家都不相同，我国生产的三极管命名采用直接标注的方法。

采用直接标注的国产三极管标注方法见图2-14。

该三极管为国产三极管，从外形上看，该三极管采用的是F型金属封装形式，在管子的表面标注为“3AD50C”。“A”表示该三极管为锗材料制作的PNP型三极管，“D”表示该三极管属于低频大功率管。“50C”则为该管子的序号。因此，该三极管为低频大功率PNP型锗三极管。

图2-14　三极管的标注实例

三极管的材料-极性符号、意义对照表如表2-10所列。

表2-10　三极管的材料-极性符号、意义对照表

符号	意义	符号	意义
A	锗材料、PNP型	D	硅材料、NPN型
B	锗材料、NPN型	E	化合物材料
C	硅材料、PNP型		

三极管的类型符号、意义对照表见表2-11所列。

表2-11　三极管的类型符号、意义对照表

符号	意义	符号	意义
G	高频小功率管	V	微波管
X	低频小功率管	B	雪崩管
A	高频大功率管	J	阶跃恢复管
D	低频大功率管	U	光敏管（光电管）
T	闸流管	J	结型场效应晶体管
K	开关管		

扩展

如图2-15所示为日本生产的晶体三极管的命名规则。

该三极管采用塑料封装形式。管子上标注为"2SC5200"，其中"2"表示有效极数或类型，"S"表示注册标志，"C"表示材料、极性，"5200"表示规格号。

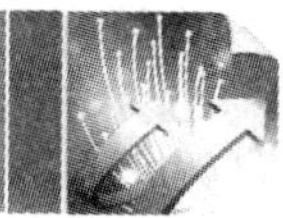

图2-15　日本产三极管的标注实例

三极管的有效极数-类型符号、意义对照表如表2-12所列。

表2-12　三极管的有效极数-类型符号、意义对照表

符号	意义	符号	意义
0	光电（即光敏）二极管	2	三极或两个P-N结的三极管
1	二极管	3	四极或三个P-N结的三极管

三极管的材料-极性符号、意义对照表如表2-13所列。

表2-13　三极管的材料-极性符号、意义对照表

符号	意义	符号	意义
A	PNP型高频管	G	N控制极可控硅
B	PNP型低频管	H	N基极单结晶体管
C	NPN型高频管	J	P沟道场效应管
D	NPN型低频管	K	N沟道场效应管
F	P控制极可控硅	M	双向可控硅

如图2-16所示为美国生产的晶体三极管的命名规则。

该管子的标注为“2N3773”，“2”表示有效极数，“N”表示注册标志。通过“2N”可知，该三极管属于美国生产的三极管。“3773”为该三极管的产品编号。虽然管子没有明确标注管子的具体类型，但根据封装规则可知，F型封装形式主要用于低频大功率三极管的封装。

图2-16　美国产低频大功率三极管的标注实例

三极管的类型符号、意义对照表如表2-14所列。

表2-14　三极管的类型符号、意义对照表

符号	意义	符号	意义
JAN	军级	JANS	宇航级
JANTX	特军级	无	非军用品
JANTXV	超特军级		

三极管的有效极数符号、意义对照表如表2-15所列。

表2-15　三极管的有效极数符号、意义对照表

符号	意义	符号	意义
1	二极管（1个P-N结）	3	三个P-N结
2	三极管（2个P-N结）	n	n个P-N结

对于欧洲生产的三极管，命名规则如表2-16所列。

表2-16　欧洲三极管的命名规则对照表

第一部分		第二部分	第三部分	第四部分
A	锗材料	C低频小功率管 D低频大功率管 F高频小功率管 L高频大功率管 S小功率开关管 U大功率开关管	三位数字表示登记序号	β值分档标志
B	硅材料			

提示

国外的三极管从标注上很难体现出三极管的功率特性。从三极管体积、管脚粗细程度和安装的散热片，就可以初步推断三极管的功率。一般来说，小功率的三极管体积较小，管脚较细，中功率的三极管管脚稍粗，体积稍大，而大功率三极管的体积较大、管脚也较粗。并且为了保证良好的散热，大功率三极管上都设置有圆孔，用来安装散热片。有些中功率三极管也设有安装散热片的圆孔，但散热片的体积小很多。

2.2.3　三极管的检测方法

在前文介绍中，讲到晶体三极管有很多种，其检测方法也各有不同，通常可以使用万用表检测晶体三极管阻值的方法来判断晶体三极管的性能是否良好。下面，就针对不同晶体三极管来具体介绍其检测方法。

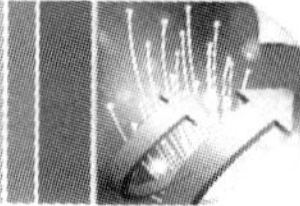

（1）NPN型晶体三极管阻值的检测

待测的NPN晶体三极管的实物外形见图2-17。

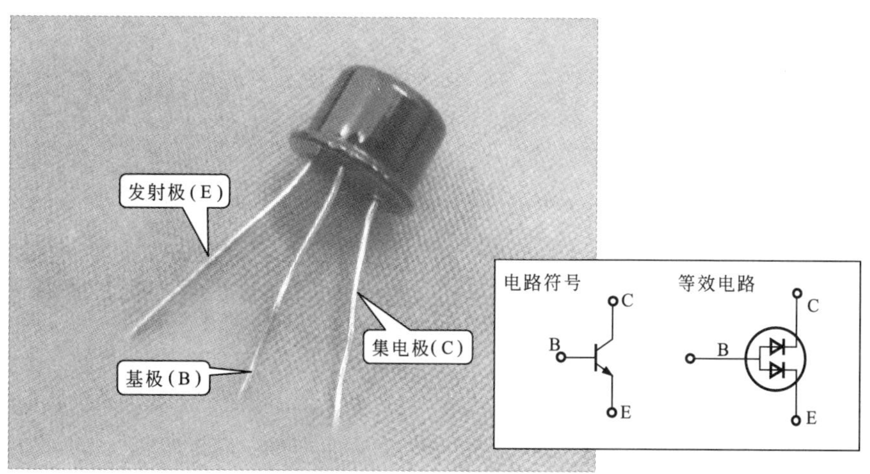

(a) NPN晶体管

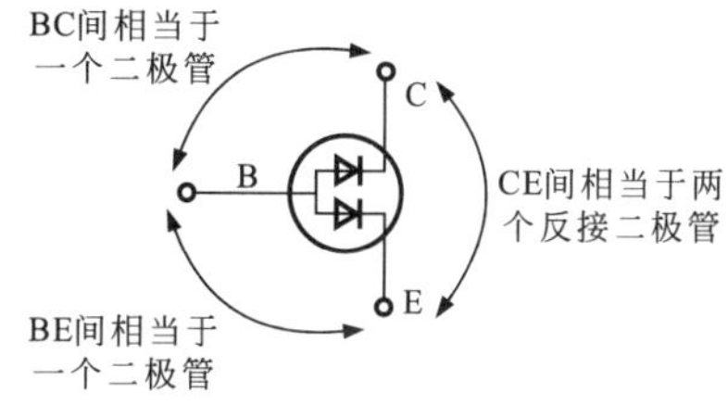

(b) NPN晶体管的检测原理

图2-17　待测的NPN晶体三极管的实物外形

当使用万用表检测NPN型晶体三极管时，万用表黑表笔接NPN型晶体三极管的基极，红表笔接另外两只引脚，检测的为晶体三极管基极与集电极、基极与发射极之间的正向阻值，通常只有这两组值有固定数值，其他两引脚间电阻值均为无穷大。

NPN晶体三极管的检测方法见图2-18。

正常情况下测得的R_2远大于R_1、R_4远大于R_3、R_1约等于R_3，可以断定该NPN型晶体三极管正常；若以上条件有任何一个不符合，可以断定该NPN型晶体三极管不正常。

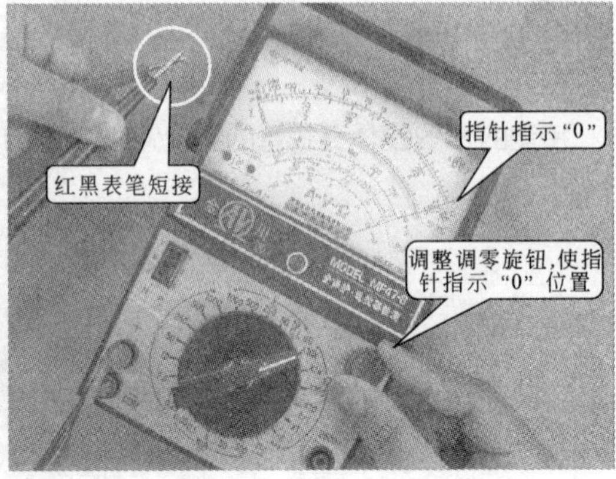

（a）调整万用表量程，并进行欧姆调零

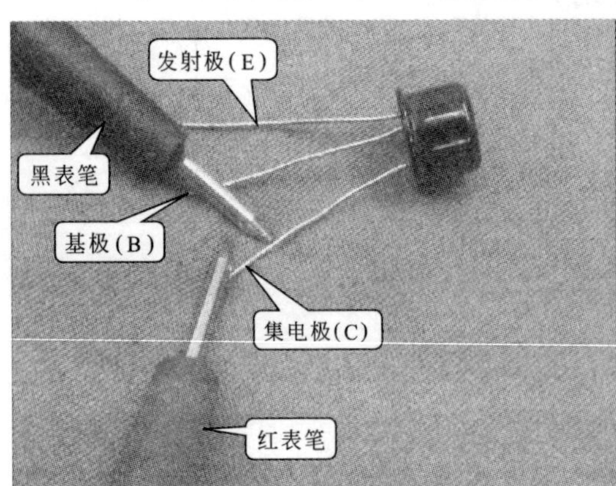

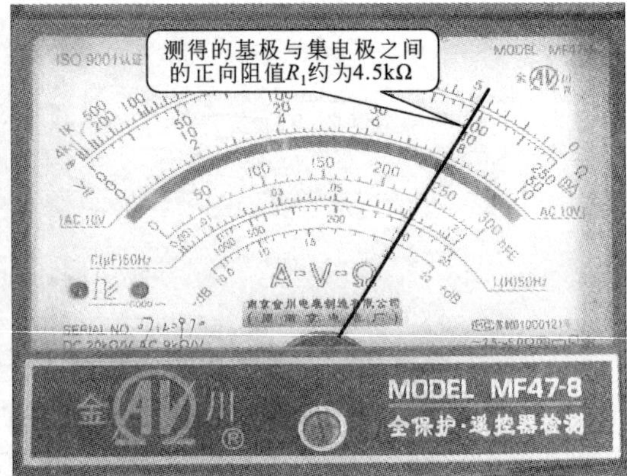

（b）检查晶体三极管基极与集电极之间的正向阻值

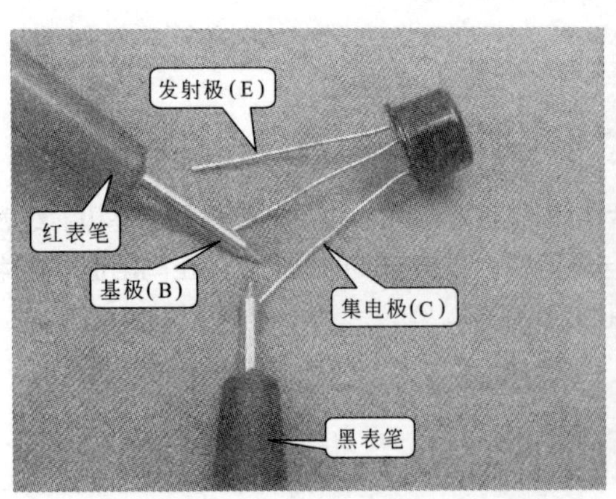

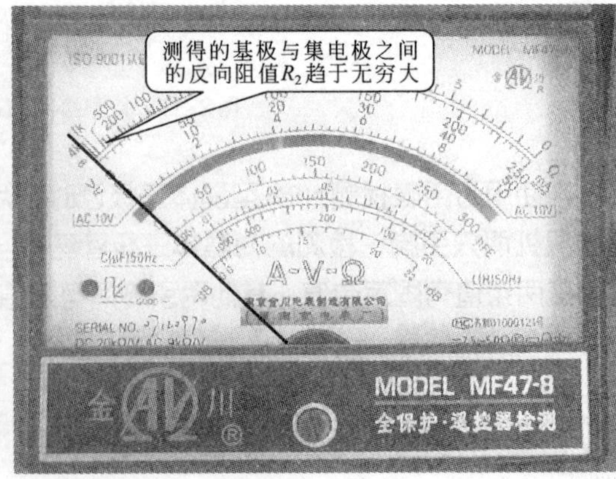

（c）调换表笔检查晶体三极管基极与集电极之间的反向阻值

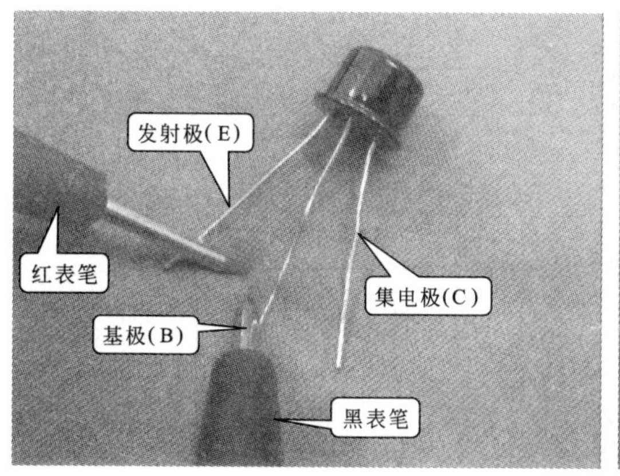

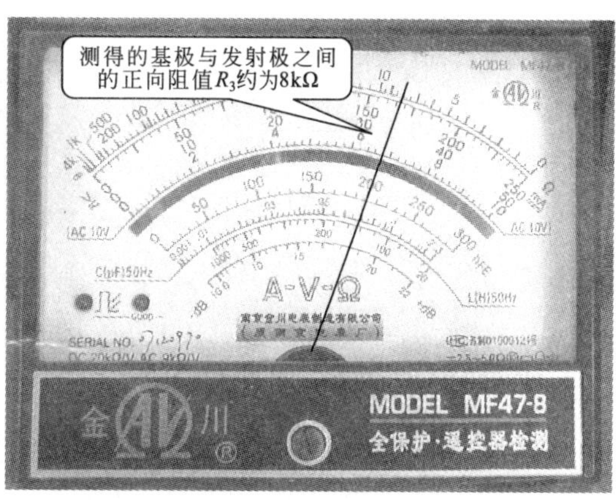

（d）检查晶体三极管基极与发射极之间的正向阻值

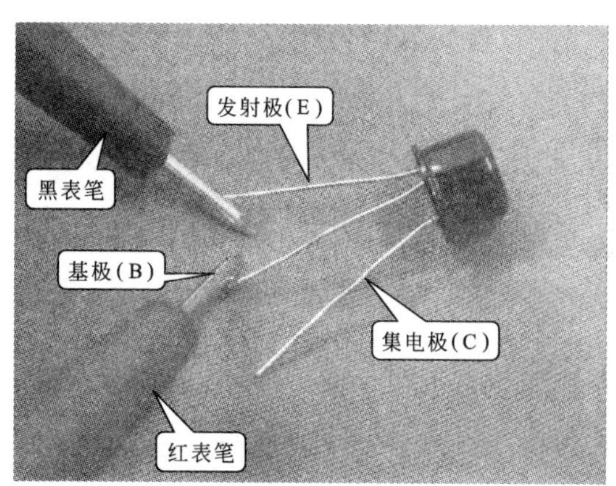

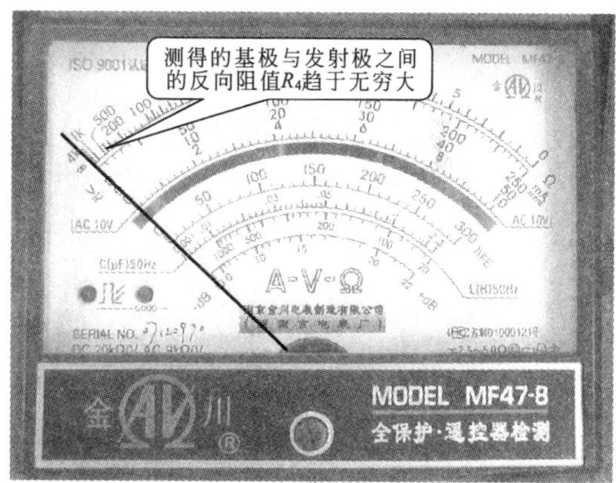

（e）调换表笔检查晶体三极管基极与发射极之间的反向阻值

图2-18　晶体三极管的检测方法

（2）PNP型晶体三极管阻值的检测

待测的PNP晶体三极管的实物外形见图2-19。

PNP型晶体三极管的检测方法同NPN型晶体三极管基本相同，只是测量PNP型晶体三极管时，需使用红表笔接基极，此时检测的为晶体三极管基极与集电极、基极与发射极之间的正向阻值，且一般只有这两个值有一固定数值，其他两引脚间电阻值均为无穷大。

PNP型晶体三极管的检测方法见图2-20。

正常情况下R_2远大于R_1、R_4远大于R_3、R_1约等于R_3，若以上个条件中有任何一个不符合，可以断定该PNP型晶体三极管不正常。

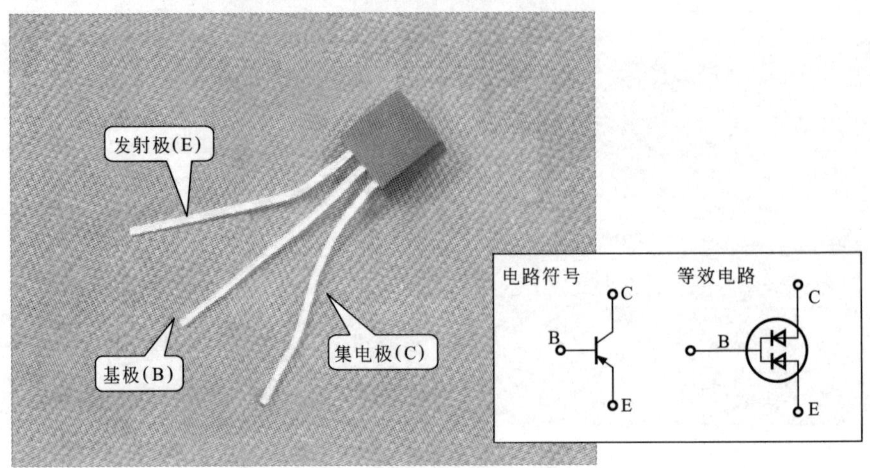

(a) PNP晶体管

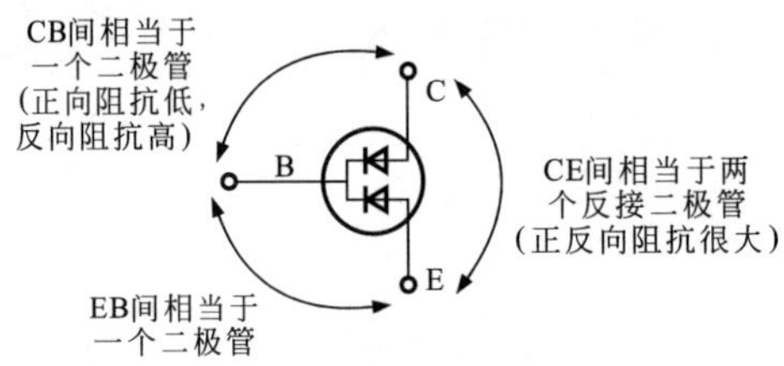

(b) PNP晶体管的检测原理

图2-19 待测的PNP晶体三极管

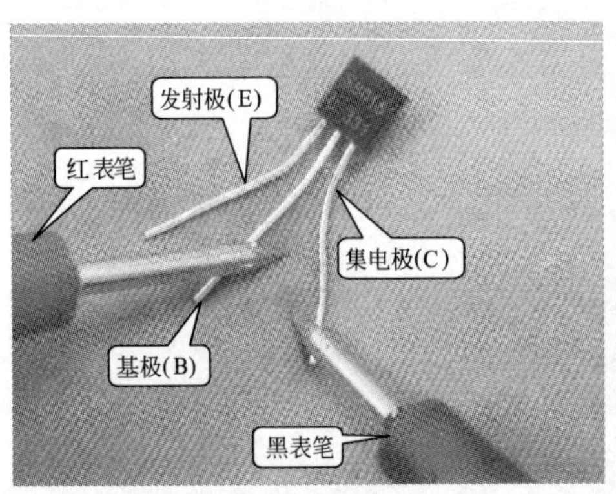

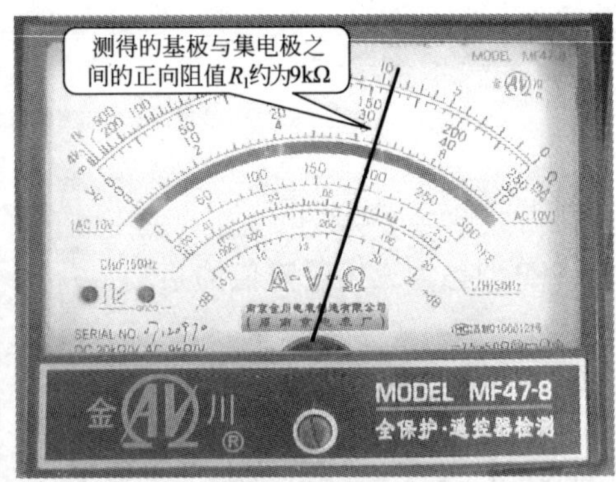

(a) 首先，将万用表旋至欧姆挡，量程调整为“R×10 k”欧姆挡，并进行欧姆调零。检查晶体三极管基极与集电极之间的正向阻值

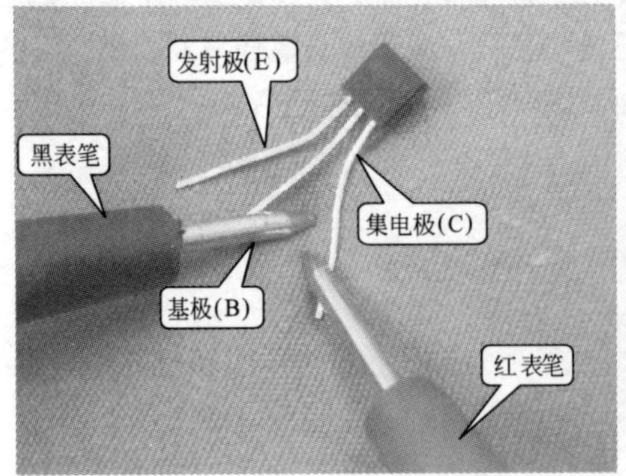

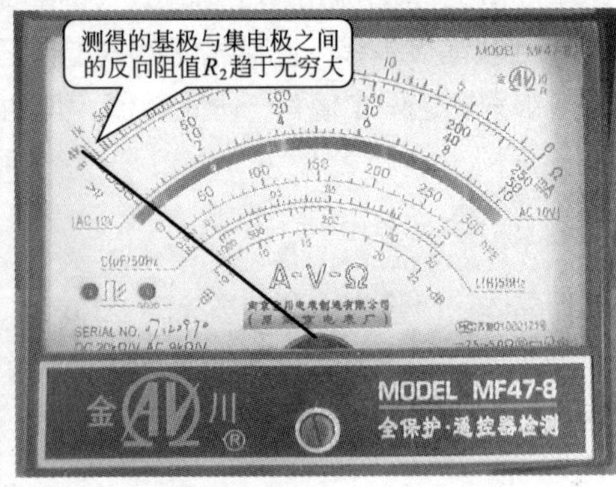

(b) 调换表笔检查晶体三极管基极与集电极之间的反向阻值

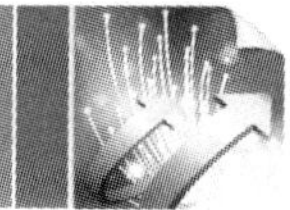

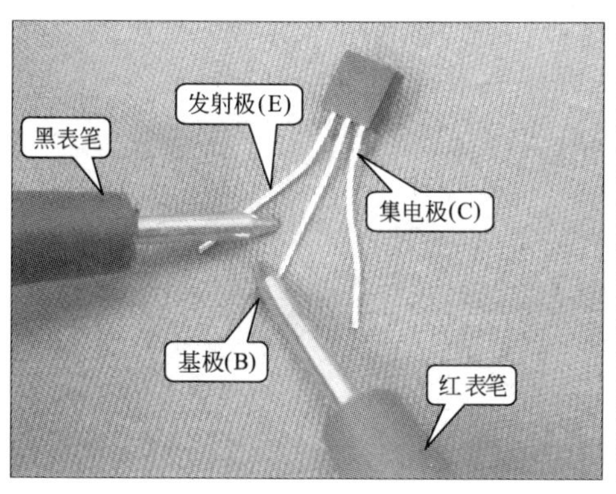

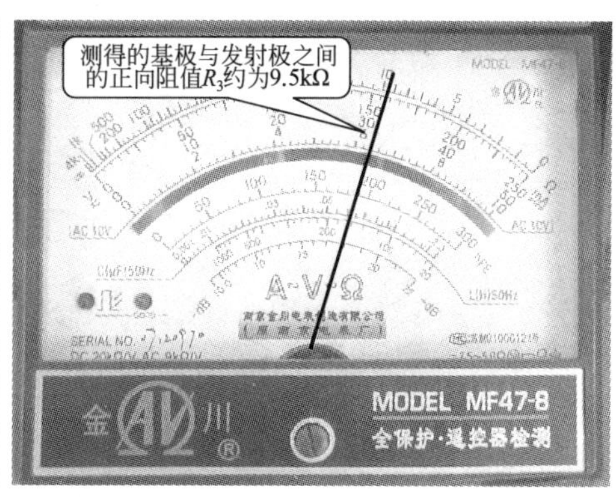

（c）检查晶体三极管基极与发射极之间的正向阻值

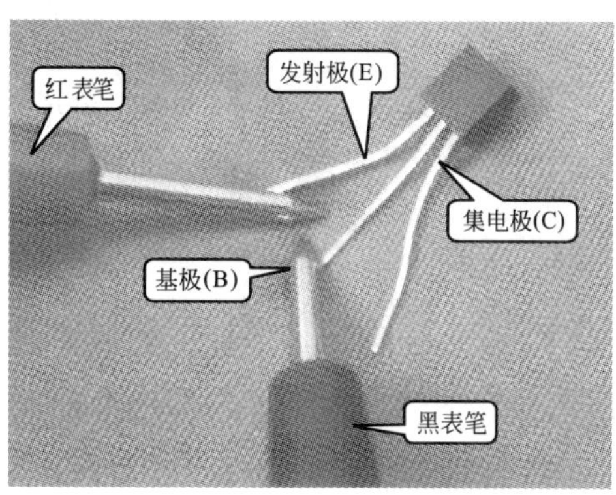

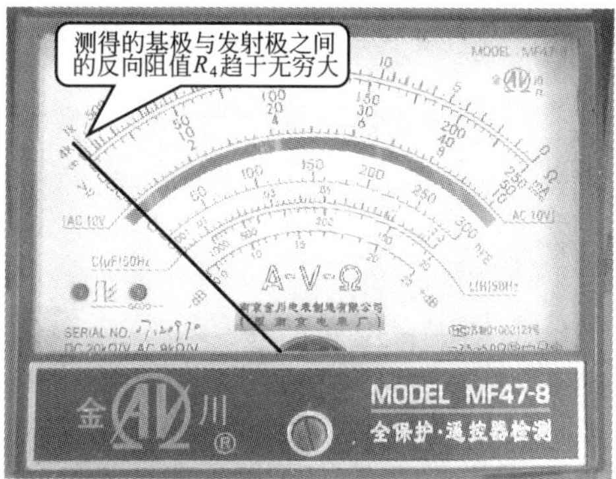

（d）调换表笔检查晶体三极管基极与发射极之间的反向阻值

图2-20　PNP型晶体三极管的检测方法

（3）晶体三极管的放大倍数的检测

晶体三极管的主要功能就是具有对电流放大的作用，其放大倍数我们一般可通过数字万用表的晶体三极管放大倍数检测插孔进行检测，模拟万用表和数字万用表晶体三极管放大倍数检测插孔的外形有所不同，其检测方法相同。

晶体三极管放大倍数的检测方法见图2-21。

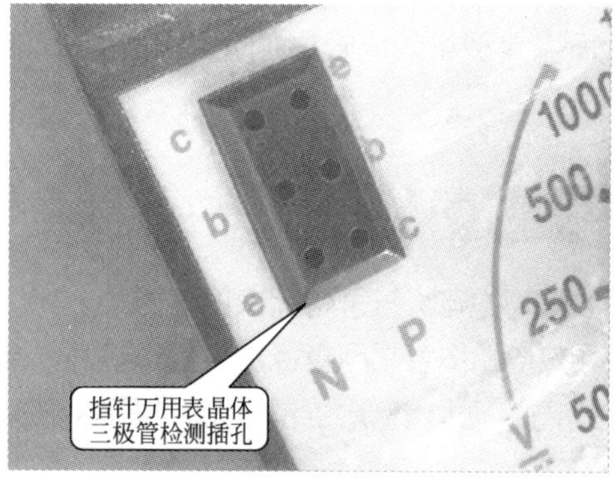

（a）模拟万用表和数字万用表晶体三极管放大倍数检测插孔的外形

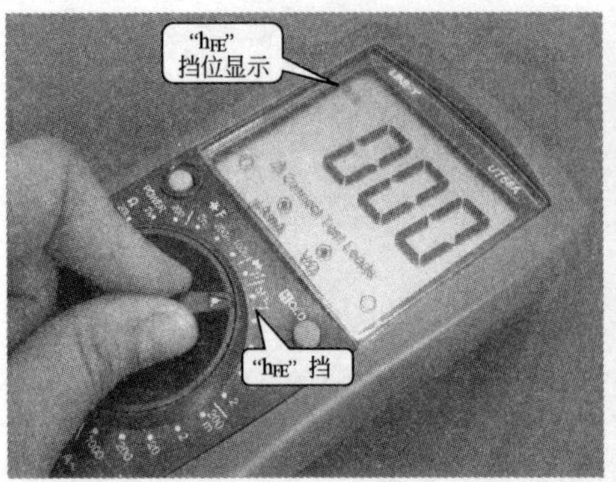

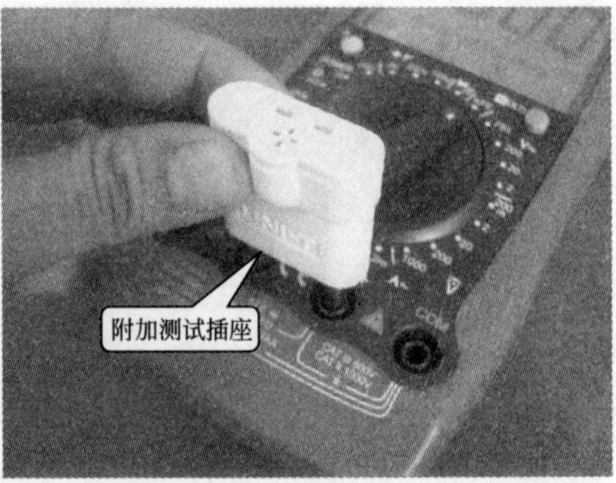

（b）调整万用表量程，并将附加的测试插座插入表笔的插孔中

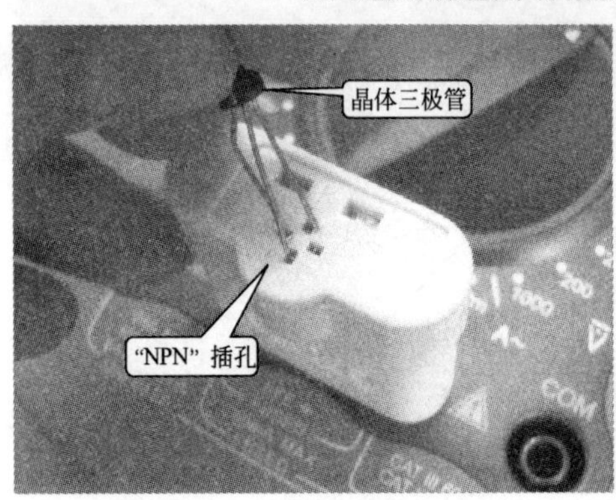

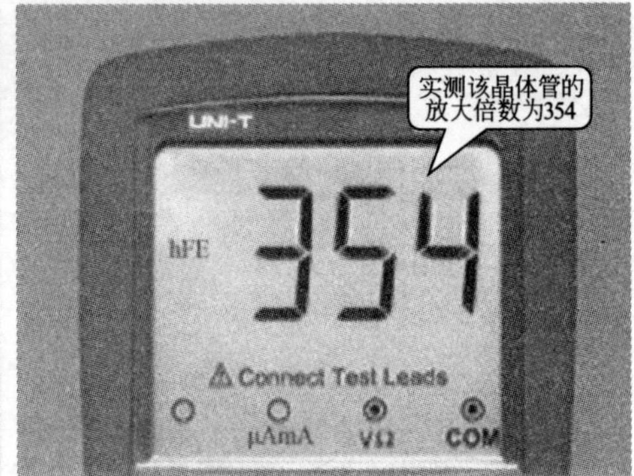

（c）将T形引脚对应测试孔相应的插孔插入，检测晶体三极管的放大倍数

图2-21　晶体三极管放大倍数的检测方法

2.3 场效应晶体管的识别与检测

2.3.1 场效应管的识别

下面以典型场效应管为例介绍场效应管的电路符号和标识。

场效应管的电路符号和标识见图2-22。

该场效应晶体管采用直标法，其标识为“3DJ61”。其中“3”表示3个电极；“D”表示该管为P型管；“J”表示该管为结型场效应晶体管；“61”则表示其规格号。

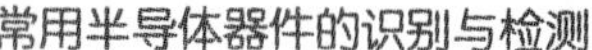
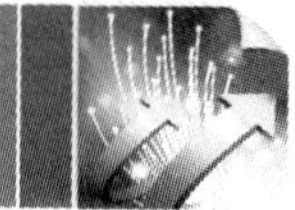

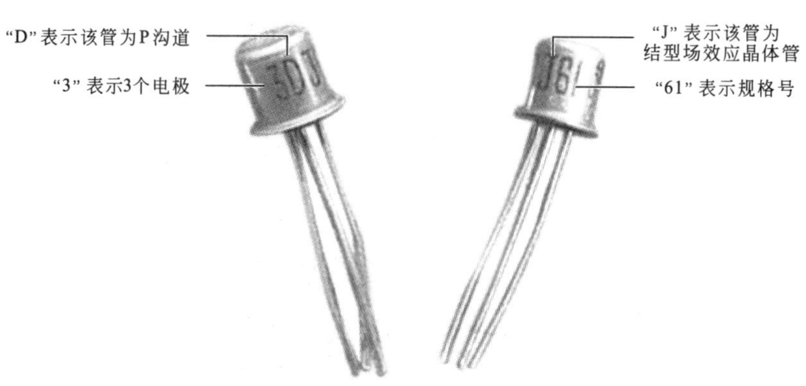

图2-22　场效应管的电路符号和标识

提示

由于场效应管都是采用直标法进行标注，型号、厂家不同，命名规则也就不同。下面介绍场效应管其他的标注方法，如图2-23所示。

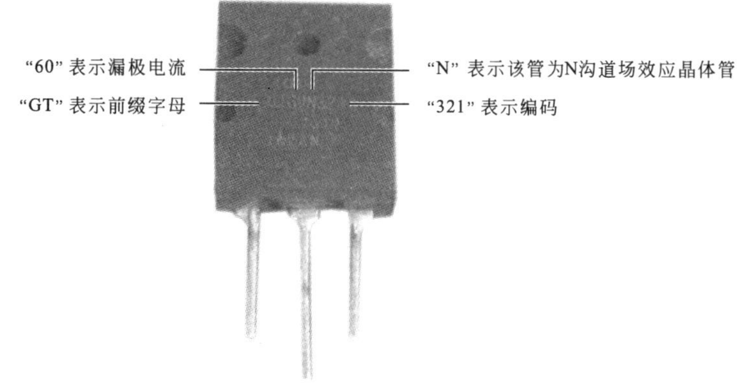

图2-23　场效应管的标注方法

该场效应晶体管为东芝TOSHIBA超大电流N沟道场效应管，其标识为"GT60N321"。其中"GT"为前缀字母；"60"表示漏极电流；"N"表示该管为N沟道场效应晶体管；"321"则为编码。

由于许多三极管和场效应晶体管在外形上十分相似。在电路板上识别场效应通常通过对该元器件的引脚标注来进行识别。

图解

电路板上的场效应晶体管见图2-24。

图2-24　电路板上的场效应晶体管

该电子元器件有三个引脚，在电路板上每个引脚都对应一个字母标识，分别指出了该元器件的三个引脚依次为源极S、栅极G和漏极D。这表明该元器件为场效应晶体管。

2.3.2　晶闸管的识别

晶闸管的命名规则各个国家都不相同，我国生产的晶闸管命名采用直接标注的方法。

采用直接标注的国产晶闸管标注方法见图2-25。

图2-25　晶闸管的标注实例

该晶闸管采用的是塑料封装形式，在管子的表面标注为"KK23"。根据晶闸管的命名规则可知，该晶闸管为国产晶闸管，第一个"K"表示晶闸管，第二个"K"表示快速反向阻断型晶闸管，"2"表示额定通态电流为2 A。"3"则为重复峰值电压300 V。

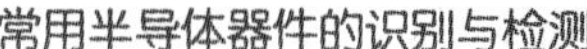
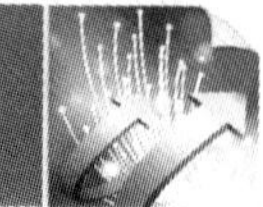

晶闸管的类型、表示符号对照表如表2-17所列。

表2-17　晶闸管的类型、表示符号对照表

符号	意义	符号	意义
P	普通反向阻断型	S	双向型
K	快速反向阻断型		

额定通态电流的表示符号对照表如表2-18所列。

表2-18　额定通态电流的表示符号对照表

符号	意义	符号	意义
1	1 A	50	50 A
2	2 A	100	100 A
5	5 A	200	200 A
10	10 A	300	300 A
20	20 A	400	400 A
30	30 A	500	500 A

重复峰值电压级数的表示符号对照表如表2-19所列。

表2-19　重复峰值电压级数的表示符号对照表

符号	意义	符号	意义
1	100 V	7	700 V
2	200 V	8	800 V
3	300 V	9	900 V
4	400 V	10	1000 V
5	500 V	12	1200 V
6	600 V	14	1400 V

扩展

与其他半导体器件类似，晶闸管根据国家和生产厂商的不同，在命名标注上也不相同。如图2-26所示为日本晶闸管的标注方法。

管子上的标注文字为“2P4MH”。其中“2”表示额定通态电流（正向导通电流）；“P”表示普通反向阻断型晶闸管，“4”表示重复峰值电压级数。因此该晶闸管标识为：额定通态电流2 A，重复峰值电压400 V，普通反向阻断型晶闸管。通常晶闸管的直标采用的是简略方式，也就是说只标识出重要的信息，而不是所有的都被标识出来。

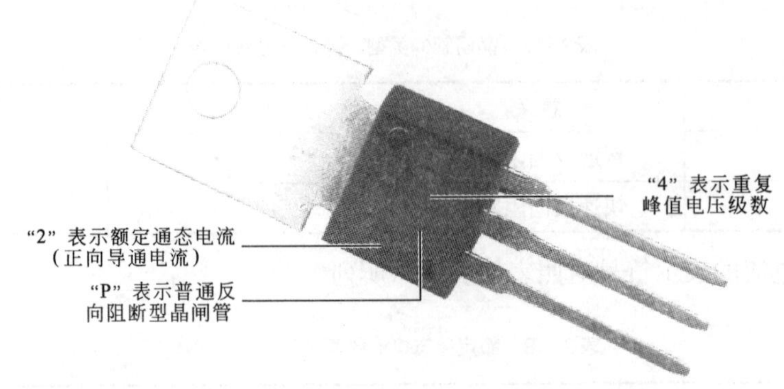

图2-26　日本晶闸管的标注方法

2.3.3　场效应管和晶闸管的检测方法

（1）场效应管的检测方法

在前文介绍中，讲到场效应晶体管有很多种，其检测方法也各有不同，通常可以使用万用表检测场效应晶体管阻值的方法来判断场效应晶体管的性能是否良好。下面我们具体介绍场效应晶体管的检测方法。下面以典型场效应晶体管为例介绍如何使用万用表对其进行检测。

待测场效应晶体管的实物外形见图2-27。

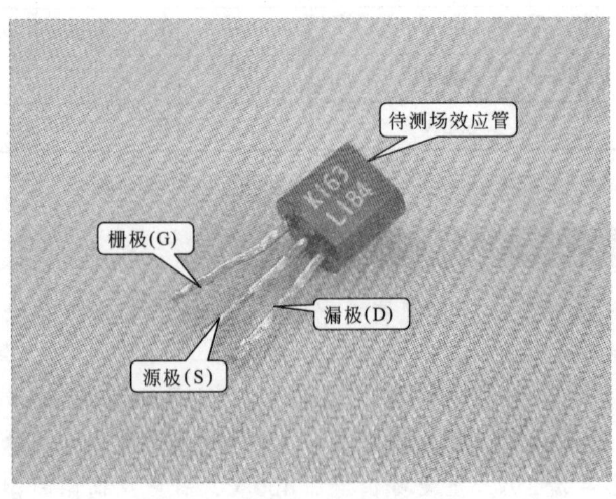

图2-27　待测场效应晶体管的实物外形

场效应晶体管类型判别的检测方法见图2-28。

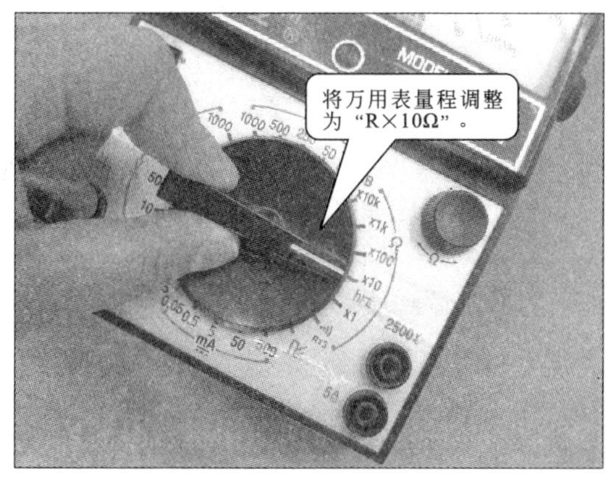

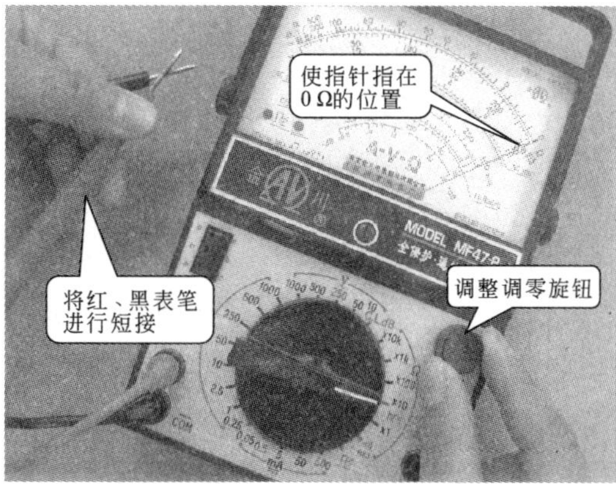

（a）将万用表旋至欧姆挡，量程调整为“R×10”挡，之后将万用表两表笔短接，调整调零旋钮使指针指示为0

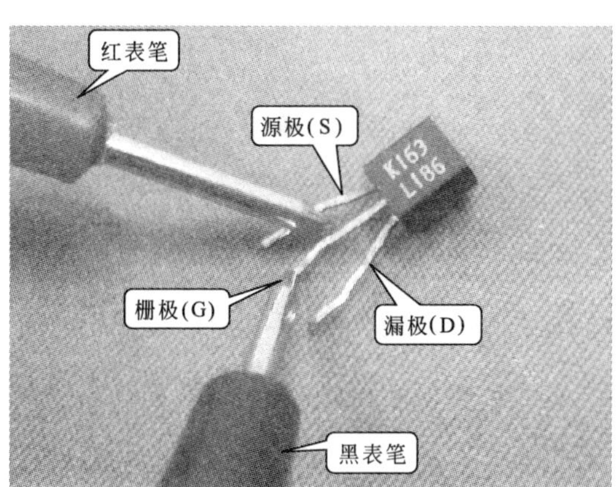

（b）将模拟万用表的黑表笔接场效应晶体管的栅极（G），红表笔接场效应晶体管的源极（S）。测得栅极和源极之间的电阻值记为R_1，其阻值约为17×10=170Ω左右

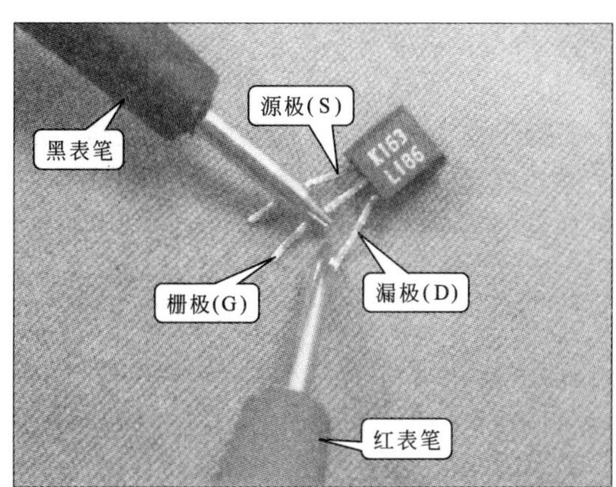

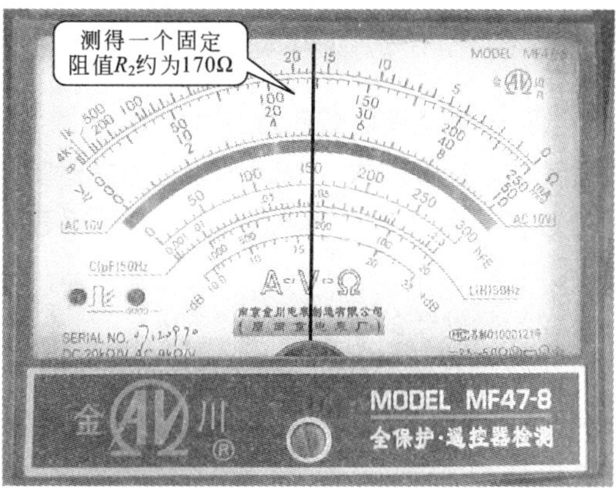

（c）将模拟万用表的黑表笔接场效应晶体管的栅极（G），红表笔接场效应晶体管的漏极（D）。测得栅极和漏极之间的电阻值记为R_2，其阻值约为17×10=170Ω左右

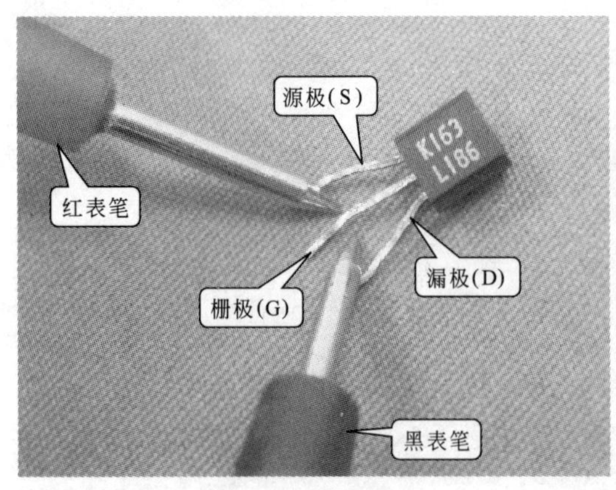

（d）调整万用表量程为“R×1k”挡后，检测场效应晶体管的漏极与源极之间的电阻值

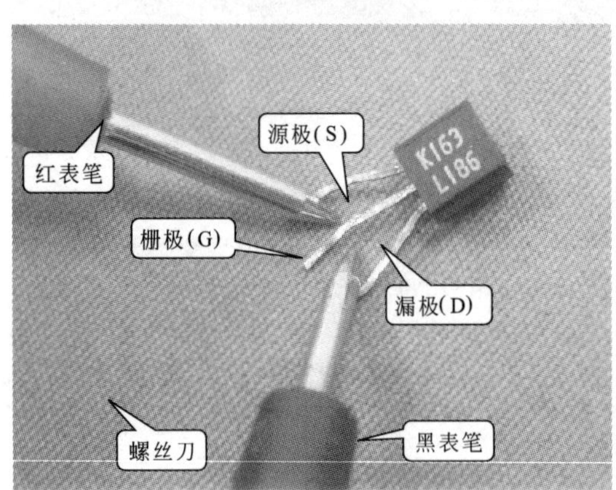

（e）用一只螺丝刀接触场效应晶体管的栅极引脚测量器件放大能力

图2–28　场效应晶体管的检测方法

正常情况下，用红表笔搭在源极S或漏极D上，用黑表笔搭在栅极G上时，会测得一个阻值相同的固定电阻值，若出现无穷大或零的情况，则说明场效应晶体管损坏。

若测得的漏极（D）与源极（S）之间的正反向阻值均有一个固定值，则说明该场效应晶体管良好。若测得的漏极（D）与源极（S）之间的正反向阻值为零或无穷大，则说明该场效应晶体管已损坏。

当红表笔搭在场效应晶体管的漏极上，黑表笔搭在源极上，螺丝刀搭在栅极处时，万用表指针摆动幅度越大，说明场效应晶体管的放大能力越好。反之，则表明场效应晶体管放大能力越差。若螺丝刀接触栅极时，万用表指针无摆动，则表明场效应晶体管已失去放大能力。

（2）晶闸管的检测方法

在前文介绍中，讲到晶闸管有很多种，其检测方法也各有不同，通常可以使用万用表检测晶闸管阻值的方法来判断晶闸管的性能是否良好。下面，就针对不同晶闸管来具体介绍其检测方法。

① 单向晶闸管的检测

待测的单向晶闸管的实物外形见图 2-29。

该单向晶闸管的三个引脚分别为阴极（K）、阳极（A）、控制极（G）。

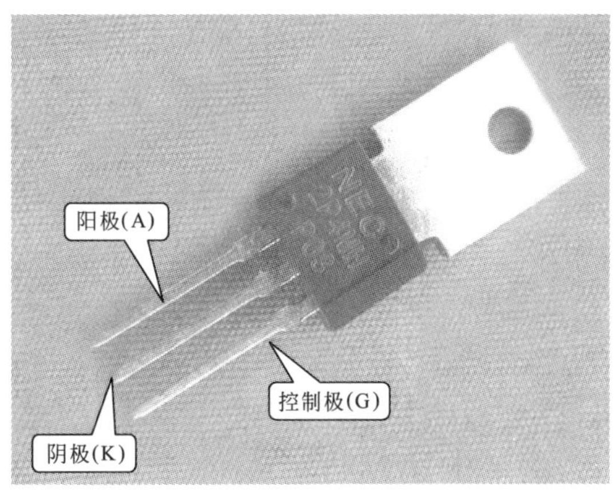

图2-29　待测单向晶闸管的实物外形

晶闸管的检测方法见图 2-30。

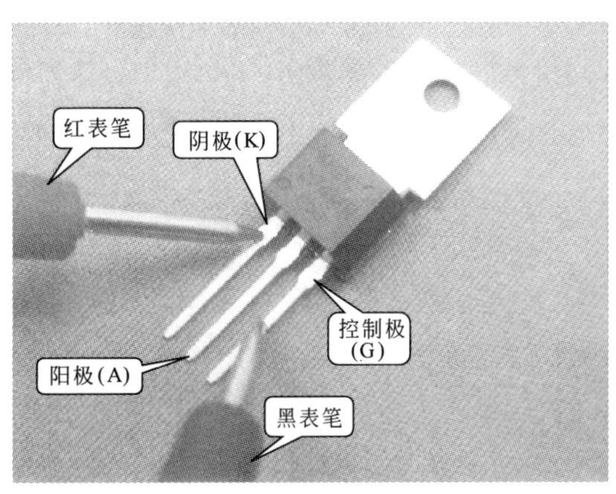

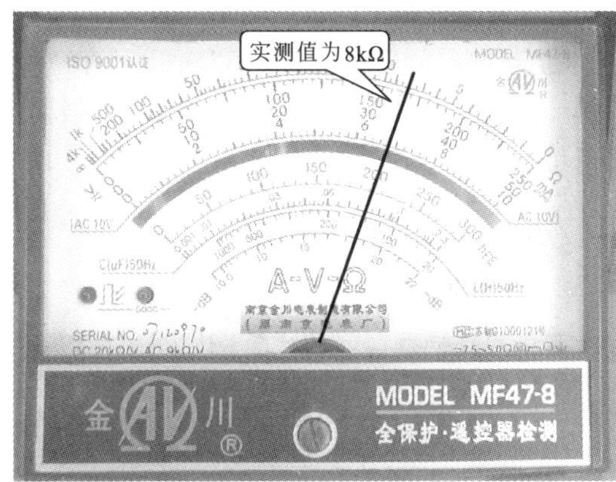

（a）调整万用表到“R×1k”挡，并进行调零后，检测晶闸管控制极与阴极之间的正向阻值

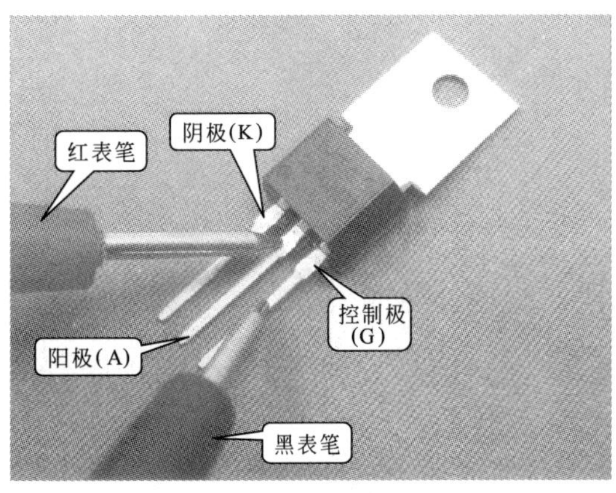

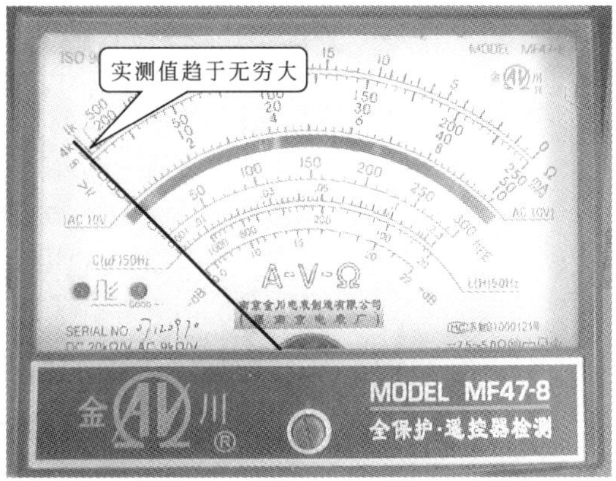

（b）检测晶闸管控制极与阳极之间的正向阻值

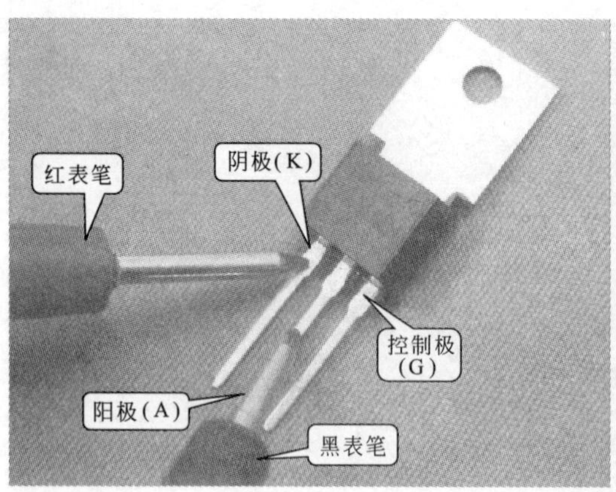

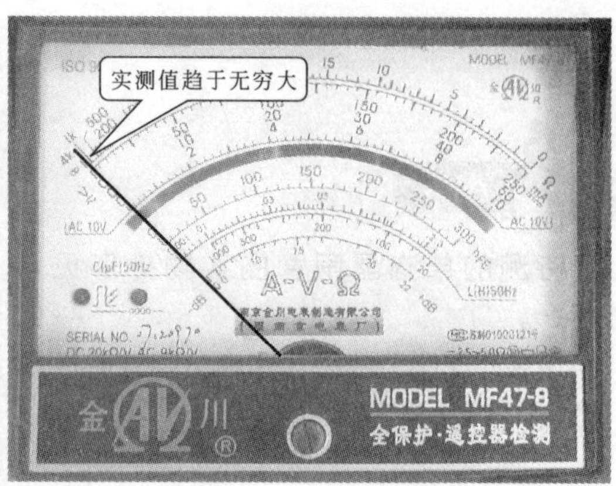

（c）检测晶闸管阳极与阴极之间的正向阻值

图2-30　单向晶闸管的检测方法

正常情况下，单向晶闸管的控制极（G）与阴极（K）之间的正向阻值有一定的值，约为几千欧姆，反向阻值为无穷大，其余引脚间的正反向阻值均趋于无穷大；若单向晶闸管的控制极（G）与阴极（K）之间的正向阻值趋于无穷大，则说明单向晶闸管的控制极（G）与阴极（K）之间存在开路现象；若各引脚间的阻值均不为无穷大，则说明单向晶闸管有故障存在。

② 双向晶闸管的检测　双向晶闸管又称双向可控硅，属于N-P-N-P-N 5层半导体器件，有第一电极（T_1）、第二电极（T_2）、控制极（G）3个电极，在结构上相当于两个单向晶闸管反极性并联。

待测双向晶闸管的实物外形见图2-31。

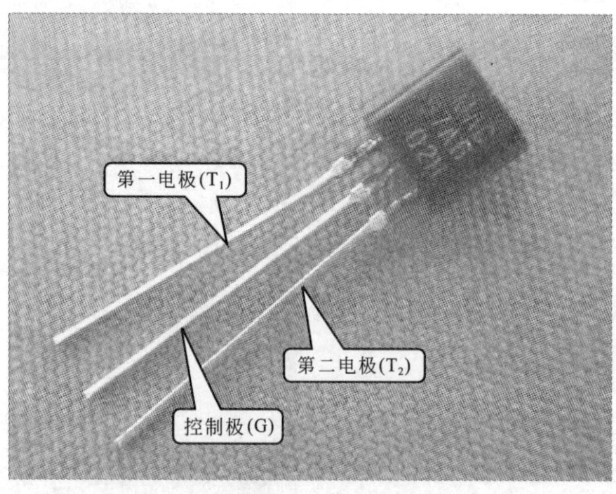

图2-31　待测双向晶闸管的实物外形

在检测待测的双向晶闸管时，应对其各引脚进行区分，在3个引脚中最左侧的是第一电极（T_1），中间的是控制极（G），右侧的是第二电极（T_2）。

双向晶闸管的检测方法见图2-32。

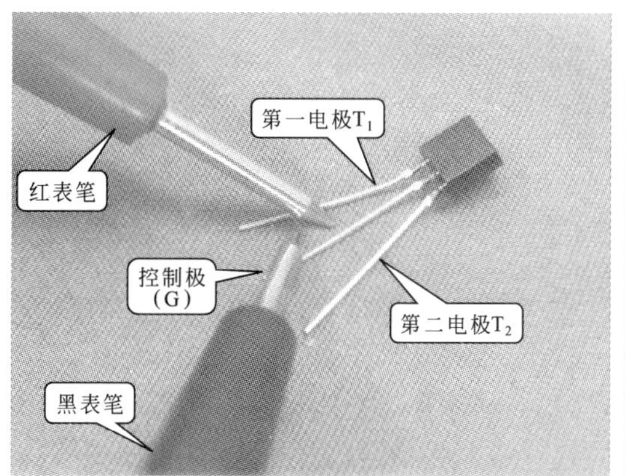

（a）检测前，首先将万用表调至"R×1k"欧姆挡，并进行调零后再进行检测。检测晶闸管控制极与第一电极之间的正向阻值，然后调换表笔测其反向阻值约为1 kΩ

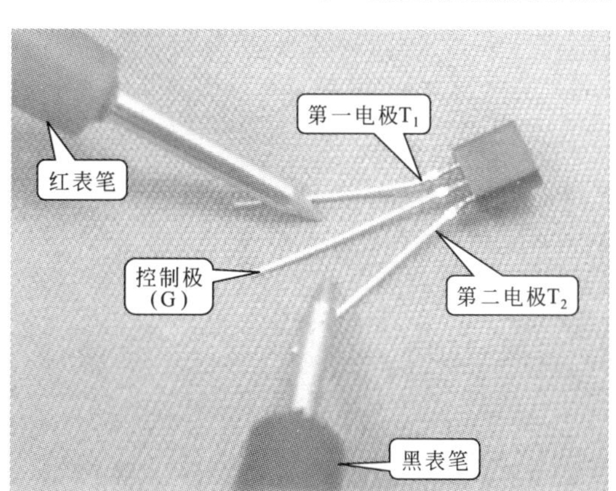

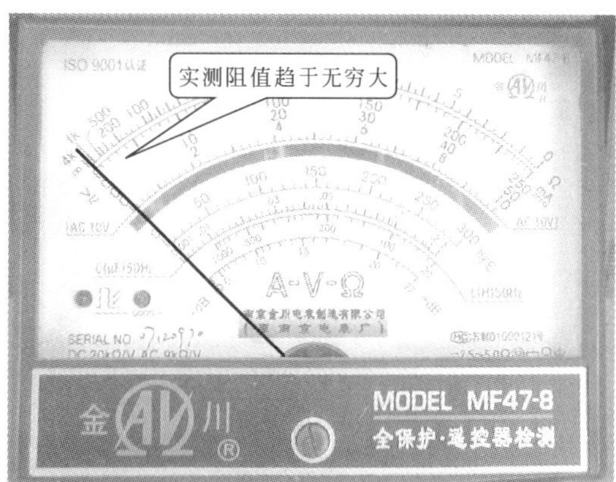

（b）检测晶闸管第一电极与第二电极之间的正向阻值，调换表笔后也为无穷大

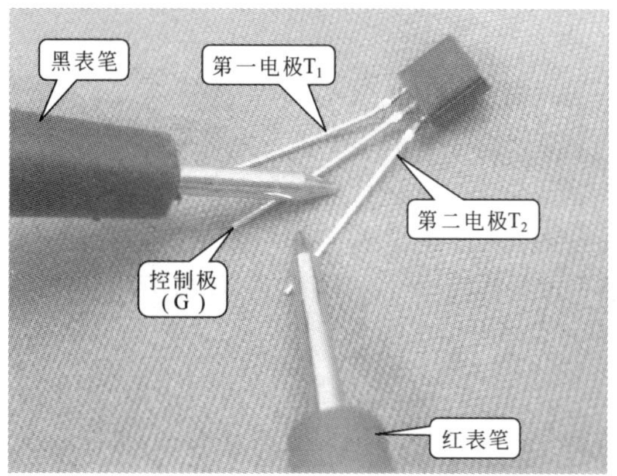

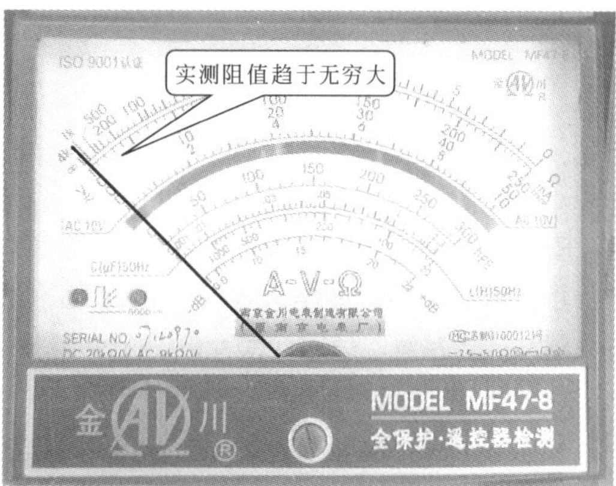

（c）检测晶闸管控制极与第二电极之间的正向阻值，调换表笔后也为无穷大

图2–32　双向晶闸管的检测方法

测量双向晶闸管时，正常情况下控制极G与第一电极之间的正反向阻值均应有几千欧姆，其他测量值均应无穷大，若所测值与上述情况有偏差，则属不良晶闸管。

2.4 集成电路的识别与检测

2.4.1. 集成电路的功能特点

在对集成电路进行检测之前，首先要了解集成电路的功能特点，以便对集成电路进行检测。

集成电路是利用半导体工艺将电阻器、电容器、晶体管以及连线制作在很小的半导体材料或绝缘基板上，形成一个完整的电路，并封装在特制的外壳之中。它具有体积小、重量轻、电路稳定、集成度高等特点，在电子产品中应用十分广泛。

集成电路的结构示意图2-33。

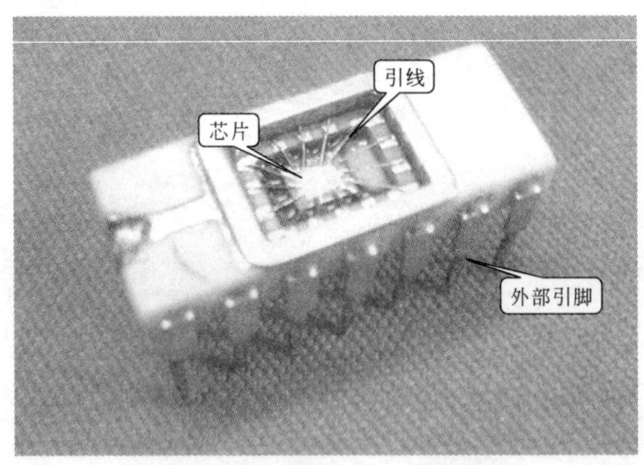

图2-33　集成电路的结构示意图

由于集成电路是由多种元器件组合而成的，不仅大大提高了集成度，降低了成本，而且更进一步扩展了功能，使整个电子产品的电路得到了大大的简化。在电路中，集成电路在控制系统、驱动放大系统、信号变换系统、开关电源中的应用非常广泛。

（1）集成电路在控制系统中的应用

集成电路的功能比较强大，它可以制成各种专用或通用的电路单元，微处理器芯片是常用的集成电路，例如彩色电视机、影碟机、空调器、电磁炉、电脑等，都使用微处理器来作为控制器件。

彩色电视机的系统控制电路见图2-34。

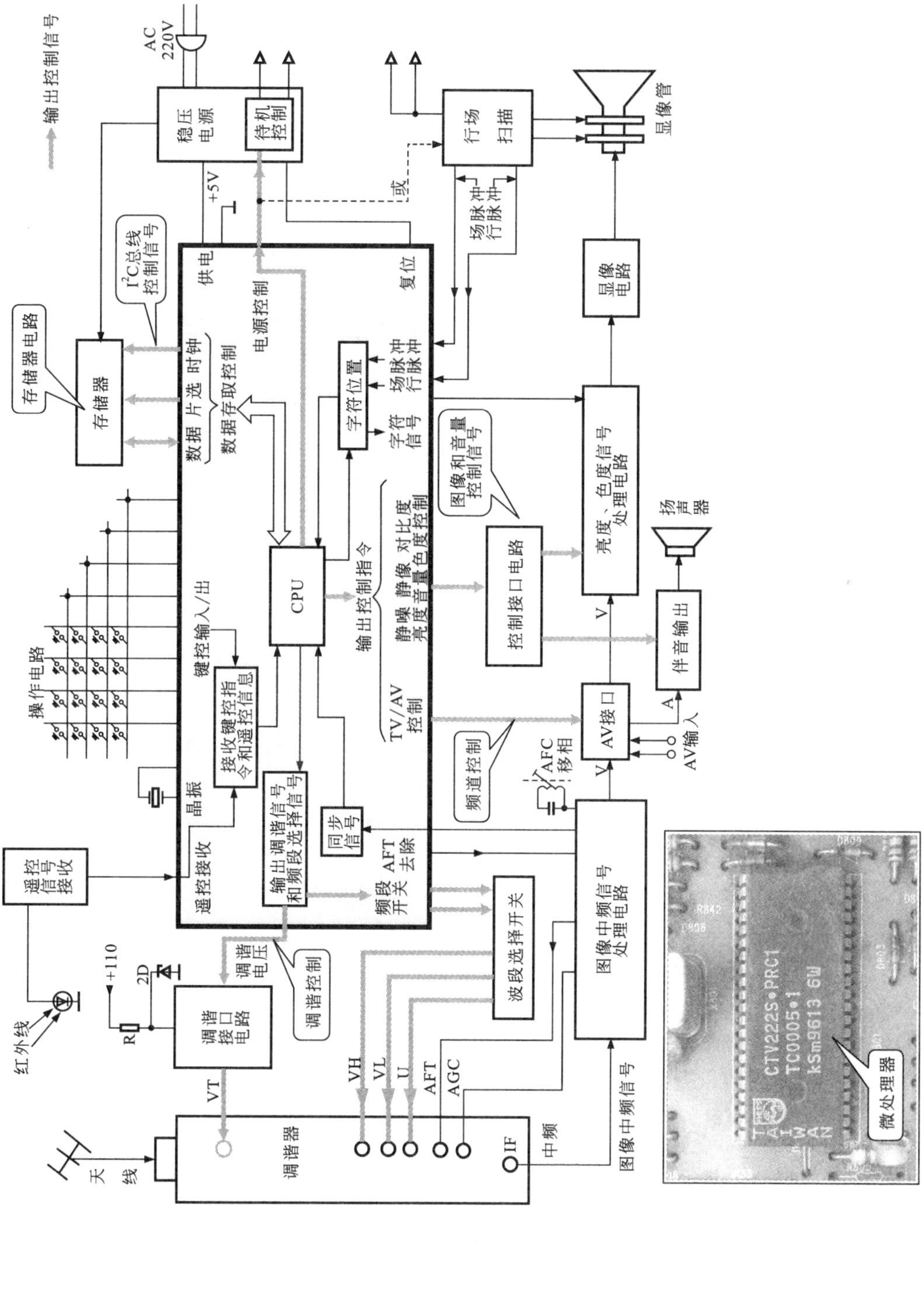

图2-34 彩色电视机的系统控制电路

该电路中微处理器为控制核心，它可以接收有遥控接收头和操作按键送来的人工指令，并将其转换为控制信号，通过I^2C总线或其他控制引脚对各种电路进行控制，例如调谐器、音频、视频、开关电源等是它控制的对象，用来控制彩色电视机的工作。

（2）集成电路在驱动放大系统中的应用

彩色电视机中的TDA7057AQ型音频放大器见图2-35。

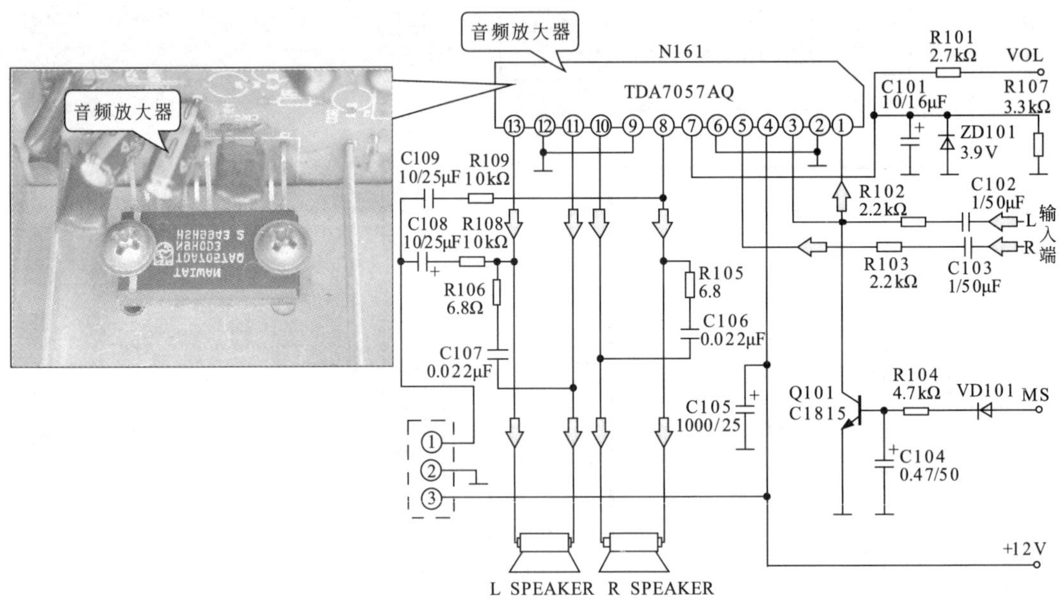

图2-35　彩色电视机中的TDA7057AQ型音频放大器

交流放大器也是一种比较常见的集成电路，一般用于音频信号处理电路中，图2-35所示为彩色电视机中的TDA7057AQ型音频放大器，该集成电路是一个典型的交流放大器，主要用来放大音频信号。

（3）集成电路在信号变换系统中的应用

影碟机中的音频D/A转换电路见图2-36。

A/D转换电路是将模拟的信号变为数字信号，D/A转换电路可将数字信号变为模拟信号，集成电路D/A转换器可将输入的数字音频信号进行转换，变为模拟音频信号后输出，再经音频放大器送往扬声器中发出声音。

（4）集成电路在开关电源中的应用

有些集成电路可以产生振荡脉冲信号，例如，开关电源电路中的开关振荡集成电路，该电路是开关电源电路中的核心器件。

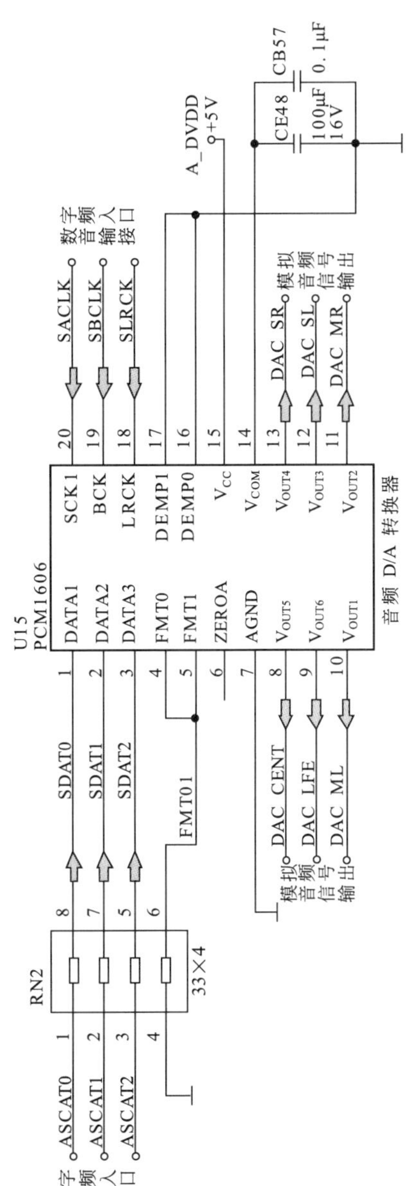

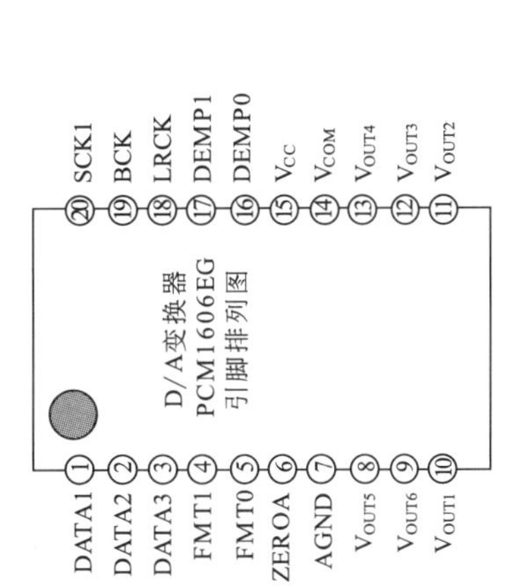

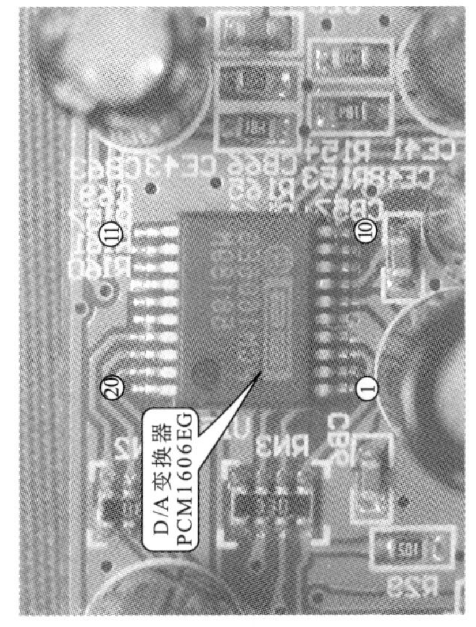

图 2-36 影碟机中的音频 D/A 转换电路

典型影碟机中的开关电源电路见图2-37。

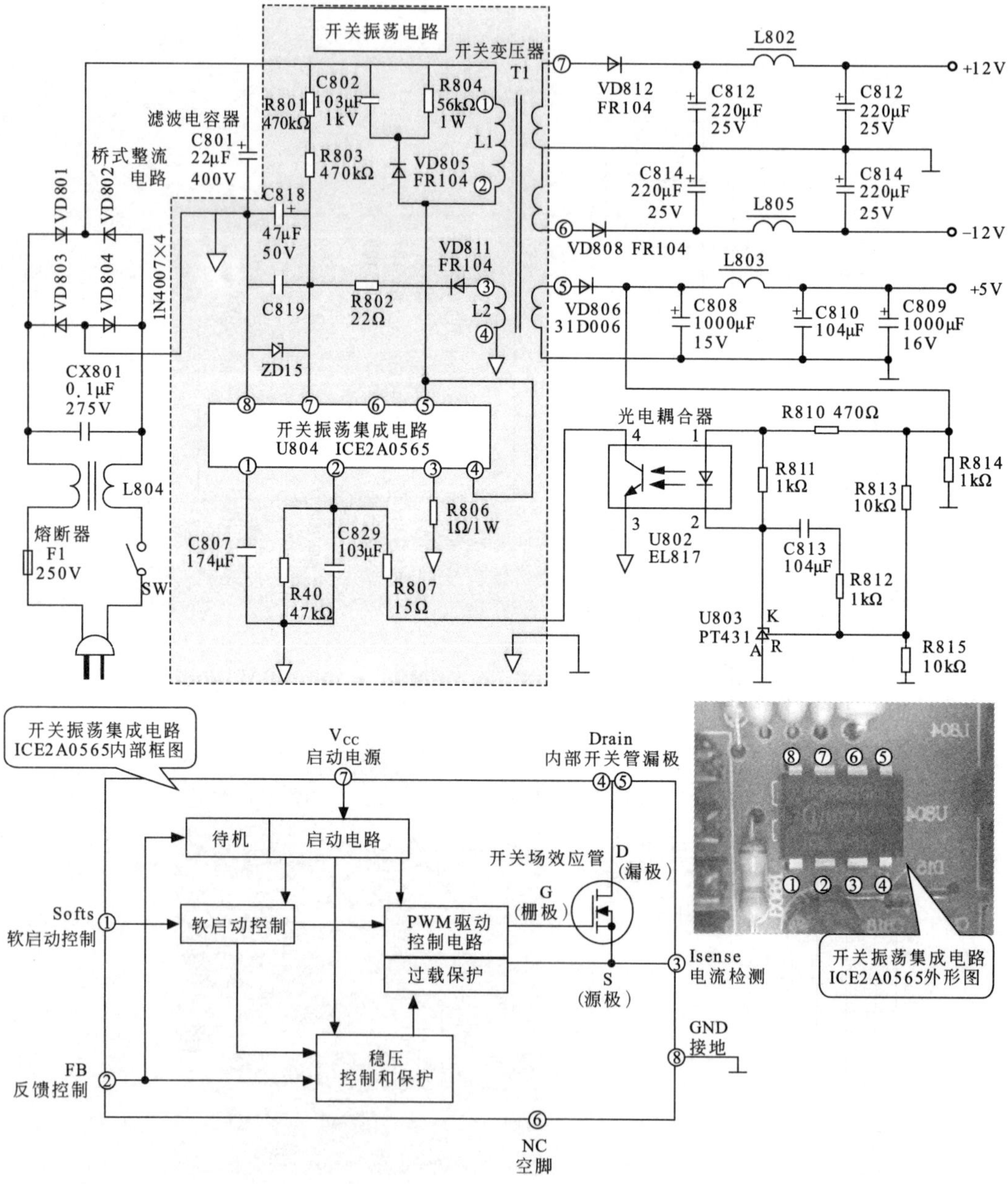

图2-37　典型影碟机中的开关电源电路

图中开关振荡电路中的核心器件就是开关振荡集成电路，该电路可以产生开关振荡信号，送往开关变压器中。

2.4.2 集成电路的检测方法

检测集成电路的好坏，一般常采用的方法有两种：一、在通电状态下，测其主要引脚的电压或波形参数，并与集成电路手册中标准值进行对比判断；二、在断电状态下，测其各引脚的正反向阻值，并与标准值进行对照判断。一般情况下，若出现多组引脚正反向阻值为零或无穷大时，表明其内部损坏。

下面以不同的集成电路为例，分别介绍其检测方法。

（1）三端稳压器的检测方法

三端稳压器是一种常用的中小功率集成稳压电路，之所以称为三端稳压器，是因为该电路有三个引脚，即①脚输入端（接整流滤波电路的输出端）、②脚输出端（接负载）与③脚接地。

下面以AN7805型三端稳压器为例，来介绍其检测方法。

三端稳压器AN7805的实物外形见图2-38。

图2-38　三端稳压器AN7805的实物外形

三端稳压器AN7805的引脚功能参数见表2-20。

表2-20　三端稳压器AN7805的引脚功能参数

引脚序号	英文缩写	集成电路引脚功能	备注	电阻参数/kΩ		直流电压参数/V
				正笔接地	负笔接地	
①	IN	直流电压输入	F-2 型	8.2	3.5	8
②	OUT	稳压输出 +5V		1.5	1.5	5
③	GND	接地		0	0	0

三端稳压器的检测方法见图2-39。

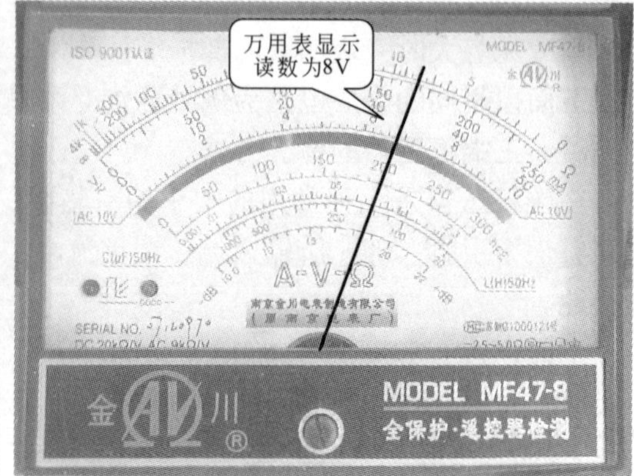

（a）检测三端稳压器时可在通电的状态下进行，检测时将万用表调至直流10 V挡，检测三端稳压器输入的电压值

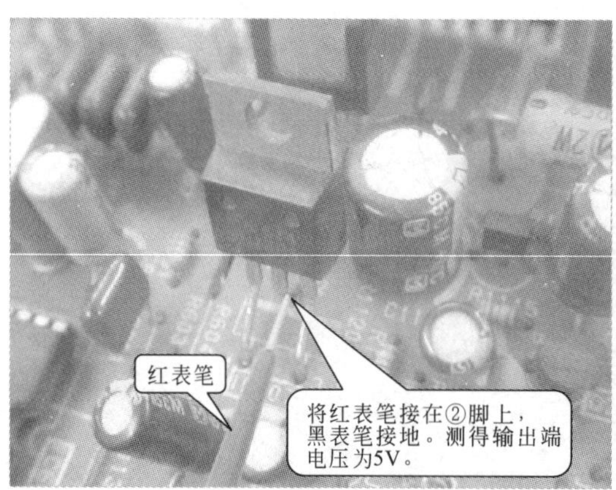

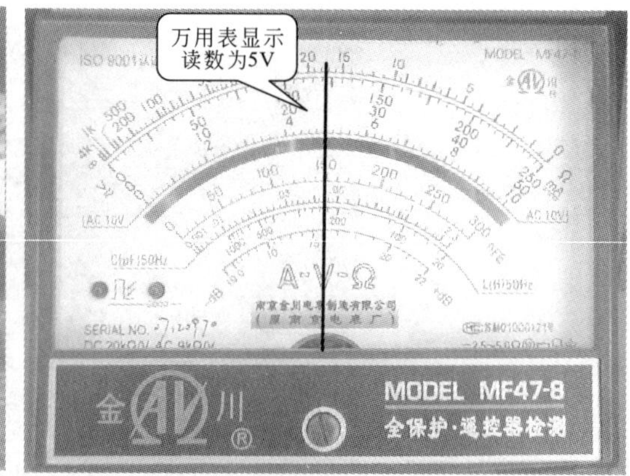

（b）检测三端稳压器输出端的电压值

图2-39　三端稳压器的检测方法

正常情况下，三端稳压器的输入端和输出端均可以测得一个电压值。若三端稳压器输入的直流电压正常，而输出的电压不正常，则说明本身可能损坏。

（2）运算放大器的检测方法

运算放大器是电子产品中应用比较广泛的一类集成电路，下面以电磁炉中的LM324型运算放大器为例，来介绍运算放大器的检测方法。

LM324型运算放大器的实物外形见图2-40。

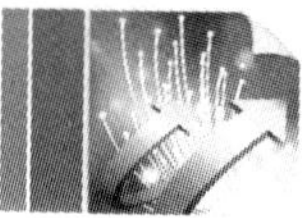

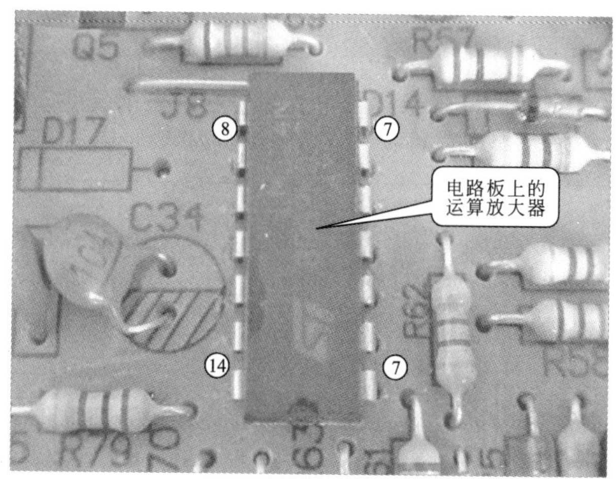

图2-40 LM324型运算放大器的实物外形

LM324型运算放大器引脚功能和参数见表2-21。

表2-21 LM324型运算放大器的引脚功能和参数

引脚序号	英文缩写	集成电路引脚功能	电阻参数/kΩ		直流电压参数/V
			正笔接地	负笔接地	
①	AMP OUT1	放大信号（1）输出	0.38	0.38	1.8
②	IN1–	反相信号（1）输入	6.3	7.6	2.2
③	IN1+	同相信号（1）输入	4.4	4.5	2.1
④	V_{CC}	电源+5 V	0.31	0.22	5
⑤	IN2+	同相信号（2）输入	4.7	4.7	2.1
⑥	IN2–	反相信号（2）输入	6.3	7.6	2.1
⑦	AMP OUT2	放大信号（2）输出	0.38	0.38	1.8
⑧	AMP OUT3	放大信号（3）输出	6.7	23	0
⑨	IN3–	反相信号（3）输入	7.6	∞	0.5
⑩	IN3+	同相信号（3）输入	7.6	∞	0.5
⑪	GND	接地	0	0	0
⑫	IN4+	同相信号（4）输入	7.2	17.4	4.6
⑬	IN4–	反相信号（4）输入	4.4	4.6	2.1
⑭	AMP OUT4	放大信号（4）输出	6.3	6.8	4.2

扩展

对运算放大器各引脚的电压进行检测，在通电状态下进行，检测时先将万用表调至直流10 V挡，然后将黑表笔接地，红表笔分别接各个引脚。

图解

引脚③的电压值检测方法见图2-41。

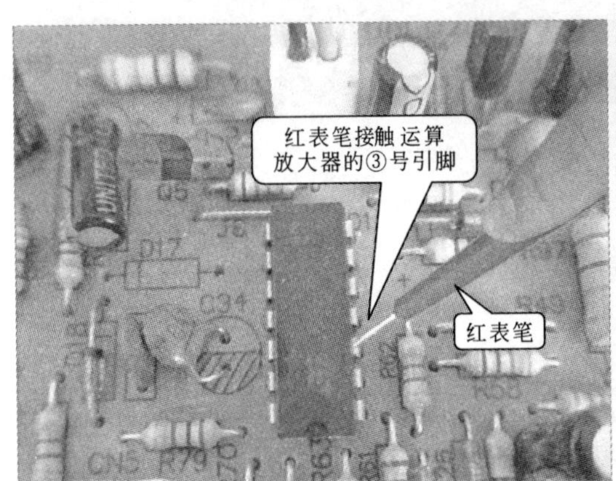

图2-41　检测运算放大器引脚的电压值

将所测各引脚的电压值与上表对比，在供电电压正常的情况下，如某些引脚的电压值与标准值有差异，则说明该电路已经损坏。

提示

用检测运算放大器各个引脚正向和反向对地阻值的方法来判断该集成电路的好坏，其具体检测数值参照表2-21所列。

（3）开关振荡集成电路的检测方法

图解

开关振荡集成电路KA3842的实物外形见图2-42。

如图2-42所示为开关振荡集成电路KA3842的实物外形图，其引脚功能和检测参数如表2-22所列。对于开路状态下的集成电路，无法检测其电压值，但可以通过检测其引脚端的正向和反向对地阻值来判断好坏。

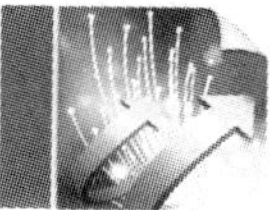

图2-42　开关振荡集成电路KA3842的实物外形

开关振荡集成电路KA3842的引脚功能和检测参数见表2-22。

表2-22　开关振荡集成电路KA3842的引脚功能和检测参数

引脚序号	英文缩写	集成电路引脚功能	电阻参数/kΩ		直流电压参数/V
			黑笔接地（正向阻值）	负笔接地（反向阻值）	
①	ERROR OUT	误差信号输出	15	8.9	2.1
②	IN-	反相信号输入	10.5	8.4	2.5
③	NF	反馈信号输入	1.9	1.9	0.1
④	OSC	振荡信号	11.9	8.9	2.4
⑤	GND	接地	0	0	0
⑥	DRIVER OUT	激励信号输出	14.4	8.4	0.7
⑦	V_{CC}	电源+14 V	∞	5.4	14.5
⑧	V_{REF}	基准电压	3.9	3.9	5

检测开关振荡集成电路KA3842的正向对地阻值见图2-43。

将指针万用表调至电阻“R×1 k”挡，然后用黑表笔接地端，用红表笔接各个引脚（以③脚为例），检测开关振荡集成电路KA3842的正向对地阻值。

检测开关振荡集成电路时，需对检测的数值进行判断，若实测值与标准值相同或相近，则说明该电路正常；若实测值与标准值相差太大，则可能是集成电路本身已经损坏。

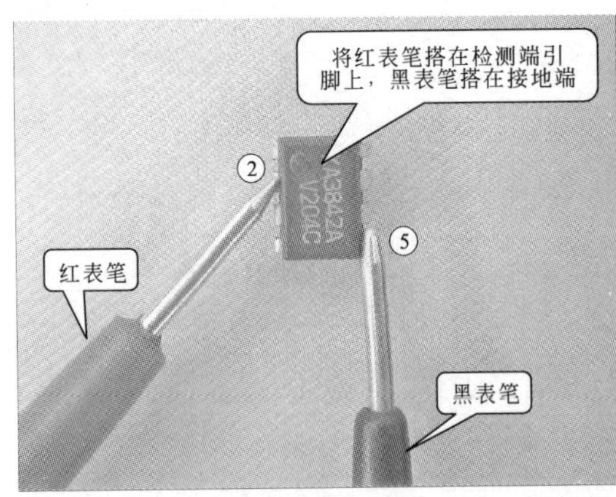

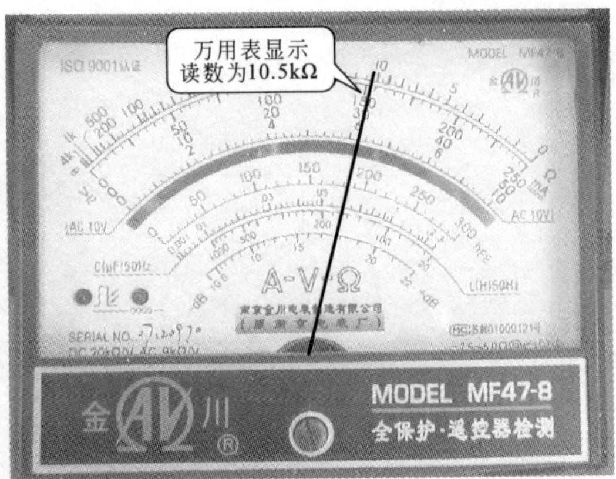

图2-43　检测开关振荡集成电路KA3842的正向对地阻值

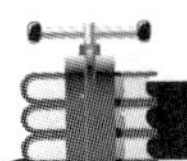

提示

检测开关振荡集成电路的反向阻值时，需将红表笔接地端，用黑表笔接触开关振荡集成电路的各个引脚。

常用低压电器识别与检测

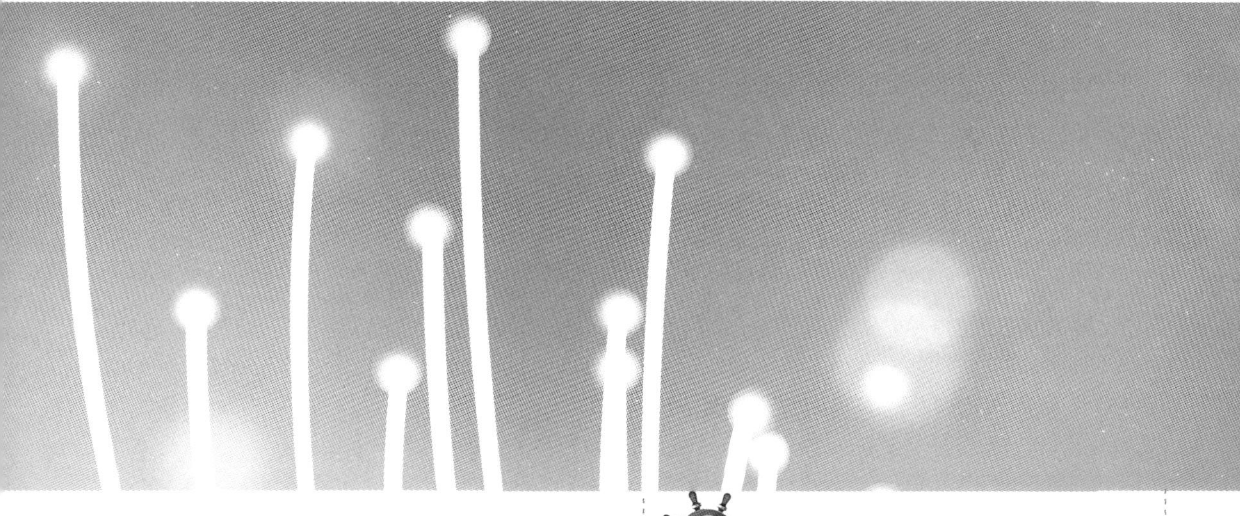

低压电器是指工作在交流电压小于1200 V（AC<1200 V）、直流电压小于1500 V（DC<1500 V）电路中的控制器件。读者通过对本章节中低压电器的识别与检测的学习，从而实现对电气设备的安装与调试技能。

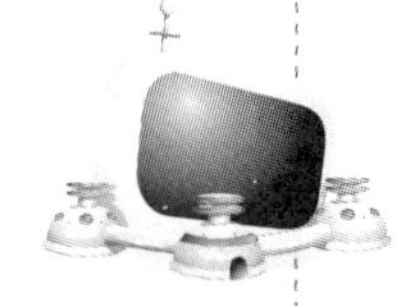

3.1 低压熔断器识别与检测

低压熔断器是指在低压配电系统中用作线路和设备的短路及过载保护的电器。当系统正常工作时，低压熔断器相当于一根导线，起通路作用；当通过低压熔断器的电流大于规定值时，低压熔断器会使自身的熔体熔断而自动断开电路，从而对线路上的其他电器设备起保护作用。

3.1.1 低压熔断器的种类和功能特点

常用的低压熔断器有瓷插入式熔断器、螺旋式熔断器、有填料封闭管式熔断器、无填料封闭管式熔断器、快速熔断器几种，下面我们就详细介绍一下低压熔断器的结构和功能特点。

（1）瓷插入式熔断器

瓷插入式熔断器简称为插式熔断器，广泛适用于低压线路中，作为电缆及电气设备的短路保护及一定程度的过载保护之用。

瓷插入式熔断器的实物外形见图3-1。

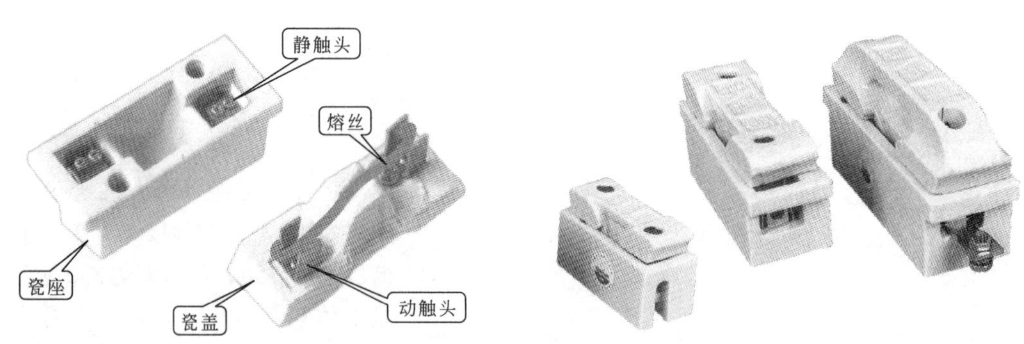

图3-1　瓷插入式熔断器的实物外形

瓷插入式熔断器（RC1A系列）主要由瓷座、瓷盖、静触头、动触头和熔丝等组成，其中瓷盖和瓷底均用电工瓷制成，电源线和负载电源线分别接在瓷底两端的静触头上。瓷座中部还有一个空腔，与瓷盖的凸出部分组成灭弧室。

（2）螺旋式熔断器

螺旋式熔断器又叫塞式熔断器，主要应用于低压线路末端或分支电路中，起到对配电设备、导线等过载和短路保护的作用。

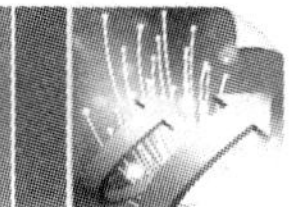

螺旋式熔断器的实物外形见图3-2。

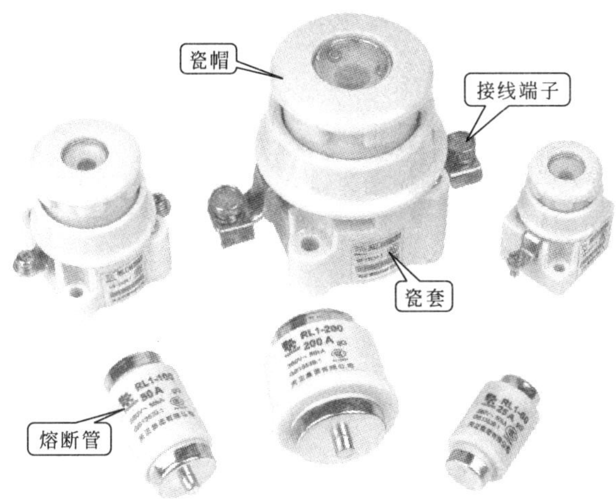

图3-2　螺旋式熔断器的实物外形

螺旋式熔断器（RL和RLS系列）主要由瓷帽、熔断管、瓷套、接线端子等部分构成。该熔断器用于AC 50Hz或60 Hz、额定电压至660 V、额定电流200 A左右的电路中。

（3）无填料封装形式熔断器

无填料封装形式熔断器一般用于低压线路或分支电路中，作为电缆及电气设备的短路保护及一定程度的过载保护之用。

无填料封装形式熔断器的实物外形见图3-3。

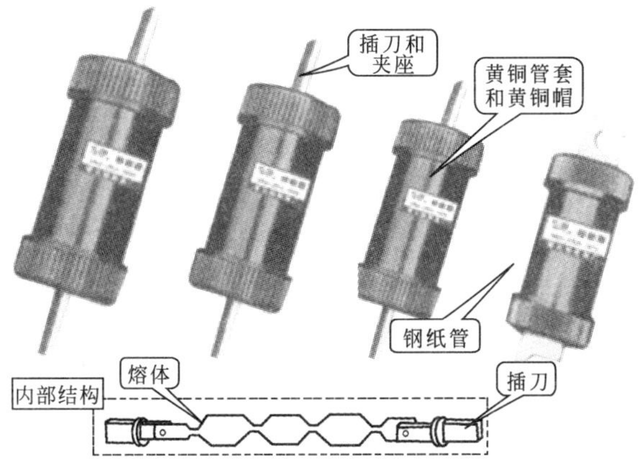

图3-3　无填料封装形式熔断器的实物外形

无填料封装形式熔断器（RM系列），其内部主要由熔体、夹座、黄铜套管、黄铜帽、插刀、钢纸管等构成。该熔断器的断流能力大、保护性好，因此常用于AC 500V、DC 400V、额定电流1000A以内的低压线路及成套配电设备中。

（4）有填料封闭管式熔断器

有填料封闭管式熔断器断流能力比无填料封装闭管式熔断器大，主要应用于AC 380V、额定电流1000 A以内的电力网络和成套配电装置中。

有填料封闭管式熔断器的实物外形见图3-4。

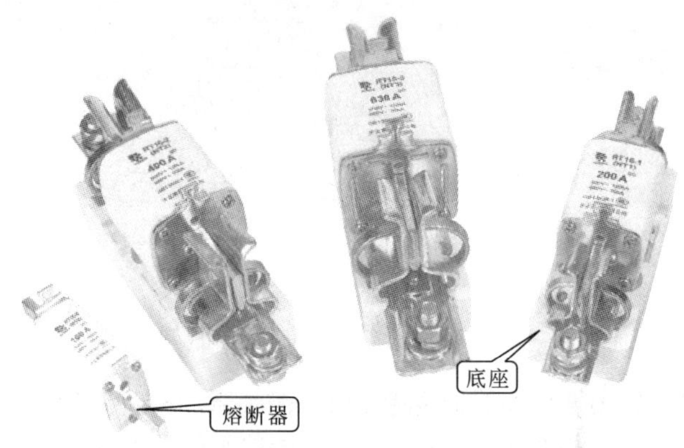

图3-4　有填料封闭管式熔断器的实物外形

有填料封闭管式熔断器（RT、RS、NT和NGT系列）内部主要由熔断指示器、石英砂填料、指示器熔丝、插刀等部分构成。

（5）快速熔断器

快速熔断器由于其具有快速动作性，主要用作硅和可控硅整流元器件及其成套装置的短路保护和过载保护。

快速熔断器的实物外形见图3-5。

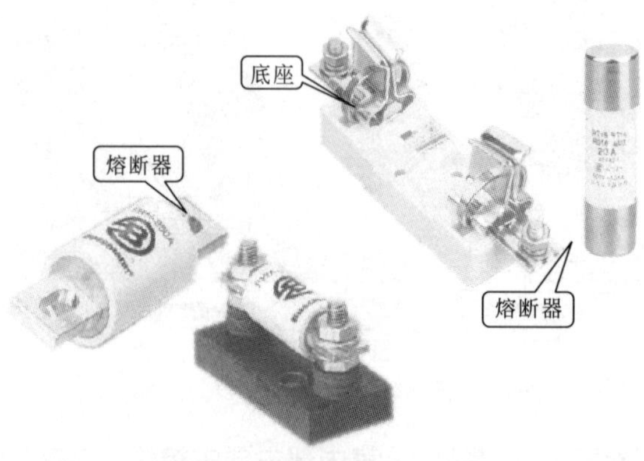

图3-5　快速熔断器的实物外形

快速熔断器是一种灵敏度高、快速动作型的熔断器（RS、RLS系列），主要由熔断管、触点底座、动作指示器和熔体组成。熔体为银质窄截面或网状形式，熔体为一次性使用，不能自行更换。

提示

熔断器在使用时是串联在被保护电路中，当被保护电路的电流超过规定值，并经过一定时间后，由熔体自身产生的热量熔断熔体，使电路断开，从而起到保护的作用。

当被保护电路过载电流小时，熔体熔断所需要的时间长；而过载电流大时，熔体熔断所需要的时间短。因这一特点，在一定过载电流范围内，至电流恢复正常时，熔断器不会熔断，可以继续使用。

3.1.2 低压熔断器的识别

通常情况下，在低压熔断器的表面会标有其型号，我们可以根据其型号来识别其中的含义，以及熔断器的类别和功能，并正确地选用熔断器。

图解

典型低压熔断器的型号见图3-6。

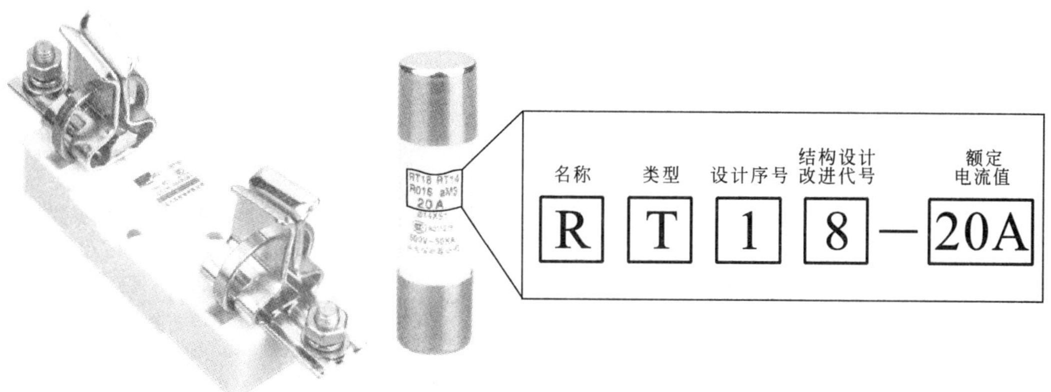

图3-6　典型低压熔断器的型号

低压熔断器的命名规格含义如下。

- 名称：用字母“R”表示，表示熔断器。
- 类型：用字母表示，“C”表示插入式、“L”表示螺旋式、“M”表示无填料封闭管式、“T”表示有填料封闭管式。
- 设计序号：用数字表示。
- 结构设计改进代号：用字母和数字来标识。

- 额定电流值：额定电流的标识。

3.1.3 低压熔断器的检测方法

在检测低压熔断器时，可以采用万用表检测其电阻的方法，判断其好坏。

低压熔断器的检测方法见图3-7。

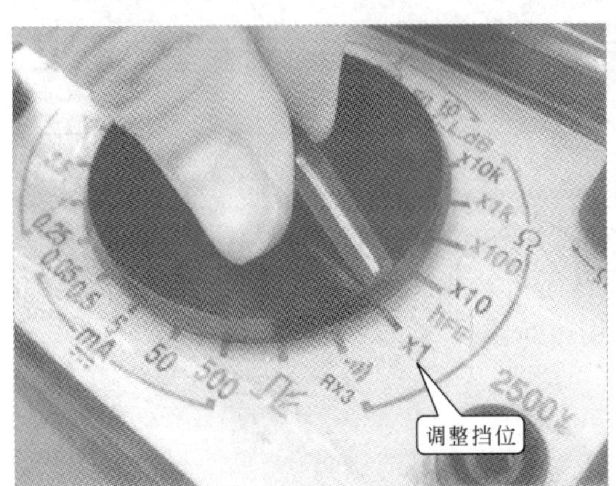

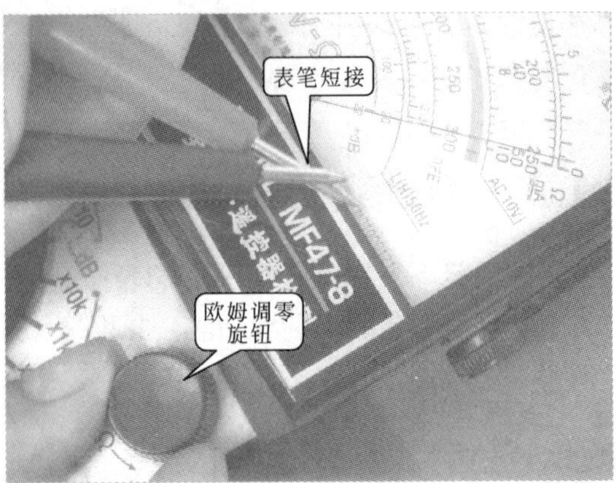

（a）将万用表的量程调整至欧姆挡，并将其挡位调整至“R×1Ω”挡后，旋转调零旋钮，进行调零校正

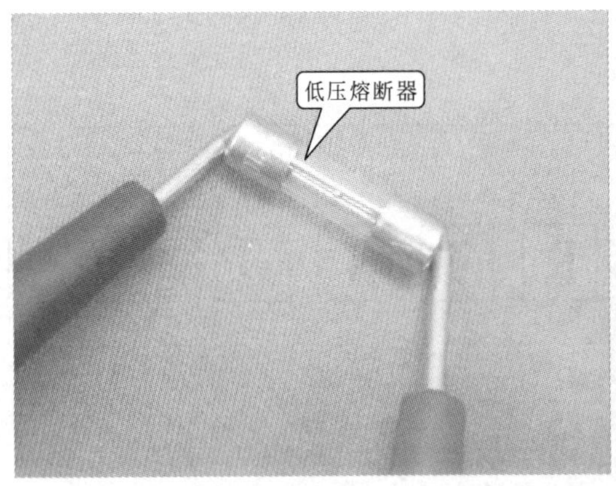

（b）将万用表的红、黑表笔分别搭在低压熔断器的两端，测得低压熔断器的阻值趋于0

图3-7　低压熔断器的检测方法

判断低压熔断器的好坏：若测得低压熔断器的阻值很小或趋于零，则表明该低压熔断器正常；若测得低压熔断器的阻值为无穷大，则表明该低压熔断器已熔断。

对低压熔断器进行检测时，也可通过观察法进行判断，见图3-8。

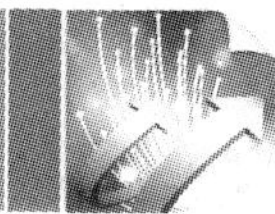

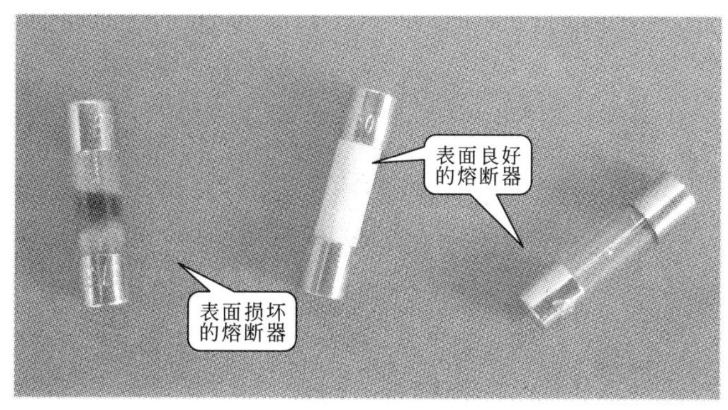

图3-8 通过观察法判断低压熔断器

若低压熔断器表面有明显的烧焦痕迹或内部熔断丝已断裂，此时，均说明低压熔断器已损坏。

3.2 低压断路器的识别与检测

低压断路器又称自动空气开关或自动开关，它是一种既可以通过手动控制，也可自动控制的低压开关，主要用于接通或切断供电线路；这种开关具有过载、短路或欠压保护的功能，常用于不频繁接通和切断电路中。

3.2.1 低压断路器的种类和功能特点

目前，常见的低压断路器主要分为普通塑壳断路器、万能断路器和漏电保护器三种。下面我们就详细介绍一下低压断路器的结构和功能特点。

（1）普通塑壳断路器

普通塑壳断路器又称装置式断路器，这种断路器通常用作电动机及照明系统的控制开关、供电线路的保护开关等。

普通塑壳断路器的实物外形见图3-9。

普通塑壳断路器的内部结构，主要是由塑料外壳、电磁脱扣器、动静触头等部分组成。目前，普通塑壳断路器的常见型号有DZ5、DZ10、DZ12、TO、TG等系列，在选用时，应根据这些型号的额定电流、交流电压以及直流电压进行选择。

（2）万能断路器

万能断路器主要用于低压电路中不频繁接通和分断容量较大的电路，适用于AC 50Hz、额定工作电流至6300 A、额定工作电压至690 V的配电设备中。

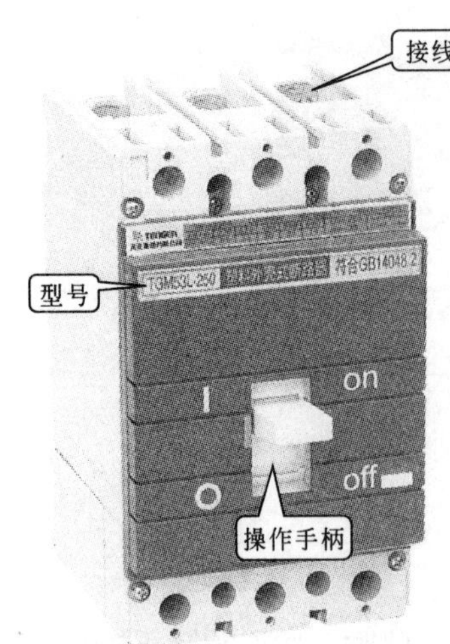

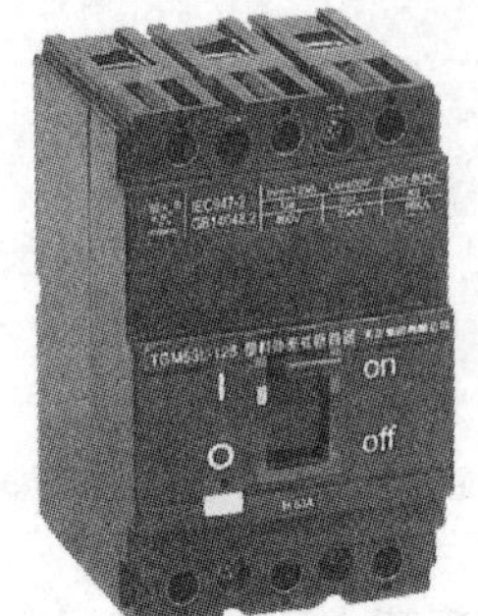

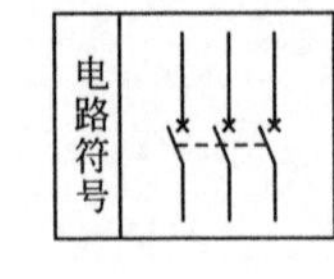

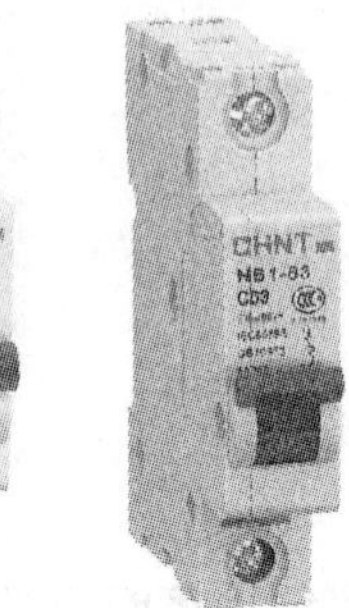

图3-9 普通塑壳断路器的实物外形

万能断路器的实物外形见图3-10。

图3-10 万能断路器的实物外形

万能断路器主要由灭弧室、缓冲块、脱口按钮等部分组成，其内部设多个脱扣器，有较高的稳定性，适合用于较大容量的线路中作控制和保护开关器件。在选用万能断路器时，主要应考虑其型号、额定电压、额定电流、允许切断的极限电流、所控制的负载性质等。

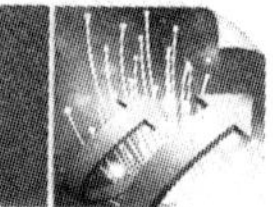

（3）漏电保护器

漏电保护断路器又叫漏电保护开关，实际上是一种具有漏电保护功能的开关，这种开关具有漏电、触电、过载、短路的保护功能。

漏电保护器的实物外形见图3-11。

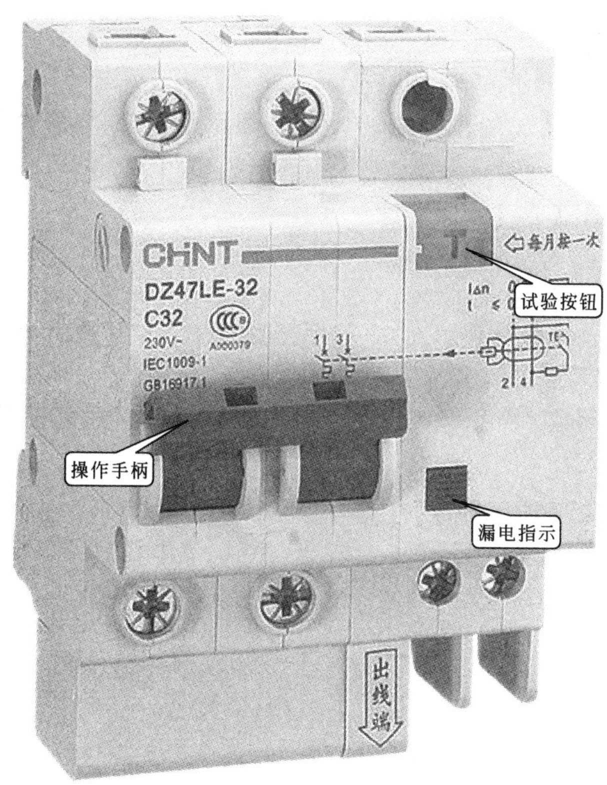

图3-11　漏电保护器的实物外形

漏电保护器主要是由试验按钮、操作手柄、漏电指示等几个部分构成，对防止触电伤亡事故，避免因漏电而引起的火灾事故，具有明显的效果。

3.2.2　低压断路器的识别

通常在低压断路器的正面都会标有其型号及其规格，供用户在选用时进行参考的参数。

低压断路器的识别见图3-12。

低压断路器的命名规格

断路器	塑壳式	设计序号		额定电流		极数	脱扣器类别代号	辅助机构代号
D	Z	5	—	20	/	□	□	□

图3–12　低压断路器的识别

低压断路器的命名规格含义如下。

● 名称：用字母“D”表示，表示断路器。

● 类型：用字母表示，“C”表示插入式、“L”表示螺旋式、“M”表示无填料封闭管式、“T”表示有填料封闭管式。

● 设计序号：用数字表示。

● 额定电流值：额定电流的标识。

● 极数：常用数字表示。

● 脱扣器类别代号：用数字表示，“0”表示无脱扣器式、“1”表示热脱扣器式、“2”表示电磁脱扣器式、“3”表示复式。

● 辅助机构代号：用数字表示，“0”表示无辅助触点、“2”表示有辅助触点。

3.2.3　低压断路器的检测方法

在检测低压断路器时，可以使用万用表检测其三组开关中每组开关的阻值来判断其是否完好。

低压断路器的检测方法见图3-13。

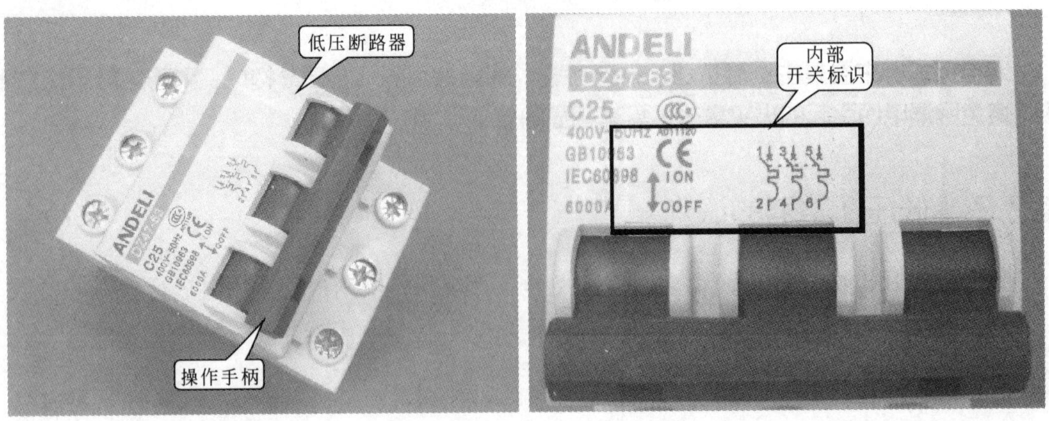

（a）从待测的低压断路器上的标识可知，该低压断路器内部有三组开关，通过拨动操作手柄即可实现三组开关的闭合与断开

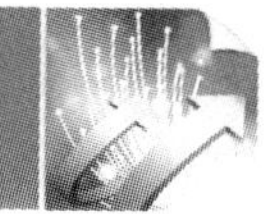

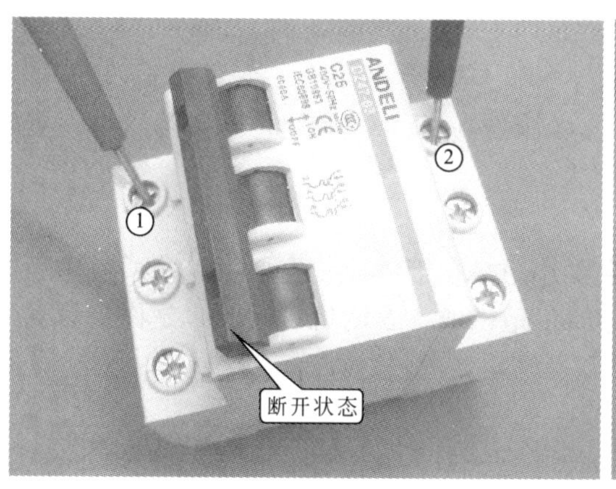

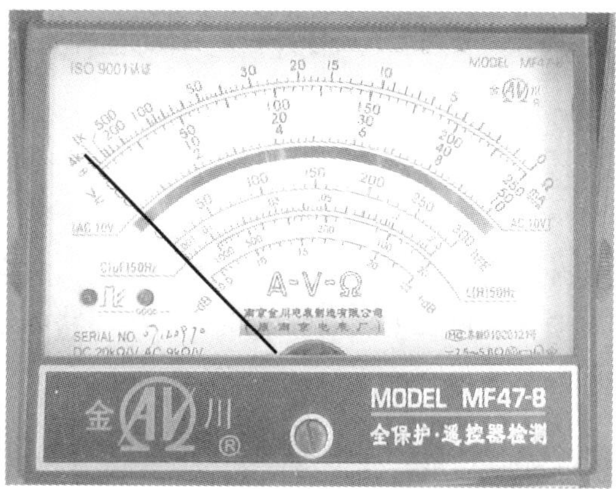

（b）将低压断路器处于断开状态后，万用表的红、黑表笔分别搭在低压断路器的①脚和②脚处，测得低压断路器断开时的阻值为无穷大

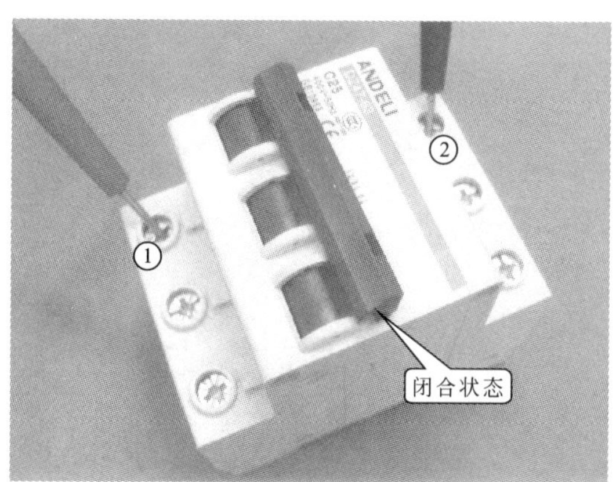

（c）万用表表笔保持不动，拨动低压断路器的操作手柄，使其处于闭合状态，此时万用表的指针立即摆动到0的位置。再使用同样的方法对另外两组开关进行检测

图3–13　低压断路器的检测方法

判断低压断路器的好坏：若测得低压熔断器的三组开关在断开状态下，其阻值均为无穷大，在闭合状态下，均为零，则表明该低压断路器正常；若测得低压断路器的开关在断开状态下，其阻值为零，则表明低压断路器内部触点粘连损坏。若测得低压断路器的开关在闭合状态下，其阻值为无穷大，则表明低压断路器内部触点断路损坏。若测得低压断路器内部的三组开关，有任一组损坏，均说明该低压断路器损坏。

3.3 低压开关的识别与检测

低压开关是指工作在交流电压小于1200 V、直流电压小于1500 V的电路中，主要作隔离、转换及接通和分断电路用，多数用作机床电路的电源开关和局部照明电路的控制开关，有时也可用来直接控制小容量电动机的启动、停止和正、反转，是民用电器环境中常用的基本元器件之一。

3.3.1 低压开关的种类和功能特点

常见的低压开关主要包括开启式负荷开关、封闭式负荷开关和组合开关等三种，下面对这三种低压开关进行详细介绍。

（1）开启式负荷开关

开启式负荷开关又称胶盖闸刀开关，它主要作用是在带负荷状态下可以接通或切断电路。通常应用在电气照明电路、电热回路、建筑工地供电、农用机械供电或是作为分支电路的配电开关。

开启式负荷开关实物外形见图3-14。

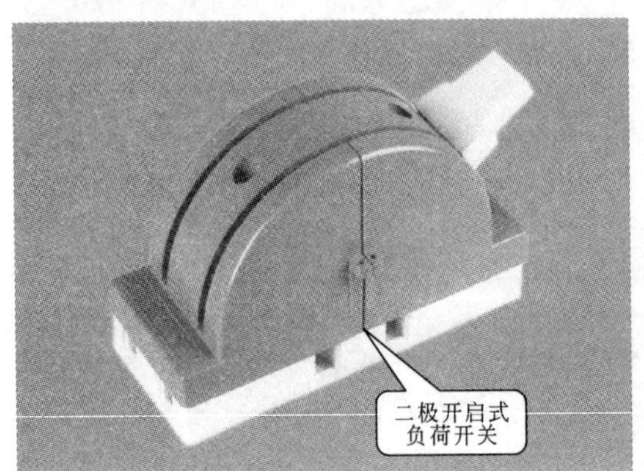

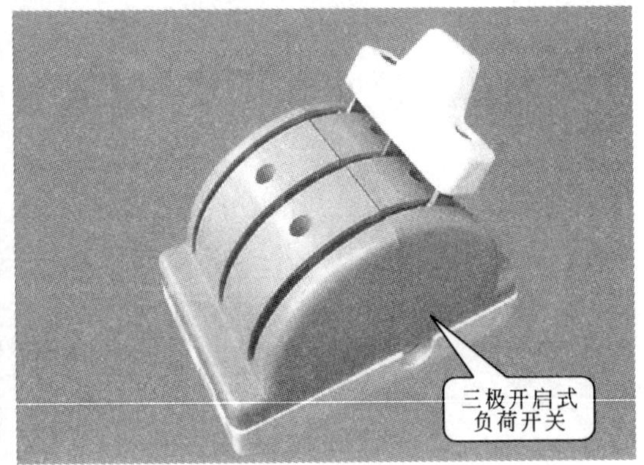

图3–14　开启式负荷开关实物外形

通常情况下可将开启式负荷开关分为两极式和三极式两种，但其内部结构基本相似。开启式负荷开关是非常传统的开关，直到今日仍被广泛应用，但随着制作工艺的改善，开启式负荷开关被制成了各种样式，提高了装饰效果。

（2）封闭式负荷开关

封闭式负荷开关又称铁壳开关，这种开关通常用于额定电压小于500 V，额定电流小于200 A的电气设备中。

封闭式负荷开关的实物外形见图3-15。

它与开启式负荷开关的主要区别在于封闭式负荷开关带有灭弧装置。

（3）组合开关

组合开关又称转换开关，是一种转动式的闸刀开关，主要用于接通或切断电路、换接电源或局部照明等。除了可以应用于电动机的启动外，组合开关还可应用于机床照明电路控制以及机床电源引入等，因为组合开关具有体积小、寿命长、结构简单、操作方便、灭弧性能较好等优点。

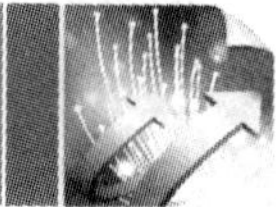

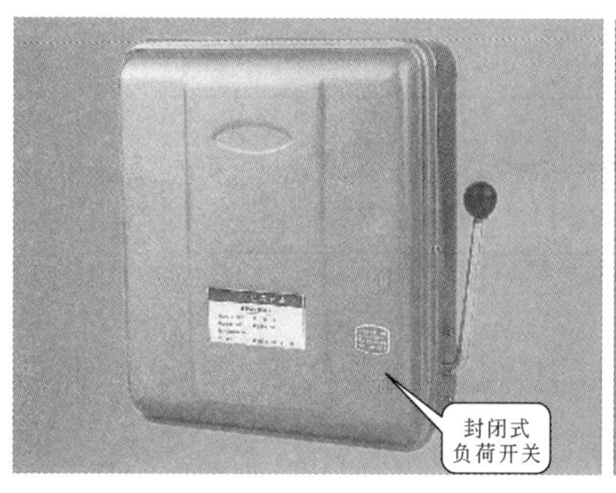

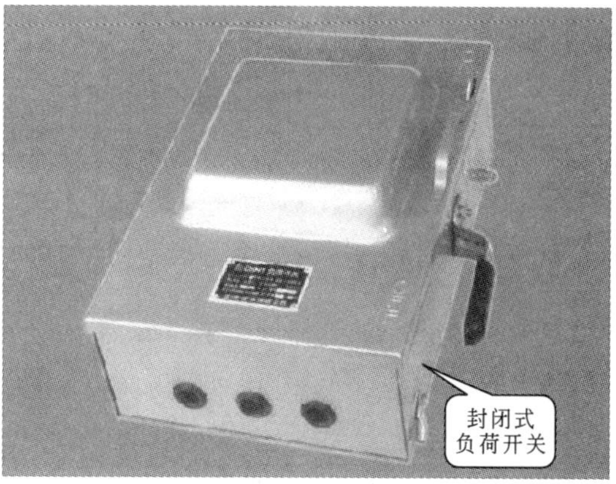

图3-15 封闭式负荷开关的实物外形

组合开关的实物外形见图3-16。

图3-16 组合开关的实物外形

在选用组合开关时，应根据电源种类、电压等级、所需触头数量及电动机的容量进行选择。

3.3.2 低压开关的识别

通常在低压开关的外壳会标有其型号、额定电流及极数等，主要是为用户提供其自身的参数。

典型低压开关的识别方法见图3-17。

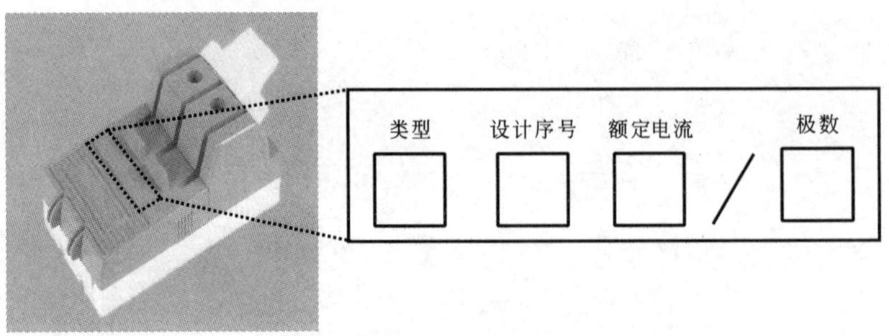

图3-17　典型低压开关的识别方法

低压开关命名规格含义如下。

- 类型：用字母表示，“HK”表示开启式负荷开关、“HH”表示封闭式负荷开关、“HZ”表示组合开关。
- 设计序号：用数字表示。
- 额定电流值：额定电流的标识。
- 极数：常用数字表示。

3.3.3　低压开关的检测方法

在对低压开关进行检测时，可以采用观察法进行检测。下面我们就以开启式负荷开关为例介绍一下其检测方法。

开启式负荷开关的检测方法见图3-18。

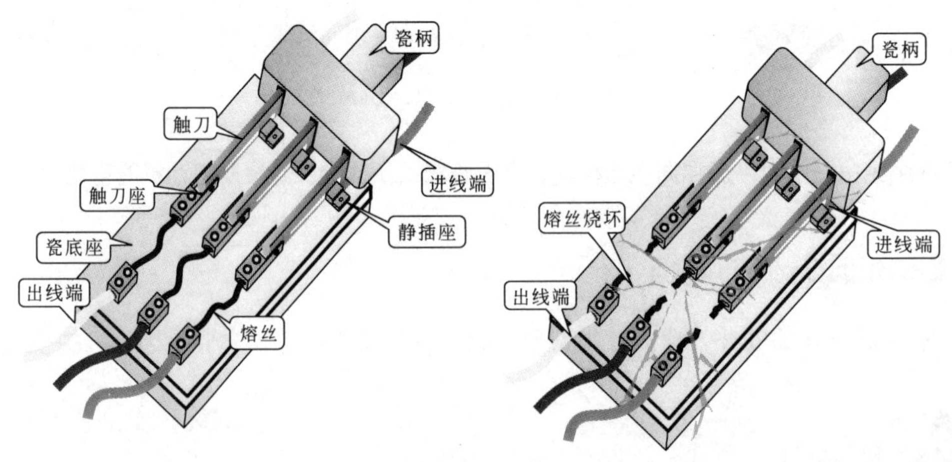

图3-18　开启式负荷开关的检测方法

打开开启式负荷开关的外壳后，可以看到其内部主要是由静插座、进线端子、触刀座、熔丝、出线端子等组成的，若其内部的熔丝烧坏，则开启式负荷开关不能正常使用。

3.4 接触器的识别与检测

接触器也称电磁开关，是指通过电磁机构动作，频繁地接通和断开主电路的远距离操纵装置。主要用于控制电动机、电热设备、电焊机等，是电力拖动系统中使用最广泛的电气元件之一。

3.4.1 接触器的种类和功能特点

目前，接触器又可分为交流接触器和直流接触器两种。

（1）交流接触器

交流接触器实际上是用于交流供电电路中的通断开关，供远距离接通与分断电路，同时，还适用于交流电动机频繁启动和开断。

交流接触器的实物外形见图3-19。

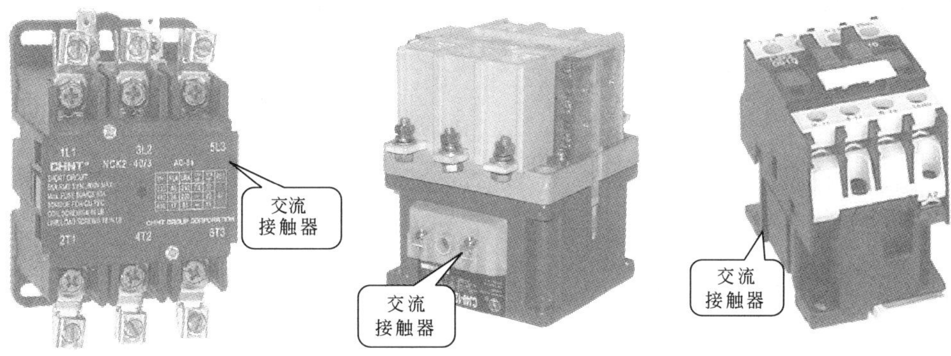

图3-19 交流接触器的实物外形

常用交流接触器有CJ0系列、CJ10系列、CJ20系列、CJX系列、3TB和3TH系列。在选择交流接触器时，应根据接触器的类型、额定电流、额定电压等进行选择。

（2）直流接触器

直流接触器主要用于远距离接通与分断额定电压至440 V，额定电流在1600 A以下的直流线路中。

直流接触器的实物外形见图3-20。

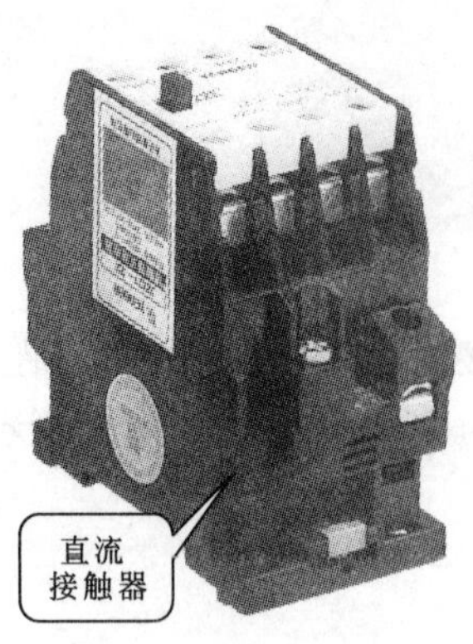

图3-20　直流接触器的实物外形

常用的直流接触器有CZ18、CZ21、CZ22、CZ0、MJZ系列，每个系列的直流接触器都是按其主要用途进行设计的。在选用直流接触器时，首先应了解其使用场合和控制对象的工作参数。

3.4.2 接触器的识别

接触器在电路中通常以字母“KM”表示，而在型号上通常用“C”表示。

接触器的识别见图3-21。

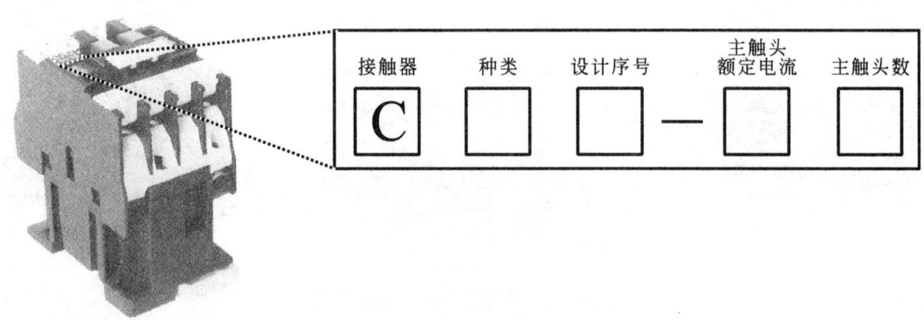

图3-21　接触器的识别

接触器的命名规格含义如下。

- 名称：用字母“C”表示，表示接触器。
- 类型：用字母表示，“J”表示交流接触器、“Z”表示直流接触器、“P”表示无中频接触器。
- 设计序号：用数字表示。
- 主触头额定电流值：额定电流的标识。
- 主触头数：常用数字表示。

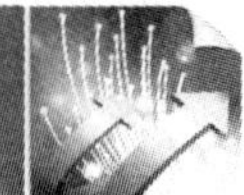

3.4.3 接触器的检测方法

当接触器内部线圈通电时，会使内部开关触点吸合；当内部线圈断电时，内部触点断开。因此，对该接触器进行检测时，需依次对其内部线圈阻值及内部开关在开启与闭合状态时的阻值进行检测。由于是断电检测接触器的好坏，因此，需要按动接触器上端的开关触点按键，强制将触点闭合进行检测。

接触器的检测方法见图3-22。

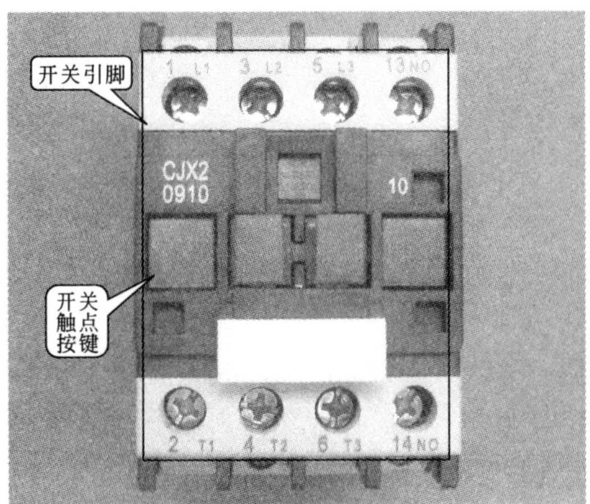

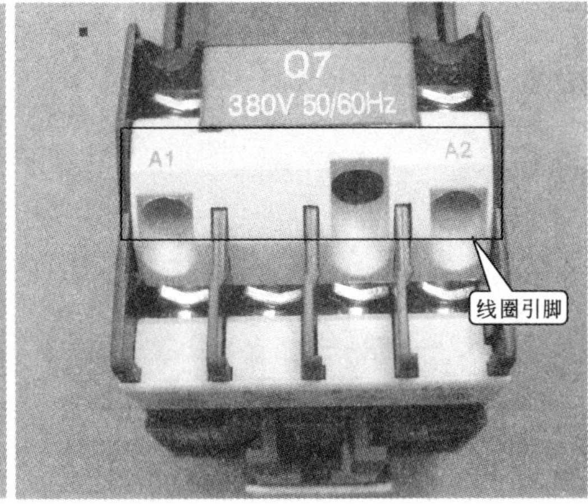

（a）从待测的接触器上的标识可知，该接触器的A1和A2引脚为内部线圈引脚，L1和T1、L2和T2、L3和T3、NO连接端分别为内部开关引脚，当内部线圈通电时，会使内部开关触点吸合；当内部线圈断电时，内部触点断开。因此，对该接触器进行检测时，需依次对其内部线圈阻值及内部开关在开启与闭合状态时的阻值进行检测。由于是断电检测接触器的好坏，因此，需要按动接触器上端的开关触点按键，强制将触点闭合进行检测

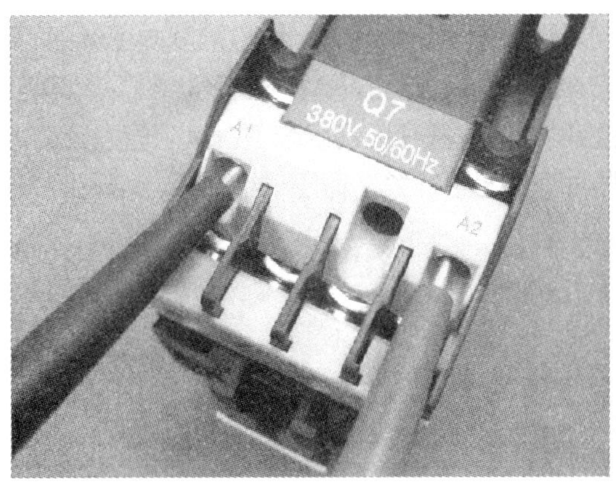

（b）将万用表的两只表笔分别搭在接触器的A1和A2引脚处，对其内部线圈阻值进行检测，测得断路器内部线圈阻值约为1.7kΩ

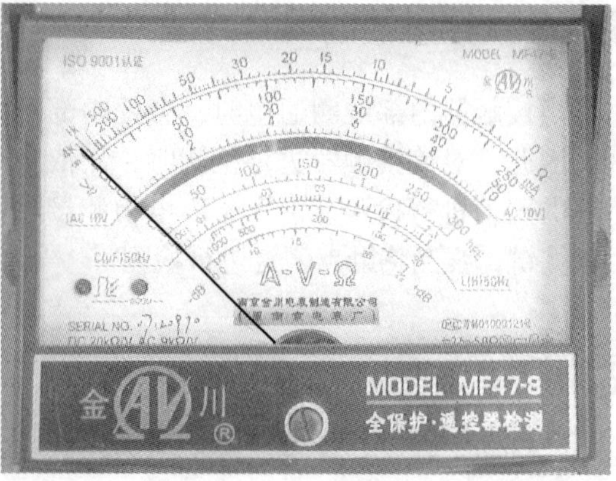

（c）再将万用表的两只表笔分别搭在接触器的L1和T1引脚处，对其内部开关进行检测，测得断路器内部开关阻值为无穷大。

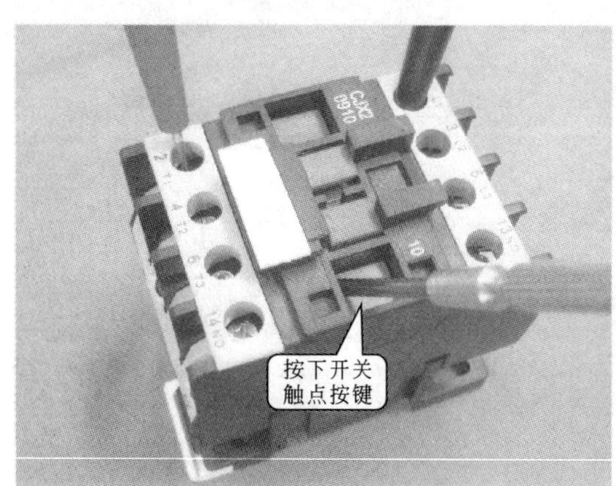

（d）万用表保持不变，手动按动接触器上端的开关触点按键，将内部开关处于闭合状态，测得断路器内部开关闭合状态下阻值为0。再将万用表的两只表笔分别接在L2和T2、L3和T3、NO端引脚处，对其开关的闭合与断开状态进行检测

图3-22　接触器的检测方法

判断接触器的好坏：若测得接触器内部线圈有一定的阻值，内部开关在闭合状态下，其阻值为0，在断开状态下，其阻值为无穷大，则可判断该接触器正常；若测得接触器内部线圈阻值为无穷大或零，均表明该接触器内部线圈已损坏；若测得接触器的开关在断开状态下，其阻值为零，则表明接触器内部触点粘连损坏；若测得接触器的开关在闭合状态下，其阻值为无穷大，则表明低压断路器内部触点损坏；若测得接触器内部的四组开关，有任一组损坏，均说明该接触器损坏。

3.5 主指令电器的识别与检测

主指令电器是指对自动控制系统中发出操作指令的电器设备，它具有接通与断开电路的功能，利用这种功能，可以实现对生产机械的自动控制，因此，称这类发布命令的电器为主指令电器。

3.5.1 主指令电器的种类和功能特点

主指令电器的种类很多，在电器设备中常用的主指令电器主要有按钮、位置开关、万能转换开关以及主指令控制器等。

（1）按钮

按钮是一种手动操作的电气开关，它一般用来在控制线路中发出远距离控制信号或指令去控制继电器、接触器或其他负载，实现对主供电电路的接通或切断，从而达到对负载的控制，如电动机的启动、停止、正/反转。

按钮开关的实物外形见图3-23。

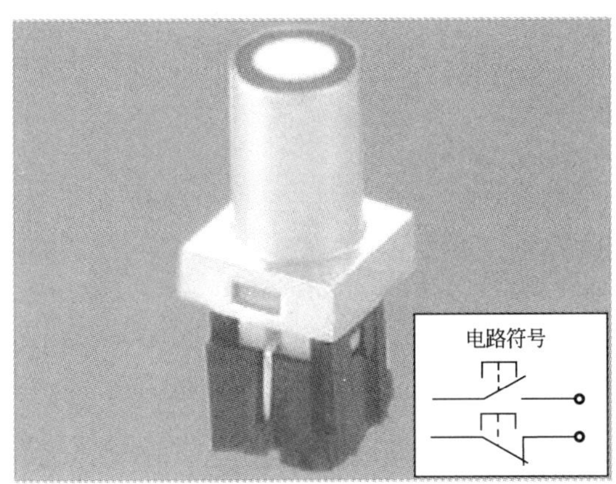

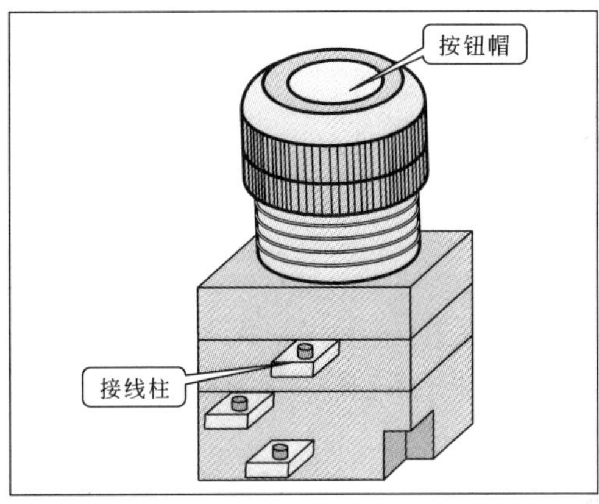

图3-23 按钮开关的实物外形

常用按钮主要有LA2、LA10、LA18、LA19、LA20、LA25等系列，其种类多种多样，按照结构形式可分为开启式、防水式、保护式、腐蚀式、紧急式、旋钮式、钥匙式、带指示灯式和紧急式带指示灯。

（2）位置开关

位置开关又称行程开关或限位开关，是一种小电流电气开关。主要用于将机械位移转变为电信号，使电动机运行状态发生改变，即按一定行程自动停车、反转、变速或循环，从而控制机械运动或实现安全保护。

位置开关的几种实物外形见图3-24。

位置开关按构造形式可分为按钮式（直动式）和旋转式（滚轮式），其中旋转式又分为单轮旋转式和双轮旋转式。

（3）万能转换开关

万能转换开关主要用于转换控制线路，它可同时控制许多条（最多可达32条）通断要求不同的电路，而且具有多个挡位，广泛应用于交直流控制电路、信号电路和测量电路，也可用于小功率电动机的启动、换向和变速控制等。

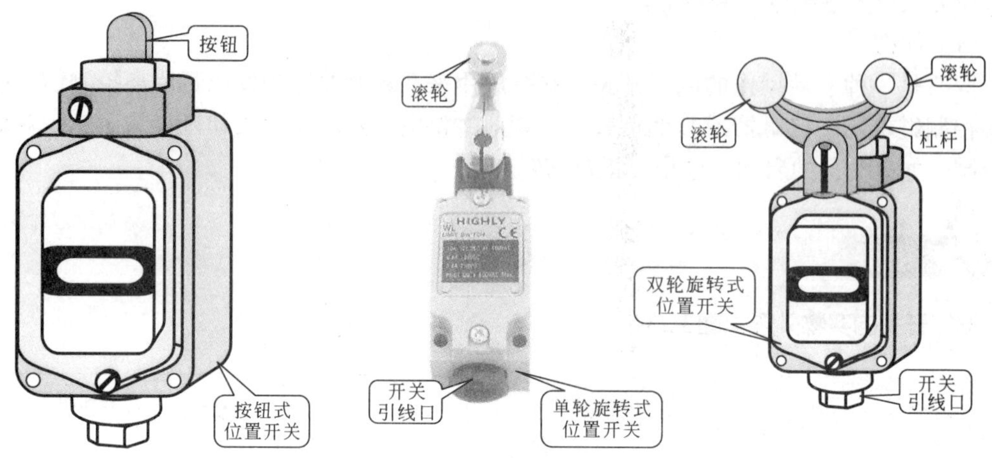

图3-24 位置开关的几种实物外形

转换开关的实物外形见图3-25。

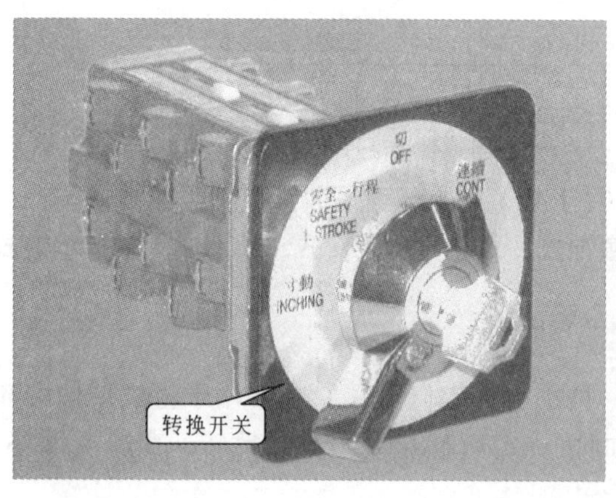

图3-25 转换开关的实物外形

万能转换开关手柄的操作位置是以角度来表示的，不同型号的万能转换开关，其手柄有不同的操作位置。由于这种开关的触头数量多，可以控制多条电路，用途较广，因此称为万能转换开关。

（4）主指令控制器

主指令控制器主要用来频繁地按顺序操纵多个控制回路的主指令控制的电器。

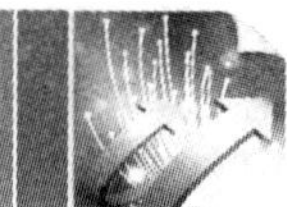

主指令控制器的实物外形及内部结构见图3-26。

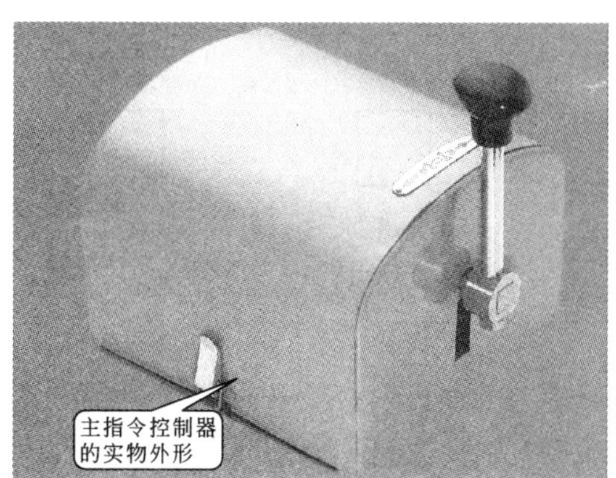

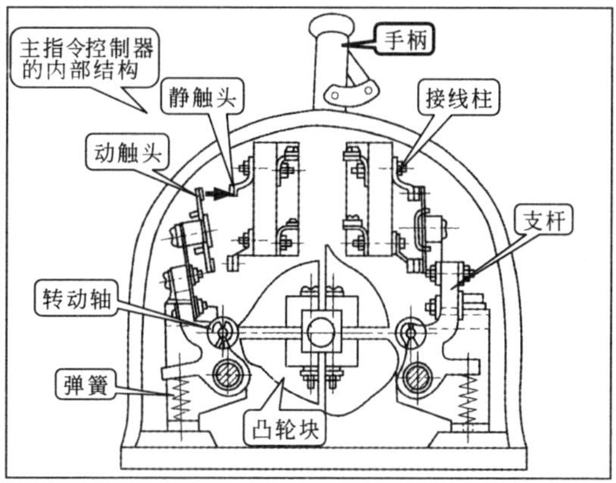

图3-26　主指令控制器的实物外形及内部结构

主指令控制器主要是由支架上安装的动、静触头及凸轮块、弹簧、转动轴等组成的。

3.5.2　主指令电器的识别

由于主指令电器的命名规格有所不同，可以按照其类型进行识别，下面介绍几种常见的主指令电器的识别方法。

常见主指令电器的识别方法见图3-27。

在主指令电器的识别过程中，其常用的字母“L”表示主指令电器；“X”表示位置开关；“W”表示万能转换开关。

3.5.3　主指令电器的检测方法

由于主指令电器的种类较多，下面我们就以典型按钮开关为例介绍一下其检测的方法。

按钮开关的检测方法见图3-28。

JLXK1系列位置开关的命名规格

机床电器	主指令电器	位置开关	快速	设计序号	—	1—单轮 2—双轮 3—直动不带轮 4—直动带轮	常开触头数	常闭触头数
J	L	X	K	1	—	□	□	□

LX系列位置开关的命名规格

主指令电器	位置开关	设计序号	—	0—无滚轮 1—单轮 2—双轮 3—直动不带轮 4—直动带轮	0—仅径向传动杆 1—滚动轮装在传动杆外侧 2—滚动轮装在传动杆内侧 3—滚动轮装在传动杆凹槽内侧	1—自动复位 2—不能自动复位
L	X	□	—	□	□	□

LW5万能开关的命名规格

主指令器	万能转换开关	设计序号	—	额定电流	定位特征代号	接线图编号	接触系统挡数
L	W	5	—	15	□	□	□

LW6万能开关的命名规格

主指令器	万能转换开关	设计序号	—	触头座数	定位特性代号	接线图编号	—	湿热带型
L	W	6	—	□	□	□	—	TH

主指令控制器的命名规格

主指令控制器	控制器	设计序号	—	控制回路数	结构特征代号
L	K	□	—	□	□

图3-27　常见主指令电器的识别方法

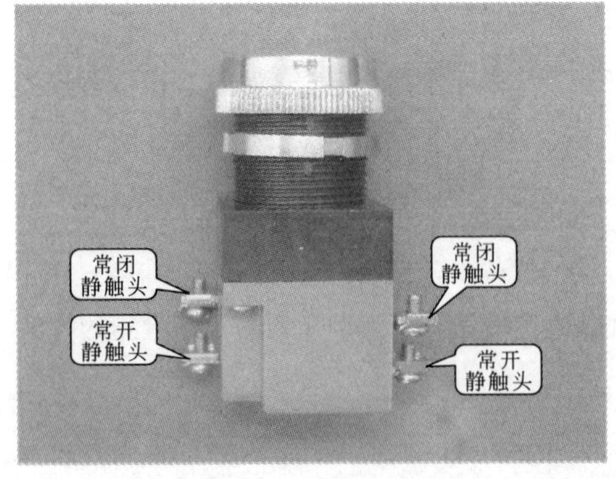

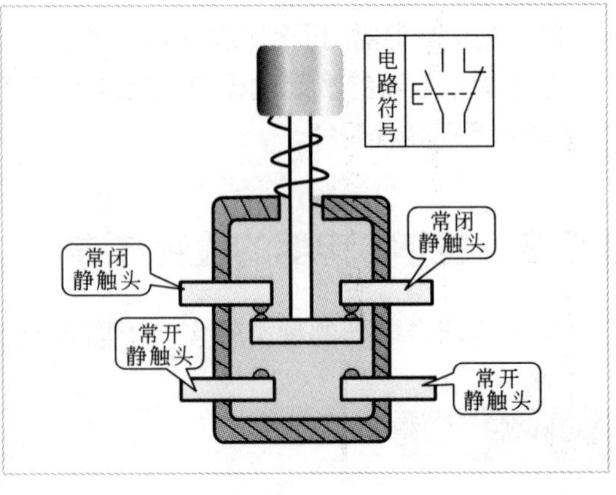

（a）选择待测按钮开关，根据其外形及引脚判断其靠近按钮的两个触头为常闭静触头，远离按钮的两个触头为常开静触头

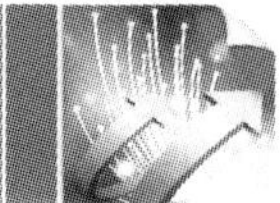

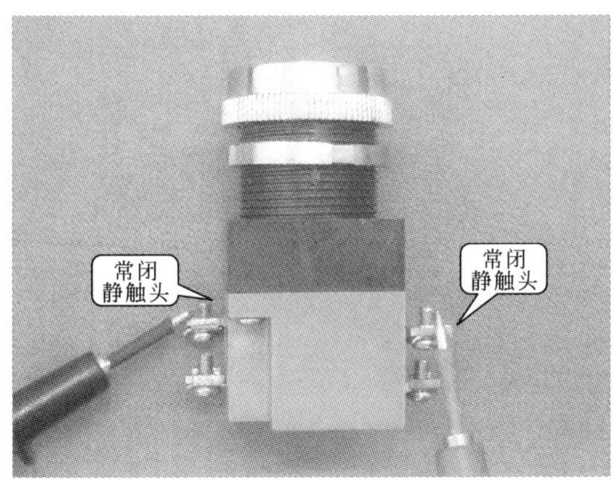

（b）将万用表调至电阻挡，调零。将万用表的两支表笔搭在复合按钮的两个常闭静触头上，测得的电阻值趋于零

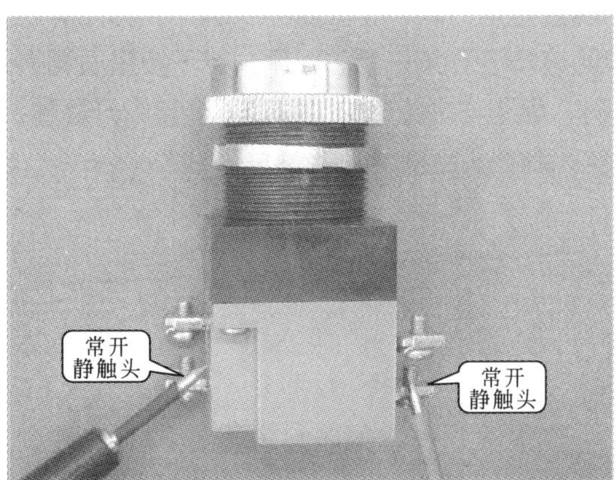

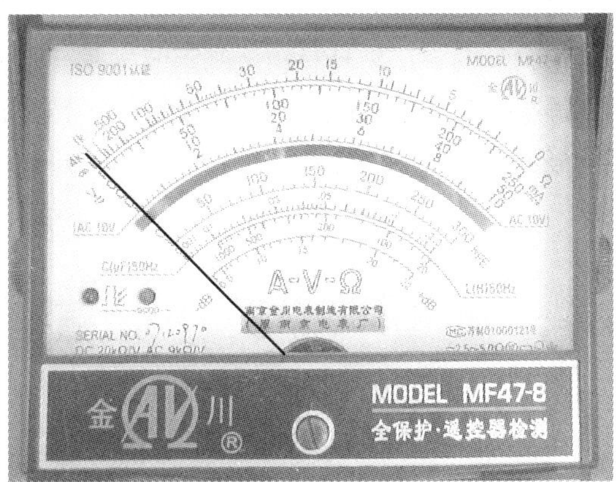

（c）将万用表的两支表笔搭在复合按钮的两个常开静触头上，测得的电阻值为无穷大

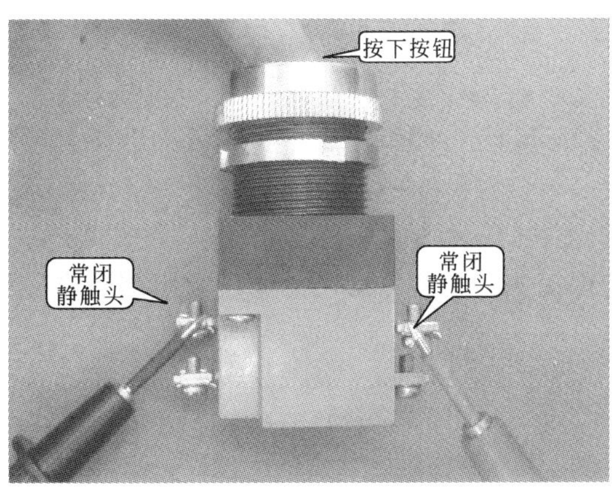

（d）在按钮按下状态，将万用表的两支表笔搭在复合按钮的两个常闭静触头上，测得的电阻值为无穷大

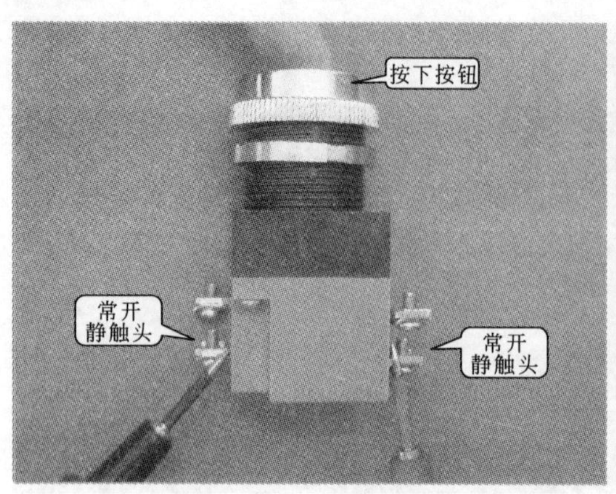

（e）在按钮按下状态，将万用表的两支表笔搭在复合按钮的两个常闭静触头上，测得的电阻值为无穷大

图3-28　按钮开关的检测方法

判断按钮开关的好坏：根据按钮开关的开关状态进行检测，若测得的按钮开关在断开状态下，其常闭静触头的阻值趋于零、常开静触头的阻值为无穷大；在接通的状态下，常闭静触头的阻值为无穷大、常开静触头的阻值为零，则表明该按钮开关正常。可见，按下按钮后测得的两对静触头的电阻值相反，其原理是在按下按钮时，电路与常闭静触头断开，连接常开静触头。常开静触头闭合，且金属片阻值很小，趋于零；常闭静触头断路，故阻值为无穷大。

3.6　继电器的识别与检测

继电器是一种当输入量（电、磁、声、光、热）达到一定值时，输出量将发生跳跃式变化的自动控制元器件。该元器件在电工电子行业应用较为广泛，在许多机械控制及电子电路中都采用这种元器件。

3.6.1　继电器的种类和功能特点

继电器的种类多种多样，可按照不同的分类方式进行分类。大致可以分为三类，即通用继电器、控制继电器和保护继电器。

（1）通用继电器

通用继电器可以实现控制功能，也可以实现保护的功能，常用的通用继电器有电磁继电器和固态继电器。

通用继电器的实物外形见图3-29。

电磁继电器是通过在线圈两端加上一定的电压，线圈中产生电流，从而产生电磁效应，衔铁就会在电磁力吸引的作用下克服返回弹簧的拉力吸向铁心，来控制触点的吸合，当线圈断电后，电磁吸力消失，衔铁会在弹簧的反作用力下返回原来的位置，使触点断开，通过该方法控

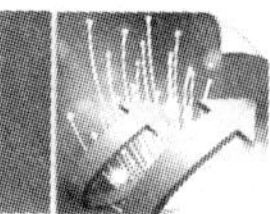

制电路的导通与切断。

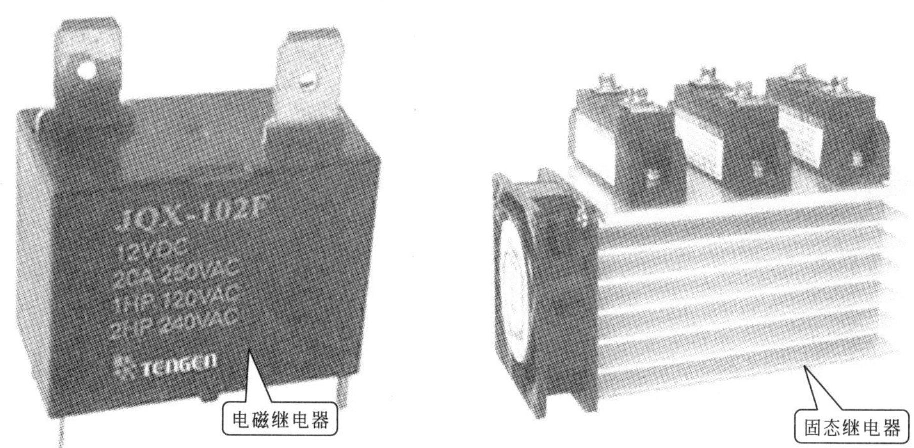

图3-29　通用继电器的实物外形

固态继电器主要用来实现控制回路（输入电路）与负载回路（输出电路）的电隔离及信号耦合的通断切换功能，内部无任何可动部件。主要由输入（控制）电路，驱动电路和输出（负载）电路三部分组成，很多固态继电器是由双向晶闸管制成的。

（2）控制继电器

控制继电器通常用来控制各种电子电路或元器件，来实现线路的接通或切断的功能，常用的控制继电器有中间继电器、时间继电器、速度继电器和压力继电器等。

控制继电器的实物外形见图3-30。

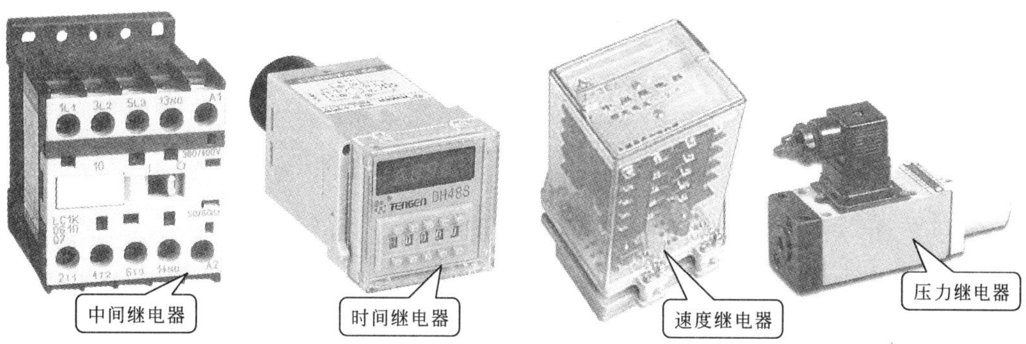

图3-30　控制继电器的实物外形

中间继电器通常用来控制各种电磁线圈使信号得到放大，将一个输入信号转变成一个或多个输出信号；时间继电器是一种延时或周期性定时接通、切断某些控制电路的继电器；速度继电器又称反接制动继电器，这种继电器主要与接触器配合使用，用来实现电动机的反接制动；压力继电器是将压力转换成电信号的液压元器件，主要控制水、油、气体以及蒸气的压力等。

（3）保护继电器

保护继电器是一种自动保护元器件，可根据温度、电流或电压等的大小，来控制继电器的通断，常用的有热继电器、温度继电器、电压继电器及电流继电器等。

保护继电器的实物外形见图3-31。

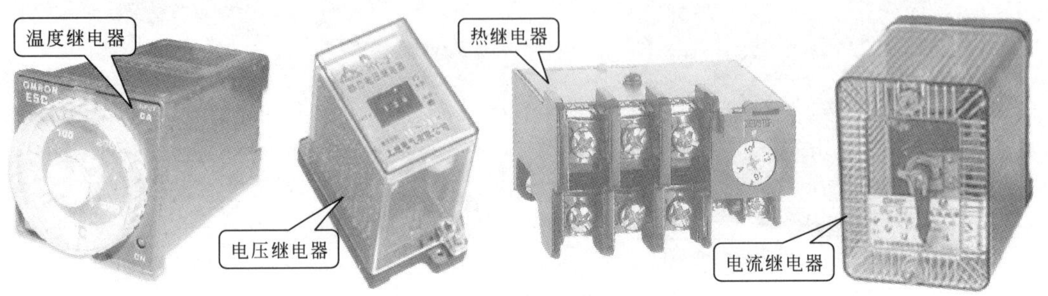

图3-31　保护继电器的实物外形

温度继电器是一种通过温度变化控制电路导通与切断的继电器，当温度达到温度继电器设定值时，温度继电器会断开电路，起温度控制和保护作用；电压继电器又称零电压继电器，是一种按电压值动作的继电器，主要用于交流电路的欠电压或零电压保护；热继电器是一种电气保护元器件，利用电流的热效应来推动动作机构使触头闭合或断开的保护电器，主要用于电动机的过载保护、断相保护、电流不平衡保护以及其他电气设备发热状态时的控制；电流继电器是指根据继电器线圈中电流大小而接通或断开电路的继电器。

3.6.2　继电器的识别

在对继电器进行识别时，由于其命名规格有所不同，可以根据其类型分别进行识别，下面介绍几种常见的继电器识别方法。

常见继电器的识别方法见图3-32。

JZ8系列中间继电器的命名规格

J　Z　8 — □ □ □ □

常闭（动断）触头数量
J—交流　Z—直流
无代号—一般单线圈　S—带保护线圈　P—带电磁复位线圈
结构形式代号

JS11系列时间继电器的命名规格

J　S　11 — □ □ □

继电器
时间
设计序号
延时调节范围
1—通电延时　2—断电延时
空格—采用螺旋调节延时　B—采用旋钮调节延时

图3-32　常见继电器的识别方法

在JS11系列时间继电器的命名规格中的延时调节范围标识含义：1—延时调节范围为0.4 ~ 8s；2—延时调节范围为2 ~ 40s；3—延时调节范围为10 ~ 240s；4—延时调节范围为1 ~ 20min；5—延时调节范围为5 ~ 120min；6—延时调节范围为0.5 ~ 12h；7—延时调节范围为3 ~ 72h。

3.6.3 继电器的检测方法

在检测继电器时，可以采用检测阻值的方法来判断其是否损坏，下面我们就以时间继电器为例，介绍一下其检测方法。

继电器的检测方法见图3-33。

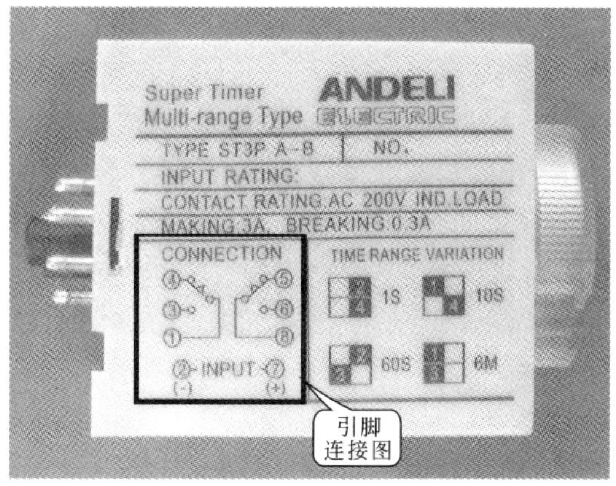

（a）通过待测的时间继电器及该继电器上标识的引脚连接图，可看出该继电器的①脚与④脚、⑤脚与⑧脚处于接通状态，②脚和⑦脚为电源输入端

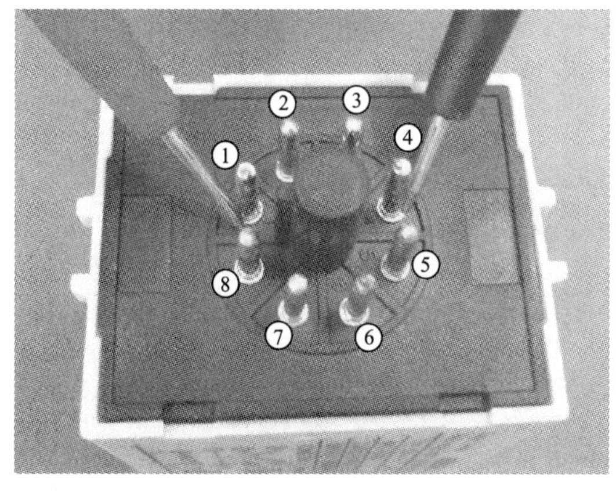

（b）将万用表的红、黑表笔分别搭在时间继电器的①脚与④脚处，测得时间继电器①脚与④脚之间的阻值为0

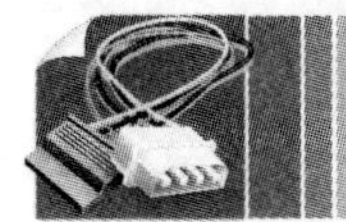

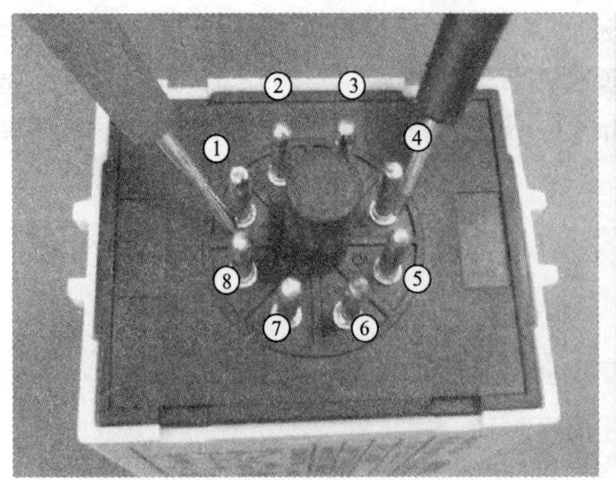

（c）再将万用表的红、黑表笔分别搭在时间继电器的⑤脚与⑧脚处，测得时间继电器⑤脚与⑧脚之间的阻值为0

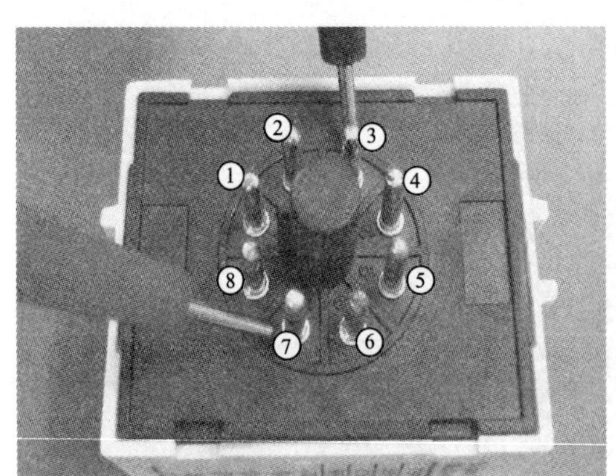

（d）再将万用表的红、黑表笔分别搭在时间继电器的其他任意两引脚处，因互相绝缘，测得阻值为无穷大

图3-33　继电器的检测方法

判断时间继电器的好坏：根据时间继电器上的引脚标识进行检测，若测得的时间继电器的接通引脚之间的阻值为零，而其他引脚之间的阻值为无穷大，则表明该时间继电器正常。

3.7 接插件的识别与检测

插接件是完成电连接功能的核心零件，通常用于设备与设备之间的连接或设备内部各电路板之间的连接，其主要功能是架起信息传输的桥梁，因此也可称作连接器。

3.7.1　接插件的种类和功能特点

接插件的外形多种多样，有圆柱形、方柱形或扁平形，其材质采用的也各不相同，有黄铜也有磷青铜之分，大致上可以将其分为外部插件和内部插件。

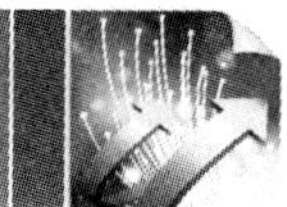

接插件的实物外形见图3-34。

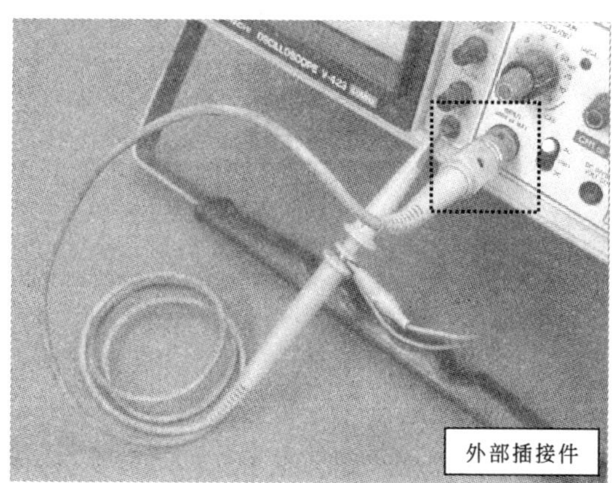

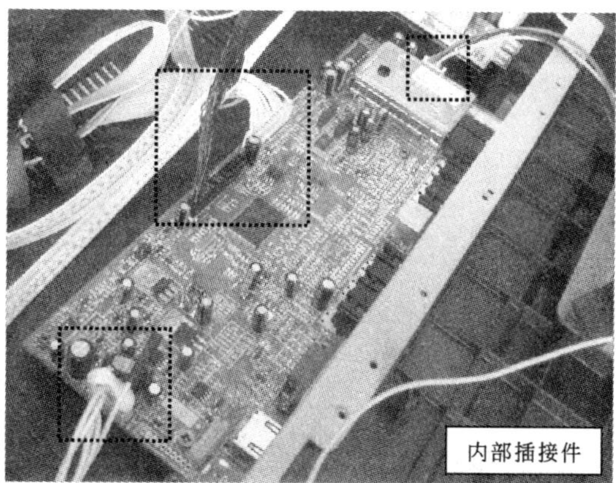

图3-34 接插件的实物外形

插接件形式和结构是千变万化的，有用于设备之间的，称之为外部插接件，有用于设备内部的，称之为内部插接件，随着应用对象、频率、功率、环境等因素的不同，有着各种不同的形式。但其基本构成是不变的，都是由插件和接件两部分构成的。

3.7.2 接插件的检测方法

在对接插件进行检测时，可以采用连接状态下的检测和接插件本身性能的检测两种方式判断其好坏。

（1）连接状态的检测

连接状态检测接插件的方法见图3-35。

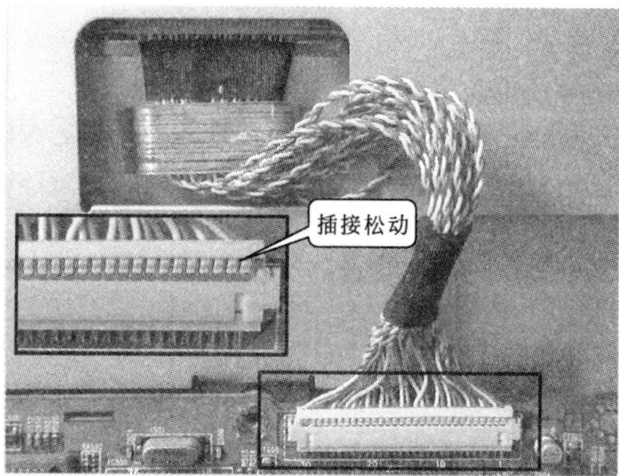

（a）首先，可以直接观察接插件与数据线之间有无断裂、老化的情况；然后将其连接电路板后，检查其是否有松动的情况

（b）使用万用表检测时，将万用表的表笔搭在两块电路板中的接插件上，如果检测到其阻值为0Ω，则表明接插件的连接正常，能够传输信号或电压、电流

图3-35　连接状态检测接插件的方法

接插件连接后主要是用来进行信号或电压、电流的传输，其连接状态关系到信号或电压的传输，因此在插接时也应注意插件和接件的连接状态。

（2）接插件自身性能的检测

接插件自身性能的检测方法见图3-36。

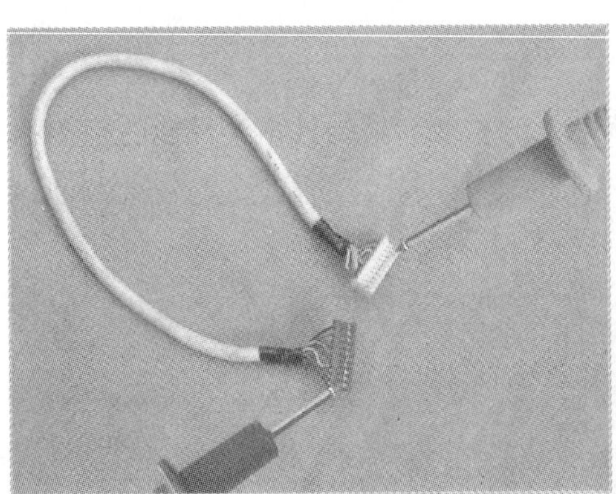

图3-36　接插件自身性能的检测方法

接插件自身性能的检测，则是使用万用表检测接插件之间的数据线是否有断路情况，将万用表设置在欧姆挡，红、黑表笔分别搭在接插件的两端，观察万用表，正常情况下，测得的结果应为0Ω。

扩展

检测内部接插件连接是否正常时，还可使用万用表“蜂鸣器”挡。当万用表两表笔分别搭在内部接插件的两端时，万用表会发出提示音。比使用观察法查看万用表显示数值更加便于检测。

第4章 电工线路识图

目标

对于电工技术人员，想要对电气设备进行维修，首先就要了解它的功能和原理，而一张详细的电工线路图就提供了这一切。通过对电气图的识读，电工能够充分的了解电气设备的内部结构、组成部分以及工作原理，从而快速、准确找出故障所在，并进行修理。现在电气设备的品种越来越多、功能也越来越强大，相对应的电工线路也各不相同，为维修这些电气设备带来了一定的困难。

电工线路是电工技术领域中各种图纸的总称，要想看懂各种电工线路，必须要从基本的电气元器件符号及电路开始，通过了解识图的一些基本方法和基本步骤，积累丰富的识图经验，循序渐进才能轻松地看懂各种电工线路图。

本章的主要目标是向读者介绍如何对电工线路进行识读，由于电工线路中所包含的元器件较多，我们首先将向大家介绍电工线路中主要元器件的实物外形和电路符号，建立彼此的对应关系，以便为今后的识图或维修打下基础。

之后，我们将根据不同电工线路的具体功能对其进行划分，以实际的电路为例，从中介绍各种电工线路的识读原则和方法，使读者掌握对电工线路的视图技能，最后以相关电工线路为例，来提高读者对不同线路的识读技能。

4.1 电工线路识图基础

电工线路图是将各种元器件的连接关系用图形符号和标记连接起来的一种技术资料，因此电路图中的符号和标记必须有统一的标准。这些电路符号或标记中包含了很多的识图信息，从电路图中可以了解电路结构、信号流程、工作原理和检测部位，掌握这些识图信息能够方便对其在电路中的作用进行分析和判断，也是我们学习电子电路识读的必备基础知识。

4.1.1 电工线路符号与元器件的对应关系

电工线路中的图形符号，是为了便于电工人员通过识图的方式得知该线路的连接走向和线路连接的方式。

例如，一张简单的电子电路图（整流稳压电路）见图4-1。

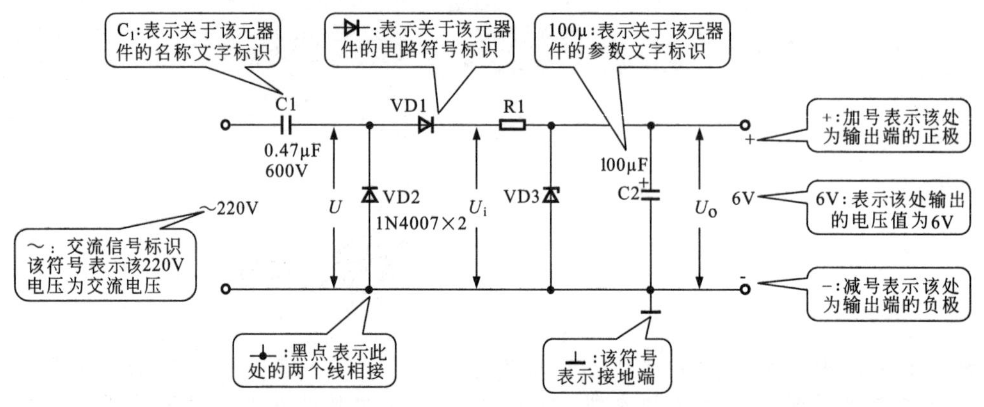

图4-1　整流稳压电路图的基本标识

图中的每个图形符号、文字或线段都体现了该电路中的重要内容，也是我们识读该电路的所有依据来源。例如，图中“~”则直观地告诉我们这个电路左端的电压是交流的，又如，图中右侧的“6 V”文字标识则明确地表示了该电路右侧输出的电压值为6 V（直流，一般电压值前没有交直流符号时，默认为直流）等。

由此可见，了解电子电路中的基本标识符号是我们学习识图的关键，下面我们以表格的形式列出电工线路中常见元器件的基本标识符号，以供大家学习和参考。

提示

电工线路中的电子元器件与电路符号的对应关系见表4-1 ~表4-10。

表4-1　电阻器的图形符号、文字符号及功能

种类及外形结构		图形符号	文字符号	说明
普通电阻器			R	电阻器在电路中一般起限流和分压的作用
压敏电阻器		U	R或MY	压敏电阻器具有过压保护和抑制浪涌电流的功能
热敏电阻器		θ	R或MZ或MF	热敏电阻器的阻值随温度变化，可用作温度检测元件
湿敏电阻器			R或MS	湿敏电阻器的阻值随周围环境湿度的变化，常用作湿度检测元器件
光敏电阻器			R或MG	光敏电阻器的阻值随光照的强弱变化，常用于光检测元器件
气敏电阻器			R或MQ	气敏电阻器是利用金属氧化物半导体表面吸收某种气体分子时，会发生氧化反应或还原反应使电阻值改变的特性而制成的电阻器
可变电阻器			RP	可变电阻器主要是通过改变电阻值而改变分压大小

表4-2 电容器的图形符号、文字符号及功能

种类及外形结构		图形符号	文字符号	说明
无极性电容器			C	耦合、平滑滤波、移相、谐振
有极性电容器			C	耦合、平滑滤波
单联可变电容器			C	用于调谐电路
双联可变电容器			C	用于调谐电路 容量范围：最小>7 pF，最大<1 100 pF。 直流工作电压：100 V以上。 运用频率：低频、高频
四联可变电容器		或	C	四联可变电容器的内部包含有4个可变电容器，4个电容可同步调整
微调电容器			C	微调和调谐回路中的谐振频率

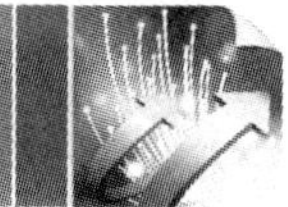

表4-3　电感器的图形符号、文字符号及功能

种类及外形结构		图形符号	文字符号	说明
空心线圈			L	分频、滤波、谐振
磁棒、磁环线圈			L	分频、滤波、谐振
固定色环色码电感器			L	分频、滤波、谐振
微调电感器			L	滤波、谐振

表4-4　二极管的图形符号、文字符号及功能

种类及外形结构		图形符号	文字符号	说明
整流二极管			VD	整流（该符号左侧为正极、右侧为负极）
检波二极管			VD	检波（该符号左侧为正极、右侧为负极）
稳压二极管		或 + −	VS或ZD	稳压（该符号左侧为正极、右侧为负极）
发光二极管			VD或LED	指示电路的工作状态
光敏二极管			VD	光敏二极管当受到光照射时，二极管反向阻抗会随之变化（随着光照射的增强，反向阻抗会由大到小）

续表

种类及外形结构		图形符号	文字符号	说明
变容二极管		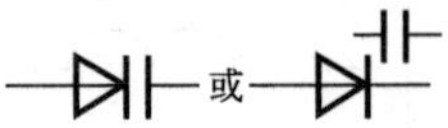 或	VD	变容二极管在电路中起电容器的作用。被广泛地用于超高频电路中的参量放大器、电子调谐及倍频器等高频和微波电路中
双向触发二极管	 DB3	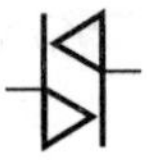	VD	双向触发二极管是具有对称性的两端半导体元器件。常用来触发双向晶闸管，或用于过压保护、定时、移相电路

表4-5　三极管的图形符号、文字标识及功能

种类及外形结构		图形符号	文字符号	说明
NPN型三极管		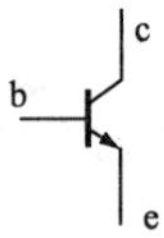 b c e	VT	电流放大、振荡、电子开关、可变电阻等
PNP型三极管		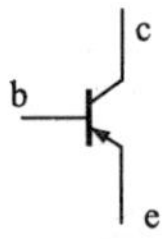 b c e	VT	电流放大、振荡、电子开关、可变电阻等

表4-6　场效应管的图形符号、文字符号及特点

名称	符号		外形	文字符号	说明
	N沟道	P沟道			
结型场效应晶体管	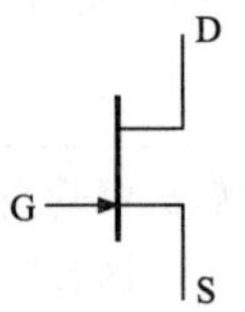 D G S 结型N沟道	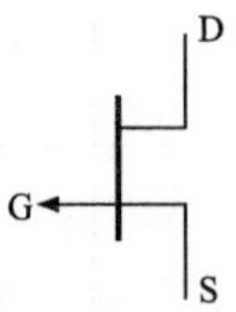 D G S 结型P沟道		VT（V或Q为旧标识）	结型场效应晶体管是利用沟道两边的耗尽层宽窄，改变沟道导电特性来控制漏极电流的。常应用于电压放大、恒流源、阻抗变换、可变电阻、电子开关等电路中

续表

名称	符号		外形	文字符号	说明
	N沟道	P沟道			
绝缘栅型场效应晶体管	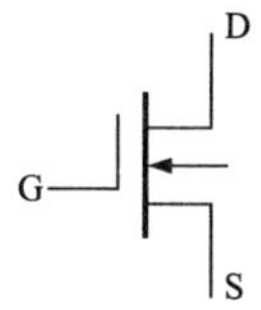 MOS耗尽型单栅N沟道	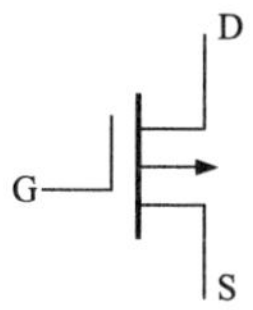 MOS耗尽型单栅P沟道		VT（V或Q为旧标识）	绝缘栅型场效应晶体管是利用感应电荷的多少，改变沟道导电特性来控制漏极电流的。它与结型场效应晶体管的外形相同，只是型号标记不同。 常应用于：电压放大、恒流源、阻抗变换、可变电阻、电子开关等电路中
	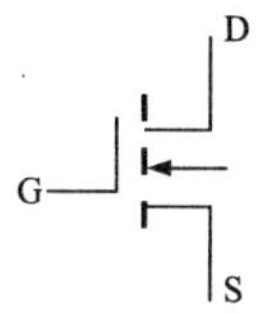 MOS增强型单栅N沟道	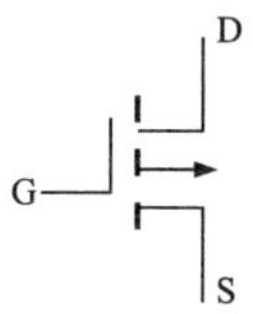 MOS增强型单栅P沟道			
	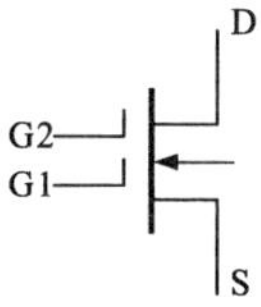 MOS耗尽型双栅N沟道	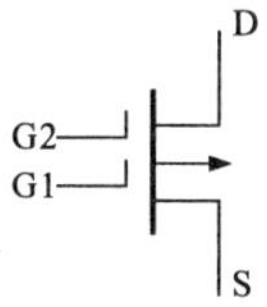 MOS耗尽型双栅P沟道			

表4-7　晶闸管的图形符号、文字符号及功能

种类及外形结构		图形符号	文字符号	说明
单结晶闸管	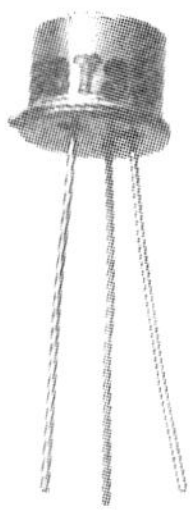	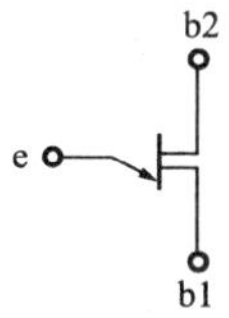 e b2 b1	V	振荡、延时和触发电路
单向晶闸管	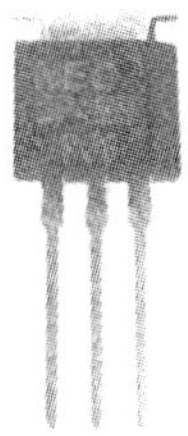	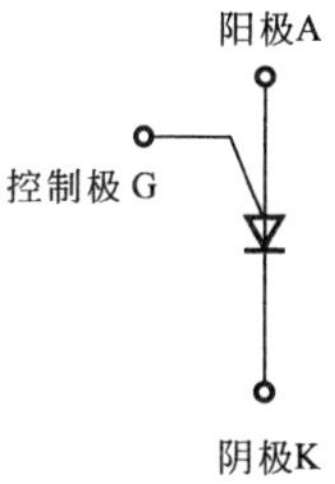 阳极A 控制极G 阴极K	VS	无触点开关 阳极受控

续表

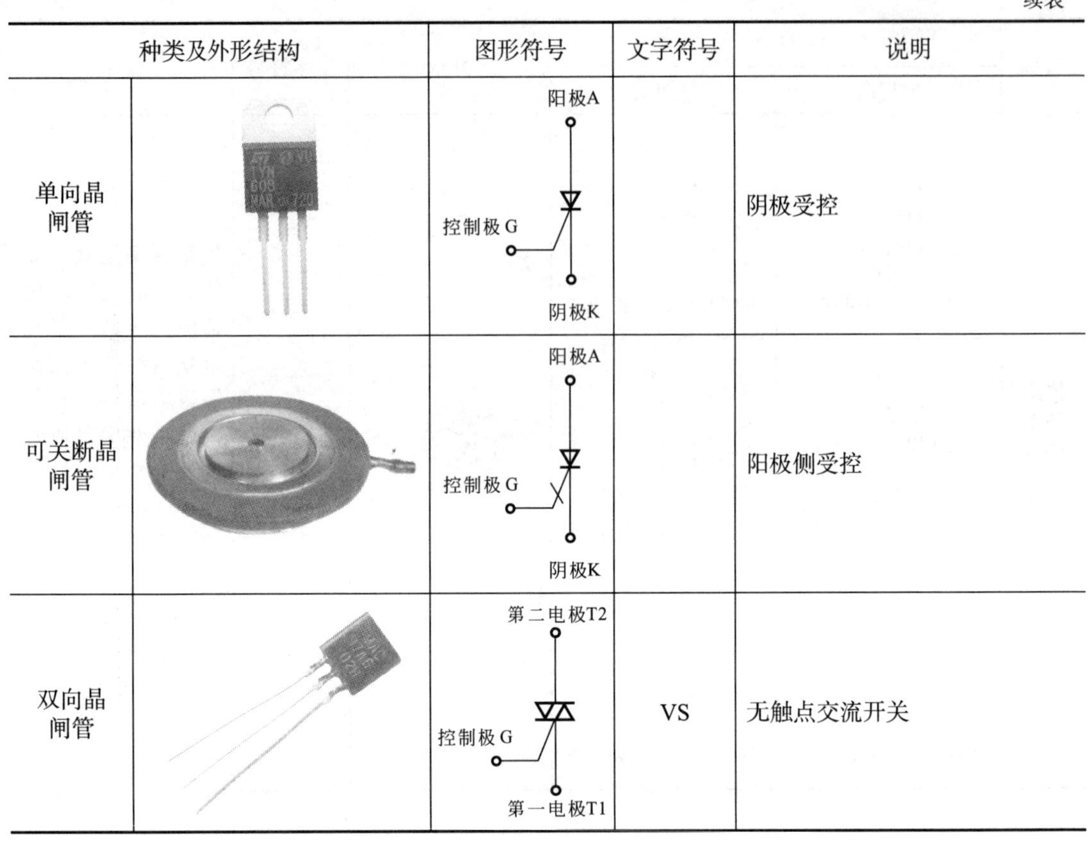

种类及外形结构		图形符号	文字符号	说明
单向晶闸管		阳极A 控制极G 阴极K		阴极受控
可关断晶闸管		阳极A 控制极G 阴极K		阳极侧受控
双向晶闸管		第二电极T2 控制极G 第一电极T1	VS	无触点交流开关

表4-8　变压器的图形符号、文字符号及功能

种类及外形结构		图形符号	文字符号	说明
普通电源变压器		T ① ② ③ ④ 初级绕组 次级绕组	T	电压变换、电源隔离
双绕组变压器		T ① ② ③ ④ 初级绕组 次级绕组	T	绕组之间无铁心
示出瞬时电压极性的带铁心变压器		T ① ② ③ ④ 初级绕组 次级绕组	T	变压器的初级和次级线圈的一端画有一个小黑点，表示①、③端的极性相同，即当①为正时，③也为正；①为负时，③也为负

续表

种类及外形结构		图形符号	文字符号	说明
音频变压器			T	信号传输与分配、阻抗匹配等
中频变压器			T	选频、耦合
带铁心三绕组变压器		T ①②初级绕组 ③④⑤⑥次级绕组	T	有两组次级绕组：③～④和⑤～⑥绕组。图中间部分垂直实线标识铁心，虚线表示变压器的初级和次级线圈之间设有一个屏蔽层
有中心抽头的变压器		T ①②③初级绕组 ④⑤次级绕组		该变压器的初级线圈有一个抽头，将初级线圈分为①～②、②～③两个线圈。这样可以变换输出与输入电压比
自耦变压器		T ①②③	T	该变压器只有一个线圈，其中②为抽头，称为自耦变压器。应用时，若②～③之间为初级，①～③之间就为次级线圈，它是一个升压器；当①～③之间为初级线圈，②～③之间为次级线圈，它是一个降压器

表4-9　常见集成电路的图形符号、文字符号及功能

种类及外形结构		图形符号	文字符号	说明
运算放大器		+ −	IC或U	左侧两引脚为输入端，右侧为输出端

续表

种类及外形结构		图形符号	文字符号	说明
双运放	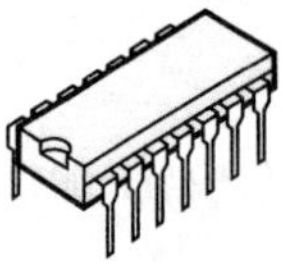	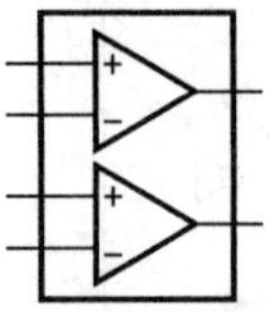	IC或U	左侧为输入端，右侧为输出端，三角形指向传输方向
时基电路	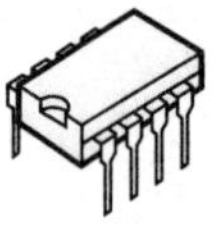	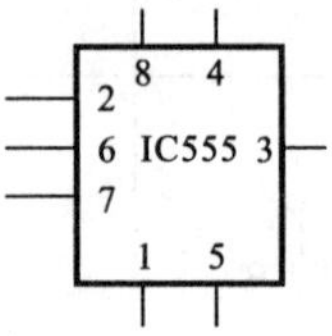 8 4 2 6 IC555 3 7 1 5	IC或U	能产生时间基准信号和完成各种定时或延迟功能非线性模拟集成电路
集成稳压器	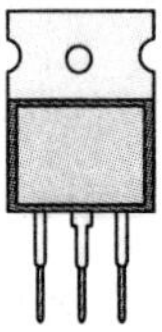 或 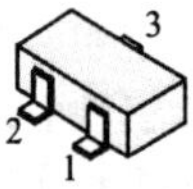	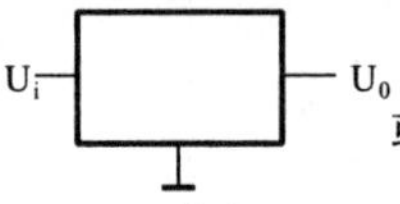 U_i U_0 三端式 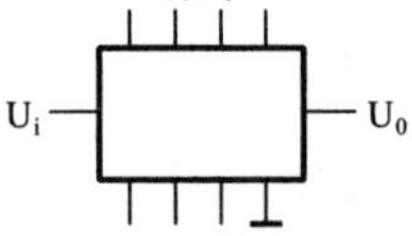 或 U_i U_0 多端式	IC或U	能够将不稳定的直流电压变为稳定的直流电压的集成电路，多应用于电源电路中
触发器		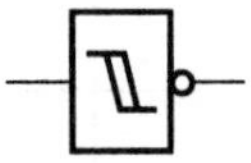	IC或U	符号左为输入端，右为输出端
数模转换器	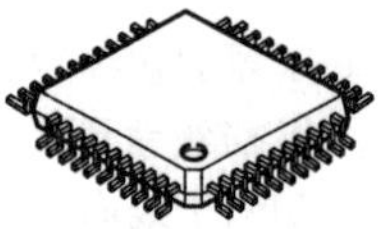	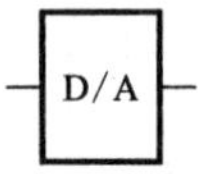 D/A	IC或U	符号左为输入端，右为输出端
模数转换器	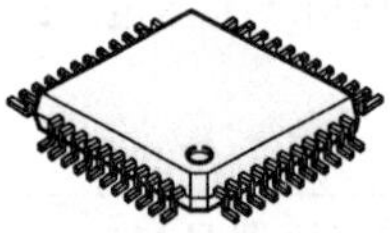	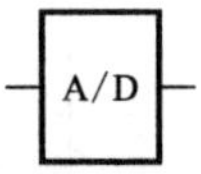 A/D	IC或U	符号左为输入端，右为输出端
音频功率放大器	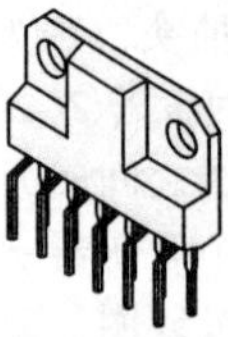	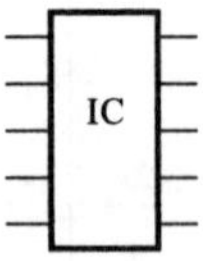 IC	IC或U	具有对音频信号进行放大功能的集成电路，多应用于音频电路中
数字图像处理器	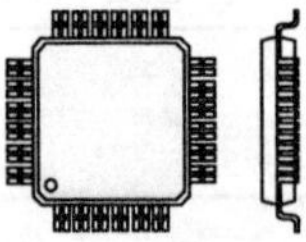	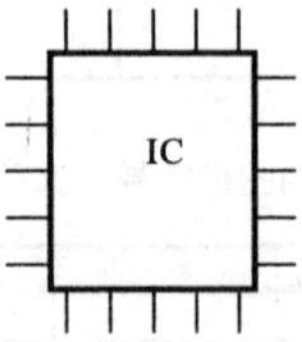 IC	IC或U	大规模的集成电路
微处理器		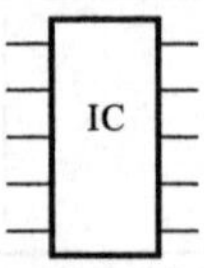 IC	IC或U	大规模的集成电路

表4-10 其他常用电子元器件的图形符号、文字符号及功能

种类及外形结构		图形符号	文字符号	说明
桥式整流堆			VD	其符号右为直流正输出端，左为直流负输出端，上下为交流输入端
晶体			Y或Z	时钟电路中作为振荡元器件
电池			BAT	通常在电路中作为直流电源使用
扬声器			BL	电声元器件，常在电路中作为输出负载使用
光电耦合器			IC	开关电源电路中常用元器件（误差反馈）
熔断器（保险丝）			FB	当电路中出现过流和过载情况时，会迅速熔断，保护电路

4.1.2 电工线路识图的流程和主要事项

（1）电工线路识图的流程

识读电工线路的首要原则是先看说明，对于电气或电路设备有整体的认识后，熟悉电气元器件的电路符号再结合相应的电工、电子电路，电子元器件、电气元器件以及典型电路等知识进行识读。在看电气图的主电路时一般会遵循从下往上、从左到右的识图顺序，即从用电设备开始，经控制元器件顺次而下进行识图，或先看各个回路，搞清电路的回路构成，分析各回路上的元器件所达到的负载和原理。看辅助电路图时，要自上而下，通过了解辅助电路和主电路之间的关系，从而搞清电路的工作原理和流程。顺着电路的流程识图是比较简便的方法。

电工线路识图的基本流程见图4-2。

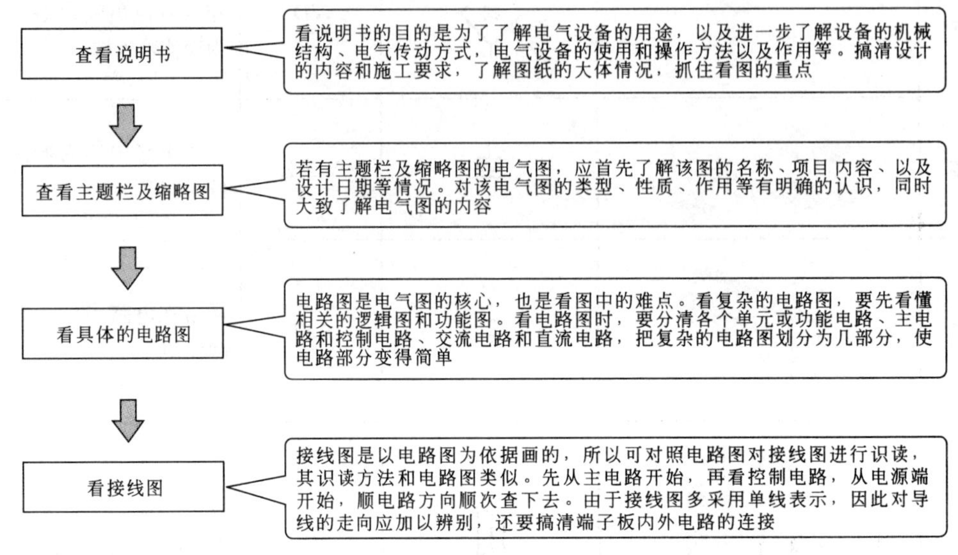

查看说明书
看说明书的目的是为了了解电气设备的用途，以及进一步了解设备的机械结构、电气传动方式，电气设备的使用和操作方法以及作用等。搞清设计的内容和施工要求，了解图纸的大体情况，抓住看图的重点
查看主题栏及缩略图
若有主题栏及缩略图的电气图，应首先了解该图的名称、项目内容、以及设计日期等情况。对该电气图的类型、性质、作用等有明确的认识，同时大致了解电气图的内容
看具体的电路图
电路图是电气图的核心，也是看图中的难点。看复杂的电路图，要先看懂相关的逻辑图和功能图。看电路图时，要分清各个单元或功能电路、主电路和控制电路、交流电路和直流电路，把复杂的电路图划分为几部分，使电路部分变得简单
看接线图
接线图是以电路图为依据画的，所以可对照电路图对接线图进行识读，其识读方法和电路图类似。先从主电路开始，再看控制电路，从电源端开始，顺电路方向顺次查下去。由于接线图多采用单线表示，因此对导线的走向应加以辨别，还要搞清端子板内外电路的连接

图4-2　电工线路识图的基本流程

（2）电工线路识图的注意事项

识读电工线路时，可以结合以下几点的注意事项，遵循一定的原则和识读技巧，一步步的进行分析，从而使电工线路的识图更为快捷。

① 结合电气相关图形符号、标记符号　电气图主要是利用各种电气图形符号来表示其结构和工作原理的。因此，结合上面介绍的电气图形符号等，就可以轻松地对电气图进行识读。

② 结合电工、电子技术的基础知识　在电工领域中，比如输变配电、照明、电子电路、仪器仪表和家电产品等，所有电路等方面的知识都是建立在电工、电子技术基础上的，所以要想看懂电气图，必须具备一定的电工、电子技术方面的知识。

③ 结合典型电路　典型电路是电气图中最基本也是最常见的电路，这种电路的特点是即可以单独的应用，也可以与其他电路中作为关键点扩展后使用。许多电气图都是由很多的典型电路结合而成的。

例如电动机的启动、控制、保护等电路，或晶闸管触发电路等，都是由各个电路组成的。在读图过程中，只要抓准典型电路，将复杂的电气图划分为一个个典型的单元电路，就可以读懂任何复杂的电路图。

④ 结合电气或电子元器件的结构和工作原理　各种电气图都是由各种电气元件或电子元器件和配线等组成的，只有了解各种元器件的结构、工作原理、性能以及相互之间的控制关系，才能帮助电工技术人员尽快地读懂电路图。

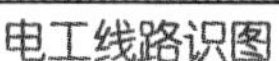
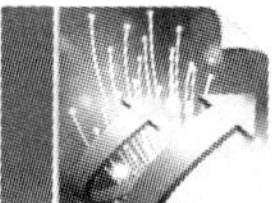

4.2 供电系统电气图的识读

4.2.1 供电系统电气图的识读原则

电能由发电站升压后，经高压输电线将电能传输到城市或乡村。电能到达城市后，会经变电站将几十万至几百万伏的超高压降至几千伏电压后，再配送到工厂企业、小区及居民住宅处的变配电室，再由变配电室将几千伏的电压变成三相380 V或单相220 V交流电压输送到工厂车间和居民住宅。

要想对一个场所的供电系统有所了解，电工人员需要首先借助于该场所的整体供电系统电气图，通过对相关电气图的识读，从而了解整个场所供电系统所涉及的范围、部件、布线原则及线路走向等相关信息。

根据供电范围和供电需求的不同，不同环境所设计的供电系统均不相同，因此各供电系统电气图之间无明显相关性。在对一个场所的供电系统电气图进行识读时，通常需借助于很多的相关图纸，从不同的电路图纸中，了解该电路的主要功能；再根据相关电路的结构图，熟悉电路中涉及的电器部件，识读各部件之间的线路走向，建立对整个供电系统结构的初步了解。

之后，可继续从该供电系统的整体供电线路连接图和供电设备整体结构图入手，对其进行分析。在掌握了供电线路的基本流程后，可遵循从下往上、从左到右的识图顺序，对以上电路的整体流程和各部件之间电压的转换关系进行逐步识读，完成对整个供电系统电气图的具体分析、识读。

4.2.2 供电系统电气图的识读方法

不同的供电系统，所采用的变配电设备和电路结构也不尽相同，对供电系统电气图的识读，首先要了解供电系统电气中的主要部件的电路符号和功能特点，然后按信号流程对电路进行逐步识读。

下面我们以典型变压器配电室的供电系统电气图为例，向读者详细讲解对于该类电路的识读方法。

典型变配电室电路结构见图4-3。

该电路主要是由高压电能计量变压器、断路器、真空断路器、计量变压器、变流器、高压三相变压器、高压单相变压器、高压补偿电容等部件组成的。

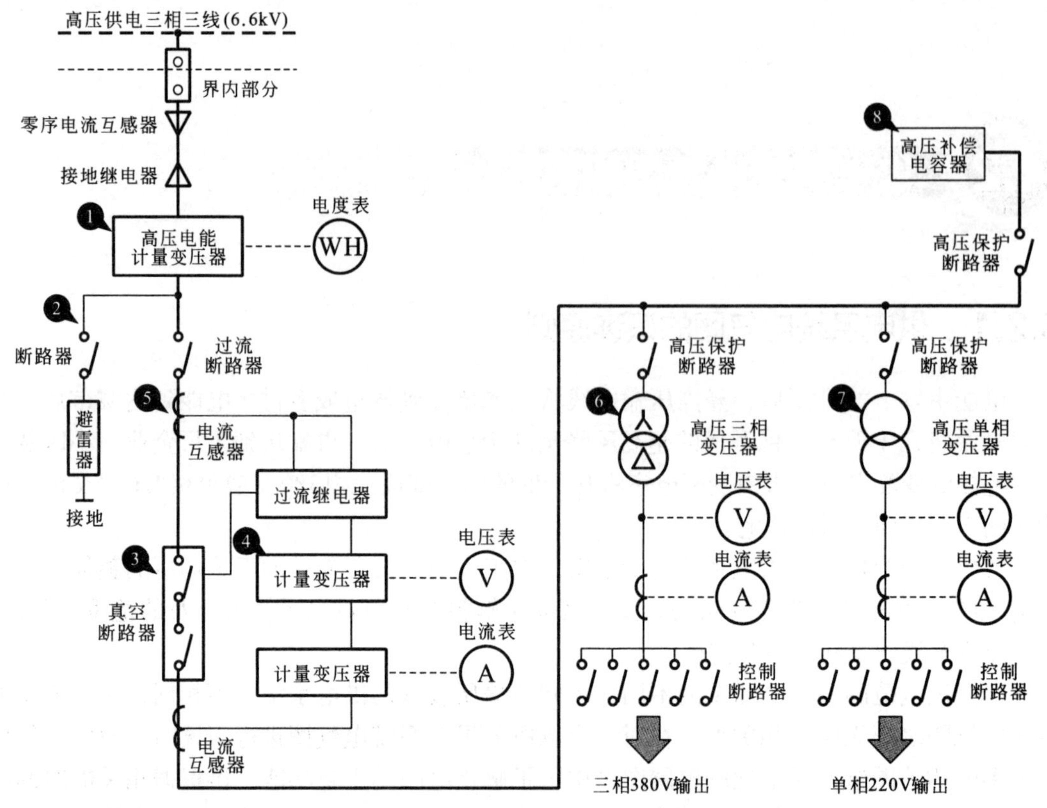

图4-3　典型变配电室电路结构

① 三相三线高压首先经高压电能计量变压器送入，该变压器主要功能是驱动电度表测量用电量的设备。电表通常设置在面板上，便于相关工作人员观察记录。

② 线路中的断路器是具有过流保护功能的开关装置，开关装置可以人工操作，其内部或外部设有过载检测装置，当电路发生短路故障时，断路器会断路以保护用电设备，它相当于普通电子产品中带保险丝的切换开关。

③ 真空断路器相当于变配室的总电源开关，切断此开关可以进行高压设备的检测检修。

④ 计量变压器用来连接指示电压和指示电流的表头。以便相关工作人员观察变电系统的工作电压和工作电流。

⑤ 变流器即电流互感器是检测高压线流过电流大小的装置，它可以不接触高压线而检测出电路中的电压和电流，以便在电流过大时进行报警和保护。这种变流器是通过电磁感应的方式检测高压线路中流过的电流大小。

⑥ 高压三相变压器是将输入高压（7000 V以上）变成三相380 V电压的变压器，通常为工业设备的动力供电。该变电系统中使用了两个高压三相380 V输出的变压器，分成两组输出。一组用电系统中出现故障不影响另一系统。

⑦ 高压单相变压器是将高压变成单相220 V输出电源的变压器，通常为照明和普通家庭供电。

⑧ 高压补偿电容是一种耐高压的大型金属壳电容器，它有三个端子，内有三个电容器，外壳接地三个端子分别接在高压三相线路上，与负载并联，通过电容移相的作用进行补偿，可以

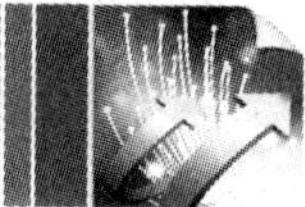

提高供电效率。

这种结构关系图更多的反应供电系统电气图的组成和主要功能。对于电气信号的流程更多的会从电气连接图中进行识读。

典型供配电线路连接图见图4-4。

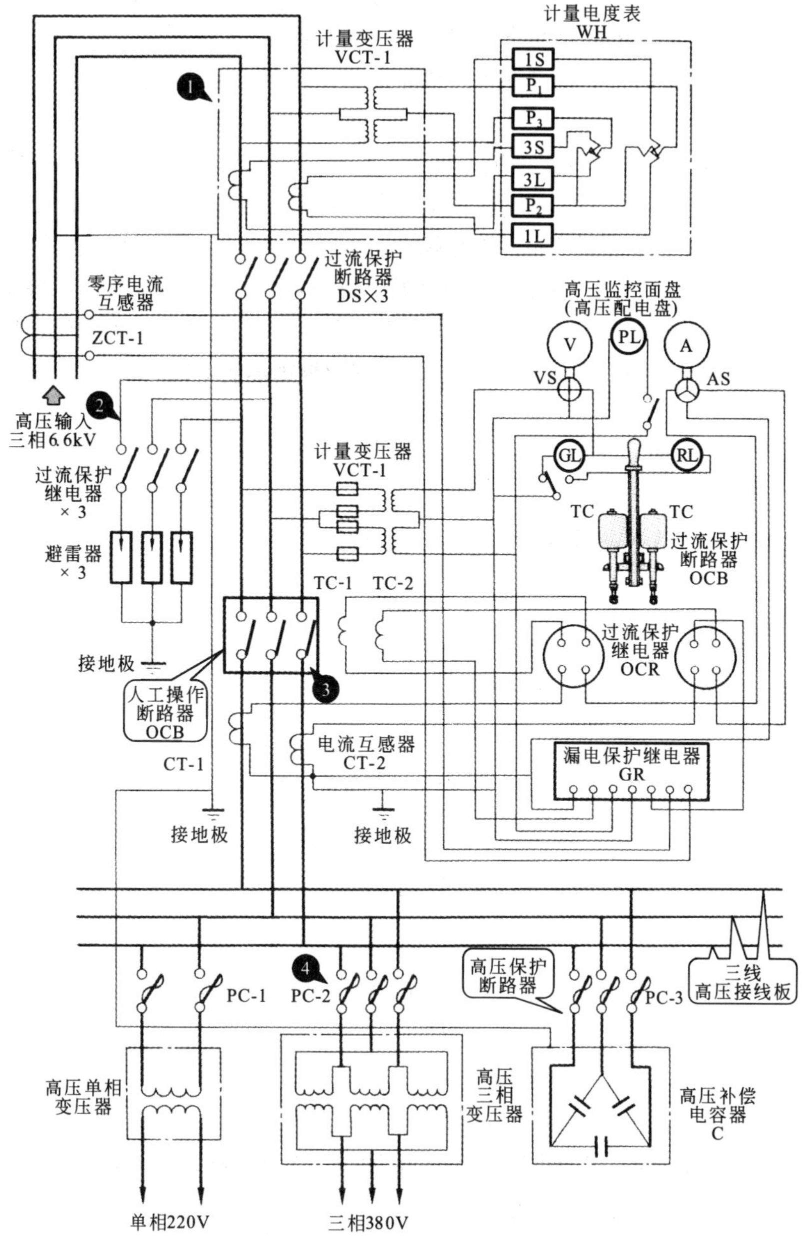

图4-4　供配电线路连接

① 高压三相6.6 kV电源输入后，首先经过零序电流互感器（ZCT-1），检测在负载端是否有漏电故障发生。零序电流互感器的输出送到漏电保护继电器，如果有漏电故障发生，继电器会将过流保护断路器的开关切断进行保护。

② 接着电源经计量变压器（VCT-1），计量变压器（VCT-1）的输出接电度表，用于计量所有负载（含变配电设备）的用电量。经计量变压器（VCT-1）后电路送到过流保护继电器，当过流时熔断。

③ 人工操作断路器（OCB）中设有电磁线圈（CT-1和CT-2），在人工操作断路器的输出线路中设有2个电流互感器（CT-1、CT-2）。电流互感器（CT-1和CT-2）设在交流三相电路中的两条线路中进行电流检测，它的输出也送到漏电保护继电器中，同时送到过流保护继电器中，经过流保护继电器为人工操作断路器中的电磁线圈（CT-1和CT-2）提供驱动信号，使人工操作断路器自动断电保护。

④ 最后，三相高压加到高压接线板（高压母线）上，高压接线板通常是由扁铜带或粗铜线制成，便于设备的连接。电源从高压接线板分别送到高压单相变压器、高压三相变压器和高压补偿电容器中。在变压器电源的输入端和高压补偿电容器的输入端分别设有高压保护继电器（PC-1、PC-2和PC-3），进行过流保护。高压单相变压器的输出为单相220 V，高压三相变压器的输出为三相380 V。单相220 V可作为照明用电，三相380 V可作为动力用电，也可送往住宅为楼内单元供电。单相变压器和三相变压器的数量可以根据需要增减。

4.2.3 供电系统电气图的识读训练

（1）室外配电箱引入室内配电盘电路的识读训练

室外配电箱引入室内配电盘电路见图4-5。

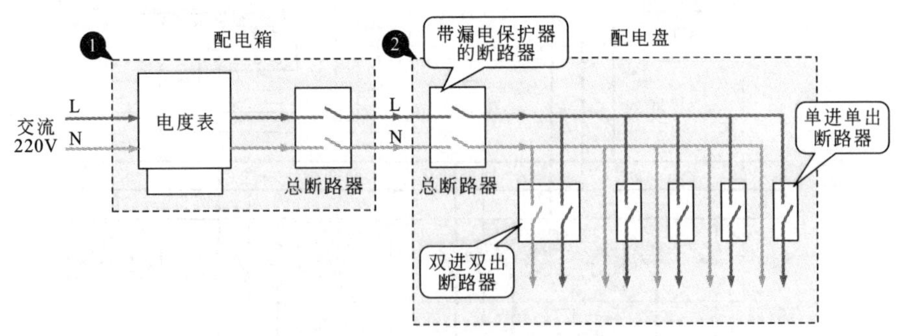

图4-5 室外配电箱引入室内配电盘电路

室外配电箱引入室内配电盘电路主要是由电度表、总断路器、带漏电保护的断路器、双进双出断路器和单进单出断路器等部件组成的。

① 交流220 V进入室外配电箱接入电度表对其用电量进行计量，通过总断路器对主干供电线路上的电力进行控制，然后将其220 V供电电压送入室内配电盘中，分成各支路经断路器后，

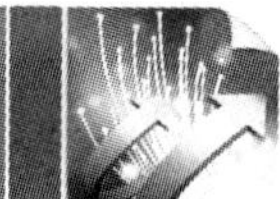

传送到各个家用电器中。

② 进入室内后，供电电路根据所使用的电器设备的不同，可以分为小功率供电线路和大功率供电线路两大类。其中小功率供电线路和大功率供电线路没有明确的区分界限，通常情况下，将功率在1000 W以上的电器所使用的电路称之为大功率供电线路，1000 W以下的电器所使用的电路称之为小功率供电线路。

（2）农村蔬菜大棚照明控制电路的识读训练

农村蔬菜大棚照明控制电路见图4-6。

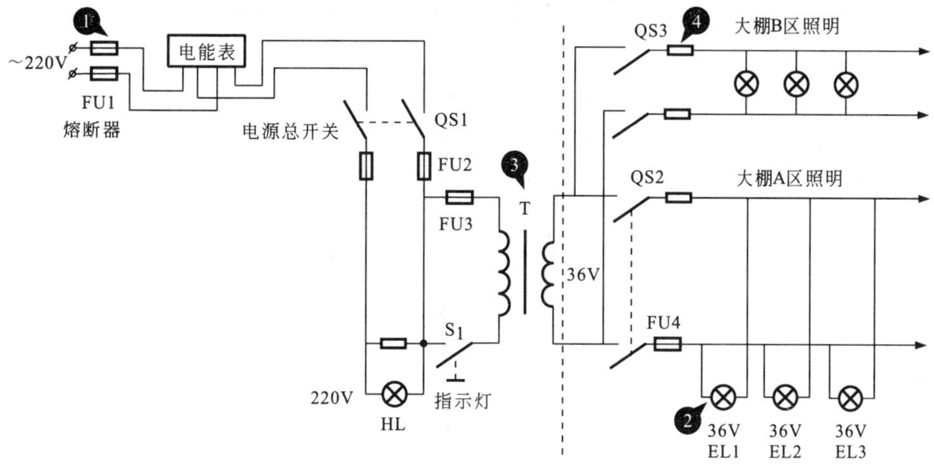

图4-6 蔬菜大棚照明控制电路

蔬菜大棚照明控制电路主要是由交流输入电路、降压变压器T、照明灯电路等部分构成的。

① 交流220 V电源经保险丝和电能表后送入大棚，首先送到总电源开关QS1。

② 照明灯采用36 V灯泡，根据大棚的面积选择灯泡的数量。

③ 36 V交流电源是由降压变压器T提供的，交流降压变压器的初级绕组由220 V电源经启动开关S1控制。接通S1开关则变压器T初级绕组中有电压输入，次级绕组便有36 V输出。

④ 在降压变压器的次级输出电路中，设有两个开关QS2、QS3，这两个开关可以分别控制两个区域照明灯的供电。

4.3 电气控制线路图的识读

4.3.1 电气控制线路图的识读原则

电气控制线路图主要包括计算机控制线路、电动机控制线路、机床控制线路、起重机控制线路、自动生产线控制等设备的电路图纸，根据电路控制方向的不同，其具体的电路结构和功能都各有不同，但从驱动和控制电路的角度来说，其结构和所使用的电路元器件是相同的。

对电气控制线路进行识读时，我们首先要了解该电气控制线路的特点和基本工作流程。结合具体电路熟悉电路的结构组成，了解电路中主要部件的功能、特点。依据电路中主要的元器件的功能特点，对整体电路进行电路单元的划分。顺信号流程，通过对各电路单元的分析，完成对整体线性电源电路的识读方法。

4.3.2　电气控制线路图的识读方法

下面我们以典型点动控制电路中电动机运行电路为例，来向大家讲解关于电气控制线路图的基本识读方法。

在建筑行业中，常常需要电动机做短时且断续工作，如起重机的升降控制、吊车上下左右的移动控制等，因此在建筑行业中三相异步电动机通常采用点动控制。所谓点动控制是指当按下开关按钮时电动机就动作，松开开关按钮时电动机就停止动作。点动控制方式是通过点动按钮直接与接触器的线圈串联实现的。

在对该电路进行识读时，我们可首先建立电路图中的主要元器件与实物的对应关系，以便为之后的识图过程打下基础。

三相异步电动机点动控制电路主要部件见4-7。

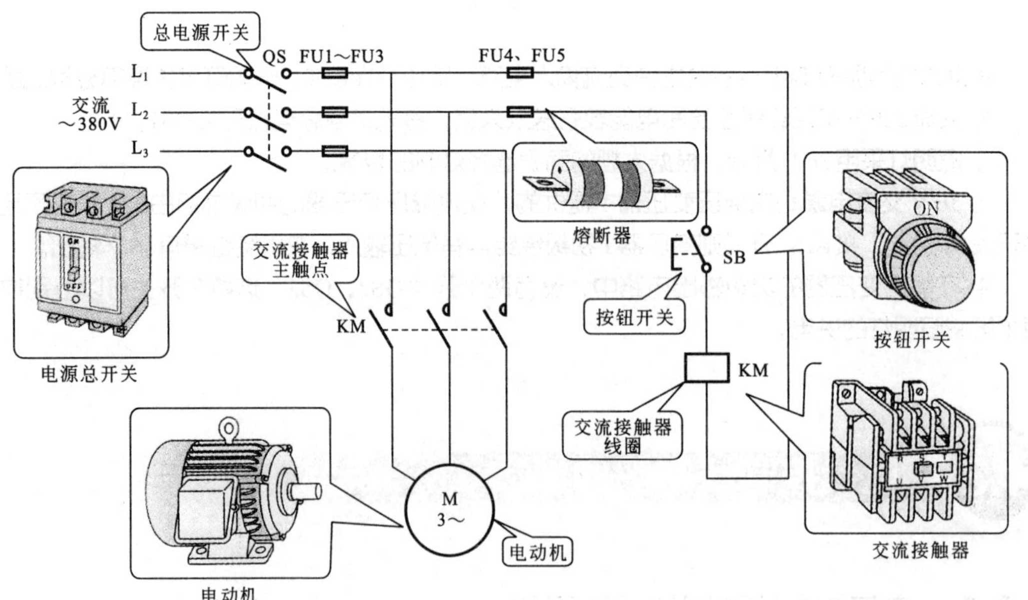

图4-7　三相异步电动机点动控制线路主要部件

三相异步电动机点动控制电路主要由电动机供电电路及控制电路构成。其中电动机供电电路是由总电源开关QS、熔断器FU1 ~ FU3、交流接触器KM的主接触点以及电动机M等构成的；控制电路由熔断器FU4、FU5、按钮开关SB、交流接触器KM的线圈等构成的。

熔断器FU1 ~ FU5起保护电路的作用，其中FU1 ~ FU3为主电路熔断器，FU4、FU5为支路熔断器。在电动机点动运行过程中，若L_1、L_2两相中的任意一相熔断器熔断，接触器线圈就会因失电而被迫释放，从而使电动机切断电源停止运转。另外，若接触器的线圈出现短路等故障时，支路熔断器FU4、FU5也会因过流熔断，从而切断电动机电源起到保护电路的作用，如采用具有过流保护功能的交流接触器，则FU4、FU5可以省去。

在了解了主要部件和各部件的相关功能后，我们可对电路的基本信号流程进行逐步的了解和识读。

三相异步电动机点动控制电路中电动机启动过程见4-8。

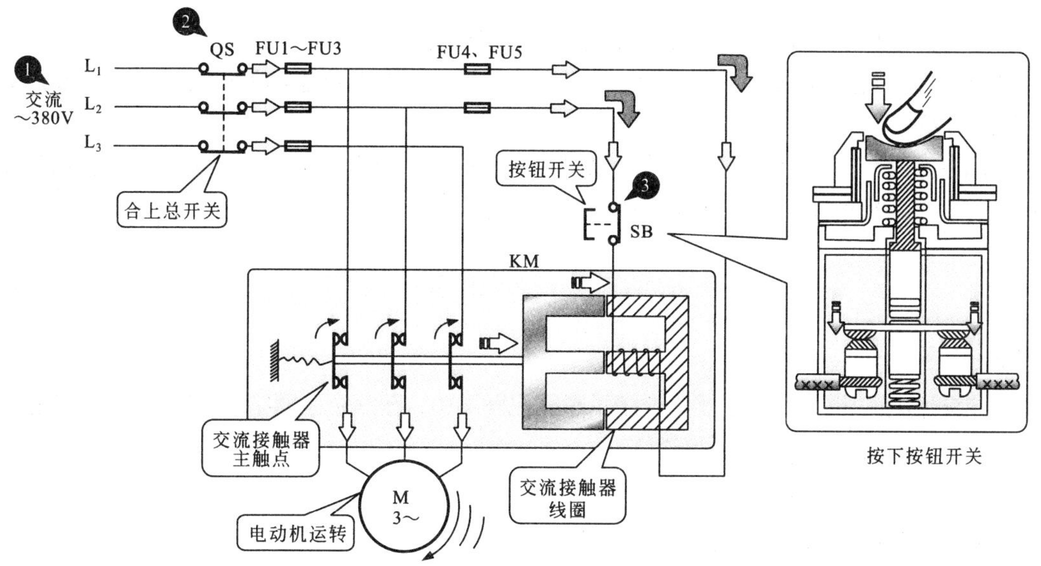

图4-8　三相异步电动机点动控制电路中电动机启动过程

① 三相异步电动机需要交流三相380 V电源供电。

② 当电动机需要点动控制动作时，先合上总电源开关QS，此时电动机M并未接通电源而处于待机状态。

③ 当按下按钮开关SB时，交流接触器线圈KM得电，使交流接触器内部的衔铁吸合，并带动交流接触器主触点闭合，此时电动机M得电开始运转。

三相异步电动机点动控制线路中电动机停机过程见图4-9。

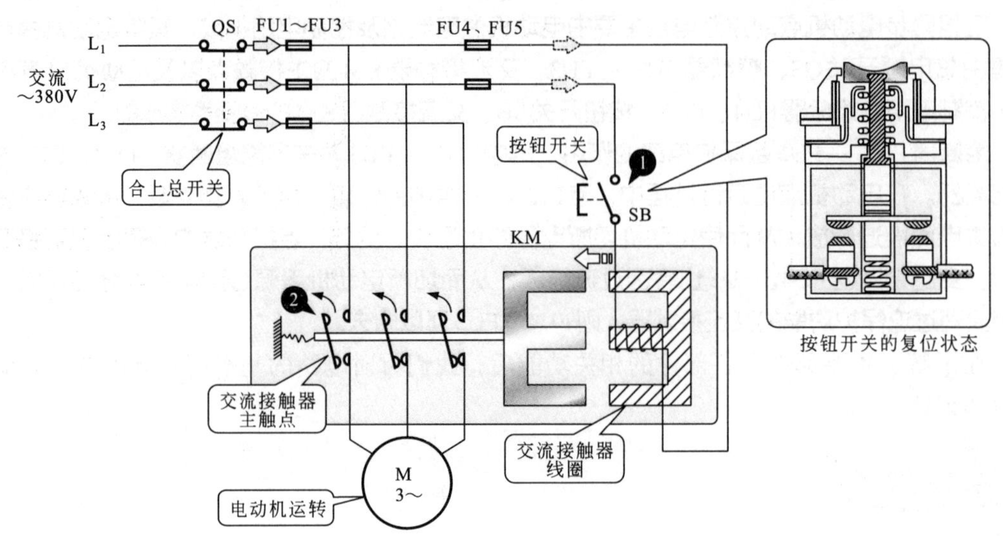

图4-9　三相异步电动机点动控制线路中电动机停机过程

① 当松开启动按钮SB时，交流接触器KM线圈断电。

② 衔铁从吸合状态恢复到常开状态，从而接触器主触点也恢复到常开状态，此时电动机因失电停止转动。

如此控制按钮开关SB的通断，即可实现控制电动机电源的通断，从而实现电动机的点动控制。电动机的运行时间完全由按钮开关SB按下的时间决定。

三相异步电动机点动控制线路连接示意图见图4-10。在高空吊篮中，提升机中的三相异步电动机是通过点动控制线路进行连接的。

4.3.3　电气控制线路图的识读训练

4.3.3.1　典型三相交流电动机正、反转控制电路的识读训练

在建筑工程中，通常会涉及一些需要进行调整所载重物上升或下降高度的设施，如提升机、悬吊平台、自动吊篮等。以上功能通常是由电动机的正、反转控制电路来实现的，该电路是指能够使电动机实现正、反两个方向运转的电路，通常应用于需要运动部件进行正、反两个方向运动的环境中，从而实现工程设备的相关操作。

典型三相交流电动机正、反转控制电路见图4-11。

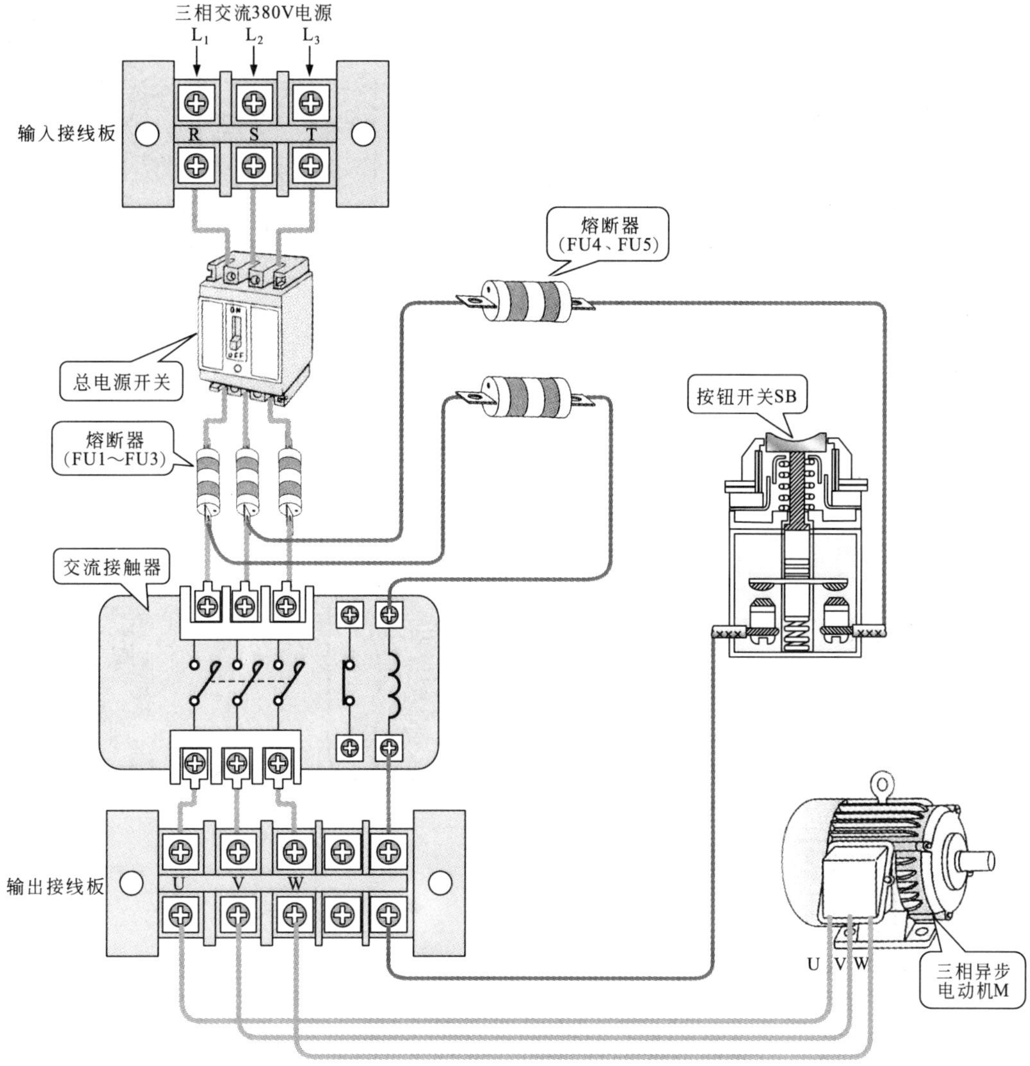

图4-10　三相异步电动机点动控制线路连接

该电路主要由电动机供电电路和控制电路两部分构成。其中供电电路是由电源总开关QS、熔断器FU1 ~ FU3、交流接触器KMF、KMR的常开触点（KMF-1、KMR-1）、过热保护继电器KM1以及三相交流电动机M等构成的；控制电路是由熔断器FU4、FU5、控制电路部分的停止按钮SB1，正转启动按钮SB3、反转启动按钮SB2，交流接触器KMF、KMR的线圈，自锁触点（KMF-2、KMR-2）和常闭触点（KMF-3、KMR-3）等构成。

（1）正转启动过程

典型三相交流电动机正、反转控制电路正转启动过程见图4-12。

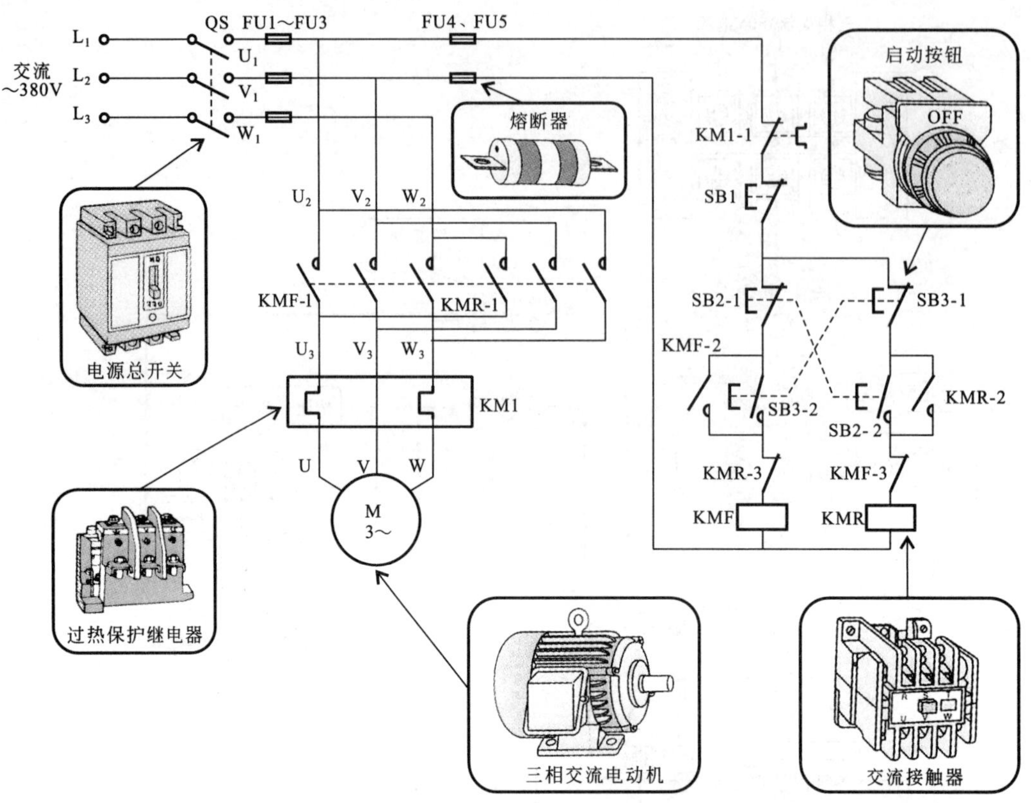

图4–11　典型三相交流电动机正、反转控制电路

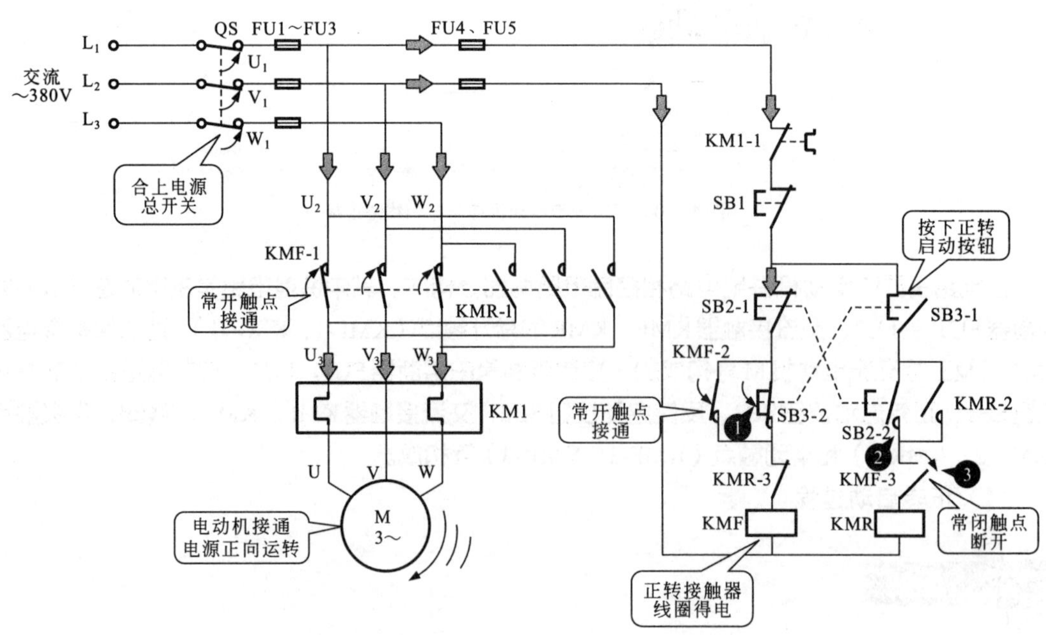

图4–12　典型三相交流电动机正转启动过程

① 合上电源总开关QS，按下正转启动按钮SB3-2，常闭触点SB3-1断开，断开电动机反向运转。

② 常闭触点SB3-2接通，正转交流接触器KMF线圈得电，常开触点KMF-2接通，实现自锁功能。

③ 之后，常闭触点KMF-3断开，防止反转交流接触器KMR得电，常开触点KMF-1接通，此时电动机接通的相序为L_1、L_2、L_3，电动机正向运转。

（2）反转启动过程

典型三相交流电动机正、反转控制电路反转启动过程见图4-13。

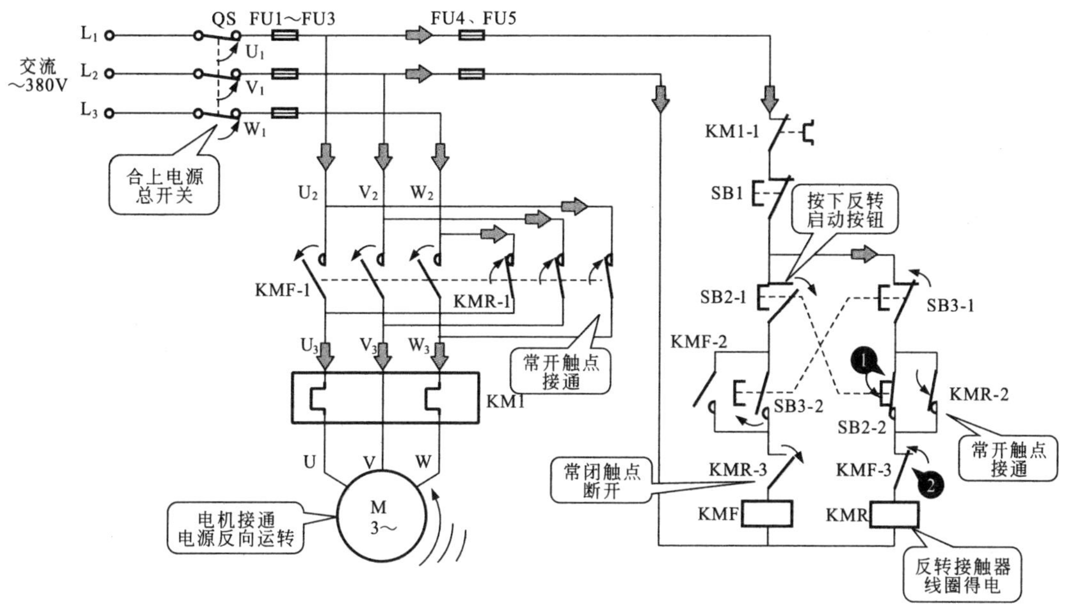

图4-13　典型三相交流电动机反转启动过程

① 当电动机需要反转启动工作时，按下反转启动按钮SB2-2，常开触点SB2-1断开，正转交流接触器KMF线圈失电，触点全部复位，断开正向电源。

② 常闭触点KMF-3接通，反转交流接触器KMR线圈得电，常开触点KMR-2接通实现自锁功能，常闭触点KMR-3断开，防止正转交流接触器KMF得电，常开触点KMR-1接通，此时，电动机接入三相电源的相序为L_3、L_2、L_1，电动机反向运转。

（3）停机过程

当电动机需要停机时，按下停止按钮SB1，不论电动机处于正转运行状态还是反转运行状态，接触器线圈均断电，电动机停止运行。

三相交流电动机的正、反转控制电路通常采用改变接入电动机绕组的电源相序来实现，从图中可看出该电路中采用了两只交流接触器（KMF、KMR）来换接电动机三相电源的相序，同时为保证两个接触器不能同时吸合（否则将造成电源短路的事故），在控制电路中采用了按钮和接触器联锁方式，即在接触器KMF线圈支路中串入KMR的常闭触点，KMR线圈支路中串入KMF常闭触点，并将正、反转启动按钮SB2、SB3的常闭触点分别与对方的常开触点串联。

4.3.3.2 典型三相交流电动机联锁控制电路的识读训练

电动机的联锁控制电路是指对电路中的各个电动机的启动顺序进行控制，因此，也称为顺序控制电路。通常应用在要求某一电动机先运行，另一电动机后运行的设备中。

典型三相交流电动机的联锁控制电路见图4-14。

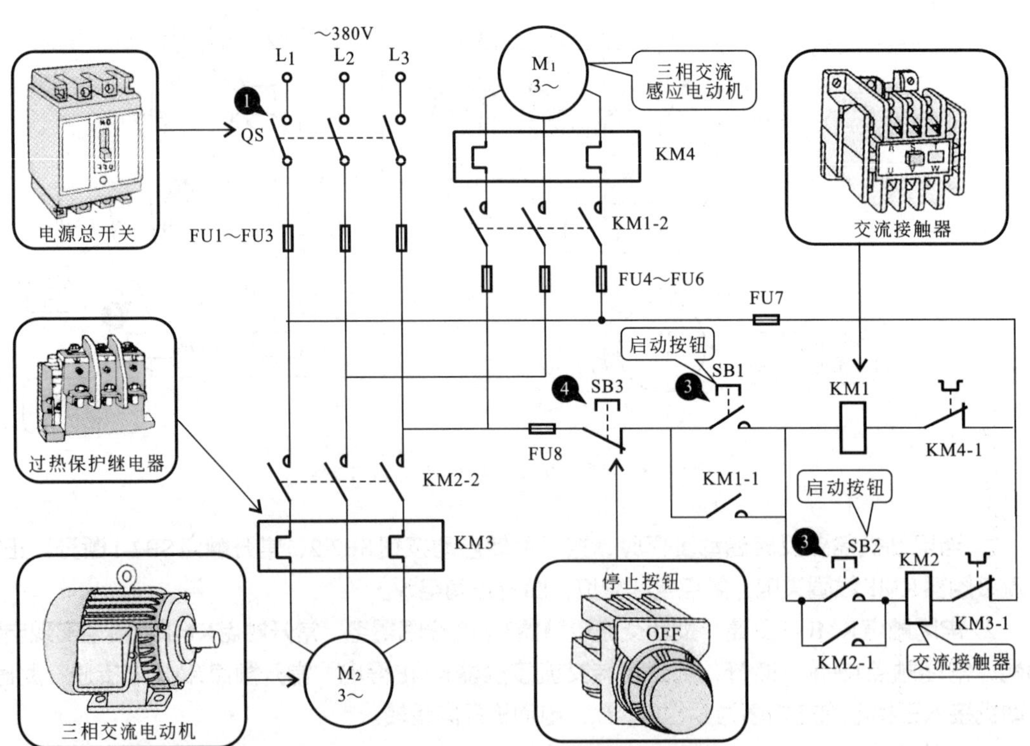

图4-14 典型三相交流电动机的联锁控制电路

该电路主要由电源总开关QS，**启动按钮**SB1、SB2，**停止按钮**SB3，**熔断器**FU1 ~ FU8，**交流接触器**KM1、KM2，**过热保护继电器**KM3、KM4，**三相交流电动机**M_1、M_2**等构成。**

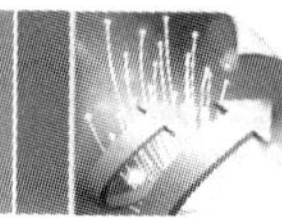

（1）启动过程

① 合上电源开关QS，按下启动按钮SB1，交流接触器KM1线圈得电，常开触点KM1-1接通实现自锁功能，KM1-2接通，电动机M_1开始运转。

② 当按下启动按钮SB2时，交流接触器KM2线圈得电，常开触点KM2-1接通，实现自锁功能，KM2-2接通，电动机M_2开始运转。

③ 当未按下启动按钮SB1时，电动机M_2不能启动工作，只有电动机M_1启动工作后，按下启动按钮SB2，电动机M_2才可启动工作，从而达到顺序启动控制的目的。

（2）停机过程

当两台电动机需要停机时，按下停止按钮SB3，交流接触器KM1、KM2线圈失电，所有触点全部复位，电动机M_1、M_2停止运转。

4.4 电子电路图的识读

4.4.1 电子电路图的识读原则

通常，常用的电子电路图主要有电原理图、方框图、元器件分布图、印制线路板图和装配图五种类型。其中，我们俗称的“电路图”主要就是指电原理图，下面我们具体介绍该类电路图的特点及识图方法。

电原理图是我们最常见到的一种电子电路图，它是由代表不同电子元器件的电路符号构成的电子电路，根据其具体构成又可分为整机电路图和单元电路图。

（1）整机电路图的识读原则

整机电路图是指通过一张电路图纸便可将整个电路产品的结构和原理进行体现的原理图。通过了解该图中各图形符号所表示的含义，以及对该电路的识读，便可以了解该电子产品的结构组成和各个电子器件之间的关系。

典型的袖珍式收音机电路见图4-15，该图直接体现了该收音机的结构和工作原理。

① 天线线圈L_1与可变电容TC1构成谐振电路，该电路具有选频功能，调整电容可以与广播电台发射的信号谐振。

② 谐振信号经电容C1耦合到场效应晶体管VT1的栅极（G），场效应管具有增益高、噪声低的特点，它将收到的信号放大后经电容C3耦合到放大检波晶体管VT2的基极（B），再经放大和检波后将广播电台的音频信号提取出来，经电位器VP1送到耳机中。

整机电路图包括了整个电子产品所涉及的所有电路，因此可以根据该电路从宏观上了解整个电子产品的信号流程和工作原理，对于探究、分析、检测和检修产品提供了重要的理论依据。

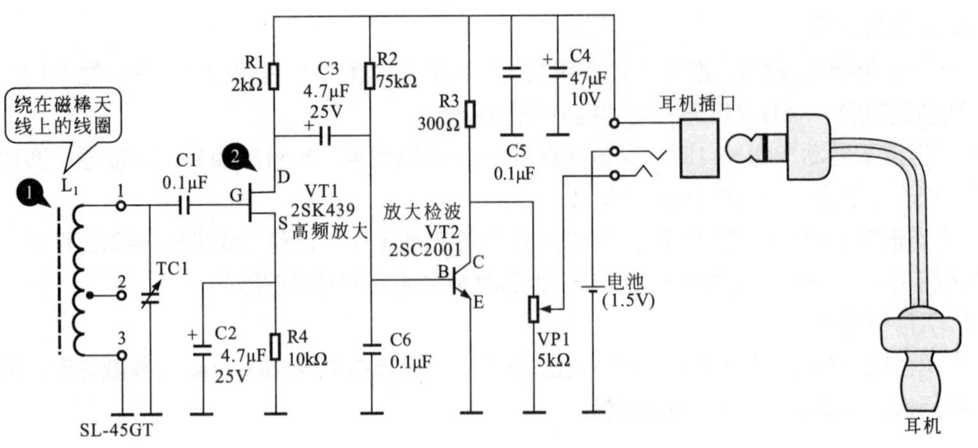

图4-15　小型收音机电原理

扩展

整机电路图具有以下特点和功能。

- 电路图中包含元器件最多，是比较复杂的一张电路图。
- 表明了整个产品的结构、各单元电路的分割范围和相互关系。
- 电路中详细的标出了各元器件的型号、标称值、额定电压、功率等重要参数，为识读其具体功能、检修和更换元器件提供了重要的参考数据。

另外，许多整机电路原理图中还给出了关键测试点的直流工作电压，能够认识和准确识读这些信息，对理解该电路原理或检修电路故障起到了很重要的作用。

- 复杂的整机电路原理图一般通过各种接插件建立关联，识别这些接插件的连接关系更容易理清电子产品各电路板与电路板模块之间的信号传输关系。
- 对于同类电子产品的整机电路原理图具有一定的相似之处，因此可通过举一反三的方法练习识图；而对不同种类的产品，其整机电路原理图相差很大，但若能够真正掌握识读的方法，也能够做到"依此类推"。

（2）单元电路图的特点及应用

单元电路是电子产品中完成某一个电路功能的最小电路单位。它可以是一个控制电路，或某一级的放大电路等，该类电路是构成整机电路图的基本元素。

单元电路中一般只画出了与其功能相关的部分，而省去了无关的元器件和连接线、符号等，相比整机电路来说比较简单、清楚，有利于排除外围电路影响，实现有针对性地分析和理解。

电磁炉电路中直流电源供电电路部分见图4-16。

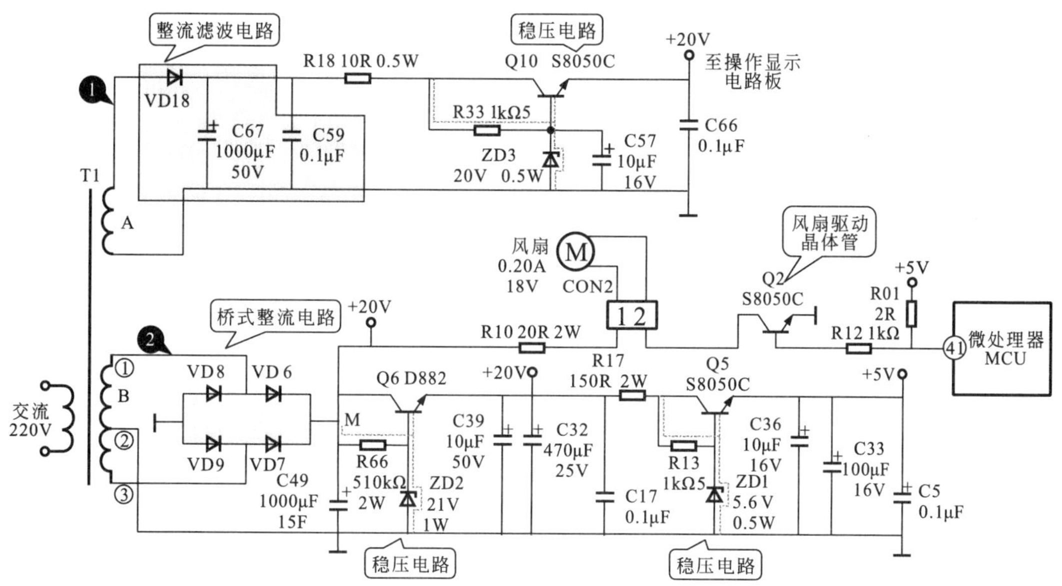

图4-16　电磁炉电路中直流电源供电电路部分

该电路为整个电磁炉电原理图中的一个功能单元，它实现了将220 V市电转化为多路直流电压的变换过程，对于该单元电路，与其他电路部分的连接处用一个小圆圈代替，排除了其他部分的干扰，可以很容易地对这一个小电路单元进行分析和识读。

① 交流220V进入降压变压器T1的初级绕组，其次级绕组A经半波整流滤波电路（整流二极管VD18、滤波电容C67、C59）整流滤波后，再经Q10稳压电路稳压后，为操作显示电路板输出20 V供电电压。

② 降压变压器的次级绕组B中有3个端子，其中①和③两个端子经桥式整流电路（VD6 ~ VD9）输出直流20V电压，该直流电压在M点上分为两路进行输送，即一路经插头CON2为散热风扇供电；另一路送给稳压电路，晶体管Q6的基极设有稳压二极管ZD5，经ZD5稳压后晶体管Q6的发射极输出20V电压，该电压再经Q5稳压电路后，输出5V直流电压。

扩展

通过上面对该单元电路的分析可以知道，识读电路不仅需要了解识读的方法、技巧和步骤，熟悉各种元器件的电路符号和电路功能也是至关重要的。如上面的变压器，需要了解其基本电路符号和电路功能，才能进行下一步识读，由此也可以看到识图前首先熟悉基本元器件电路符号的必要性。

● 单元电路是由整机电路分割出来的相对独立的整体，因此，其一般都标出了电路中各元器件的主要参数，如标称值、额定电压、额定功率或型号等。

● 单元电路通常对输入和输出部分进行简化，一般会用字母符号表示，该字母符号会与其所连接的另一个单元电路字母符号完全一致，表明在整机中这两个部分是进行连接的。

● 很多时候一个单元电路主要是由一个集成电路和其外围的元器件构成的，也称该类单元电路图为集成电路应用原理图。

在电路中通常用方形线框标识集成电路，并标注了集成电路各引脚外电路结构、元器件参数等，从而表示了某一集成电路的连接关系。如有必要可通过集成电路手册了解集成电路内部电路结构和引脚功能。

提示

单元电路相对简单一些，且电路中各元器件之间采用最短的线进行连接，而实际的整机电路中，由于要考虑到元器件的安装位置，有时候一个元器件可能会画得离其所属单元电路很远，由此电路中连线很长且弯弯曲曲，对识图和理解电路造成困扰。但整机电原理图的整体性和宏观性又是单元电路所不及的，因此掌握其各自的特点和功能对进一步学习识图很有帮助。

4.4.2 电子电路图的识读方法

在对该电路进行识读分析时，我们首先要了解该电路的基本组成，找该电路中典型元器件构成的功能电路，对其在整个电路中的功能进行识读，最后完成整个电路的识图过程。下面我们以实际的电子电路为例，来向大家详细讲解该类电路的具体识读方法。

提示

一个简单的直流稳压电源电路见图4-17。

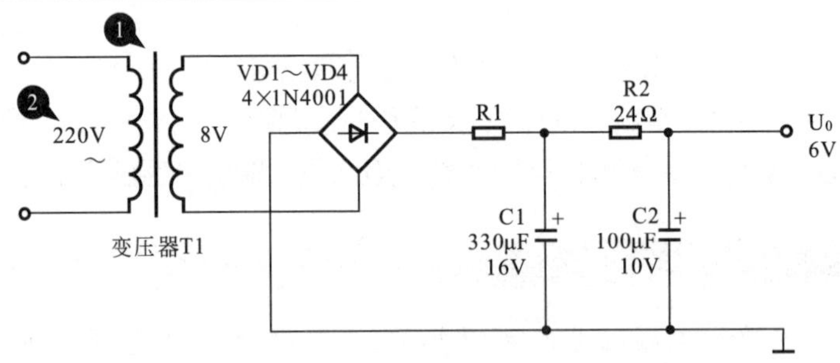

图4-17　简单的直流稳压电源电路

该电路主要是由变压器T1、桥式整流堆VD1 ~ VD4、电阻器R1、R2、电容器C1、C2等部分构成的。

① 变压器T为降压变压器，将交流220 V变为交流8 V电压；电阻器与电容器构成了RC滤波电路。

② 根据图中输入端“~ 220 V”和输出端“6 V”的文字标识可知，该电路主要实现了将交流220 V转换为直流6 V的过程。了解了其整体功能后，便可对其进行具体识读了。交流220 V变压器降压后输出8 V交流低压，8V交流电压经桥式整流电路

输出约11 V直流电压，该电压经两级RC滤波后，输出较稳定的6 V直流电压。

4.4.3 电子电路图的识读训练

（1）小功率可变直流稳压电源电路的识读训练

小功率可变直流稳压电源电路见图4-18。

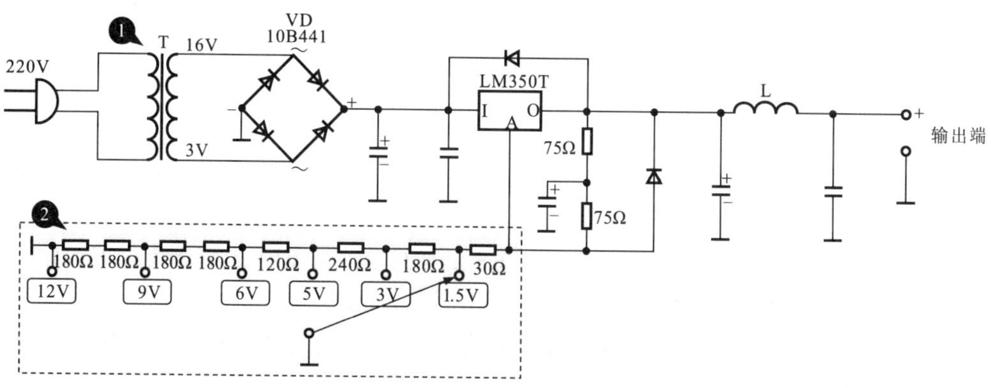

图4-18 小功率可变直流稳压电源电路

该小功率可变直流稳压电源电路主要是由变压器T、桥式整流堆VD、稳压器LM350T、8只串联在一起的电阻器等部分构成的。

① 变压器T、桥式整流堆VD、稳压器LM350T及其外围电路主要实现该电路交流到直流的转换过程；8只串联的电阻器构成了该电路的分压电路，用于稳压器的调整端（A），来控制其输出端输出的电压值。

② 由8个电阻器组成的串联电路实现分压功能，在该部分又设有六个输出点，当开关打在不同的输出点上时，可以提供图中6组电压数值输出，进而实现输出直流电压可变的功能。

例如，当开关打在30Ω电阻器左侧输出点时，相当于将一个30Ω的电阻器接在稳压器调整端，其他7只电阻器被短路，控制稳压器输出端输出1.5 V电压；当开关打在180Ω电阻器左侧输出点时，相当于将一个30Ω的电阻器和一个180Ω电阻器串联后接在稳压器调整端，其他6只电阻器被短路，控制稳压器输出端输出3 V电压，依此类推，当开关置于不同的输出端上时，可控制稳压器LM350T输出1.5 V、3 V、5 V、6 V、9 V、12 V六种电压值。

（2）典型的袖珍式单波段收音机电路的识读训练

典型的袖珍式单波段收音机电路见图4-19。

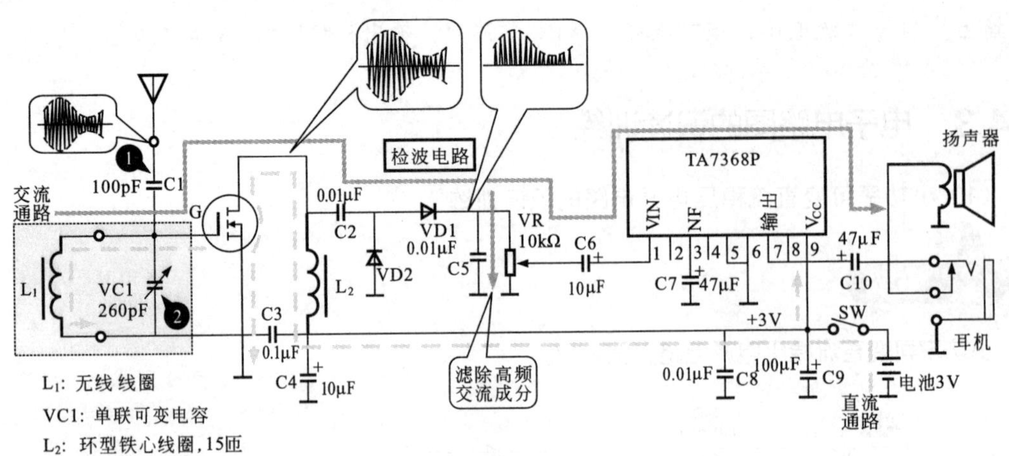

图4-19　典型的袖珍式单波段收音机电路

该电路主要是由天线、LC并联谐振电路（L_1、VC1）、场效应晶体管放大器以及后级电路等部分构成的。

① 由天线感应的中波广播信号经电容C1耦合到电路中，首先经LC谐振电路选频后，将合适频率的信号送到场效应晶体管的栅极，经放大后由漏极输出。

② 该电路中接收部分为高频信号的接收电路，一般可选用空气介质的单联可变电容器VC1，VC1为可调电容器与电感器L1构成LC调谐选台电路，微调电容器（调台旋钮）即可选择不同频率的电台信号。

第5章 常用电工仪表及工具的使用

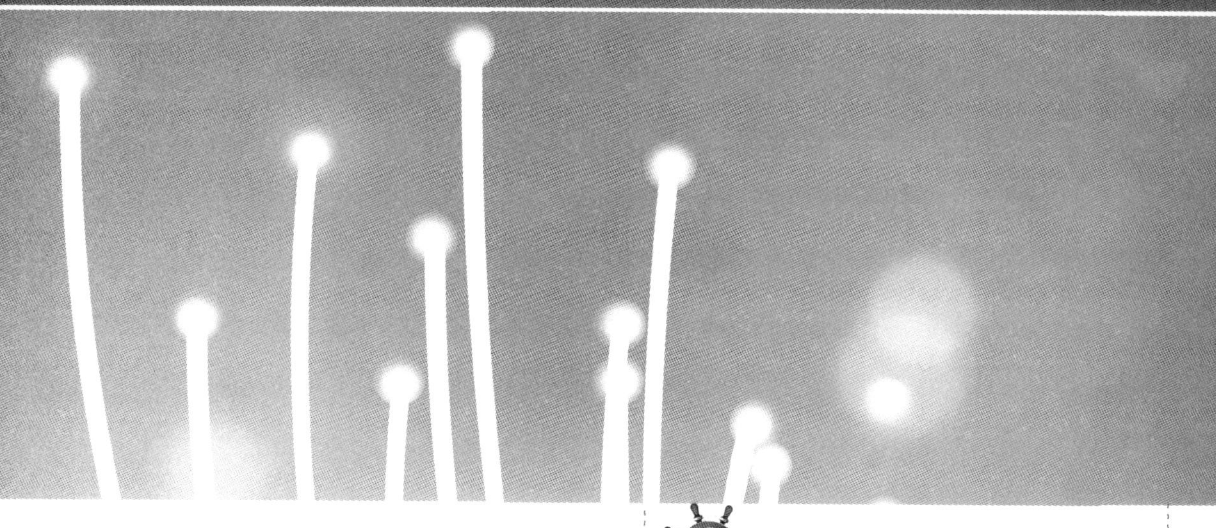

目标

本章主要的目标是让读者了解常用电工仪表的使用方法和实际应用中的检测。通过对电工仪表使用方法的学习，可以应用到实际的检测中。通过学习和实践，了解并掌握电工仪表在电工检测中的应用。

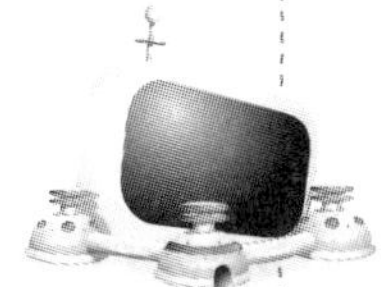

5.1 万用表的使用

万用表是一种多功能、多量程的便携式仪表，是电子、电气产品维修过程中不可缺少的测量仪表之一。通常万用表可以测量直流电流、交流电流、直流电压、交流电压和电阻值，有些万用表还可测量三极管的放大倍数，频率、电容值、逻辑电位、分贝值等。

5.1.1 万用表的使用方法

目前，最常见的万用表主要有模拟式万用表和数字式万用表两种，其典型实物外形见图5-1。

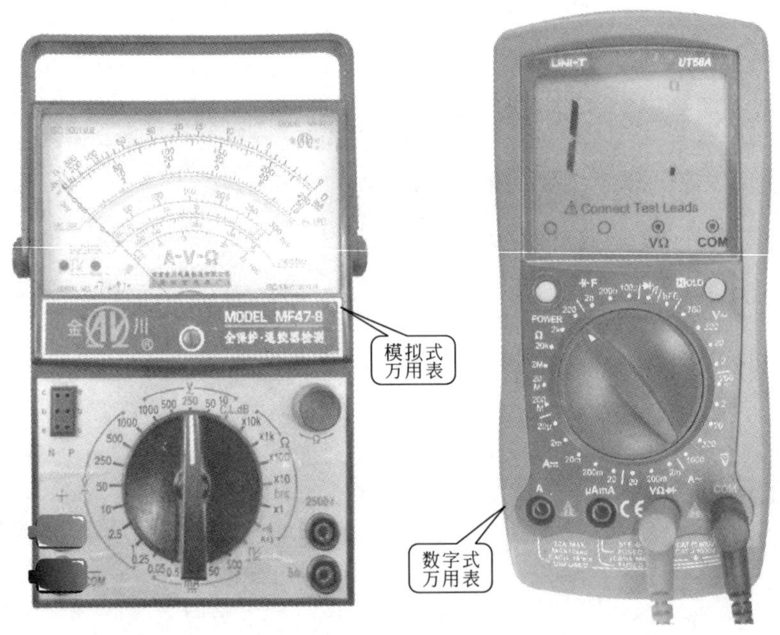

图5-1 典型万用表的实物外形

（1）模拟式万用表的使用方法

模拟式万用表又称为指针式万用表，是最为常见的仪表之一，其最大的特点就是由表头模拟指示测量的数值，模拟式的表头能够直观地检测出电流、电压等参数的变化过程和变化方向，客观地反映了被测量物体的状态。

典型模拟式万用表的实物外形见图5-2。

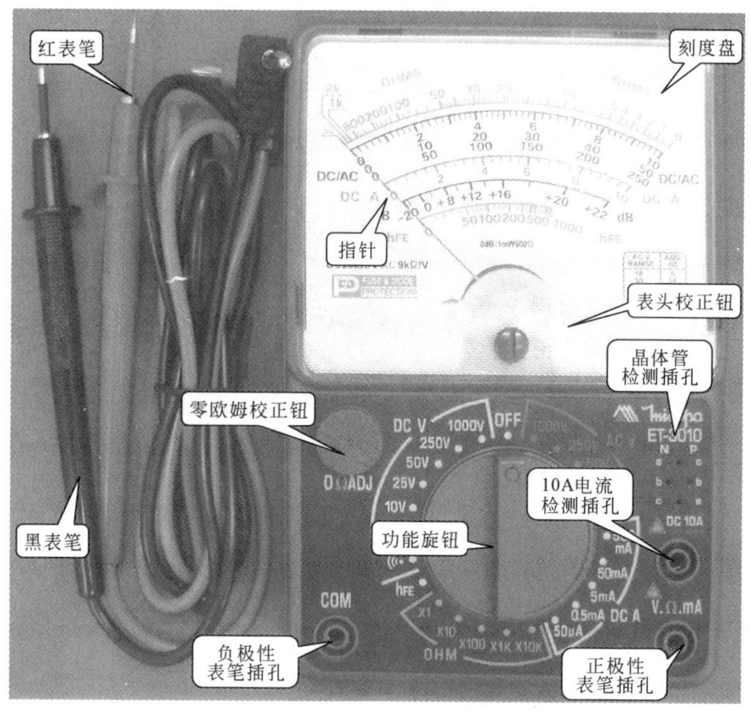

图5-2　典型模拟式万用表的实物外形

典型的模拟式万用表主要由刻度盘、指针、表头校正钮、零欧姆校正钮、功能旋钮、晶体管插孔、10A 电流检测插孔、正极性表笔插孔、负极性表笔插孔、红表笔以及黑表笔等构成。

模拟式万用表使用前的准备见图 5-3。

图5-3　模拟式万用表使用前的准备

在使用模拟式万用表检测时，首先将万用表的表笔与表笔插孔进行连接。连接时，将红表笔接正极、黑表笔接负极。

若对于长期没有使用的模拟万用表，在使用前可对其进行表头校正。

模拟式万用表表头校正见图5-4。

表头校正钮位于表盘下方的中央位置，正常情况下，模拟式万用表的表笔开路时，表的指针应指在左侧“0”刻度线的位置。如果不在“0”位，就必须进行机械调零，以确保测量的准确。

图5-4 模拟式万用表表头校正

模拟式万用表的检测电流的连接方法见图5-5。

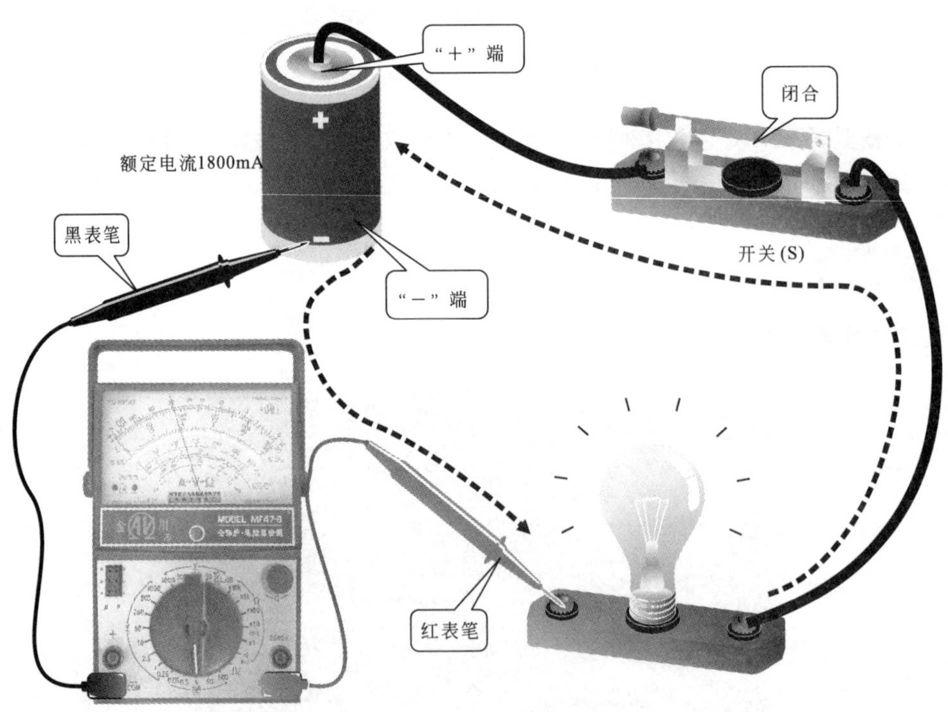

图5-5 模拟式万用表检测电流的连接方法

使用模拟式万用表检测电流时，将万用表串联到电路中，然后将黑表笔连接负极、红表笔连接正极。

提示

① 使用模拟式万用表检测电阻时，虽不需要考虑万用表的正负极连接，但首先应对其进行欧姆校正。

② 模拟式万用表内的电池是在测量电阻值时起作用的，电池的电量消耗以后，要重新进行0Ω调整，测量才能正确。更换新电池后也要重新进行0Ω调整。

③ 被测电路的电压和电流的大小不能预测大致范围时，必须将万用表调到最大量程，先测大约的值，然后再切换到相应的测量范围进行准确的测量。这样既能避免损坏万用表，又可减少测量误差。

④ 模拟式万用表的表头是动圈式电流表，表针摆动是由线圈的磁场驱动的，因而测量时要避开强磁场环境，以免造成测量误差。

⑤ 测量直流电路时一定要注意极性，当反接时，指针会向反向偏转，严重时甚至会打坏表头。

⑥ 万用表的频率相应范围比较窄，正常测量的信号频率超过3000 Hz以上误差会渐渐变大，使用时要注意这一点。

⑦ 测量晶体管的阻抗时要注意万用表检测端的电压极性，万用表内设有电池，万用表的端子正极（红色表笔）实际上与内部电池的负极相连，负极（黑色表笔）与电池的正极相连。

⑧ 在测量高压时要注意安全，当被测电压超过几百伏时应选择单手操作测量，即先将黑表笔固定在被测电路的公共端，再用一只手持红表笔去接触测试点。

⑨ 当被测电压在1000 V以上时，必须使用高压探头（高压探头分直流和交流两种）。普通表笔及引线的绝缘性能较差，不能承受1000 V以上的电压。

⑩ 禁止在测量高压（1000 V以上）或大电流（0.5 A以上）时拨动量程开关，以免产生电弧将转换开关的触点烧毁。

（2）数字式万用表的使用方法

数字式万用表是采用数字显示技术的多功能万用表，与模拟万用表相比，其灵敏性更强，精度更高，显示清晰，过载能力强，便于携带，操作简单，广泛应用于电工、电子、电气设备的调试与维修中。

图解

典型数字式万用表的实物外形见图5-6。

数字万用表主要是由液晶显示屏、开/关机键、保护开关、功能选择旋钮、黑表笔和红表笔，附加测试器等部分构成的。

红表笔和黑表笔主要用来连接万用表和被测元件；附加测试器主要是用来检测晶体三极管的放大倍数、电容器的电容量以及电感器的电压等。

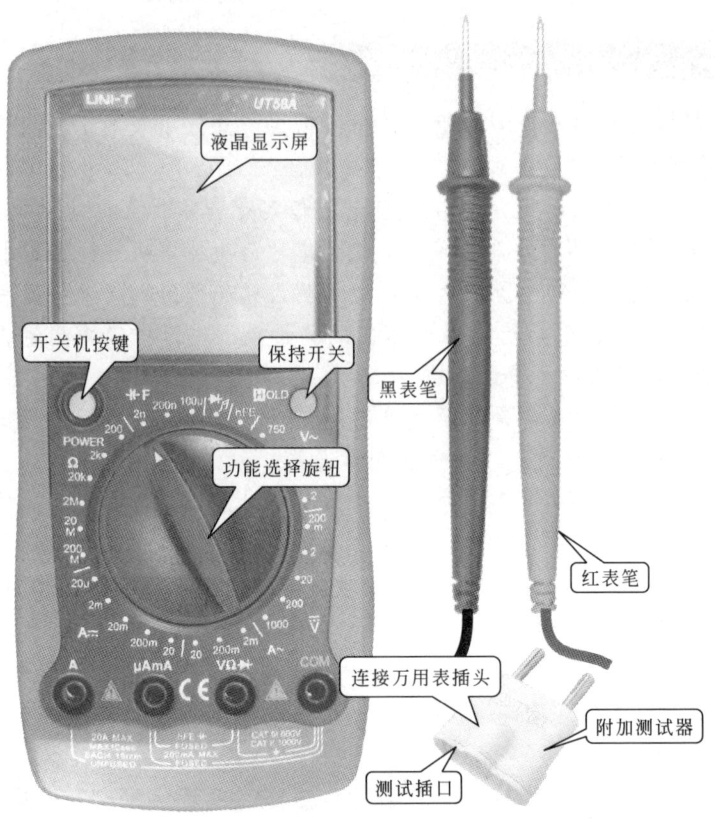

图5-6　典型数字式万用表的实物外形

数字式万用表检测前的准备见图5-7。

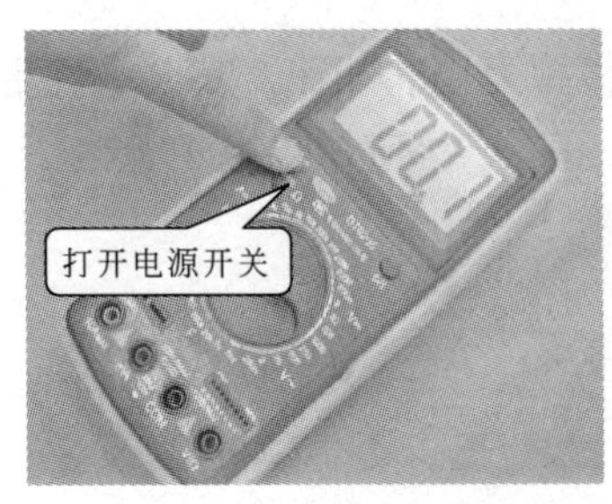

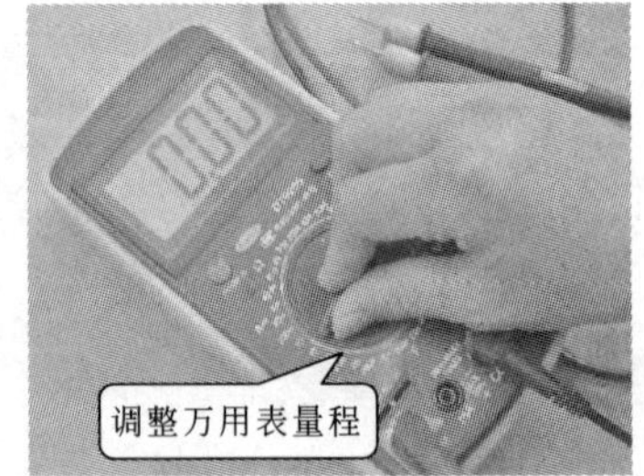

图5-7　数字式万用表检测前的准备

首先打开数字式万用表的电源开关；然后连接其红、黑表笔；最后根据需要调整其量程的大小。

数字式万用表检测电流时的连接方法见图 5-8。

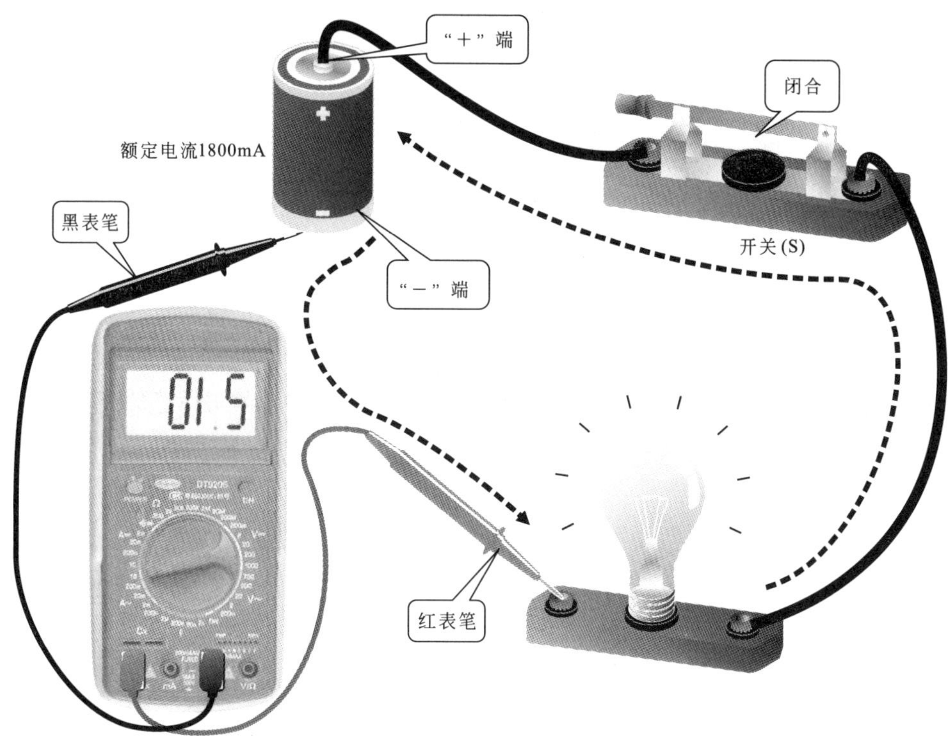

图 5–8　数字式万用表检测电流时的连接方法

用数字式万用表检测电流时，需将其串联入待测电路中，红表笔连接待测电路的正极，黑表笔连接待测电路的负极。

5.1.2　万用表的检测应用

在检测电子元器件、电路中经常会用到万用表对其进行检测，以判断待测电子元器件的性能是否良好，或者检查电路中的故障点。

（1）模拟式万用表的检测应用

模拟式万用表在维修电动机中是比较常见的，当电动机出现故障时，可以使用模拟万用表检测各绕组间的电阻值，判断绕组是否有断路的现象。下面就以检测电动机为例介绍一下模拟万用表的检测应用。

模拟式万用表欧姆调零见图 5-9。

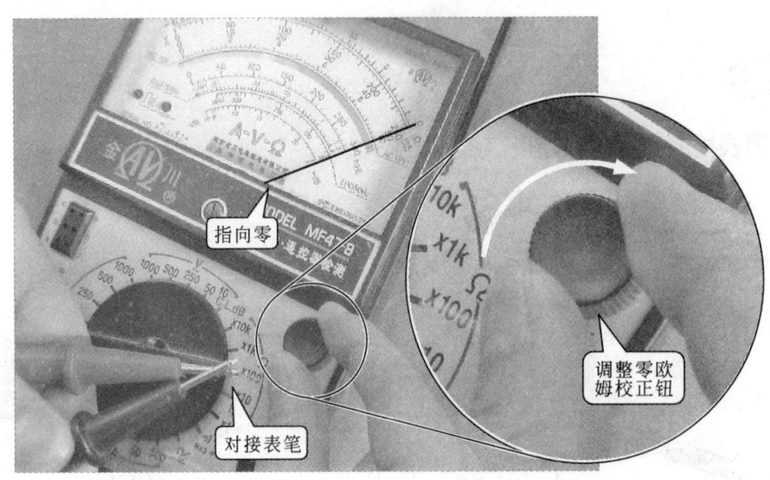

图5-9 模拟式万用表欧姆调零

在使用模拟式万用表检测电阻前，为了提高准确度，首先要对其进行欧姆调零，将万用表的两表笔短接，然后调整零欧姆调整钮。

检测电动机中电阻值的方法见图5-10。

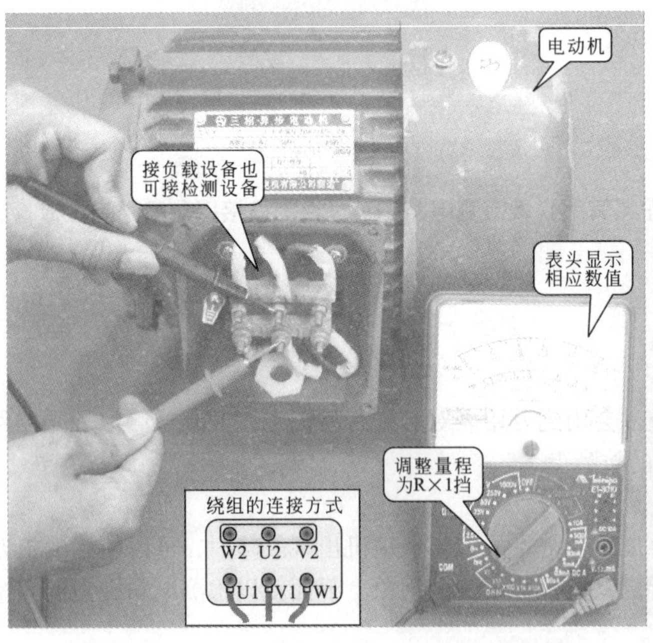

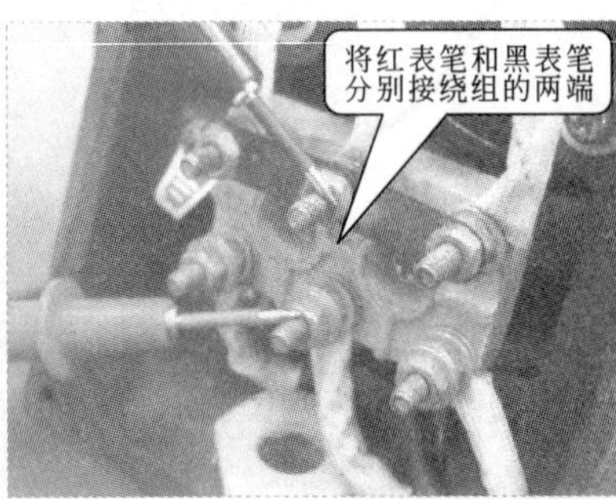

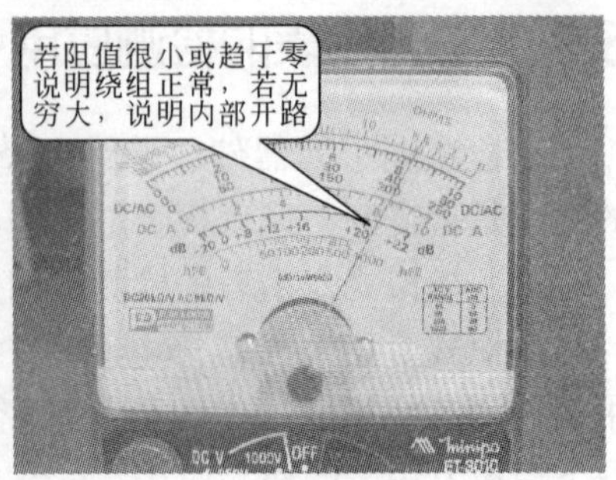

图5-10 检测电动机中的电阻值

使用模拟式万用表依次检测各绕组接点之间的电阻值，首先将万用表的量程调至“R×1Ω”挡，接着将红、黑表笔连接电动机中绕组的两端，最后读取数值，根据数值判断电动机是否损坏。

（2）数字式万用表的检测应用

数字式万用表采用液晶屏数字显示技术，使测量的数值清晰、直观，读数准确，既保证了读数的客观性，又符合人们的读数习惯。下面我们就以检测电源连接线是否完好为例，介绍一下数字万用表的检测应用。

数字式万用表检测电源连接线的方法见图 5-11。

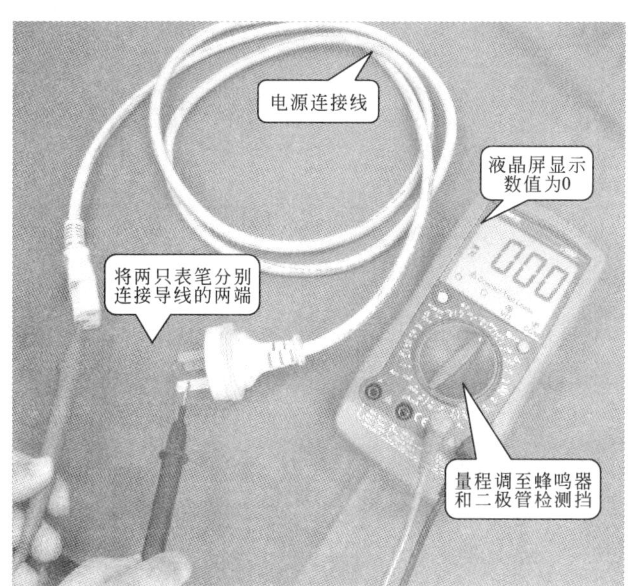

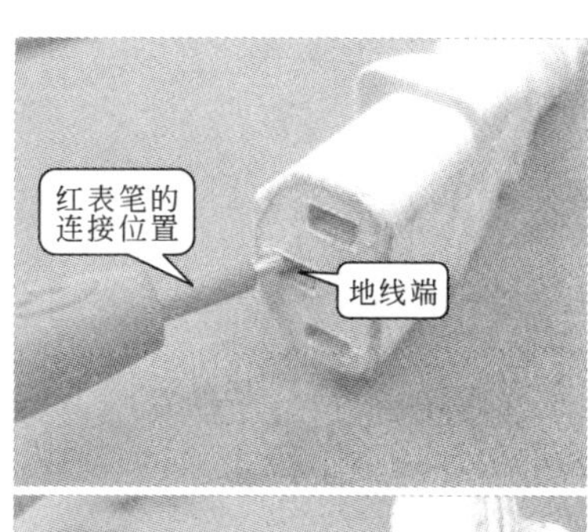

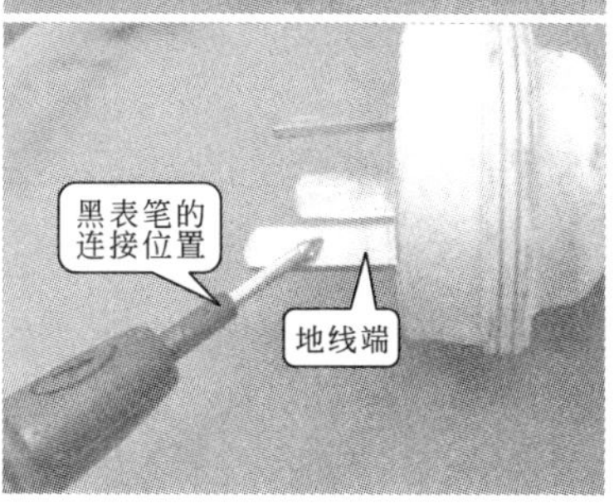

图 5-11　数字式万用表检测电源连接线的方法

使用数字万用表检测电源连接线是否完好时，应首先将量程调至蜂鸣器和二极管检测挡，然后用两只表笔分别接电源连接线的导线端，在导线正常导通的情况下，数字万用表便会发出声音，若导线断路，则检测时无声音发出，且数字万用表的屏幕上显示数值为“1”。

5.2 兆欧表的使用

兆欧表又称绝缘电阻表，是一种专门用来测量绝缘电阻的仪表。兆欧表可以测量所有导电型、抗静电型及静电泄放型表面的阻抗或电阻值，并且兆欧表自身带有高压电源，能够反映出绝缘体在高压条件下工作的真正电阻值。

绝缘电阻与电阻器不同，其阻值非常大，当万用表和一般的电流表、电压表都无法检测出绝缘电阻的电阻值时，则需要使用兆欧表进行绝缘电阻值的检测。如果电源线与接地线之间的绝缘电阻较小，就容易发生漏电的情况，该情况及其容易对人身造成危害，因此这项测量可以用来检查设备的安全性能。

下面，我们选取典型的兆欧表，介绍一下典型兆欧表的使用方法和检测应用。

5.2.1 兆欧表的使用方法

兆欧表根据不同的结构可以分为模拟式兆欧表、数字式兆欧表、模拟/数字式兆欧表三种，其典型实物外形见图5-12。

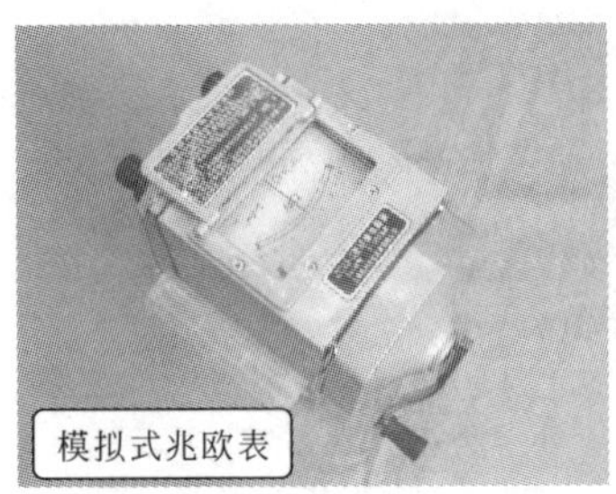

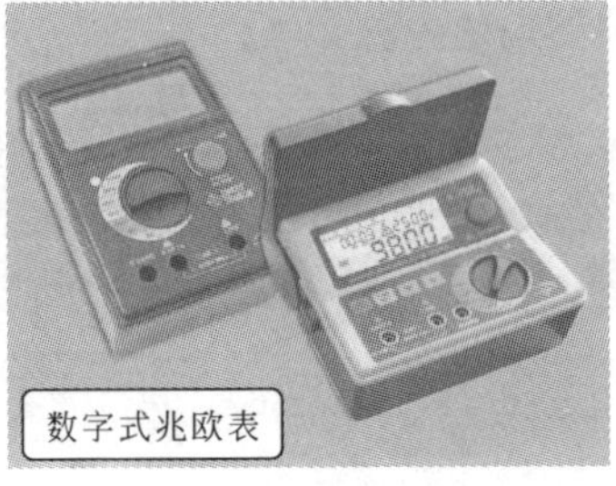

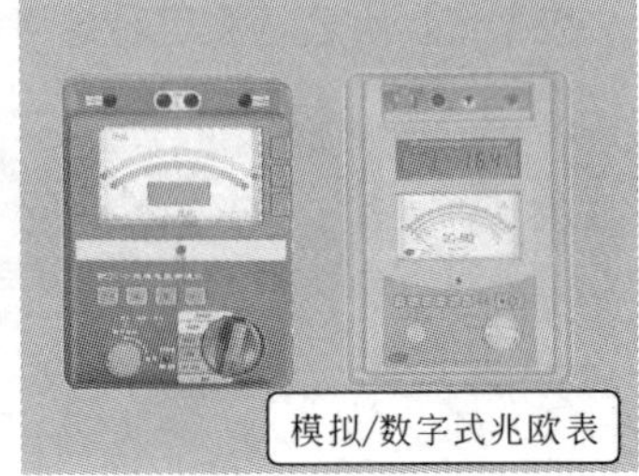

图5-12 典型兆欧表的实物外形

典型模拟式兆欧表的结构见图5-13。

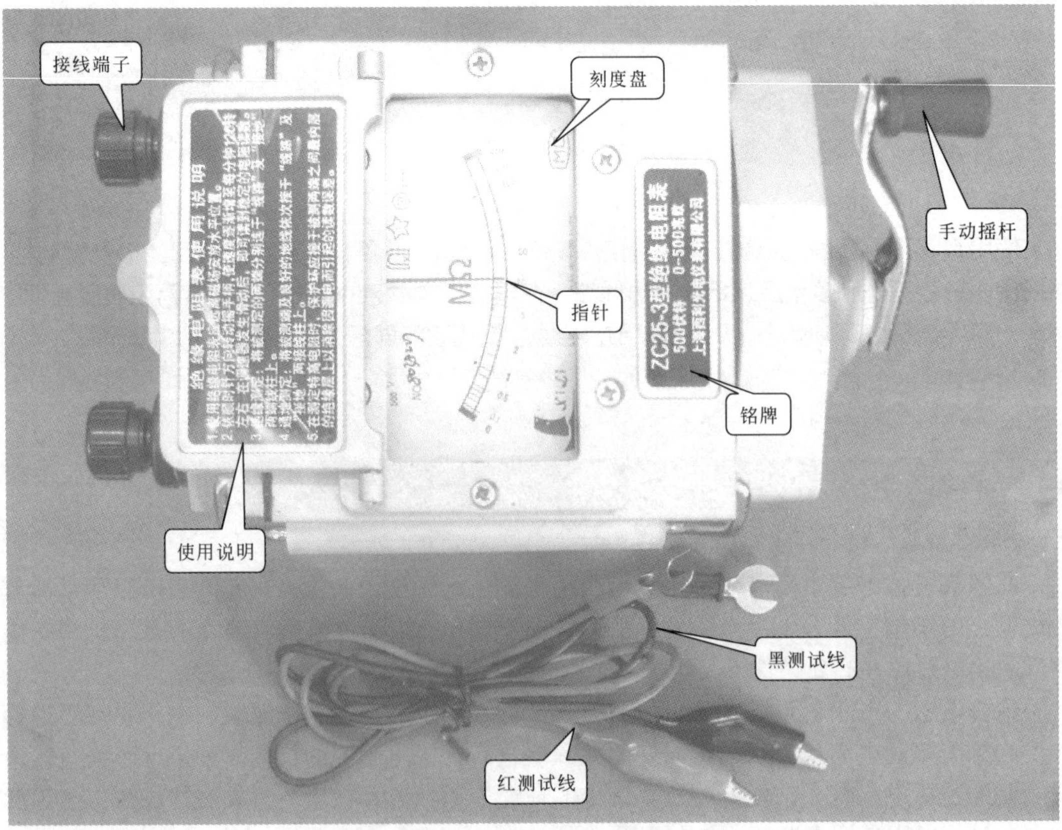

图5-13 典型模拟式兆欧表的结构

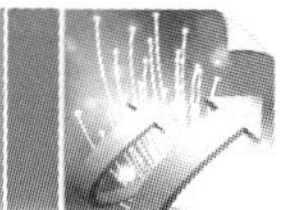

模拟式兆欧表主要包括刻度盘、指针、使用说明、接线端子、铭牌、手动摇杆、测试线等部分。

兆欧表使用前的准备操作见图 5-14。

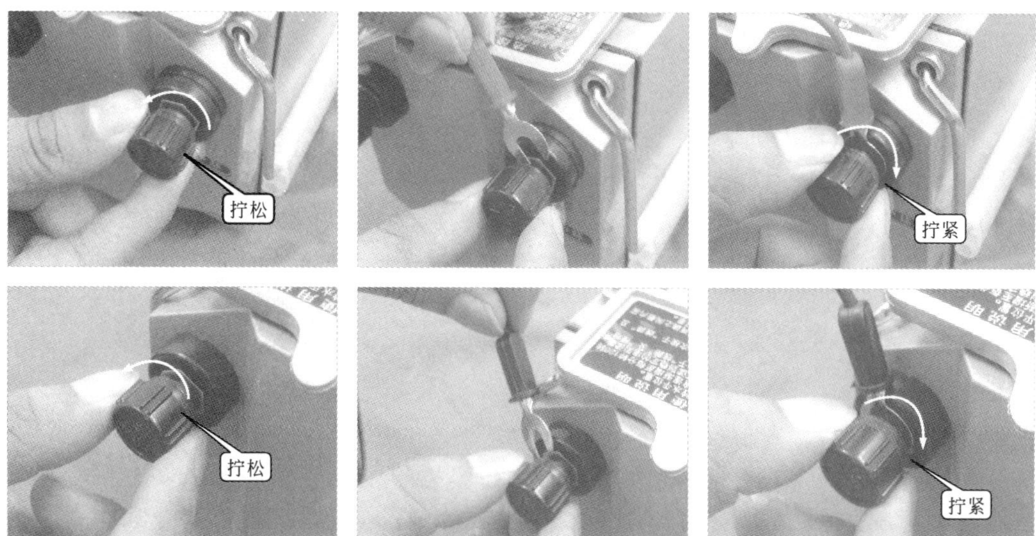

图 5-14 兆欧表使用前的准备操作

在使用兆欧表进行测量时，首先将两个测试线与接线端子进行连接。

连接时，先将接线端子拧松，将测试线连接端子固定在接线端子上并拧紧。

提示

在使用兆欧表前或不使用兆欧表时，应注意下面几点注意事项。

① 兆欧表在不使用时应放置于固定的地点，环境气温不宜太冷或太热。切忌将兆欧表放置在潮湿、脏污的地面上，并避免将其置于含有有害气体的空气中，如含有酸碱等蒸气的地方。

② 应尽量避免剧烈、长期地振动，表头轴尖和指针等受损影响仪表的准确度。

③ 接线柱与被测量物体间连接的导线不能用绞线，应分开单独连接，以防止因绞线绝缘不良而影响读数。

④ 含有大电容器的设备，测量前应先进行放电，以保障设备及人身安全。

⑤ 在雷电临近带高压导电的设备时，禁止用兆欧表进行测量，只有在设备不带电又不可能受其他电源感应而带电时，才能使用兆欧表进行测量。

⑥ 在使用兆欧表进行测量时，用力按住兆欧表，防止兆欧表在摇动摇杆时晃动。

⑦ 转动摇杆手柄时由慢渐快，如发现指针指零时，则不要继续用力摇动，以防止兆欧表内部线圈损坏。

⑧ 测量时，切忌将两根测试线绞在一起，以免造成测量数据的不准确。

⑨ 测量完成后应立即对被测设备进行放电，并且兆欧表的摇杆未停止转动和被测设备未放电前，不可用手去触及被测物的测量部分或拆除导线，以防止触电。

兆欧表测试线的连接方法见图5-15。

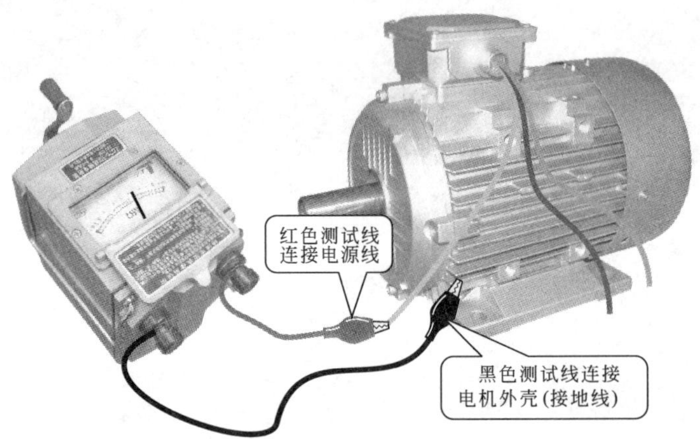

图5-15　兆欧表测试线的连接方法

将电动机放置在地面上，黑色测试线连接电动机外壳（即接地线），红色测试线与电动机的一根电源线连接。

兆欧表的读数方法见图5-16。

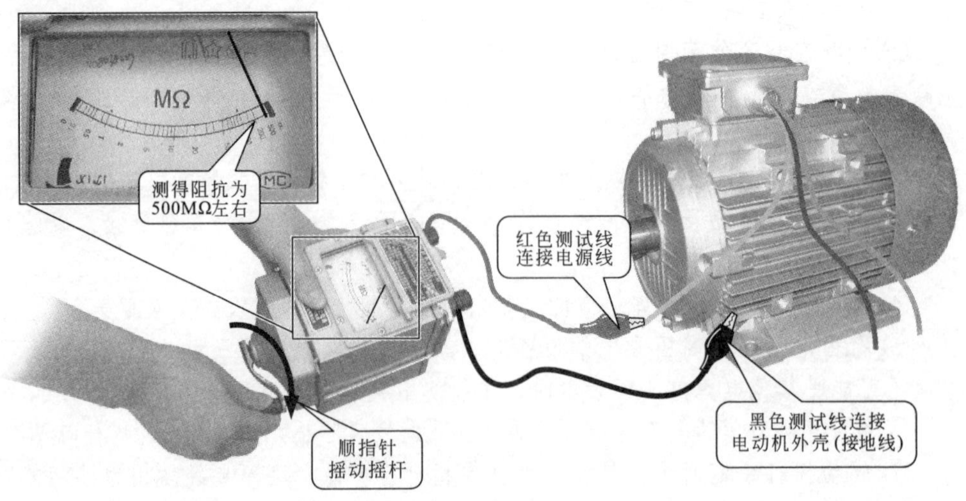

图5-16　兆欧表的读数方法

用手顺时针摇动摇杆，观察兆欧表的读数为500 MΩ左右，说明该电动机绝缘性良好。

5.2.2 兆欧表的检测应用

下面以兆欧表在变压器和压缩机中的应用为例，介绍一下兆欧表的检测应用。

（1）兆欧表在变压器中的检测应用

兆欧表检测变压器外壳与初级绕组之间的绝缘阻值前测试线的连接方法见图5-17。

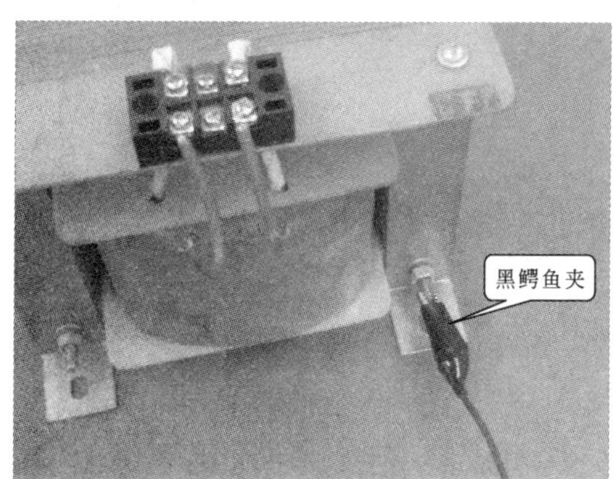

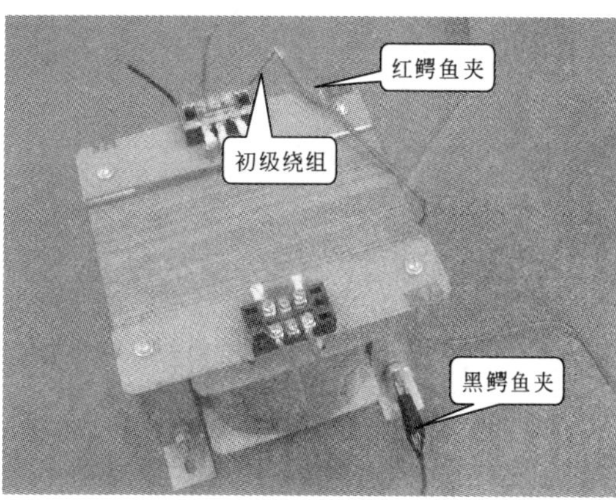

图5–17　兆欧表检测变压器外壳与初级绕组之间的绝缘阻值前测试线的连接方法

将兆欧表的黑鳄鱼夹接变压器的外壳，红鳄鱼夹接变压器的初级绕组（即变压器初级输入端的蓝色引线）。

兆欧表检测变压器外壳与初级绕组之间的绝缘阻值的读数见图5-18。

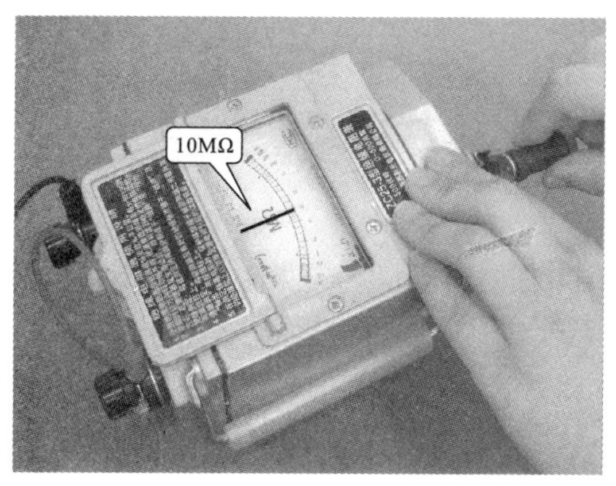

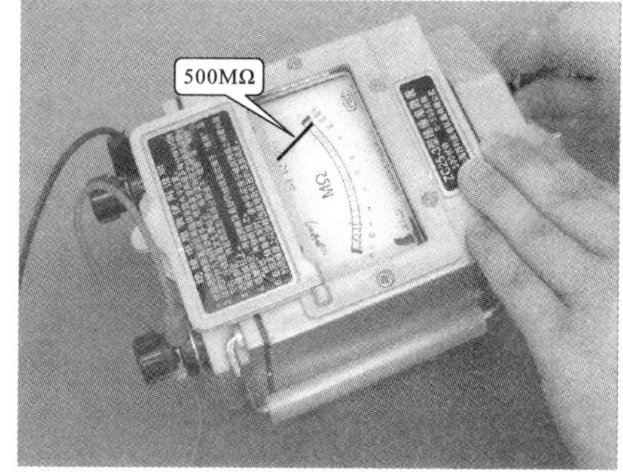

图5–18　兆欧表检测变压器外壳与初级绕组之间的绝缘阻值的读数

兆欧表表盘的初始读数为10 MΩ左右，连接好兆欧表的两鳄鱼夹后，用手顺时针摇动摇杆，观察兆欧表表盘读数变化，此时，兆欧表读数约为500 MΩ，则表明该线路绝缘性能良好。

兆欧表检测变压器外壳与次级绕组之间的绝缘阻值的方法见图5-19。

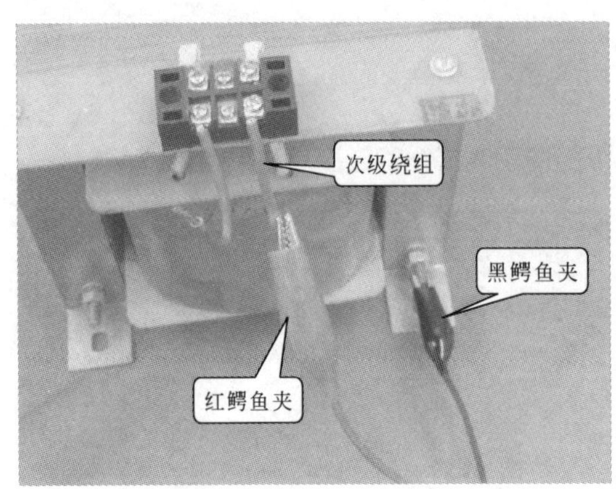

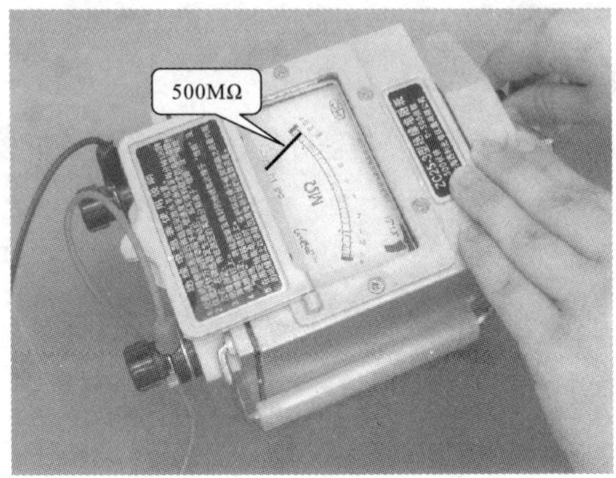

图5-19　兆欧表检测变压器外壳与次级绕组之间的绝缘阻值的方法

保持兆欧表的黑鳄鱼夹不动，红鳄鱼夹接次级绕组输出端的蓝色引线，用手顺时针摇动兆欧表的摇杆，观察兆欧表的指针向右摆动，约为500 MΩ。

（2）兆欧表在压缩机中的检测应用

兆欧表检测压缩机前的准备见图5-20。

图5-20　兆欧表检测压缩机前的准备

检测压缩机电动机绕组之前，首先切断电源并将压缩机电动机绕组端子上的引线拆下，上图为使用钢口钳将压缩机的启动端、运行端、公共端三个绕组拆下。

兆欧表检测压缩机启动端绝缘阻值的方法见图5-21。

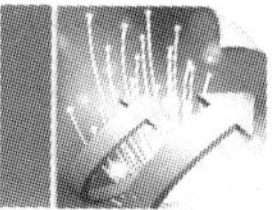

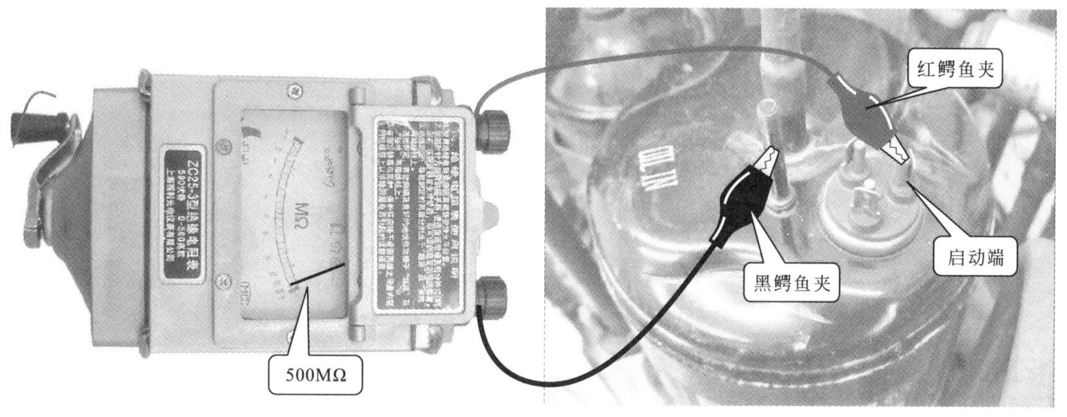

图5-21　兆欧表检测压缩机启动端绝缘阻值的方法

压缩机的三个检测点连接线拆下后，将兆欧表的黑鳄鱼夹接压缩机的地，红鳄鱼夹接压缩机的启动端，用手顺时针摇动摇杆，观察兆欧表表盘读数变化，指针向左偏转，此时，兆欧表读数约为500MΩ，则表明该线路正常，其他的运行端和公共端检测方法和启动端的检测方法一致。

5.3 钳形表的使用

钳形表通常作为交流电流表使用，在其表头有一个钳形头，故将其称为钳形表。与电流表不同，在测量电流时，钳形表不需要与待测电路进行连接，便可直接进行电流的测量，是一种相当方便的测量仪器。

下面我们就以典型钳形表为例，介绍一下钳形表的使用方法与检测的应用。

5.3.1 钳形表的使用方法

钳形表根据其结构的不同主要分为模拟式钳形表和数字式钳形表两种，其钳形表的实物外形见图5-22。

典型数字式钳形表的结构见图5-23。

数字式钳形表主要是由钳头、钳头扳机、锁定开关、功能旋钮、液晶显示屏、表笔插孔及红、黑表笔等部分构成的。

数字式钳形表使用前的操作准备见图5-24。

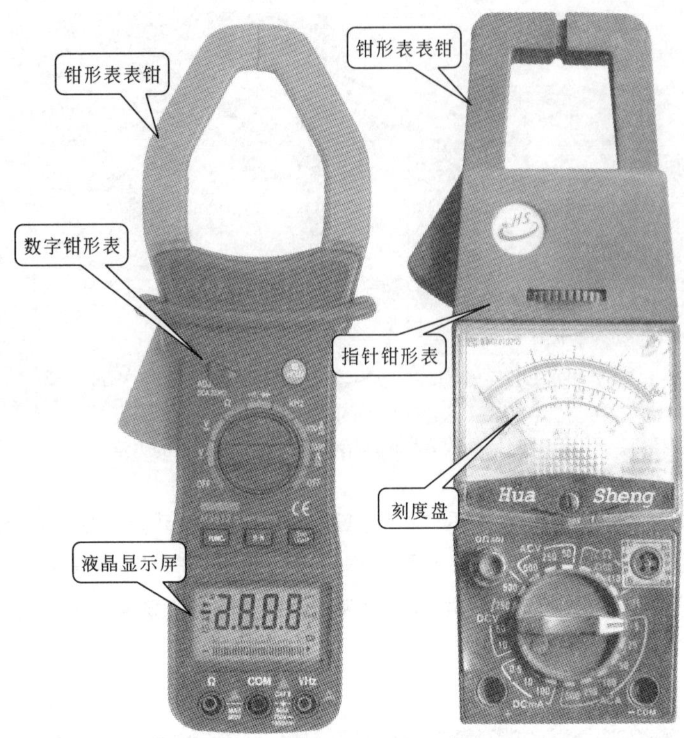

图5-22　典型钳形表的实物外形

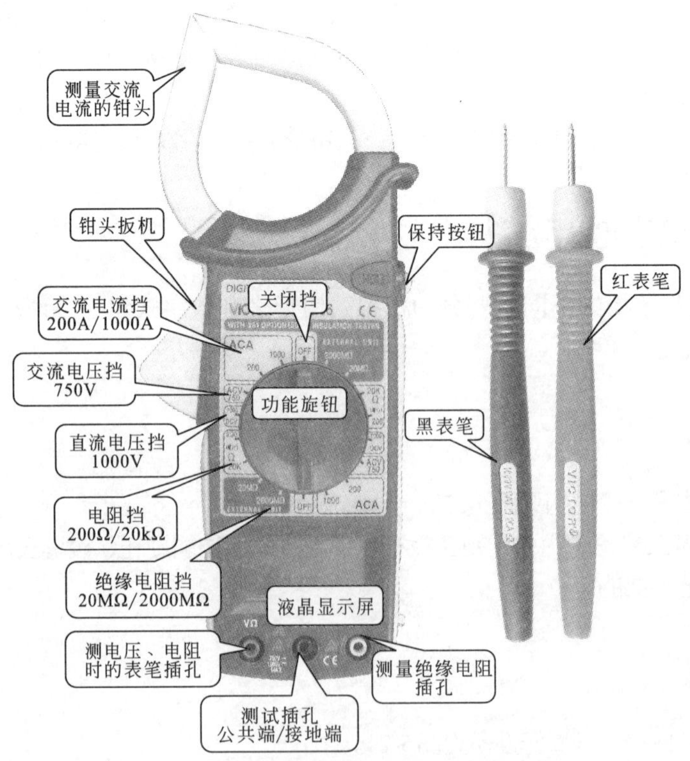

图5-23　典型数字式钳形表的结构

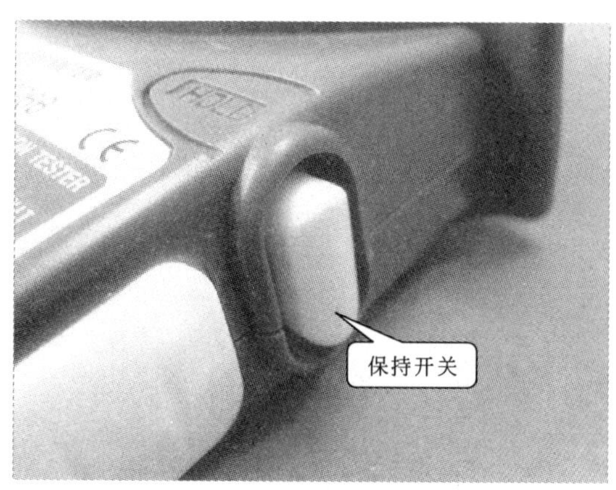

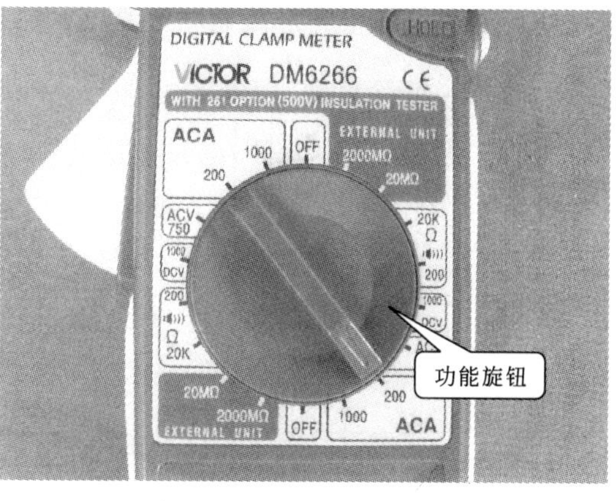

图5-24　数字式钳形表使用前的操作准备

在使用钳形表进行测量时，首先检测其保持开关HOLD是否处于放松状态，保持开关主要用于检测电子电路时保持所测量的数据，以方便读取记录数据。然后将钳形表的功能旋钮调至合适的量程范围，功能旋钮主要针对钳形表一表多用的特点，为不同的检测而设置相对应的量程。

提示

① 在使用钳形表进行检测时，操作人员应佩戴绝缘手套。

② 在测量时，要根据钳形表的额定工作电压进行测量，若所测量的电压超过钳形表的工作电压将会使钳形表烧坏，因此，在进行检测时，要选择合适的钳形表进行测量。

③ 在使用钳形表进行测量前，要根据测量要求设置测量功能，如检测交/直流电流、交/直流电压、电阻等。

④ 根据设置的测量功能（如交/直流电流、电压，电阻），再进一步调整检测的量程。

⑤ 在使用钳形表检测电源线上流过的电流时，电源线的地线、零线和火线不能同时测量，只能将电源线中的火线（或零线）单独钳在钳形表的钳口内，方可检测出电源线上流过的电流。

钳形表检测时的连接方法见图5-25。

使用钳形表在检测连接前，应首先调整好其量程，然后将钳形口钳住火线（或零线），最后读取测量的数值。

5.3.2　钳形表的检测应用

由于钳形表在检测电流时不需要将电路断开便可直接进行检测，使用方便。因此，在电子电路产品及家电产品维修中经常使用钳形表进行电流的测量。

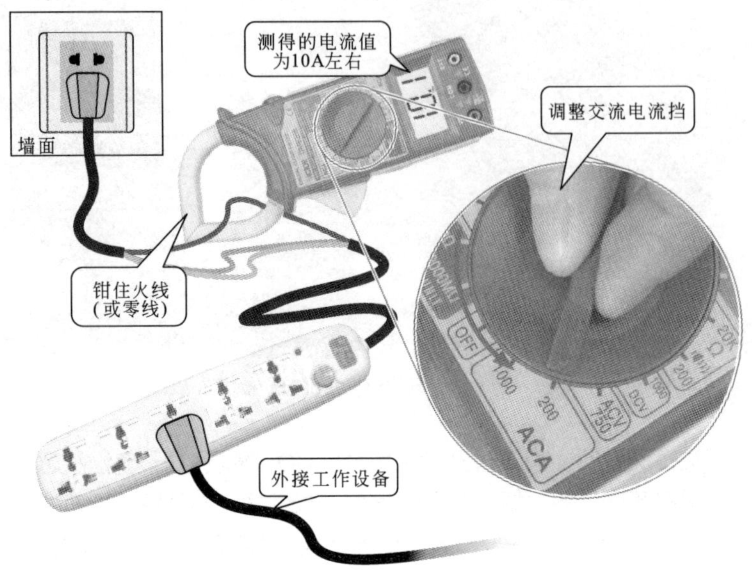

图5-25　钳形表检测时的连接方法

下面，我们以钳形表检测配电箱为例，介绍一下其实际生活中的检测应用。

钳形表检测前调整的方法见图5-26。

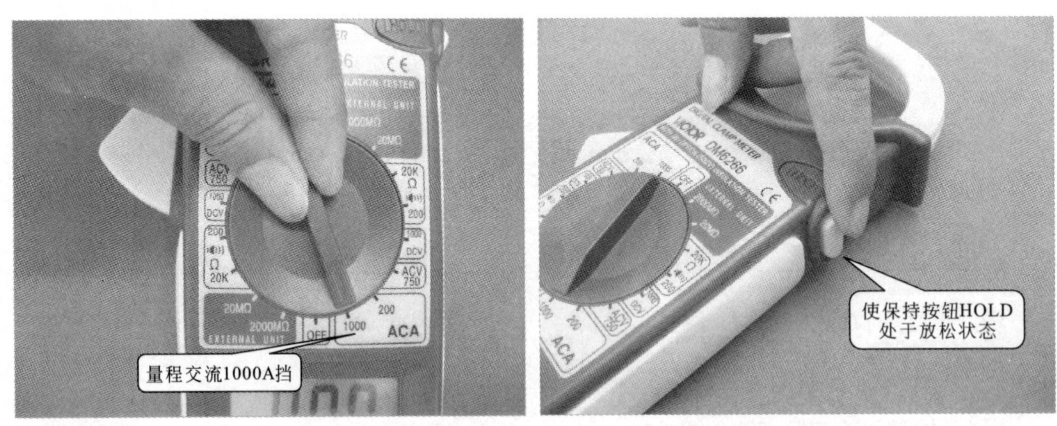

图5-26　钳形表检测前调整的方法

将钳形表的功能旋钮旋转至ACA1000 A挡量程，检查钳形表的保持按钮HOLD，使其处于放松状态。

调整好钳形表的量程及状态后，可将钳形表连接到配电箱中进行检测。

钳形表检测配电箱的步骤见图5-27。

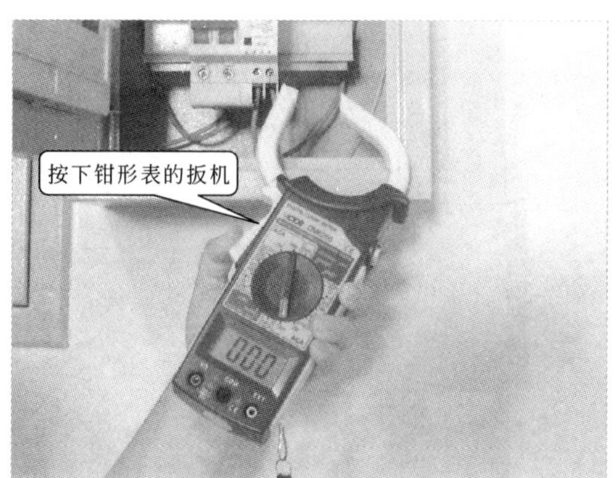

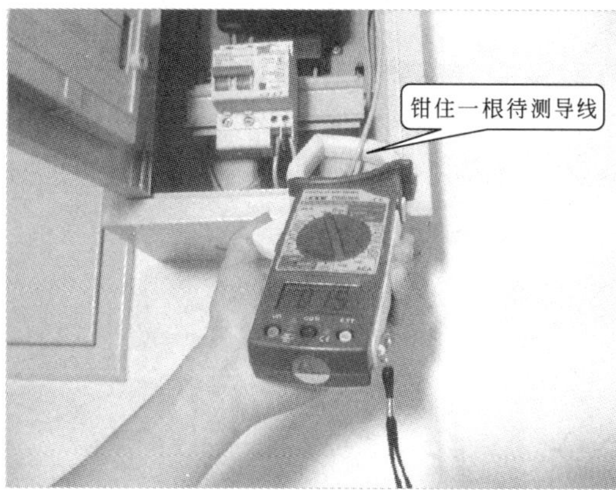

图5-27　钳形表检测配电箱的步骤

按下钳形表的扳机打开钳口，并钳住一根待测导线。若钳住两根或两根以上导线为错误操作，无法测量出电流值。

测量完后，需要进行对数值的读取。

读取钳形表所检测出的测量值见图5-28。

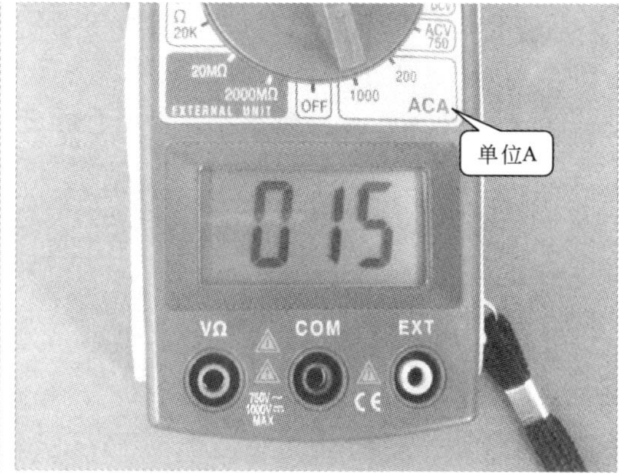

图5-28　读取钳形表检测出的测量值

若操作环境较暗无法直接读数，应按下HOLD键保持测试数据，然后读取交流电流值。若被测值小于200A，应缩小量程再次检测。

通过对数值的读取，发现钳形表的量程选择有些过大，这时，为了提高测量的精确度，可以再次调整其量程，然后进行检测。

调整量程后对配电箱的检测见图5-29。

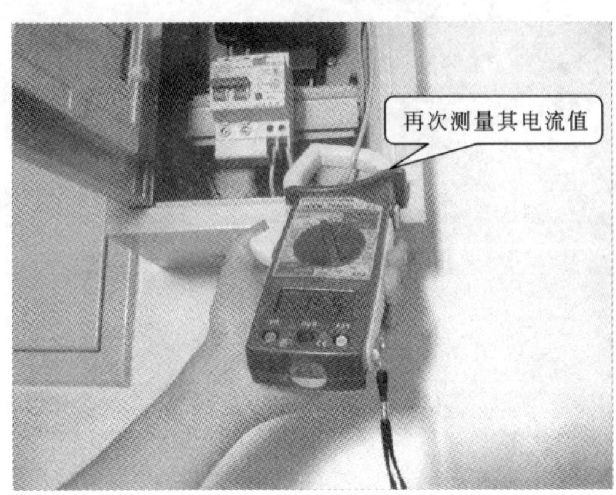

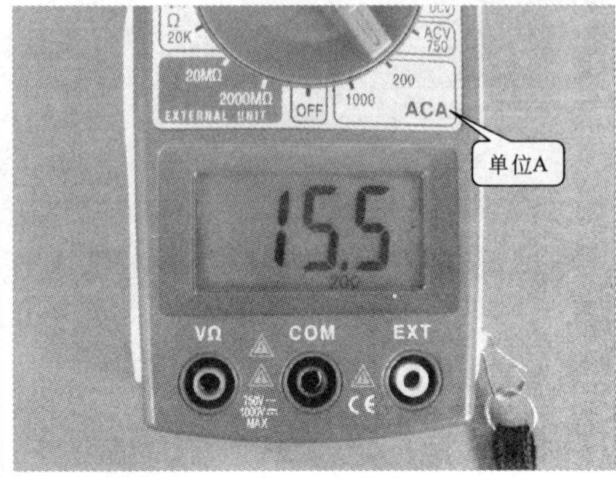

图5-29 调整量程后对配电箱的检测

再次检测前，需按下HOLD键，使钳形表恢复到测量状态，由于被测数值不超过200 A，则使用万用表的200 A量程进行检测。再次测量其电流值，读取交流电流值15.5A，量程为200 A的测量值较量程为1000A时的测量值更加准确。

提示

① 在检测电气设备或连接设备时，若设备没有启动或没有连接正在工作的设备时，则无法对这些设备的电流进行检测。

② 在使用钳形表检测电流时，为了精确地检测其值的大小，可首先将量程调至比较大的范围，若读数较小，再将量程范围调小，从而提高数值的精确度。

安全用电与触电急救

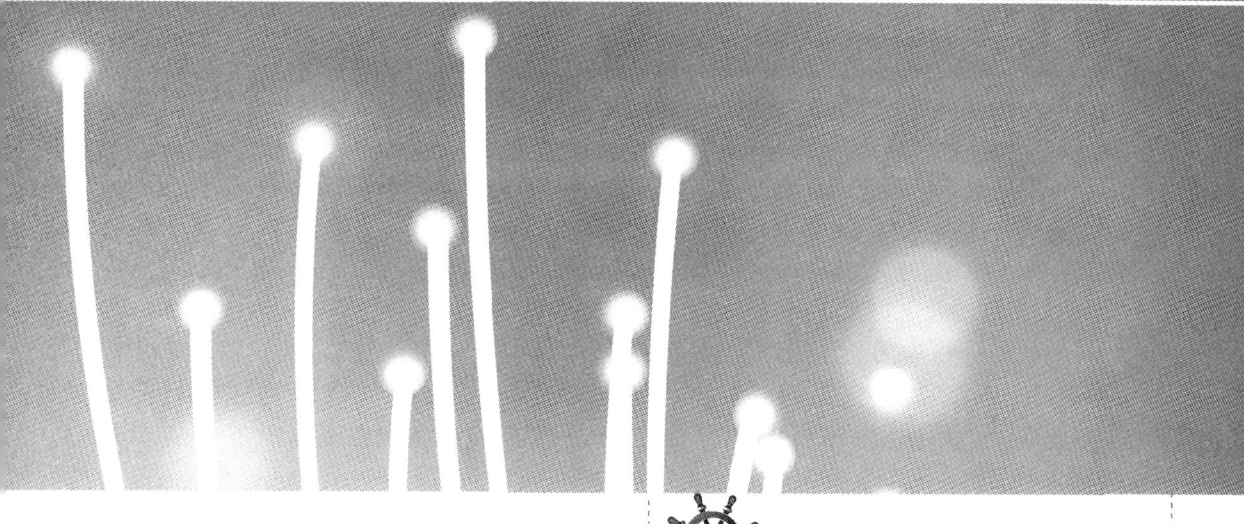

本章主要的目标是让读者了解安全用电与触电急救技能。由于电能应用的不断扩展，以电工为介质的各种电器设备广泛进入企业、社会和家庭生活中，同时，使用电工所带来的不安全事故也不断发生。为了保证电工的安全，学习安全用电与触电急救技能是必要的。

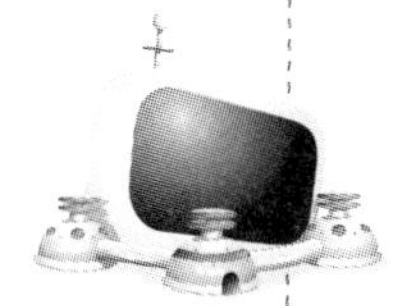

6.1 安全用电及防护措施

电工对于职业技能的培养十分严格，这其中除了具备专业知识和专业操作技能外，用电的安全和操作时的防护措施也是电工必须掌握的重要内容。否则，不仅会造成设备的损坏，而且极易引发伤亡，严重时还会导致重大事故的发生。

因此，对于电工来说，一定要树立安全第一的意识，养成良好规范的操作及用电习惯，掌握具体的防护措施。

6.1.1 触电的几种类型

电工作业过程中，触电是最常见一类事故。它主要是指人体接触或接近带电体时，电流对人体造成的伤害。

根据伤害程度的不同，触电的伤害主要表现为“电伤”和“电击”两大类。其中，“电伤”主要是指电流通过人体某一部分或电弧效应而造成的人体表面伤害，主要表现烧伤或灼伤。而“电击”则是指电流通过人体内部而造成内部器官的损伤。比较来说，“电击”比“电伤”造成的危害更大。

根据专业机构的统计测算，通常情况下，当交流电流达到1 mA或者直流电流达到5 mA时，人体就可以感觉到，这个电流值被称为“感觉电流”。当人体触电时，能够自行摆脱的最大交流电流为16 mA（女子为10 mA左右），最大直流电流为50 mA。这个电流值被称为“摆脱电流”。也就是说，如果所接触的交流电流值不超过16 mA或者直流电流值不超过50 mA，则不会对人体造成伤害，个人自身即可摆脱。

一旦触电电流超过摆脱电流时，就会对人体造成不同程度的伤害，通过心脏、肺及中枢神经系统的电流强度越大，触电时间越长，后果也越严重。一般来说，当通过人体的交流电流值超过50mA时，人身就会发生昏迷，心脏可能停止跳动，并且会出现严重的电灼伤。而当通过人体的交流电流值达到100 mA时，会很快导致死亡。

另外，值得一提的是，触电电流频率的高低，对触电者人身造成的损害也会有所差异。实践证明，触电电流的频率越低，对人身的伤害越大，频率为40 ~ 60 Hz的交流电对人体更为危险，随着频率的增高，触电危险的程度会随之下降。

除此之外，触电者自身的状况也在一定程度上会影响触电造成的伤害。身体健康状况、精神状态以及表面皮肤的干燥程度、触电的接触面积和穿着服饰的导电性都会对触电伤害造成影响。

对于电工来说，常见的触电形式主要有单相触电、两相触电、跨步触电三种类型，下面我们就通过实际案例对不同的触电状况进行说明。这对于建立安全操作意识，掌握规范操作方法都是十分重要的。

（1）单相触电

单相触电是指人体在地面上或其他接地体上，手或人体的某一部分触及三相线中的其中一根相线，在没有采用任何防范的情况时，电流就会从接触相线经过人体流入大地，这种情形称为单相触电。

① 室内单相触电

维修带电断线的单相触电见图6-1。

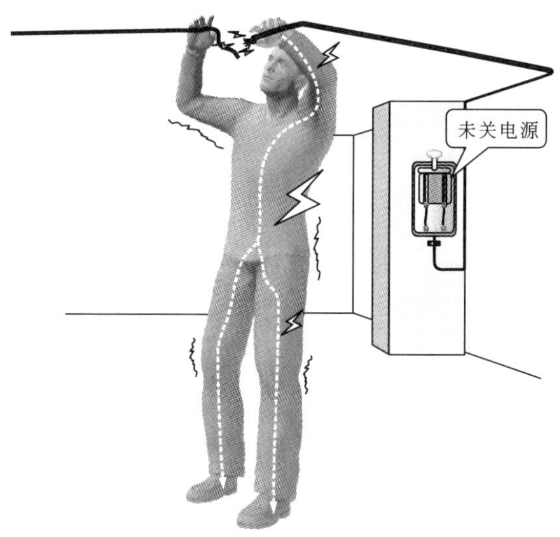

图6-1 维修带电断线的单相触电

通常情况下，家庭触电事故大多属于单相触电。例如在未关断电源的情况下，手触及断开电线的两端将造成单相触电。

维修插座的单相触电见图6-2。

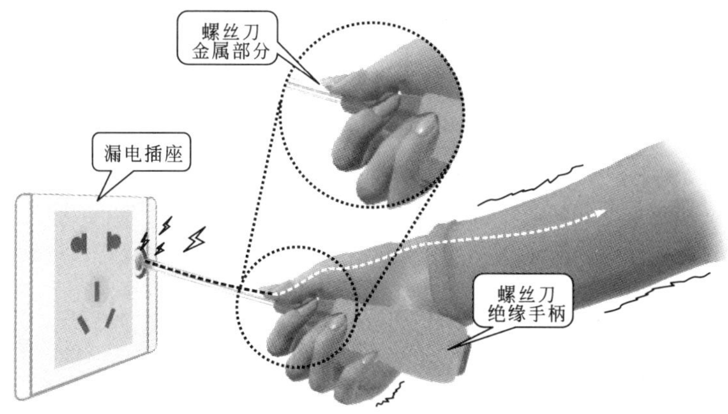

图6-2 维修插座的单相触电

在未拉闸时修理插座，手接触螺丝刀的金属部分。

② 室外单相触电

户外单相触电图见图6-3。

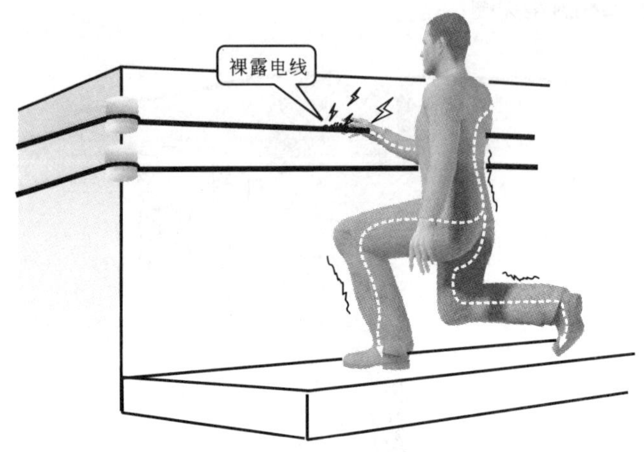

图6-3 户外单相触电

当人的身体碰触掉落的或裸露的电线所造成的事故也属于单相触电。

（2）两相触电

两相触电是指人体的两个部位同时触及三相线中的两根导线所发生的触电事故。

两相触电见图6-4。

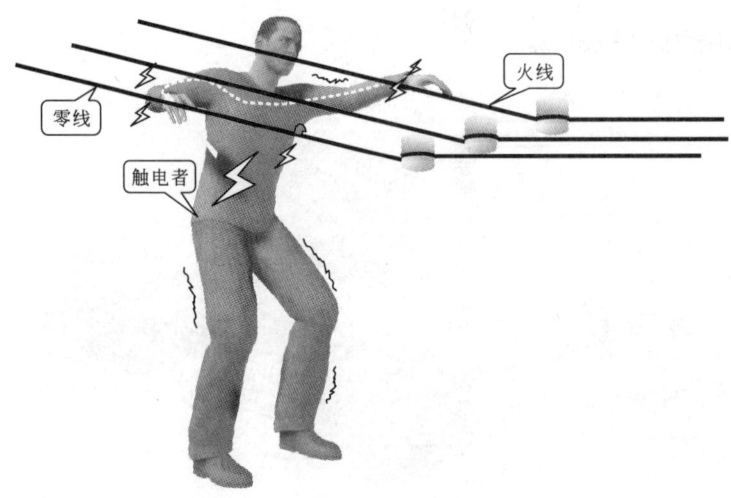

图6-4 两相触电

在这种触电形式中，加在人体的电压是电源的线电压，电流将从一根导线经人体流入另一相导线。

两相触电的危险性比单相触电要大。如果发生两相触电，在抢救不及时的情况下，可能会造成触电者死亡。

（3）跨步触电

当高压输电线掉落到地面上，由于电压很高，掉落的电线断头会使得一定范围（半径为8 ~ 10m）的地面带电，以电线断头处为中心，离电线断头越远，电位越低。如果此时有人走入这个区域便会造成跨步触电。而且，步幅越大，造成的危害也越大。

跨步触电见图6-5。

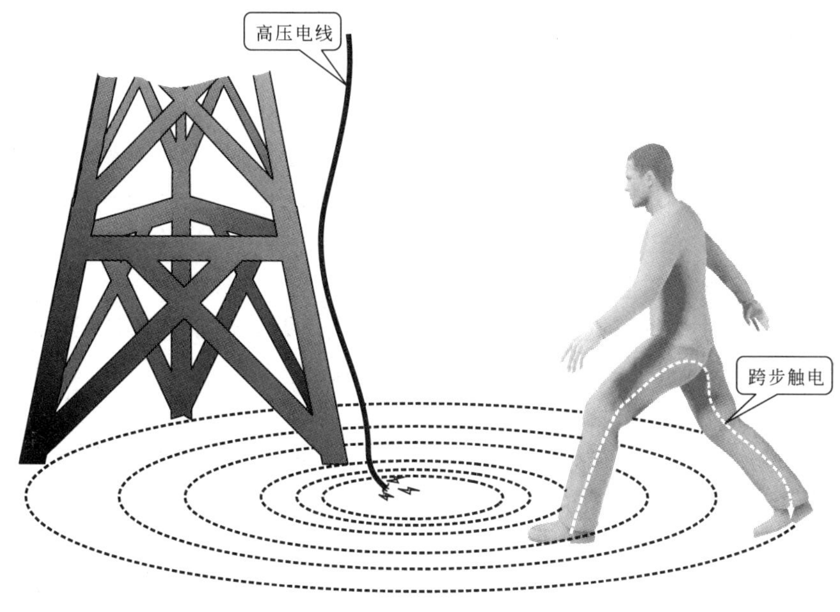

图6-5　跨步触电

架空线路的一根高压相线断落在地上，电流便会从相线的落地点向大地流散，于是地面上以相线落地点为中心，形成了一个特定的带电区域，离电线落地点越远，地面电位也越低。人进入带电区域后，当跨步前行时，由于前后两只脚所在地的电位不同，两脚前后间就有了电压，两条腿便形成了电流的通路，这时就有电流通过人体，造成跨步触电。

可以想象，步伐迈得越大，两脚间的电位差就越大，通过人体的电流也越大，对人的伤害便更严重。

因此，理论上讲，如果感觉自己误入了跨步电压区域，应立即将双脚并拢或采用单腿着地的方式跳离危险区。

6.1.2 电工安全用电常识

电工安全用电常识是电工必须具备的基础技能，了解电的特性及危害，建立良好的用电安全意识对于电工而言尤为重要。它也是电工从业的首要前提条件之一。

（1）确保用电环境的安全

电气设备的用电环境十分重要。电工在作业前一定要对用电环境进行细致核查。尤其是对于环境异常的情况更要仔细，如线路连接复杂、用电环境潮湿等。

① 检查用电线路连接是否良好。在进行电工作业前，一定要对电力线路的连接进行仔细核查。例如检查线路有无改动的迹象，检查线路有无明显破损、断裂的情况。

② 检查设备环境是否良好。由于电力设备在潮湿的环境下极易引发短路或漏电的情况，因此，在进行电工作业前一定要观察用电环境是否潮湿，地面有无积水等情况，如现场环境潮湿，有大量存水，一定要按规范操作，切勿盲目作业，否则极易造成触电。

③ 如果是进行户外电力系统的检修，不要随意触碰电力支架，并且尽量避免在风雨天气进行电工作业。

（2）确保设备工具的安全

电工作业对设备工具的要求很高，一定要定期对作业用检测设备、工具以及佩戴绝缘物品进行严格检查，尤其是个人佩戴的绝缘物品（如绝缘手套、绝缘鞋等），一定要确保其性能良好，并且保证定期更换。因为在电工作业过程中，电工所使用的设备工具是电工人身安全最后一道屏障，如果设备工具出现问题，很容易造成人员的伤亡事故。

（3）确保他人人身的安全

电工在进行电力系统检修的过程中，除了确保自身和设备的安全外，还要确保他人人身的安全。由于电是无形的，因此常常会使不知情的人放松警惕性。这往往会成为事故的隐患。因此，在进行电工作业时，要采用必要的防护措施，对于临时搭建的线路要严格按照电工操作规范处理，切忌不要沿地面随意连接电力线路，否则线路由于踩踏或磕拌极易造成破损或断裂，从而诱发触电或火灾等事故。

（4）确保用电及操作的安全

电工在作业过程中，一定要严格按照电工操作规范进行。操作过程中一定要穿着工作服、绝缘鞋，佩戴绝缘手套、安全帽等；如果是户外高空作业，除必要的安全工具外，更要注意操作的规范性，尤其要注意两相触电的情况。

6.1.3 电工操作的防护措施

电工除了具备安全用电的常识，还要针对不同情况采取必要的防护措施，将安全操作落到实处。

（1）操作前的防护措施

操作前的防护措施主要是指针对具体的作业环境所采取的防护设备和防护方法。

① 穿着绝缘鞋、工作服，佩戴绝缘手套，以确保人体和地面绝缘。严禁在衣着不整的情况下进行工作。对于更换灯泡或保险丝等细致工作，因不便佩戴绝缘手套而需徒手操作时，要先切断电源，并确保检修人员与地面绝缘（如穿着绝缘鞋、站立在干燥的木凳或木

板上等）。

② 在进行设备检修前一定要先切断电源，不要带电检修电气设备和电力线路。即使确认目前停电，也要将电源开关断开，以防止突然来电造成损害。关断电源见图6-6。

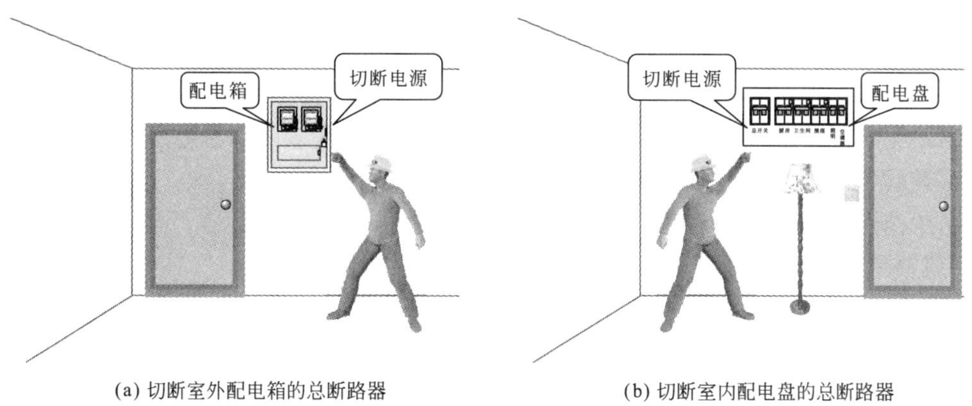

(a) 切断室外配电箱的总断路器　　(b) 切断室内配电盘的总断路器

图6-6　关断电源

③ 检修前应使用试电笔检测设备是否带电，确认没电方可工作。

④ 如果作业的环境存有大量积水，应先切断环境设备的电力供应，然后将水淘净，再进行作业。

⑤ 如发现电气设备或线路有裸露情况，应先对裸露部位缠绕绝缘带或装设罩盖。如按钮盒、闸刀开关罩盖、插头、插座及熔断器等有破损而使带电部分外露时，应及时更换，且不可继续使用。插头电源线裸露示意图见图6-7。

图6-7　插头电源线裸露

⑥ 一定要确保检测设备周围的环境干燥、整洁，如果杂物太多，要及时搬除，方可检修，以避免火灾事故的发生。

（2）操作中的防护措施

操作中的防护措施主要是指操作的规范以及具体处理原则。

① 电工作业过程中，要使用专门的电工工具，如电工刀、电工钳等，因为这些专门的电工工具都采用了防触电保护设计的绝缘柄。不可以用湿手接触带电的灯座、开关、导线和其他带电体。

② 在用电操作时，除了注意触电外，要确保使用安全的插座，切忌不可超负荷用电。

③ 在合上或断开电源开关前首先核查设备情况，然后再进行操作。对于复杂的操作通常要由两个人执行，其中一人负责操作，另一个人作为监护，如果发生突发情况以便及时处理。

④ 移动电气设备时，一定要先拉闸停电，后移动设备，绝不要带电移动。移动完毕，经核查无误，方可继续使用。

⑤ 在进行电气设备安装连接时，正确接零、接地非常重要。严禁采取将接地线代替零

线或将电线与零线短路等方法。

例如，在进行家用电气设备连接时，将电气设备的零线和地线接在一起，这样容易发生短路事故，并且火线和零线形成回路会使家用电气的外壳带电而造成触电。

在进行照明设备安装连接时，若将铁丝等导电体接地代替零线也会造成短路和触电的事故。

⑥ 电话线与电源线不要使用同一条电线，并要离开一定距离。

⑦ 如在户外进行电工作业时，发现有落地的电线，一定要采取良好的绝缘保护措施后（如穿着绝缘鞋）方可接近作业。

⑧ 在进行户外电力系统检修时，为确保安全要及时悬挂警示标志，并且对于临时连接的电力线路要采用架高连接的方法。常见的警示标志见图6-8。

图6-8 常见的警示标志

⑨ 在安装或维修高压设备时（如变电站中的高压变压器以及电力变压器等），导线的连接、封端、绝缘恢复、线路布线以及架线等基本操作要严格遵守相关的规章制度。

（3）操作后的防护措施

操作后的防护措施主要是指电工作业完毕所采取的常规保护方法以避免意外情况的发生。

① 电工操作完毕，要悬挂相应的警示牌以告知其他人员，对于重点和危险的场所和区域要妥善管理，并采用上锁或隔离等措施禁止非工作人员进入或接近，以免发生意外。

② 电工操作完毕，要对现场进行清理。保持电气设备周围的环境干燥、清洁。禁止将材料和工具等导体遗留在电气设备中，并确保设备的散热通风良好。

③ 除了要对当前操作的设备运行情况进行调试，还要对相关的电气设备和线路进行仔细核查。重点检查有无元器件老化、电气设备运转是否正常等。

④ 要确保电气设备接零、接地的正确，防止触电事故的发生。同时，要设置漏电保护装置，即安装漏电保护器。漏电保护器又叫漏电保安器、漏电开关，它是一种能防止人身触电的保护装置。漏电保护器是利用人在触电时产生的触电电流，使漏电保护器感应出信号，经过电子放大线路或开关电路，推动脱扣机构，将电源开关断开，切断电源，从而保证人身安全。

⑤ 对防雷设施要仔细检查，这一点对于企业电工和农村电工来说十分重要。雷电对电气设备和建筑物有极大的破坏力。一定要对建筑物和相关电气设备的防雷装置进行检查，发现问题及时处理。

⑥ 检查电气设备周围的消防设施是否齐全。如发现问题，及时上报。

6.1.4 电工消防的具体措施

除了触电之外，电工面临的另一大危险就是火灾，线路的老化、设备的短路、安装不当、负载过重、散热不良以及人为因素等都可能导致火灾事故的发生。

当电工面临火灾事件时，一定要保持沉着、冷静，及时拨打消防电话，并立即采取措施切断电源，以防电气设备发生爆炸，或者火灾蔓延和救火时造成的触电事故。

值得注意的是，火灾发生后，由于温度、烟熏等诸多原因，设备的绝缘性能会随之降低，拉闸断电时一定要佩戴绝缘手套，或使用绝缘拉杆等干燥绝缘器材拉闸断电。

在进行火灾扑救时尽量使用干粉灭火器，切忌不要用泼水的方式救火，否则可能会引发触电危险。

对空中线路进行灭火时，人体应与带电物体最少保持45°，以防导线或其他设备掉落危机人身安全。利用灭火器灭火示意图见图6-9。

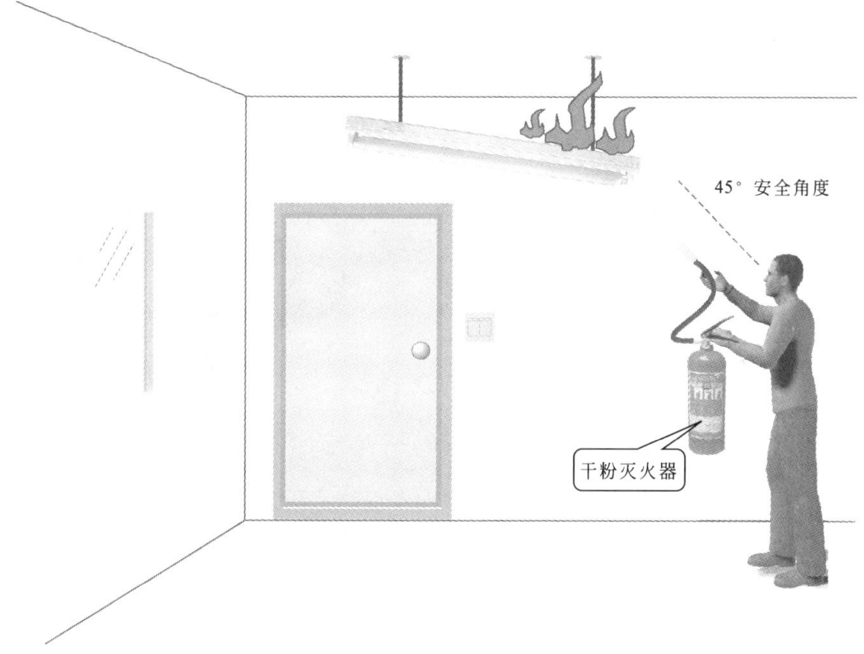

图6-9 利用灭火器灭火

6.2 触电急救的具体方法

触电急救的要点是救护迅速、方法正确。若发现有人触电时，首先应让触电者脱离电源，但不能在没有任何防护的情况下直接与触电者接触，这时就需要了解触电急救的具体方法。下面通过触电者在触电时与触电后的情形来说明一下具体的急救方法。

6.2.1 触电时的急救方法

触电主要发生在有电线、电器、用电设备等场所。这些触电场所的电压一般为低压或高压，因此，可将触电时的急救方法分为低压触电急救法和高压触电急救法两种。

（1）低压触电急救法

通常情况下，低压触电急救法是指触电者的触电电压低于1000 V的急救方法。这种急救法就是让触电者迅速脱离电源，然后再进行救治。下面来了解一下脱离电源的具体方法。

断开电源示意图见图6-10。

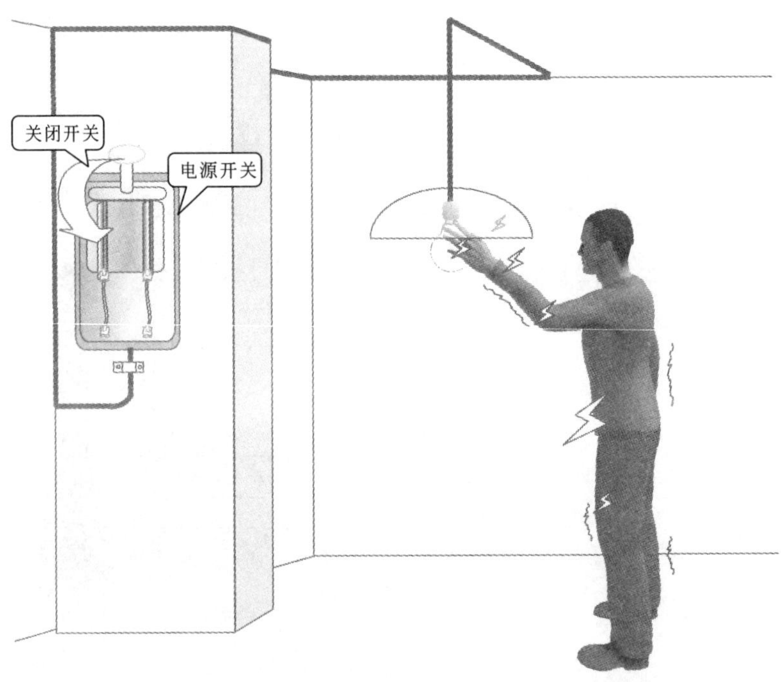

图6-10 断开电源

若救护者在开关附近，应立即断开电源开关。

切断电源线示意图见图6-11。

若救护者无法及时关闭电源开关，切忌直接用手去拉触电者，可使用绝缘斧将电源供电一侧的线路斩断。

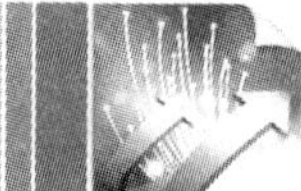

图6-11　切断电源线

将木板塞垫在触电者身下示意图见图6-12。

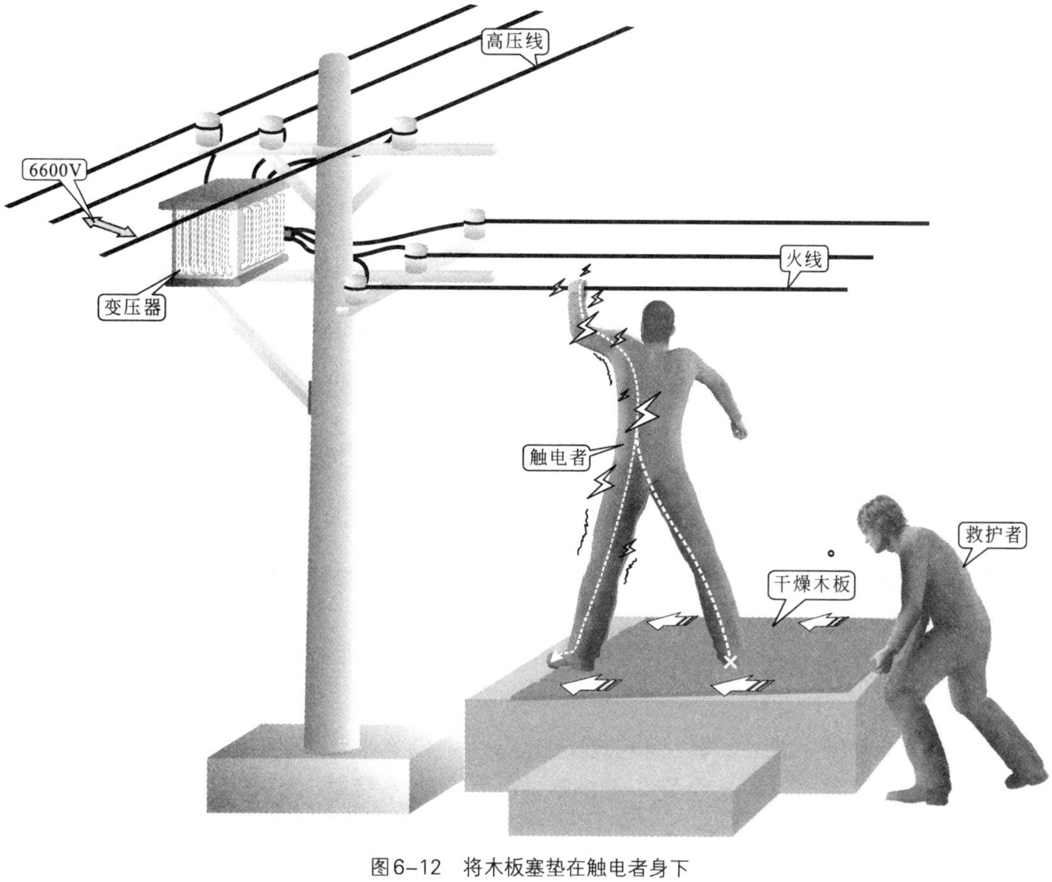

图6-12　将木板塞垫在触电者身下

若触电者无法脱离电线，应利用绝缘物体使触电者与地面隔离。比如用干燥木板塞垫在触电者身体底部，直到身体全部隔离地面，这时救护者就可以将触电者脱离电线。在操作时救护者不应与触电者接触，以防连电。

挑开电线示意图见图6-13。

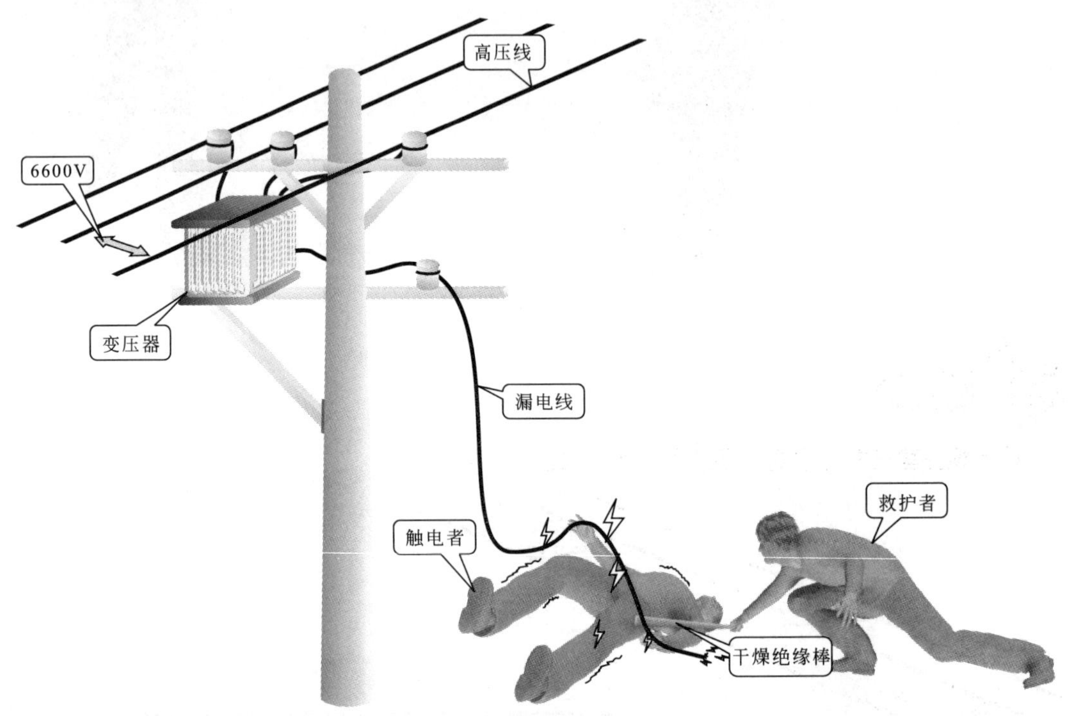

图6–13　挑开电线

若电线压在触电者身上，可以利用干燥的木棍、竹竿、塑料制品、橡胶制品等绝缘物挑开触电者身上的电线。

低压触电急救的错误操作示意图见图6-14。

注意在急救时，严禁直接使用潮湿物品或者直接拉开触电者，以免救护者触电。

（2）高压触电急救法

高压触电急救法是指电压达到1000 V以上的高压线路和高压设备的触电事故急救方法。

当发生高压触电事故时，其急救方法应比低压触电更加谨慎。因为高压已超出安全电压范围很多，接触高压时一定会发生触电事故，而且在不接触时，靠近高压也会发生触电事故。下面来了解一下高压触电急救的具体方法。

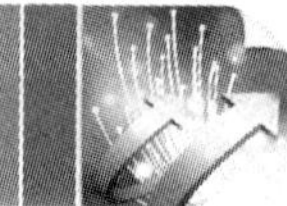

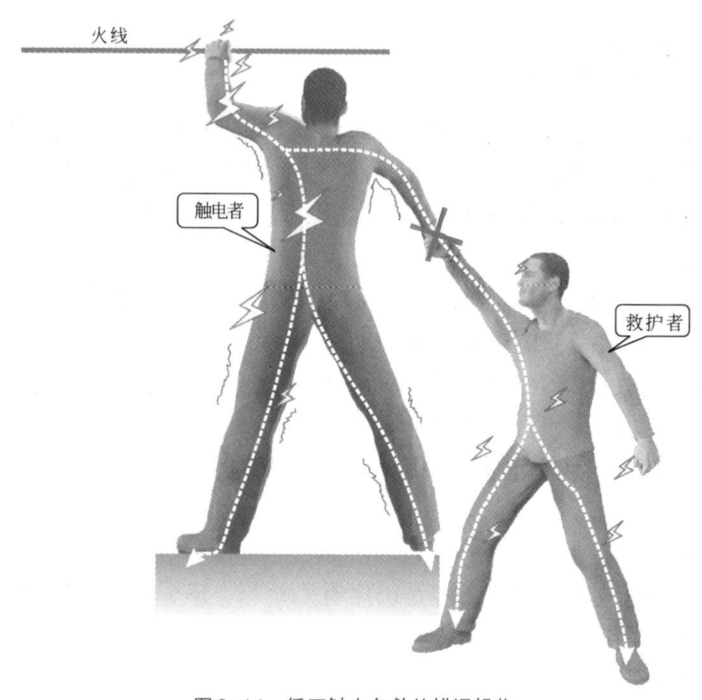

图6-14　低压触电急救的错误操作

① 应立即通知有关动力部门断电，在之前没有断电的情况下，不能接近触电者。否则有可能会产生电弧，导致抢救者烧伤。

② 在高压的情况下，一般的低压绝缘材料会失去绝缘效果，因此不能用低压绝缘材料去接触带电部分，需利用高电压等级的绝缘工具拉开电源。例如高压绝缘手套、高压绝缘鞋等。

③ 抛金属线（钢、铁、铜、铝等），先将金属线的一端接地，然后抛另一端金属线，这里注意抛出的另一端金属线不要碰到触电者或其他人，同时救护者应与断线点保持8～10 m的距离，以防跨步电压伤人。

抛金属线操作示意图见图6-15。

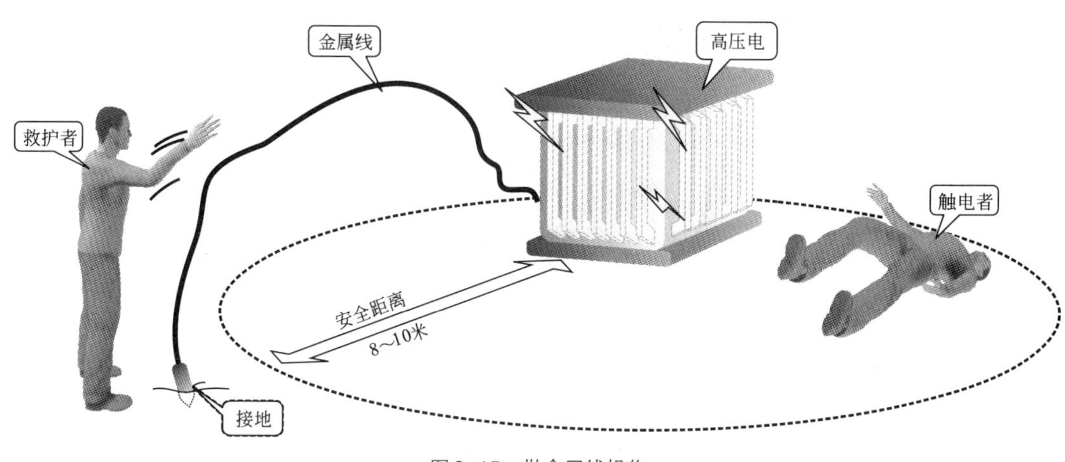

图6-15　抛金属线操作

6.2.2 触电后的急救方法

当触电者脱离电源后，不要将其随便移动，应将触电者仰卧，并迅速解开触电者的衣服、腰带等保证其正常呼吸，疏散围观者，保证周围空气畅通，同时拨打120急救电话。做好以上准备工作后，就可以根据触电者的情况，做相应的救护。

（1）常用救护法

① 若触电者神志清醒，但有心慌、恶心、头痛、头昏、出冷汗、四肢发麻、全身无力等症状时，不要移动触电者，应让其仰卧。

② 当触电者已经失去知觉，但仍有轻微的呼吸及心跳，这时候应把触电者衣服以及有碍于其呼吸的腰带等物解开，帮助其呼吸。

③ 当天气炎热时，应使触电者在阴凉的环境下休息。天气寒冷时，应帮触电者保温并等待医生的到来。

（2）人工呼吸救护法

通常情况下，当触电者无呼吸，但是仍然有心跳时，应采用人工呼吸救护法进行救治。下面来了解一下人工呼吸法的具体操作方法。

① 人工呼吸法的准备工作

人工呼吸法的准备工作示意图见图6-16。

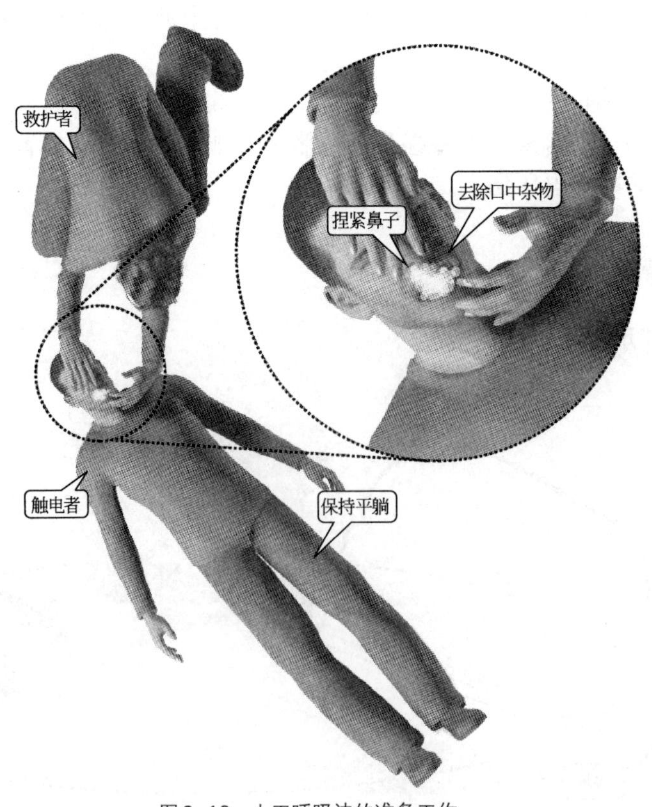

图6-16 人工呼吸法的准备工作

a. 首先使触电者仰卧，头部尽量后仰并迅速解开触电者衣服、腰带等，使触电者的胸部和腹部能够自由扩张。

b. 尽量将触电者头部后仰，鼻孔朝天，颈部伸直。救护者最好用一只手捏紧触电者的鼻孔，使鼻孔紧闭，另一只手掰开触电者的嘴巴。若触电者牙关紧闭，无法将其张开，可采取口对鼻吹气的方法。

c. 除去口腔中的粘液、食物、假牙等杂物。

d. 如果触电者的舌头后缩，应把舌头拉出来使其呼吸畅通。

② 人工呼吸救护

做完前期准备后，即可对触电者进行口对口人工呼吸。

口对口人工呼吸示意图见图6-17。

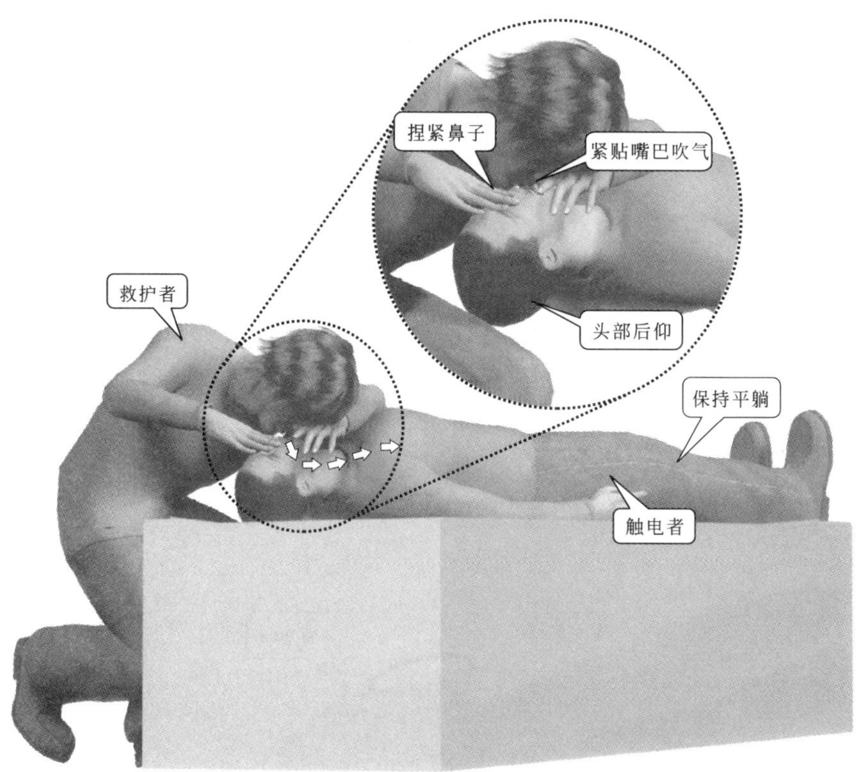

图6-17 口对口人工呼吸

a. 救护者深吸一口气之后，紧贴着触电者的嘴巴大口吹气，使其胸部膨胀。

b. 然后救护者换气，放开触电者的嘴鼻，使触电者自动呼气。

c. 如此反复进行上述操作，吹气时间为2 ~ 3秒，放松时间为2 ~ 3秒，5秒钟左右为一个循环。重复操作，中间不可中断，直到触电者苏醒为止。

d. 吹气时要捏紧鼻孔，紧贴嘴巴，不要漏气，放松时应能使触电者自动呼气。值得注意的是，在对体弱者或儿童进行人工呼吸时，要尽可能小口吹气，以免伤者因被吹入的气体过多而造成肺泡破裂。

（3）牵手呼吸法

若救护者嘴或鼻被电伤，无法对触电者进行口对口人工呼吸或口对鼻人工呼吸，也可以采用牵手呼吸法进行救治，具体抢救方法如下。

肩部垫高示意图见图6-18。

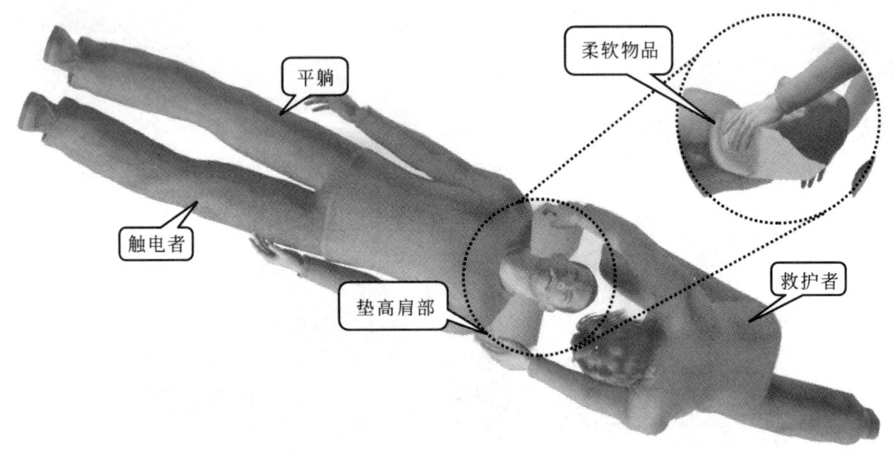

图6-18　肩部垫高

使触电者仰卧，将其肩部垫高，最好用柔软物品（如衣服等），这时头部应后仰。

牵手呼气法（一）见图6-19。

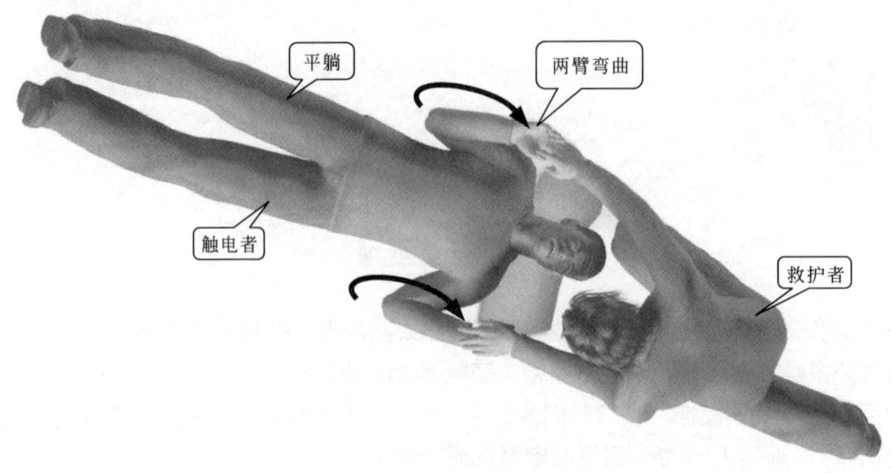

图6-19　牵手呼气法（一）

救护者蹲跪在触电者头部附近，两只手握住触电者的两只手腕，让触电者两臂在其胸前弯曲，让触电人呼气。注意在操作过程中不要用力过猛。

牵手吸气法（二）示意图见图6-20。

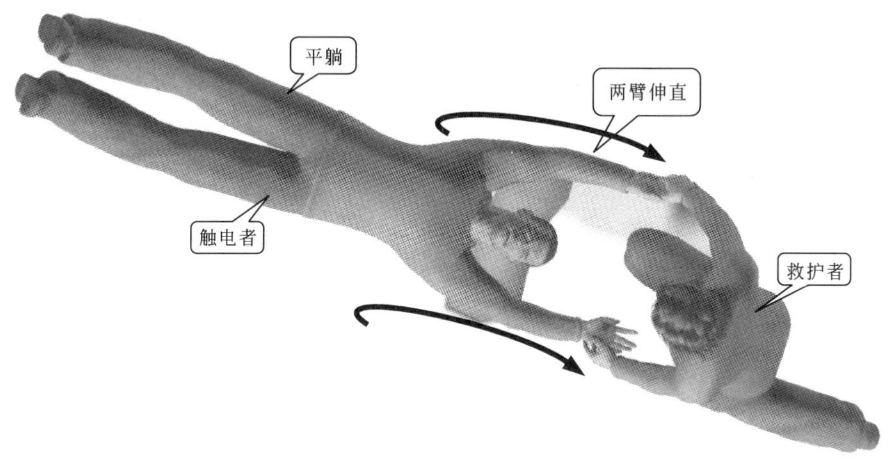

图6-20　牵手吸气法（二）

救护者将触电者两臂从头部两侧向头顶上方伸直，让触电者吸气。

牵手呼吸法比较消耗体力，需要几名救护者轮流对触电者进行救治，以免救护者疲劳而耽误救治时机。

（4）胸外心脏按压救护法

胸外心脏按压法又叫胸外心脏挤压法，它是在触电者心音微弱，或心跳停止，或脉搏短而不规则的情况下帮助触电者恢复心跳的有效方法。

胸外心脏按压救护法示意图见图6-21。

① 救护者应将触电者仰卧，并松开衣服和腰带，使触电者头部稍后仰。

② 救护者需跪在触电者腰部两侧或跪在触电者一侧。

③ 将救护者右手掌放在触电者心脏上方（胸骨处），中指对准其颈部凹陷的下端。

④ 救护者将左手掌压在右手掌上，用力垂直向下挤压。向下压时间为2 ~ 3秒，然后松开，松开时间为2 ~ 3秒（5秒钟左右为一个循环）。重复操作，中间不可中断，直到触电者恢复心跳为止。

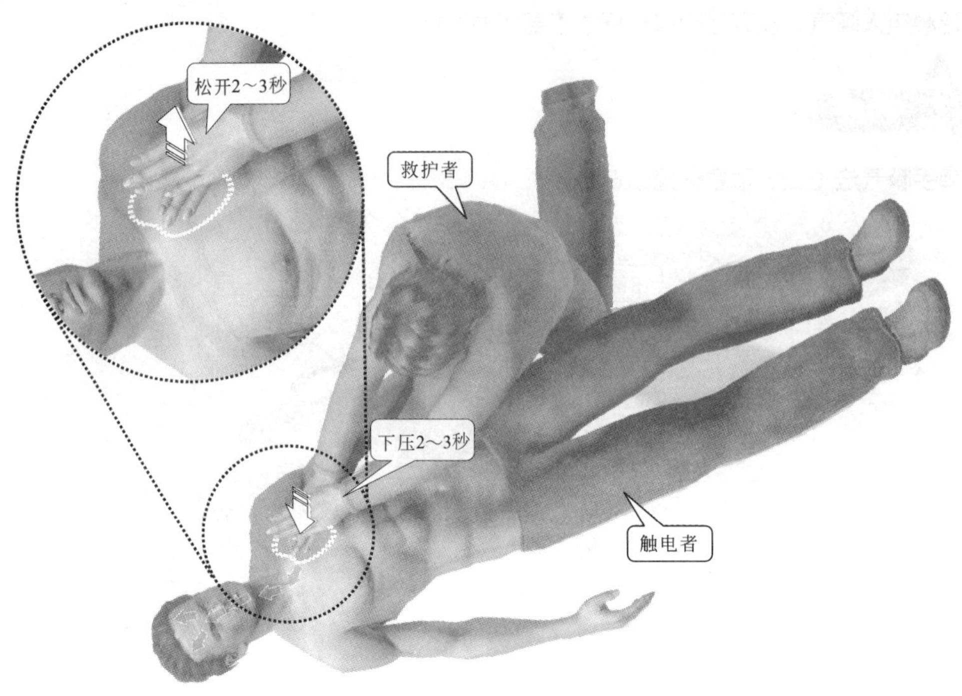

图6-21　胸外心脏按压救护

在抢救的过程中要不断观察触电者的面部动作，嘴唇稍有开合，眼皮微微活动，喉部有吞咽动作时，说明触电者已有呼吸，即可停止人工呼吸或胸外心脏挤压法。但如果触电者这时仍没有呼吸，则需要同时利用人工呼吸和胸外心脏挤压法进行治疗。

提示

值得注意的是，触电者有时会出现假死迹象，这时要继续救治，直至医生到来，切忌不要放弃或中断抢救。

（5）药物救护法

在发生触电事故后如果医生还没有到来，而且人工呼吸的救护方法和胸外挤压的救护方法都不能够使触电者的心跳恢复，这时可以用肾上腺素进行救治。

肾上腺素能使停止跳动的心脏恢复，也能够使微弱的心跳变得强劲起来。但是使用时要特别小心，如果触电者的心跳没有停止就使用肾上腺素，容易导致触电者的心跳停止甚至死亡。

（6）包扎救护法

在触电的同时，触电者的身体上也会伴有不同程度的电伤，如果被电伤可以采用以下的治疗方法。

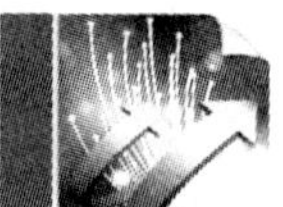

包扎伤口示意图见图6-22。

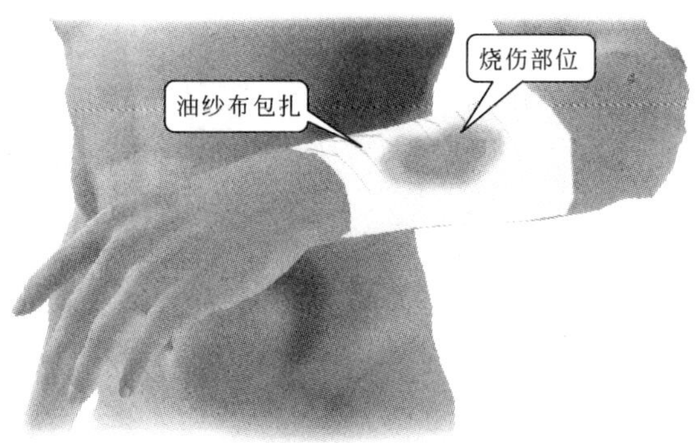

图6-22　包扎伤口

在患者救活后，送医院前应将电灼伤的部位用盐水棉球洗净，用凡士林或油纱布（或干净手巾等）包扎好并稍加固定。

扩展

对于高压触电者来说，触电时的电热温度高达数千度，往往会造成严重的烧伤，因此为了减少伤口感染和及时治疗，最好用酒精先擦洗伤口再包扎。

第7章 基本电气控制线路的安装与调试

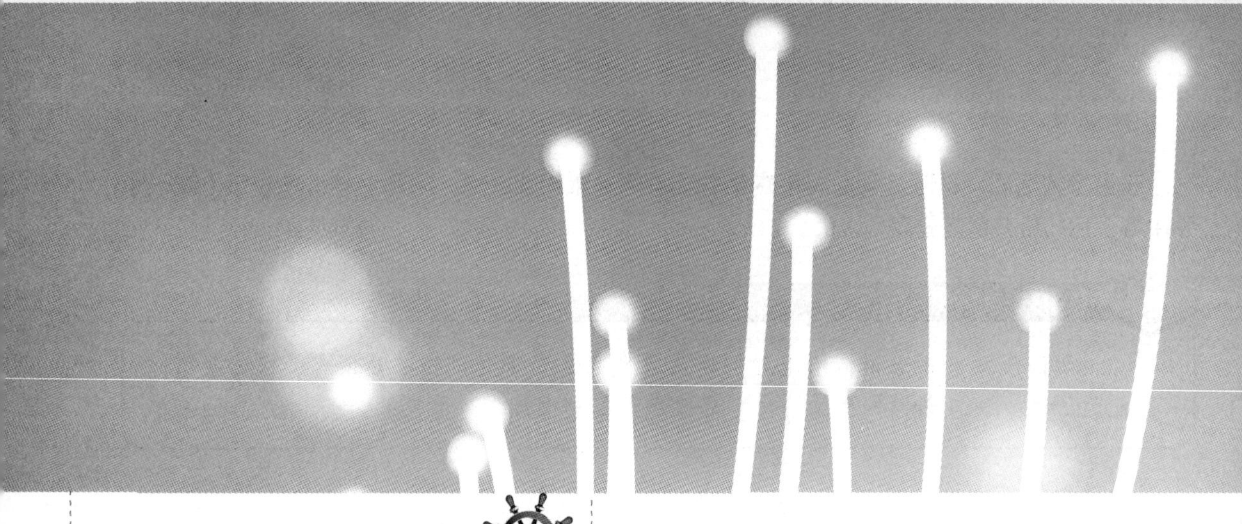

目标

本章主要的目标是让读者了解基本电气控制线路的安装方法与调试技能。所有的电气设备都是由控制线路进行控制的，进行控制线路的安装与调试，也是作为电工操作人员必备的技能之一。本章从导线的加工、连接以及线路的设计入手，细致地归纳了最典型的电气控制线路的设计与安装调试方法，通过设计与安装相结合的方法，将控制线路安装的方法和技巧加以提炼、整理，最后让读者真正的掌握基本电气控制电路的安装和调试技能。

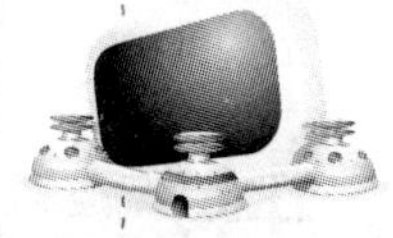

7.1 导线的加工与连接方法

导线是所有的线路连接中都需要用到的，因此掌握导线的加工与连接技能是十分重要的，下面我们就介绍一下常用导线的规格、应用以及加工和连接方法。

7.1.1 导线的规格与应用

导线又可以分为裸导线、电磁导线、绝缘导线以及电力电缆等，常见的导线如图 7-1 所示。

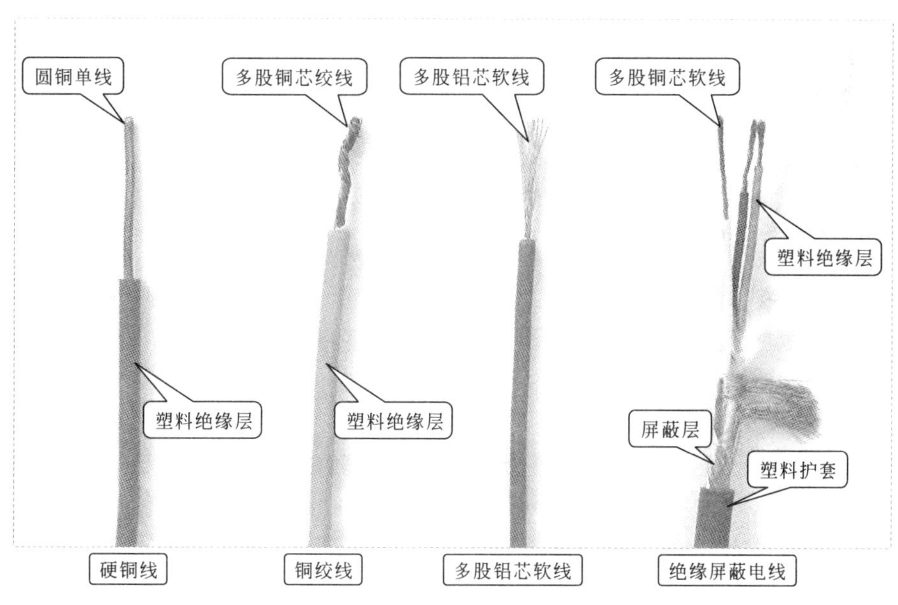

图 7–1　常见导线的实物外形

在导线的种类中，电磁导线与绝缘导线在电气控制线路中的应用比较广泛，下面就以这两种导线为例，介绍其规格和应用。

（1）电磁导线的规格与应用

电磁线是指在金属线材上包覆绝缘层的导线。在电工用料中，它通常用来绕制电机、变压器、电器设备的绕组或线圈，有时也称为绕组线。常见的电磁线主要有漆包线、绕包线、特种电磁线等三类。

① 漆包线　漆包线是在导电线芯（目前多为铜芯）上涂绝缘漆膜后经烘干形成的，具有漆膜均匀、光滑柔软，且利于线圈的绕制等特点，广泛应用于中小型电机及微电机、干式变压器和其他电工产品中。

漆包线按照漆膜的类型及作用也可分为很多种，其中电工常用的品种主要有油性漆包线、缩醛漆包线以及聚酯漆包线等，其具体型号、规格、性能参数及应用如表7-1所列。

表7–1　电工用漆包线的型号、规格、性能及应用

类型	名称	型号	规格线芯直径/mm	特性	应用
油性漆包线	油性漆包圆铜线（电工用料中最为常用）	Q	0.02 ~ 2.50	漆膜均匀，但耐刮性较差，耐溶剂性较差	适用于中、高频线圈的绕制以及电工用仪表、电器的线圈等
缩醛漆包线	缩醛漆包圆铜线	QQ	0.02 ~ 2.50	耐刮性好，耐水性较好	多用于普通中小电机、微电机绕组和油浸变压器的线圈等
	缩醛漆包扁铜线	QQB	窄边：0.8 ~ 5.6 宽边：2.0 ~ 18.0		
聚酯漆包线	聚酯漆包圆铜线	QZ	0.02 ~ 2.50	耐电压击穿性好，但耐水性较差	多用于普通中小电机的绕组、干式变压器和电器仪表的线圈等
	聚酯漆包扁铜线	QZB	窄边：0.8 ~ 5.6 宽边：2.0 ~ 18.0		

② 绕包线　绕包线是指用天然丝、玻璃丝、绝缘纸或合成树脂薄膜等紧密绕包在导电线芯上形成的，有些则直接在漆包线上再绕包一层绝缘层形成绕包线。通常所说的纱包线、丝包线都属于绕包线。

③ 特种电磁线　特种电磁线是指具有特殊绝缘结构和性能的一类电磁线，如耐水的多层绝缘结构，耐高温、耐辐射的无机绝缘电磁线等。多在高温、超低温、高湿度、高磁场环境中工作的仪器、仪表等电工产品中作为导电材料。

此外，熔丝（或保险丝）也属于电磁线的一种，且应用较为广泛。在大电流线路中、电工常用低压电气设备中均有应用。

（2）绝缘导线的规格与应用

绝缘电线一般可分为绝缘硬电线和绝缘软电线两种。按照其绝缘层材料的不同又可分为塑料（聚氯乙烯，一般用字母“V”表示）绝缘电线和橡胶（一般用字母“X”表示）绝缘电线。

塑料和橡胶绝缘电线广泛应用于交流500 V电压和直流1000 V电压及以下的各种电器、仪表、动力线路及照明线路中。塑料/橡胶绝缘硬线多作为企业及工厂中固定敷设用电线，线芯多采用铜线和铝线；作为移动使用的电缆和电源软接线等通常采用多股铜芯的绝缘软线。

塑料绝缘电线是电工使用的导电材料中应用最多的电线之一，目前几乎所有的动力和照明线路都采用塑料绝缘电线。按照其用途及特性不同可分为塑料绝缘硬线、塑料绝缘软线、铜芯塑料绝缘安装用线以及塑料绝缘屏蔽电线等四种类型。

① 塑料绝缘硬线　塑料绝缘硬线的线芯数较少，通常不超过5芯，在其规格型号标注

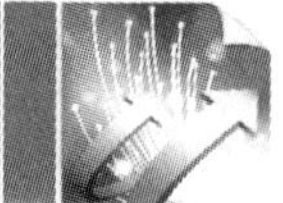

时，首字母通常为“B”字。

常见塑料绝缘硬线的结构见图7-2。

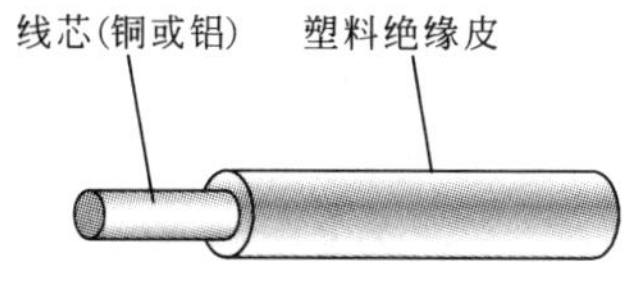

(a) 单芯塑料绝缘线的结构

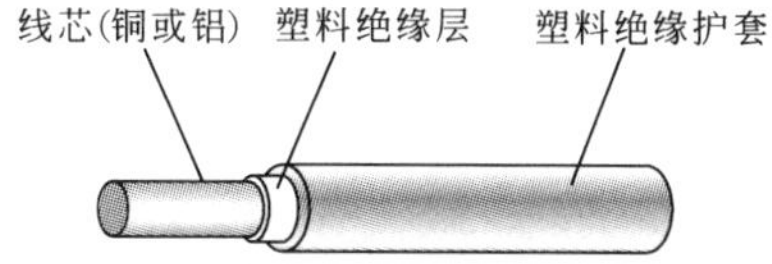

(b) 单芯塑料绝缘护套电线的结构

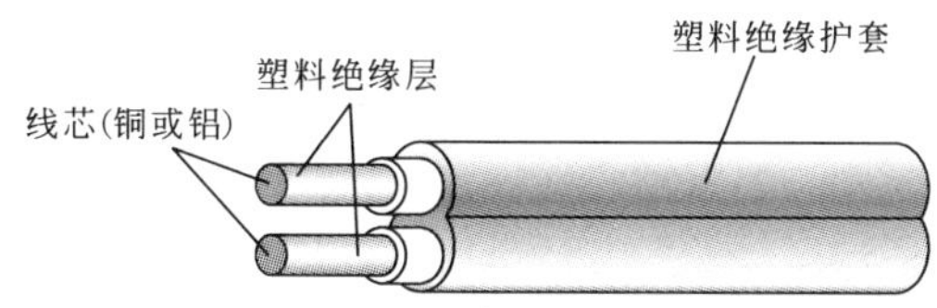

(c) 两芯塑料绝缘护套电线的结构

图7-2 常见塑料绝缘硬线的结构

常见塑料绝缘硬线的型号、名称、性能参数及应用如表7-2所列，实际应用时可根据具体情况参照此表选用相应的导线。

表7-2 常见塑料绝缘硬线的型号、名称、性能参数及应用

型号	名称	允许最大工作温度/℃	应用
BV	铜芯塑料绝缘电线	65	固定敷设于室内外及电气装备内部，常用于家装电工中的明敷和暗敷用导线，最低敷设温度不低于–15℃
BLV	铝芯塑料绝缘电线		
BVR	铜芯塑料绝缘软电线		固定敷设，用于安装时要求柔软的场合，最低敷设温度不低于–15℃
BVV	铜线塑料绝缘护套圆形电线		固定敷设于潮湿的室内和机械防护要求高的场合，可明敷、暗敷和直埋地下
BLVV	铝芯塑料绝缘护套圆形电线		
BV-105	铜芯耐热105℃塑料绝缘电线	105	固定敷设于高温环境的场所，可明敷和暗敷，最低敷设温度不低于–15℃
BVVB	铜芯塑料绝缘护套平行线	65	适用于各种交流、直流电器装置，电工仪器、仪表，动力及照明线路故障敷设用
BLVVB	铝芯塑料绝缘护套平行线		

② 塑料绝缘软线　塑料绝缘软线的型号多是以“R”字母开头的导线，通常其线芯较

多，导线本身较柔软，耐弯曲性较强，多作为电源软接线使用。

常见塑料绝缘软线的结构见图7-3。

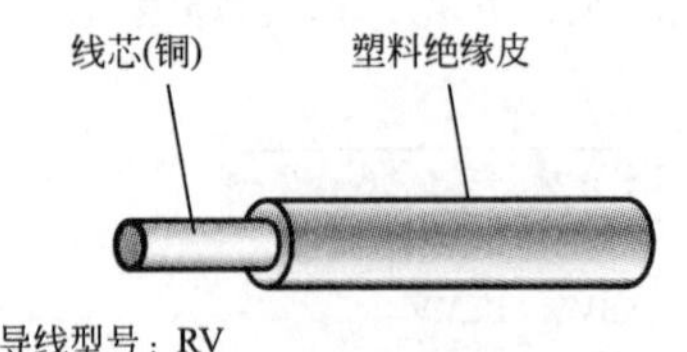

(a) 单芯塑料绝缘软线的结构

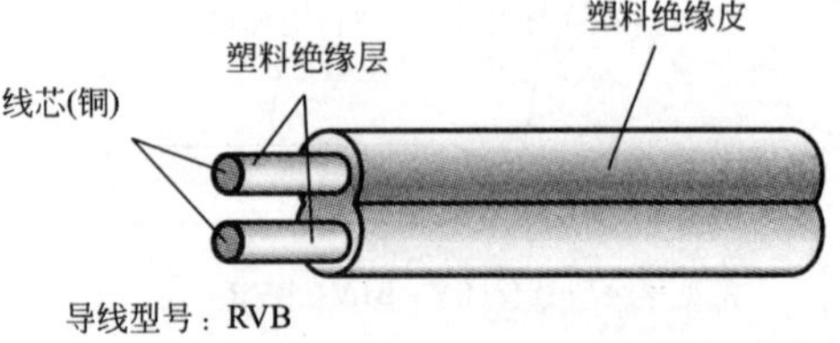

(b) 两芯塑料绝缘平行软线的结构

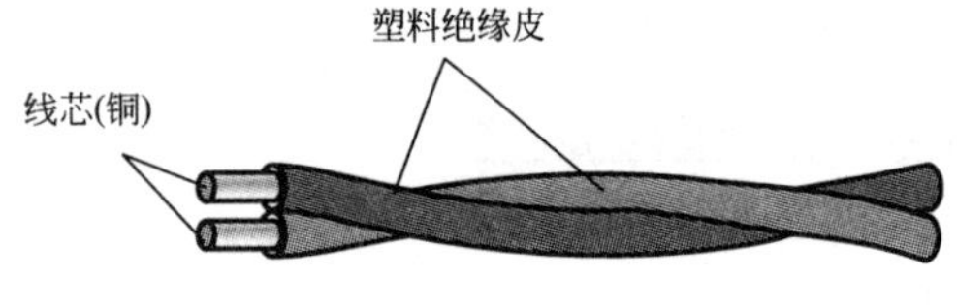

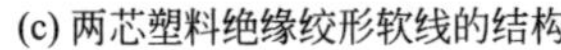

(c) 两芯塑料绝缘绞形软线的结构

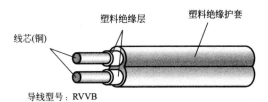

塑料绝缘层 塑料绝缘护套 线芯(铜) 导线型号：RVVB

(d) 两芯塑料绝缘护套平行软线的结构

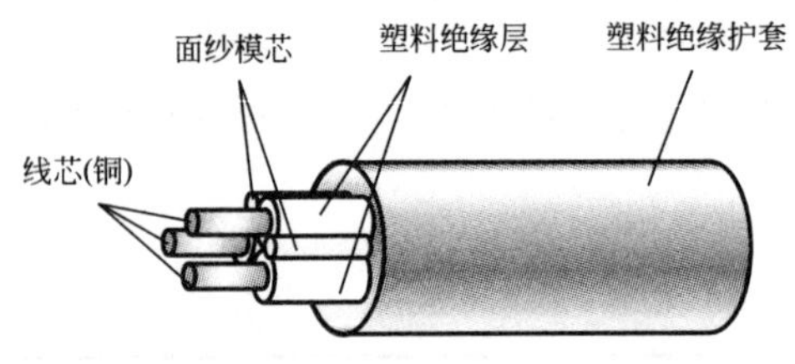

(e) 三芯塑料绝缘护套圆形软线的结构

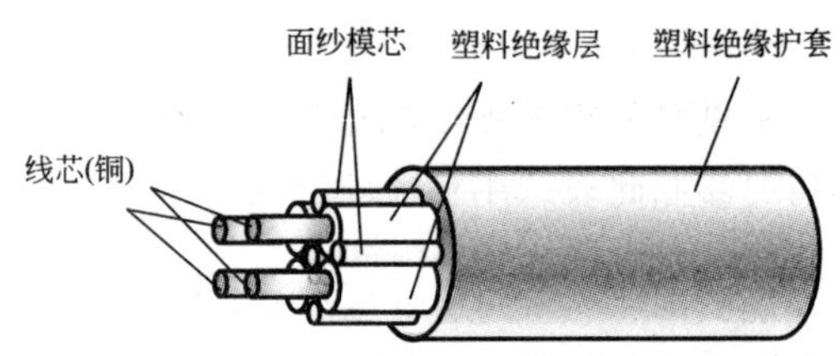

(f) 四芯塑料绝缘护套圆形软线的结构

图7-3　常见塑料绝缘软线的结构

常见塑料绝缘软线的型号、名称、性能参数及应用如表7-3所列，实际应用时可根据具体情况参照此表选用相应的导线。

③ 铜芯塑料绝缘安装用线　电工用导电材料中，绝缘安装用线主要为AV系列的铜芯塑料绝缘安装线，多应用于交流额定电压300/500 V及以下的电器或仪表、电子设备及自动化装置的安装电线。

AV系列的铜芯塑料绝缘安装线的外形结构与塑料绝缘软线的外形结构相似，其不同之处主要在其用途上，塑料绝缘软线多用于布线，AV系列绝缘线多用于电气设备等的安装线。

常见的AV系列安装用绝缘线的型号、名称、性能参数及具体应用如表7-4所列，实际应用时可根据具体情况参照此表选用相应的导线。

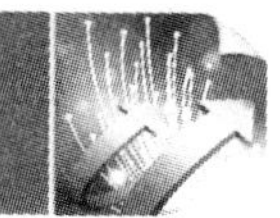

表 7-3　常见塑料绝缘软线的型号、名称、性能参数及应用

型号	名称	允许最大工作温度/℃	应用
RV	铜芯塑料绝缘软线	65	可供各种交流、直流移动电器、仪表等设备接线用，也可用于动力及照明设施的连接，安装环境温度不低于-15℃
RVB	铜芯塑料绝缘平行软线		
RVS	铜芯塑料绝缘绞形软线		
RV-105	铜芯耐热105℃塑料绝缘软线	105	该导线用途与RV等导线相同，不过该导线可应用于45℃以上的高温环境
RVV	铜芯塑料绝缘护套圆形软线	65	该导线用途与RV等导线相同，还可以用于潮湿和机械防护要求较高以及经常移动和弯曲的场合
RVVB	铜芯塑料绝缘护套平行软线	70	可供各种交流、直流移动电器、仪表等设备接线用，也可用于动力及照明设施的连接，安装环境温度不低于-15℃

表 7-4　AV 系列塑料绝缘安装用线的型号、名称、性能参数及应用

型号	名称	允许最大工作温度/℃	应用
AV AV-105	铜芯塑料绝缘安装电线 铜芯耐热105℃塑料绝缘安装电线	AV-105、AVR-105型号的安装线应不超过105℃；其他规格导线应不超过70℃	适用于交流额定电压300/500 V及以下的电器、仪表和电子设备及自动化装置中作安装电线使用
AVR AVR-105	铜芯塑料绝缘安装软电线 铜芯耐热105℃塑料绝缘安装软电线		
AVRB	铜芯塑料安装平行软电线		
AVRS	铜芯塑料安装绞形软电线		
AVVR	铜芯塑料绝缘护套安装软电线		

④ 塑料绝缘屏蔽电线　屏蔽电线是在绝缘软/硬电线的绝缘层外包绕了一层金属箔或编织金属丝等作为屏蔽层使用，以减少外界电磁波对绝缘电线内电流的干扰，也可减少线内电流产生的磁场对外界的影响。

常见塑料绝缘屏蔽电线的实物外形见图 7-4。

屏蔽电线由于其屏蔽层的特殊功能，广泛应用于要求防止相互干扰的各种电器、仪表、电信设备、电子仪器及自动化装置等线路中。

常见屏蔽电线的型号、名称、性能参数及应用如表 7-5 所列，实际应用时可根据具体情况参照此表选用相应的导线。

⑤ 橡胶绝缘电线　橡胶绝缘电线主要是由天然丁苯橡胶绝缘层和导线线芯构成的。常见的电工用橡胶绝缘电线多为黑色、较粗（成品线径为4.0 ~ 39 mm）的电线，多用于企业

电工、农村电工中的动力线敷设时使用，也可用于照明装置的固定敷设等。

常见橡胶绝缘电线的型号、名称、性能参数及其应用如表7-6所列，实际应用时可根据具体情况参照此表选用相应的导线。

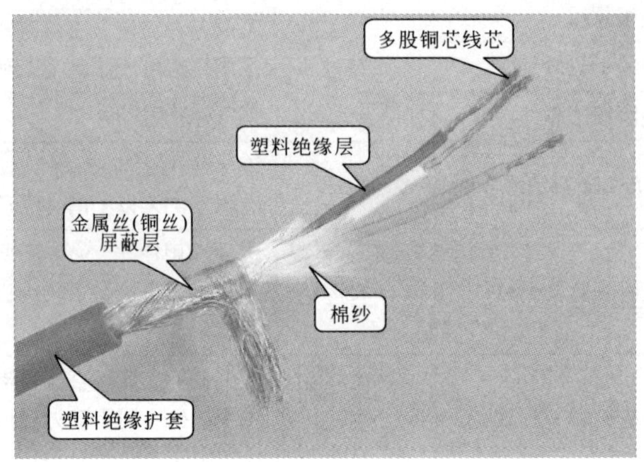

图7-4 常见塑料绝缘屏蔽电线的实物外形

表7-5 常见屏蔽电线的型号、名称、性能参数及应用

型号	名称	允许最大工作温度/℃	应用
AVP	铜芯塑料绝缘屏蔽电线	65	固定敷设，适用于300/500 V及以下电器、仪表、电子设备等线路中； 安装使用时环境温度不低于–15℃
AVP-105	铜芯耐热105 ℃塑料绝缘屏蔽电线	105	
RVP	铜芯塑料绝缘屏蔽软线	65	移动使用，也使用于300/500 V及以下电器、仪表、电子设备等线路中，且护套线可用于环境较潮湿或要求较高的场合使用
RVP-105	铜芯耐热105 ℃塑料绝缘屏蔽软电线	105	
RVVP	铜芯塑料绝缘屏蔽塑料护套软电线	65	

表7-6 常见橡胶绝缘电线的型号、名称、性能参数及应用

型号	名称	允许最大工作温度/℃	应用
BX BLX	铜芯橡胶绝缘电线 铝芯橡胶绝缘电线	长期允许工作温度不超过65℃，环境温度不超过25℃	适用于交流电压500 V及以下或直流1000 V及以下的电器装置及动力、照明装置的固定敷设
BXR	铜芯橡胶绝缘软电线		适用于室内安装及要求柔软的场合
BXF BLXF	铜芯氯丁橡胶电线 铝芯氯丁橡胶电线		适用于交流500 V及以下或直流1000 V及以下的电气设备及照明装置用
BXHF BLXHF	铜芯橡胶绝缘护套电线 铝芯橡胶绝缘护套电线		适用于敷设在较潮湿的场合，可用于明敷和暗敷

7.1.2 导线的加工操作

在使用导线前，应首先对导线进行加工，导线线头绝缘层的剖削是导线加工的第一步，它为以后的导线连接做好前期的准备。剖削绝缘层的方法要正确，如果方法不当或操作失误，很容易在操作过程中损伤芯线。根据导线材料及规格型号的不同，剖削绝缘层的方法大不相同，使用的工具也有所不同。

（1）塑料硬导线绝缘层的剖削

在对线芯截面为4 mm^2及以下的塑料硬线的绝缘层，一般用斜口钳、剥线钳或钢丝钳进行剖削；线芯截面为4 mm^2及以上的塑料硬线，通常用电工刀或剥线钳对绝缘层进行剖削。在剖削导线的绝缘层时，一定不能损伤线芯，并且根据实际的应用，决定剖削导线线头的长度。

线芯截面为4 mm^2及以下的塑料硬线绝缘层剖削的操作方法见图7-5。

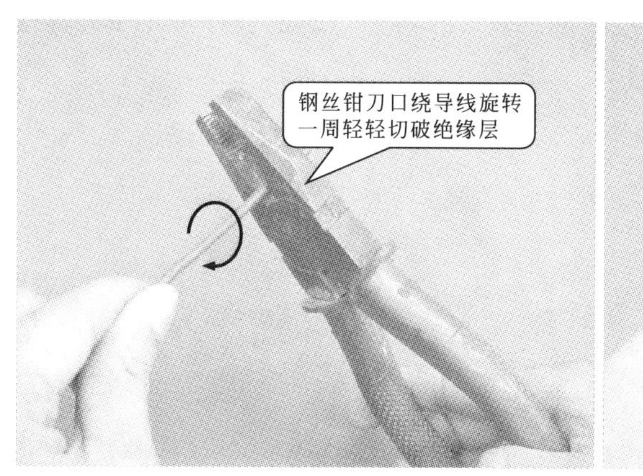

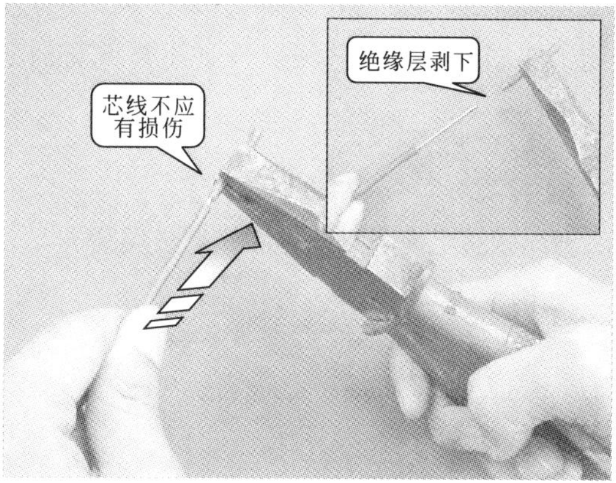

图7–5 使用钢丝钳剖削塑料硬线的绝缘层

用左手捏住导线，在需剖削线头处，用钢丝钳刀口轻轻切破绝缘层，但不可切伤线芯。用左手拉紧导线，右手握住钢丝钳，用钳头钳住要去掉的绝缘层部分，用力向外拨去塑料层。

在拨去塑料层时，不可在钢丝钳刀口处加剪切力，否则会切伤线芯。剖削出的线芯应保持完整无损，如有损伤，应重新剖削。

线芯截面为4 mm^2及以上的塑料硬线绝缘层剖削的操作方法见图7-6。

在需剖削线头处，用电工刀以45° 倾斜切入塑料绝缘层，注意刀口不能划伤线芯。刀面与导线保持一定角度，用刀向线端推削，只削去上面一层塑料绝缘，不可切入线芯。将余下的线头绝缘层向后扳翻，把该绝缘层剥离线芯，再用电工刀切齐。

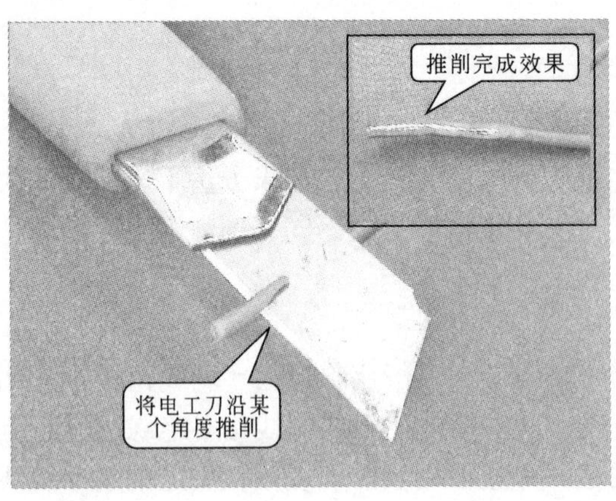

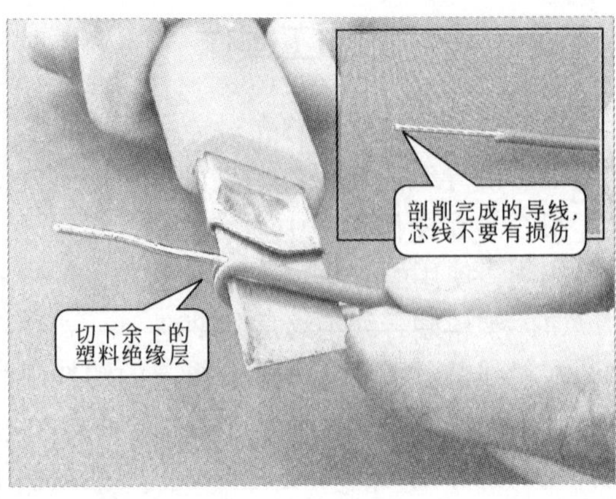

图7-6 使用电工刀对塑料硬线的绝缘层进行剖削

（2）塑料软线绝缘层的剖削

塑料软线的线芯多是由多股铜（铝）丝组成，不适宜用电工刀剖削绝缘层，实际操作中多使用剥线钳进行剖削操作。

在剖削塑料软线的绝缘层时，由于芯线较细、较多，各个步骤的操作都要小心谨慎，一定不能损伤或弄断芯线，否则就要重新剖削，以免在连接时影响连接质量。

塑料软线绝缘层的剖削操作方法见图7-7。

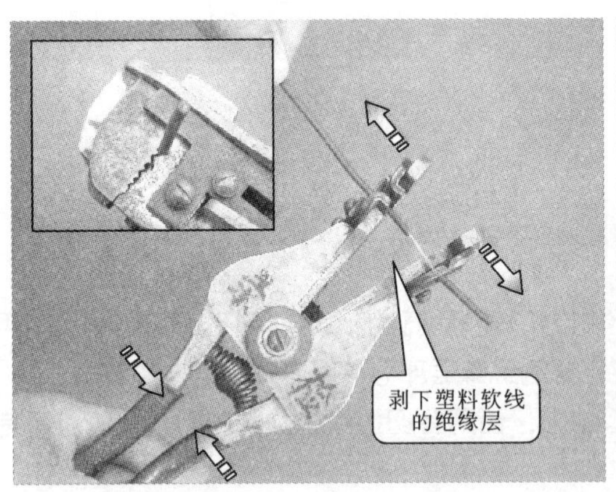

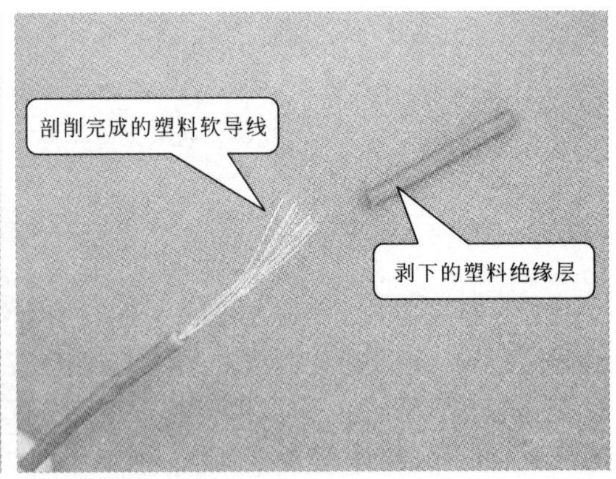

图7-7 塑料软线绝缘层的剖削操作方法

首先将导线需剖削处置于合适的刀口中，左手握住并稳定导线，右手握住剥线钳的手柄并轻轻用力，切断导线需剖削处的绝缘层。接着，继续用力直到将绝缘层剥下。

7.1.3 导线的连接操作

当导线的长度不够或需要分接支路以及连接器具端子时，通常需要进行导线与导线之

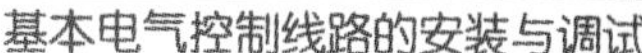
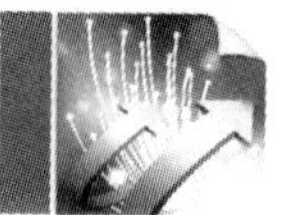

间的连接、导线与器具端子之间的连接等操作。

（1）单股线芯导线的直线连接

单股线芯导线的直接连接主要有绞接法和缠绕法两种方法，其中绞接法用于截面较小的导线，缠绕法用于截面较大的导线。

单股线芯导线直线连接的绞接连接方法见图7-8。

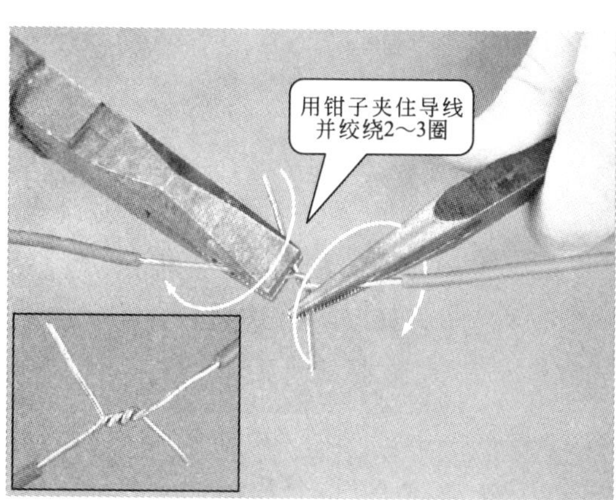

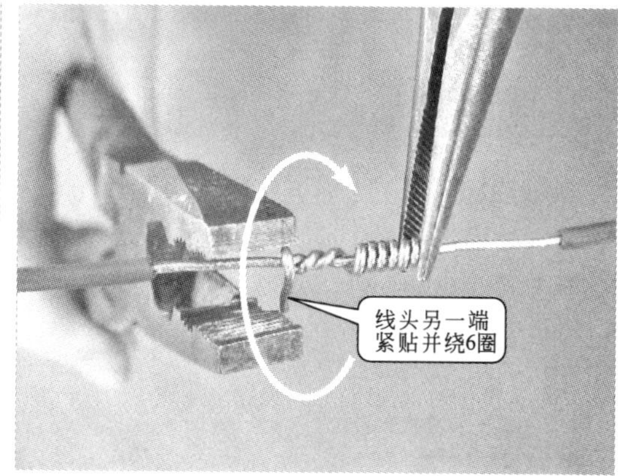

图7-8　直线连接的绞接连接方法

把去除绝缘层及氧化层的两根导线的线头成X形相交，互相绞线2 ~ 3周，若导线较硬可借助钢丝钳进行绞绕。扳直两线头，将每根线头在芯线上紧贴并绕6圈，多余的线头用钢丝钳剪去，并钳平芯线的末端及切口毛刺，即完成对单股导线的直线连接。

单股线芯导线直线连接的缠绕连接方法见图7-9。

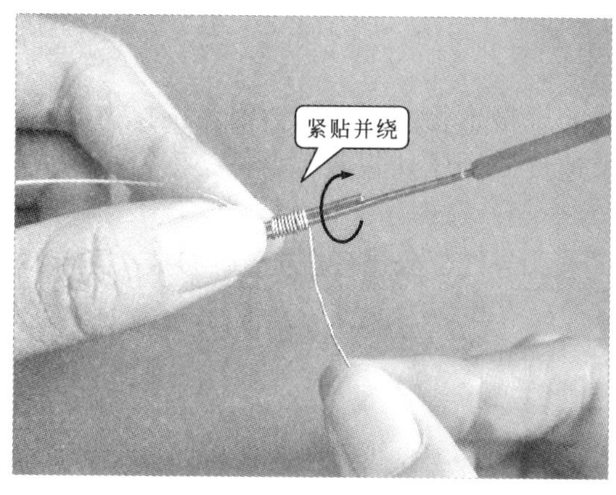

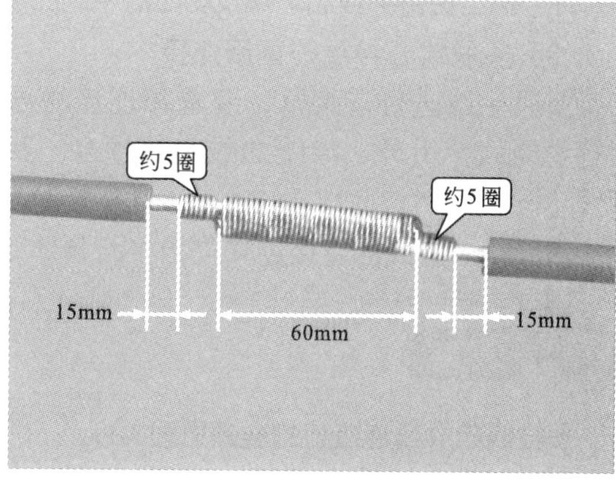

图7-9　直线连接的缠绕连接方法

将已去除绝缘层和氧化层的线头相对交叠，再用细裸铜丝（直径约为1.6 mm）在其上进行缠绕。

若需连接导线的线头直径在5 mm及以下的缠绕长度为60 mm，大于5 mm的缠绕长度为90 mm，且将导线线头缠绕好后还要在两端导线上各自再缠绕8 ~ 10 mm（5圈）的长度，使导线连接良好。

最后用钢丝钳剪去多余的细铜丝，单股铜芯导线缠绕连接完成。

（2）单股线芯导线的T形连接

单股线芯导线的T形连接一般用于一条主干导线和一根支路线芯的情况下，支路线芯与主干导线连接成T形，因此称为T形连接。

单股线芯导线的T形连接方法见图7-10。

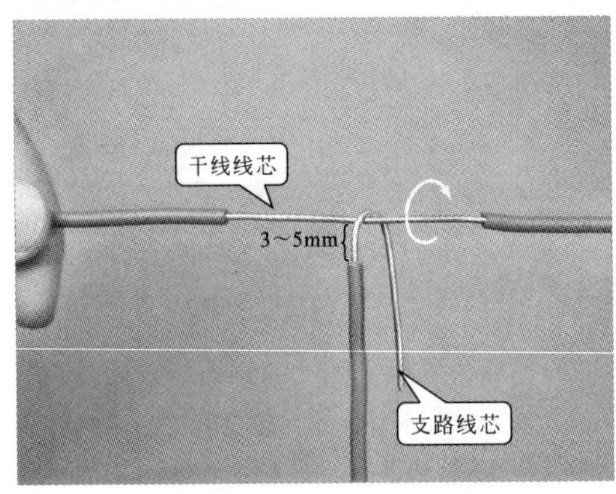

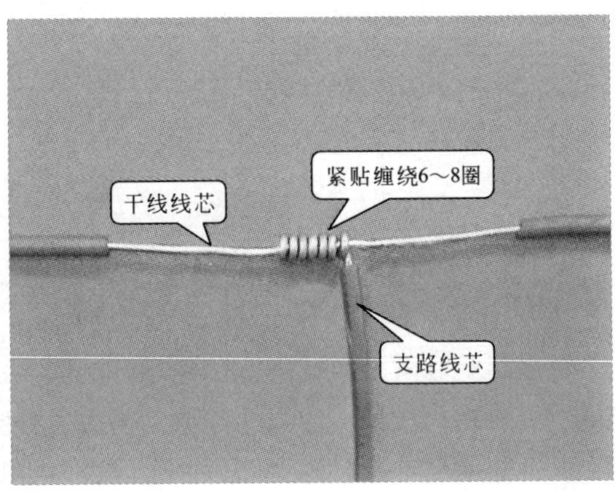

图7–10　单股导线的T形连接方法

把去除绝缘层及氧化层的支路线芯的线头与干线线芯十字相交后按顺时针方向缠绕支路芯线，使支路线芯根部留出3 ~ 5 mm裸线。紧贴干线线芯密绕6 ~ 8圈后，用钢丝钳切去余下线芯，并用钢丝钳钳平线芯末端及切口的毛刺即可。

（3）多股线芯导线的直接连接

多股导线进行连接时，要求相连接的导线的规格也相同，否则会因为抗拉力的不同而容易断线，另外，导线的线芯数越多，要求连接的操作和规范越严格，不要损伤或弄断线芯。

多股线芯导线的直接连接是指将两条导线的线头导线部分进行连接，连接成一条导线。

多股线芯导线连接前的准备见图7-11。

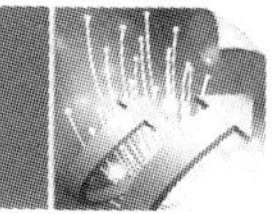

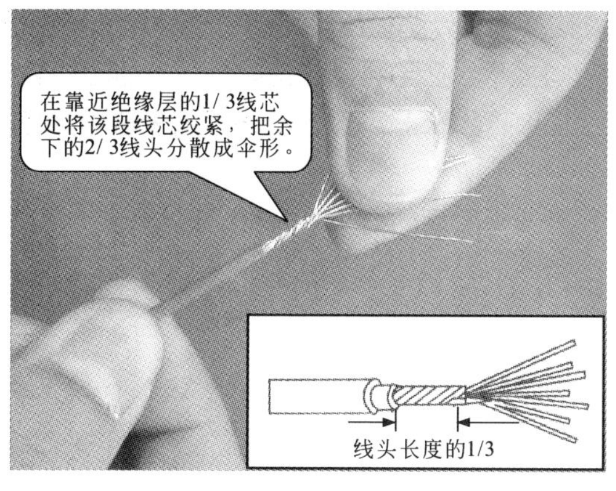
在靠近绝缘层的1/ 3线芯处将该段线芯绞紧，把余下的2/ 3线头分散成伞形。
线头长度的1/3

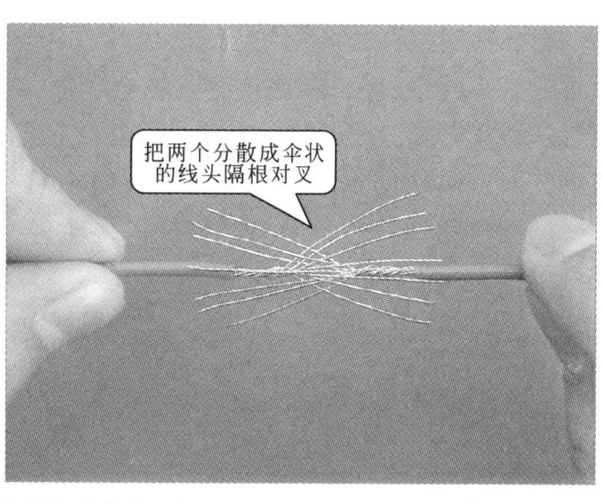
把两个分散成伞状的线头隔根对叉

图 7–11　多股线芯导线连接前的准备

多股铜芯导线连接时首先把两根多股导线的线芯散开拉直，并在靠近绝缘层 1/3 线芯处将该段线芯绞紧，把余下的 2/3 线头分散成伞状，并把两个分散成伞状的线头隔根对叉。

准备工作完成后，下面进行导线的分组连接。

图解

多股线芯导线的分组连接见图 7-12。

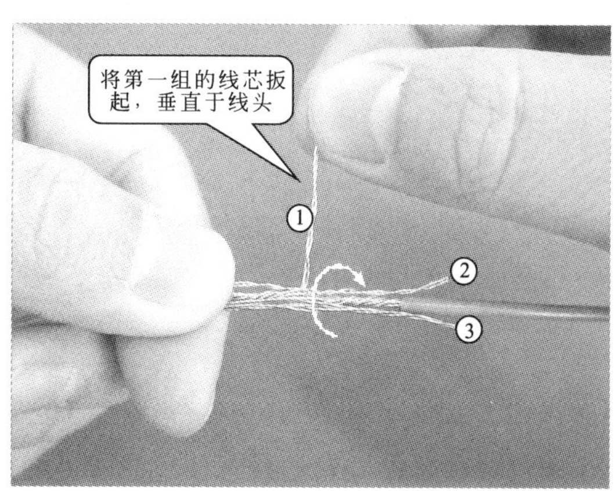
将第一组的线芯扳起，垂直于线头
①
②
③

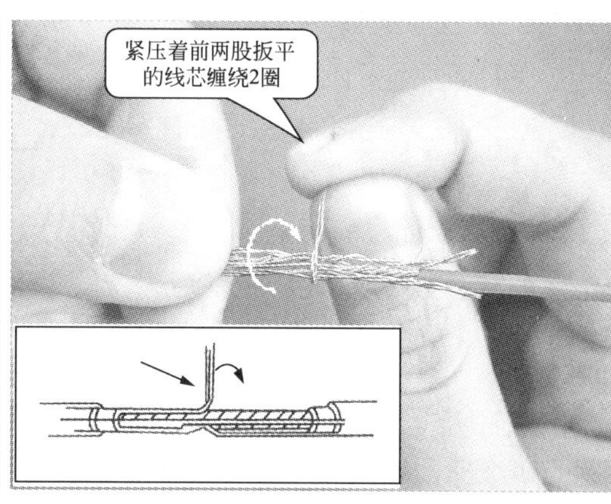
紧压着前两股扳平的线芯缠绕2圈

（a）多股导线的分组和第一组线芯的绕制

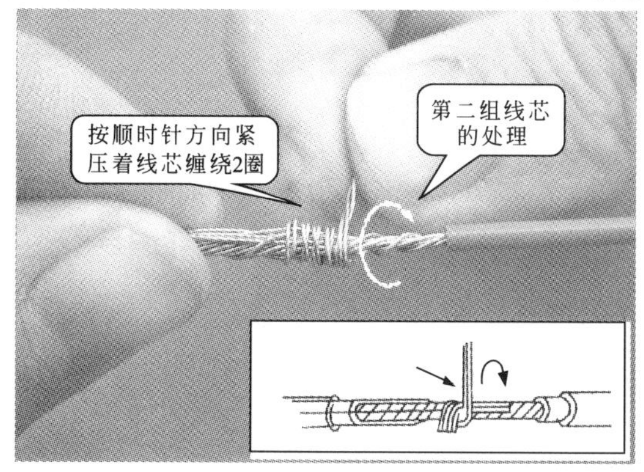
按顺时针方向紧压着线芯缠绕2圈
第二组线芯的处理

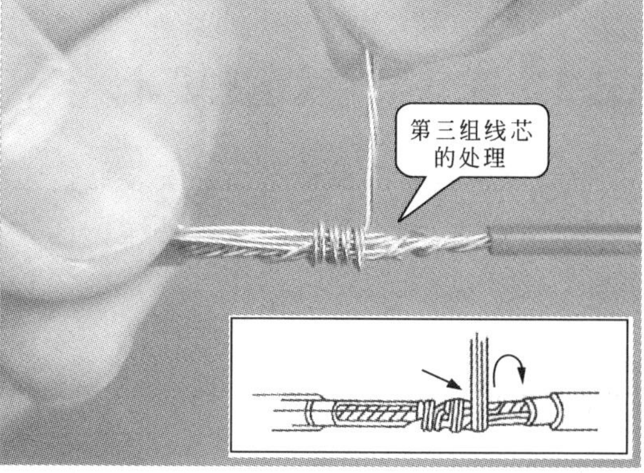
第三组线芯的处理

（b）第二组线芯和第三组线芯的处理

图 7–12　多股线芯导线的分组连接

把一端的线芯近似平均分成三组，将第一组的芯线板起，垂直于线头，按顺时针方向紧压扳平的线头缠绕2圈，将余下的线芯与线芯平行方向扳平。接着将第二组以及第三组芯线扳成与线芯垂直方向，按顺时针方向紧压着线芯平行的方向缠绕2圈，余下的线芯按线芯平行方向扳平。

缠绕完毕后，基本的连接操作已经完成，下面进行后期的处理。

多股线芯导线的后期处理见图7-13。

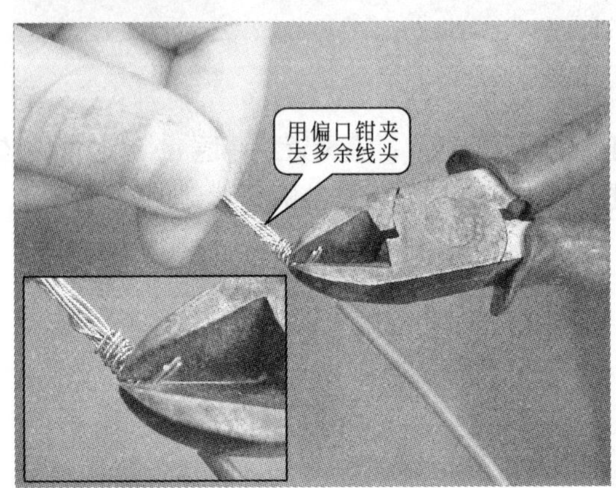

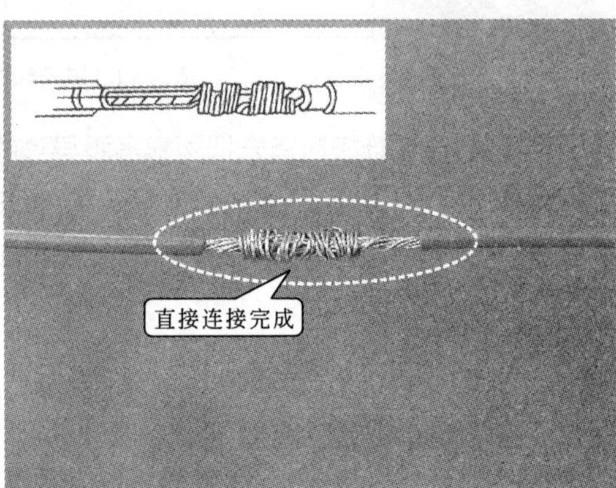

图7–13　多股线芯导线的后期处理

用斜口钳钳去多余的线头后，连接完成。

7.2 家庭照明线路的安装与调试

家庭照明线路在居住环境中具有非常重要的作用，并且随着生活水平的提高，人们对家庭照明线路的布置和安装提出了更高的要求，不仅要求营造亮丽的家居环境，还要求其性能和功能比较优越，下面我们就介绍一下家庭照明线路的设计、安装及调试的方法。

7.2.1 家庭照明线路的设计

家庭照明线路的设计是指在安装线路之前，首先要对线路的敷设、照明灯具及控制开关等进行选择，根据不同的安装环境，选择不同的设备，从而达到节能、环保的目的，又能满足家庭对灯光的要求。

家庭照明电路（两室一厅）的典型设计示意图见图7-14。

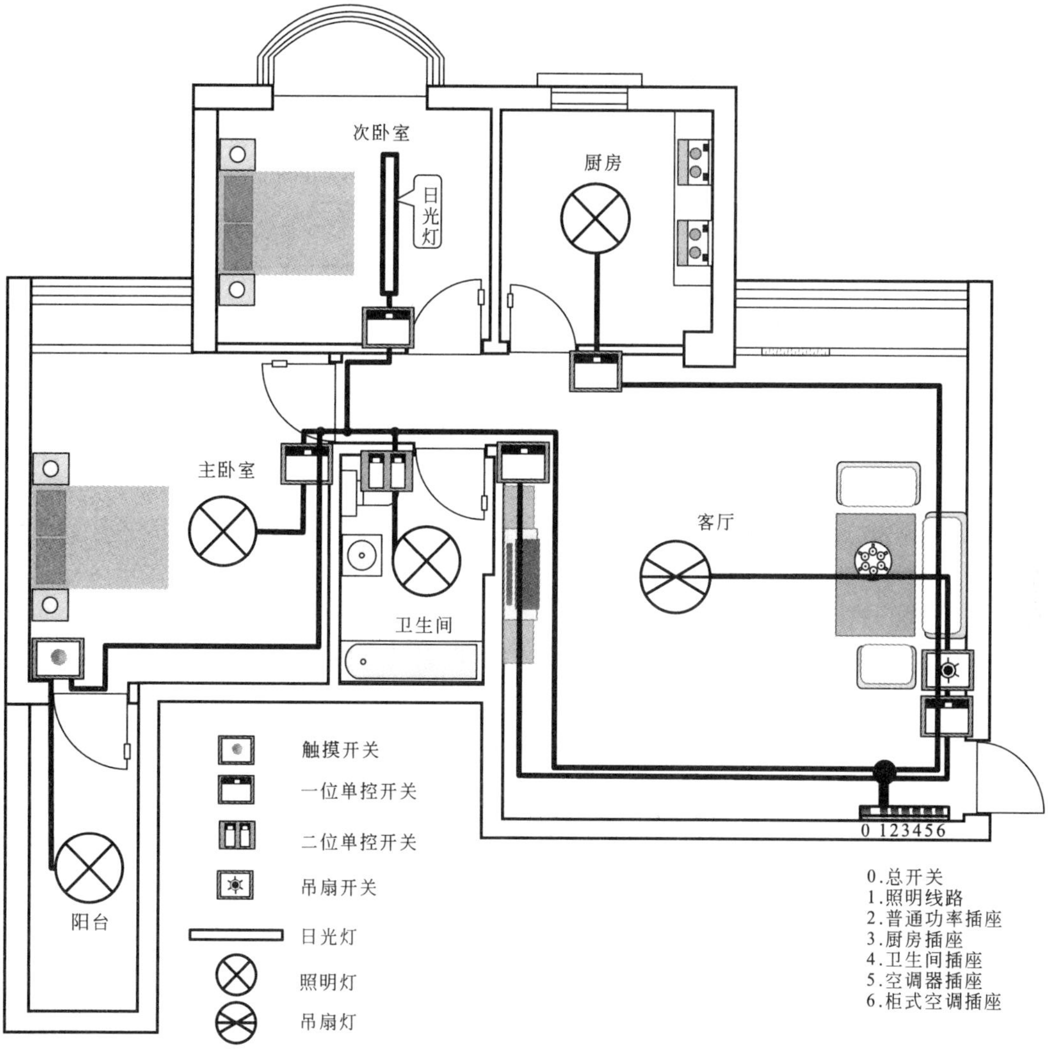

图7-14　家庭照明线路（两室一厅）的典型设计

该两室一厅的照明线路中，主要包括主卧室中的吊灯、次卧室中的日光灯、卫生间厨房及阳台的节能灯和客厅中的吊扇灯。其中主卧室、次卧室、卫生间、厨房和阳台为单控开关，客厅中的吊扇灯为双控开关。其中客厅中的双控开关的控制方式较其他照明灯的原理图不同。

通过设计示意图可知，照明灯具有多种选择，例如日光灯、吊灯、照明灯、节能灯等，相应的控制器件也可以分为触摸开关、单孔开关（一位和二位等）、双控开关，此外还有一些比较特殊的使用一种开关控制多个照明灯的开关等。下面就介绍几种比较典型的家庭照明电路控制电路的设计方案。

（1）单联开关控制线路的设计

单联开关在家庭照明控制电路中运用的比较广泛，其结构比较简单，一个单联开关与一盏照明灯串联在供电线路中就能构成照明控制电路。

典型的一个单联开关控制一盏照明灯控制线路见图7-15。

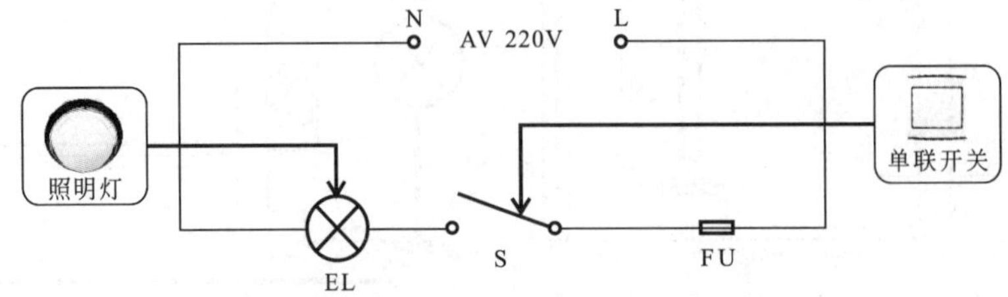

图7-15　一个单联开关控制一盏照明灯

线路中S为单联开关，在火线L端，照明灯的一端连接控制开关，另一端连接零线N端。当单联开关S闭合时，形成照明回路，交流220 V电压加载到照明灯的两端，为其供电，照明灯EL亮。

（2）双联开关两地控制线路的设计

两个双联开关一般运用在需要两地控制一盏照明灯的环境下。

典型的双联开关控制一盏照明灯的控制线路见图7-16。

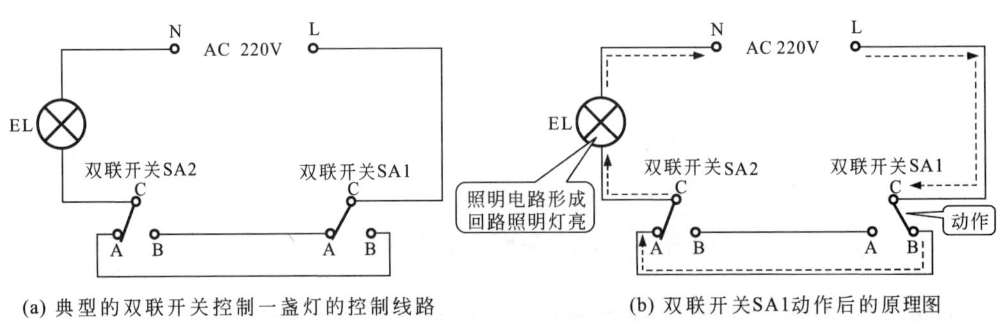

(a) 典型的双联开关控制一盏灯的控制线路　　(b) 双联开关SA1动作后的原理图

图7-16　两个一位双联开关控制一盏照明灯

该电路是由两个双联开关和一盏照明灯串联而成，当开关SA1的C点与A点连接，SA2的C点与A点连接时，照明电路处于断路状态，照明灯不亮。

当任意一个开关动作，如开关SA1，其内部触点发生改变，C点与B点连接，照明电路形成回路，照明灯EL点亮，如图7-16（b）所示，此时，若开关SA2同时动作，照明电路仍然无回路，照明灯EL不亮。

扩展

此外，采用两个双联开关控制一盏照明灯的控制线路还有多种连接方法，如图7-17所示为另一种连接方法。

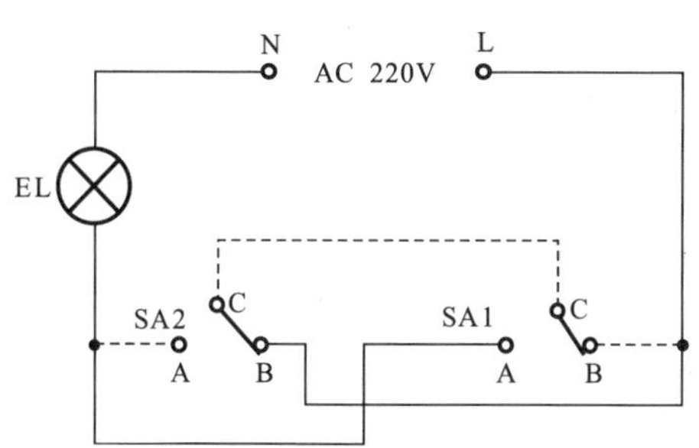

图7-17　两地同控制一盏照明灯其他连接方式

（3）触发器构成的单联开关控制三盏照明灯的设计

在有些家庭照明电路中，常用一个单控开关来控制多盏照明灯的工作状态，例如在控制三盏照明灯的情况下，按一下单联开关，一个照明灯亮，再按下时，两个照明灯同时亮，依次类推，下面就以典型的线路为例，介绍一下该线路的设计方法。

典型的由触发器构成的单联开关控制三盏照明灯电路的设计方案见图7-18。

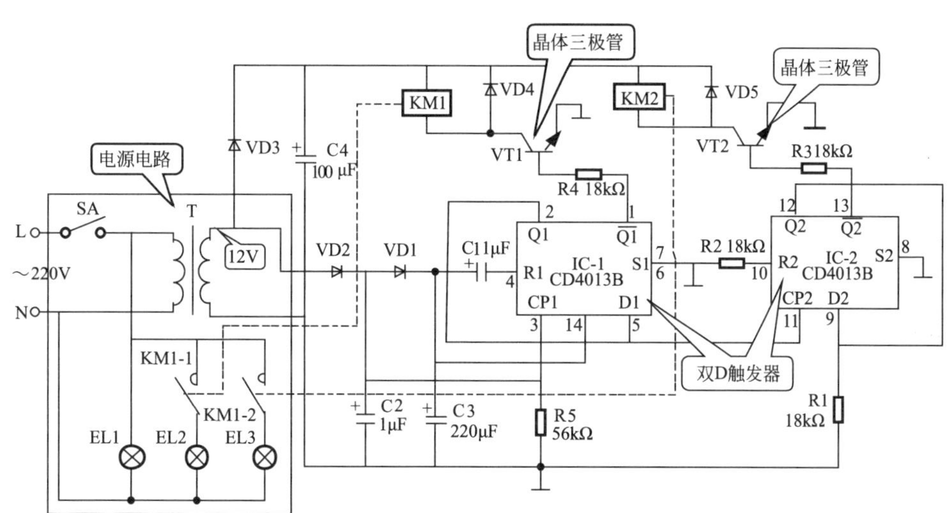

图7-18　触发器构成的单联开关控制三盏照明灯电路

该电路是由触发器电路、变压器、继电器、晶体三极管和单联开关构成的可以使用一个单联开关控制三盏照明灯的工作状态。

当单联开关SA第一次闭合时，照明灯EL1有电流通过形成回路，照明灯EL1亮。触发器IC-1的④脚接收到输入信号，触发器IC-1强制复位，IC-1的①脚$\overline{Q1}$端和IC-2的⑬脚$\overline{Q2}$端输出低电平，晶体三极管VT1和VT2截止，继电器常开触点KM-1和KM-2，照明灯EL2和EL3均不亮。

当单联开关SA第二次闭合时，触发器IC-1的内部发生翻转，①脚$\overline{Q1}$端输出高电平使晶体三极管VT1导通，继电器KM1动作，常开触点KM1-1接通，照明电路中的照明灯EL1和EL2同时点亮。由于触发器IC-2没有发生翻转现象，其⑬脚Q2端仍输出低电平，晶体三极管VT2截止，继电器KM2不动作，照明灯EL3仍不亮。

当单联开关SA第三次闭合时，触发器IC-1的内部不翻转，①脚Q1端输出的低电平使晶体三极管VT1截止，继电器KM2不动作，照明灯EL2灭。触发器IC-2内部发生翻转，由⑬脚Q2端仍输出高电平，晶体三极管VT2导通，继电器KM2动作，常开触点KM2-1接通，照明灯EL1和EL3同时点亮。

当单联开关SA第四次闭合时，触发器IC-1和IC-2同时反转，IC-1的①脚Q1端输出高电平使晶体三极管VT1导通，继电器KM1动作，其常开触点KM1-1接通；IC-2的⑬脚Q2端输出高电平，晶体三极管VT2导通，继电器KM2动作，其常开触点KM2-1接通。照明线路中整体形成回路，照明灯EL1、EL2和EL3同时点亮。

7.2.2　家庭照明线路的安装与调试

了解了家庭照明线路的设计后，就可以根据所设计的电路，对电路的照明灯具及控制开关进行安装。下面我们以日光灯及单控开关为例，介绍家庭照明线路的安装与调试过程。

（1）日光灯的安装

日光灯又称为荧光灯，在家庭照明线路中，通常安装在需要明亮的环境中，例如客厅、卧室、地下室等，根据不同的安装环境，对日光灯亮度、外形的选择也各有不同，在此选择在次卧室安装日光灯及其线路。

① 选配部件　日光灯需要将其安装在匹配的灯架上，为了使日光灯点亮，日光灯灯架内部安装有启辉器和镇流器，其中启辉器又称为跳泡，是预热并启动日光灯特有的装置，而镇流器的作用则是在日光灯预热过程中，限制流过灯丝的电流不超过日光灯预热电流的额定值，并且在日光灯启动过程中与启辉器配合产生脉冲高电压，最终使日光灯点亮。不同的镇流器具有不同的工作电流和启动电流，因此在安装之前，需要确认日光灯管、灯架、启辉器和镇流器是否相互匹配。否则日光灯很难正常启动，严重的会导致日光灯损坏。

灯架、灯管、镇流器及启辉器的选配见图7-19。

由于是在次卧室内安装适合操作电脑的日光灯，在此可以选择36 W的直管型两盏日光灯以及与之相匹配的灯架、启辉器和镇流器，然后再选择合适的螺丝刀，将日光灯灯架两端的固定螺钉拧下，再将灯架外壳打开，确认灯架中安装的镇流器是否与36 W的日光灯相匹配。

② 安装日光灯　选择准备合适的灯架日光灯管，镇流器和启辉器等设备。

日光灯线路连接示意图见图7-20。

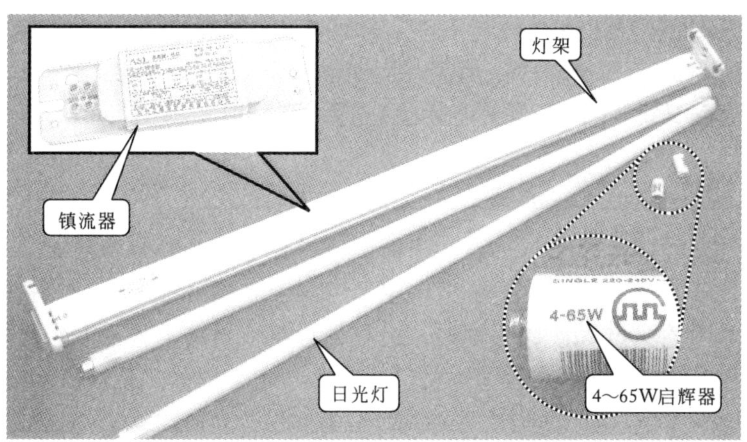

图7-19　灯架、灯管、镇流器及启辉器

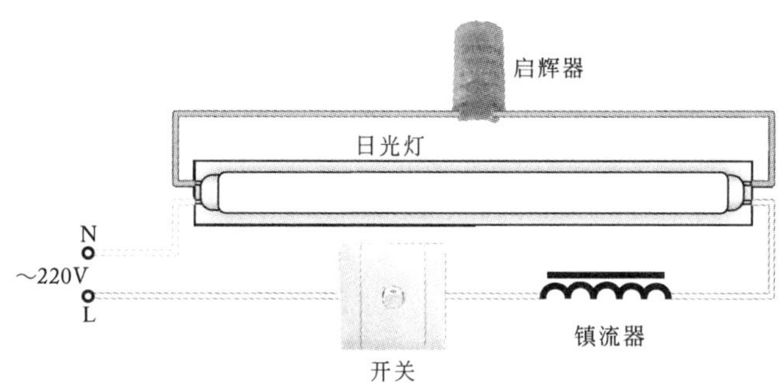

图7-20　日光灯安装线路

灯架固定在墙上，灯管安装在灯架上。日光灯镇流器与开关及电源供电端的相线进行串联，而日光灯的灯座一端的电线则连接电源供电端的零线。

将日光灯架固定好后，开始进行线路的连接。

布线时预留照明线路导线与灯架内电线的连接见图7-21。

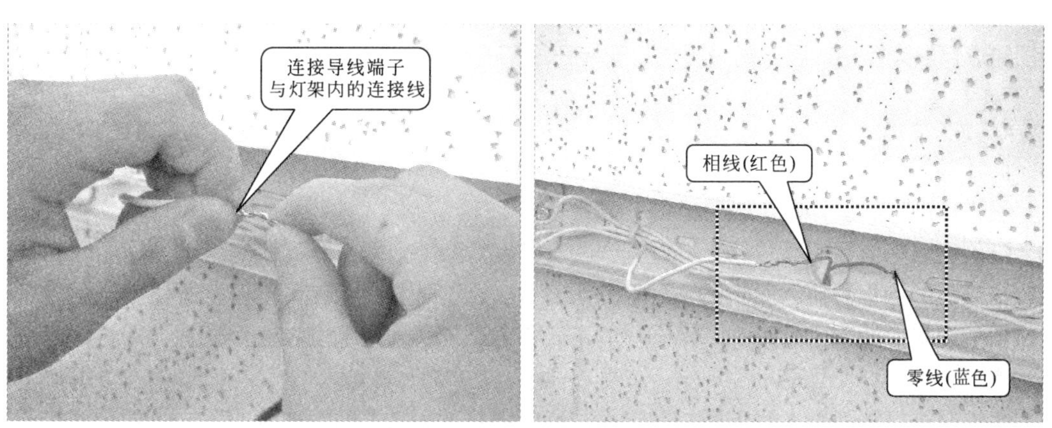

图7-21　布线时预留照明线路与灯架内电线的连接

在对布线时预留的照明支路导线端子的灯架内的电线相连时，将开关导线端子与镇流器一端进行连接，即相线连接镇流器一端；电源供电端与灯座一端进行连接，即零线连接灯座一端，因为次卧室不是潮湿环境，因此只需要连接相线与零线即可。

比较潮湿的环境中安装日光灯，例如在地下室安装日光灯，潮湿的空气会增加灯具中电线的导电性，因此，在对地下室等潮湿的环境进行布线时，还预留出了日光灯的接地线。在进行电线的连接时，还应进行接地线的连接，即将接地线连接到灯架的卡线片上，以防止间接接触电击，保护用户的人身安全。

导线连接完毕后，进行导线的绝缘处理。

连接点导线的绝缘保护见图7-22。

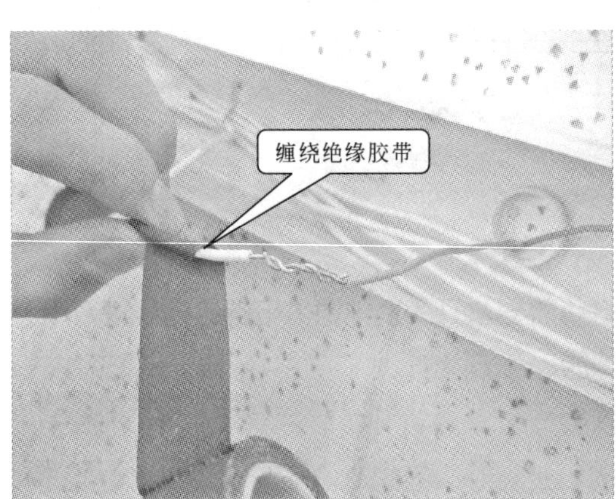

图7-22　连接点导线的绝缘保护

将连接部位进行绝缘胶带的缠绕，并将连接部位封装在灯架内部。盖上灯架外盖，继续安装日光灯管。连接完成后，再将日光灯安装在灯架的灯座上。

日光灯管的安装见图7-23。

灯架安装完毕后，再将日光灯管的一端安装到灯架的灯座上，安装时要注意日光灯的电极端应与灯座上的相对应。安装日光灯管的另一端时，稍微将另一端的灯座向外掰出一点，将日光灯管的电极端插装到灯座中。用同样的方式将另一根日光灯管安装到灯架上，然后对安装进行检测。

两根日光灯管都装入灯架后，适当用力向内推灯架两端的灯座，确保日光灯管两头的电极触点与灯座接触良好。

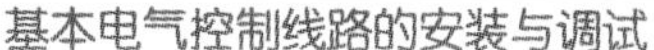
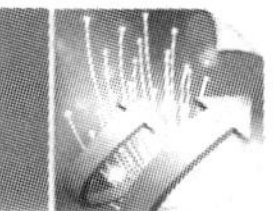

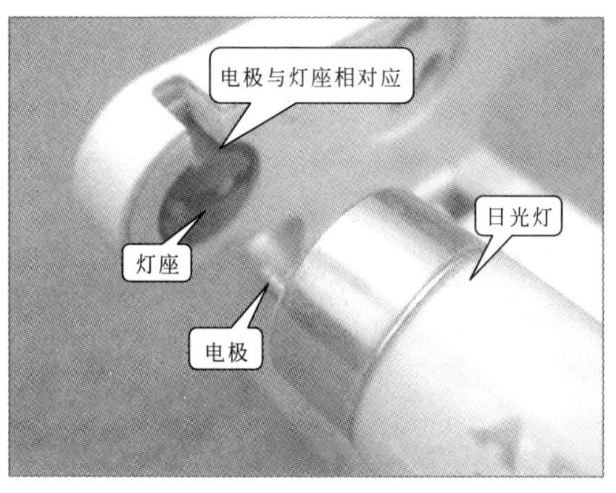

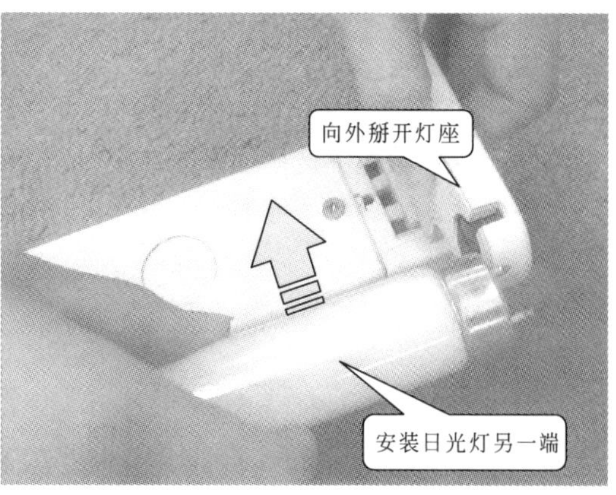

图7-23 日光灯管的安装

确认日光灯管安装完毕后，再安装好启辉器，日光灯管就安装好了。

启辉器的安装见图7-24。

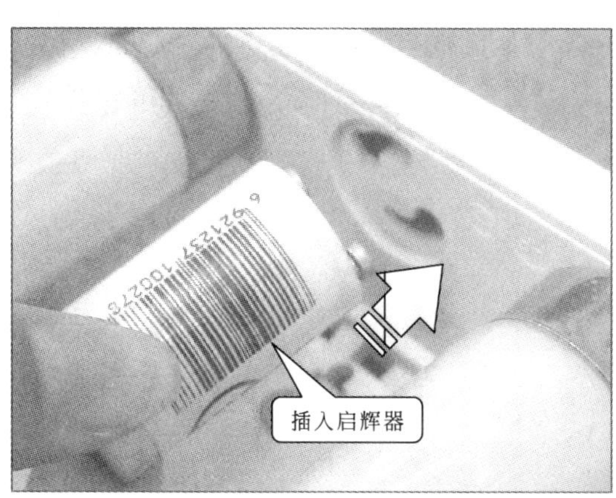

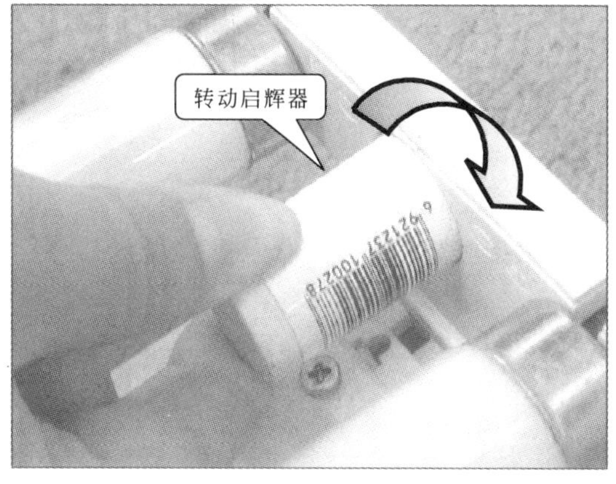

图7-24 启辉器的安装

启辉器装入时，需要根据启辉器座的连接口的特点，先将启辉器插入，再旋转一定角度，使其两个触点与灯架的接口完全可靠扣合。

此时，日光灯的安装操作全部完成了，如若照明支路的供电以及开关的连接正常，就可以进行使用了。

（2）单控开关的安装

开关是用来控制灯具、电器等电源通断的元器件，其中单控开关的应用最为广泛。单控开关顾名思义，为只对一条线路进行控制的开关。下面我们以次卧室中的单控开关为例，介绍一下其安装方法。

① 选配部件　选择单控开关进行安装前，首先选择与其相匹配的接线盒。

单控开关接线盒的选择见图7-25。

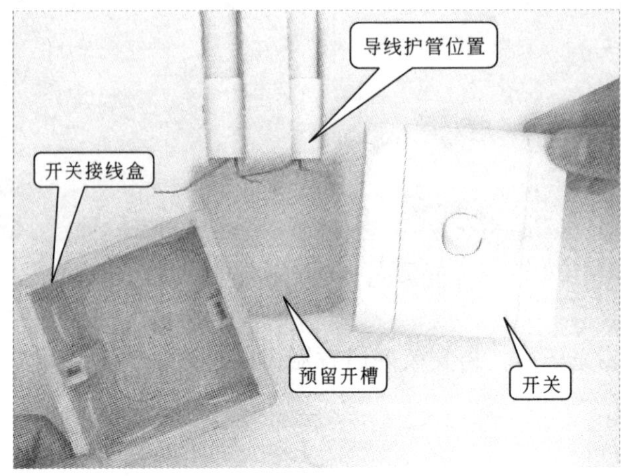

图7-25 单控开关接线盒的选择

开关接线盒，预留开槽，距地面的高度应为1.3 m，距门框的距离应为0.15 ～ 0.2 m。

② 安装单控开关 导线护管与开关接线盒连接好后，将开光接线盒嵌入到预留开槽中。

开关接线盒的安装操作见图7-26。

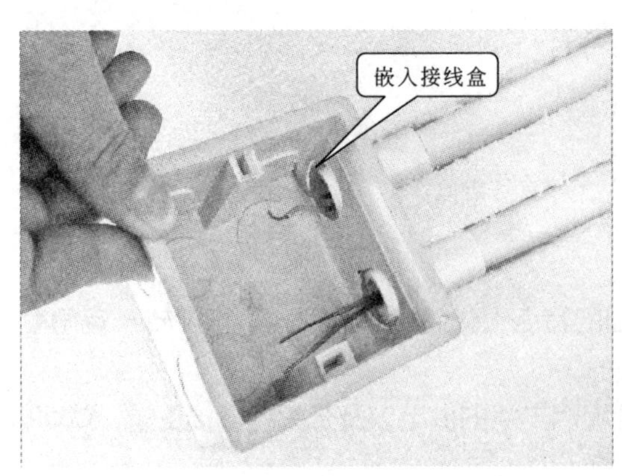

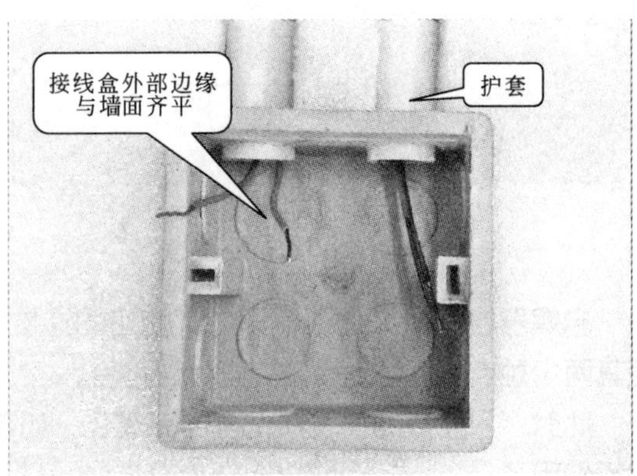

图7-26 接线盒的嵌入

将接线盒嵌入到墙的开槽中，嵌入时要注意接线盒不允许出现歪斜，以及嵌入时要将接线盒的外部边缘处与墙面保持齐平。

按要求将接线盒嵌入墙内后，再使用水泥砂浆填充接线盒与墙之间的多余空隙，接下来进行单控开关的安装。

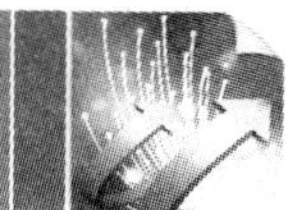

单控开关卡扣及两侧护板的拆卸见图7-27。

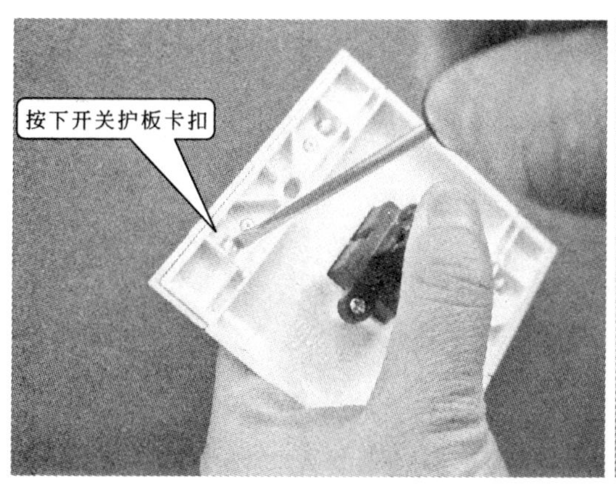

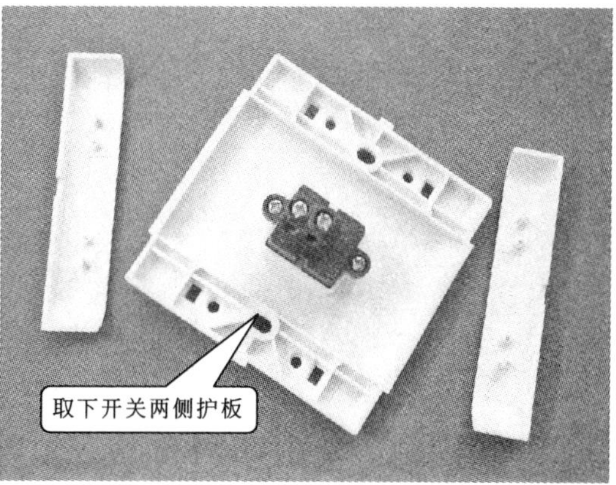

图7-27　单控开关卡扣及两侧护板的拆卸

选择一字螺丝刀，按下开关护板的卡扣，将开关底板上两侧的护板取下。

检查单控开关是否处于关闭状态，如果单控开关处于开启状态，则要将单控开关拨动至关闭状态，此时单控开关的准备工作已经完成，下面进行导线的连接。

连接零线并剪断多余的连接线见图7-28。

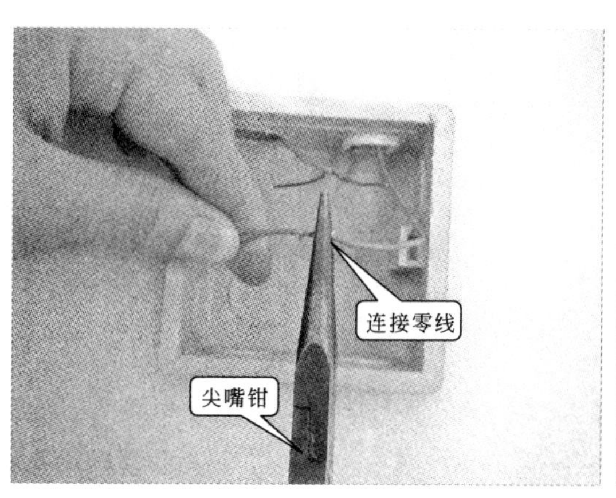

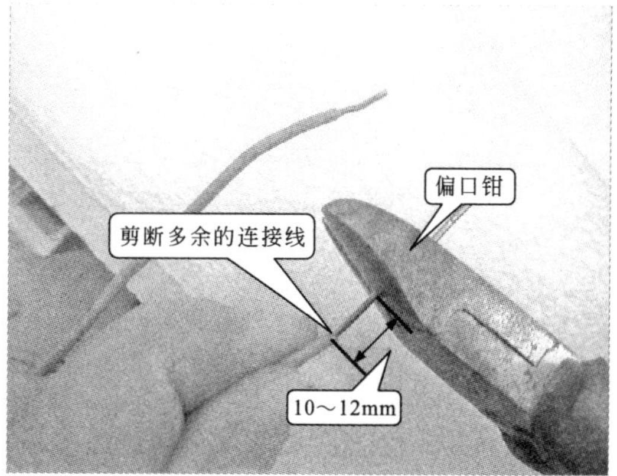

图7-28　连接零线并剪断多余的连接线

将接线盒中的电源供电及日光灯的零线（蓝色）进行连接，由于照明灯具的连接线均使用硬铜线，因此在连接零线时，需要借助尖嘴钳进行连接。

由于在布线时预留出的接线端子长于开关连接的标准长度，因此需要使用偏口钳将多余的连接线剪断。

零线连接完毕后，下面进行火线的连接。

一端火线的连接见图7-29。

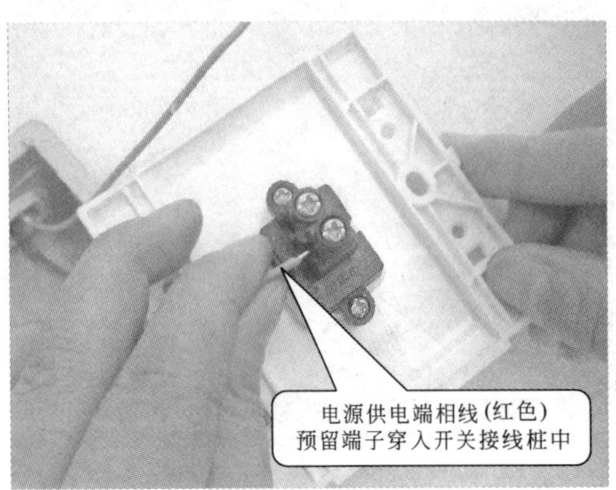

图7-29　连接电源供电线并固定开关接线桩

连接开关与电源供电端相线（红色）预留端子，即将电源供电端相线（红色）的预留端子穿入开关其中一根接线桩中。穿入后，选择合适的十字螺丝刀将连接后的开关接线桩进行固定。

一端火线的连接完毕后，再连接另一端的导线。

另一端火线的连接见图7-30。

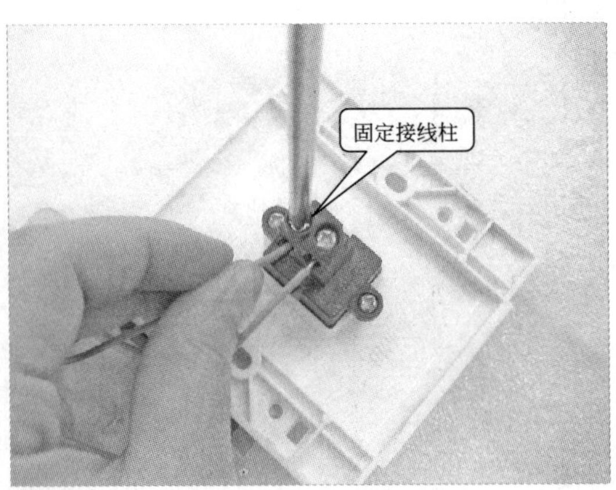

图7-30　连接日光灯线路与固定开关接线柱

接下来，再将日光灯连接端的相线（红色）预留端子与开关进行连接，同样将日光灯连接端的相线（红色）预留端子穿入后，也要使用十字螺丝刀将接线桩进行固定。

至此，开关的相线（红色）连接部分便已经完成，下面将导线进行绝缘处理。

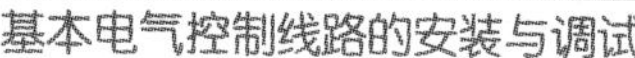
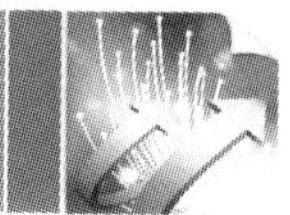

开关相线（红色）连接完成及绝缘处理见图 7-31。

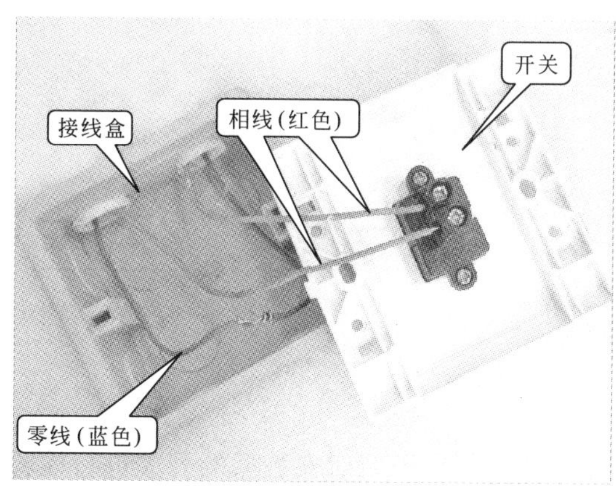

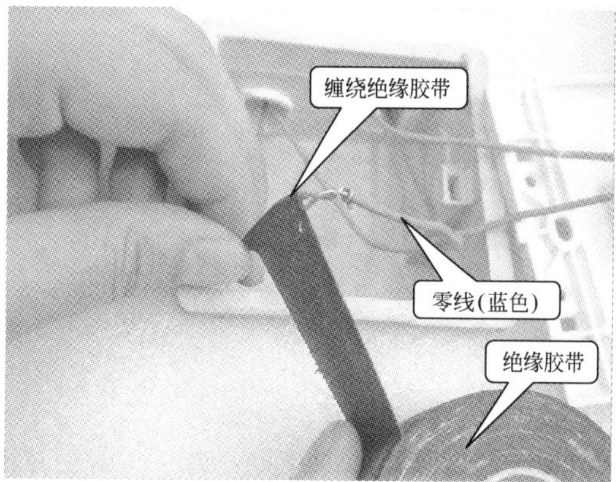

图 7–31　开关相线（红色）连接完成及绝缘处理

将已经连接好的零线（蓝色）进行绝缘操作，即缠绕绝缘胶带。为了在以后的使用过程中方便对开关进行维修及更换，通常会预留比较长的连接端子。在开关线路连接后，要将连接线盘绕在接线盒中。

处理完毕后，进行开关的放置及固定。

放置开关及固定开关见图 7-32。

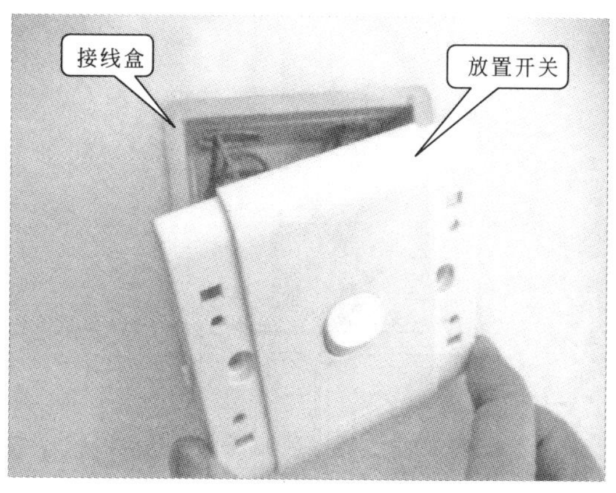

图 7–32　放置开关及固定开关

开关护板的安装见图 7-33。

将开关底板的固定点摆放位置与接线盒两侧的固定点相对应放置开关，然后选择合适的固定螺丝将开关底板进行固定。将开关两侧的护板安装到开关上，开关便已经安装完成。最后，安好开关护板，开关就安装好了。

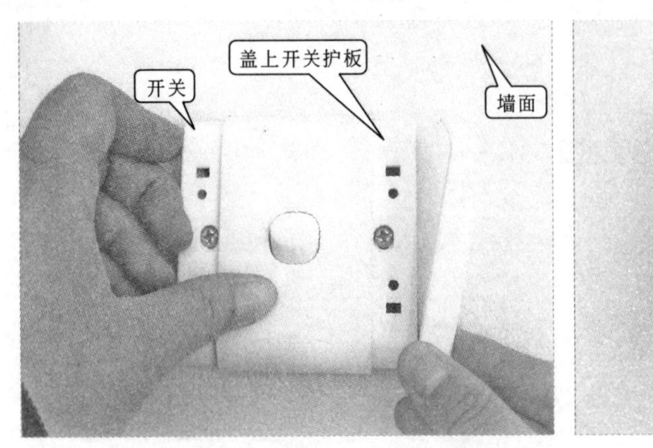

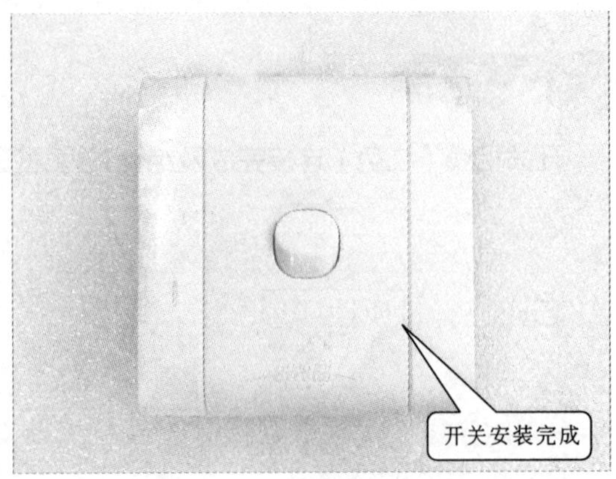

图7-33　开关护板的安装

（3）家庭照明线路的调试

对日光灯以及单控开关安装完毕后，并不能立即使用，还要对安装后的开关进行检验，以免开关已经损坏或接线错误等情况发生。

家庭照明线路的调试见图7-34。

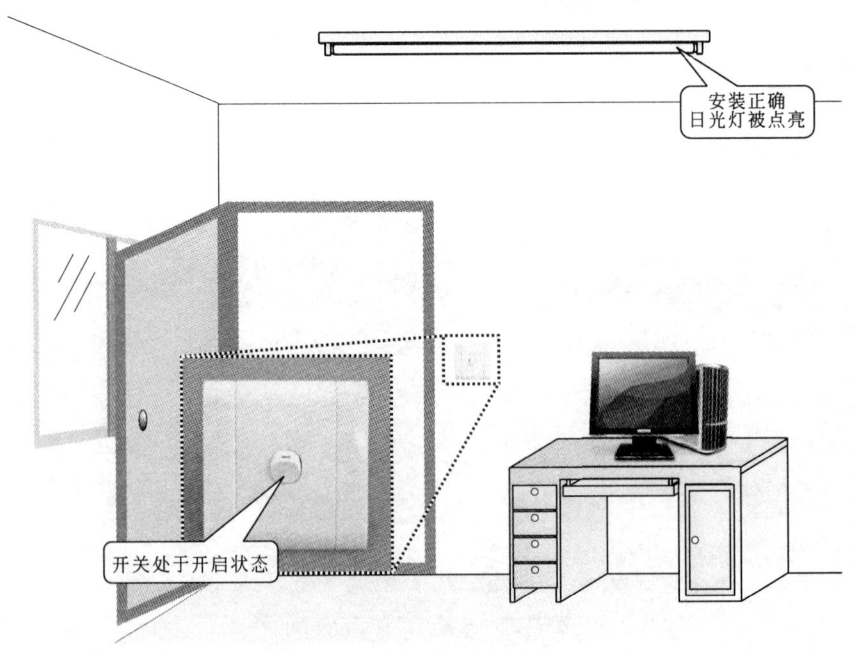

图7-34　家庭照明线路的调试与检验

检验后，日光灯在单控开关的控制下若能正常的工作，便表明家庭照明线路中的日光灯和单控开关安装正常。如果日光灯无法点亮，则表明日光灯或单控开关安装错误，或检查是否将电源打开。

7.3 小区供电线路的安装与调试

随着人们生活水平的日益提高以及人类社会发展逐渐趋于城市化，人口密集、居住集中，是城市化的最大特点。为了缓解人类居住的需要，一栋栋楼宇大厦拔地而起，构成了不同规模的居民小区、住宅小区，而供电又是不可或缺的一部分，因此在小区中，需要不同的供电系统进行供电。

7.3.1 小区供电线路的设计

在进行小区供电线路的安装之前，首先要对家庭照明线路进行设计，就是指在安装线路之前，首先要对线路的敷设、小区照明线路及变配电系统等进行选择，根据不同的安装环境，选择不同的设备，从而既达到节能、环保的目的，又能满足供电的要求。

小区的供电一般都是由发电厂经变电站后，通过电线杆、地下管网等方式送往小区的变配电室，变为380 V或220 V的交流电压，为家庭进行供电。

小区的供电方式见图7-35。

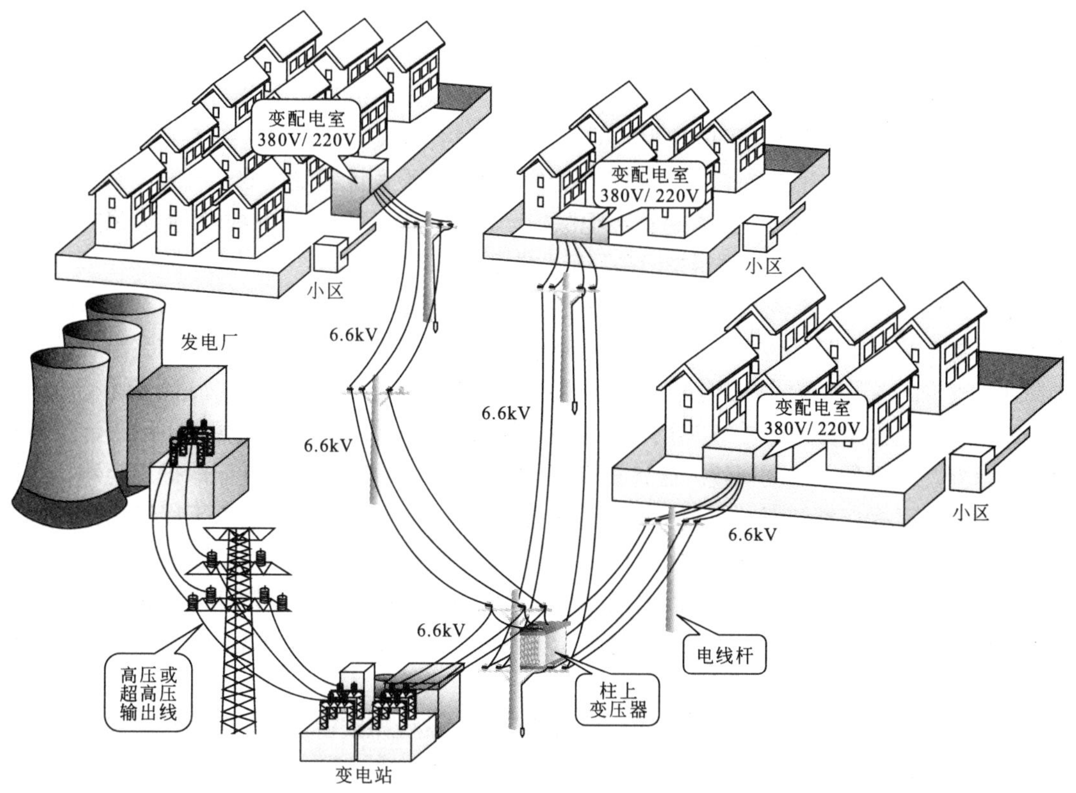

图7-35 小区的供电方式

三相交流电源是发电厂将风能、水能或核能等自然界的能源转换成电能，经高压线传输到变电站中，由变电站的变电和配电设备将高压或超高压降为中低电压，经柱上变压器、电线杆、地下传输网络送给小区的变配电室。

（1）变配电室的设计

变配电室是用来放置变配电设备的专用房间，需要建设在指定的安装位置，便于小区各单元楼供电，是小区供电线路中必不可少的设备，典型的小区变配电室如图7-36所示。

图7-36　典型的小区变配电室

典型变配电室的电路连接见图7-37。

变配电室的主要功能是将高压三相6.6 kV电源经开关及检测设备后送到单相高压变压器和三相高压变压器中，经变压器变成单相220 V电压和三相380 V电压，再送往住宅楼。

为了监视和检测供电系统的工作情况，在供电系统中设有计量变压器和电流互感器。当负载有过流或漏电情况发生时，应能进行断电保护，因而还要设有过流断路器和漏电保护继电器等设备。变配电室的供电流程和相关设备及元器件的工作原理如下。

高压三相6.6 kV电源输入后，首先经过零序电流互感器（ZCT-1），检测在负载端是否有漏电故障发生。零序电流互感器是检测三相电流是否有不平衡的情况，如有漏电则会出现不平衡的情况，其输出送到漏电保护继电器，继电器会将过流保护断路器的开关切断进行保护。

输入电源经计量变压器（VCT-1），计量变压器（VCT-1）的输出接电度表，用于计量所有负载（含变配电设备）的用电量。经计量变压器（VCT-1）后电路送到过流保护继电器，当过流时熔断。人工操作断路器（OCB）中设有电磁线圈（CT-1和CT-2），在人工操作断路器的输出线路中设有2个电流互感器（CT-1、CT-2）。电流互感器（CT-1和CT-2）设在交流三相电路中的两条线路进行电流检测，它的输出也送到漏电保护继电器中，同时送到过流保护继电器中，经过流保护继电器为人工操作断路器中的电磁线圈（CT-1和CT-2）提供驱动信号，使人工操作断路器自动断电保护。

最后，三相高压加到高压接线板（高压母线）上，高压接线板通常是由扁铜带或粗铜线制

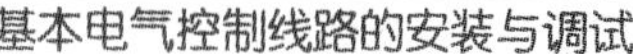

成，便于设备的连接。电源从高压接线板分别送到高压单相变压器、高压三相变压器和高压补偿电容器中。在变压器电源的输入端和高压补偿电容器的输入端分别设有高压保护继电器（PC-1、PC-2和PC-3），进行过流保护。高压单相变压器的输出为单相220 V，高压三相变压器的输出为三相380 V。单相220 V可作为照明用电，三相380 V可作为动力用电，也可送往住宅为楼内单元供电。单相变压器和三相变压器的数量可以根据需要增减。

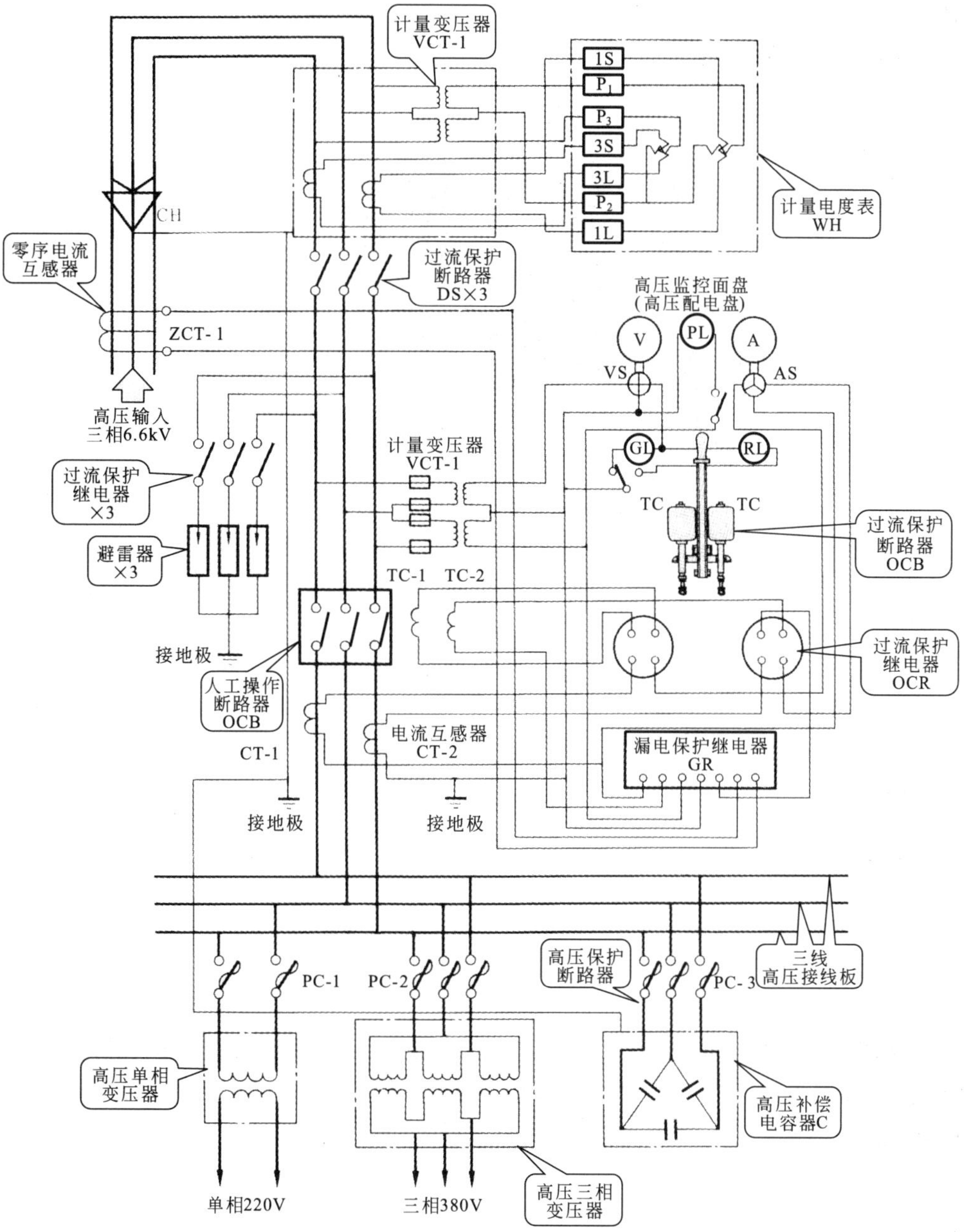

图7–37　典型变配电室的电路连接

（2）楼宇供电线路的设计

在小区供电系统中，其中三相380 V电压电源是给小区动力系统提供电能的，如电梯用电、二次供水设备、中央空调等；220 V电压则是给小区室外照明和电气系统供电的，如提供给照明灯、家用电器用电及办公设备用电等。

典型小区楼宇的供电系统见图7-38。

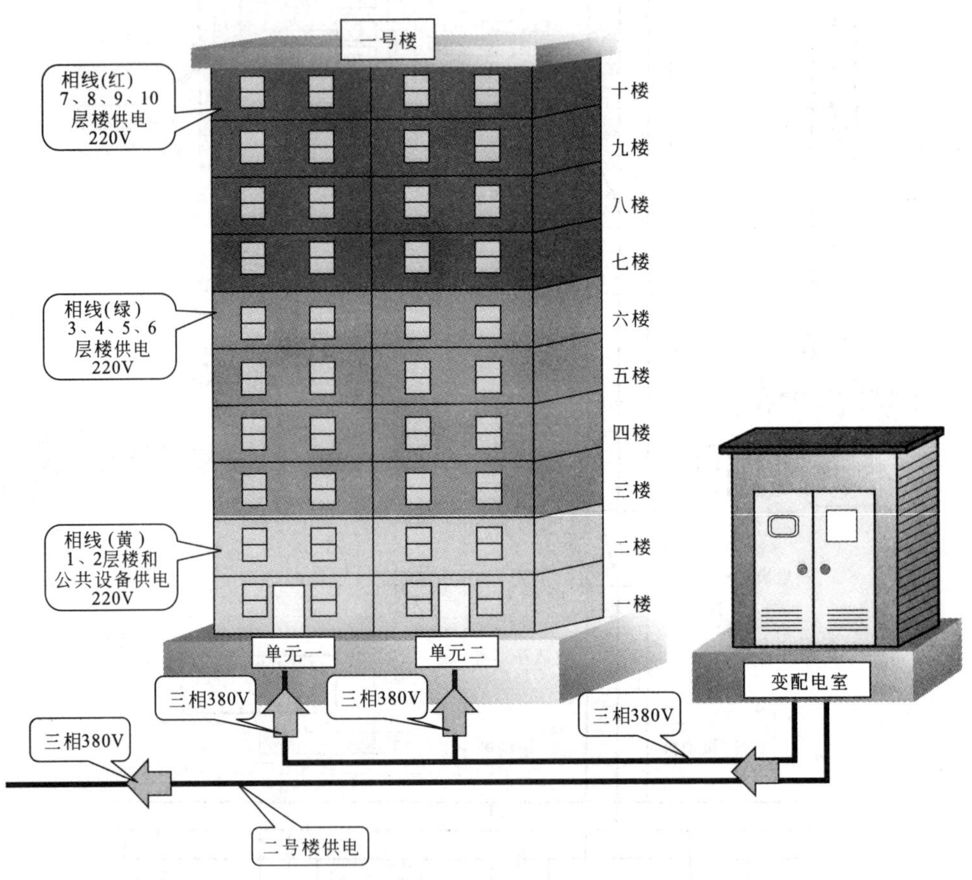

图7-38 小区楼宇的供电系统

电力传输线路进入小区变配电室后，由变配电室送出三相380 V交流电压，分别送给小区各栋楼及各单元的总配电箱中，由楼内的总配电箱按照三相交流平衡分配的原则，将其分成3路单相交流电送入各楼层中，使得日常生活中实际使用的为单相交流电。

7.3.2 小区供电线路的安装与调试

了解了小区供电线路的设计后，下面就可以根据所设计的电路，对电路的变配电系统、照明线路及楼宇供电进行安装，并对安装完毕后的线路进行调试。

（1）变配电室的安装

首先对变配电室中的线路进行连接，主要可以分为变配电室的架设和变配电系统线路的敷设以及变配电设备的连接等部分。

① 变配电室的架设　变配电室是小区供电线路中不可缺少的设备，也是供电线路的核心，在进行变配电系统线路的敷设和连接前，应首先对其进行架设。

变配电室的架设以及与外接线路的连接方法见图7-39。

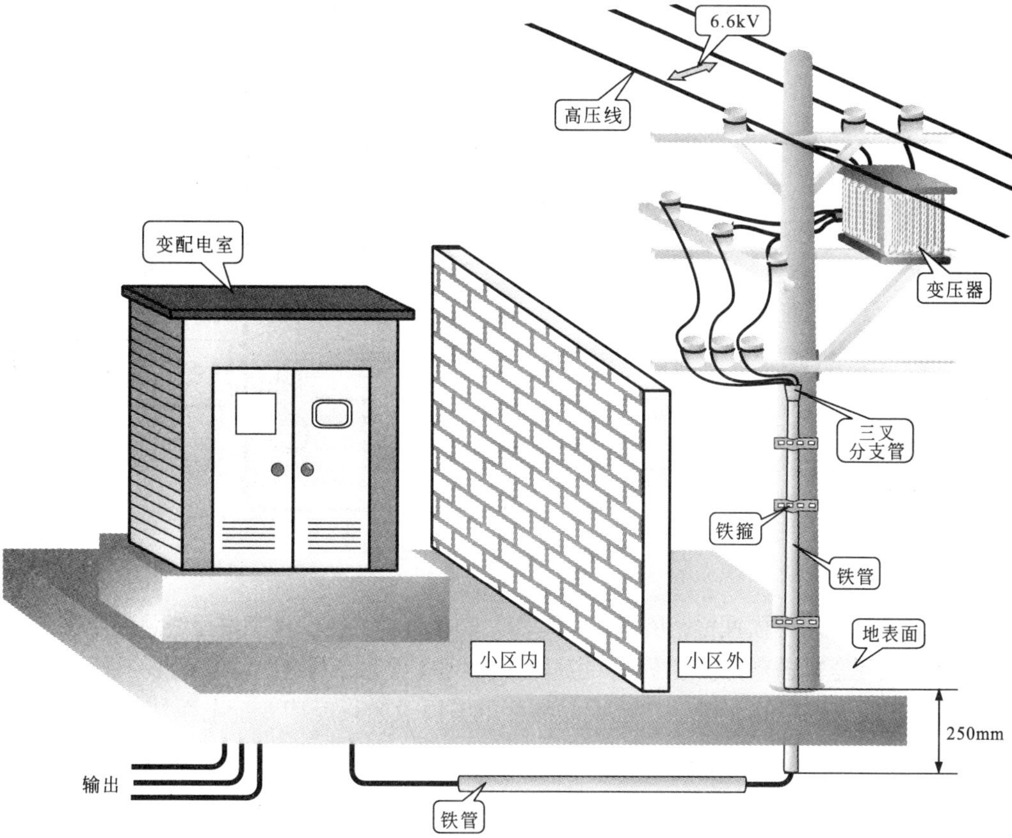

图7-39　变配电室的架设以及与外接线路的连接方法

变配电室架设的基本要求是安全，可靠，机械性能好。从外界线路引入的三相高压电源线，通过地下管网送到小区变配电室内，为了安全可靠必须使用铁管进行防护。

通常在变配电室旁设有电缆槽以便架设及检修。三相高压电源线分别用绝缘性能良好的导线，在施工过程中，严格按施工要求和安全规范进行，特别注意不要损伤电缆的绝缘层。低压输出端应与高压输入端分离，不要靠近，最好是分为两侧，输出线也采用金属套管保护。并且施工过程中一定要注意在断电的情况下进行。

② 变配电系统线路的敷设　在变配电室架设的同时，需要按照规划的布线图进行地下

管网线路的敷设。

预埋线路的地下管网线路系统见图7-40。

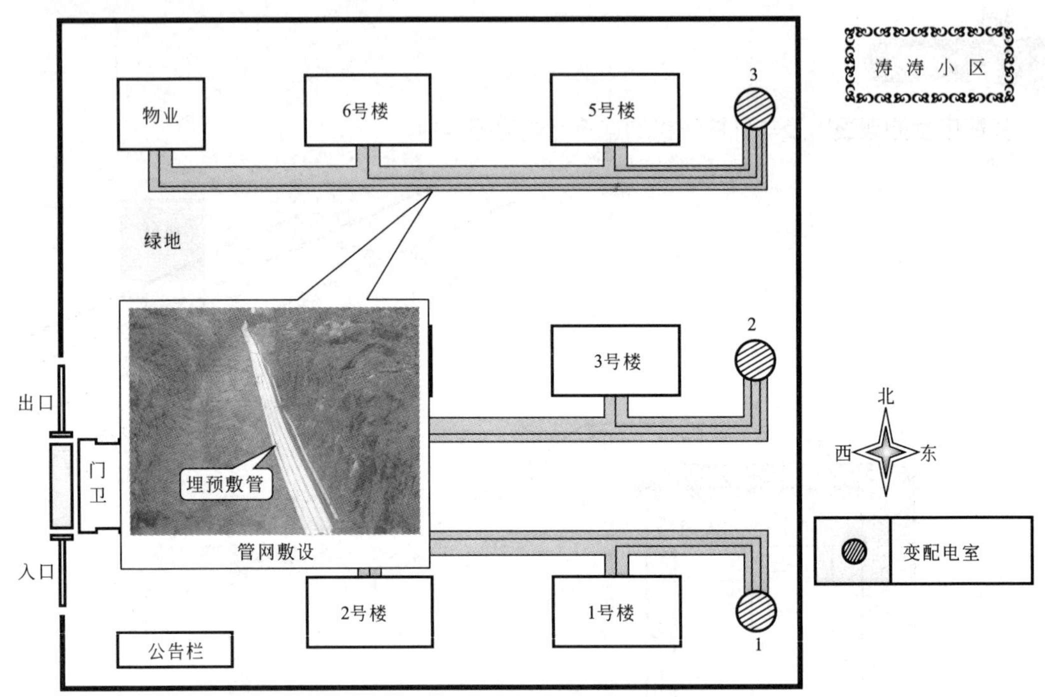

图7-40　预埋线路的地下管网线路系统

在施工时，可以根据预埋线路的地下管网图，为小区中的各个楼宇进行线路的架设，该线路不光包括变配电室输送来的强电管网，也有包括弱电（电话、网络、有线电视）管网线路。

③ 变配电系统线路的连接　在建设好变配电室以及敷设完毕变配电系统的线路后，就可以进行变配电系统线路的连接。

高压输入设备的连接方法见图7-41。

高压输入电缆通过地下管道送到变配电柜中。在输入接口处要采用专门的三叉头，然后接到过流继电器上，再从过流继电器送到高压电能计量变压器的高压接口，经过计量变压器分别载送到零序电流互感器和避雷器（含过流断路器）。这些部位都有高压存在，在连接处要按照设计要求进行，防止安装隐患存在。

在安装完毕高压输入设备后，再进行低压输出设备的安装连接。

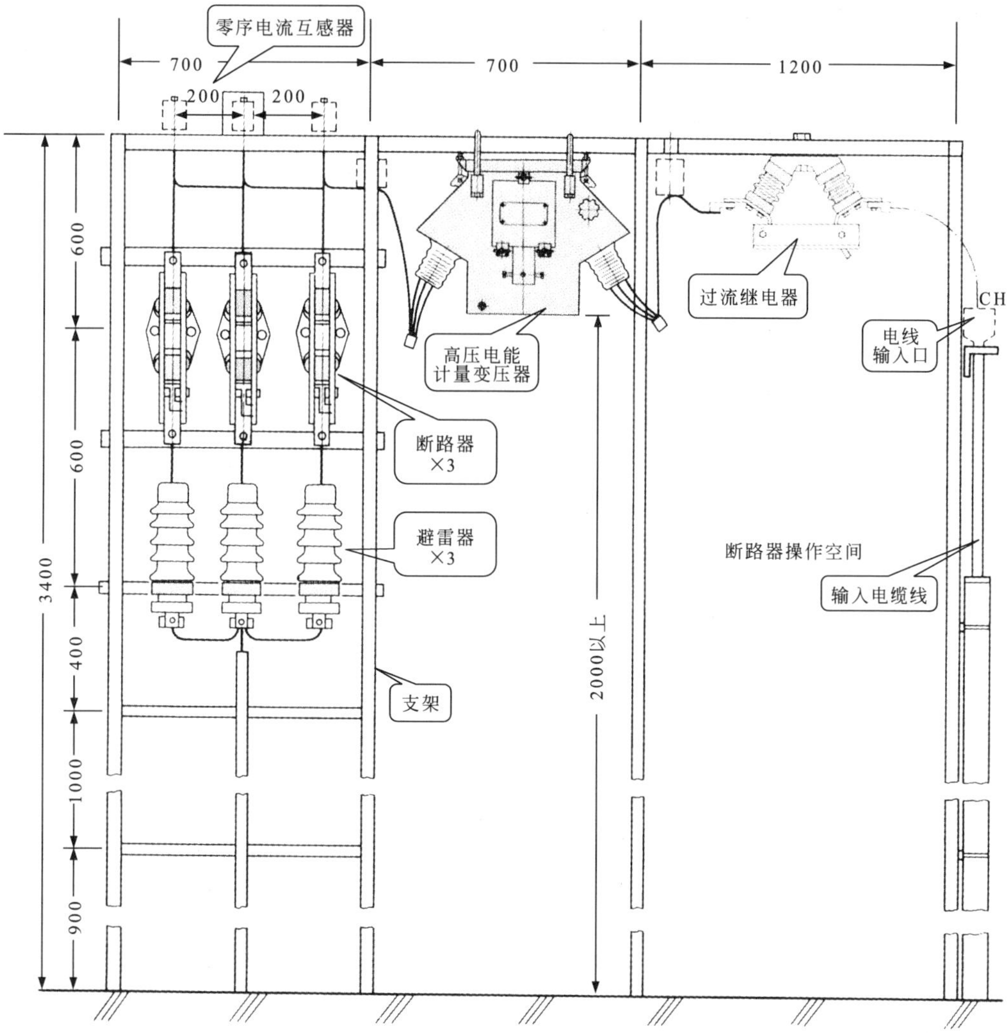

图7-41　高压输入设备的连接方法

低压输出设备的安装连接方法见图7-42。

低压输出设备就是带有多组断路器的接线板和端子台，是低压输出端，该电压为380 V/220 V，对人体有很大的危害，因而也要注意安全，应按图示的要求进行安装。

（2）楼宇供电线路的安装

小区楼宇的供电线路可以分为楼宇照明线路和楼宇供电线路，一般情况下，楼宇供电线路在小区修建的时候，已经将线路暗敷在墙壁内，使用时只需连接相应的插座开关即可，下面就介绍一下照明线路的安装。

楼宇的照明系统是指安装在楼宇的楼梯、楼道等位置，用于为楼宇内的居民提供照明服务，一个小区的楼宇照明系统主要由多个局部的楼宇照明系统组成，每个照明系统通常都是由照明灯具、线路和开关等部分组成的，楼宇照明系统的供电方式如图7-43所示。

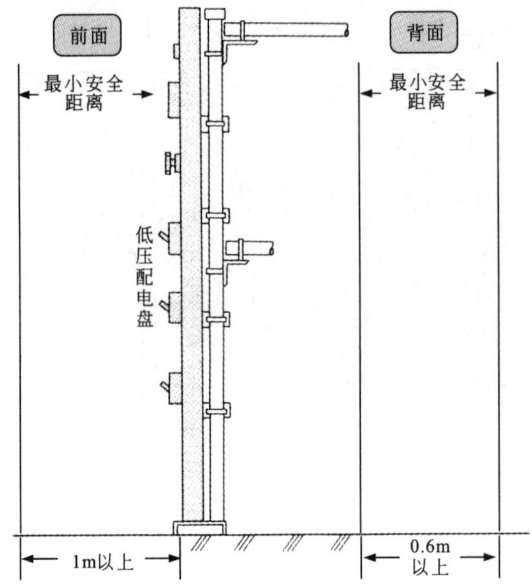

图7-42 低压输出设备的安装连接方法

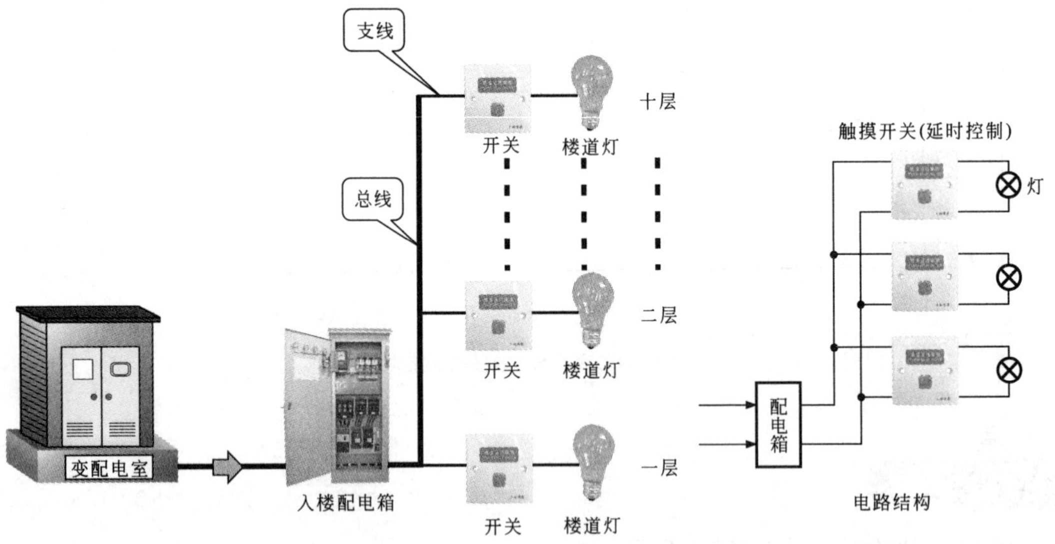

图7-43 楼宇照明系统的供电方式

由于线路已经预留，因此不需要敷设，照明灯和开关的安装可参照家庭照明线路。

7.4 电力拖动线路的安装与调试

电力拖动线路主要是指电动机的控制线路，该控制线路可以对电动机的启动、运转和

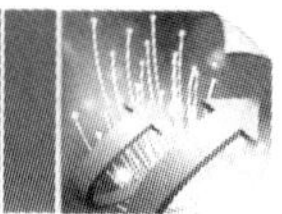

停机进行控制，此外还具有过流、过热和缺相自动保护功能。在进行电力拖动线路的安装和调试前，应首先对该线路进行设计。

7.4.1 电力拖动线路的设计

常用的电动机根据其供电方式的不同，主要可以分为直流电动机和交流电动机两种，相应的电力拖动线路也可以分为直流电动机电力拖动线路和交流电动机电力拖动线路两种，下面我们就介绍一下这两种电力拖动线路的设计方法。

（1）直流电动机电力拖动线路的设计

直流电动机的电力拖动线路即直流电动机的控制电路，是指控制电动机的启动、正反转、制动和调速的电路，下面就以直流电动机启动控制电路为例，介绍其设计方法。

直流电动机从接通电源开始转动，直至升速到某一固定转速稳定运行，这个过程称为电动机的启动过程。

典型的直流电动机启动控制电路的设计方案见图7-44。

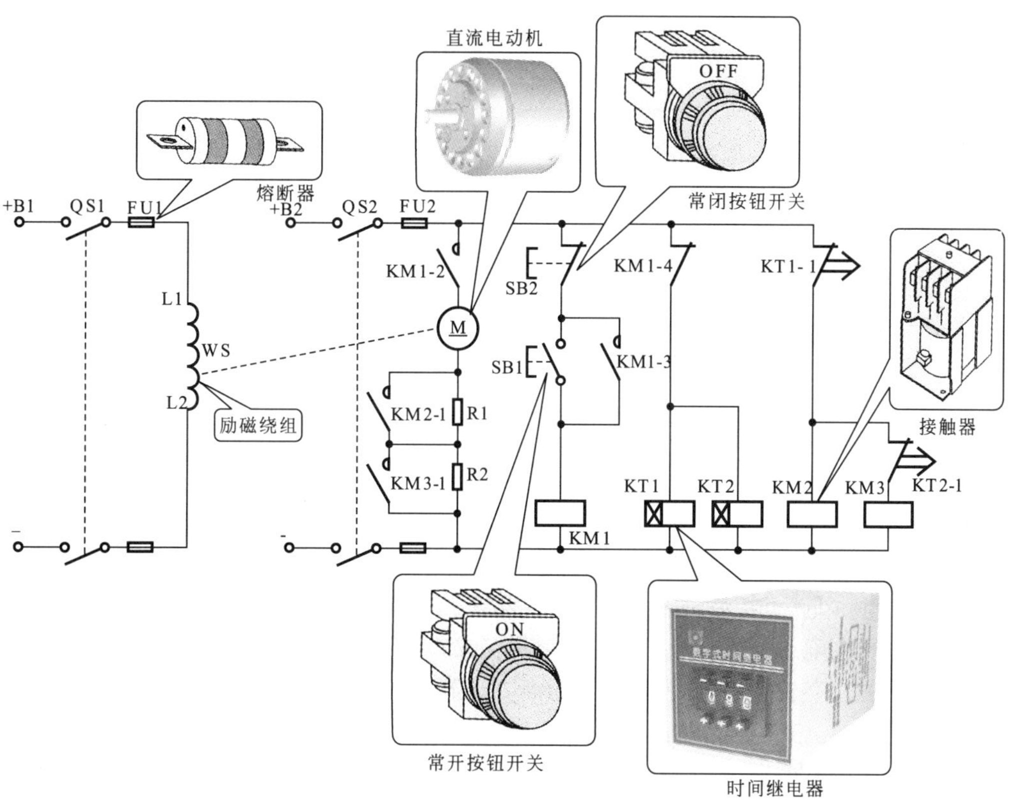

图7-44 典型的直流电动机启动控制电路的设计方案

该电路是一种由时间继电器控制的变阻器启动的控制电路，该电路主要是由开关QS1、QS2，时间继电器KT1、KT2和启动电阻器R1、R2，以及接触器KM1、KM2和KM3等组成的。

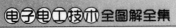

提示

启动过程：当合上电源开关QS1、QS2后，励磁绕组WS通电。时间继电器KT1、KT2的线圈也通电，其常闭触点KT1-1瞬间断开，使接触器KM2、KM3线圈断电，则并联在启动电阻R_1、R_2上的常开触点KM2-1和KM3-1处于断开状态，从而使电阻R_1和R_2在电动机启动时，全部串接到电枢回路中。

当按下启动按钮SB1时，接触器KM1线圈通电，其常开主触点KM1-3闭合，电动机电枢绕组串入全部启动电阻进行启动。同时，KM1的闭合触点KM1-4断开。时间继电器KT1和KT2线圈失电，KT1的常闭延时触点KT1-1首先闭合，使接触器KM2线圈通电，其常开主触点KM2-1闭合，将启动电阻R_1短接，电动机转速继续上升。一段时间后，KT2的常闭延时触点KT2-1也闭合，接触器KM3线圈通电，其常开主触点KM3-1闭合，将启动电阻R_2短路，至此，直流电动机的启动过程结束，进入正常运转状态。

停机过程：如需停机，则按下停止按钮SB2，接触器KM1线圈失电，其常开主触点KM1-2断开，电动机停止转动，停机过程结束。

（2）交流电动机电力拖动线路的设计

交流电动机的电力拖动线路就是指控制交流电动机工作的控制线路，用来控制电动机的启动、制动、正反转以及调速等。下面以典型的交流电动机控制线路为例，介绍交流电动机电力拖动线路的设计方案。

① 交流电动机点动控制线路的设计　在一些工矿企业中，要求电动机做短时且断续的工作，在进行这些操作时，只要按下按钮开关电动机就能转动，松开按钮电动机就能停止工作，这种控制方式的线路称为电动机的点动控制。交流电动机的点动控制线路一般是通过点动按钮直接与接触器的线圈串联实现的。

典型交流电动机点动控制线路的设计方案见图7-45。

该电路主要由电动机供电电路和控制电路构成。电动机供电电路是由总电源开关QS、熔断器FU1 ~ FU3、交流接触器KM的主接触点以及电动机M等构成；控制电路由熔断器FU4 ~ FU5、按钮开关SB、交流接触器KM的线圈等构成。

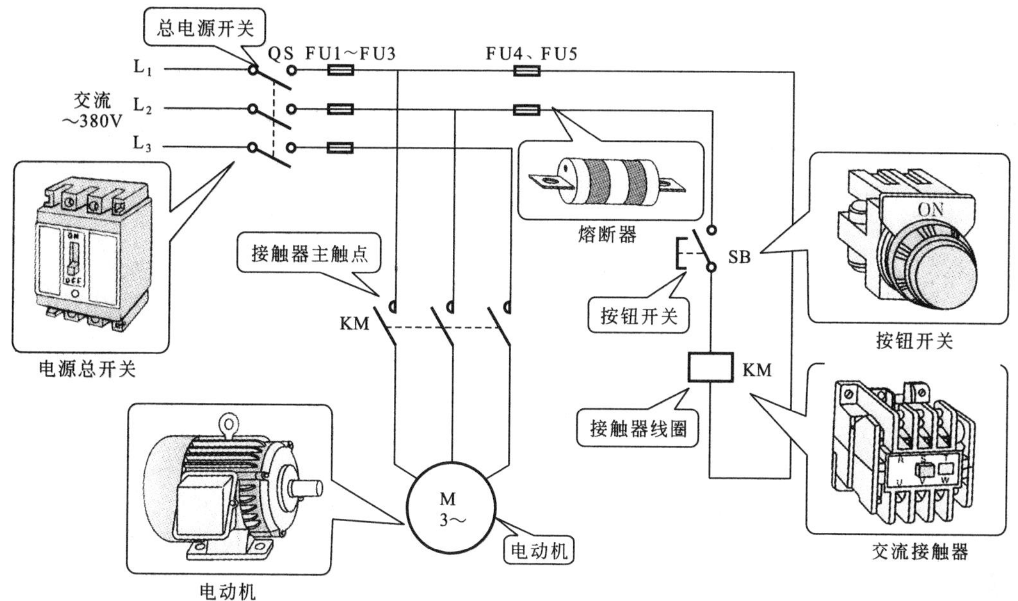

图7-45 典型交流电动机点动控制电路的设计方案

提示

电动机的启动过程：先合上总电源开关QS，按下按钮开关SB时，接触器线圈KM得电，使接触器内部的衔铁吸合，并带动接触器主触点闭合，此时电动机M得电开始运转。

电动机的停机过程：当松开启动按钮SB时，接触器KM线圈断电，衔铁从吸合状态恢复到常开状态，从而接触器主触点也恢复到常开状态，此时电动机因失电停止转动。如此控制按钮开关SB的通断，即可实现控制电动机电源的通断，因此实现电动机的点动控制。电动机的运行时间完全由按钮开关SB按下的时间决定。

电路的保护：在该控制电路中，熔断器FU1 ～ FU5起保护电路的作用，其中FU1 ～ FU3为主电路熔断器，FU4、FU5为支路熔断器。在电动机点动运行过程中，若L_1、L_2两相中的任意一相熔断器熔断，接触器线圈就会因失电而被迫释放，从而使电动机切断电源停止运转。另外，若接触器的线圈出现短路等故障时，支路熔断器FU4、FU5也会因过流熔断，从而切断电动机电源起到保护电路的作用，如采用具有过流保护功能的交流接触器，则FU4、FU5可以省去。

② 交流电动机正反转控制线路的设计　在电力拖动线路中，常需要交流电动机进行正反两个方向的运动，能够实现这种控制方式的线路称为电动机的正、反转控制线路。

典型交流电动机正反转控制电路的设计方案见图7-46。

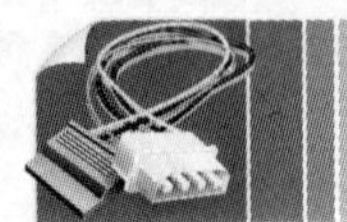

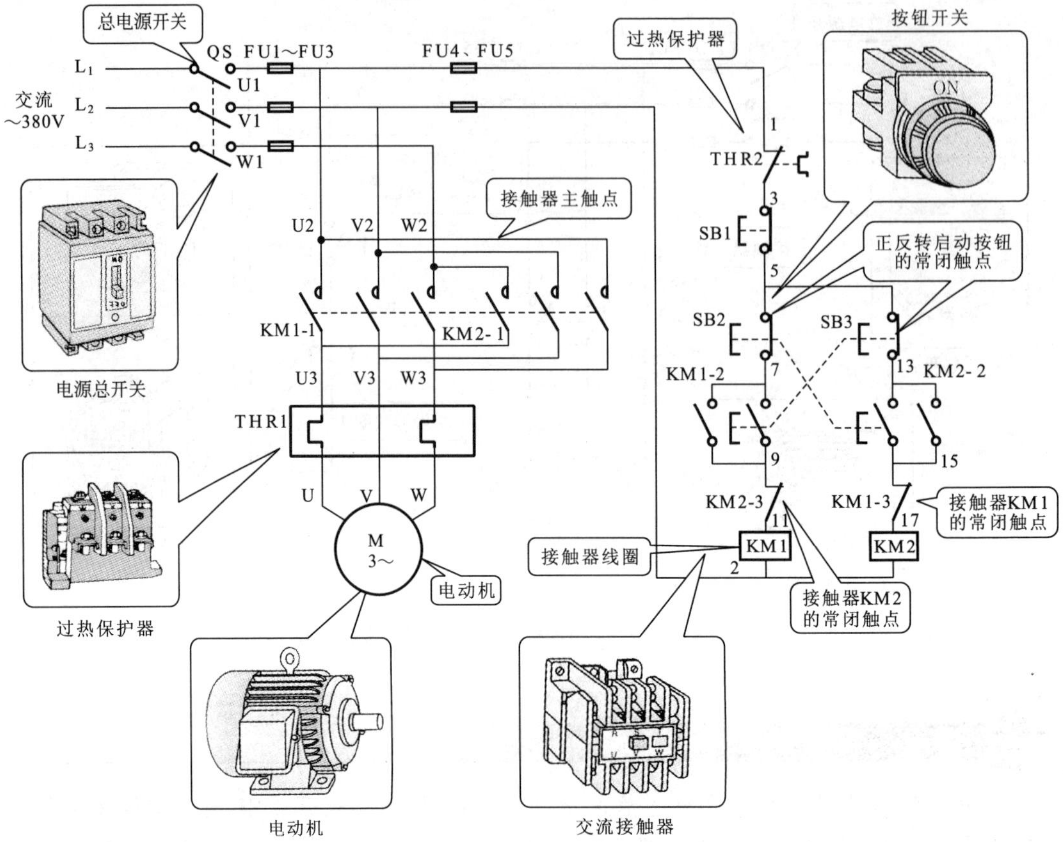

图7-46　典型交流电动机正反转控制线路的设计方案

由图可知，该电路主要由电动机供电电路和控制电路构成。供电电路是由电源总开关QS、熔断器FU1 ~ FU3、交流接触器KM1、KM2的主接触点（KM1-1、KM2-1）、过热保护器THR1以及电动机M等构成。控制电路由熔断器FU4、FU5、控制电路部分的启停开关SB1，按钮开关SB2、SB3，交流接触器KM1、KM2的线圈、自锁触点（KM1-2、KM2-2）和常闭触点（KM1-3、KM2-3）等构成。

提示

该电路中采用了两只交流接触器（KM1、KM2）来连接电动机三相电源的相序，同时为保证两个接触器不能同时吸合（否则将造成电源短路的事故），在控制电路中采用了按钮和接触器联锁方式，即在接触器KM1线圈支路中串入KM2的常闭触点，KM2线圈支路中串入KM1常闭触点，并将正反转启动按钮SB2、SB3的常闭触点分别与对方的常开触点串联。

正转过程：首先合上总电源开关QS，接通三相电源，按下正向启动按钮SB3后，SB3联锁触点断开，常开触点闭合；接触器KM1的线圈通电吸合，此过程中，KM1的自锁触点KM1-2闭合；常闭触点KM1-3断开，使接触器KM2断开电路；主触点KM1-1闭合，使电动机开始运转，此时电动机接通的相序为L_1、L_2、L_3，电动机正向

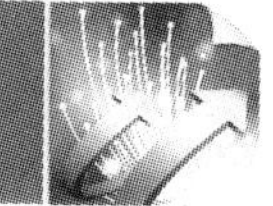

运行。

反转过程：松开SB3按钮，然后按下反向启动按钮SB2，此时，KM1线圈断电释放，断开正向电源，KM2线圈通电吸合并自锁，KM2-3触点断开，KM2主触点KM2-1闭合接通电动机，此时电动机接入三相电源的相序为L_3、L_2、L_1，即实现反向运转。

7.4.2 电力拖动线路的安装与调试

电力拖动线路的安装是指通过设计时的电路方案，将电路拖动线路中的各个部件使用导线进行连接，最终实现电力拖动的功能，下面就结合上节线路设计方案，对电力拖动线路进行安装与调试。

（1）直流电动机电力拖动线路的安装与调试

在进行直流电动机电力拖动线路的安装时，应首先参照其设计线路图，下面以上节中的启动控制线路（参照图7-44）为例，介绍其安装和调试方法。

典型直流电动机电力拖动线路的安装方法见图7-47。

一般首先应根据电路原理图和实际安装环境，选用安装直流电动机变阻器控制电路所需的元器件及导线的型号、规格和数量等，然后将准备好的元器件固定在控制板上。要求元器件安装牢固，并符合电气设备安装工艺要求。

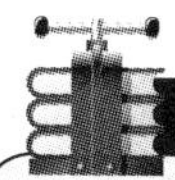

提示

对直流电动机的启动控制线路安装完毕后，需要对线路进行调试。通电试机，将开关QS2闭合，按下常开按钮开关SB1，直流电动机没有任何动作，证明该线路有故障。用万用表进行检测，测量整流后的电路时，有直流电压输出，证明供电是正常的。

（2）交流电动机电力拖动线路的安装与调试

交流电动机电力拖动线路的安装是指将线路中的主要元器件参照控制线路图，进行实际的配线，从而完成对电力拖动线路的安装。

① 交流电动机点动控制线路的安装与调试　交流电动机点动控制电路的安装可参照其线路图（参照图7-45），一般的安装原则为：先安装电动机供电电路，然后再安装控制电路。

交流电动机点动控制线路供电电路的安装见图7-48。

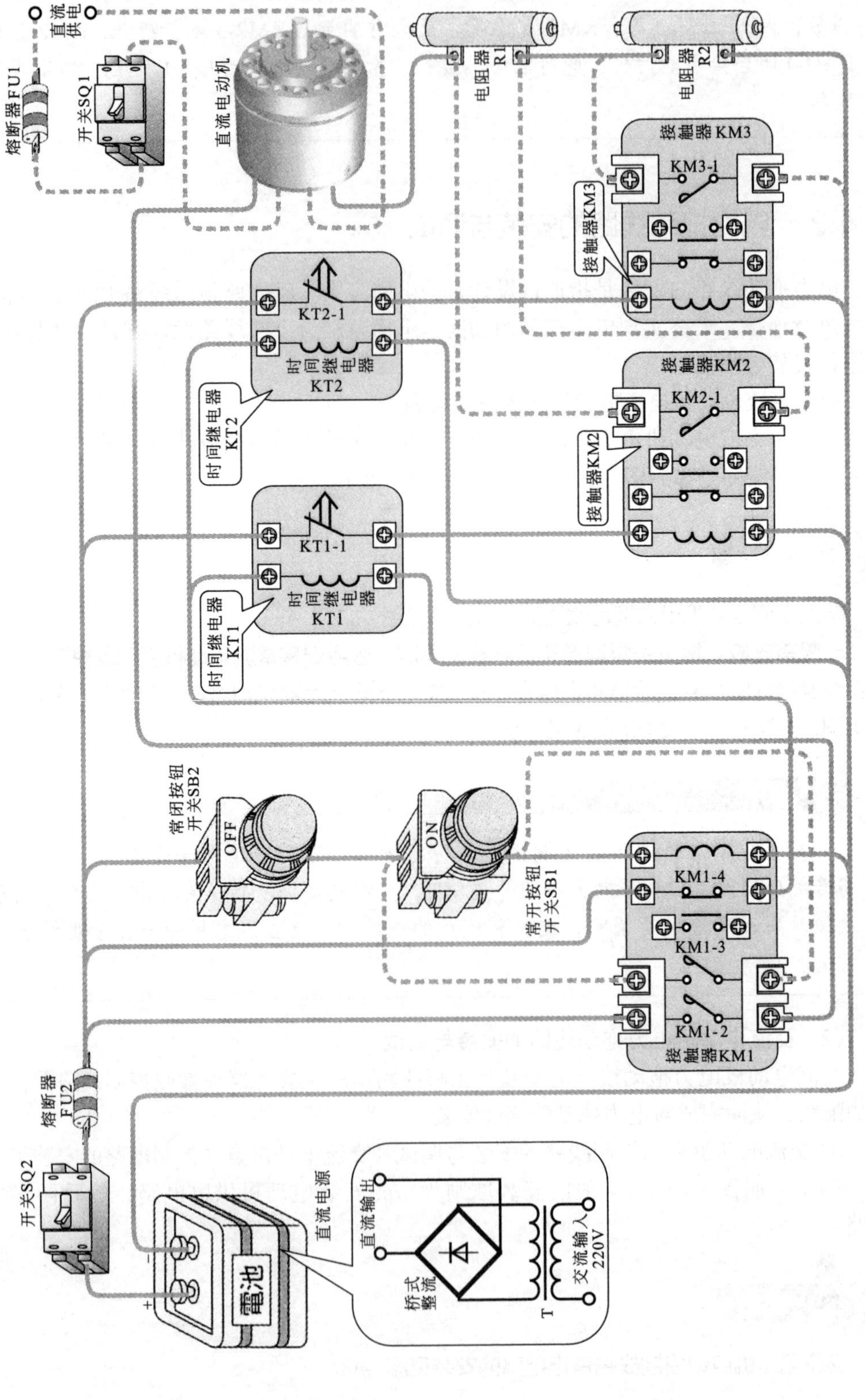

图7-47 典型直流电动机电力拖动线路的安装方法

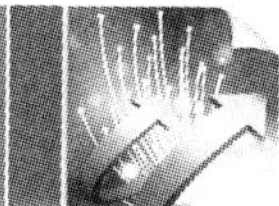

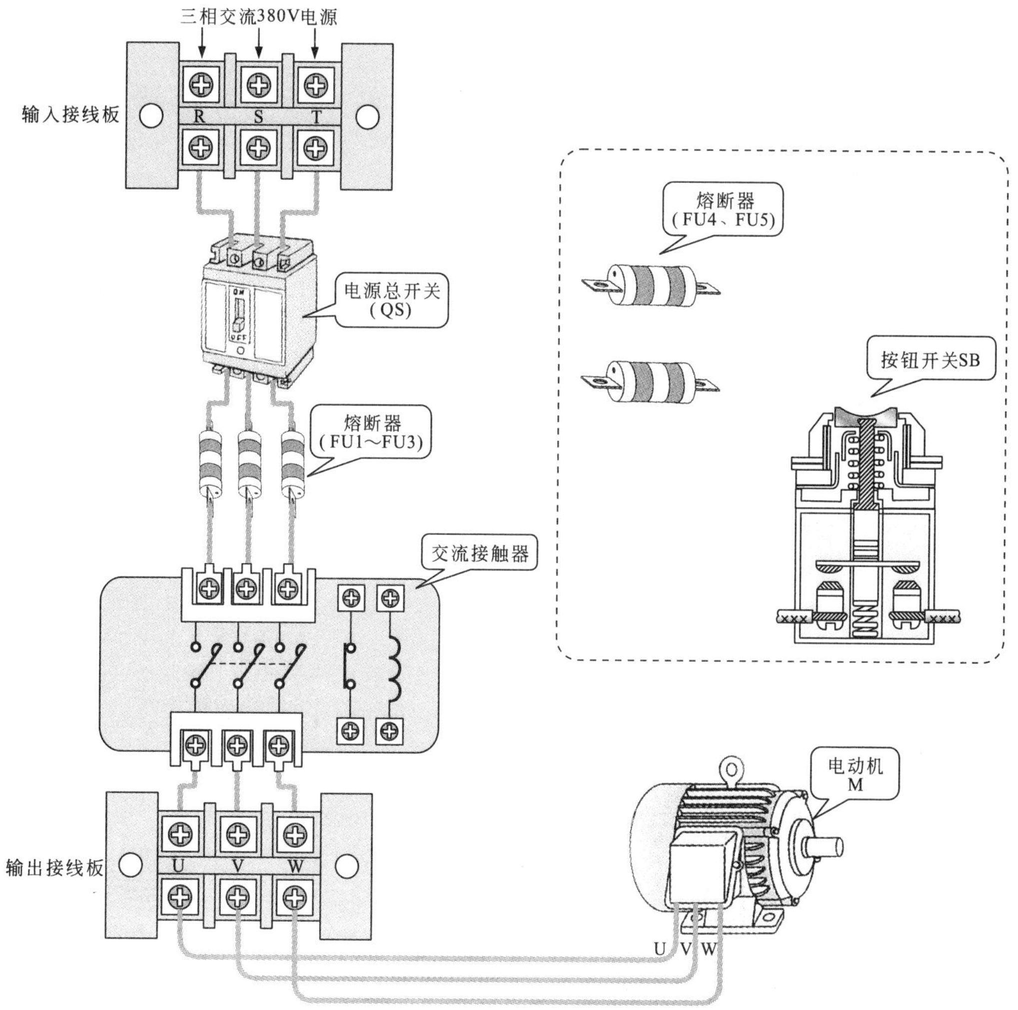

三相交流380V电源

输入接线板

R S T

电源总开关
(QS)

熔断器
(FU1～FU3)

交流接触器

输出接线板

U V W

熔断器
(FU4、FU5)

按钮开关SB

电动机
M

U V W

图7-48　交流电动机点动控制线路供电电路的安装

安装时应严格按照电路原理图进行布线操作，且应根据不同电气设备的连接要求选用适当规格型号的导线进行连接。

电动机供电电路连接完成后，接下来需要进行控制电路部分的接线操作。

交流电动机点动控制线路控制电路的安装见图7-49。

将控制电路部分连接完毕后，便可以进行调试。首先按照电路原理图和接线图从电源端开始，逐段确认接线有无漏接、错接之处，检查导线接点是否符合工艺要求。

确定线路连接无误后，接下来可进行通电测试操作。在实际操作过程中要严格执行安全操作规程中的有关规定，确保人身安全。

根据电路的设计原理，接通三相电源L_1、L_2、L_3，合上总电源开关QS。当按下按钮开关SB后，电动机开始运转；松开按钮后，电动机因断电停止转动，符合电路的设计原理，说明线路

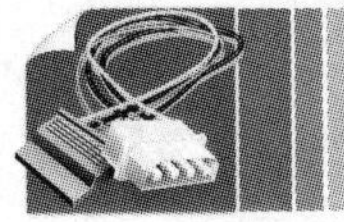

连接正确。

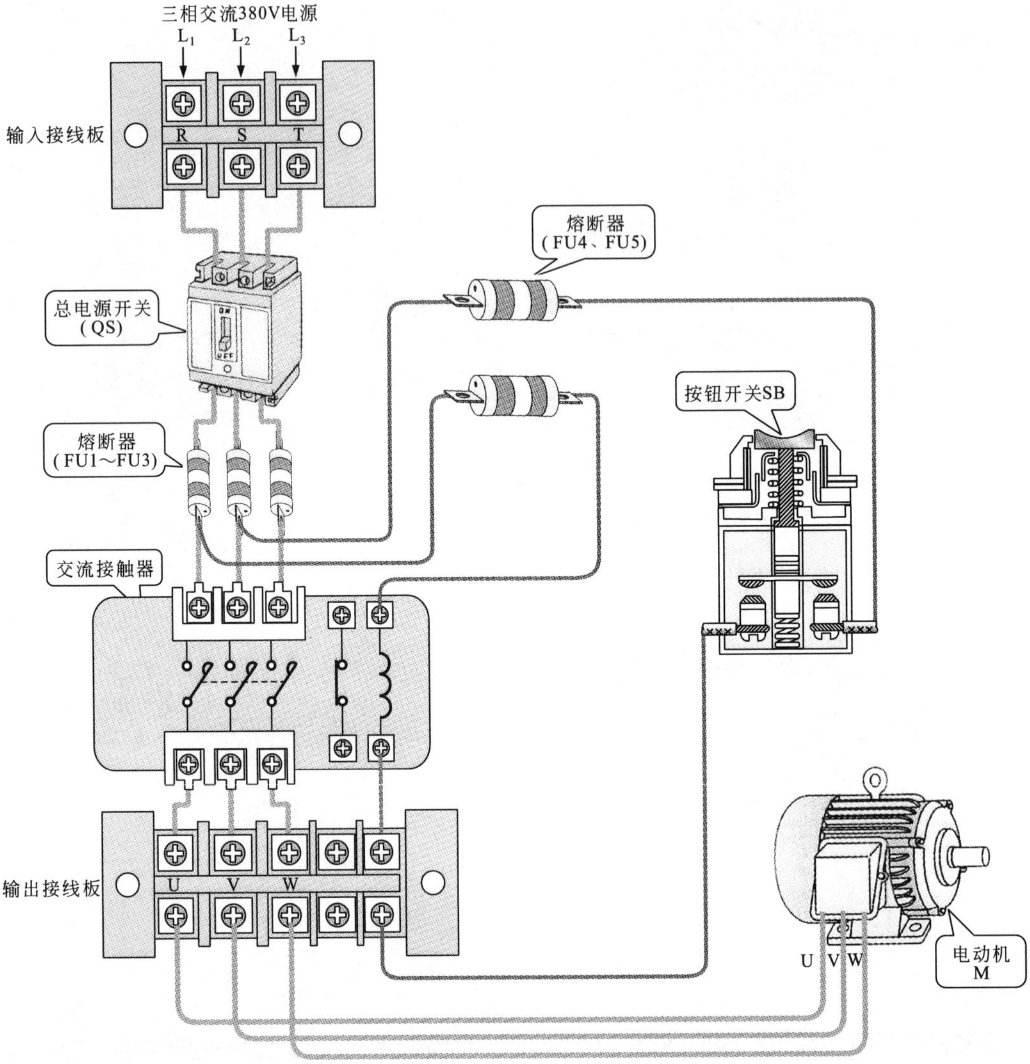

图7-49　交流电动机点动控制线路控制电路的安装

② 交流电动机正反转控制线路的安装与调试　交流电动机正反转控制线路的安装方法与电动控制电路基本相同，安装时可参照其线路图（参照图7-46），先安装电动机供电电路，然后再安装控制电路。

交流电动机正反转控制线路的供电电路安装示意图见图7-50。

安装时应严格按照电路原理图进行布线操作，并应根据不同电气设备的连接要求选用适当规格型号的导线进行连接，其中各种连接方法应符合相关工艺标准。

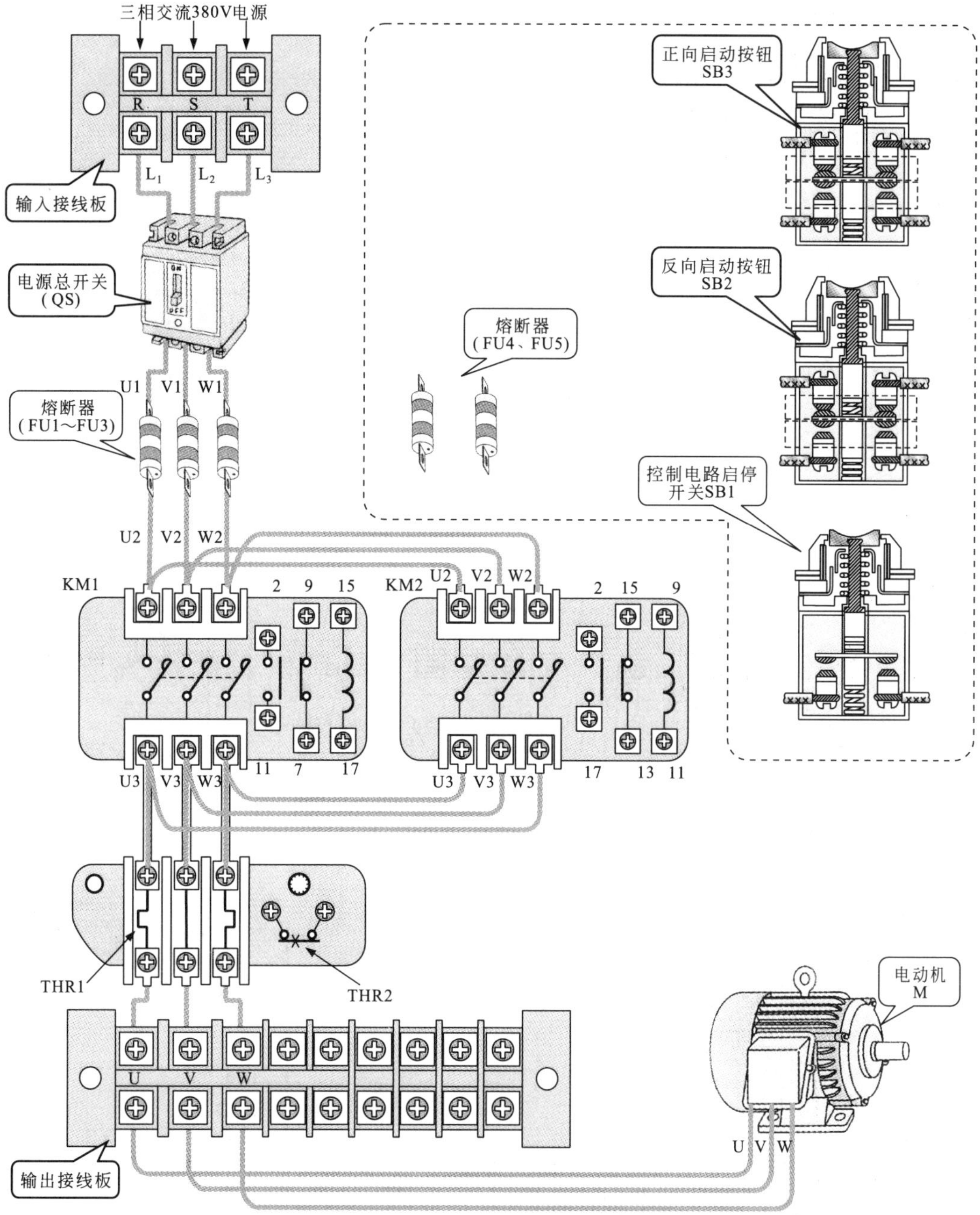

图7-50　交流电动机正反转控制线路的供电电路安装

电动机供电电路连接完成后，接下来需要进行控制电路部分的接线操作。

交流电动机正反转控制线路的控制电路安装示意图见图7-51。

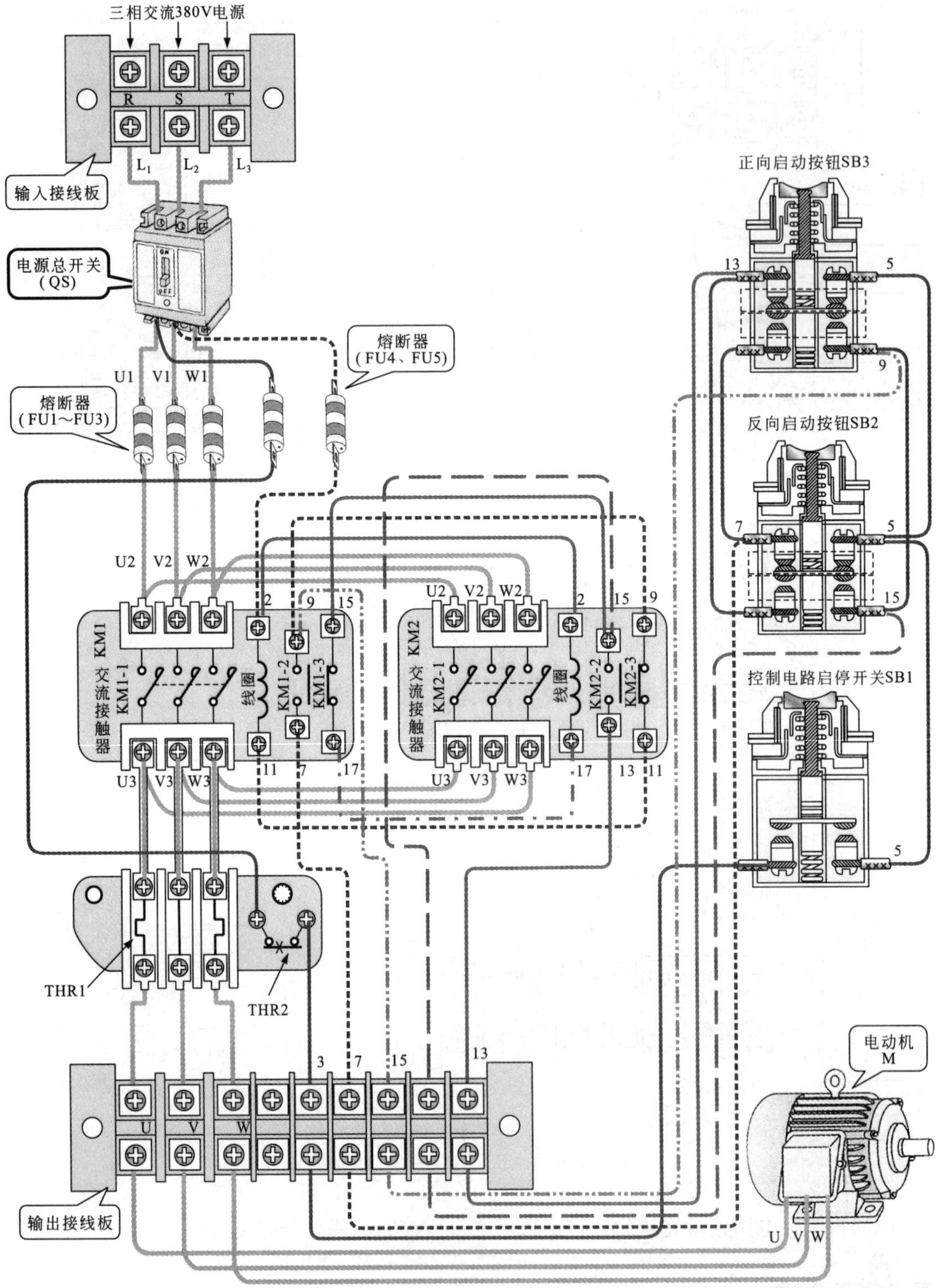
三相交流380V电源
R
S
T
L1
L2
L3
输入接线板
电源总开关
(QS)
熔断器
(FU4、FU5)
U1
V1
W1
熔断器
(FU1～FU3)
U2
V2
W2
2
9
15
KM1
交流接触器
KM1-1
线圈
KM1-2
KM1-3
U3
V3
W3
11
7
17
U2
V2
W2
2
15
9
KM2
交流接触器
KM2-1
线圈
KM2-2
KM2-3
U3
V3
W3
17
13
11
正向启动按钮SB3
13
5
9
反向启动按钮SB2
7
5
15
控制电路启停开关SB1
5
THR1
THR2
3
7
15
13
U
V
W
输出接线板
电动机
M
U
V
W

图7-51　交流电动机正反转控制电路的控制电路安装

首先应根据电动机容量选择控制电路的导线，并按照电路原理图接好控制线路。

提示

三相交流感应电动机正反转控制线路连接完成后，在通电试车前需要对连接线路进行检查与调试操作。

首先按照电路原理图和接线图从电源端开始，逐段确认接线有无漏接、错接之处，检查导线接点是否符合工艺要求。

检查供电电路部分的接线是否正确，为保证能够在电动机运转状态可靠地调换电动机的供电相序，接线时应使接触器的上口接线保持一致，在接触器的下口进行调相。

确定线路连接无误后，接下来可进行通电测试操作。在实际操作过程中要严格执行安全操作规程中的有关规定，确保人身安全。

根据电路的设计原理，接通三相电源L_1、L_2、L_3，合上总电源开关QS。当按下正向启动按钮SB3后，电动机开始正向运转；按下反向启动按钮SB2后，电动机开始反向运转，并且在该电路中，电动机正向或反向启动后，不必先按停止按钮使电动机停止，可直接按反向或正向按钮使电动机变换运转方向。

通电测试过程中应同时观察各种电器元件动作是否灵活，噪声是否过大，电动机运行是否正常等情况。若有异常，应立即停车检查。

第8章 常用电气设备的装配

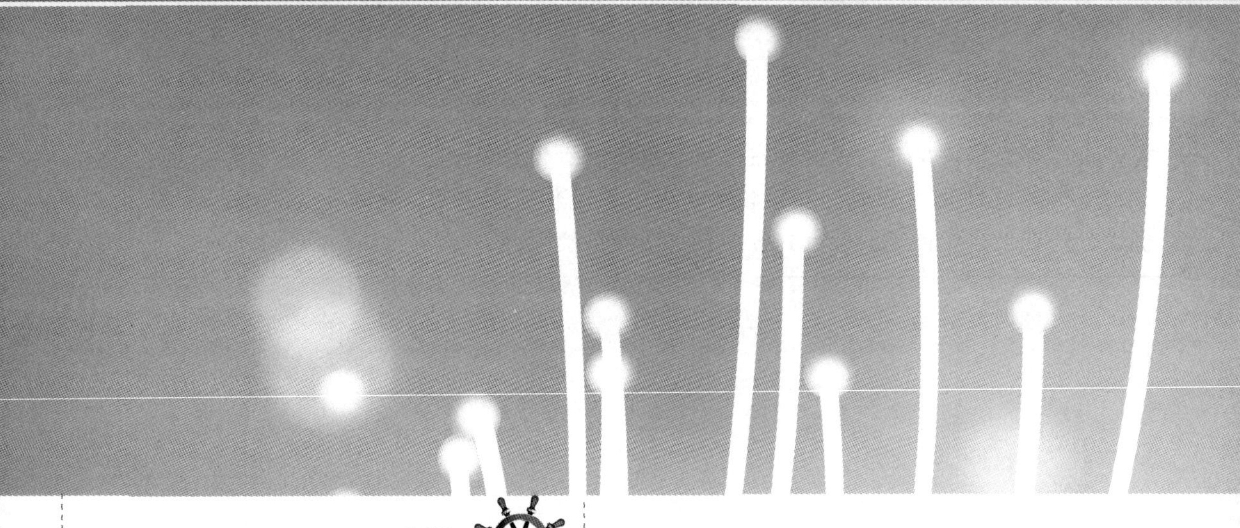

目标

本章主要的目标是让读者了解常用电气设备的装配技能。由于常用电气设备种类多样，功能和结构各不相同，因此，我们特别对当前市场上流行的常用电气设备进行了细致地归纳整理，将市场占有率高、结构特征明显、检修代表性强的常用电气设备按功能用途划分，选择极具代表性的实用电器作为实测样机展开讲解。

通过对不同类型实用电器安装的操作演示，首先从产品的整机结构入手，让读者了解不同类型产品结构组成的同时，对常用电气设备的结构和功能有一个整体的认识。

然后，在此基础上将常用电气设备的装配加以提炼、整理，找出安装常用电气设备的共性。

最后，再通过对实际的电气设备装配操作，让读者真正掌握常用电气设备的装配技能。

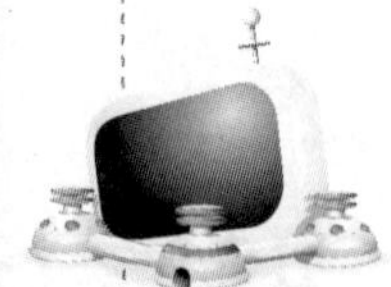

8.1 配电盘的装配

配电盘是单元住户用于控制住宅中各个支路的，将住宅中的用电分配成不同的支路，主要目的是便于用电管理、日常使用和电力维护。

下面，我们选取典型的配电盘，介绍一下典型配电盘的结构与功能以及装配技能。

8.1.1 配电盘的结构与功能

配电盘是指安装分支开关的固定板或者收拢这些装置的用阻燃性材料制成的盒子，在家中的厨房或者在门的上边经常看到配电盘，见图8-1。下面我们以典型配电盘的安装位置为例，具体介绍一下配电盘的结构和功能。

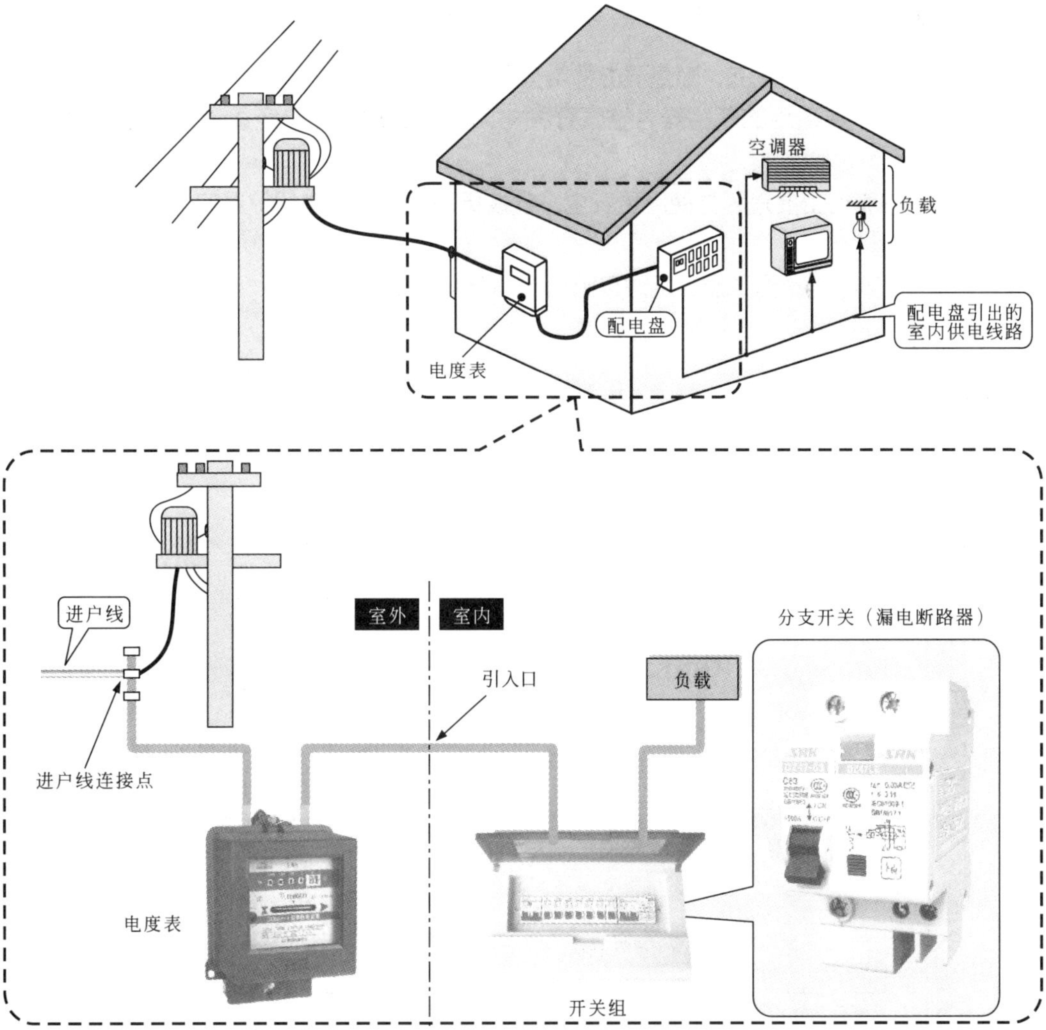

图8–1　典型配电盘的安装位置

典型家装配电盘使用的空气开关见图8-2。

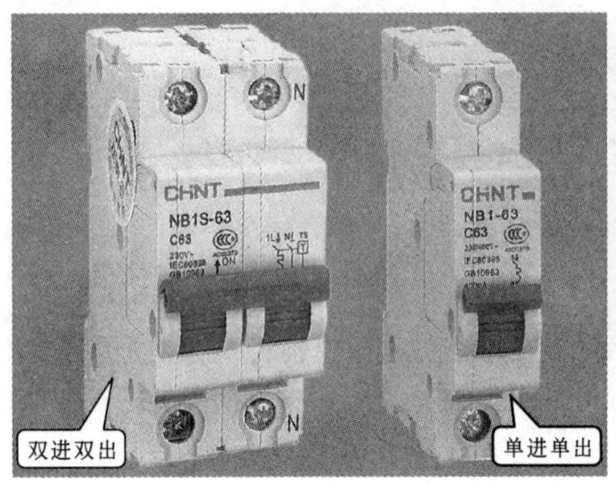

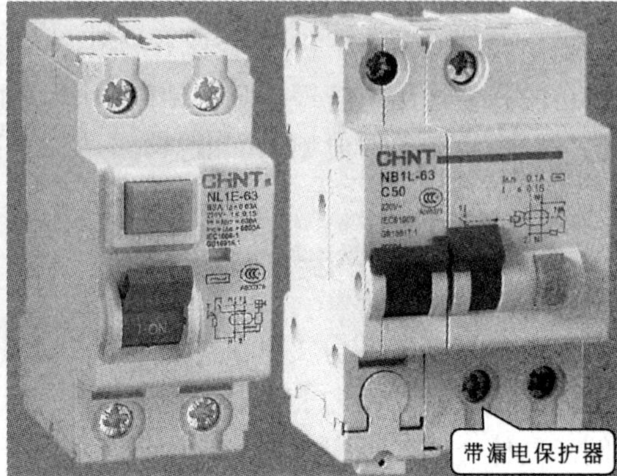

图8-2 典型家装配电盘使用的空气开关

配电盘是由断路器构成的，断路器的种类有很多。

家装电工中主要使用的断路器为空气开关，刀开关和熔断器已经逐步退出家装电工的市场了。

空气开关的流行主要是因为使用更安全、安装更方便，与漏电保护器的一体化制作，更是简化了安装操作。

空气开关可以分为单进单出、双进双出和带漏电保护器三种。

下面以家装的两室一厅中配电盘为例，介绍一下配电盘的功能。

典型家装配电盘中的断路器见图8-3。

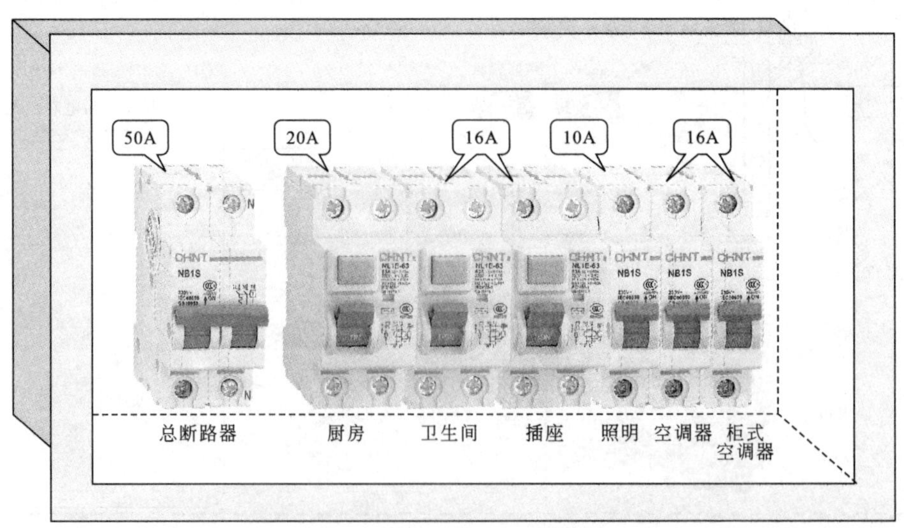

图8-3 典型家装配电盘中的断路器

在家装配电盘中，本着安全的原则，每个支路上都应配有漏电保护器，因此选择带有漏电保护器的空气开关即可。

照明支路不需要带漏电保护器的空气开关，因为照明支路的用电量不大，并且不在住户经常触摸得到的地方。

空调器支路不需要带漏电保护器的空气开关，因为只要出现少许漏电就会频繁跳闸，导致空调器无法使用。

总断路器使用 50 A 双进双出的空气开关。

厨房使用 20 A 带漏电保护器的空气开关。

卫生间和插座使用 16 A 带漏电保护器的空气开关。

照明使用 10 A 不带漏电保护器的空气开关。

空调器和柜式空调器使用 16 A 不带漏电保护器的空气开关。

8.1.2 配电盘的装配

下面以家庭的配电盘安装为例，介绍一下配电盘的装配。

配电盘安装环境与高度见图 8-4。

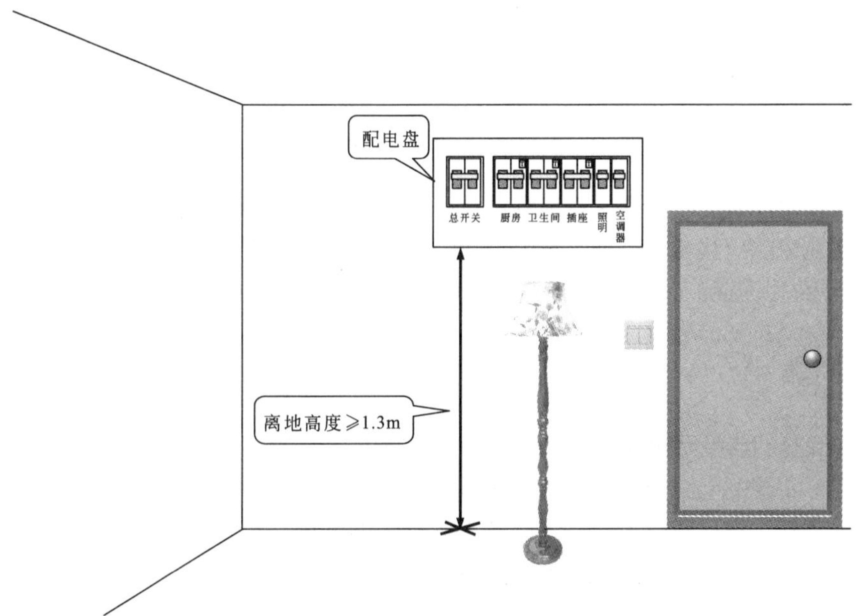

图 8-4 配电盘安装环境及高度

配电盘应安装在干燥、无震动和无腐蚀气体的场所（如客厅），配电盘的下沿离地一般≥1.3 m。

提示

安装配电盘时，应根据室内的支路个数安装控制支路的断路器，通常配电盘中是否带有总断路器，并没有明确的要求，放置总断路器，只是为了便于用电管理，并不意味着配电箱中的总断路器可以移到这里。

图解

配电盘总断路器和接地线的连接见图8-5。

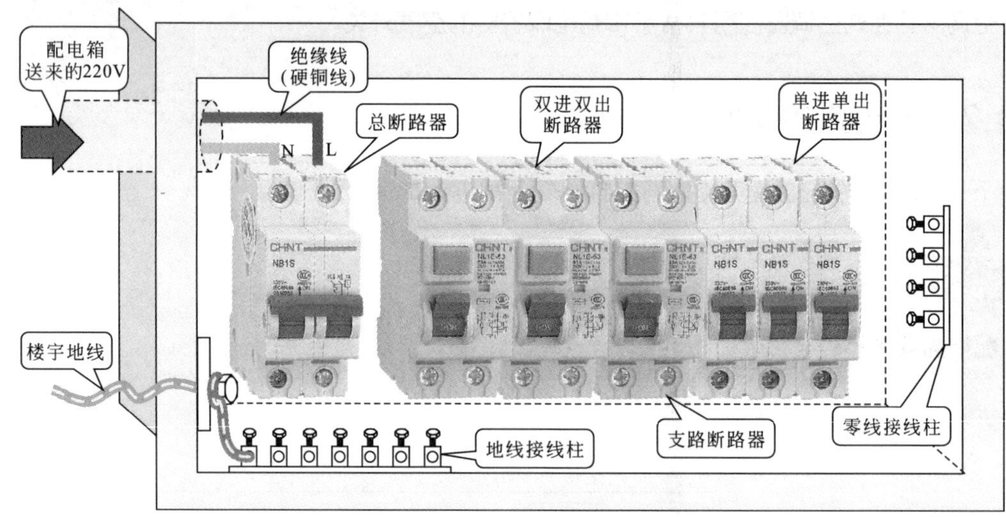

图8-5 配电盘总断路器和接地线的连接

将配电盘按照安装高度的要求安装到墙面上，并将安装的断路器分别固定到配电盘中，然后将从配电箱引来的火线和零线分别与配电盘中的总断路器进行连接（连接时，应根据断路器上的L、N标识进行连接），并将其接地线与配电盘中的地线接线柱相连。

图解

配电盘中支路的连接见图8-6。

将经过总断路器的电线分别送入各支路断路器中，其中三个单进单出的断路器的零线可采用接线柱进行连接，连接完成后，将经过各支路断路器的电线通过敷设的管路分别送入各支路进行电力传输，并将地线通过各地线接线柱连接到需要的各支路中。

图解

配电盘安装完成示意图见图8-7。

配电盘的所有线路连接完成后，将配电盘的绝缘外壳安装上，并标记上支路名称即完成配电盘的安装操作。

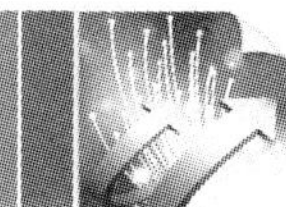

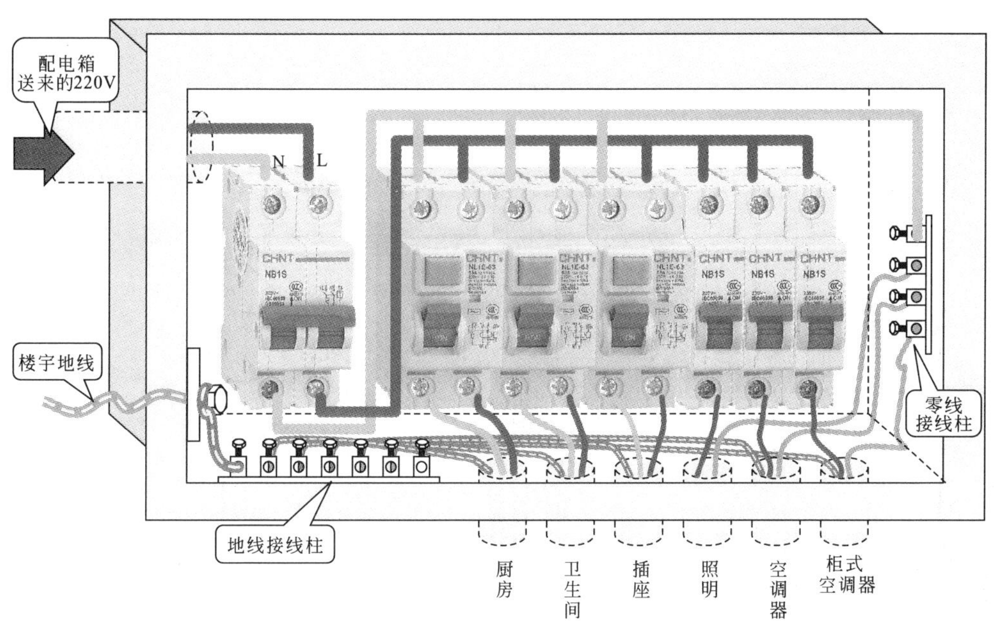

图8-6　配电盘中支路的连接

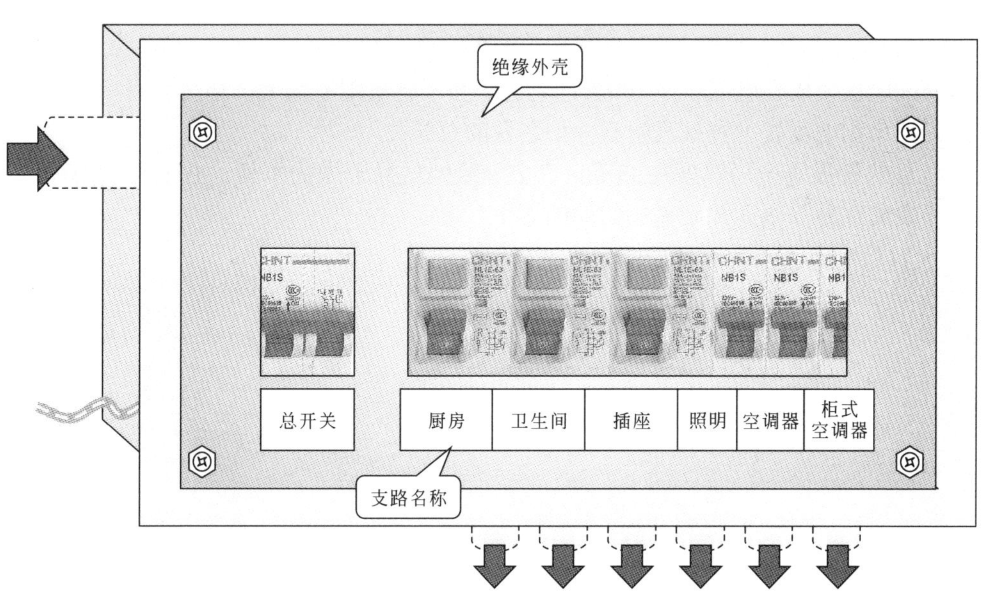

图8-7　配电盘安装完成

扩展

配电盘是为了控制、监视各种动力和家庭用电设备而设置的电气装置，农村常用的配电盘有两种，即小容量配电盘和大容量配电盘。

① 小容量配电盘　小容量配电盘结构示意图见图8-8。

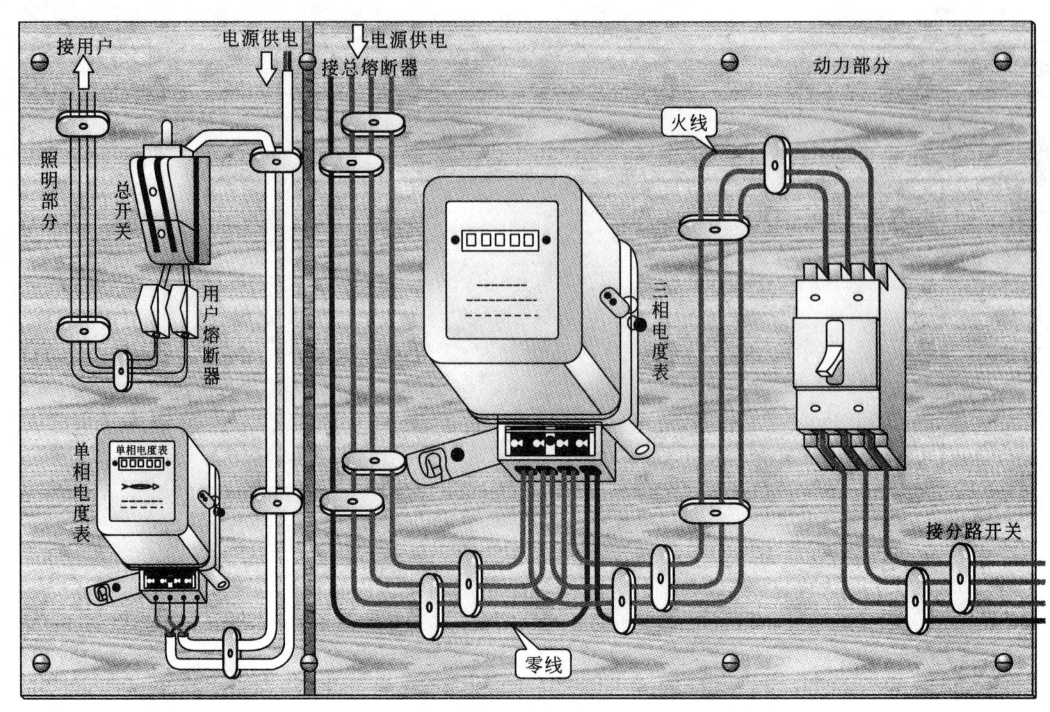

图8-8　小容量配电盘结构

这种配电盘使用在电流小于100 A的场合，在小容量配电盘上，通常装有一只三相电度表（或三只单相电度表）和一只附有保护装置的总开关。

配电盘的盘板应选用厚度在25 mm以上、质地良好干燥的木板，并要涂上防潮漆，配电盘不要安装在易受雨淋和阳光照射的地方。

② 大容量配电盘　大容量配电盘的结构示意图见图8-9。

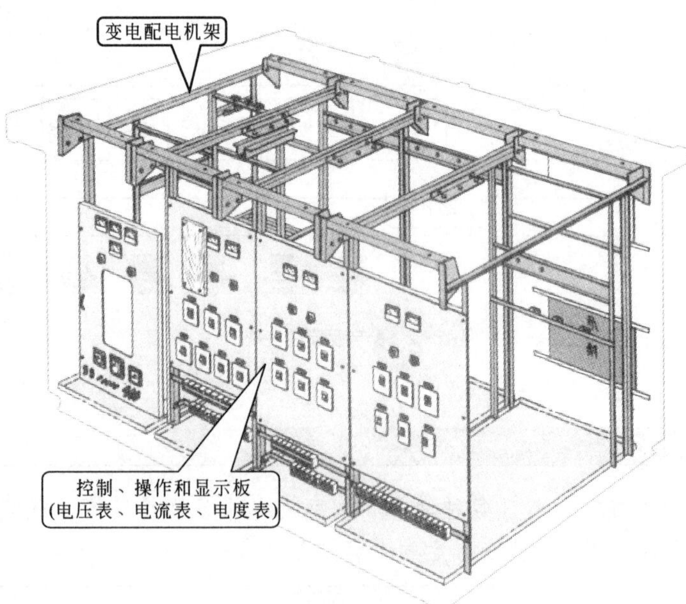

图8-9　大容量配电盘的结构

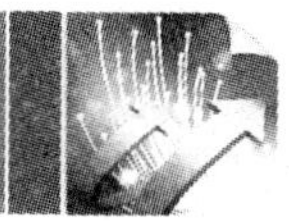

大容量配电盘是容纳变电配电设备线路及监视监测仪表的设备，便于将高压和低压设备组装架设。以安全和便利为原则，也考虑到电路的更改和设备的增减。

电能表的装配

下面，我们选取典型的电能表，介绍一下典型电能表的结构与功能以及装配技能。

8.2.1 电能表的结构与功能

电能表又称千瓦小时表，主要用来计量用户照明及电气设备所消耗电能的仪表，具有累计功能，其实物外形见图 8-10。

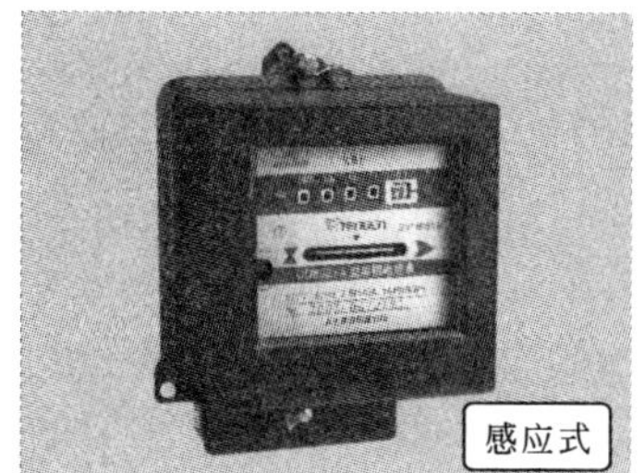

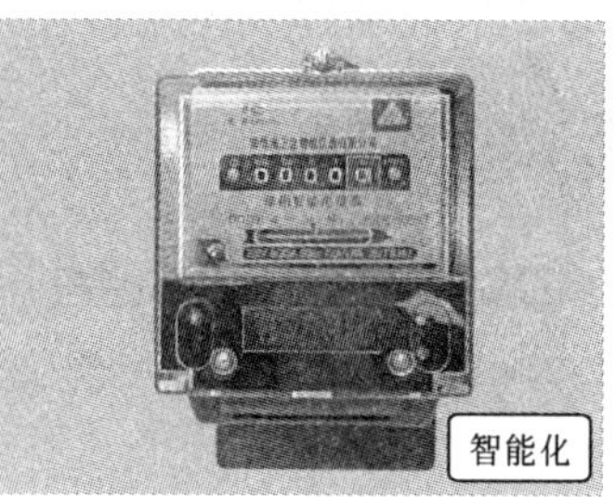

图 8-10 典型电能表的实物外形

电能表有单相和三相之分，在农村供电系统中，家庭用电一般使用单相电能表，而动力用电一般使用三相电能表。

电能表根据其工作方式的不同，又可以分为感应式、电子式和智能式等几种。

电能表主要参数及其含义见图 8-11。

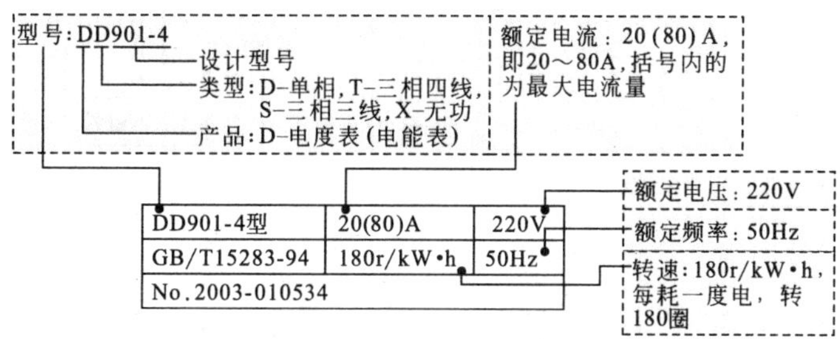

图 8-11 电能表主要参数及其含义

电能表的主要参数是选配方案的重要依据。

家庭用电度表的计量单位“度”见图 8-12。

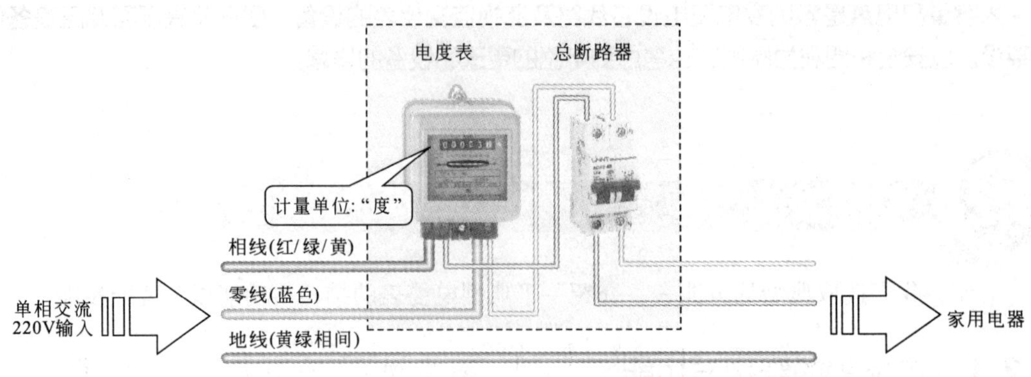

图8-12　家庭用电度表的计量单位“度”

单位时间（小时）内家庭中所有正在工作的家用电器所消耗的电能（电功）的总和，因此，1度=1 kW•h=1kV•A•h。

感应式电能表的内部结构见图8-13。

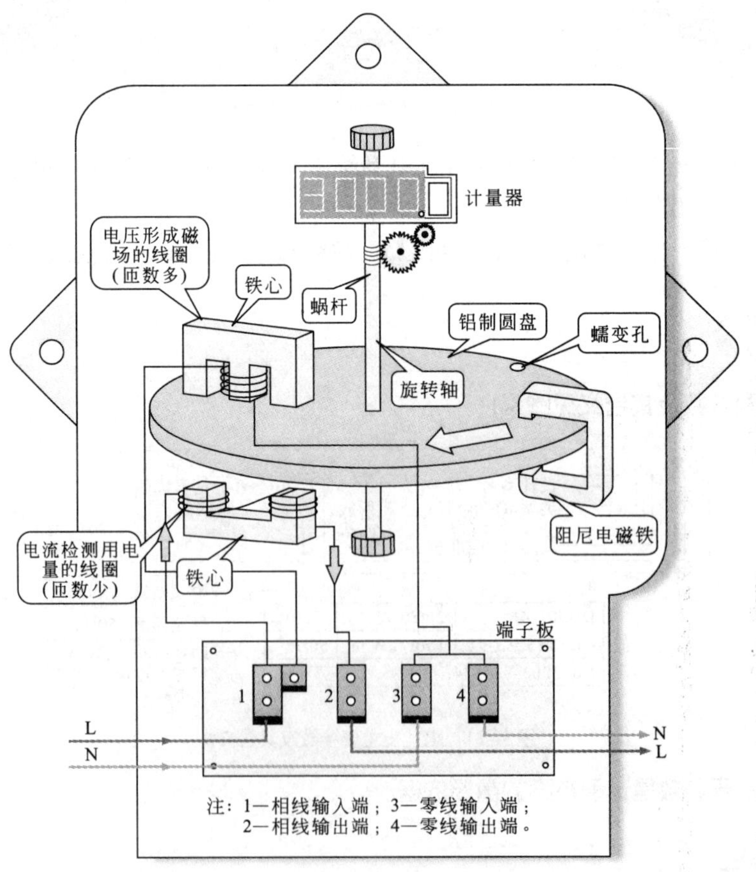

图8-13　感应式电能表的内部结构

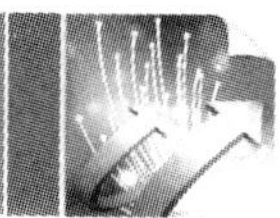

电能表一般是采用感应原理制成的，主要由线圈、铁心、蜗杆、旋转轴、铝制圆盘、蠕变孔、阻尼电磁铁、端子板、计数器组成。

电流检测用电量的线圈串接在电路中，而电压形成磁场的线圈并联在电路中。

用电设备开始消耗电能时，两个线圈产生的主磁通穿过铝制圆盘，在铝制圆盘上感应出涡流并产生转矩，使铝制圆盘转动，带动计量器计算耗电量的多少，用电量越大，所产生的转矩越大，计量器上显示的数值也就越大。

8.2.2 电能表的装配

下面以单相电能表的安装为例，介绍一下电能表的装配。

交流220 V市电进入电能表的连接方式见图8-14。

连接时不但要注意电度表上的标识，还要注意电线使用的颜色要求，即相线使用红色、绿色或黄色，零线使用蓝色，并且相线颜色一定要一致，不要出现多种颜色同时使用的情况。

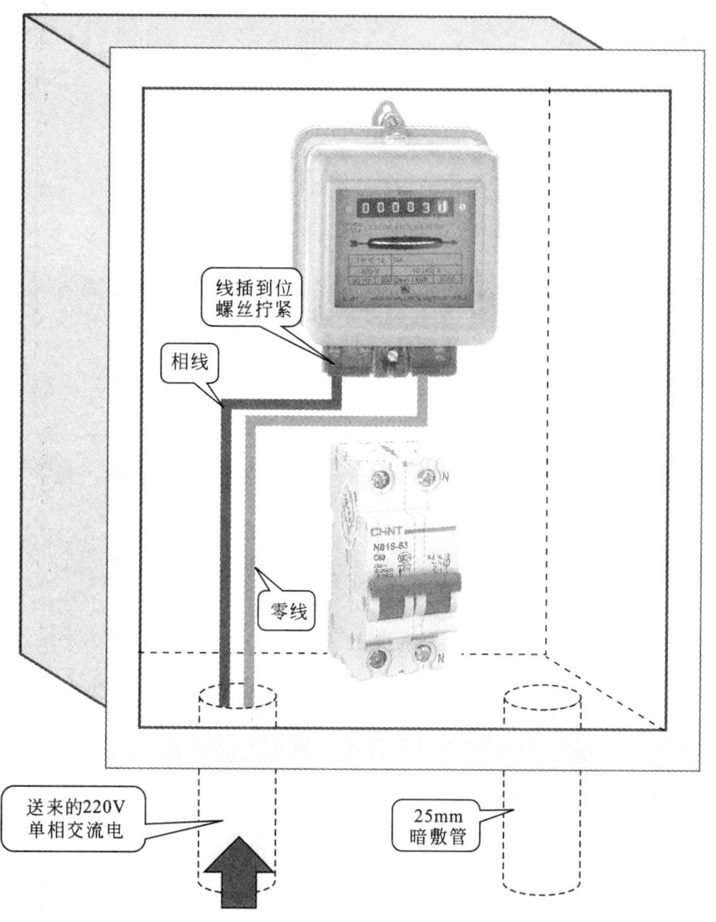

图8-14　交流220 V市电进入电能表的连接方式

接线处一定要牢固，如果连接不牢，接点会产生很大的热量，还会产生火花等危险情况。

电能表和总断路器之间的连接方式见图8-15。

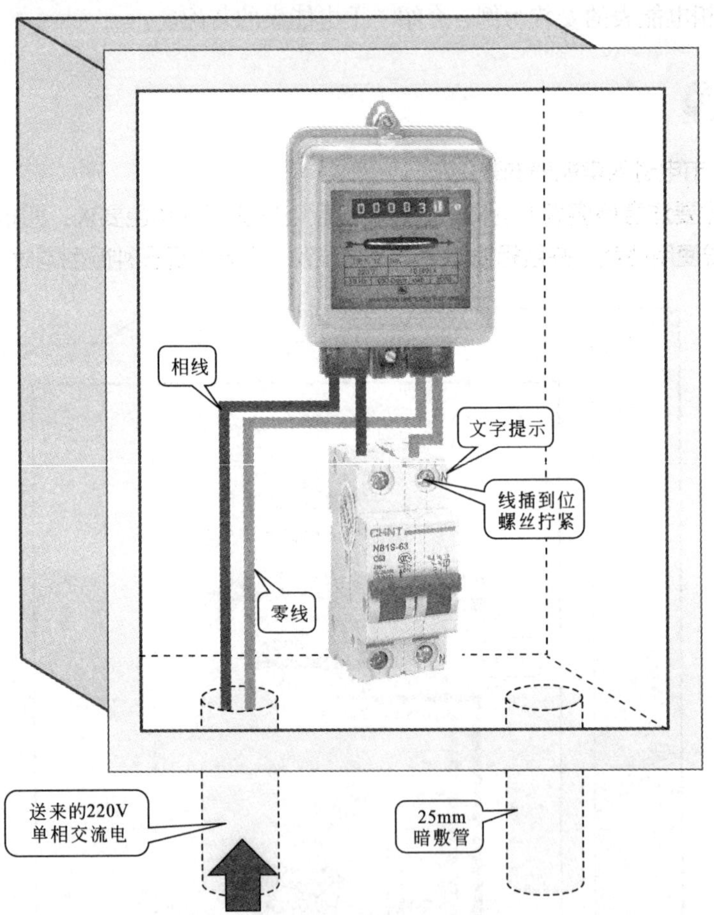

图8-15 电能表和总断路器之间的连接方式

单相交流电接入电度表以后，应与总断路器相连。

这里的断路器采用的是双进双出的空气开关，并且上面会有相线（L）、零线（N）的提示，按照提示将相应的电线连接到总断路器中。

入户线的连接方式见图8-16。

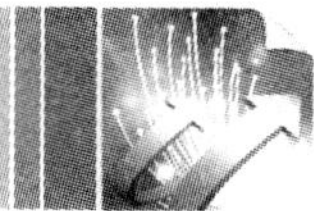

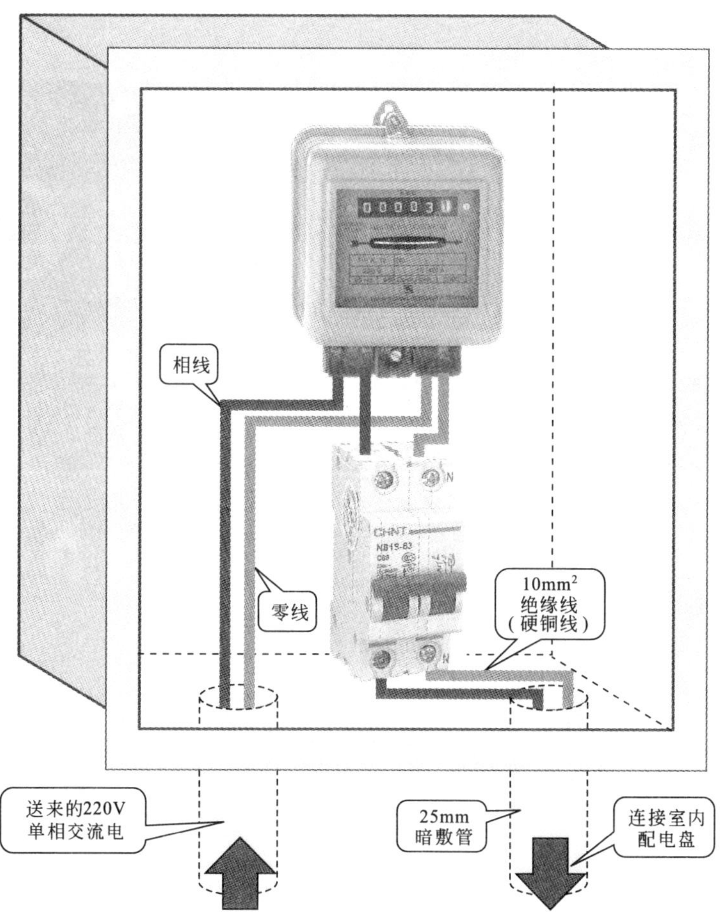

图8-16　入户线的连接方式

电度表和总断路器安装连接完成以后，就可以将从总断路器中出来的电线沿着暗敷管送入室内配电盘预留的位置，以便于配电盘进行连接。

提示

值得注意的是，在暗敷管中的电线不可以出现连接状态，如果电线长度不够，应将其撤出，再选择长度足够的电线进行敷设。

第9章 电动机的检修

目标

本章主要的目标是让读者了解电动机的种类特点和检修技能。由于电动机种类多样，功能和结构各不相同。因此，我们特别对当前市场上流行的电动机进行了细致地归纳整理，将市场占有率高，结构特征明显，检修代表性强的电动机按功能用途划分，选择极具代表性的实用电动机设备作为实测样机展开讲解。

通过对不同类型实用电动机的实拆、实测、实修的操作演示，首先从产品的整机结构入手，让读者了解不同类型产品结构组成的同时，对电动机的结构特点和主要部件有一个整体的认识，然后，在此基础上对电动机的应用和拆装技能加以提炼、整理，找出检修电动机的共性。

最后，再通过对实测样机的电检修操作，在验证电动机维修理念的同时，让读者真正掌握电动机的检修方法和检修技巧。

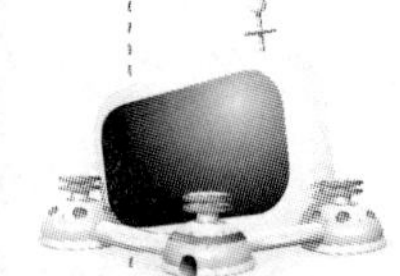

9.1 直流电动机的功能特点和检修

直流电动机是由直流电源（需区分电源的正负极）供给的电能，并可将电能转变为机械能的电动装置。其具有良好的启动性能，能在较宽的范围内进行平滑地无级调速，还适用于频繁启动和停止动作。直流电动机按照其定子磁场的不同，一般可以分为两种，一种是由永久磁铁作为主磁极，称为永磁式电动机；另一种是给主磁极通入直流电产生主磁场，称为电磁式电动机。两种都是目前非常主流且极具代表性的直流电动机。下面，我们分别选取典型的永磁式直流电动机、电磁式直流电动机产品，介绍一下这些典型直流电动机的整机结构。

9.1.1 直流电动机的结构特点

直流电动机的实物外形如图9-1所示，可以看到直流电动机的外形各异，但其主要的结构基本相似。下面我们以典型直流电动机为例，具体介绍一下直流电动机的结构特点。

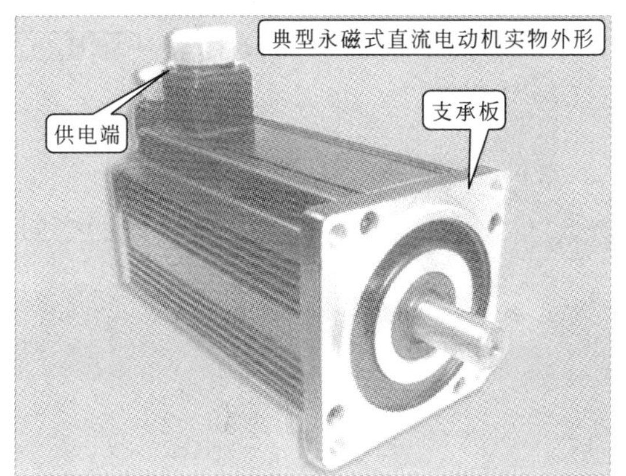

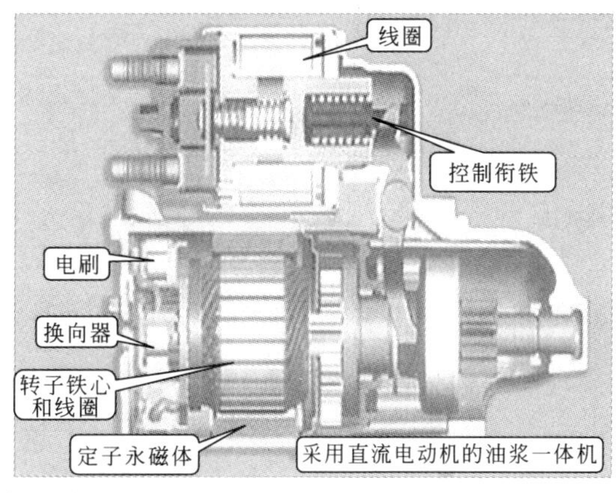

（a）永磁式直流电动机

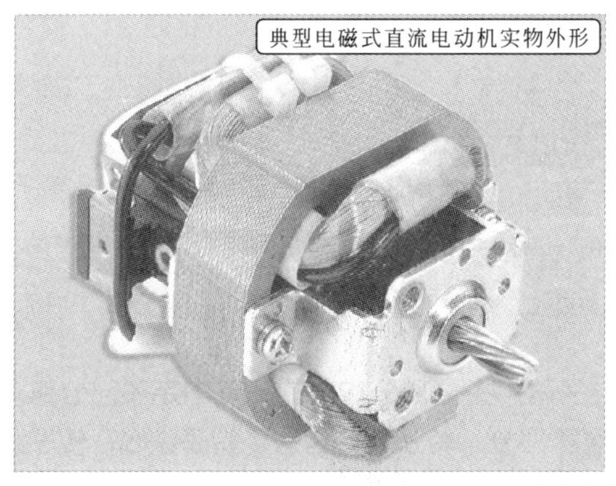

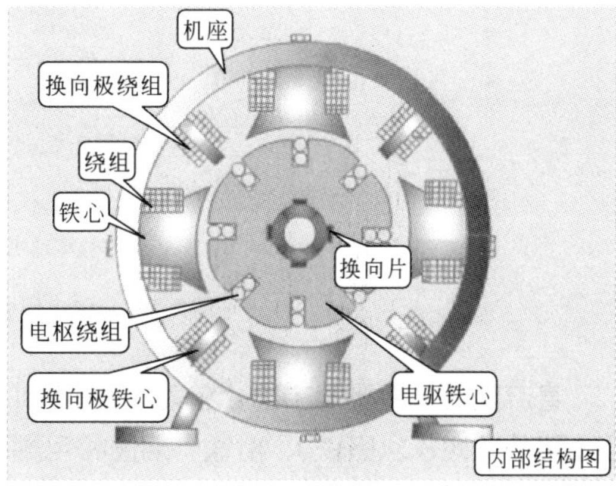

（b）电磁式电动机

图9-1　直流电动机的实物外形

永磁式直流电动机的定子磁极（铁心）是由永久磁铁组成的。其特点是体积小，功率小，转速稳定，其应用领域很广。

电磁式电动机是指在接入外部直流电源后，定子磁极产生磁场，取消供电后，磁场消失。常应用于电动工具、电动缝纫机、电池风扇等电动设备中。

提示

直流电动机，顾名思义为通过直流电而转动的电动机，是应用领域很宽的电动机。直流电动机的种类较多，还可根据其结构不同、应用环境不同等进行分类。其中，根据其结构形式不同分为直流有刷电动机和直流无刷电动机两大类。

图解

典型的直流电动机结构组成（整机结构）见图9-2。

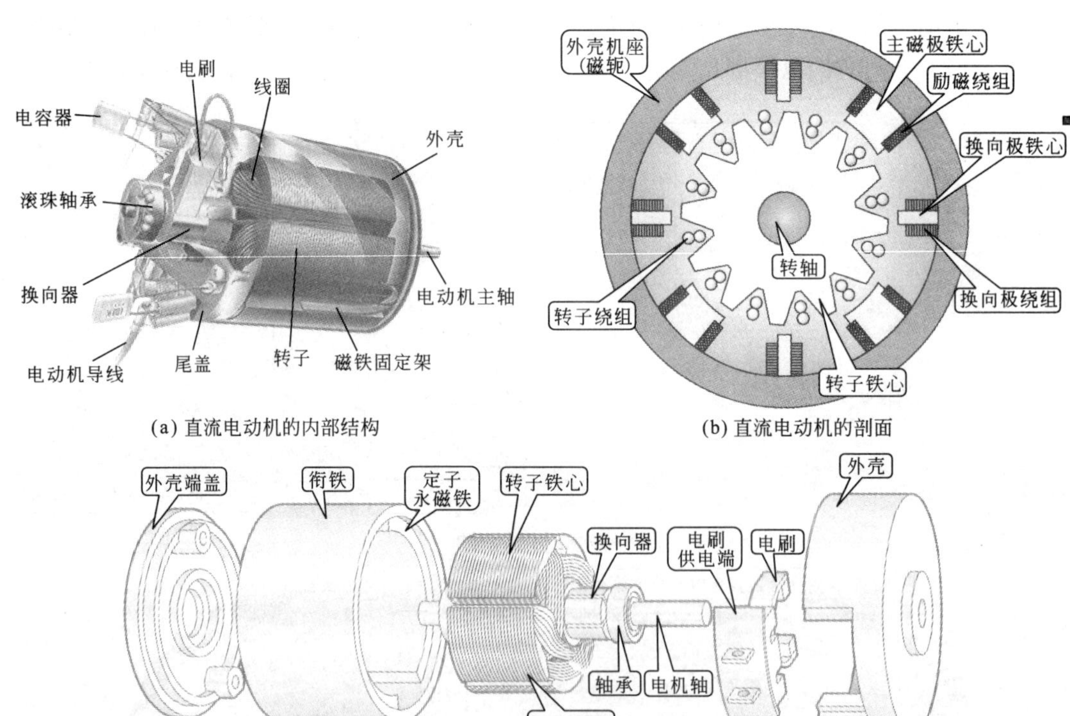

(a) 直流电动机的内部结构

(b) 直流电动机的剖面

(c) 直流电动机的整机分解

图9-2 直流电动机结构组成（整机结构）

直流电动机主要是由静止的定子和旋转的转子两个主要部分构成的。其中定子部分包含了主磁极（定子永磁铁）、衔铁、端盖和电刷装置等部分；转子部分包含了转子铁心、转子绕组、转轴、换向器、轴承等部分。图9-2所示即为典型直流电动机的内部结构、剖面示意和整机分解图。

（1）直流电动机定子部分的基本结构

典型直流电动机的定子部分的基本结构见图9-3。

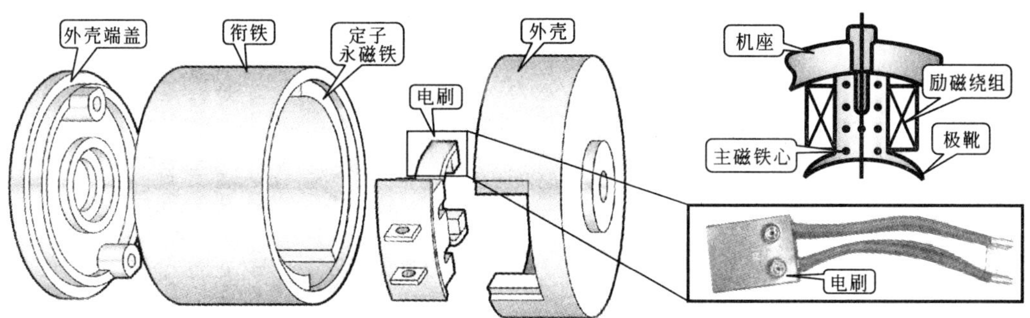

图9-3 直流电动机的定子部分的基本结构

直流电动机的定子部分主要是由定子永磁铁、衔铁、端盖、电刷装置等部分组成的。定子永磁铁及衔铁构成主磁极，其作用是建立主磁场。一些直流电动机中，其主磁极部分是由主磁极铁心和套装在铁心上的磁力绕组构成的。

电刷装置由电刷、刷握、刷杆和连线等部分组成。它是电枢电路的引出（或引入）装置。电刷是由石墨或金属石墨组成的导电块。

（2）直流电动机转子部分的基本结构

直流电动机转轴及换向器和电枢绕组部分的实物外形见图9-4。

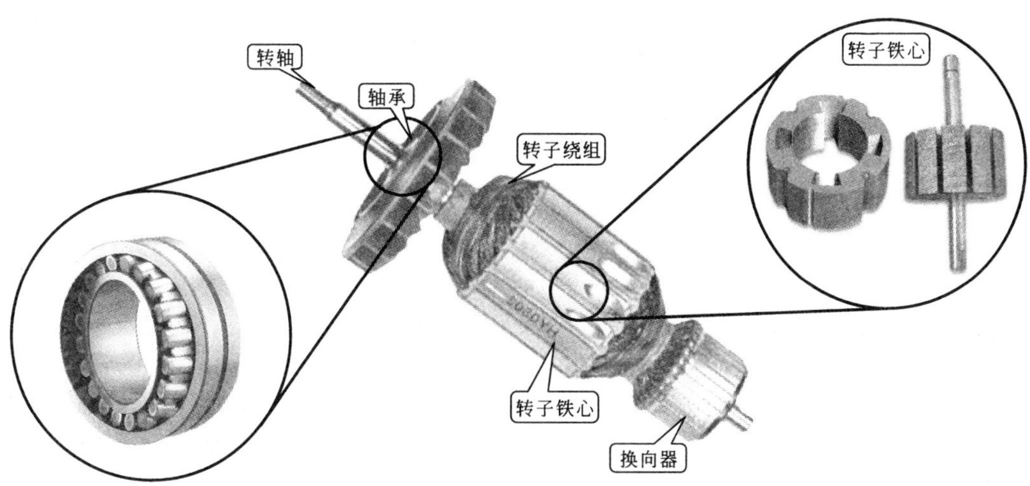

图9-4 直流电动机转子部分的基本结构

转轴一般是用中碳钢制成的，轴的两端用轴承支撑。

直流电动机的转动部分称为转子，又称电枢，主要由转子铁心（也称为电枢铁心）、转子绕组（电枢绕组）、换向器、转轴、轴承和扇片等构成。

直流电动机转子部分的绕组和换向器的基本结构见图9-5。

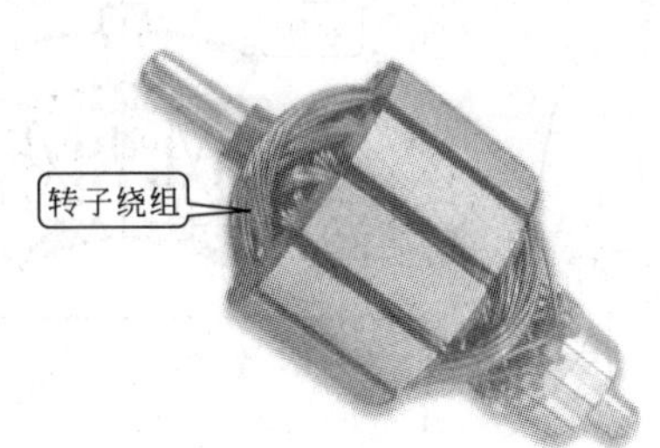

(a) 转子绕组的外形

(b) 各种换向器的外形

图9-5　直流电动机转子部分的绕组和换向器的基本结构

转子绕组由一定数目的绕组按一定的规律连接组成，它们按一定规则嵌放在转子铁心槽内，它是直流电动机的电路部分，也是感生电动势产生电磁转矩进行机电能量转换的部分。线圈用绝缘的圆形或矩形截面的导线绕成，分上下两层嵌放在电枢铁心槽内，上、下层以及线圈与电枢铁心之间都隔有绝缘材料，并用槽楔压紧。

图中，换向器是由许多换向片组成的圆柱体，换向片之间隔有云母绝缘片，每个换向片按一定规则与电枢绕组连接。换向器的表面压有电刷，可以使转动的电枢绕组与静止的外电路相连接，引入直流电。换向器在直流电动机中起逆变的作用，因此换向器是直流电动机的关键部件之一。

直流电动机根据是否包含电刷部件分为有刷电动机和无刷电动机两大类。其中，有刷电动机的定子是永磁体，线圈绕在转子铁心上，电源通过电刷及换向器来实现电动机线圈中电流方向的变化。无刷电动机的转子是由永久磁钢（多磁极）制成的，线圈绕组设置在定子上，通常由定子上的霍尔传感器部件（如电动自行车上的无刷电动机）实现线圈中电流方向的变化，并驱动转子旋转。

9.1.2　直流电动机的应用

直流电动机由于其具有良好的可控性能，因此很多对调速性能要求较高的产品中都采用了直流电动机作为动力源。例如日常生活中常见的EVE、DVD/VCD机、录音机、剃须刀、电动自行车、车用吸尘器等。

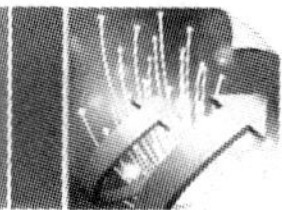

（1）直流电动机在DVD机/录音机中的应用

直流电动机在DVD机/录音机中的应用见图9-6。

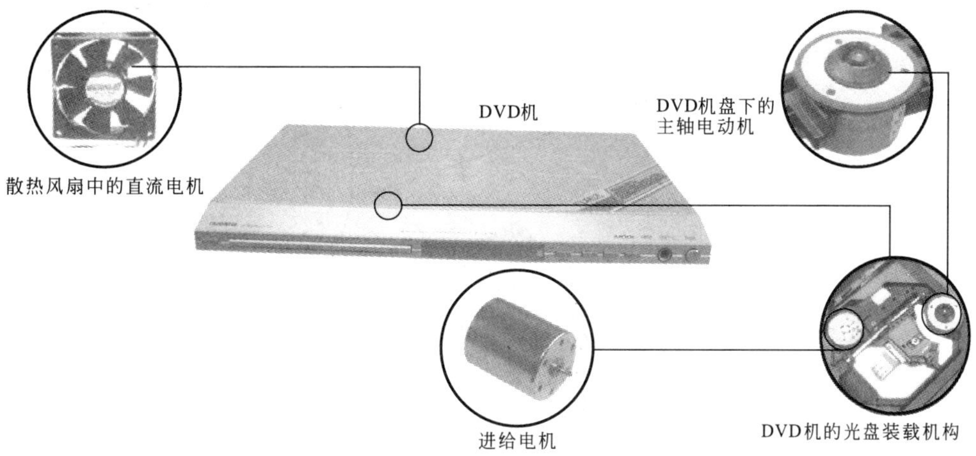

图9-6　直流电动机在DVD机中的应用

在DVD机中的机械部分采用了不止一个直流电动机，其进出仓传动机构的进给电动机，光盘旋转的主轴电动机和装卸光盘的电动机等均为典型的直流电动机。

直流电动机在录音机中的应用见图9-7。

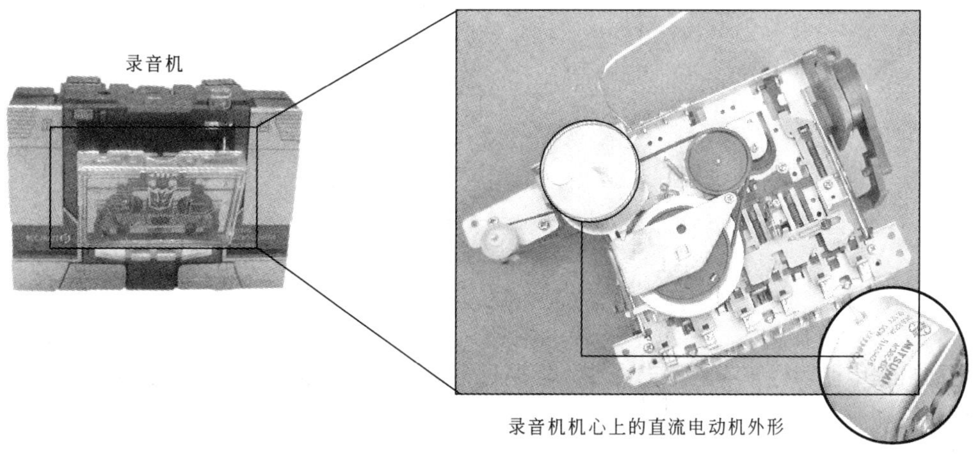

图9-7　直流电动机在录音机中的应用

图中，在录音机中带动磁带运行的部分也是由小型直流电动机进行驱动的。

（2）直流电动机在电动玩具中的应用

直流电动机在儿童玩具中的应用见图9-8。

图9-8　直流电动机在儿童玩具中的应用

直流电动机在儿童玩具中的应用最为广泛，特别是电动玩具类中，几乎所有动力拖动部分均采用了小型直流电动机。

（3）直流电动机在电动设备中的应用

直流电动机在电动自行车中的应用见图9-9。

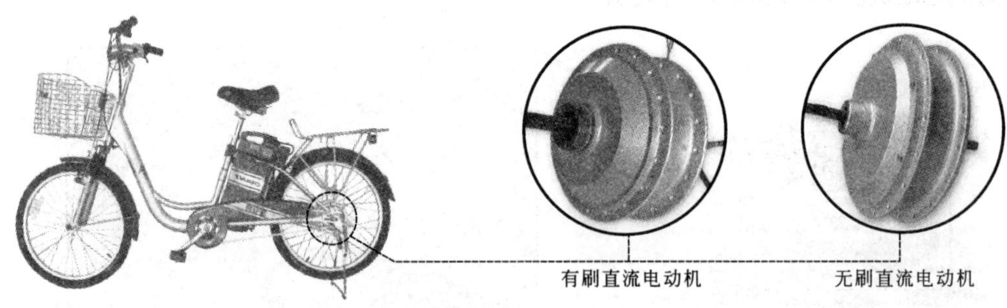

图9-9　直流电动机在电动自行车中的应用

电动机是电动自行车中的动力源件，根据其结构不同，一般可分为有刷直流电动机和无刷直流电动机。

直流电动机在车用吸尘器中的应用见图9-10。

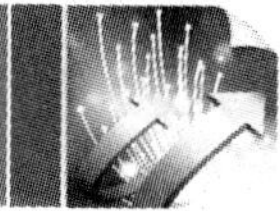

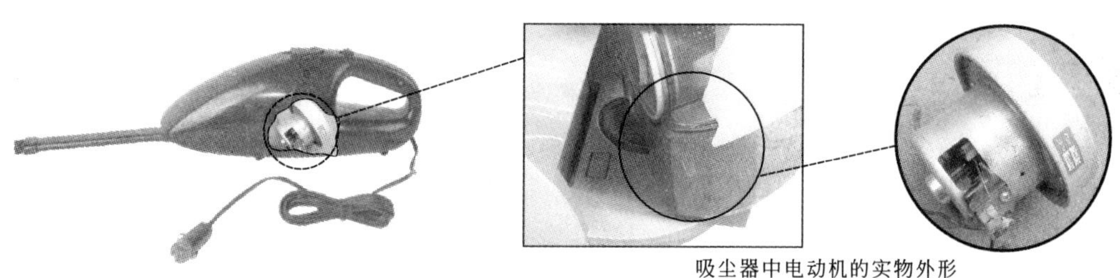

吸尘器中电动机的实物外形

图9-10　直流电动机在车用吸尘器中的应用

在车用吸尘器中，其电力驱动装置采用了电磁式直流电动机。

直流电动机在电动剃须刀中的应用见图9-11。

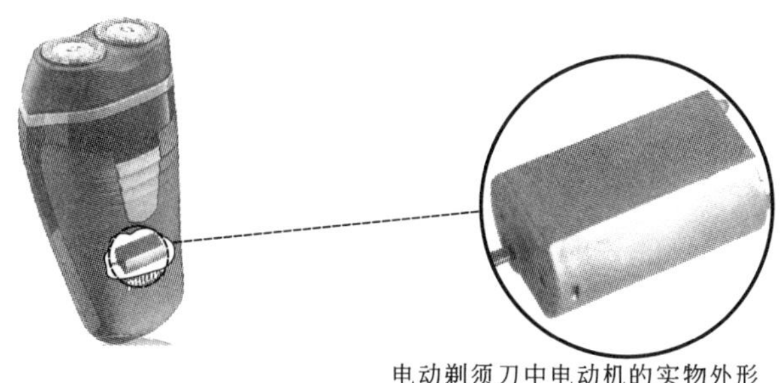

电动剃须刀中电动机的实物外形

图9-11　直流电动机在电动剃须刀中的应用

日常生活中的很多电动产品，也多采用了直流电动机作为动力源。图中的电动剃须刀，其内部的电动机由剃须刀内的电池供电。

9.1.3　直流电动机的检修方法

直流电动机出现故障后，则应根据其原理及特点，对直流电动机中的主要元器件或部件进行检测，下面我们分别介绍一下直流电动机中各主要部件的检修方法。

对直流电动机内部进行检修前，首先应对电动机外部条件进行检查。如检查电动机输出引线有无短路、断路现象，确认故障是由电动机内部部件损坏引起的，再进行拆解。

（1）直流电动机供电引线的检修方法

由于有刷直流电动机的供电引线从电动机输出后需要弯曲近90°才能引入车体中部与控制器相连接，因此应重点检查弯曲部分有无短路或断路情况。

先将万用表量程旋钮调整至欧姆挡，黑表笔接黑色地线，红表笔接红色供电引线。接在对供电引线的弯曲部分进行拉长、压缩或弯曲等操作，观察万用表示数有无变化。

直流电动机供电引线的检修方法见图9-12。

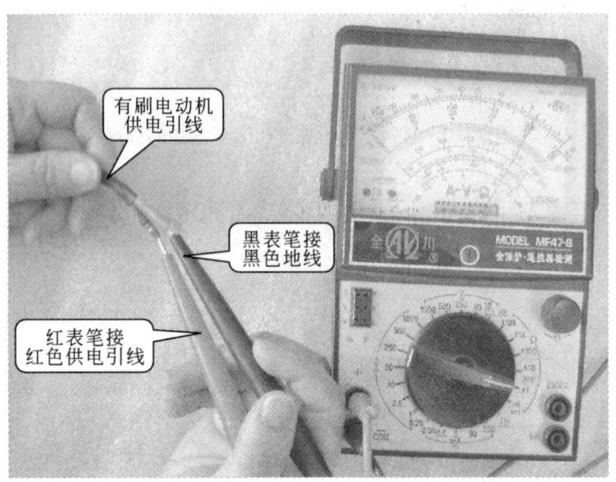

（a）检测电动机供电引线的阻值

（b）改变引线弯曲状态，观察万用表测量结果

图9-12　直流电动机供电引线的检修方法

若在改变引线状态时发现万用表测量其阻值有明显变化，则一般说明引线中可能存在短路或断路故障，应更换引线或将引线重新连接好。

（2）直流电动机霍尔元件的检修方法

对无刷直流电动机的检修主要是指对霍尔元件的检修，霍尔元件是无刷电动机中关键部件，其作为电动机的位置传感器直接决定了电动机能否正常运转。

检测时首先将万用表调至“R×1 k”电阻挡，黑表笔接霍尔元件输出引线的黑色地线，红表笔接霍尔信号线的黄色线，观察万用表的读数。

无刷直流电动机霍尔元件的检修方法见图9-13。

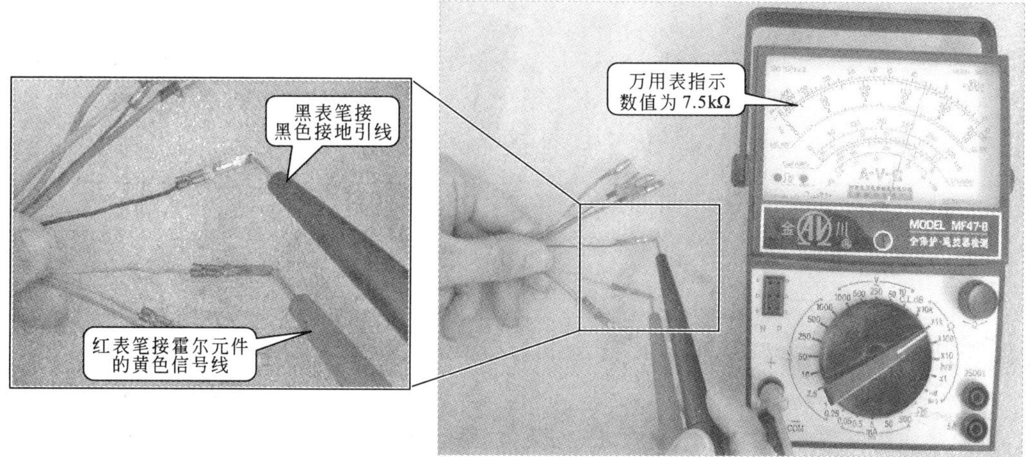

（a）检测霍尔元件黄色引线的对地阻值。采用同样的方法，分别检测另外两根信号线，即绿色引线和蓝色引线，观察万用表读数

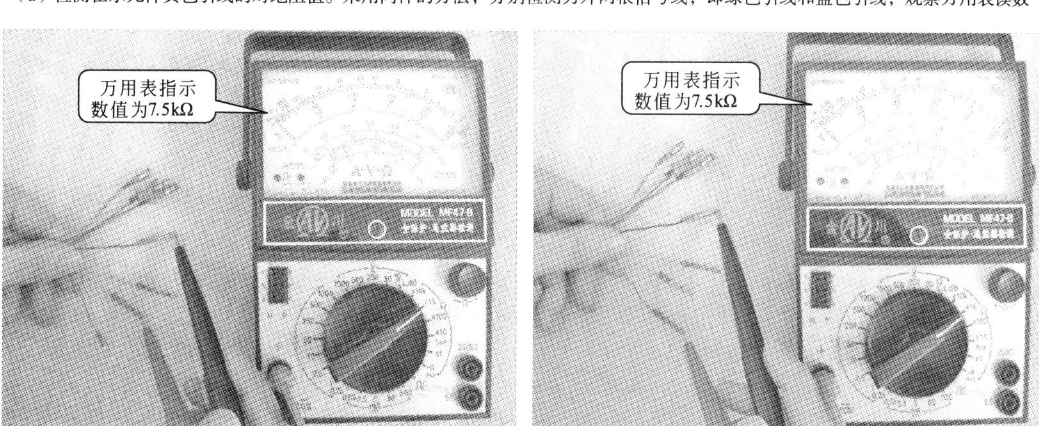

（b）检测霍尔元件绿色及蓝色引线对地阻值。根据前述检测可知，三次实测阻值均为7.5 kΩ，说明正常。调换表笔，将万用表红表笔接地线，黑表笔分别接霍尔元件的三根信号引线，观察万用表示数

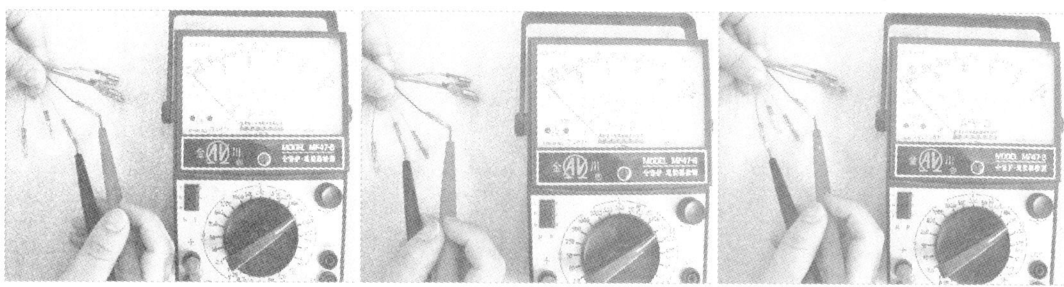

（c）调换表笔再次检测三根霍尔信号线的对地阻值

图9-13　无刷直流电动机霍尔元件的检修方法

正常情况下，三次测得的数值应该相同。如三个阻值不一致，则可能为相对应的霍尔传感器损坏，应更换。

提示

此外，还可以用在通电状态下检测霍尔元件各信号线电压的方法判断元件的好坏。一般将万用表黑表笔接地，红表笔接霍尔元件信号线，拨动后轮使其旋转时，信号电压应有一定的电压变化，一般在0～5 V（有些为0～6.25 V或0～4.5 V）之间变换，若电压值保持0 V或5 V不变，则可能该信号线对应的霍尔元件已经损坏。

9.2 单相交流电动机的功能特点和检修技能

单相交流电动机是利用单相交流电源供电，也就是由一根火线和一根零线组成的220V交流市电进行供电的电动机。单相交流电动机根据其结构不同，一般可分为单相同步电动机、单相异步电动机，两种都是目前非常主流且极具代表性的单相交流电动机。下面，我们分别选取典型的单相同步电动机、单相异步电动机产品，介绍一下这些典型单相交流电动机的整机结构。

9.2.1 单相交流电动机的结构特点

单相交流电动机的实物外形如图9-14所示，可以看到，单相交流电动机的外形各异，但其主要的结构基本相似。下面我们以典型单相交流电动机为例，具体介绍一下单相交流电动机的结构特点。

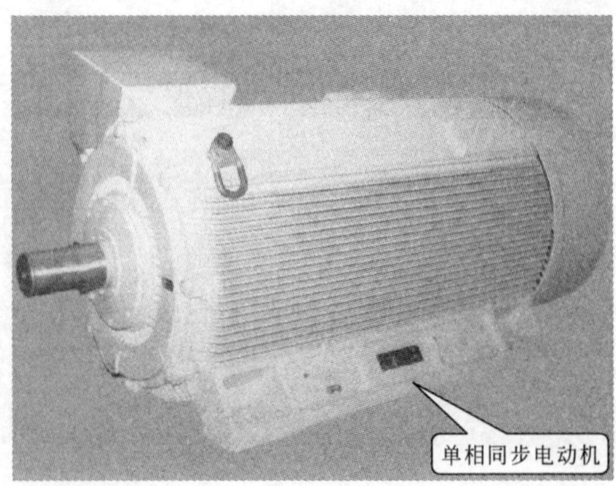

图9-14　单相交流电动机的实物外形

单相异步电动机是指电动机的转动速度与供电电源的频率不同步，对于转速没有特定

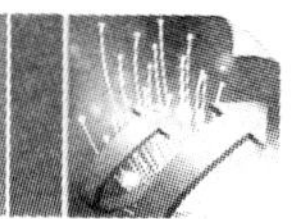

的要求。其特点是结构简单、效率高、使用方便，也是目前应用比较广泛的电动机，大多应用于输出转矩大、转速精度要求不高的产品中，例如日常用的风扇、洗衣机等都是采用了单相异步电动机。根据启动方法，单相异步电动机又可分为分相式电动机和罩极式电动机两大类。

单相同步电动机是指电动机的转动速度与供电电源的频率保持同步，对于电动机的转速有一定的要求。由于同步电动机的结构简单，体积小，消耗功率少，所以可直接使用市电进行驱动，其转速主要取决于市电的频率和磁极对数，而不受电压和负载的影响，转速稳定，主要应用于自动化仪器和生产设备中。

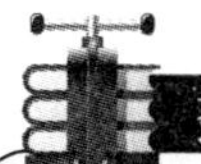

提示

在交流电动机中，异步电动机的转子转速总是略低于旋转磁场的同步转速，因此称其为异步电动机。

- 同步电动机的转子转速与负载大小无关，而始终保持与电源步伐同步的转速。
- 单相交流电动机的内部结构和直流电动机基本相同，都是由定子、转子以及端盖等部分组成的，与其他电动机不同的是该类型的电动机没有启动力矩，不能自行启动，若要正常启动和运行，通常还要有一些特殊的附加启动元器件，常见的启动元器件主要有启动电阻、耦合变压器、离心开关、启动继电器和启动电容器等。
- 另外值得一提的是，实际应用中单相异步电动机的应用更为广泛一些，有时也将其称为单相感应电动机。

典型的单相异步电动机结构组成（整机结构）见图9-15。

单相异步电动机是由单相交流电源供电，是一种转速随负载变化略有变化的交流感应电动机。单相异步电动机的内部结构和直流电动机基本相同，都是由定子、转子以及端盖等部分构成的，但这种电动机的电源是加到定子线圈（绕组）上，无电刷和换向器。

（1）单相异步电动机的转子部分的基本结构

单相异步电动机转子部分的基本结构见图9-16。

单相异步电动机一般是采用笼型铸铝转子，它是电动机的旋转部分。转子是由转子铁心和转轴等部件组成的。转子铁心一般是采用斜槽的结构。

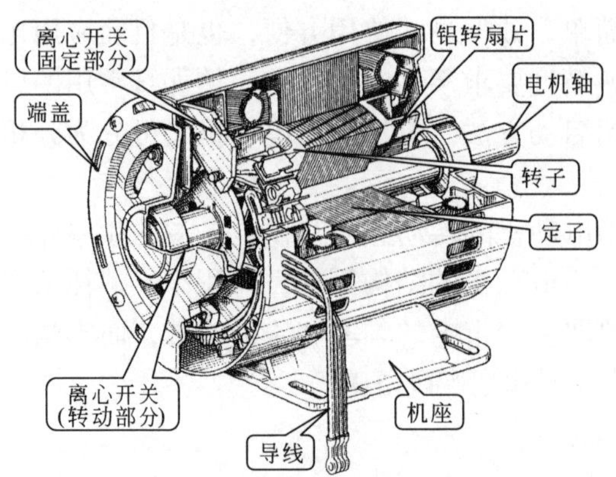

(a) 单相异步电动机的内部结构

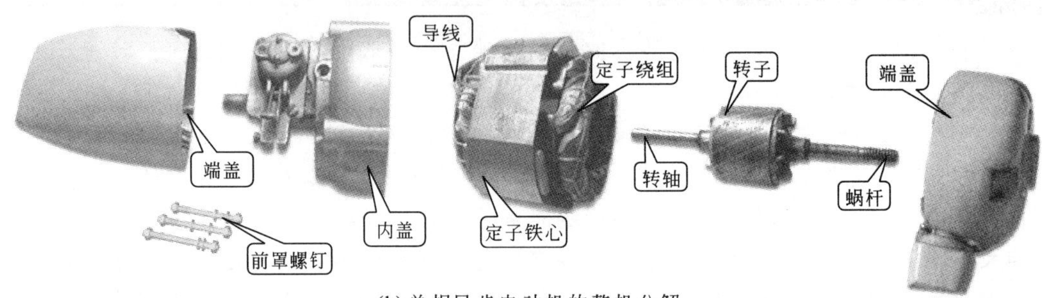

(b) 单相异步电动机的整机分解

图9-15　典型的单相异步电动机结构组成（整机结构）

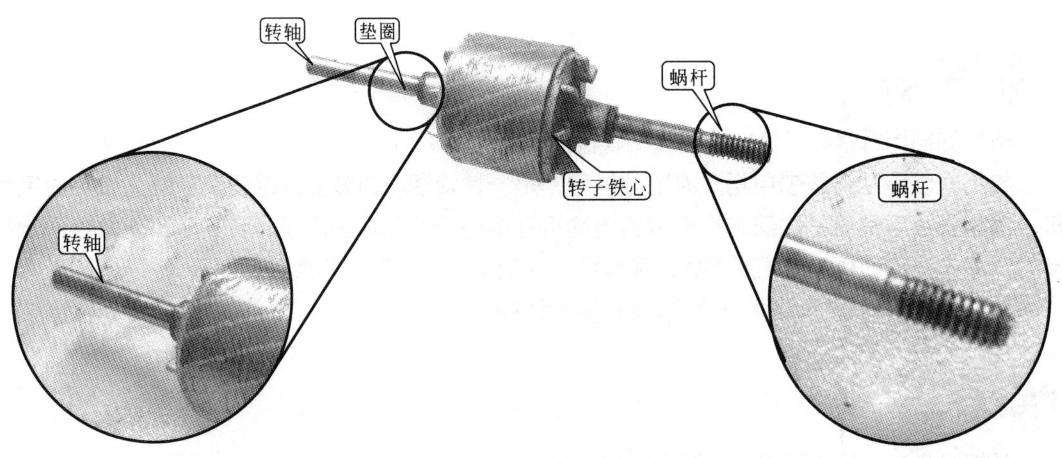

图9-16　单相异步电动机转子部分的基本结构

（2）单相异步电动机定子部分的基本结构

单相异步电动机定子部分的基本结构见图9-17。

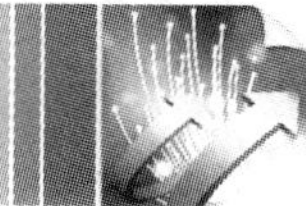

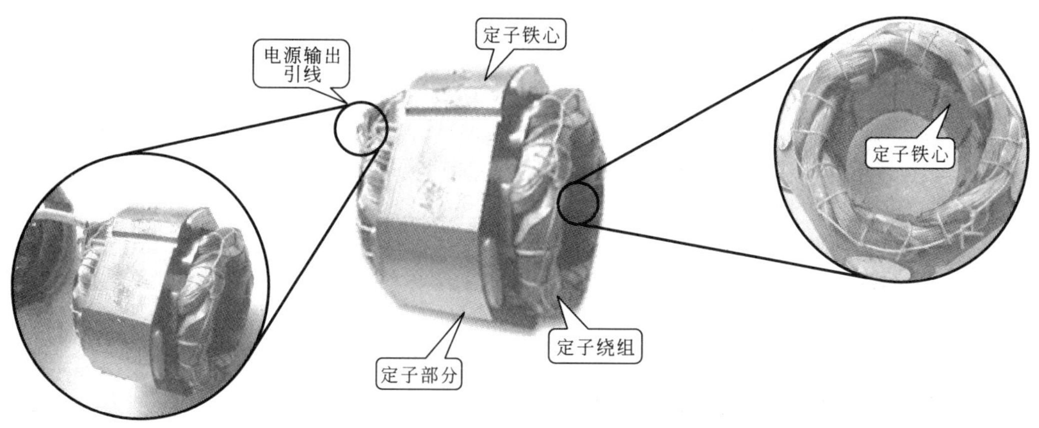

图9-17　单相异步电动机定子部分的基本结构

单相异步电动机的定子部分主要是由定子铁心、定子绕组和引线等部分构成的。电动机的转子部分嵌套在定子内部，并与定子内部铁心之间留有一定的气缝。

单相异步电动机的定子结构有隐极式和凸极式两种形式见图9-18。

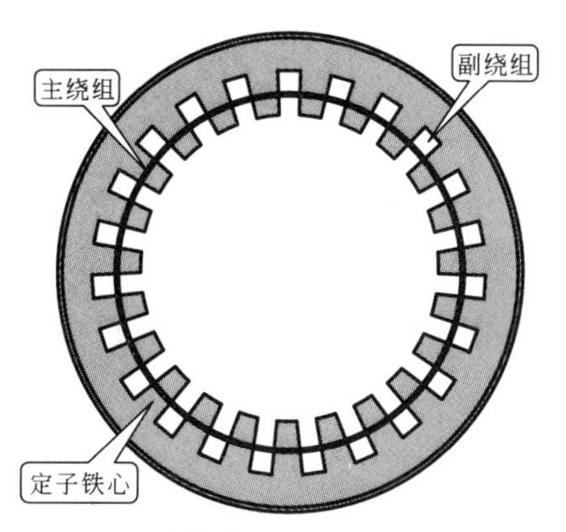

(a) 隐极式定子结构外形图

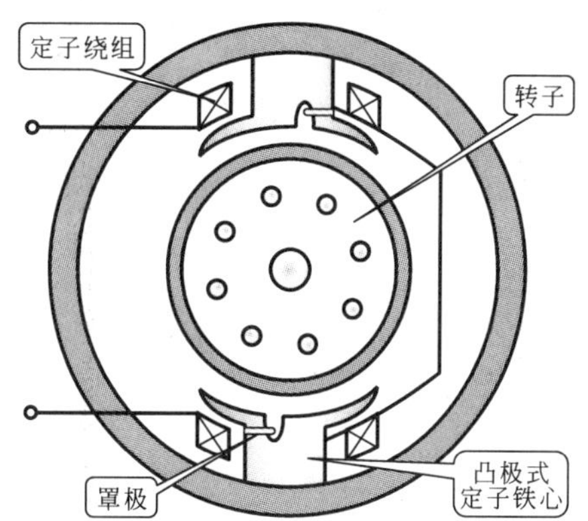

(b) 凸级式定子结构外形图

图9-18　隐极式和凸极式定子结构外形

隐极式定子是由定子铁心和定子绕组构成的，其中定子铁心是用硅钢片叠压成的，在铁心槽内放置两套绕组，一套是主绕组也称为运行绕组或工作绕组；另一套为副绕组，也称为辅助绕组或启动绕组。在空间上相隔90°，一般情况下，单相异步电动机的主、副绕组的匝数、线径是不同的。

凸极式定子的铁心由硅钢片叠压制成凸极形状固定在机座内，在铁心的1/3 ~ 1/4处开一个小槽，把铁心分成两部分，小部分上套装一个短路铜环，称为罩极。定子绕组绕成集中绕组的形式套在铁心上。

扩展

单相异步电动机和其他电动机不同，单相异步电动机若能正常地启动和运行，通常还有一些特殊的附件，最常用的有离心开关、启动继电器、PTC启动继电器、电容器等。

9.2.2 单相交流电动机的应用

单相交流电动由于其具有良好的可控性能，因此很多对调速性能要求较高的产品中都采用了单相交流电动作为动力源。例如生活中常见的洗衣机、电风扇、微波炉等。

单相交流电动机在洗衣机中的应用见图9-19。

图9-19 单相交流电动机在洗衣机中的应用

图9-19中，单相交流电动机是滚筒式洗衣机的主要动力来源，通过电动机的转动带动滚筒转动来实现洗衣机的正常洗涤和脱水工作。

单相交流电动机在电风扇中的应用见图9-20。

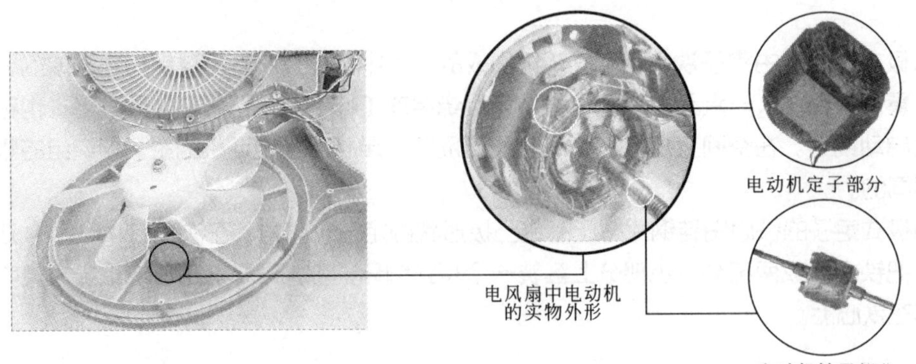

图9-20 单相交流电动机在电风扇中的应用

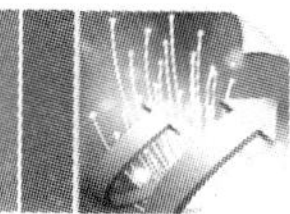

图9-20中，单相交流电动机在台扇、落地扇等电动设备中，对转速精度要求不高，因此通常采用单相交流电动机作为驱动扇叶旋转的动力源。

9.2.3 单相交流电动机的检修方法

单相交流电动机出现故障后，应根据其原理及特点，对单相交流电动机中的主要元器件或部件进行检测，下面我们分别介绍一下单相交流电动机中各主要部件的检修方法。

对单相交流电动机内部进行检修前，首先应对电动机外部条件进行检查。如检查电动机输出引线有无短路、断路现象，确认故障是由电动机内部部件损坏引起的，再进行拆解。

单相交流电动机直流电阻的检修方法见图9-21。

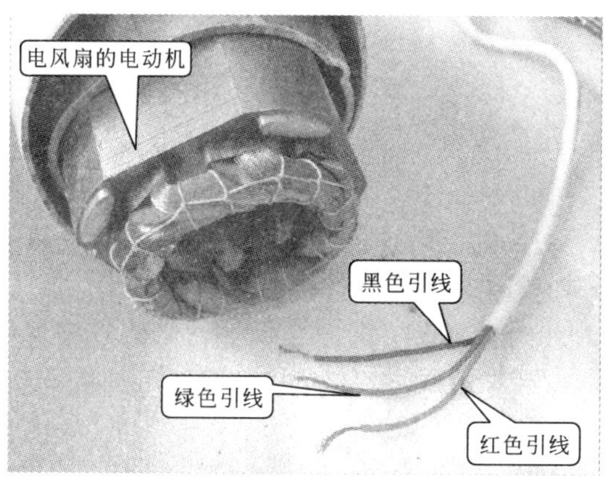

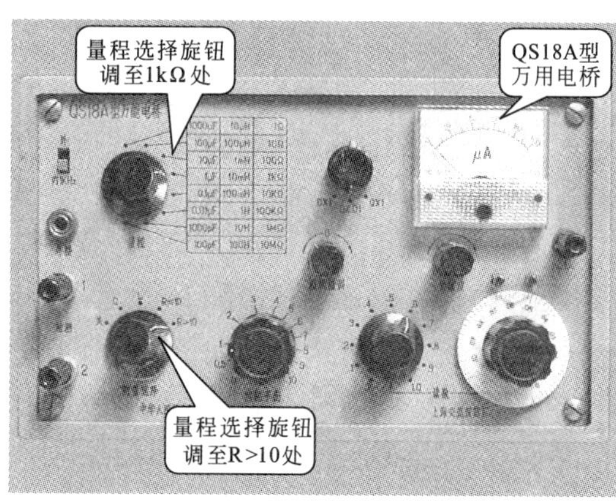

（a）通常单相交流电动机的黑色引线为接地端，红色、绿色引线为线圈连接端。选择万用电桥进行检测，检测前应将测量选择钮调至R > 10处，量程选择1kΩ挡

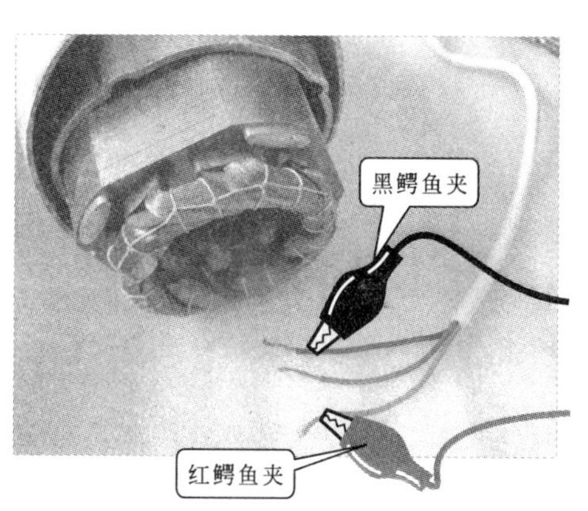

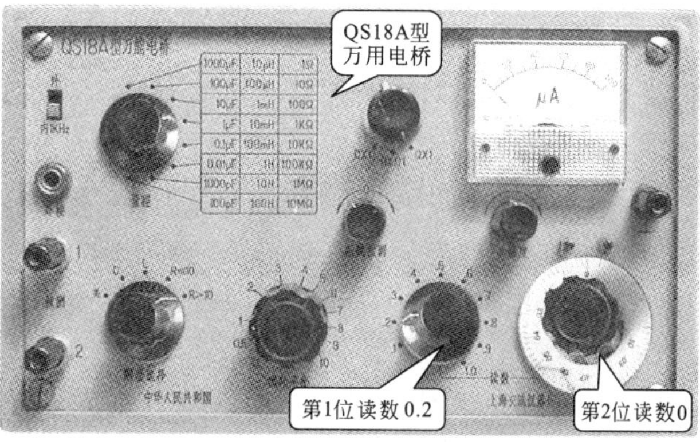

（b）检测时，将万用电桥红鳄鱼夹接红色引线上，黑鳄鱼夹接黑色引线上。分别调整读数和损耗因数旋钮，直到指示电表的指针指向零处，此时便可读出绿色引线与黑色引线绕组的直流电阻值为0.2 × 1kΩ=200Ω

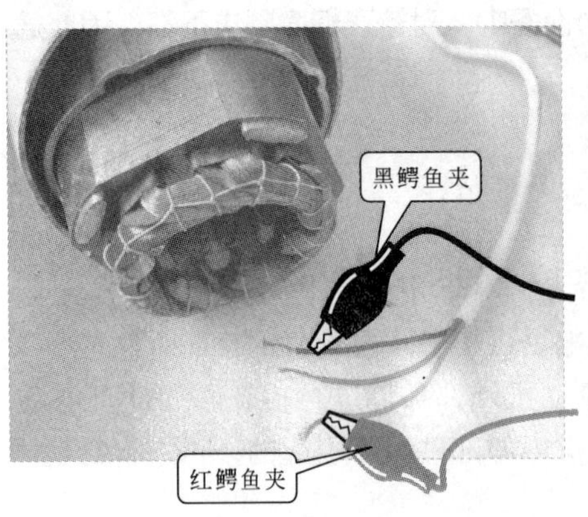

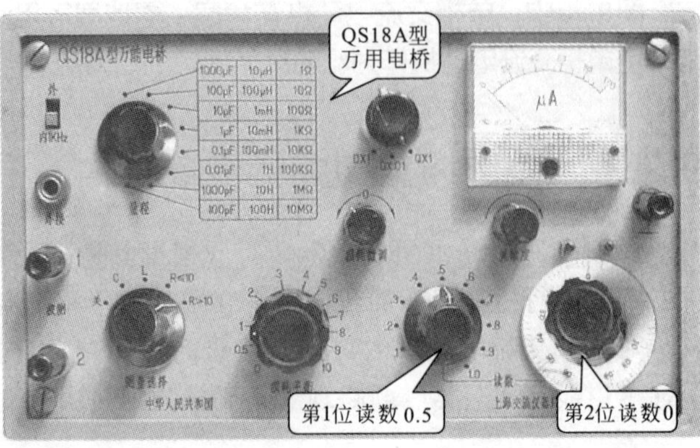

（c）将万用电桥黑鳄鱼夹不动，红鳄鱼夹接在绿色引线上。调整读数和损耗因数旋钮，测得绿色引线与黑色引线绕组的直流电阻值为0.5 × 1kΩ=500Ω

图9-21　单相交流电动机直流电阻的检修方法

9.3 三相异步电动机的功能特点和检修

三相异步电动机是指其转子转速落后于定子磁场的旋转速度。也正是由于该电动机的转子与定子旋转磁场以相同的方向、不同步的转速旋转，所以称其为三相异步电动机。三相异步电动机根据其内部结构不同，通常分为笼型和绕线型，都是目前非常主流且极具代表性的三相异步电动机。下面，我们分别选取典型的笼型和绕线型的三相异步电动机产品，介绍一下这些典型三相异步电动机的整机结构。

9.3.1 三相异步电动机的结构特点

三相异步电动机的实物外形如图9-22所示，可以看到直流电动机的外形各异，但其主要的结构基本相似。下面我们以典型三相异步电动机为例，具体介绍一下直流电动机的结构特点。

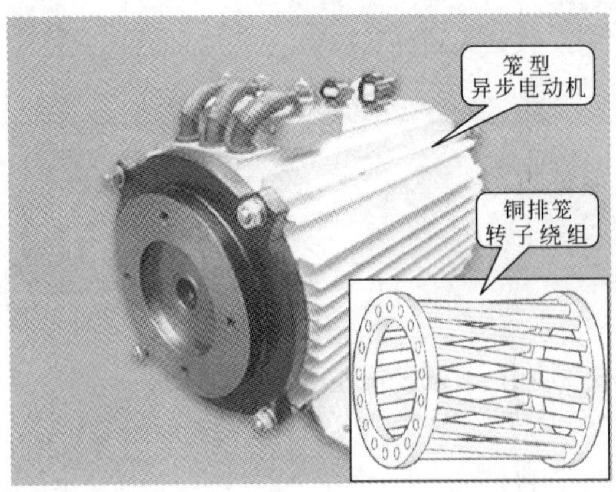

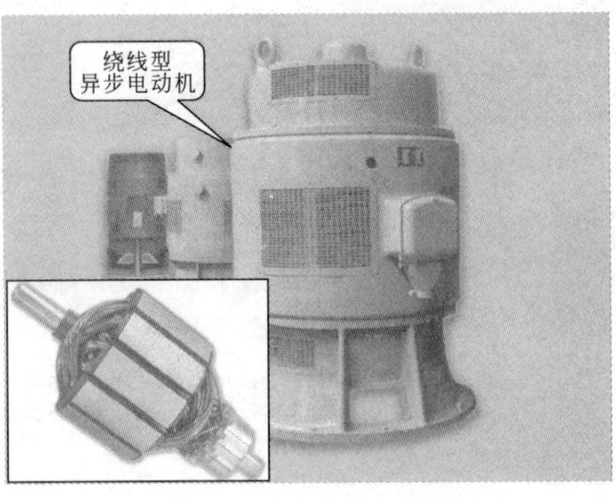

图9-22　三相异步电动机的实物外形

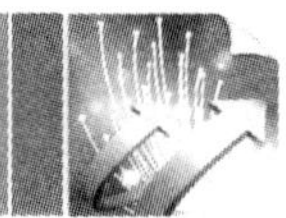

笼型异步电动机的转子线圈采用嵌入式导电条性做笼，这种电动机结构简单，部件较少，而且结实耐用，工作效率也高，主要应用于机床、电梯或起重机等设备中。

绕线型异步电动机中转子采用绕线方式，可以通过滑环和电刷为转子线圈供电，通过外接可变电阻器就可方便地实现速度调节，因此其一般应用于要求有一定调速范围、调速性能好的生产机械中。

提示

除了上述三相异步电动机外，还有三相同步电动机，它是指转速与旋转磁场同步，其主要特点是转速不随负载变化，功率因素可调节，所以通常应用于转速恒定的大功率生产机械中。

典型的三相异步电动机结构组成（整机结构）见图9-23。

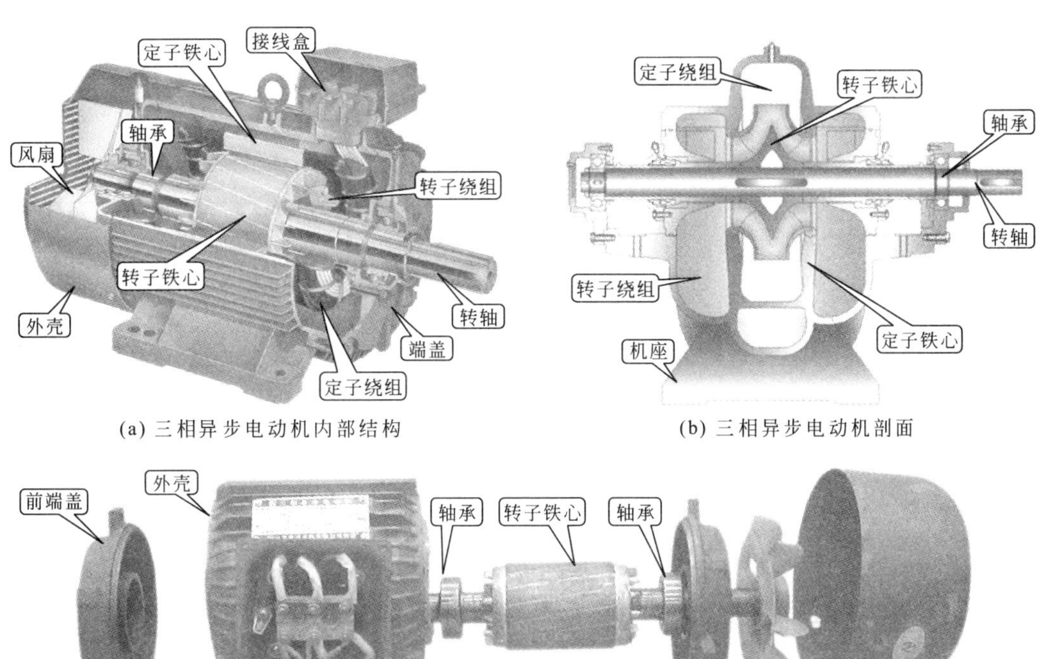

(a) 三相异步电动机内部结构

(b) 三相异步电动机剖面

(c) 三相异步电动机整机分解

图9-23　三相异步电动机结构组成（整机结构）

三相异步电动机是由静止的定子和转动的转子两个主要部分构成的。其中定子部分包含了定子绕组、定子铁心和外壳；转子部分包含了转子、转轴、轴承等。

（1）三相异步电动机的定子部分的基本结构

三相异步电动机定子部分的基本结构见图9-24。

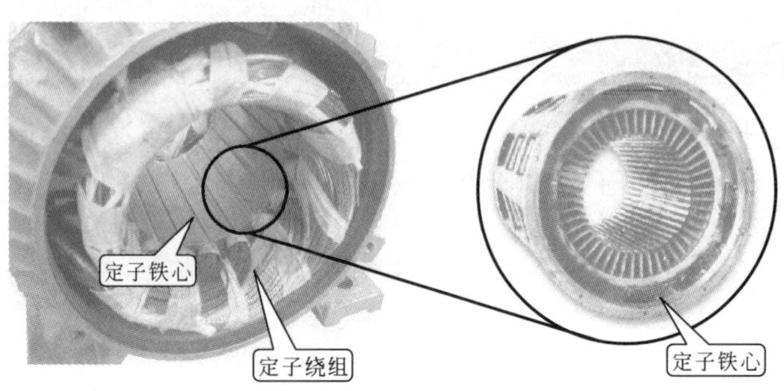

图9-24　三相异步电动机定子部分的基本结构

三相异步电动机的定子部分主要由定子铁心、定子绕组和外壳等部分构成。定子绕组是定子中的电路部分，其作用是通入三相交流电后产生旋转磁场。三相异步电动机有三个独立的绕组，每个绕组包括若干线圈，当通入三相电流时，就会产生旋转磁场。

扩展

三相异步电动机定子铁心是电动机磁路的一部分，由0.35 ~ 0.5 mm厚表面涂有绝缘漆的薄硅钢片叠压而成。由于硅钢片较薄而且片与片之间是绝缘的，所以减少了由于交变磁通通过而引起的铁心涡流损耗。

（2）三相异步电动机的转子部分的基本结构

三相异步电动机转子部分的基本结构见图9-25。

三相异步电动机的转子是三相异步电动机的旋转部分，由转子铁心、转子绕组、转轴和轴承等部分组成。上图9-25所示为电动机转子及转轴和轴承部分的实物外形，转轴一般是用中碳钢制成的，轴的两端用轴承支撑。

三相异步电动机铜排笼型和铸铝笼型转子绕组式结构见图9-26。

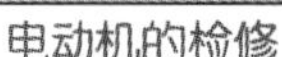

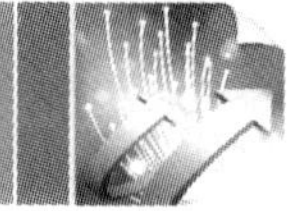

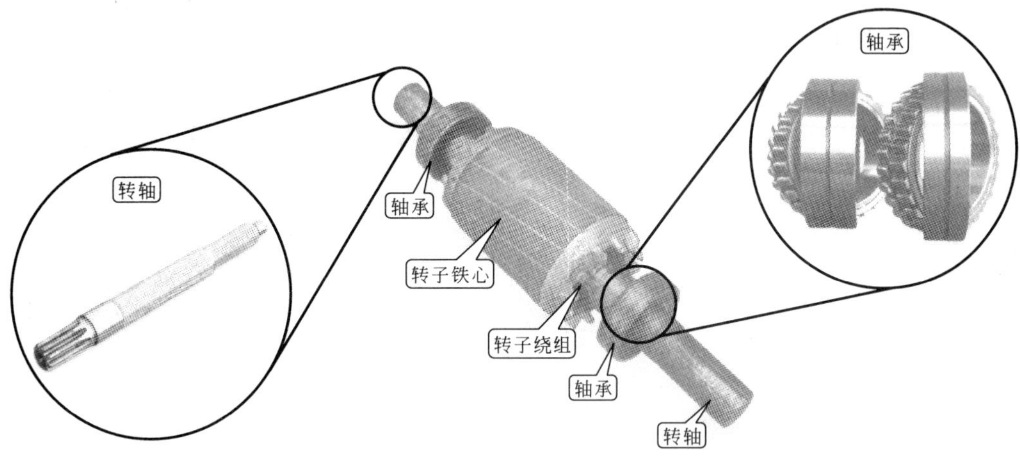

图 9-25　三相异步电动机转子部分的基本结构

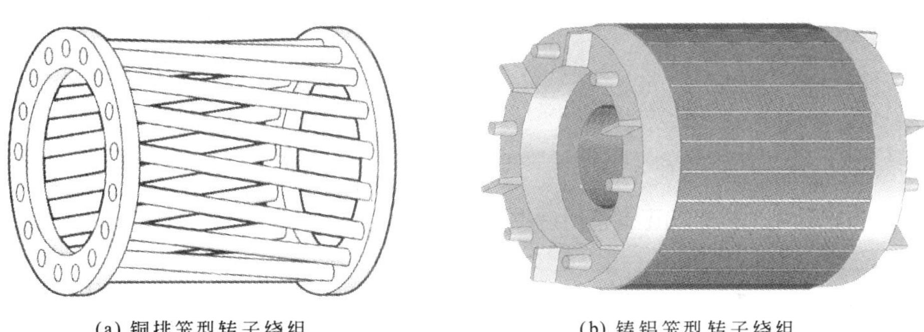

(a) 铜排笼型转子绕组　　(b) 铸铝笼型转子绕组

图 9-26　三相异步电动机铜排笼型和铸铝笼型转子绕组式结构

三相异步电动机的转子绕组多采用笼型结构，这种转子绕组是由嵌放在转子铁心槽内的铜条组成，若去掉转子铁心，只剩下它的转子绕组，整个绕组的外形像一个鼠笼，故称笼型绕组。

扩展

还有些电动机转子绕组采用线绕式，这种绕组是由绝缘导线制成星形的三相绕组组成，其三个引出线连接到三个滑环上，三个滑环彼此之间装有绝缘层。

除了以上主要部件，三相异步电动机的转子部分还有端盖和轴承盖。端盖的作用是支撑转子，它把定子和转子连成一个整体，使转子能在定子铁心内膛中转动。轴承盖与端盖连在一起，它主要起固定轴承位置和保护轴承的作用。

此外，在三相异步电动机的定子和转子之间还存在一定的气隙（空隙），气隙的大小对电动机性能的影响很大。气隙过大，电动机空载电流大，电动机输出功率下降；气隙太小，定子、转子之间容易相互碰撞而转动不灵活，一般气隙在 0.2 ~ 1 mm 为宜。

9.3.2 三相异步电动机的应用

三相异步电动机由于其具有良好的可控性能，因此很多对调速性能要求较高的产品中都采用了三相异步电动机作为动力源。例如生活中的机床设备、水泵、搅拌机、金属切削机床、液压泵等。

三相异步电动机在机床设备中的实际应用见图9-27。

图9-27 三相异步电动机在机床设备中的实际应用

三相异步电动机为机床的正常运行提供了动力源。

三相异步电动机在搅拌机中的实际应用见图9-28。

图9-28 三相异步电动机在搅拌机中的实际应用

三相异步电动机具有高效、节能、性能好、振动小、噪声低、寿命长、可靠性高、维护方便、启动转矩大等优点，适用于一般无特殊要求的机械设备。

三相异步电动机在金属切削机床中的实际应用见图9-29。

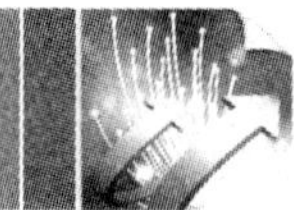

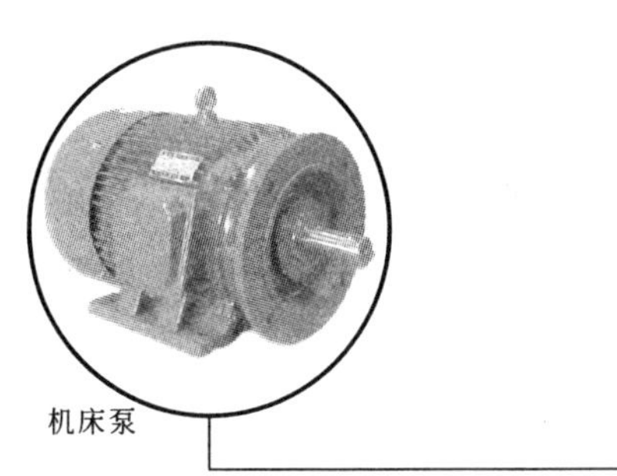

图9-29　三相异步电动机在金属切削机床中的实际应用

三相异步电动机还适用于不含易燃、易爆或腐蚀性气体的一般场所和无特殊要求的机械中，如图9-29所示金属切削机床中的泵的电动机采用的三相交流异步电动机，就是利用了该电动机使用环境这个特点。

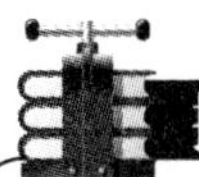

提示

在选择三相异步电动机时，应根据生产机械的技术要求和使用环境的综合特点进行合理选购，在保证设备运行安全的前提下，还具有维护的方便性。

图解

三相异步电动机在液压泵中的实际应用见图9-30。

图9-30　三相异步电动机在液压泵中的实际应用

三相异步电动机在液压泵中的实际应用，主要是拖动液压泵通过液压装置，完成工作台纵向往返的工作。

扩展

此外还有砂轮电动机、液压驱动电动机以及升降机中的电动机都用到了三相异步电动机。

9.3.3 三相异步电动机的拆装技能

（1）典型三相异步电动机联轴器和皮带轮的拆卸

典型三相异步电动机联轴器和皮带轮的拆卸见图9-31。

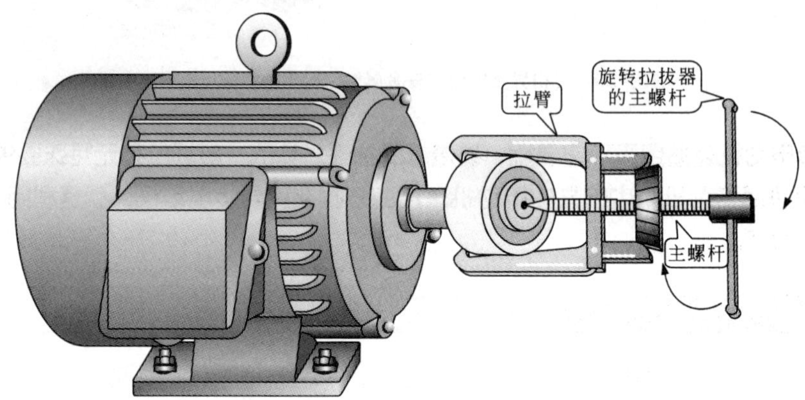

（a）对联轴器和皮带轮进行拆卸可使用拉拔器。将拉拔器的拉臂放到联轴器处，调整好拉臂的位置，可借助扳手旋转拉拔器的主螺杆，使其松动

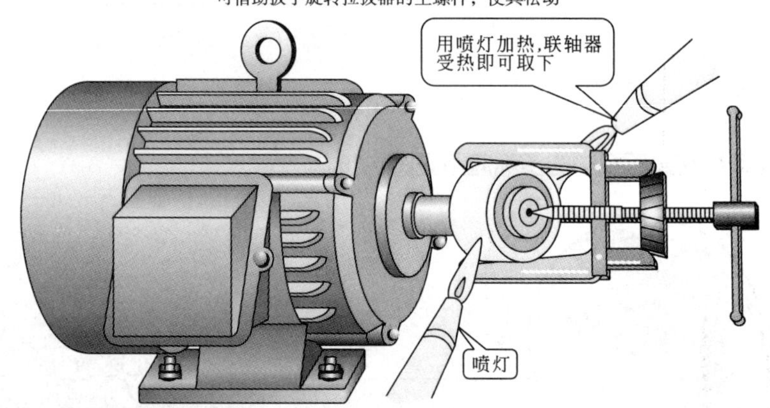

（b）有些电动机的联轴器与电动机转轴连接十分牢固，直接使用拉拔器很难将其拔出，可用喷灯对联轴器进行加热，再同时对拉拔器用力即可

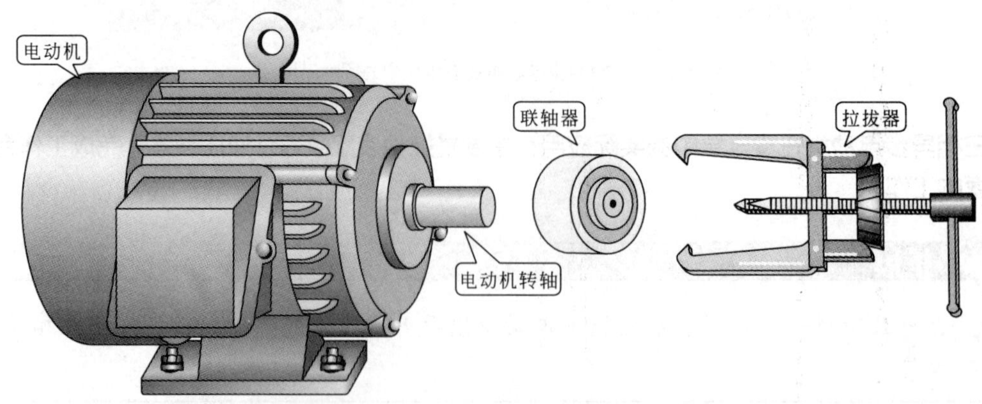

（c）上图所示即为将联轴器取下后的示意图，此时可以看到电动机的转轴部分，接下来便可以对电动机机体部分进行拆卸操作了

图9-31　典型三相异步电动机联轴器和皮带轮的拆卸

(2) 典型三相异步电动机接线盒及散热扇片的拆卸

典型三相异步电动机接线盒及散热扇片的拆卸见图9-32。

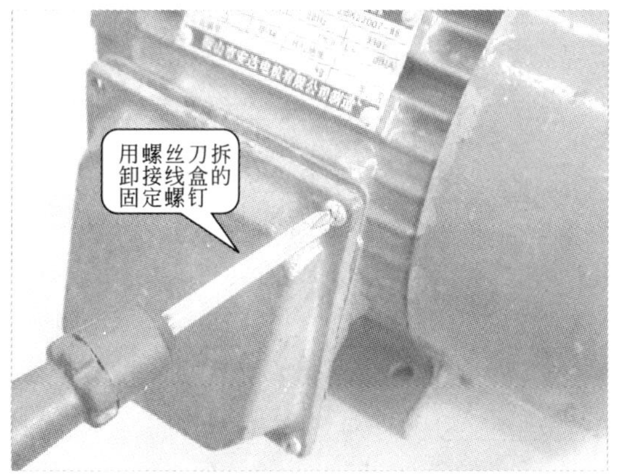

(a) 首先将接线盒的固定螺丝拆下，即可将其外壳取下。值得注意的是，电动机与外部控制电路的连接引线由该线盒引出，若需要拆卸电动机的控制线路时，应注意记录引线的连接方式和连接位置

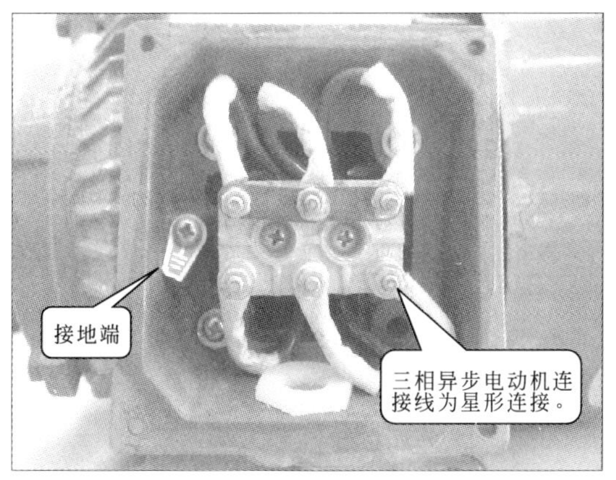

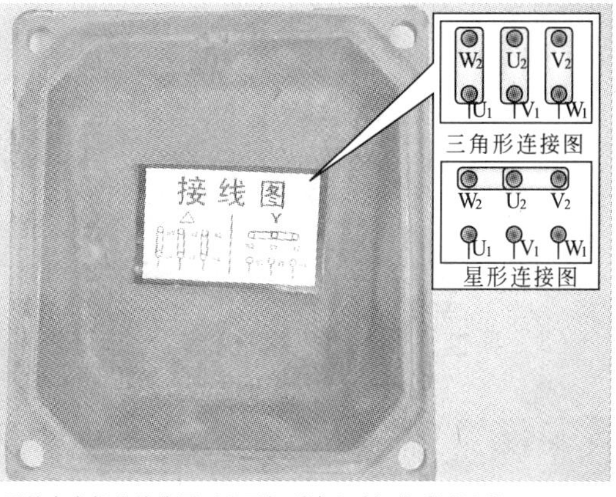

(b) 取下接线盒外壳即可看到电动机绕组的连接方式，对照外壳内部的接线图可以了解到该电动机是采用星形连接方式。在拆卸绕组引线时，应先将该绕组的连接方式记录好

(c) 接着拆卸电动机的散热扇片部分。用螺丝刀将固定风扇罩的螺钉取下，并取下风扇罩

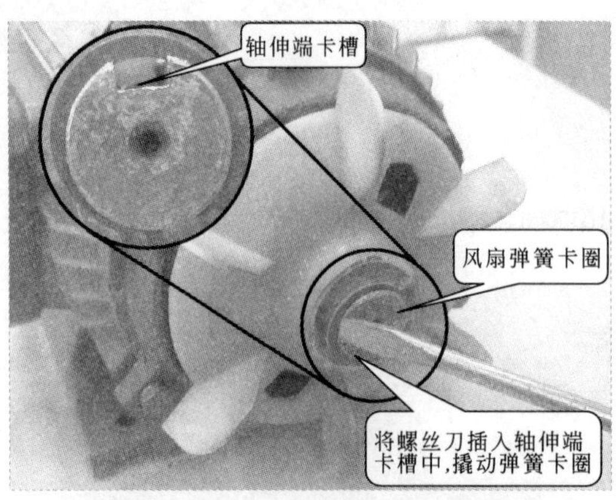

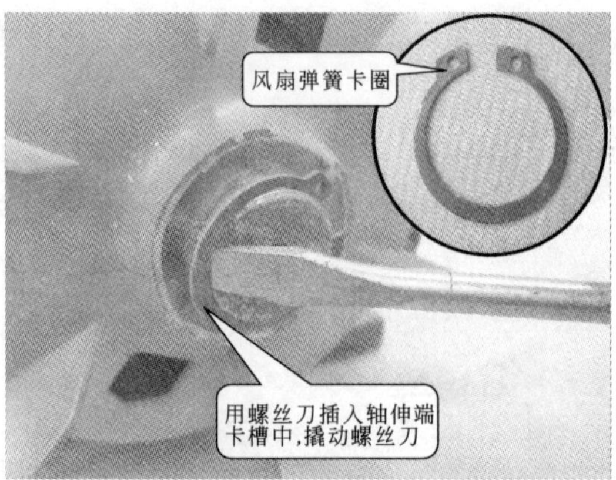

（d）将螺丝刀插入轴伸端卡槽，轻轻撬动弹簧卡圈。沿着环绕弹簧卡圈卡紧的方向进行撬动，即可将其撬下

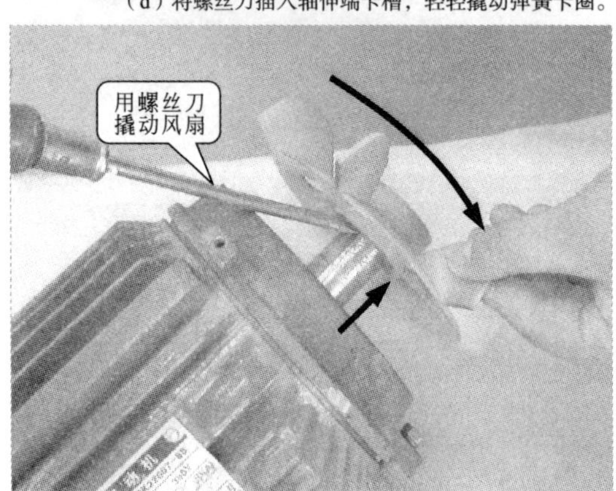

（e）接下来拆卸风扇，将螺丝刀插入风扇与后端盖的缝隙中，然后边旋转风扇边撬动螺丝刀。
当将电动机风扇撬动松动后，将其从电动机的转轴上取下

图9-32　典型三相异步电动机接线盒及散热扇片的拆卸

（3）典型三相异步电动机端盖部分的拆卸

典型三相异步电动机端盖部分的拆卸见图9-33。

（a）拆卸前端盖前，先将固定螺钉拧下。拆卸时，要分别将螺钉拧松，以免前端盖受力不均。再将凿子放置前端盖的缝隙处，用铁锤击打凿子，待端盖松动后用锤子轻轻敲打即可取出端盖

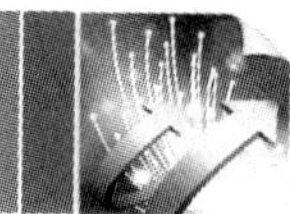

（b）待端盖松动后用锤子轻轻敲打即可取出前端盖。取下前端盖后即可看到电动机绕组及轴承部分

（c）后端盖的拆卸方法与前端盖的基本相同。先用扳手拆卸后端盖的固定螺钉，然后将凿子放置在后端盖的缝隙处，用铁锤击打凿子，即可将其松动

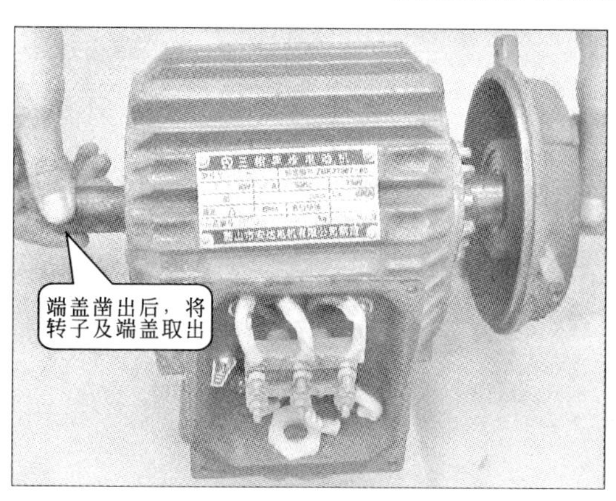

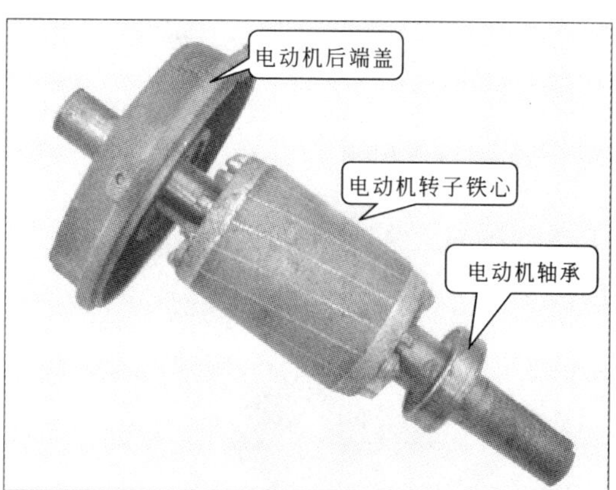

（d）待端盖凿出后，即可将后端盖和转子一起移出。上图为取出的电动机后端盖、轴承和转子铁心部分

图9–33　典型三相异步电动机端盖部分的拆卸

（4）典型三相异步电动机轴承部分的拆卸

典型三相异步电动机轴承部分的拆卸见图9-34。

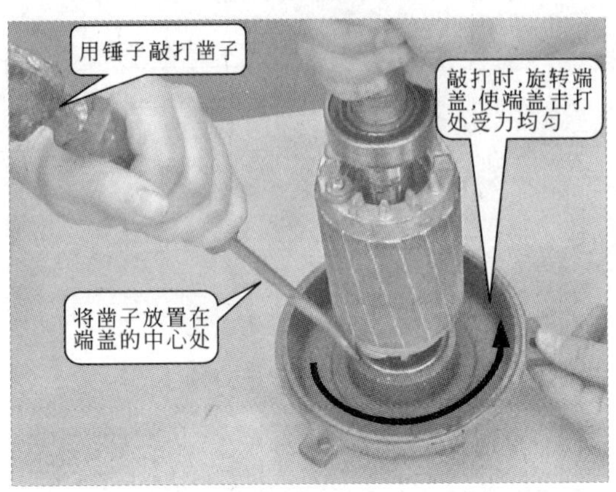

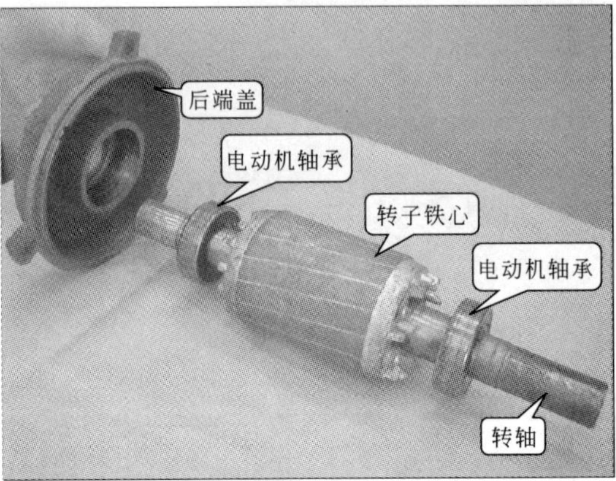

（a）接下来需要分离电动机轴承和后端盖。首先拆下后端盖的螺栓和轴承内的卡圈，然后用木榔头敲打，即可使其松动。当电动机后盖松动后慢慢旋转，将其取下即可，上图为分离后的电动机轴承及转子铁心部分

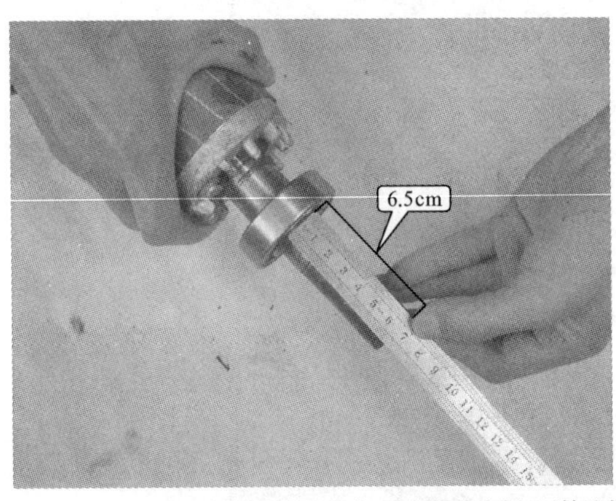

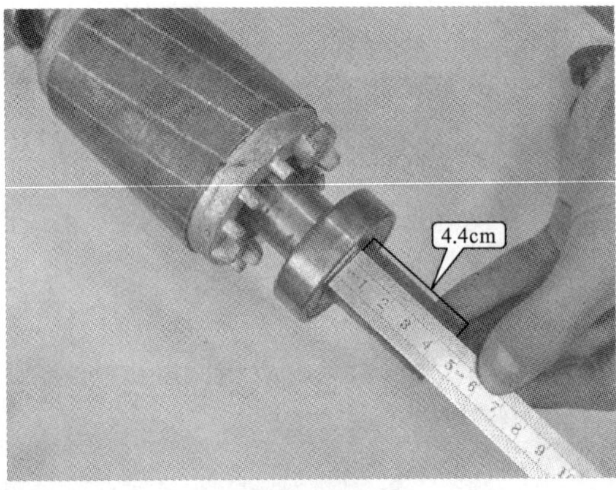

（b）接下来拆卸其轴承部分，在拆卸前首先记录轴承在转轴上的位置，用钢尺测量轴承外端到转轴端头的距离。该电动机中两个轴承距转轴端头的距离分别为6.4cm和4.4cm，为安装时做好准备

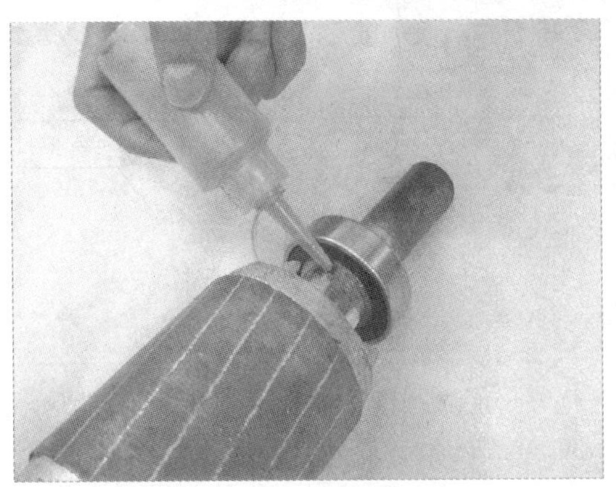

（c）接着，在电动机两个轴承处，分别滴加适量的润滑油，过一段时间后，润滑油浸入轴承与转轴衔紧的缝隙中，对其进行润滑，为下一步拆卸轴承做好准备，可节省很多力气

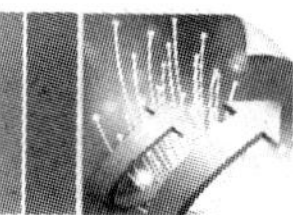

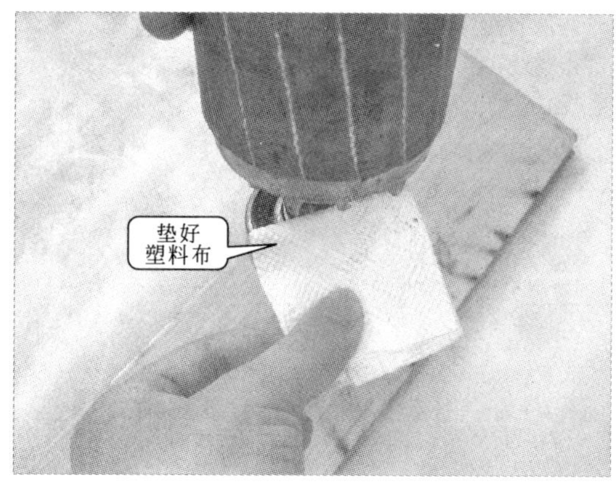

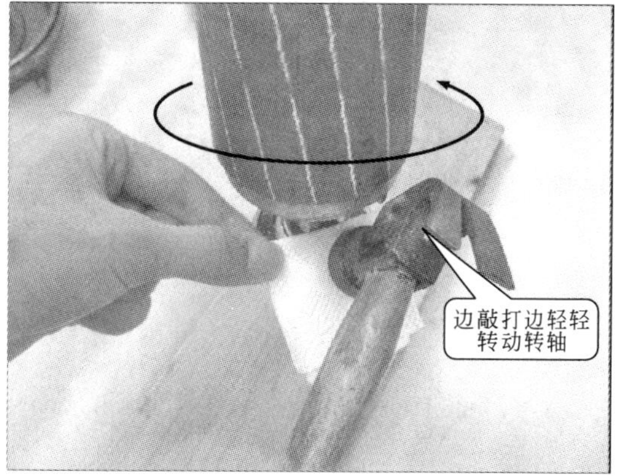

（d）接着对轴承进行拆卸，首先在轴承边缘部分垫上一块塑料布或纸，防止敲打时损坏轴承，然后用锤子轻轻敲打轴承，一边敲打一边转动转子部分，使轴承各部分受力均匀。注意用力要适度，切不可强行捶打损坏轴承，若此时无法将轴承卸下，可借助拉拔器等专用工具进行拆卸

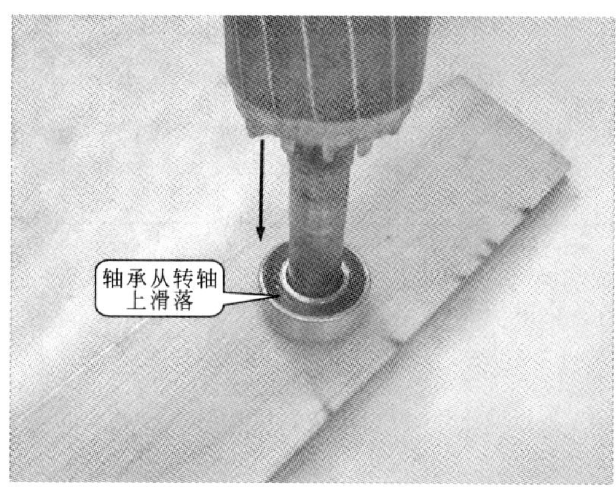

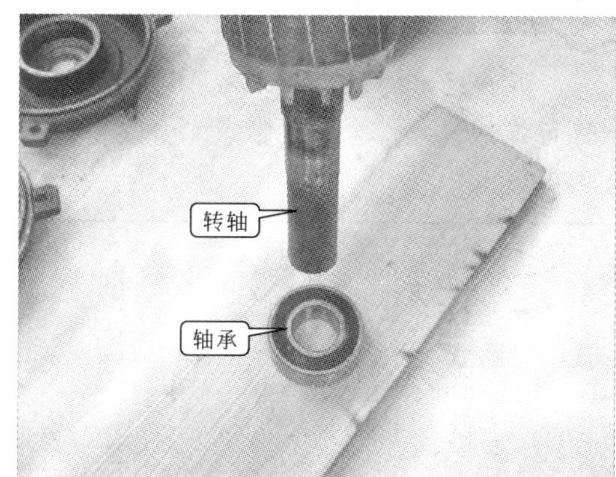

（e）轻轻敲打轴承边缘部分，直到轴承从电动机转轴上滑落，如上图所示，即可将其从转轴上分离。采用同样的方法卸下电动机转轴另一侧的轴承，此时即可将电动机两端轴承全部卸下

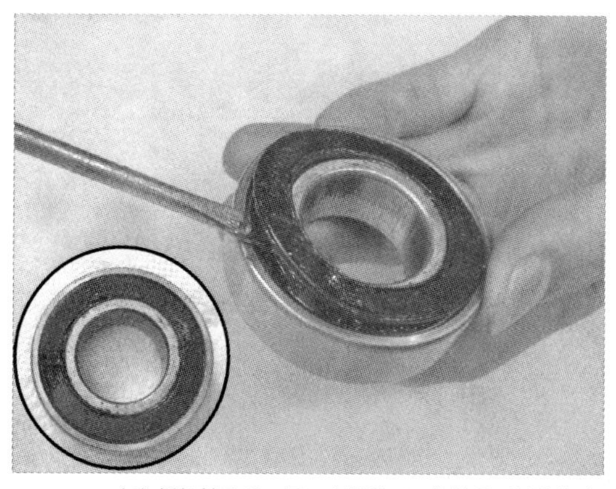

（f）拆卸轴承后，用一字螺丝刀，将轴承两侧的橡胶垫撬起，即可看到其内部的滚珠及润滑脂部分。上图所示为轴承中的滚珠及润滑脂，此时可对轴承进行清洗或添加润滑脂操作

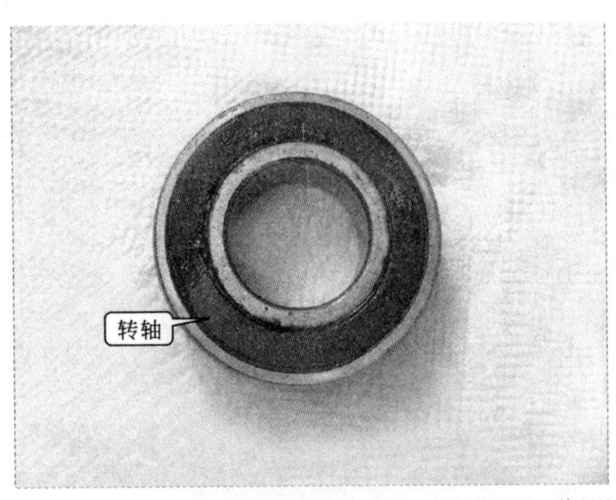

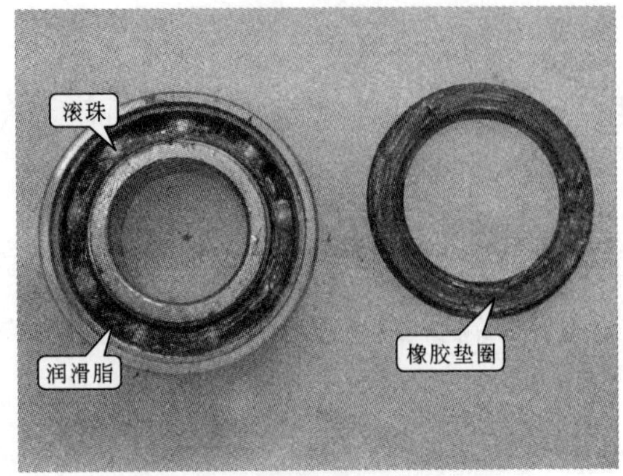

（g）电动机转轴部分的拆卸完成，如上图所示。值得注意的是，由于轴承与转轴之间衔接及位置关系要求较高，轴承安装不良将引起电动机磨损或运行不良，因此应根据实际维修情况，不必要时不可盲目拆卸

图9-34　典型三相异步电动机轴承部分的拆卸

扩展

拆卸轴承的方法有很多，可用专用的拉拔器进行拆卸，也可采用上述简单方法进行拆卸，另外为保证轴承本身良好，还可采用悬挂敲打转轴的方法进行拆卸，如图9-35所示。

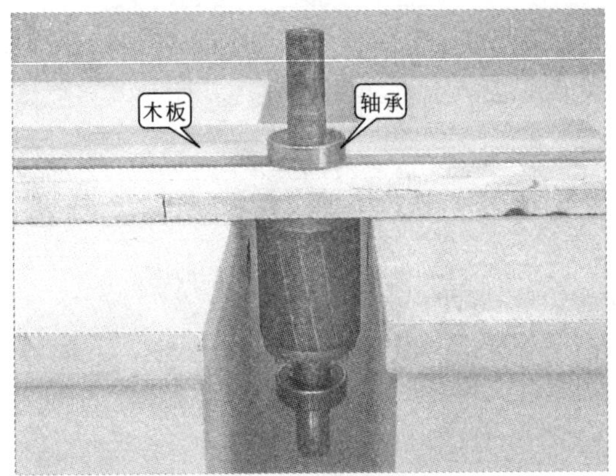

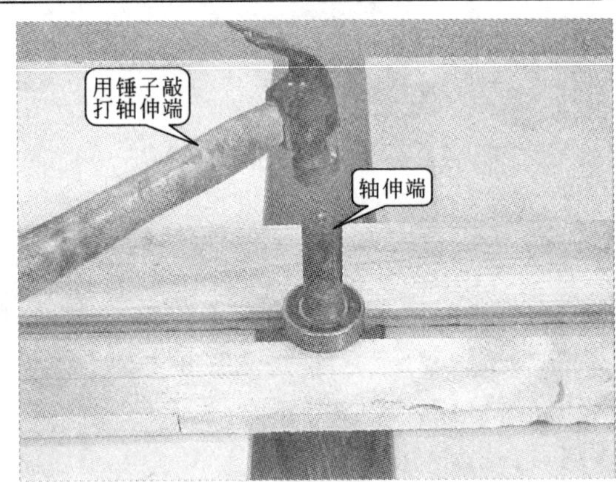

图9-35　采用悬挂敲打转轴的方法进行拆卸

首先将转子放入一个深度合适的支架下，用两块结实的木板夹住并托起要拆卸的轴承。支架架好后，然后用锤子敲打轴伸端。待其松动，即用手将其取下。

图解

典型三相交流电动机的拆卸完成，拆解完成后各部件见图9-36。

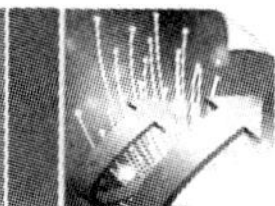

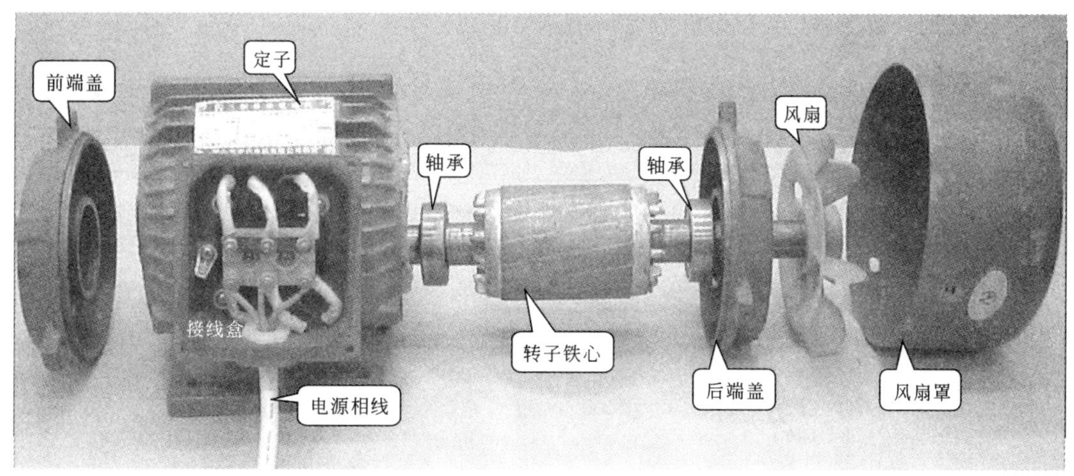

图9-36　拆解完成后各部件

9.3.4　三相异步电动机的检修方法

三相异步电动机出现故障后，应根据其原理及特点，对三相异步电动机中的主要元器件或部件进行检测，下面我们分别介绍一下三相异步电动机中各主要部件的检修方法。

对三相异步电动机内部进行检修前，首先应对电动机外部条件进行检查。如检查电动机输出引线有无短路、断路现象，确认故障是由电动机内部部件损坏引起的，再进行拆解。

（1）三相异步电动机不能启动的故障检修方法

三相异步电动机通电后不启动，一般情况下可能是由电源缺相造成的。造成电动机缺相的原因一般有以下几种情况：电源相线接线柱有一组触点未接触；电源线断裂；电源线接线处松动；保险丝熔断等。

三相异步电动机不能启动的检修方法见图9-37。

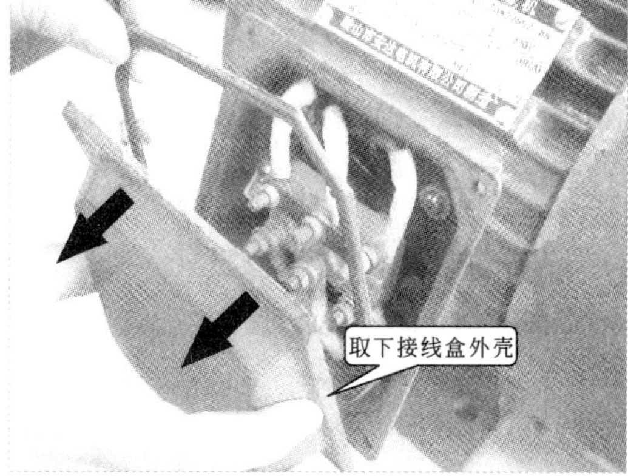

（a）若怀疑电源线部分连接不良，应检查电动机接线盒内部情况。首先将接线盒外壳的固定螺丝拆下，并将外壳取下，即可看到其内部引线的连接情况

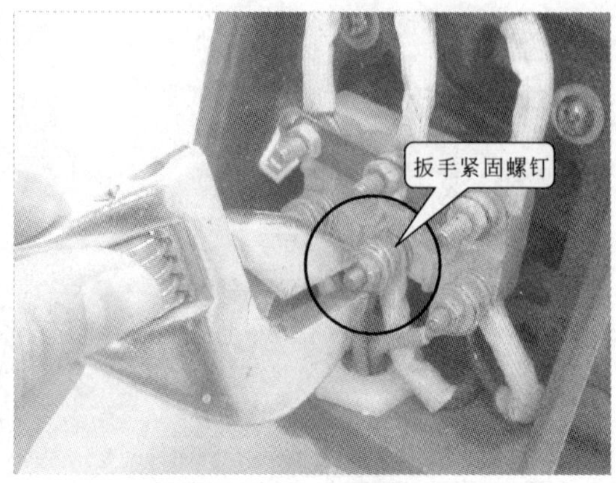

（b）拆开后发现电源相线固定螺钉有松动，由此推断可能是电源相线连接松动造成了三相异步电动机缺相的故障。接下来用扳手将松动的固定螺丝钉拧紧在电源相线上，使电源相线与电动机引线各接触点连接

图9-37　三相异步电动机不能启动的检修方法

检测完上述故障后，将电动机装好进行调试，若电动机能正常启动，则说明故障排除。若电动机还不能正常启动，立即检查电动机电源线是否氧化，若有氧化的现象，用酒精擦拭电动机里面的连接处，即可除去电源线处的氧化膜；还需要检查保险丝是否熔断，若有熔断现象，更换电动机的保险丝即可。

（2）三相异步电动机运行一段时间之后，其轴承温度过热的检修方法

三相异步电动机运行一段时间之后，其轴承的温度过热。通常可能引起轴承过热的原因有以下几种情况：轴承损坏、轴承与轴连接的过松或过紧、轴承与端盖连接处过松或过紧、轴承内的润滑油过多、过少或油质不好、皮带过紧或联轴器装得不好、电动机两侧端盖或轴承盖未装平、轴承内孔偏心、与轴相擦、轴承间隙过大或过小、电动机转轴弯曲、轴承内有杂物。

三相异步电动机运行一段时间之后其轴承温度过热的检修方法见图9-38。

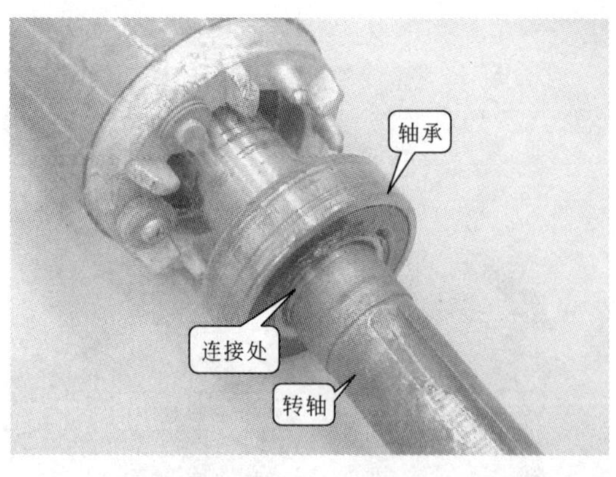

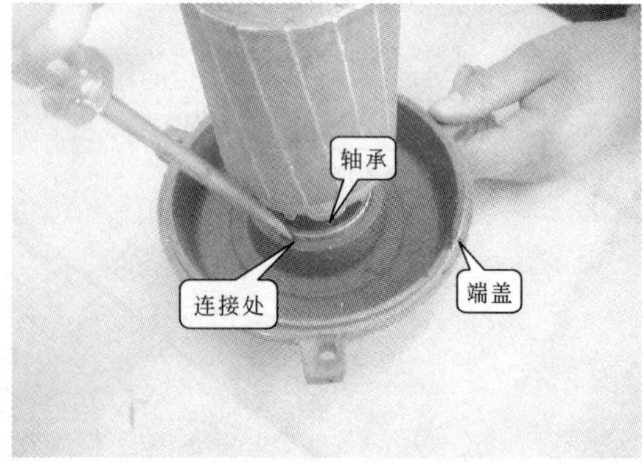

（a）首先将轴承从电动机中拆卸下来，若发现有明显的损坏，可直接更换新轴承；若没有损坏，可采用以下方法，依次排除轴承运行时过热的故障：轴承与转轴连接处过紧或过松，也会造成电动机在运行一段时间后发热的故障。若连接处过松时，可以在转轴上进行镶套处理或进行喷镀后再进行加工。若连接处过紧时，可以更换新的轴承或者重新加工轴承腔。轴承与端盖连接处过紧或过松，也会导致电动机在运行一段时间后发热的故障。若连接处过松时，可在端盖处进行镶套。若连接处过紧时，可以对端盖的内孔进行加工，直到适合的尺寸

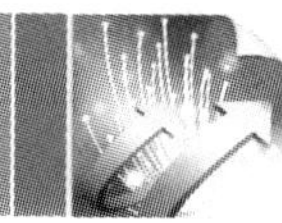

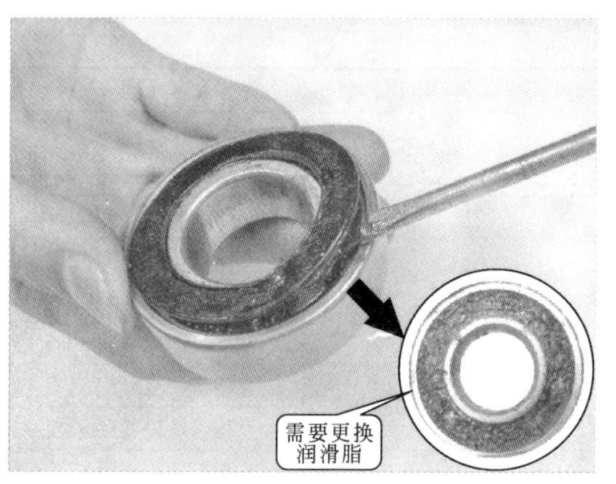

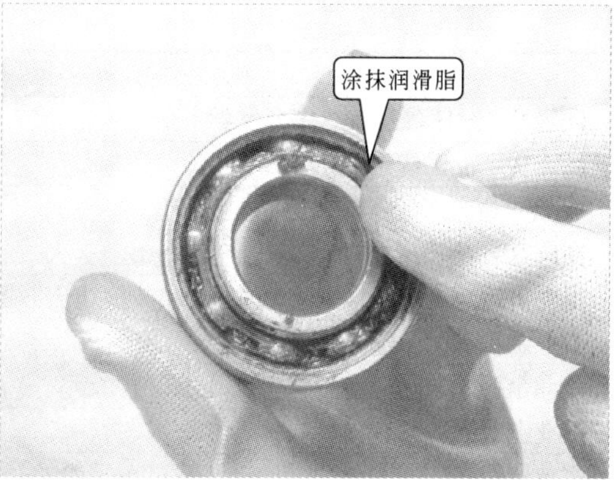

（b）另外，轴承润滑不当，也会引起运行中发热的故障。应定期清洁并更换润滑油，在使用润滑脂时，使用不宜过多或过少，应不超过轴承内容积的百分之七十

图9-38　三相异步电动机运行一段时间之后其轴承温度过热的检修方法

提示

若皮带过紧或联轴器安装不当时，也会引起轴承过热，需要调整皮带的松紧度，并校正联轴器等传动装置。

轴承内孔偏心，与轴相擦时，可直接修理轴承盖，消除相擦点。

若是因为电动机转轴的弯曲而引起的轴承过热，可针对转轴进行校正或更换转子。

轴承内有杂物时，使轴承转动不灵活，而造成发热，可进行清洗并更换润滑油。

轴承间隙不均匀，过大或过小，都会造成轴承不正常转动，可更换新轴承，以排除故障。

相关图书推荐

书名	定价/元	书号
欧姆龙CP1H系列PLC完全自学手册	88	978-7-122-16997-6
精选实用电工线路260例	39	978-7-122-13626-8
12天学通电子元器件及电路	29	978-7-122-15379-1
图解家装电工技能完全掌握	38	978-7-122-16432-2
电动机绕组全彩色图集：嵌线·布线·接线展开图	78	978-7-122-16490-2
就业金钥匙——家装电工上岗一路通	29	978-7-122-15160-5
就业金钥匙——电工上岗一路通（图解版）	29	978-7-122-15161-2
就业金钥匙——变频器技术一点通（图解版）	29	978-7-122-15257-2
就业金钥匙——水电工上岗一路通（图解版）	36	978-7-122-15187-2
就业金钥匙——电工识图一点通（图解版）	26	978-7-122-13449-3
就业金钥匙——维修电工上岗一路通（图解版）	26	978-7-122-13596-4
就业金钥匙——PLC技术一点通（图解版）	26	978-7-122-13560-5
就业金钥匙——变频器技术一点通（图解版）	29	978-7-122-15257-2
图解西门子S7-300/400PLC技术快速入门与提高	48	978-7-122-15253-4
图解电工快速入门与提高	48	978-7-122-15340-1
图解家装电工技能完全掌握	38	978-7-122-16432-2
图解易学电子元器件识别、检测与应用（双色版）	46	978-7-122-12816-4
图解易学变频技术（双色版）	48	978-7-122-13415-8
图解易学PLC技术及应用（双色版）	46	978-7-122-12185 -8
完全图解电工技能从入门到精通	48	978-7-122-13082-2
水电工实用手册	68	978-7-122-12564-4
西门子PLC工业通信完全精通教程（附光盘）	68	978-7-122-16005-8
西门子S7-200PLC完全精通教程（附光盘）	49	978-7-122-13836-1
三菱FX系列PLC完全精通教程（附光盘）	48	978-7-122-13007-5
电工电子技术全图解丛书——电工识图速成全图解	39	978-7-122-10812-8
电工电子技术全图解丛书——家电维修技能速成全图解	46	978-7-122-10807-4
电工电子技术全图解丛书——变频技术速成全图解	46	978-7-122-10808-1
电工电子技术全图解丛书——电工技能速成全图解	39	978-7-122-10827-2
电工电子技术全图解丛书——电子电路识图速成全图解	38	978-7-122-10818-0
电工电子技术全图解丛书——家装电工技能速成全图解	38	978-7-122-10811-1
电工电子技术全图解丛书——示波器使用技能速成全图解	38	978-7-122-10806-7
电工电子技术全图解丛书——电子技术速成全图解	46	978-7-122-10817-3
电工电子技术全图解丛书——PLC技术速成全图解	38	978-7-122-12416-2
西门子PLC S7-200/300/400/1200应用案例精讲（附光盘）	56	978-7-122-10896-8

以上图书由**化学工业出版社　电气分社**出版。如要以上图书的内容简介和详细目录，或者更多的专业图书信息，请登录www.cip.com.cn。如要出版新著，请与编辑联系。

地址：北京市东城区青年湖南街13号（100011）

购书咨询：010-64518888（传真：010-64519686）

编辑电话：010-64519274

投稿邮箱：qdlea2004@163.com